普通高等院校“新工科”创新教育精品课程系列教材
教育部高等学校机械类专业教学指导委员会推荐教材

# 工程化学基础

主　编　李　涛　邱于兵

华中科技大学出版社
中国·武汉

## 内 容 简 介

本书是普通高等院校"新工科"创新教育精品课程系列教材之一。本书可分为两个部分，共 12 章。第一部分为第 1 章至第 7 章，介绍了化学基础理论知识，包括绪论、物质结构基础、化学热力学基础、化学动力学基础、溶液与表面化学基础、电化学基础和有机化学基础。第二部分为第 8 章至第 12 章，介绍了化学应用相关内容，包括金属材料基础、聚合物与材料、化学与能源、环境化学基础、生命化学基础。本书内容突出重点，具有实用性，便于学生的学习和理解，同时兼顾先进性与创新性，可开阔学生视野。

本书可作为高等院校非化学工科专业的基础课教学用书，也可作为相关工程技术人员的参考书。

**图书在版编目(CIP)数据**

工程化学基础/李涛，邱于兵主编. —武汉：华中科技大学出版社，2021.7 (2023.8重印)
ISBN 978-7-5680-7388-2

Ⅰ. ①工…　Ⅱ. ①李…　②邱…　Ⅲ. ①工程化学-高等学校-教材　Ⅳ. ①TQ02

中国版本图书馆 CIP 数据核字(2021)第 153607 号

**工程化学基础**
Gongcheng Huaxue Jichu　　　　李　涛　邱于兵　主编

策划编辑：万亚军
责任编辑：李梦阳
封面设计：廖亚萍
责任监印：周治超
出版发行：华中科技大学出版社(中国・武汉)　　电话：(027)81321913
　　　　　武汉市东湖新技术开发区华工科技园　　邮编：430223
录　　排：华中科技大学惠友文印中心
印　　刷：武汉市洪林印务有限公司
开　　本：787mm×1092mm　1/16
印　　张：22.25
字　　数：576 千字
版　　次：2023 年 8 月第 1 版第 2 次印刷
定　　价：58.00 元

普通高等院校“新工科”创新教育精品课程系列教材
教育部高等学校机械类专业教学指导委员会推荐教材

# 出版说明

为深化工程教育改革，推进"新工科"建设与发展，教育部于2017年发布了《教育部高等教育司关于开展新工科研究与实践的通知》，其中指出"新工科"要体现五个"新"，即工程教育的新理念、学科专业的新结构、人才培养的新模式、教育教学的新质量、分类发展的新体系。教育部高等学校机械类专业教学指导委员会也发出了将"新"落实在教材和教学方法上的呼吁。

我社积极响应号召，组织策划了本套"普通高等院校'新工科'创新教育精品课程系列教材"，本套教材均由全国各高校处于"新工科"教育一线的专家和老师编写，是全国各高校探索"新工科"建设的最新成果，反映了国内"新工科"教育改革的前沿动向。同时，本套教材也是"教育部高等学校机械类专业教学指导委员会推荐教材"。我社成立了以李培根院士、段宝岩院士、杨华勇院士、赵继教授、顾佩华教授为顾问，奚立峰教授、刘宏教授、吴波教授、陈雪峰教授为主任的"'新工科'视域下的课程与教材建设小组"，为本套教材构建了阵容强大的编审委员会，编审委员会对教材进行审核认定，使得本套教材从形式到内容上保证了高质量。

本套教材包含了机械类专业传统课程的新编教材，以及培养学生大工程观和创新思维的新课程教材等，并且紧贴专业教学改革的新要求，着眼于专业和课程的边界再设计、课程重构及多学科的交叉融合，同时配套了精品数字化教学资源，综合利用各种资源灵活地为教学服务，打造工程教育的新模式。希望借由本套教材，能将"新工科"的"新"落地在教材和教学方法上，为培养适应和引领未来工程需求的人才提供助力。

感谢积极参与本套教材编写的老师们，感谢关心、支持和帮助本套教材编写与出版的单位和同志们，也欢迎更多对"新工科"建设有热情、有想法的专家和老师加入本套教材的编写中来。

**华中科技大学出版社**

**2018年7月**

# 前　言

当今世界，新一轮科技革命和产业革命正驱动着新经济的形成与发展，世界正处于第四次工业革命与科技革命的前夜。新科技与新经济的快速发展迫切需要新型工科技术人才的支撑。化学作为基础学科之一，与环境保护、能源开发和利用、功能材料研制、生命过程探索等密切相关，同时在社会生活和国民经济中也起着重要作用。因此，对于"新工科"背景下人才的培养来说，掌握必要的化学基础理论知识和方法就成为必然的选择。本书针对"新工科"背景下非化学专业的工科学生，提供大学通识教育所需的化学基础知识，培养学生的基本化学素养，同时提供化学及其交叉学科的最新发展动态，以开阔学生的视野。

面对学生专业不同、兴趣不同、基础不同(有些学生甚至没有化学基础)的现状，本书提供了较完整的化学基础知识，并以实际应用为知识点的连接手段，便于学生的学习理解。全书共分为12章。第1～7章为基础内容，包括绪论、物质结构基础、化学热力学基础、化学动力学基础、溶液与表面化学基础、电化学基础和有机化学基础。第8～12章介绍了化学在金属材料、高分子材料、能源、环境与生命过程中的应用，包括金属材料基础、聚合物与材料、化学与能源、环境化学基础和生命化学基础。本书重点突出了各章需要掌握的基础内容(化学基本概念、基本原理和基本方法)，同时提供了扩展阅读材料，以满足学生更高的学习要求。

由于不同工科专业对化学知识要求不同，课程教学学时也可能不同，因此使用本教材时，可结合学生实际与专业要求，适当组合各章节内容，突出基础重点内容并兼顾实际应用，以满足不同工科专业学生的学习要求。本书采用立体教材形式，提供数字扩展阅读资源(可通过扫描二维码获取，二维码资源使用说明见书末)。

参与本书编写的老师有李涛(编写第5章)、邱于兵(编写第1章、第6章和附录)、李宝(编写第2章)、梅付名(编写第3章)、莫婉玲(编写第4章)、龚跃法(编写第7章)、张欣欣(编写第8章)、熊必金(编写第9章)、肖菲(编写第10章)、王楠(编写第11章)、刘红梅(编写第12章)。李涛和邱于兵老师负责全书的统稿工作。

本书在编写过程中，得到了华中科技大学出版社的大力支持和具体指导，特此感谢。

限于作者水平，书中难免存在不足与疏漏之处，恳请读者批评指教。

编　者

2021年4月

# 目　录

# 第1章　绪　　论

**【内容提要】**　本章介绍了化学的研究对象、化学的发展及其主要分支、化学的基础性与实用性等基础知识，使大家对化学学科能有一个简单的了解，最后提出了“新工科”背景下非化学工科专业学生学习本书的要求。

## 1.1　化学的研究对象

物质是构成宇宙间一切物体的实物和场，如空气和水。人类衣、食、住、行涉及的方方面面都是物质，人体本身也是由各种物质构成的。除了这些实体物质以外，光、电磁场等是以场的形式出现的物质，但我们通常所说的物质一般不包括它们，因此，下文所说的物质主要是指构成世间万物的实体物质。放眼我们所处的世界，所有的客观存在都是由物质构成的，这是一个物质世界。物质的种类繁多、形态万千，各种物质的性质千差万别、多种多样。但它们共有的特性是：**物质本身为客观存在，能够被观测，都具有质量和能量**。

化学就是以物质本身为研究对象的一门学科，研究包括人体自身在内的所有物质。因此，化学在我们所处的物质世界中无处不在，与人类的生活密切相关，化学也被科学家看成一门中心的基础科学。21世纪，“能源、材料、环境、生命、信息”等五大关键领域均与化学密切相关。例如，新材料的研制和维护、新型能量存储与转化方法的研究、环境污染的处理、新型药物的研发、新型信息储存材料与电子器件开发等，都需要研究物质的组成、结构、能量变化等，这些都需要化学知识。很明显在科学技术和日常生产中，化学起着重要作用。

那么化学的定义是什么呢？**传统上化学是研究物质的组成、结构、性质及其变化规律和变化过程中能量关系的基础自然科学**。随着科学的发展，化学学科也在不断发展。这个传统的简单定义似乎无法完全说明现在不断发展的化学学科，然而，要为其给出一个完整的定义十分困难。

具有物质基本性质的最小结构单元为分子，而分子是由原子构成的，因此，传统化学主要是在原子和分子层次研究物质。然而，从20世纪下半叶开始，合成新分子成为化学的主要任务之一，新物质数量急剧增大。据报道，2000年，已知化合物的种类达2000万种，而目前已突破3000万种，其中大多数为人工合成而不是自然界中存在的。随着各种新型结构物质的涌现，科学家发现仅仅从原子和分子层次来研究物质是有局限性的，不能很好地认识物质的组成、结构与性质之间的关系，因此，提出了“泛分子”的概念。

所谓“泛分子”包含10个层次的内涵，除了原子和分子层次以外，还包括：分子片层次（如$CH_3$、$CH_2$、CH等一价、二价和三价分子片）；结构单元层次（如芳香化合物的母核、高聚物的单体、蛋白质中的氨基酸等高级结构单元）；超分子层次（如通过非共价键的分子间作用力结合起来的双分子或多分子物质微粒）；高分子层次；生物分子层次（生物体特有的各类分子，如蛋白质、核酸和多糖等）；纳米分子和纳米聚集体层次（如碳纳米管、纳米金属、纳米微孔结构、纳米厚度的膜、固体表面的有序膜、单分子分散膜等）；宏观聚集体层次（如固体、液体、气体、等离子体等）；复杂分子体系及其组装体的层次（如复合和杂化分子材料、分子开关和分子晶体管等分子器件、分子马达和分子计算机等分子机器等)。因此,可以认为21世纪的化学是研究“泛分子”的科学。

## 1.2 化学的发展及其主要分支

### 1.2.1 化学的发展

化学的发展一般可粗略地分为古代化学(远古时期至公元1774年)、近代化学(公元1775年至19世纪末)和现代化学(19世纪末至今)三个阶段。古代化学包含以下几个阶段:实用和自然哲学时期(远古时期至公元前后);炼金术、炼丹术时期(公元前后至公元1500年);医化学时期(公元1500年至公元1700年);燃素说时期(公元1700年至公元1774年)。在古代化学阶段,化学学科萌芽并得到建立。历史上一般将公元1661年英国科学家波义耳(Boyle)提出“元素”的概念作为化学学科的形成标志。公元1661年前为化学的萌芽期,这一时期化学没有具体的研究对象,化学知识的积累主要来源于古代工艺技术、古代物质观、炼金术和炼丹术。公元1661年至公元1774年为化学学科的形成期,这一时期确立了“元素”概念,法国科学家拉瓦锡(Lavoisier)提出的“氧燃烧学说”取代了德国施塔尔(Stahl)提出的“燃素说”,从而导致了近代化学的萌芽。

近代化学发轫于18世纪和19世纪之交拉瓦锡提出的元素学说和道尔顿提出的原子学说。18世纪70年代,拉瓦锡以定量化学试验为基础阐述了燃烧的氧化学说,系统建立科学的氧化理论,全面替代传统的燃素说,定量化学时期由此开始。19世纪初,英国科学家道尔顿(Dolton)提出原子学说,首次把原子量的概念引入化学,这是近代化学的标志,使化学真正走上定量科学的道路。1811年,意大利化学家阿伏加德罗(Avogadro)把“分子”概念引入道尔顿的原子论,提出了分子假说,促使道尔顿的原子论发展为完整全面的原子-分子论。此外,在这一时期发现的元素周期律、质量守恒定律,以及建立的电离学说、酸碱理论、有机结构理论等,为现代化学的发展奠定了坚实的基础。

19世纪末,电子和放射性的发现是进入现代化学时期的标志,化学学科的研究对象由宏观领域进入微观领域。特别是20世纪初,量子论的发展和现代物理技术在化学中的应用,极大地促进了人们对原子内部结构的认识。在这一时期,元素周期律有了新的发展,现代的分子结构理论(包括价键理论、分子轨道理论和配位场理论)得到建立,使人们对分子内部结构和化学键的认识不断深入。

现代化学的发展一方面表现出学科高度分化,形成许多分支学科的特点,另一方面表现出学科相互交叉渗透,并趋向高度综合的特点。下面简单介绍化学的主要分支。

### 1.2.2 化学的主要分支

根据研究对象或研究目的不同,化学(一级学科)分为无机化学、有机化学、分析化学、物理化学和高分子化学五大分支学科(二级学科),下面分别进行简单介绍。

**1) 无机化学**

无机化学研究**无机物质**的组成、结构、性质,以及无机化学反应与过程,是化学学科中发展最早的一个分支学科。除了碳氢化合物及其大多数衍生物以外,所有元素的单质及其化合物都属于无机物。化学的发展就是从无机化学开始的,一般以俄国化学家门捷列夫提出的元素周期律为现代无机化学形成的标志。当前,无机化学在实践和理论方面都取得了新的突破,特别是在新的无机物合成技术方面取得了突出成就。例如,新型无机半导体材料、固体电解质材料、光学显示材料、核能材料等推动了原子能、半导体及航空航天工业的发展。

**2)有机化学**

有机化学研究**有机化合物**的组成、结构、性质、制备方法与应用,是研究碳氢化合物及其衍生物的化学分支学科,又称为"碳的化学"。无机化合物与有机化合物之间并没有绝对的界限。含碳化合物被称为有机化合物的原因是以前的化学家认为这样的物质只能由生物(有机体)制造。然而,1828年,德国化学家维勒(Wöhler)在实验室中首次成功合成尿素(一种生物分子,碳酰胺),自此有机化学便在传统定义的范围的基础上,扩大为烃及其衍生物的化学。19世纪后半期,有机化学开始飞速发展。目前世界上每年合成的新化合物中70%以上是有机化合物,这些有机化合物在生物、医药领域具有重要作用。例如,1965年,我国在世界上首次合成了具有生物活性的牛胰岛素;2015年10月,我国科学家屠呦呦因发现青蒿素和在治疗疟疾上的贡献而获得诺贝尔生理学或医学奖。

**3)分析化学**

分析化学是研究物质的组成、含量、结构和形态等化学信息的分析方法及理论的一门学科。物质**成分的分析**(元素、离子、官能团或化合物)、**含量的测定**(物质组成的含量)、**结构的表征**(价态、配位态、结晶态等),是分析化学的三大领域。传统上分析天平的使用和定量分析的建立是分析化学形成的标志。随着生命科学、信息科学与计算机技术的发展,分析化学进入了一个崭新的阶段。自20世纪70年代以来,以计算机应用为主要标志的信息时代的到来,促使现代分析化学突飞猛进地发展。现代分析化学完全可能为各种物质提供组成、含量、结构和形态等全面的信息,使得微区分析、薄层分析、无损分析、瞬时追踪、在线监测及过程控制等过去难以解决的问题都迎刃而解,为生命科学、环境科学、新材料科学的发展提供了重要的工具。分析化学广泛吸取了当代科学技术的最新成就,成为最富活力的学科之一。

**4)物理化学**

物理化学是研究所有物质系统的化学行为的原理、规律和方法的一门学科;是从物质的物理现象和化学现象的联系入手,探求化学变化规律的科学;是化学学科及在分子层次上研究物质变化的其他学科的理论基础。物理化学主要包括:化学热力学、化学动力学、结构化学、量子化学等。化学热力学主要研究化学变化的方向、限度与能量效应等。化学动力学研究化学反应的速率和机理,现代分子束和激光技术的应用,使化学动力学研究从宏观转入微观超快过程和过渡态研究。结构化学和量子化学从微观角度来研究化学,特别是随着现代计算机技术的飞速发展,量子化学计算已可以进行分子的合理设计,对新型药物、新型材料的研发具有重要意义。

物理学、数学和计算机科学的发展,为现代物理化学的发展提供了新的领域。例如,现代物理化学已将固体、弹性体和其他非理想体系纳入研究对象,为材料科学与技术的研究增添了新的理论武器。20世纪70年代初,普里戈金等人提出的耗散结构理论,使得物理化学的理论体系由传统的平衡态热力学扩展到全新非平衡态热力学。纳米材料与科技的发展使物理化学衍生出另一个极具挑战性的新领域,即纳米体系的物理化学理论和实验方法。物理化学中的催化化学对于化工、能源、农业、生命科学、医药等领域具有重要意义,其中酶催化和仿酶催化研究是催化科学与技术中的新兴领域,将可能在大幅度提高化工生产率的同时,实现绿色化学目标。

**5）高分子化学**

高分子化学研究高分子化合物的结构、性能与反应、合成方法、加工成型及应用。高分子化合物（简称高分子，又称高聚物）的分子比低分子化合物的分子要大得多，一般有机化合物的相对分子质量在1000以下，而高分子化合物的相对分子质量在10000以上，有的可达上千万。虽然高分子化学真正成为一门学科的时间不长，但它的发展非常迅速。在20世纪，高分子材料是人类物质文明的标志之一。塑料、纤维、橡胶这三大类高分子材料及各种各样的功能高分子材料，存在于人类生活、生产的方方面面，对促进国民经济发展和科技进步做出了巨大贡献。

随着科学的迅速发展，化学的五大基础分支学科又进一步形成分支学科（三级学科）。例如，物理化学的分支学科包括：化学热力学、化学动力学、结构化学、量子化学、表面化学、元素结构化学、光化学、界面与胶体化学、电化学、催化化学、磁化学、计算化学、晶体化学、高能化学等。此外，化学学科之间，以及化学与其他学科之间交叉形成多种边缘学科。

## 1.3　化学的基础性与实用性

化学常被称为承上启下的“中心学科”。一方面，它是许多其他学科的必要基础。这是因为每一种物质都是由化学物质组成的。而且，许多重要过程都涉及化学过程。例如，化学对农业学、电子学、生物学、药学、环境科学、计算机科学、工程学、地质学、物理学、冶金学等都有重大的贡献。另一方面，化学在回应社会需求方面起着至关重要的作用。人们利用化学来研究新工艺，开发新能源，生产用于制造住所、衣服和交通用的新产品和新材料，治理污染并改善环境，发明保证粮食供应的新办法来提供更多的食物，创造新药来确保人们的健康。

21世纪，化学对于其他学科的交叉渗透也更为明显。化学与其他学科之间交叉形成多种边缘学科，例如，生物化学、环境化学、农业化学、材料化学、地球化学、放射化学、计算化学、星际化学等。化学的发展必将带动并促进这些学科的发展，而这些学科的发展和技术的进步又反过来会推动化学本身的发展。此外，许多化学工作者投入材料、生命、能源、环境等科学领域的研究中，并在化学与这些相关学科的交叉学科领域做出了突出的贡献。例如，锂离子动力电池、氢燃料电池等都离不开材料化学、催化化学、电化学的贡献。又如，在基因组工程、蛋白质组工程中化学做出了重大的贡献。在环境污染治理、垃圾的处理与循环利用等方面，化学同样是必不可少的基础。英国皇家化学学会会刊 *CHEMISTRY WORLD* 曾撰文阐述化学的作用，指出化学是让世界实现可持续发展的最现实的办法。未来，随着学科交叉融合趋势的加强，化学正越来越成为现代学科体系的重要基础，将会继续在适应人口增长、应对能源挑战、缓解环境压力等方面做出积极而重要的贡献，并将深刻地影响人类社会的全面发展。

化学不仅是一门基础的中心学科，其发展历程与人类社会生产活动紧密相随，因此，也是一门非常实用的学科。化学与人类的衣、食、住、行密切相关，并且在能源、材料、信息、国防、环境、医药等众多领域发挥重要作用。在国民经济中，化学工业具有举足轻重的支撑作用。传统上将以化学过程为核心内容和关键步骤的工业定义为化学工业，包括：化肥工业、硫酸工业、氯碱工业、塑料工业、橡胶工业、石化工业、日用化学工业等。除此之外，还将一些通过化学过程实现全部或部分生产目的的工业称为化学过程工业，包括：石油天然气，造纸，玻璃和建材、钢铁，食品和饮料，纺织、皮革等工业。这些工业领域都要用到化学，据统计，大约50%的化学专业人员在这些领域中工作。

因此，鉴于化学的基础性与实用性，对于非化学专业的科研人员或工程技术人员来说，具备一定的化学基础或化学素养都是非常必要的。例如,在科学研究或生产实践中如果能运用化学基本原理和物质性质及其变化的化学观点,并在一定程度上考虑物质在特定环境中可能发生的化学变化及其影响,将更有利于高水平地完成任务,同时也更能反映出工程技术人员的高素质。这也正是当前化学基础教育需要面对的现实问题。

## 1.4 "新工科"背景下《工程化学基础》的学习要求

当今世界,新一轮的科技革命和产业革命正驱动着新经济的形成与发展,世界正处于第四次工业革命与科技革命的前夜。3D打印、5G＋大数据＋云科技＋区块链＋人工智能的数字科技、生物科技、量子科技、分享经济、虚拟现实、数字货币等风起云涌。我国也实施了"中国制造2025""网络强国"等重大战略并提出了"一带一路"倡议,促进以新技术、新业态、新产业、新模式为特点的新经济蓬勃发展,希望突破核心关键技术,构筑先发优势,在未来全球创新生态系统中占据战略制高点。与此相应的是,新科技与新经济的快速发展迫切需要新型工科技术人才的支撑。在此背景下,为了使工科技术人才适应新经济发展形势下的需求,要求培养的学生不仅应具有解决工程问题的专业知识、技术能力,具有持续学习新技术的能力,还应具有全球视野、人文精神和创新能力,即**培养既具有坚实科学理论知识基础,又具有广阔视野和创新精神的复合型、综合性人才**。

化学作为基础学科之一,与环境保护、能源开发和利用、功能材料研制、生命过程探索等密切相关,同时在社会生活及国民经济中也起着重要作用。因此,对于"新工科"背景下非化学专业人才的培养来说,培养学生掌握必要的化学基础理论知识与方法,并使学生具备基本的化学素养就非常有必要。这也是"新工科"背景下《工程化学基础》的教学目标。《工程化学基础》涵盖了无机化学、有机化学、分析化学和物理化学等多门化学课程中的基础知识,对化学基础知识进行了较完整的阐述(第1～7章)。同时,还包含了化学在能源、材料、环境、生命等热点领域的基础应用和最新进展(第8～12章)。面对不同工科专业、不同基础的学生,本书的内容强调基础性和必要性,并以实际应用为知识点的连接手段,凸显化学理论与实践的结合。

学习中,首先,要求学生应明确《工程化学基础》的学习必要性和学习目标,从而端正学习态度。其次,要求学生通过学习熟练掌握化学的基本概念、基本原理和基本方法(第1～7章的知识点)。最后,结合例题和习题,让学生初步学会运用这些化学基础知识来分析和解决问题,从而具备基本的化学素养。同时,第8～12章的内容为学生提供了化学在相关专业领域中的应用与最新进展,不同工科专业或感兴趣的学生可选择性的学习。本书提供的扩展阅读材料,是在基础内容上稍有扩展或拔高的内容,以满足化学基础好、兴趣浓的学生的学习要求,激发他们的潜能并培养他们的创新精神。

## 本章知识要点

1. 基本概念:物质、化学、化学工业、中心学科、泛分子。
2. 化学主要分支:无机化学、有机化学、分析化学、物理化学、高分子化学。
3. 化学的基础性与实用性。
4. "新工科"背景下《工程化学基础》的学习要求。

# 习　　题

1. 根据科学的整体性与局部性的特点，讨论化学科学与其他科学之间的相互联系。分析化学被称为承上启下的“中心学科”的原因。

2. 化学在人类生活中的基本地位如何？

3. 在课堂之外的日常生活中，你如何感知化学的存在？

4. 结合自身的专业特点，分析本专业有哪些领域可能与化学密切相关。至少选定一个与化学有紧密关系的主题，并进行具体讨论。

# 第2章　物质结构基础

**【内容提要】** 本章首先介绍了宏观物质的常见聚集状态，然后从原子结构、分子结构和分子间的相互作用三个方面介绍了物质结构的基本理论。在原子结构部分，介绍了近代原子结构概念的衍化、量子力学模型、基态原子电子组态等，在此基础上讨论了元素周期表与周期律。在分子结构部分，主要介绍了各种化学键理论，重点介绍了现代价键理论。在分子间的相互作用部分，介绍了各种分子间力及其对物质性质的影响。

所有的材料都是有使用价值的物质，其使用价值正在逐步细化，可以应用到机械电子器件、建筑工程或日常生活中。如果想深入了解物质的性质，就必须对物质的基本组成有较为透彻的了解。从宏观方面，我们需要了解物质的颜色、形态、熔沸点等诸多物理参数(性质)；从微观方面，则需要对构成物质的基本单元有深入的认识，如最小基本单元的构成、相互作用力等。

本章将对原子结构、分子结构进行系统的介绍，使读者能够从微观角度认识物质本身。例如，对于水的认识，从微观角度看，水由水分子构成，水分子由氢原子和氧原子构成，那么氢原子和氧原子的结构又是什么样子呢？氢原子和氧原子如何结合在一起？从宏观角度看，水存在气、液、固三态，都由水分子构成，但为什么又会出现明显的差别(见图2-1)呢？接下来的学习将有助于读者解答上述问题，并了解微观物质的构成。

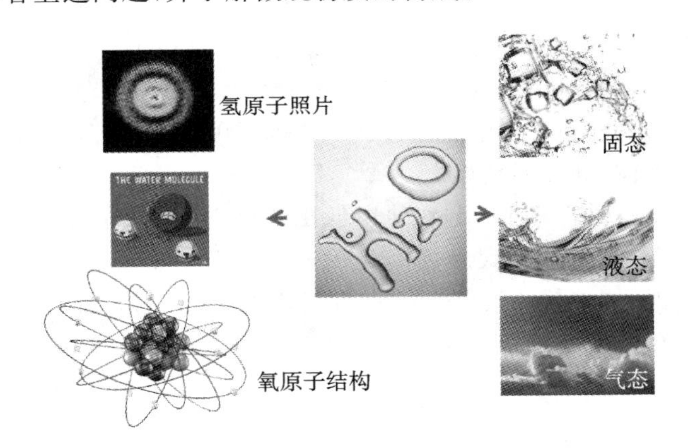


**图2-1　从宏观角度及微观角度观察水的构成**

## 2.1　物质的状态

**【扩展阅读】物质的其他聚集状态**

自然界中物质总是以一定的状态存在。在一定的自然条件(温度、压力等)下，人们通常将物质宏观上所处的相对稳定的状态称为物质的聚集状态，通常是指气态、液态和固态，物质的上述三种状态是可以互相转化的。此外还有等离子态、中子态(超固态)、液晶态、玻色-爱因斯坦凝聚态等。这里简单介绍气态、液态和固态，物质的其他聚集状态可参考扩展阅读材料。

### 2.1.1　气体

聚集状态为气态的物质称为气体，其基本特征有：无限的可膨胀性，没有固定的几何形状和体积；明显的可压缩性；无限的掺混性。组成气体的分子总是处在无规则的运动中，无论气体有多少、容器有多大，气体都能均匀地充满整个容器，且不同气体都能以任意比例相互混合。所以气体既没有确定的形态，又没有固定的体积，平时所讲的气体的体积，实际上是指气体所在容器的容积。

一切气体分子本身都占有一定的体积，而且分子之间存在着相互作用力。当气体的压力很小时，分子本身的体积可以忽略不计，且气体分子之间的距离较大，分子间势能与气体分子本身的能量相比亦可忽略不计。此时，气体中的分子可看成几何上的一个点，只有位置而无体积，同时气体分子之间没有相互作用力，这样的气体称为**理想气体**。事实上理想气体只不过是一种抽象概念，是实际气体的一种极限情况。研究理想气体是为了简化问题，低压、高温下的实际气体的性质接近理想气体的性质。一般情况下，理想气体状态方程进行必要的修正后，可用于实际气体。

**1) 理想气体状态方程**

对于一定量的理想气体，其温度、压力和体积之间存在如下关系：

$$pV = nRT \tag{2-1}$$

或

$$pV = \frac{m}{M}RT \tag{2-2}$$

式中：$p$ 为理想气体的压力(Pa)；$n$ 为理想气体的物质的量(mol)；$V$ 为理想气体的体积($m^3$)；$T$ 为理想气体的温度(K)；$m$ 为理想气体的质量(g)；$M$ 为气体的摩尔质量(g/mol)；$R$ 为气体常数，其值为 8.314 J/(mol·K)。式(2-1)、式(2-2)称为理想气体状态方程。

**2) 理想气体分压定律、分体积定律**

道尔顿(Dalton)和阿马格(Amagat)在研究低压混合气体时，分别于 1801 年和 1880 年提出了理想气体的分压定律和分体积定律。

分压($p_i$)是指混合气体中任一气体在与混合气体所处温度相同时，单独充满整个容器时所呈现的压力。混合气体的总压($p_总$)等于各组分气体的分压的代数和：

$$p_总 = p_1 + p_2 + p_3 + \cdots = \sum_i p_i \tag{2-3}$$

根据理想气体状态方程，有

$$p_1 V = n_1 RT, p_2 V = n_2 RT, \cdots$$

所以

$$p_总 V = n_总 RT \tag{2-4}$$

综上可得

$$\frac{p_1}{p_总} = \frac{n_1}{n_总}, \frac{p_2}{p_总} = \frac{n_2}{n_总}, \cdots$$

根据物质的摩尔分数 $x_i = n_i / n_总$，可得到第 $i$ 种气体的分压：

$$p_i = x_i p_总 \tag{2-5}$$

分体积($V_i$)是指混合气体中任一气体在与混合气体所处温度相同，且总压相同时所占有的体积。混合气体的总体积($V_总$)等于各组分气体的分体积的代数和：

$$V_{总} = V_1 + V_2 + V_3 + \cdots = \sum_i V_i \tag{2-6}$$

同样可得

$$V_i = x_i V_{总} \tag{2-7}$$

由式(2-5)和式(2-7)可得

$$\frac{p_i}{p_{总}} = \frac{V_i}{V_{总}} \tag{2-8}$$

**3）实际气体的状态方程**

建立在理想气体模型基础上的状态方程和定律，对于实际气体只有在压力不太高、温度不太低时才近似适用。在高压、低温下，随着气体分子间平均距离的缩短，分子之间的相互作用力和分子自身的体积等因素就不能忽略了，这时，实际气体与理想气体的行为之间就会有较大的偏差。在降温和加压后气体可以液化这一事实，证实了这种偏差的存在。由定义可以推知，理想气体是不可液化的。

与理想气体相比，实际气体分子占有一定的体积，所以 $V_{实际} > V_{理想}$；并且实际气体分子之间还存在明显的作用力，此时 $p_{实际} < p_{理想}$。荷兰物理学家范德华(van der Waals)对理想气体状态方程进行了修正，将其用于实际气体，得到：

$$\left[p + \frac{a}{(V/n)^2}\right](V - nb) = nRT \tag{2-9}$$

式中：$a$ 和 $b$ 为范德华常数。在低压、高温下，实际气体与理想气体的偏差可忽略，在常温、常压下，实际气体与理想气体的偏差较小(<5%)。

对于实际气体，尤其是 He、Ne、Ar、$H_2$、$N_2$、$O_2$、CO 和 $CH_4$ 等沸点较低的不易液化的气体，在常温、常压下，其行为与理想气体行为之间的偏差很小，可按理想气体处理。而 $SO_2$、$CO_2$、$NH_3$ 等较易液化的气体，其行为与理想气体行为之间有较大的偏差，只有在高温、低压下，才可近似按理想气体处理。在本书中，气体均按理想气体处理。

### 2.1.2　液体

聚集状态为液态的物质称为液体。其基本特征有：固定的体积和可变的形状；基本上不可压缩，膨胀系数小；具有流动性；具有掺混性，结构相同的液体可以任何比例掺混，否则分层；一定条件下，可出现毛细现象；液体表面具有表面张力。液体和气体是可以互相转变的。气体凝结变成液体，液体蒸发或沸腾可转变成气体。液体的蒸发是从液体的表面即液面开始的。当液体蒸发和气体凝结的速度相等时，液相和气相达到了两相平衡。有关液体的一些性质在第5章中介绍。

### 2.1.3　固体

聚集状态为固态的物质称为固体。降低气体温度时，气体会凝结成液体，降低液体温度时，液体会凝结成固体，这个过程称为液体的**凝固**，相反的过程称为**熔化**。凝固是放热过程，熔化则是吸热过程。固体有一定的几何外形，晶态固体有固定的熔点。自然界中，固体物质大多数为晶体。关于晶体的更多内容可参考扩展阅读材料。

**【扩展阅读】晶体类型与晶体结构简介**

## 2.2 近代原子结构概念的衍化

“原子”一词在公元前由古希腊哲学家德谟克利特提出，但在接下来的时间里，并没有令人信服的能够支持原子真实存在的实验证据。第一批真正的科学数据是由拉瓦锡等人从化学反应的定量测量中收集的。正是依据这些化学定量试验结果，道尔顿提出了第一个比较系统的原子理论。直到 19 世纪末 20 世纪初，在电子、质子、放射性等重大发现的基础上，现代原子结构模型才得以有效建立。下面系统介绍原子的结构及相关规律。

### 2.2.1 原子结构模型演变

原子“atom”最早来源于希腊语，原意是“不可再分的部分”。根据道尔顿的原子理论，我们将原子定义为可以进入化学组合的元素的基本单元。道尔顿想象原子是一个既非常小又不可分割的实心球。然而，19 世纪 50 年代至 20 世纪，一系列研究清楚地表明，原子实际上具有内部结构。也就是说，原子由更小的粒子组成，这些粒子被称为亚原子粒子。

1897 年，约瑟夫·汤姆生在阴极射线系列实验工作中，发现了负电荷粒子流这种亚原子体系的存在，打破了原子不可再分的假想。汤姆生将此类亚原子体系命名为电子，并猜测电子是平均分布在整个原子内的，因此，该模型也被称为**葡萄干面包模型**。

1911 年，欧内斯特·卢瑟福在 α 粒子轰击金箔的试验中发现，绝大部分粒子以直线方式通过金箔，只有极少数粒子的运动轨迹改变，极个别的粒子被弹回。依据此散射试验现象，卢瑟福提出了新的原子模型——**原子行星模型或核型原子模型**。卢瑟福首次提出了原子核的存在，并认为原子核相对于原子来说是一个非常小的核，却几乎集中了原子所有的质量，并带有相应的正电荷。与正电荷数量相等的电子在原子核外绕核运动，其运动轨迹类似于行星绕太阳旋转的轨迹。此后，随着质子、中子的发现，才知道原子包括质子、中子及电子，经典原子结构模型由此形成。例如，对氢原子组成的普遍认知为：氢原子包含一个质子和一个电子，质子组成原子核，电子绕原子核做对应的圆周运动。

然而，对于氢原子的解释，按照经典物理学理论，带负电荷的电子在绕核运动过程中总要不断向外辐射电磁波并降低能量，而这会导致电子的运动范围越来越小，直至电子与原子核碰撞原子灭亡。随着电子能量的逐渐降低，电子绕核运动的频率会发生相应的渐变，导致向外辐射的电磁波的频率发生连续的变化，其原子发射的电磁辐射谱线应为连续光谱。但实际情况是，氢原子可以稳定存在，并且氢原子的发射光谱为线状光谱，而不是连续光谱（见图 2-2）。对于这种情况，需要用新的理论进行解释。

### 2.2.2 氢原子线状光谱

电磁辐射是由空间共同移送的电能量和磁能量组成的，而这些能量由电荷移动产生。电磁“频谱”包括形形色色的电磁辐射，从极低频的电磁辐射至极高频的电磁辐射，包括无线电波、微波、红外线、可见光和紫外光等。在可见光区内，一般人的眼睛可以感知的电磁波呈现为红、橙、黄、绿、青、蓝、紫色的光谱，此类连续的电磁波谱称为连续光谱。

光谱学的相关研究成果为原子结构理论的建立奠定了非常扎实的理论基础，早在原子结构模型确立之前，光谱学已经积累了大量试验数据。科学家发现，每种元素原子的电磁辐射均由一条条独立的、拥有特定频率的谱线构成，而其被称为**线状光谱或原子光谱**。每种元素的线

图 2-2　可见光区内的连续光谱及不同原子的线状光谱

状光谱相当于人类的指纹，具有极高的可辨识度，即可以通过原子线状光谱推测原子的种类。例如，氢原子作为最简单的原子，其原子光谱在可见光区内呈现四条不同的谱线，对应的波长分别为 410.2 nm、434.0 nm、486.1 nm、656.3 nm。关于氢原子在可见光区及红外和紫外光区的各条谱线对应的波长，许多科学家提出了相关的经验公式，验证了诸多谱线间存在某种内在联系的结论。

原子光谱的特征明显与已有的原子结构的相关理论不符，如何解释原子的稳定性及氢原子线状光谱的形成和内在联系，一直是困扰科学家的难题，一直没有相应系统理论来阐述此问题。

### 2.2.3　玻尔原子结构理论

为解决被困扰许久的科学难题，诸多科学家进行了努力，其中代表性的成果有普朗克能量量子化理论和爱因斯坦对“光电效应”的解释。

能量量子化理论认为：物质吸收或发射的能量都是一份最小能量的整数，最小能量单位为能量子。爱因斯坦对“光电效应”的解释认为：一束光由能量量子化的光子组成，光的强弱由光子的频率及数目决定，具有特定频率的一个光子能够将能量传递给一个电子，光子的能量越大，电子获得的能量也越大。光子能量 $E$ 与光子频率 $\nu$ 成正比：

$$E = h\nu \tag{2-10}$$

式中：$h$ 为普朗克常数（$6.626\times10^{-34}$ J · s）。

玻尔正是站在这些巨人的肩膀上，对氢原子线状光谱的形成和内在联系进行了合理解释，并提出了新的原子结构模型。其主要包括以下内容。

**1）定态、基态及激发态**

玻尔提出的原子结构模型认为电子只能在若干圆形的固定轨道上绕核运动。这些轨道是符合一定条件的轨道，在轨道上电子的轨道角动量 $L$ 只能是 $h/(2\pi)$ 的整数倍，即 $L=mvr=nh/(2\pi)$，其中，$n$ 为 1,2,3,4,5,6,7,…。电子在这些轨道上绕核运动时，具有独立的、固定的能量，并不向外辐射能量，即处于一定的能级，这些能级定义为**定态**。其中，$n=1$ 时，能级最低，定义为**基态**；$n=2,3,4,5,6,7,\cdots$ 时，能级定义为**激发态**。各激发态的能量随 $n$ 值增大而升高。

**2）能量的吸收和发射**

原子能量的变化取决于电子能级的变化，电子只能在不同的定态间跃迁。一般情况下，电子处在能量最低的能级(基态)。当原子受到外界刺激，如加热或光电辐射时，电子获得能量会向高能级跃迁，产生激发态。电子要想获得能量就必须满足能量量子化条件，即能量取决于两个定态间的能量差值。

处于激发态的电子不稳定，倾向于向低能级跃迁，同时释放出能量，此能量差值仍为两定态间的能量差值。例如，电子可以从基态向第二能级甚至第七能级跃迁，其所吸收的能量是不同的，这取决于不同能级间的能量差值；处在第六能级的电子也可以向第二或第三能级跃迁，并辐射不同的能量，这依旧取决于不同能级间的能量差值。电子从基态跃迁到第二能级，其吸收的能量差值决定了光子频率：

$$h\nu = E_2 - E_1 \tag{2-11}$$

因此，原子吸收特定频率的能量，电子从低能级向高能级跃迁，吸收能量，产生线状吸收光谱；反之，电子从高能级向低能级跃迁，辐射能量，产生线状发射光谱。如此，玻尔理论成功地解释了原子稳定性及氢原子线状光谱产生的原因。在可见光区内，氢原子四条线状光谱应当归因于处于 $n=3,4,5,6$ 能级的电子跃迁回到 $n=2$ 能级时所辐射的能量，如图 2-3 所示。

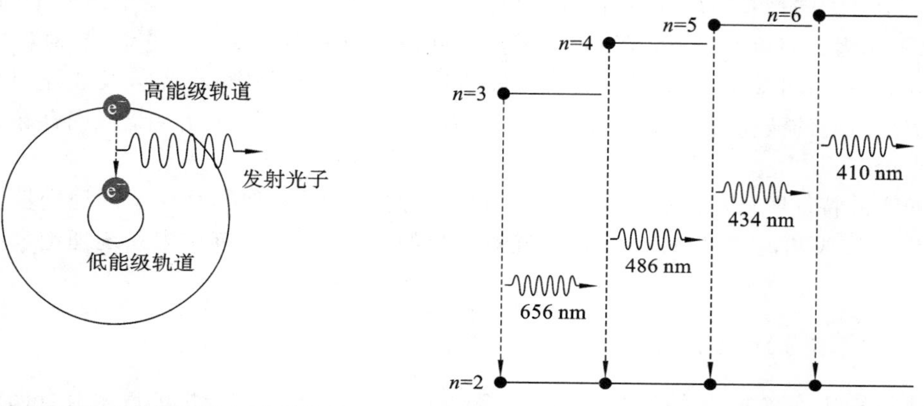


(a) 电子从高能级向低能级跃迁时辐射能量　　(b) 可见光区内氢原子四条线状光谱的产生及所对应的能级跃迁

**图 2-3　氢原子线状光谱**

玻尔提出的原子结构模型，开启了人们正确认识原子结构的大门，而玻尔正是凭借在原子结构及能量辐射方面的卓越贡献，于 1922 年获得了诺贝尔奖。其中，玻尔所提及的能量量子化、能级及电子跃迁等概念，至今仍被科学界广泛采用。

但受限于当时数学发展水平、计算机水平及受经典物理学根深蒂固的影响，玻尔理论仍有许多不足。比如，对于多电子原子体系，每条线状光谱能够细分成两条精细谱线，但玻尔理论无法解释。另外，玻尔理论只能对氢原子或单电子体系(类氢离子)的线状光谱进行解释，对于多电子体系，也无法进行正确解释。因此，需要更加合理的理论对玻尔理论进行补充与完善。在量子力学领域，玻尔理论被定义为**旧量子论**。在解决旧量子论无法说明的实验现象的过程中，新量子论诞生了，并向人们展示了原子结构的真实面貌。

## 2.3　量子力学模型

### 2.3.1　微观粒子的运动特征

爱因斯坦对“光电效应”的解释无可辩驳地证明了光具有微粒性的本质。但光的干涉与衍射现象也证实了光具有波动性的特征。试验结果验证了光同时具有微粒性和波动性两种特征，但这对当时科学界来说也是一个难以说明的科学难题。玻尔理论的提出，在科学界引起了非常大的轰动，促使更多科学家投身于对微观世界的研究当中，包括对光或原子、电子等微观粒子的研究。

1923 年，路易·维克多·德布罗意在普朗克能量量子化理论、爱因斯坦光子理论及玻尔理论的启发下，对光同时具有微粒性和波动性进行了解释，提出了微观粒子具有波粒二象性的假设，并满足：

$$\lambda = h/mc = h/p \tag{2-12}$$

式中：$\lambda$ 为光的波长；$c$ 为光的运动速度；$m$ 为光子的质量；$p$ 为动量。该公式将波动性和微粒性结合在一起，成功地说明了光具有波粒二象性，因此，光作为电磁波，也被称为“物质波”。

同时，德布罗意将波粒二象性大胆地推广到了所有微观粒子，包括原子、电子等，但这只是一种假设。直到 1927 年，科学家通过电子轰击金属镍单晶、石墨、金薄膜等试验，发现了明暗相间且分布不均的衍射图样，证实了德布罗意提出的微观粒子具有波粒二象性的假设。图 2-4 所示为铝箔的 X 射线衍射图样和电子衍射图样。

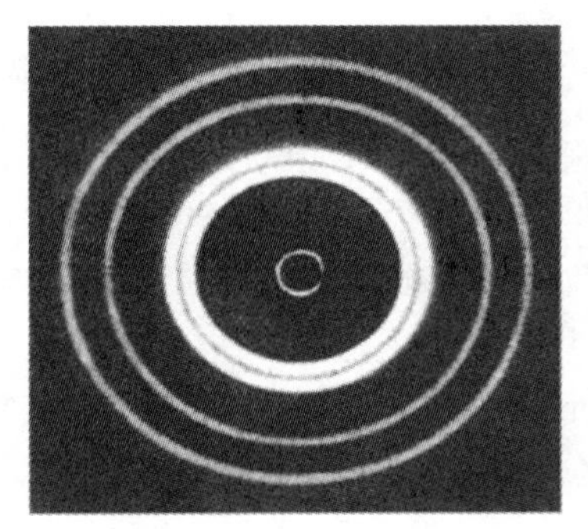

(a) 铝箔的X射线衍射图样

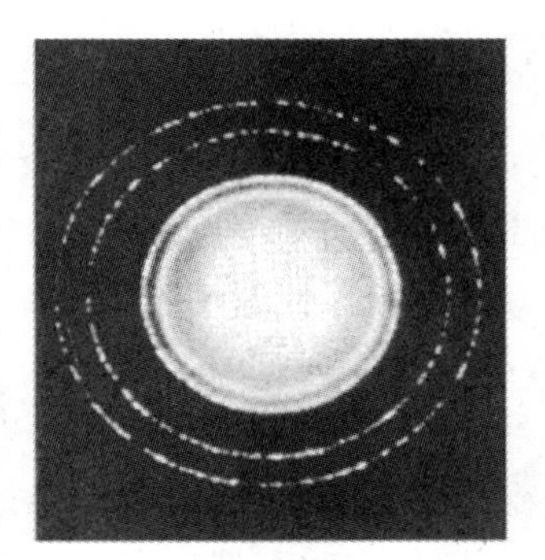

(b) 铝箔的电子衍射图样

图 2-4　铝箔的衍射图样

为了解释明暗相间且分布不均的衍射图样，科学家认定微观粒子所具有的波动性能够与粒子行为的统计性规律联系在一起，以“概率波”和“概率密度”来描述原子中电子的运动特征。衍射图样中亮度较高的区域代表电子在空间某区域内出现的机会较大；反之，机会较小。从数学角度来讲，机会就是概率，因此，微观粒子的运动是具有统计意义的“概率波”。

1927 年，海森伯格提出了不确定原理，认为微观粒子的位置测量偏差和动量测量偏差之积不小于 $h/(4\pi)$，即微观粒子的位置测量偏差越小，对应的动量测量偏差越大。而这也说明了微观粒子的运动不同于宏观物体沿轨道的运动。要想描述微观粒子所展现出的特殊性就需要用新的数学模型或函数来概括，将微观粒子的波粒二象性、运动规律与特定函数建立联系。

### 2.3.2　薛定谔方程、波函数及原子轨道

#### 1）薛定谔方程

1926 年，为描述微观粒子的波粒二象性及其运动规律，在德布罗意“物质波”的基础上，埃尔温·薛定谔建立了波动力学方程——薛定谔方程。薛定谔方程是量子力学中描述微观粒子运动状态的基本定律，其在量子力学中的地位类似于牛顿运动定律在经典力学中的地位。此方程是一个二阶偏微分方程，其中 $\Psi$ 是关于 $x$、$y$、$z$ 的函数，$E$ 是系统的总能量，$V$ 是势能，$m$

是微观粒子的质量，$h$ 是普朗克常数。

$$\frac{\partial^2 \Psi}{\partial x^2}+\frac{\partial^2 \Psi}{\partial y^2}+\frac{\partial^2 \Psi}{\partial z^2}+\frac{8\pi^2 m}{h^2}(E-V)\Psi=0 \tag{2-13}$$

**2）波函数及原子轨道**

在学习过程中，我们并不需要记住薛定谔方程的公式，也不需要掌握薛定谔方程的求解方法，只需要知道，薛定谔方程有很多数学意义上的解，其表现形式为 $\Psi(x,y,z)$，定义为**波函数**。但考虑到能量量子化理论、玻尔原子结构模型等，其实只有一部分符合特殊规定的波函数的解才能作为描述原子、分子中电子运动特征的合理解，其形式为 $\Psi_{nlm}(x,y,z)$，其中，$n$、$l$、$m$ 为具有特殊含义的合理数值。波函数 $\Psi_{nlm}(x,y,z)$ 不仅能够描述电子的运动状态，还能够标定其所处的空间坐标，因此，该函数的空间图像可以转换为电子运动的空间区域，也称为"**原子轨道**"。

但是，这里的轨道与玻尔理论中的轨道是不同的概念，前者是指电子在原子核外运动的空间范围；后者是指玻尔指定的特定圆形运动轨迹。**因此，特别需要注意的是，在量子力学中，$\Psi_{nlm}(x,y,z)$ 代表薛定谔方程的合理解，定义为波函数，亦被称为原子轨道！**

### 2.3.3 概率、概率密度及电子云

电子具有波粒二象性，因此，电子并不会像宏观物体一样，沿固定轨道运动。在某一瞬间电子的准确空间位置及运动速度是无法同时测得的。为了描述核外电子的运动状态，我们只能利用统计的方法大致讨论电子在核外某一空间区域内出现的**概率**。在单位空间区域内电子出现的概率可以称为**概率密度**。

根据薛定谔方程，电子的运动状态可以用波函数 $\Psi_{nlm}(x,y,z)$ 来描述。需要注意的是，波函数本身没有物理意义，上文所述仅为数学意义。但是，$|\Psi_{nlm}(x,y,z)|^2$ 具有极其明确的物理意义，它代表在单位空间区域内电子出现的概率。如果电子在原子核外某区域的概率密度相等，则概率密度乘以该区域的体积代表电子在该空间区域内出现的概率。

例如，对氢原子而言，其核外只有一个电子，该电子在核外空间区域内运动的统计规律可以用图 2-5 来表示。其中，点密集的地方代表电子出现的概率密度大，在该区域电子出现的概率就大；反之，概率就小，这种图形称为**电子云图**。为了便于记忆电子云的形状，将包含约 95%概率的区域连接起来，形成**电子云界面图**。比如，氢原子核外电子出现的区域可以简化成一个圆球，代表了该电子的运动区域为一个球体，其中电子出现的概率约为 95%。如果在二

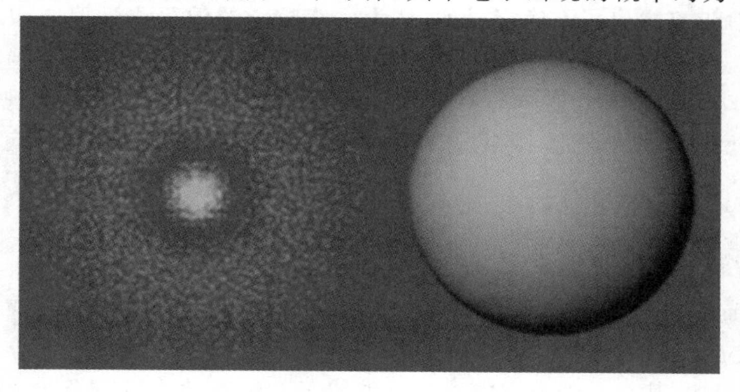

图 2-5 氢原子核外电子的电子云图及电子云界面图

维平面，则其简化成一个圆圈。因此，为了后续学习方便，根据 $|\Psi_{nlm}(x,y,z)|^2$，将得到的电子云图均简化成电子云界面图，用以表示电子在相应运动区域内出现的概率，在学习过程中只需记住电子云界面图形状即可。

### 2.3.4　量子数

薛定谔方程的合理解 $\Psi(x,y,z)$ 要想成为描述核外电子运动状态的原子轨道 $\Psi_{nlm}(x,y,z)$，必须规定一组合理的量子数 $n,l,m$。这一组合理的量子数能够决定某一个具体的波函数所描述的电子所处原子轨道的量子化情况，如电子的能量、电子离核远近、原子轨道的形状及空间取向等。这三个量子数不是任意的常数，其取值要符合一定规律。

**1）主量子数 *n***

主量子数 $n$ 表示原子中电子出现概率最大的区域离核的远近，或者说它决定电子层数。

主量子数 $n$ 的取值为正整数（$n=1,2,3,\cdots$），但通常只取 $n=1,2,3,4,5,6,7$。主量子数越大表示电子云离核的平均距离越大。例如，$n=1$，代表离核最近的第一电子层；$n=2$，代表第二电子层；$n=3$，代表第三电子层。

在光谱学中，常用 K，L，M，N，O，P，Q 分别表示 1，2，3，4，5，6，7 电子层。

另外，$n$ 还是决定电子能量高低的主要因素。对单电子原子或离子来说，$n$ 越大，电子的能量越高。对多电子原子来说，核外电子的能量除了主要取决于主量子数 $n$ 以外，还与原子轨道或电子云的形状有关，即与角量子数 $l$ 有关。

**2）角量子数 *l***

角量子数 $l$ 不仅能够确定原子轨道在空间的形状，还能在多电子体系中和主量子数 $n$ 共同决定电子的能级。电子绕核运动时，既具有一定的能量，又具有一定的角动量。角量子数 $l$ 不同表明原子轨道的形状不同。

角量子数 $l$ 可以简单理解为将电子层继续细分为亚层或能级。当 $n$ 值一定时，$l$ 只能取0～$(n-1)$的正整数，但常用的值为 0，1，2，3，4。在光谱学中，这五个数值对应的亚层符号分别为 s，p，d，f，g，对应的亚层分别为 s 亚层，p 亚层，d 亚层，f 亚层，g 亚层。

**【扩展阅读】**
**波函数和电子云的径向分布与角度分布函数、图像**

当 $l=0$ 时，代表 s 亚层，电子云界面图的形状是对称的球形；当 $l=1$ 时，代表 p 亚层，电子云界面图呈哑铃形；当 $l=2$ 时，代表 d 亚层，电子云界面图常呈花瓣形；当 $l=3$ 时，代表 f 亚层，电子云界面图更为复杂，无法用语言描述。此系列电子云界面图根据具体薛定谔方程中的波函数图像绘制，具体绘制过程可参考扩展阅读材料。这里只需知道亚层电子云界面图形状及空间取向即可。

当 $n=1$ 时，$l$ 只能取值为 0，代表第一电子层只有一个 1s 亚层；$n=2$ 时，$l$ 可以取值为 0，1，代表第二电子层有 2s，2p 两个亚层；$n=3$ 时，$l$ 可以取值 0，1，2，代表第三电子层有 3s，3p，3d 三个亚层。依此类推，可知各电子层的亚层数目和种类。

需要特别注意的是，在多电子体系的同一电子层中，角量子数 $l$ 越大，能量越高，导致同一电子层中各亚层出现**能级分裂**现象，$n\mathrm{s}<n\mathrm{p}<n\mathrm{d}<n\mathrm{f}$。但对于单电子体系，同一电子层中的各亚层能级相等，$n\mathrm{s}=n\mathrm{p}=n\mathrm{d}=n\mathrm{f}$。

**3）磁量子数 *m***

磁量子数 $m$ 的取值取决于角量子数 $l$，其值为 $0,\pm1,\pm2,\cdots,\pm l$，共$(2l+1)$个值。磁量子数 $m$ 的每一个取值规定了亚层当中原子轨道的空间伸展方向，$m$ 取值的个数表示亚层中不同空间取向的原子轨道的个数。

如图 2-6 所示，对 s 亚层，磁量子数 $m$ 只能取 0，代表 s 亚层只有一条原子轨道，其在原子核外的空间只有一种分布取向，以核为球心呈球形分布，可以书写为 s 原子轨道；对 p 亚层，磁量子数 $m$ 可以取 0，±1，代表 p 亚层有三条原子轨道，分别沿 $x$ 轴、$y$ 轴、$z$ 轴方向呈哑铃状分布，可以书写为 $p_x$，$p_y$，$p_z$ 三条原子轨道；对 d 亚层，磁量子数 $m$ 可以取 0，±1，±2，代表 d 亚层有五条原子轨道，其形状为花瓣形，并在不同角度分布着，其情况比较复杂，这里不进行讨论。

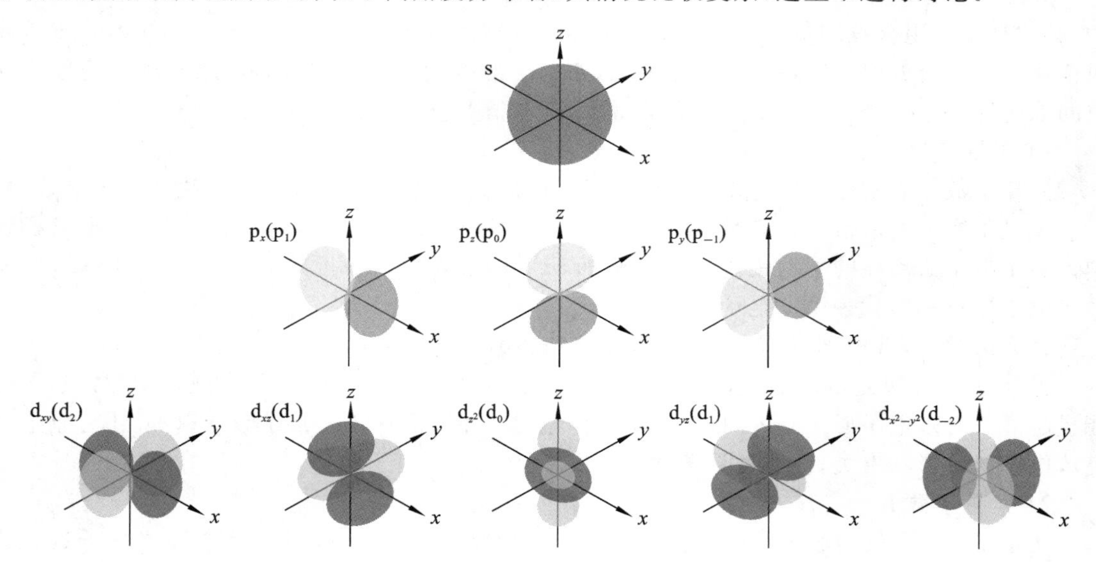


**图 2-6　s、p、d 亚层电子云空间伸展方向的界面图**

对于多电子体系，由于轨道能量只取决于 $n$ 和 $l$，因此，每一亚层中不同原子轨道的能量，即能级是相等的，可以称作**简并轨道或等价轨道**。p 亚层有三条简并轨道，其简并度为 3；d 亚层有五条简并轨道，其简并度为 5。但对单电子体系而言，由于轨道能量只取决于主量子数 $n$，因此，每一电子层中所有的原子轨道能级都是相等的，也可以称作简并轨道。例如，对于第三电子层，其有 3s，3p，3d 三个亚层，每一亚层分别含有一条、三条、五条原子轨道，但这九条原子轨道的能量是相等的，只是空间取向和形状不同而已。

综上，用三个量子数 $n$，$l$，$m$ 便可确定一条明确的原子轨道，该原子轨道波函数表达形式为 $\Psi_{nlm}(x,y,z)$。例如，3s 原子轨道可用波函数 $\Psi_{300}(x,y,z)$ 描述；3p 原子轨道可用波函数 $\Psi_{310}(x,y,z)$、$\Psi_{311}(x,y,z)$ 或 $\Psi_{31-1}(x,y,z)$ 描述。

**4）自旋量子数 $m_s$**

在解薛定谔方程时，为了得到能正确描述原子运动规律的合理解，引入了三个量子数 $n$，$l$，$m$。其波函数的图像虽然可以说明电子的运动区域和空间取向，但仍无法解释某些原子能呈现精细光谱的原因。例如，将碱金属原子束经过不均匀磁场投射到屏幕上后，射线束会分裂成两条谱线，并朝不同方向偏转，这表明电子除了做绕原子核的轨道运动以外，还做绕自身轴的自旋运动，如图 2-7 所示。

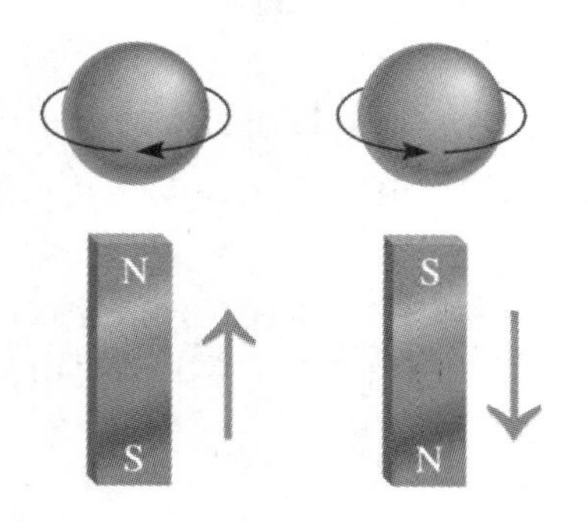


**图 2-7　电子做绕自身轴的自旋运动及产生的磁场方向**

根据这种实验事实，特地引入了第四个量子数——

自旋量子数 $m_s$，用以描述电子本身的自旋运动，并规定 $m_s$ 可以取 $\pm1/2$，其中每一个数值表示电子的一种自旋方向（如顺时针方向用↑的箭头表示，逆时针方向用↓的箭头表示）。两个电子处于相同自旋状态时为**自旋平行**，用符号↑↑或↓↓表示；两个电子处于不同自旋状态时为**自旋反平行**，用符号↑↓或↓↑表示。

用四个量子数 $n,l,m,m_s$ 便可确定地描述一个电子的运动状态，包括运动区域、空间取向及自旋状态。例如，3s 亚层上的一个电子的运动状态可以用(3,0,0,1/2)或(3,0,0,−1/2)来描述，依此类推。

## 2.4 基态原子电子组态

用薛定谔方程可精确解出氢原子或类氢离子电子的概率分布与轨道能量，但对于多电子原子体系的能量却难以用该方程得到精确解。在研究多电子原子结构时，除了考虑原子核和电子之间的吸引作用以外，还必须考虑电子之间的排斥能，但由于电子的位置瞬息万变，精确求解具有很大的难度。此时，只能根据原子光谱试验数据，通过理论分析得到。通过此方法得到的数据是整个原子能量最低时，即原子处于基态时的电子分布情况。

接下来，我们就学习多电子原子体系的基态电子排布情况。

### 2.4.1 Pauli 近似能级顺序图

通过总结大量光谱数据及某些近似理论计算结果，鲍林(Pauli)总结并提出了多电子体系原子轨道近似能级顺序图。该能级顺序是指电子按照能级从低到高在核外轨道排布的顺序，也指填入电子时各能级能量的相对高低顺序，如图 2-8 所示。

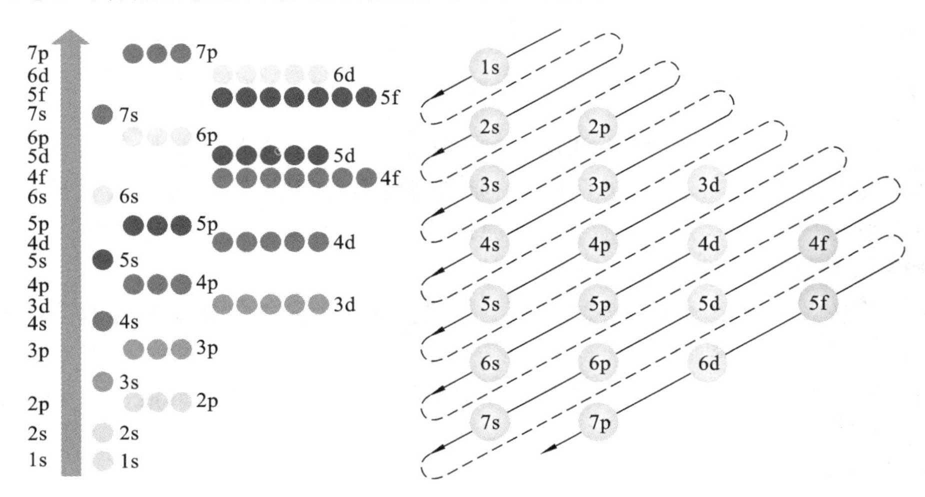


**图 2-8　Pauli 近似能级顺序图**

图 2-8 中，一个小圆圈代表一条原子轨道，$n$s 至 $n$p 亚层的几个轨道能量相近，称为一个能级组。这样的能级组共有七个，各能级组均以 s 轨道开始，以 p 轨道结束（注：第一能级组主量子数为 1 时，不存在 p 轨道）。这与周期表中七个周期有着对应关系。不同能级组之间的能量差较大，但同一能级组内各能级相差较小。

第一能级组内只有一个能级 1s。1s 能级只有一条原子轨道。

第二能级组内有两个能级 2s 和 2p。两个能级分别含有一条和三条简并原子轨道。并且由于 2p 亚层的角量子数较大，能级分裂，$E_{2s}<E_{2p}$。

第三能级组内有两个能级 3s 和 3p。两个能级分别含有一条和三条简并原子轨道。由于能级分裂，$E_{3s}<E_{3p}$。

从第四能级组开始，出现新的现象——**能级交错**。能级交错是指电子层数较大的某些轨道的能量反而低于电子层数较小的某些轨道的能量的现象。这是因为不同能级的电子受到的相互作用力不同。由于具体原因比较抽象，我们只需记住此现象引起的能级顺序图即可。能级交错的一般规律是：$n\text{s}<(n-2)\text{f}<(n-1)\text{d}<n\text{p}$。第四能级组内有三个能级 4s、3d 和 4p。这三个能级分别含有一条、五条和三条简并原子轨道。由于能级分裂和能级交错，$E_{4s}<E_{3d}<E_{4p}$。

第五能级组内有三个能级 5s、4d 和 5p。三个能级分别含有一条、五条和三条简并原子轨道。由于能级分裂和能级交错，$E_{5s}<E_{4d}<E_{5p}$。

第六能级组内有四个能级 6s、4f、5d 和 6p。四个能级分别含有一条、七条、五条和三条简并原子轨道。由于能级分裂和能级交错，$E_{6s}<E_{4f}<E_{5d}<E_{6p}$。

第七能级组内有四个能级 7s、5f、6d 和 7p。四个能级分别含有一条、七条、五条和三条简并原子轨道。由于能级分裂和能级交错，$E_{7s}<E_{5f}<E_{6d}<E_{7p}$。

总结来看，对于多电子体系，原子核外原子轨道的能级顺序应是 $E_{1s}<E_{2s}<E_{2p}<E_{3s}<E_{3p}<E_{4s}<E_{3d}<E_{4p}<E_{5s}<E_{4d}<E_{5p}<E_{6s}<E_{4f}<E_{5d}<E_{6p}<E_{7s}<E_{5f}<E_{6d}<E_{7p}$。

另外，还需要注意的是：Pauli 近似能级顺序图根据周期表中各元素的原子轨道能级顺序光谱实验数据总结出来的一般规律，不可能完全精确地描述各个元素原子轨道能级的能量高低，所以只能取“近似”一词；Pauli 近似能级顺序图反映的是同一原子内能级的高低顺序，因此，不能用以比较不同原子间的原子轨道能级的高低顺序。

### 2.4.2　核外电子排布三原则

先学习原子轨道近似能级顺序，再掌握基态原子核外电子排布三原则，便可掌握绝大多数原子的基态电子排布方式。核外电子排布三原则是科学家根据原子光谱实验数据和量子力学理论总结出来的一般规律，分别是能量最低原理、Pauli 不相容原理、Hund 规则。

**1）能量最低原理**

自然界总是遵循“能量越低、越稳定”这一普遍规律。原子能够稳定地存在于任何物质当中，必然遵循此条规律。因此，对于多电子原子体系，在基态时，核外电子总是尽可能地优先填充能量最低的原子轨道，然后根据原子轨道近似能级图中的顺序依次向能量较高的原子轨道上填充，这便是能量最低原理。

**2）Pauli 不相容原理**

Pauli 不相容原理又称为泡利原理、不相容原理，是微观粒子运动的基本规律之一。该原理指出：在同一个原子中，不可能有两个或两个以上的电子处于完全相同的状态。

根据上文，我们已经知道，描述电子运动状态时，需要用到四个量子数，结合 Pauli 不相容原理，即在同一原子中不可能存在四个量子数完全相同的电子。例如，如果前三个量子数 $n,l,m$ 都确定，则能够规定一条确定的原子轨道，根据 Pauli 不相容原理，第四个量子数 $m_s$ 只能取 1/2 或 $-1/2$。

因此，Pauli 不相容原理还可以表述为：在一条确定的原子轨道上，最多可以容纳自旋方向相反的两个电子。这成为电子在核外排布形成周期性从而解释元素周期表的准则之一。例如，在每一个主量子数 $n$ 所确定的电子层中，其拥有的原子轨道数目为 $n^2$，对应每一个电子层所填充的电子数应为 $2n^2$。根据 Pauli 近似能级顺序图，每一个能级组填充的最多电子数应分别是 2、8、8、18、18、32、32 个。

**3）Hund 规则**

Hund 根据大量光谱实验数据，总结出：电子分布到能量相同的简并原子轨道时，总是先以自旋相同的方向，单独占据能量相同的轨道，即在等价轨道中自旋相同的单电子越多，体系越稳定。当一个轨道中已占有一个电子时，另一个电子如果要继续填入这个轨道而同前一个电子成对，就必须克服两个电子之间的相互排斥作用，即电子成对能。

在 Hund 规则的基础上，后续总结出：当等价轨道为全空、半满或全满时，体系的能量是最低的，如 $s^2$、$p^3$、$p^6$、$d^5$、$d^{10}$、$f^7$、$f^{14}$ 等轨道，都是比较稳定的。

### 2.4.3　基态原子核外电子排布

按照上述三个规则及 Pauli 近似能级顺序图，基本可以写出绝大部分元素的原子核外电子填充方式，即基态原子的电子构型或电子组态。

对于 18 号元素 Ar，其原子核外有 18 个电子，其基态原子电子构型应为 $1s^2 2s^2 2p^6 3s^2 3p^6$。每一个亚层右上角的数值代表该亚层所填充电子的数目。例如，2p 亚层含有三条简并原子轨道，每条应分别填充两个电子，但为方便书写电子排布式，只需用亚层表示即可。对 Ar 而言，最外层电子数为 8，这种结构通常比较稳定，称为稀有气体结构。

对于 19 号元素 K，其原子核外有 19 个电子，其基态原子电子构型应为 $1s^2 2s^2 2p^6 3s^2 3p^6 4s^1$；对于 21 号元素 Sc，其原子核外有 21 个电子，其基态原子电子构型应为 $1s^2 2s^2 2p^6 3s^2 3p^6 3d^1 4s^2$。通过比较可以发现，K、Sc 与 Ar 前 18 个电子的排布方式是完全相同的，为全充满稳定结构，因此，为了避免电子排布式过长，通常把内层电子已经达到稀有气体原子的电子排布式的部分，简化成稀有气体元素符号加中括号的形式，这一部分叫作“**原子实**”。例如，K 的电子排布式可以简化为 $[Ar]4s^1$，Sc 的电子排布式则可以简化为 $[Ar]3d^1 4s^2$，如表 2-1 所示。原子实之外的电子，可以称为**价电子**，代表该原子在参与化学反应时，易发生氧化还原反应的电子。

关于基态原子的核外电子排布，还有以下两点我们需要特别注意。

第一点：填充电子的顺序的依据是 Pauli 近似能级顺序图和核外电子排布三原则，但在最终书写原子基态核外电子排布式时，必须把主量子数相同的能级放在一起书写，并按照 $n$s，$n$p，$n$d，$n$f 的顺序来书写。这是因为电子填充在原子轨道上后，电子的能量会发生相应的变化，导致主量子数成为主要的考虑因素。例如，对于 K 元素，当第 19 个电子要填充时，可以填充在 4s 或 3d 轨道上，但考虑到能量最低原理，电子优先填充在 4s 轨道上；对于 Ca 元素，第 20 个电子同样填充在 4s 轨道上；对于 Sc 元素，第 21 个电子会填在 3d 轨道上。但在 3d 轨道上填充电子后，第三电子层由于离核更近，会对外层的 4s 电子产生排斥力，使 4s 上两个电子能量升高并高于 3d 轨道上电子的能量，因此，当 Sc 原子变为离子时，优先失去的电子为能量更高的 4s 电子。因此，在书写 Sc 基态原子电子排布式时，必须将 3d 亚层放在 4s 亚层之前，其电子排布式具体形式为 $[Ar]3d^1 4s^2$，而不能是 $[Ar]4s^2 3d^1$！

表 2-1 元素的基态原子核外电子排布式

| 原子序数 | 元素符号 | 电子构型 | 原子序数 | 元素符号 | 电子构型 | 原子序数 | 元素符号 | 电子构型 |
|---|---|---|---|---|---|---|---|---|
| 1 | H | $1s^1$ | 30 | Zn | $[Ar]3d^{10}4s^2$ | 59 | Pr | $[Xe]4f^3 6s^2$ |
| 2 | He | $1s^2$ | 31 | Ga | $[Ar]3d^{10}4s^2 4p^1$ | 60 | Nd | $[Xe]4f^4 6s^2$ |
| 3 | Li | $[He]2s^1$ | 32 | Ge | $[Ar]3d^{10}4s^2 4p^2$ | 61 | Pm | $[Xe]4f^5 6s^2$ |
| 4 | Be | $[He]2s^2$ | 33 | As | $[Ar]3d^{10}4s^2 4p^3$ | 62 | Sm | $[Xe]4f^6 6s^2$ |
| 5 | B | $[He]2s^2 2p^1$ | 34 | Se | $[Ar]3d^{10}4s^2 4p^4$ | 63 | Eu | $[Xe]4f^7 6s^2$ |
| 6 | C | $[He]2s^2 2p^2$ | 35 | Br | $[Ar]3d^{10}4s^2 4p^5$ | 64 | Gd | $[Xe]4f^7 5d^1 6s^2$ |
| 7 | N | $[He]2s^2 2p^3$ | 36 | Kr | $[Ar]3d^{10}4s^2 4p^6$ | 65 | Tb | $[Xe]4f^9 6s^2$ |
| 8 | O | $[He]2s^2 2p^4$ | 37 | Rb | $[Kr]5s^1$ | 66 | Dy | $[Xe]4f^{10} 6s^2$ |
| 9 | F | $[He]2s^2 2p^5$ | 38 | Sr | $[Kr]5s^2$ | 67 | Ho | $[Xe]4f^{11} 6s^2$ |
| 10 | Ne | $[He]2s^2 2p^6$ | 39 | Y | $[Kr]4d^1 5s^2$ | 68 | Er | $[Xe]4f^{12} 6s^2$ |
| 11 | Na | $[Ne]3s^1$ | 40 | Zr | $[Kr]4d^2 5s^2$ | 69 | Tm | $[Xe]4f^{13} 6s^2$ |
| 12 | Mg | $[Ne]3s^2$ | 41 | Nb | $[Kr]4d^4 5s^1$ | 70 | Yb | $[Xe]4f^{14} 6s^2$ |
| 13 | Al | $[Ne]3s^2 3p^1$ | 42 | Mo | $[Kr]4d^5 5s^1$ | 71 | Lu | $[Xe]4f^{14} 5d^1 6s^2$ |
| 14 | Si | $[Ne]3s^2 3p^2$ | 43 | Tc | $[Kr]4d^5 5s^2$ | 72 | Hf | $[Xe]4f^{14} 5d^2 6s^2$ |
| 15 | P | $[Ne]3s^2 3p^3$ | 44 | Ru | $[Kr]4d^7 5s^1$ | 73 | Ta | $[Xe]4f^{14} 5d^3 6s^2$ |
| 16 | S | $[Ne]3s^2 3p^4$ | 45 | Rh | $[Kr]4d^8 5s^1$ | 74 | W | $[Xe]4f^{14} 5d^4 6s^2$ |
| 17 | Cl | $[Ne]3s^2 3p^5$ | 46 | Pd | $[Kr]4d^{10}$ | 75 | Re | $[Xe]4f^{14} 5d^5 6s^2$ |
| 18 | Ar | $[Ne]3s^2 3p^6$ | 47 | Ag | $[Kr]4d^{10} 5s^1$ | 76 | Os | $[Xe]4f^{14} 5d^6 6s^2$ |
| 19 | K | $[Ar]4s^1$ | 48 | Cd | $[Kr]4d^{10} 5s^2$ | 77 | Ir | $[Xe]4f^{14} 5d^7 6s^2$ |
| 20 | Ca | $[Ar]4s^2$ | 49 | In | $[Kr]4d^{10} 5s^2 5p^1$ | 78 | Pt | $[Xe]4f^{14} 5d^9 6s^1$ |
| 21 | Sc | $[Ar]3d^1 4s^2$ | 50 | Sn | $[Kr]4d^{10} 5s^2 5p^2$ | 79 | Au | $[Xe]4f^{14} 5d^{10} 6s^1$ |
| 22 | Ti | $[Ar]3d^2 4s^2$ | 51 | Sb | $[Kr]4d^{10} 5s^2 5p^3$ | 80 | Hg | $[Xe]4f^{14} 5d^{10} 6s^2$ |
| 23 | V | $[Ar]3d^3 4s^2$ | 52 | Te | $[Kr]4d^{10} 5s^2 5p^4$ | 81 | Tl | $[Xe]4f^{14} 5d^{10} 6s^2 6p^1$ |
| 24 | Cr | $[Ar]3d^5 4s^1$ | 53 | I | $[Kr]4d^{10} 5s^2 5p^5$ | 82 | Pb | $[Xe]4f^{14} 5d^{10} 6s^2 6p^2$ |
| 25 | Mn | $[Ar]3d^5 4s^2$ | 54 | Xe | $[Kr]4d^{10} 5s^2 5p^6$ | 83 | Bi | $[Xe]4f^{14} 5d^{10} 6s^2 6p^3$ |
| 26 | Fe | $[Ar]3d^6 4s^2$ | 55 | Cs | $[Xe]6s^1$ | 84 | Po | $[Xe]4f^{14} 5d^{10} 6s^2 6p^4$ |
| 27 | Co | $[Ar]3d^7 4s^2$ | 56 | Ba | $[Xe]6s^2$ | 85 | At | $[Xe]4f^{14} 5d^{10} 6s^2 6p^5$ |
| 28 | Ni | $[Ar]3d^8 4s^2$ | 57 | La | $[Xe]5d^1 6s^2$ | 86 | Rn | $[Xe]4f^{14} 5d^{10} 6s^2 6p^6$ |
| 29 | Cu | $[Ar]3d^{10} 4s^1$ | 58 | Ce | $[Xe]4f^1 5d^1 6s^2$ | | | |

第二点：核外电子排布三原则只是一般规律。对于某些特殊原子的核外电子排布，要以实际光谱为准。例如，对于 24 号元素 Cr，其原子核外有 24 个电子，按照三原则排布后其基态原子电子构型为$[Ar]3d^4 4s^2$，但根据光谱实验数据，其真实电子排布式应为$[Ar]3d^5 4s^1$；对于 29 号元素 Cu，按照三原则排布后其基态原子电子构型为$[Ar]3d^9 4s^2$，但根据光谱实验数据，其真实电子排布式应为$[Ar]3d^{10} 4s^1$。造成这种差别的主要原因是 $3d^5$、$3d^{10}$ 电子构型是半充满、全

充满构型,比较稳定,倾向于形成能量更低的电子构型。其他元素的基态的电子排布也有很多特例,但我们只需掌握电子排布的一般规律与方法即可。

## 2.5 元素周期表与周期律

1869年,俄国化学家门捷列夫按照相对原子质量由小到大排列,将化学性质相似的元素放在同一纵列,编制出第一张元素周期表。当时人们对原子结构的认识非常缺乏,无法深刻了解元素周期表的真正排布方式及性质变化。但随着人们对原子结构的深入研究,人们愈发深刻地理解原子核外电子排布与元素周期、族等划分的内在联系,并逐渐形成了现行的元素周期表。元素周期表中的横行和纵列,把某些看起来似乎互不相关的元素统一起来,组成了一个完整的自然体系,并揭示了物质世界的秘密。元素周期表的发明,是近代化学史上的一个里程碑,对于促进化学相关领域的发展起到了巨大的推动作用。

### 2.5.1 元素周期表

原子的核外电子排布和性质具有明显的规律性,科学家按原子序数递增排列,将电子层数相同的元素放在同一行,将最外层电子数相同的元素放在同一列。所以,现行的元素周期表有7个横行,18个纵列。

其中,每一个横行为一个周期,对应 Pauli 能级组中的一个能级组。第一能级组只有一条原子轨道,只能填充两个电子,所以第一周期只有两种元素,称为特短周期。第二和第三周期对应的能级组分别能填充八个电子,因此,分别有八种元素,称为短周期。第四和第五周期对应的能级组能填充十八个电子,因此,分别有十八种元素,称为长周期。第六与第七周期对应的能级组可以填充三十二个电子,因此,分别有三十二种元素,称为特长周期。目前,科学家通过努力已经人工合成了原来元素周期表中空缺的元素。

元素周期表中,从左到右有18个纵列,代表了16个族。其中,周期表中的第1、2、13、14、15、16、17和18纵列,定义为主族,分别标记为ⅠA到ⅧA。主族元素的最后一个电子会填入 $ns$ 或 $np$ 轨道,其族数等于最外层电子数之和。另外,周期表中的第3、4、5、6、7、11和12纵列,定义为副族,分别对应ⅢB、ⅣB、ⅤB、ⅥB、ⅦB、ⅠB、ⅡB。剩下的第8、9、10纵列合称为Ⅷ族。位于周期表下的镧系元素和锕系元素应属于ⅢB族,但其电子构型特殊,性质独特,因此单列。

元素周期表除了按照周期与族进行划分外,还可按照分区进行划分。这主要是将价电子排布相同的系列元素划分到一起,如图2-9所示。其具体可分为:s区元素,包含ⅠA和ⅡA,最后一个电子填充在 $ns$ 轨道上,其价电子构型为 $ns^{1\sim2}$;p区元素,包含ⅢA～ⅧA,最后一个电子填充在 $np$ 轨道上,其价电子构型为 $ns^2np^{1\sim6}$;d区元素,包含ⅢB～Ⅷ,最后一个电子填充在 $(n-1)$d 轨道上,其价电子构型为 $(n-1)d^{1\sim10}ns^{0\sim2}$;ds区元素,包含ⅠB～ⅡB,最后一个电子填充在 $(n-1)$d 轨道上并使其饱和,其价电子构型为 $(n-1)d^{10}ns^{1\sim2}$;f区元素,包含镧系元素和锕系元素,最后一个电子填充在 $(n-2)$f 轨道上,其价电子构型为 $(n-2)f^{0\sim14}(n-1)d^{0\sim2}ns^2$。

### 2.5.2 元素周期律

元素周期表中元素分布与核外电子构型的周期性变化有着密切的联系,所以,元素原子的某些特定原子参数,如原子半径、电离能、电子亲和能与电负性等,也会呈现明显的周期性变化

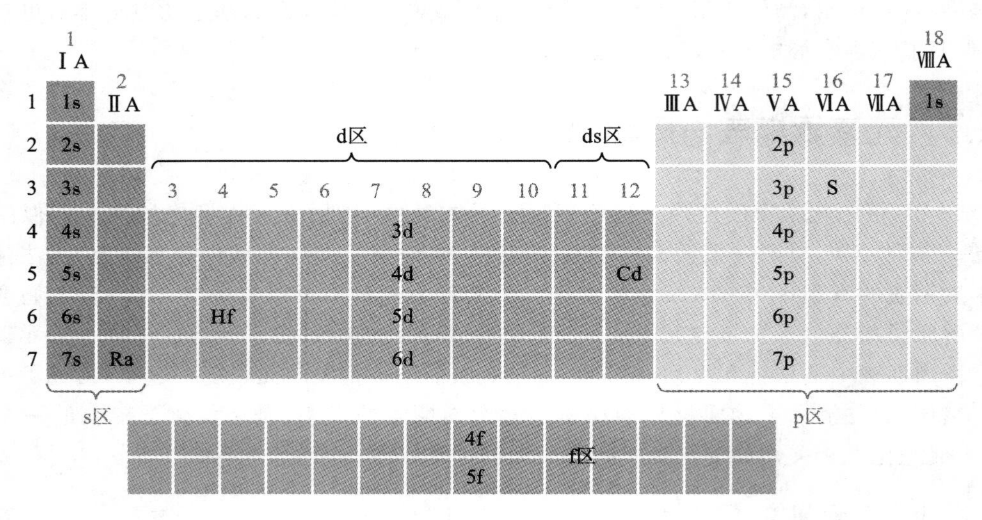


图 2-9　元素周期表的分区

趋势。

**1. 原子半径**

电子在核外各处都有可能出现，仅概率不同而已，因此单纯把原子半径理解成最外层电子到原子核的距离是不严谨的，经典意义上的原子半径是不存在的。通常所说的原子半径都是指原子在晶体和分子中所表现的大小，包括共价半径、金属半径、范德华半径。

两个相同的原子形成共价单键时，其核间距离的一半，称为原子的共价半径。例如，在 $Cl_2$ 分子中，Cl—Cl 键长的一半定义为氯原子的共价半径。

在金属单质晶体中，两个相邻金属原子间距离的一半，称为该金属原子的金属半径。例如，单质金中两个相邻的金原子核间距的一半定义为金原子的金属半径。

稀有气体的原子只能通过范德华力结合在一起，低温时，稀有气体可以呈现晶体形态，此时两个稀有气体原子间距的一半定义为范德华半径。

一般来说，原子在形成共价化合物时，共价半径基本不变，具有加和性，所以可以将各种元素的共价半径做成统一的表格，如图 2-10 所示。数据显示，原子半径呈现明显的规律性变化：同周期从左到右逐渐减小，同主族从上到下逐渐增大。

同一周期从左到右，随着原子序数的增大，原子半径逐渐减小，如图 2-11 所示。但长周期中部(d 区)各元素的原子半径随着核电荷数的增加减小较慢；ⅠB 和ⅡB 元素的原子半径略有增大，后继续变小，此系列变化较为复杂，我们不予以详细讨论。

同一周期中，原子半径的大小主要受两种因素的影响：一是随着原子核电荷数的增加，原子核对最外层电子的吸引力逐渐变强，使原子半径逐渐变小；二是随着原子核外电子数的增加，电子间排斥力增强，导致原子半径逐渐变大。但是，增加的电子不能完全屏蔽增加的核电荷，因此同周期从左到右，随着原子核对最外层电子吸引力的增强，原子半径逐渐变小。

同一主族从上到下，原子半径逐渐增大，且趋势明显。同一副族元素从上到下，原子半径增大确实比较缓慢。这主要是因为同族元素原子由上而下电子层数增加，内层电子对最外层电子的排斥力增强，能够有效抵消核电荷数增加所带来的影响，因此，从总体趋势看，对于主族或副族元素，原子半径由上至下是逐渐增大的。

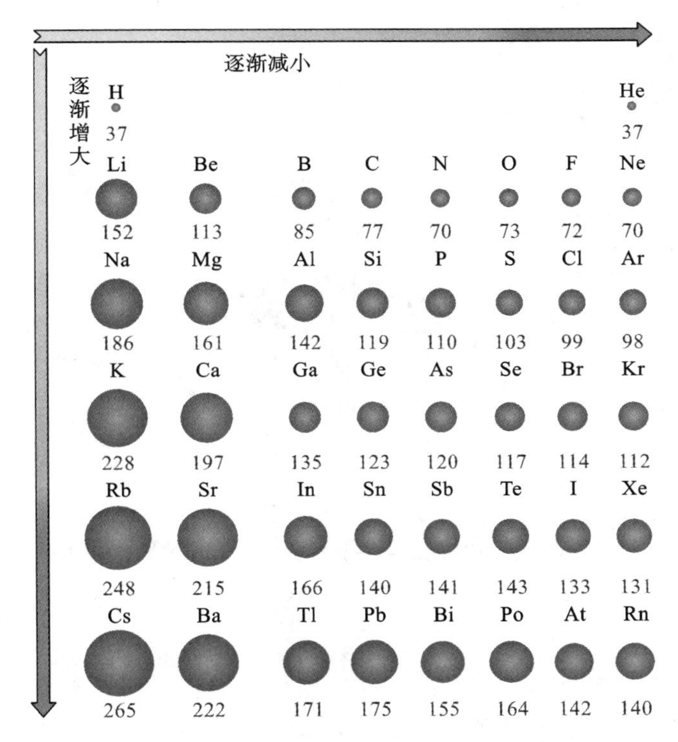


图 2-10　元素原子半径列表及其周期性变化

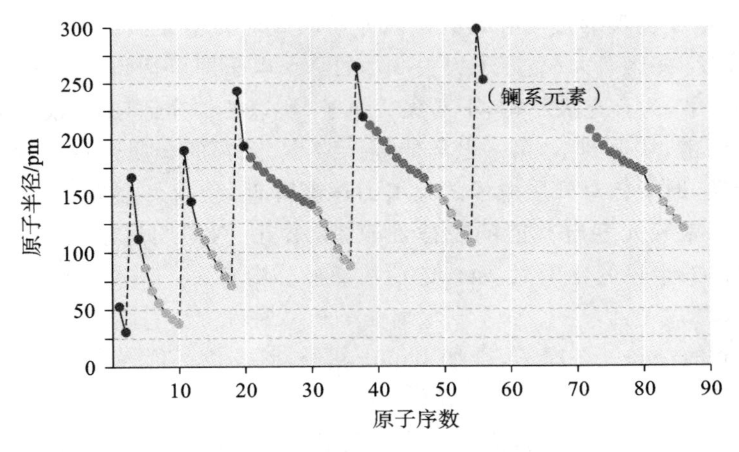


图 2-11　同周期和同主族原子半径变化趋势图

**2. 电离能**

某元素 1 mol 基态气态原子，失去最高能级的 1 mol 电子，形成 1 mol 气态离子($M^{+}$)所吸收的能量，称为该元素的第一电离能 $I_1$，单位为 $kJ \cdot mol^{-1}$。1 mol 气态离子($M^{+}$)继续失去最高能级的 1 mol 电子所需的能量，称为该元素的第二电离能 $I_2$；依此类推。电离能的大小反映原子或离子失去电子的难易程度，电离能越大代表失去电子越困难，因此，一般 $I_1 < I_2 < I_3$。元素周期表中各元素第一电离能的变化趋势如图 2-12 所示。

电离能的大小通常作为金属活泼性的重要衡量标志。其中，第一电离能是比较重要的，其数值可以作为衡量原子失去电子的能力及金属性的一种标尺。第一电离能越小，价电子越易

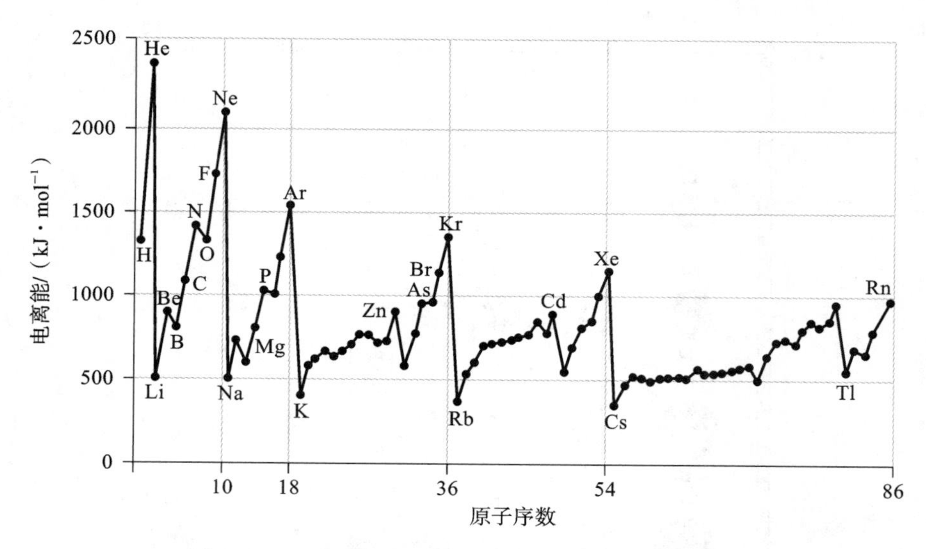


图 2-12　元素周期表中各元素第一电离能的变化趋势

丢失，该元素对应的金属单质越活泼。第一电离能的大小主要取决于原子的核电荷数、原子半径和电子构型。

一般来说，同一周期从左至右，随着原子序数的增大，第一电离能逐渐增大。同一周期从左至右，随着核电荷数的增加及原子半径的减小，原子核对最外层电子的吸引力增强，导致失去电子变得困难，第一电离能增大。其中，有些反常的趋势，例如，氮原子的第一电离能比氧原子的大，这主要是电子构型的不同导致的。氮原子的 $2p^3$ 为半充满结构，比较稳定，不易失去其上的电子，导致 $I_1$ 突然增大；氧原子失去 $2p^4$ 的一个电子即可达到半充满稳定结构，所以 $I_1$ 有所减小。Ne 的 $2p^6$ 为全充满结构，不易失去电子，所以 $I_1$ 在同周期中最大。

对主族元素而言，从上到下，第一电离能逐渐减小，元素的金属性依次增强。这是因为随着原子半径的增大，原子核对外层电子的束缚力逐渐降低，使得外层电子易于丢失，所以第一电离能数值减小。副族元素电离能的规律性较差，第五、六周期过渡元素的电离能大小"反常"，这是因为它们的半径变化不大，而核电荷数却显著增多。

### 3. 电子亲和能

某元素 1 mol 的基态气态原子，得到 1 mol 电子，形成负一价气态离子时所放出的能量，称为该元素的电子亲和能，用 $E$ 表示，单位为 $kJ \cdot mol^{-1}$。电子亲和能也有第一电子亲和能、第二电子亲和能、第三电子亲和能，依此类推。元素的电子亲和能越大，代表该原子得到电子的能力越强，非金属性亦越强。

一般来说，同一周期从左至右，电子亲和能基本上呈现增大的趋势；同一族从上到下，电子亲和能呈现减小的趋势。电子亲和能难以直接测定，数据的完整性远不如电离能的，且有较大误差，所以，其不如元素的电离能重要，这里便不再赘述。

### 4. 电负性

电离能、电子亲和能可以从不同的侧面反映原子得失电子的难易程度。为了综合比较不同原子争夺电子的能力，需要引入一个可以进行综合比较的物理量。元素电负性的概念便被引入其中，以全面地衡量原子争夺电子的能力。

1932 年，鲍林提出了电负性的概念，定义了元素的电负性是原子在分子中吸引电子的能力，其符号为 $\chi$。元素电负性越大，其原子在化合物中吸引电子的能力越强；反之，电负性越小，其原子在化合物中吸引电子的能力越弱。电负性并不是一个孤立原子的性质，而是该原子在分子体系中受周围原子影响后产生的性质。因此，电负性其实是一个相对值，没有单位，单纯用以比较原子在分子中吸引电子的能力。现行的用以比较电负性的标度是：规定 F 的电负性为 3.98，其他元素与 F 的电负性进行比较后得到相应数值，如图 2-13 所示。从图中可以看出，同一周期从左至右，电负性越来越大；同一主族从上到下，电负性逐渐减小。一般情况下认为电负性小于 2.0 的为金属，大于 2.0 的为非金属。此分界为经验判断，不是绝对的，要以实际情况来看。

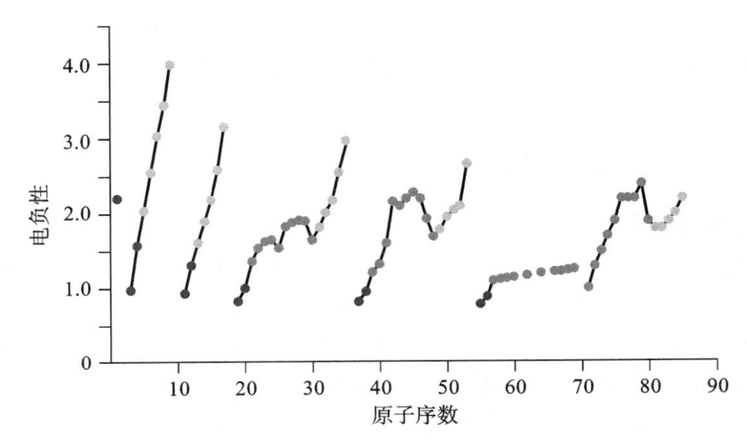


图 2-13　元素电负性变化周期性

## 2.6　化学键与分子结构

在自然界中，除了稀有气体以外，任何物质都不是以单原子形式存在，而是以多个原子或离子通过特定方式连接形成的分子形式存在的。例如，水的最小组成单元为水分子，水分子又具有特定的构型及组成方式。为什么两个氢原子、一个氧原子能够结合成具有特定构型的水分子；水分子又是通过何种方式形成的水。这些问题便是我们接下来要讨论的。

化学键，通常是指分子中直接相邻的两个（或多个）原子之间强的相互作用力。化学键理论是当代化学的一个中心问题，其对研究分子内部的结构、对探索物质的性质和功能都具有重要的意义。原子的空间排布决定了分子的几何形状，分子的几何形状又决定了分子的性质。常见的化学键包括离子键、共价键、金属键。

电负性概念可以用来简单地判断化合物中元素化合价的正负和化学键的类型。

电负性较大的元素在形成化合物时，由于对成键电子的吸引力较强，往往表现为负氧化数；而电负性较小者表现为正氧化数。在形成共价键时，共用电子对偏向电负性较大的原子而使键带有极性，电负性相差越大，键的极性越强。当化学键两端元素的电负性相差很大时，所形成的键以离子键为主。

### 2.6.1　离子键

离子键是指电负性较大的活泼非金属原子和电负性较小的活泼金属原子相遇时，分别得、失电子后形成的负、正离子通过静电作用结合在一起而形成的化学键。

离子键的形成可以认为包含两个过程：首先，电负性相差较大的两种原子相互靠近时，它们都有达到稳定的稀有气体结构的趋势，活泼金属原子比较容易失去最外层电子而变成正离子，而活泼非金属原子比较容易得到电子而变成负离子；然后，形成的正、负离子因静电吸引力而相互靠近，但同时，原子核与原子核间、电子与电子间又存在着排斥力，当静电吸引力与静电排斥力达到平衡时，便形成了所谓的离子键。

因此，离子键的本质是静电作用力。其本质也决定了离子键没有方向性和饱和性。离子键一般存在于离子晶体中。因为离子键的结合力较大，所以离子晶体的硬度高、强度大、热膨胀系数小，但脆性大。由于很难产生可以自由运动的电子，离子晶体都是良好的绝缘体。在以离子键结合的物质中，由于离子的外层电子被牢固束缚，可见光的能量一般不足以使其受激发，因此其不吸收可见光。典型的离子晶体是无色透明的，例如，$Al_2O_3$、MgO、$TiO_2$、NaCl 等化合物都是离子晶体。

### 2.6.2　共价键——现代价键理论

**1. 共价键的形成与本质**

离子键理论能很好地说明离子化合物的形成原因和性质，但这只适用于电负性相差较大的原子，不能用来说明由相同原子组成的单质分子(如 $H_2$、$Cl_2$、$N_2$ 等)，也不能用来说明不同非金属元素结合生成的分子(如 HCl、$CO_2$、$NH_3$ 等)和大量的有机化合物分子。为了解释上述分子的稳定存在，路易斯提出了共价键理论，其经过多年的发展，逐步形成了现代价键理论。为了更好地理解共价键的本质，科学家选取最简单的分子($H_2$ 分子)作为研究对象，来阐述共价键的形成机制。

利用量子力学模型处理氢气($H_2$)分子形成过程时，体系势能随氢原子核间距离变化示意图如图 2-14(a)所示。当两个氢原子相互靠近时，随着核间距离的减小，体系势能开始逐渐降低。氢原子的原子半径约为 53 pm，但当两个氢原子核间距离为 74 pm 时，体系势能最低，这表示两个氢原子的核外电子云发生了一定程度的重叠，在两个原子核间形成了概率密度较大的区域[见图 2-14(b)]。为了进一步降低体系的排斥力，两个氢原子的核外电子应为自旋相反态。两个自旋方向相反的电子在原子核间出现概率增大区域的现象，不仅能有效抵消两个原子核间的排斥力，还能有效增强原子核对于氢气分子体系中两个电子的吸引力，因此，能够使体系的能量最低。此时，体系存在的强相互作用，就是共价键。如果两个原子核继续靠近，体系势能会急剧升高，又将两个原子推回到原来位置。而从氢原子共价键模型可以看出，共价键存在的本质就是原子的电子云发生重叠，使两个原子核间的电子出现概率增大，进而稳定体系。

氢气分子模型可以推广到其他分子体系中。

(1) 当两个原子相互靠近时，自旋方向相反的未成对电子可以相互配对，形成共价键；原子中有几个未成对电子就能够与几个具有自旋方向相反的电子形成共价键，如 Cl—Cl、H—O—H、N≡N。

(2) 形成共价键时，两个原子的电子云的重叠程度越大，体系的能量降低的程度越大，形成的共价键就会越稳定。

**2. 共价键的特征**

共价键的形成本质，决定了共价键具有饱和性及方向性两个特征。

共价键的饱和性是指，每个原子所能形成的共价键的数目或与其相连的原子数目是一定

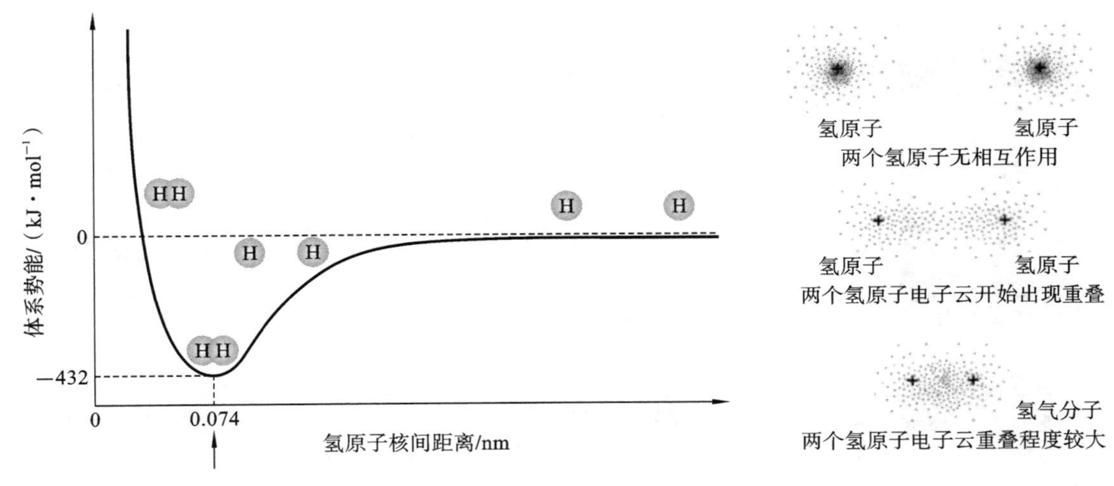


(a) 氢气形成过程中体系势能随氢原子核间距离变化示意图　　(b) 氢气分子中氢原子间的相互作用

**图 2-14　氢气分子形成过程**

的。例如，一个氢原子只能与一个氢原子形成氢气分子，不可能与第三个氢原子形成三原子体系；一个氧原子只能与两个氢原子形成一个水分子，存在两个 O—H 共价键。

共价键的方向性是指，原子轨道的电子云图中除了 s 轨道以外，p、d 与 f 轨道均具有一定的空间伸展方向及概率密度分布，为了使体系最稳定，不同原子成键时只有沿着轨道的空间伸展方向成键，才能使电子云重叠程度最大，使体系的能量最低。

**3. 共价键的类型**

由于原子轨道的形状不同，根据形成共价键原子轨道的重叠方式，可以将共价键分为 σ 型共价键和 π 型共价键。

σ 型共价键(σ 键)：用于形成共价键的原子轨道沿两个原子核间连线方向分布，则该共价键称为 σ 键。或者说，用于形成共价键的原子轨道的重叠部分沿键轴方向具有圆柱形对称性。如图 2-15 所示，s 轨道与 s 轨道、p 轨道与 p 轨道、s 轨道与 p 轨道分别能通过“头碰头”的方式形成重叠部分，并且该重叠部分沿着键轴方向无论怎样旋转其形状都不会改变，这些重叠形式都是 σ 键。

π 型共价键(π 键)：用于形成共价键的原子轨道垂直于两个原子核间连线并相互平行发生重叠，则该共价键称为 π 键。或者说，用于形成共价键的原子轨道的重叠部分沿某一平面具有对称性。如图 2-16 所示，两条 p 轨道通过“肩并肩”的方式形成重叠部分，对于垂直于两条原子轨道的平面，形状相同，这种重叠形式就是 π 键。

另外，还需要注意的是，两个原子之间形成的共价键，必须有且只有一个 σ 键。键的存在可以确定分子的骨架。π 键不能单独存在，必须依附 σ 键的存在才能形成。共价键又分为共价单键、双键、三键。共价单键一定是 σ 键；共价双键包含一个 σ 键和一个 π 键；共价三键包含一个 σ 键和两个 π 键。σ 键由于重叠程度较大，比较稳定；π 键由于重叠程度较小，比较活泼。

对于氮气($N_2$)分子，氮原子最外层电子构型为 $2s^2 2p^3$，三个 p 电子分占三条不同空间取向的 p 轨道，当两个氮原子相互靠近时，为使原子轨道实现最大重叠，假设两个氮原子的 $2p_x$ 轨道沿 $x$ 轴方向重叠，形成 σ 键，每个氮原子剩余的 $2p_y$ 和 $2p_z$ 轨道分别平行于彼此。每个氮原子的 $2p_y$ 和 $2p_z$ 轨道分别含有一个电子，为了进一步稳定体系，相互平行的轨道会分别形成

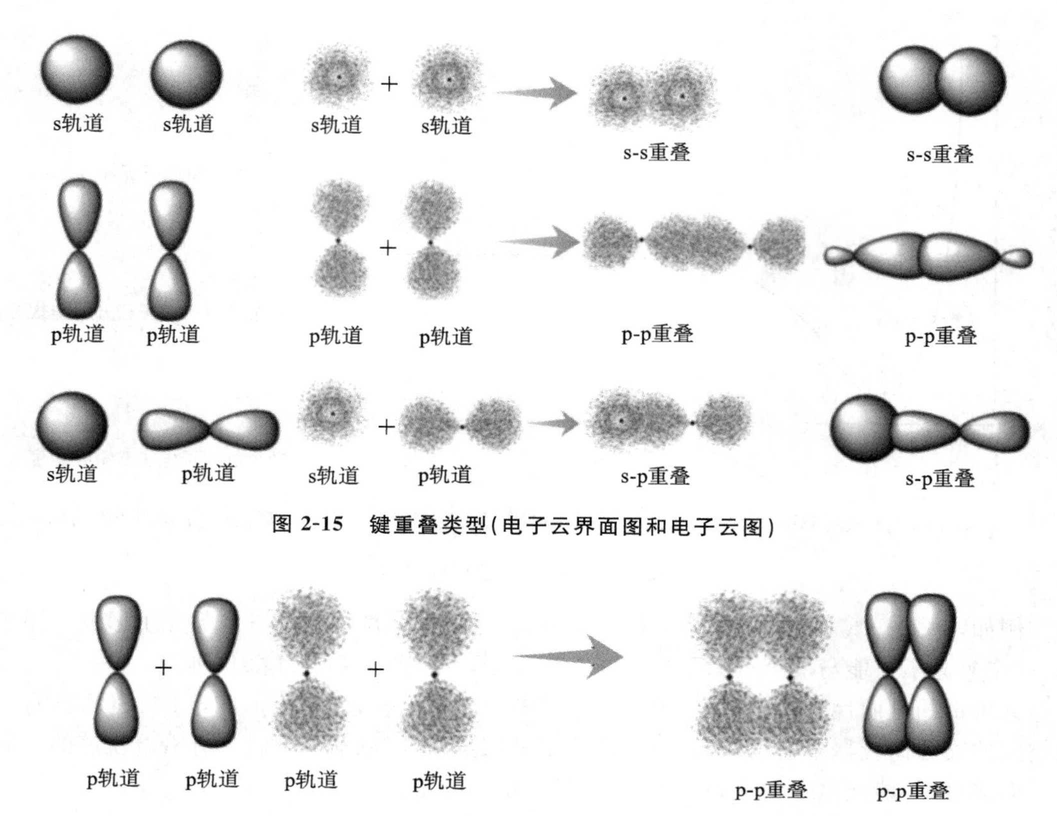


图 2-15 键重叠类型(电子云界面图和电子云图)

图 2-16 π 键重叠类型(电子云界面图和电子云图)

一个 π 键。这样,对氮气分子而言,在 $x$ 轴方向,两个氮原子间形成 σ 键;在 $x$ 轴和 $y$ 轴、$x$ 轴和 $z$ 轴形成的平面上分别形成一个 π 键。氮气分子三键包括一个 σ 键和两个 π 键。图 2-17 所示为氮气分子形成过程。

一氧化碳(CO)分子与氮气分子具有相同的原子数及电子数,因此,CO 与 $N_2$ 为等电子体,C 与 O 之间也存在三键形式,但与 $N_2$ 分子的稍有不同。碳原子最外层电子构型为 $2s^2 2p^2$,两个 p 电子分占两条不同空间取向的 p 轨道,假定 $2p_x$ 和 $2p_y$ 轨道上各有一个电子;氧原子最外层电子构型为 $2s^2 2p^4$,为方便理解 CO 成键形式,假定四个 p 电子按照 $(2p_x)^1(2p_y)^1(2p_z)^2$ 方式填充在 3 个 p 轨道上。当两个原子相互靠近时,为使原子轨道实现最大重叠,假定每个原子的 $2p_x$ 轨道沿 $x$ 轴方向重叠,形成 σ 键,每个原子剩余的 $2p_y$ 和 $2p_z$ 轨道分别平行于彼此。两个原子的 $2p_y$ 轨道相互平行且各有一个单电子,可以形成经典的 π 键。两个原子的 $2p_z$ 轨道相互平行,但分别不含有电子、含有两个电子,此时为了进一步稳定体系,两条 $2p_z$ 轨道就会共用氧原子 $2p_z$ 轨道上的电子,形成**配位 π 键**。配位 π 键是配位共价键的一种。**配位共价键**是指一个原子提供电子对进入另一个原子的空轨道而形成的共价键,简称**配位键**,用→表示。配位共价键的形成需要两个条件:一个成键原子的价电子层有孤对电子;另一个成键原子的价电子层有空轨道。这样,一氧化碳分子三键包括一个 σ 键、一个 π 键和一个配位 π 键。

**4. 杂化轨道理论**

现代共价键理论能够有效地说明共价键形成的本质及共价键的方向性和饱和性等,也能说明如氧气、氮气分子内存在双键、三键等现象,但在解释分子的空间构型时遇到许多困难。

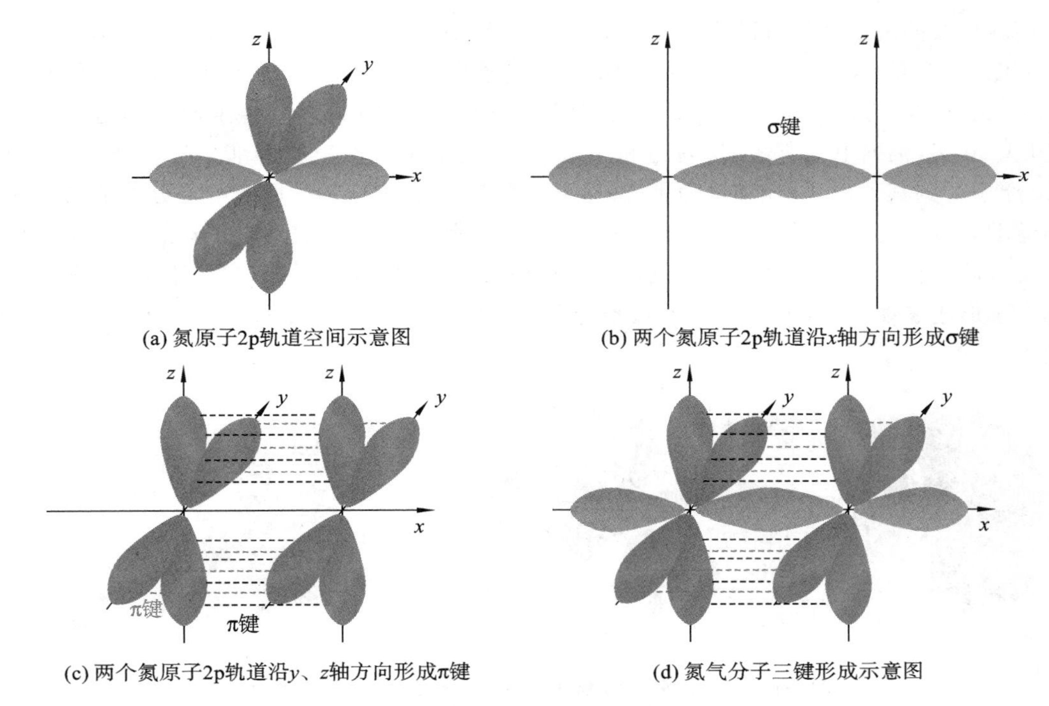

(a) 氮原子2p轨道空间示意图
(b) 两个氮原子2p轨道沿x轴方向形成σ键
(c) 两个氮原子2p轨道沿y、z轴方向形成π键
(d) 氮气分子三键形成示意图

**图 2-17 氮气分子形成过程**

例如,按照现有共价键理论,水分子中 H—O—H 的键角应为 90°,但实际上夹角为 104.5°;经过试验测定,甲烷的结构式为 $CH_4$,H—C—H 的键角为 109.5°,根据现有共价键理论也无法解释其形成过程。因此,需要用更加合理的解释来补充共价键理论体系。

针对实际情况与现有理论出现的矛盾,鲍林提出了杂化轨道理论,有效地解决了实际矛盾,并促进了共价键理论的发展。其要点如下。

(1) 当成键原子相互靠近时,原子中能量相近的不同原子轨道可以相互混合,重新组成新的原子轨道,该过程称为**杂化**。为区别原有的原子轨道,新形成的原子轨道称为**杂化轨道**。形成的杂化轨道的数目与参与杂化的原子轨道的数目是一致的。

(2) 不同于原有的原子轨道空间取向,新形成的杂化轨道的空间伸展方向为了保证原子能够牢固地结合在一起,会发生相应变化,新的空间伸展方向更有利于成键。

(3) 不同的杂化方式会导致新形成的杂化轨道的空间分布方向不同,并最终决定多原子分子的空间几何构型。

简单来说,成键原子通过杂化这一方式,使原有的轨道成分、空间构型、轨道能量都发生了相应的变化,最终有利于多原子稳定体系的形成。杂化过程只有在原子相互靠近过程中才会发生,以便于成键。原子单独存在时是不会出现杂化过程的,所以,杂化过程也可以理解为核外电子的运动区域因受到其他原子的吸引和排斥而发生了相应的变化,而这种改变是为了降低体系的能量,使多原子体系能够稳定存在。常见的杂化类型包括:sp 杂化、$sp^2$ 杂化、$sp^3$ 杂化、$sp^3d$ 杂化、$sp^3d^2$ 杂化。

**1) sp 杂化**

当受到其他原子影响时,某一个原子(也就是中心原子)内的一条 s 轨道、一条 p 轨道会杂化形成两条成分相同的 sp 杂化轨道。每条 sp 杂化轨道含有 1/2 的 s 成分和 1/2 的 p 成分。

为了使新形成的两条杂化轨道排斥能最小，其杂化轨道间的夹角应为 180°，呈直线形。

如图 2-18 所示，$BeCl_2$ 分子中，Be 的最外层电子构型为 $2s^2$，三个 p 轨道并没有填充电子。当三个原子相互靠近时，由于 Be 原子受到其他原子的相互作用，2s 轨道上电子的运动区域发生变化。其实，根据上文所述，2s 轨道和三条 2p 轨道电子云本来就有部分是重叠在一起的，当 Be 原子受到其他原子影响时，为了成键，本来在 2s 轨道内运动的两个电子分别被限定在了新的运动区域。这两个新的区域便是所谓的两条 sp 杂化轨道，它表示电子新的运动区域及空间伸展方向。在每条杂化轨道上，分别填充一个未成对电子，可以用来与 Cl 原子 3p 轨道上的成单电子形成 σ 键。所以 $BeCl_2$ 是直线形分子，Be 原子位于两个 Cl 原子之间，Cl—Be—Cl 的键角为 180°。

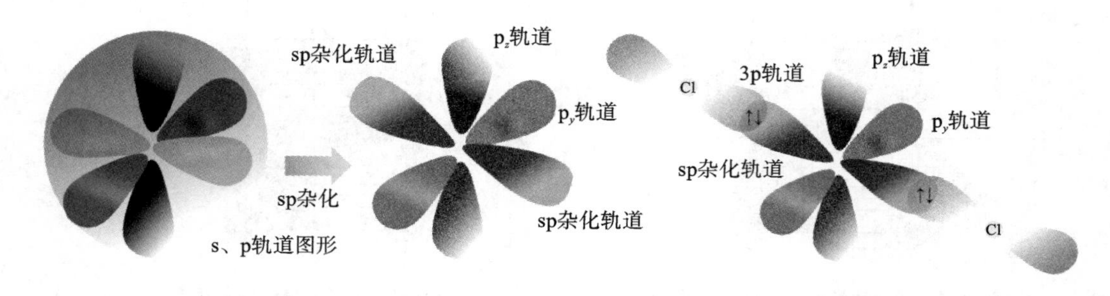


**图 2-18　$BeCl_2$ 分子中 Be 原子 sp 杂化形式及成键示意图**

其实，还有一种模型理解。2s 轨道上其中一个电子由于受到其他原子的相互作用，被激发到 2p 轨道上，2s 轨道和一条 2p 轨道进行杂化，产生了两条 sp 杂化轨道，并且每条轨道上都有一个成单电子用于成键，导致最终分子构型为直线形，如图 2-19 所示。但是实际情况并不存在电子激发这一过程，这是为了方便我们理解杂化过程而引入的假设过程。

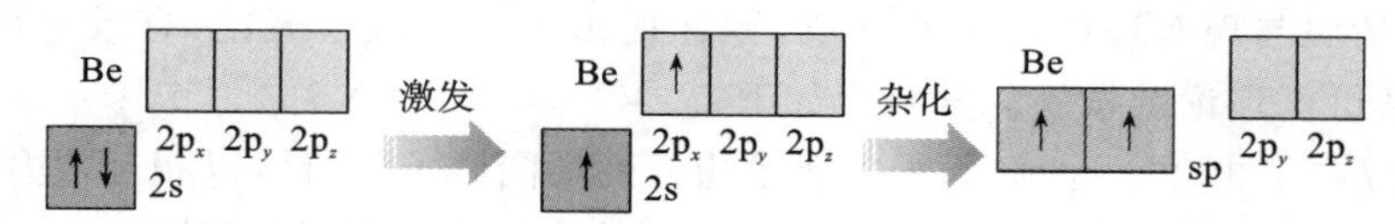


**图 2-19　sp 杂化过程中电子的激发及杂化示意图**

**2）$sp^2$ 杂化**

当受到其他原子影响时，中心原子内的一条 s 轨道、两条共平面的 p 轨道会杂化形成三条成分相同的 $sp^2$ 杂化轨道。每条 $sp^2$ 杂化轨道含有 1/3 的 s 成分和 2/3 的 p 成分。为了使新形成的三条杂化轨道排斥能最小，三条 $sp^2$ 杂化轨道应处于同一平面且夹角为 120°，呈平面三角形。

$BF_3$ 分子中，B 的最外层电子构型为 $2s^2 2p^1$，当其他三个原子向 B 原子靠近时，B 原子的三个电子受到影响，原有的运动区域发生变化，为了使 B 原子与三个 F 原子结合，B 原子的三个电子限定在了新的三个区域，形成 $sp^2$ 杂化轨道，为使空间斥力最小，三条轨道在平面内呈三角形分布。相当于 2s 轨道上其中一个电子由于受到其他原子的相互作用，被激发到了 2p 轨道上，2s 轨道和两条 2p 轨道进行杂化，产生了三条 $sp^2$ 杂化轨道，并且每条轨道上都有一个成单电子用于成键。未参与杂化的剩余 p 轨道垂直于杂化轨道平面，如图 2-20 所示。在每条 $sp^2$ 杂化轨道上，分别填充一个未成对电子，用来与 F 原子 2p 轨道上的成单电子形成 σ 键。因此，其分子构型为平面三角形，F—B—F 的键角为 120°。

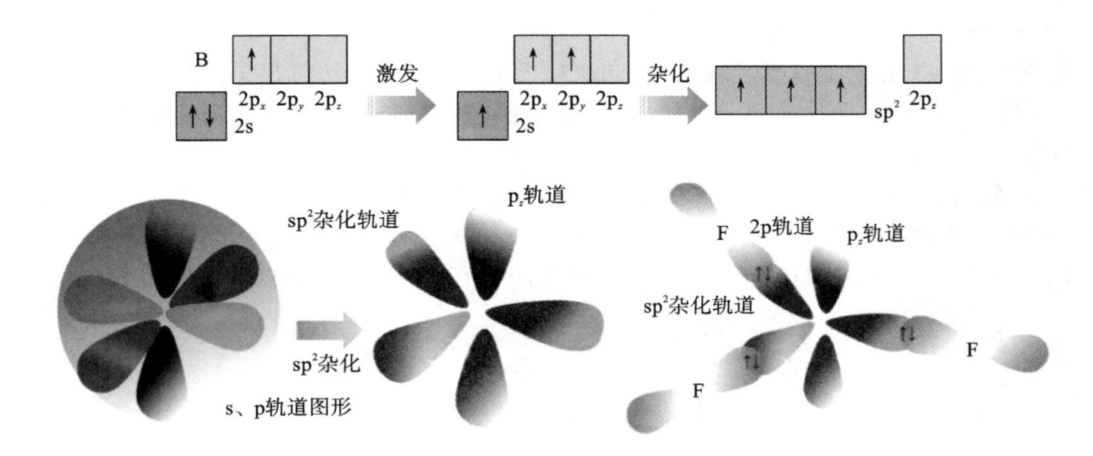


图 2-20　$BF_3$ 分子中 B 原子 $sp^2$ 杂化形式及成键示意图

**3）$sp^3$ 杂化**

当受到其他原子影响时，中心原子内的一条 s 轨道、三条相互垂直的 p 轨道会杂化形成四条成分相同的 $sp^3$ 杂化轨道。每条 $sp^3$ 杂化轨道含有 1/4 的 s 成分和 3/4 的 p 成分。为了使新形成的四条杂化轨道排斥能最小，四条 $sp^3$ 杂化轨道夹角为 109.5°，呈现正四面体构型。

$CH_4$ 分子中，已知 C 原子被四个 H 原子包裹，H—C—H 的键角为 109.5°。C 的最外层电子构型为 $2s^2 2p^2$。当四个 H 原子靠近 C 原子时，C 原子的四个电子受到影响，原有的运动区域发生变化，为了使 C 原子与四个 H 原子结合，限定在了新的四个区域，形成 $sp^3$ 杂化轨道，为使空间斥力最小，四条轨道在空间内呈现正四面体构型，如图 2-21 所示。相当于 2s 轨道上其中一个电子由于受到其他原子的相互作用，被激发到 2p 轨道上，2s 轨道和三条 2p 轨道进行杂化，产生了四条 $sp^3$ 杂化轨道，并且每条轨道上都有一个成单电子用于成键。在每条 $sp^3$ 杂化轨道上，分别填充一个未成对电子，用来与 H 原子 1s 轨道上的成单电子形成 σ 键，因此，其分子构型为正四面体构型。

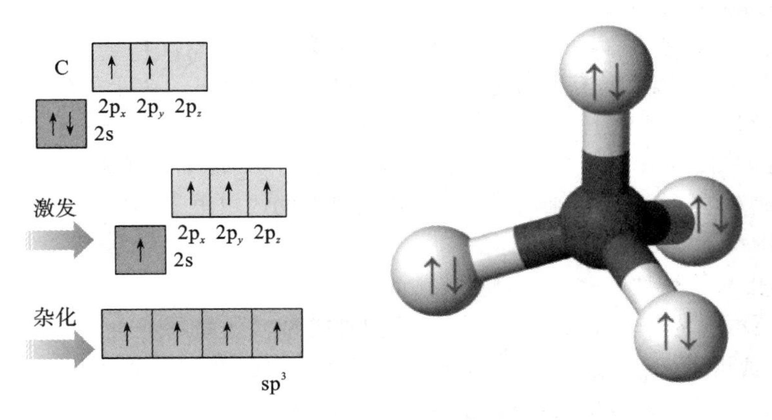


图 2-21　$CH_4$ 分子中 C 原子 $sp^3$ 杂化形式及成键示意图

**4）$sp^3d$ 杂化**

当受到其他原子影响时，中心原子内的一条 s 轨道、三条相互垂直的 p 轨道和一条 d 轨道会杂化形成五条成分相同的 $sp^3d$ 杂化轨道。为了使新形成的五条杂化轨道排斥能最小，五条 $sp^3d$ 杂化轨道应呈现三角双锥构型。

$PCl_5$ 分子中，P 的最外层电子构型为 $3s^2 3p^3$。当五个 Cl 原子靠近 P 原子时，P 原子的五个电子受到影响，原有的运动区域发生变化，为了使 P 原子与五个 Cl 原子结合，限定在了新的五个区域，形成 $sp^3d$ 杂化轨道，为使空间斥力最小，五条轨道在空间内呈现三角双锥构型，如图 2-22 所示。相当于 3s 轨道上其中一个电子由于受到其他原子的相互作用，被激发到 3d 轨道上，3s 轨道、三条 3p 轨道和一条 3d 轨道进行杂化，产生了五条 $sp^3d$ 杂化轨道，并且每条轨道上都有一个成单电子用于成键。在每条 $sp^3d$ 杂化轨道上，分别填充一个未成对电子，用来与 Cl 原子 3d 轨道上的成单电子形成 σ 键，因此，$PCl_5$ 分子构型为三角双锥构型。

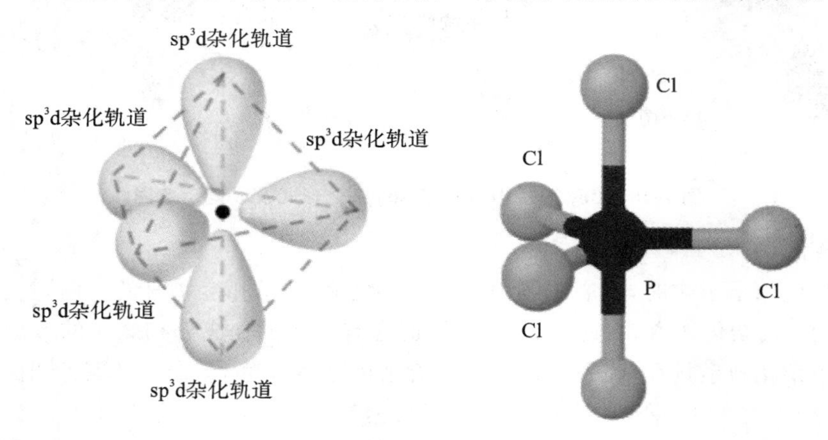


**图 2-22　$PCl_5$ 分子中 P 原子 $sp^3d$ 杂化形式及成键示意图**

**5）$sp^3d^2$ 杂化**

当受到其他原子影响时，中心原子内的一条 s 轨道、三条相互垂直的 p 轨道和两条 d 轨道会杂化形成六条成分相同的 $sp^3d^2$ 杂化轨道。为了使新形成的六条杂化轨道排斥能最小，六条 $sp^3d^2$ 杂化轨道应呈现正八面体构型。

$SF_6$ 分子中，S 的最外层电子构型为 $3s^2 3p^4$。当六个 F 原子靠近 S 原子时，S 原子的六个电子受到影响，原有的运动区域发生变化，为了使 S 原子与六个 F 原子结合，限定在了新的六个区域，形成 $sp^3d^2$ 杂化轨道，为使空间斥力最小，六条轨道在空间内呈现正八面体构型，如图 2-23 所示。相当于 3s 轨道和有孤对电子的 3p 轨道上的两个电子由于受到其他原子的相互作用，分别被激发到两条 3d 轨道上，3s 轨道、三条 3p 轨道和两条 3d 轨道进行杂化，产生了六条 $sp^3d^2$ 杂化轨道，并且每条轨道上都有一个成单电子用于成键。在每条 $sp^3d^2$ 杂化轨道上，分别填充一个未成对电子，可以用来与 F 原子 3d 轨道上的成单电子形成 σ 键，因此，$SF_6$ 分子构型为正八面体构型。

**6）等性杂化与不等性杂化**

杂化类型还可分为等性杂化和不等性杂化两种类型。如果原子轨道杂化后形成的杂化轨道的成分相同，则这种杂化就称为等性杂化，如上文介绍的杂化分别可以称为 sp 等性杂化、$sp^2$ 等性杂化、$sp^3$ 等性杂化；反之，称为不等性杂化。例如，$NH_3$、$H_2O$ 分子中，中心原子 N 和 O 采用的就是不等性杂化形式。

对 $NH_3$ 分子而言，N 原子被三个 H 原子包裹，H—N—H 的键角为 107.3°，键角与 $sp^3$ 等性杂化的角度近似，因此推测 N 原子也应采取 $sp^3$。N 的最外层电子构型为 $2s^2 2p^3$。当三个 H 原子靠近 N 原子时，N 原子的五个电子受到影响，原有的运动区域发生变化，为了使 N 原子与三个 H 原子结合，限定在了新的四个区域，为 $sp^3$ 杂化轨道。五个电子填充在四个区域

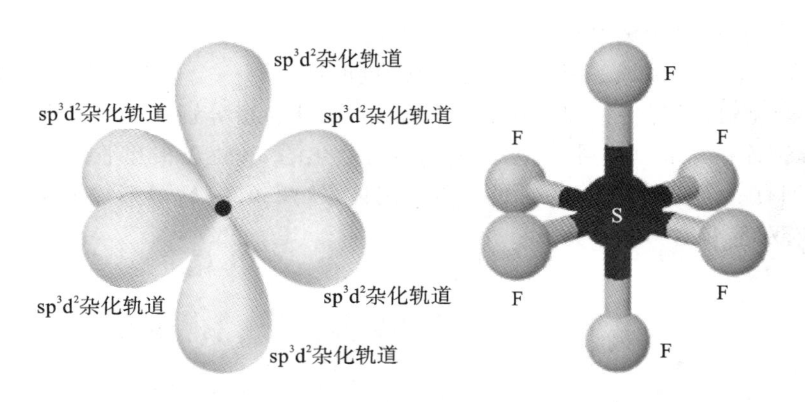


图 2-23　$SF_6$ 分子中 S 原子 $sp^3d^2$ 杂化形式及成键示意图

内，必然有一个轨道填充两个电子，其余轨道分别填充一个电子。因此，四条 $sp^3$ 杂化轨道成分不同，称为 $sp^3$ 不等性杂化，如图 2-24(a)所示。N 原子只能用填充一个电子的杂化轨道与 H 原子 1s 轨道上的成单电子形成 σ 键。轨道上填充了两个电子的原子轨道达到饱和状态，称为**孤对电子**，不能再与其他原子形成 σ 键。孤对电子的存在会对成 σ 键的成键电子对产生排斥，导致 H—N—H 的键角小于等性杂化轨道的键角。最终，$NH_3$ 分子构型为四面体构型。

对 $H_2O$ 分子而言，O 原子被两个 H 原子包裹，H—O—H 的键角为 104.5°，键角与 $sp^3$ 等性杂化的角度近似，因此推测 O 原子也应采取 $sp^3$。O 的最外层电子构型为 $2s^22p^4$。当两个 H 原子靠近 O 原子时，O 原子的六个电子受到影响，原有的运动区域发生变化，为了使 O 原子与两个 H 原子结合，限定在了新的四个区域，为 $sp^3$ 杂化轨道。六个电子填充在四个区域内，必然有两个轨道填充两个电子，其余轨道分别填充一个电子。因此，四条 $sp^3$ 杂化轨道成分不同，称为 $sp^3$ 不等性杂化，如图 2-24(b)所示。O 原子只能用填充一个电子的杂化轨道与 H 原子 1s 轨道上的成单电子形成 σ 键。轨道上填充了两个电子的原子轨道达到饱和状态，称为孤对电子，不能再与其他原子形成 σ 键。孤对电子的存在会对成 σ 键的成键电子对产生排斥，导致 H—O—H 的键角小于等性杂化轨道的键角。由于，$H_2O$ 分子中存在两对孤对电子，成键电子对受到的排斥力大于 $NH_3$ 分子中的，因此 H—O—H 的键角更小。最终，$H_2O$ 分子构型为三角形。

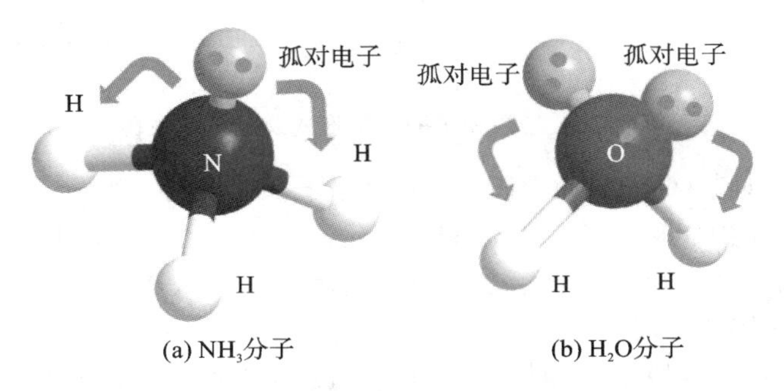


图 2-24　$NH_3$ 和 $H_2O$ 分子中 $sp^3$ 不等性杂化形式及成键示意图

**5. 杂化轨道理论对于多重键的解释**

杂化轨道理论不仅能够解释多原子体系的空间构型，还能合理地说明有机体系中的空间构型及多重键，下面我们就以乙烯、乙炔、苯为例进行说明。

如图 2-25 所示，对乙烯($C_2H_4$)分子而言，六个原子都处于同一平面，原子间的键角为

120°。根据键角判断，很明显中心碳原子应采取 $sp^2$ 杂化。三条 $sp^2$ 杂化轨道各自拥有一个成单电子，没有参与杂化的 p 轨道垂直于三条杂化轨道且填有一个成单电子。两个碳原子各自拿出一条 $sp^2$ 杂化轨道连接在一起，剩余的两条 $sp^2$ 杂化轨道分别和氢原子形成 σ 键。六个原子通过五个 σ 键连接形成基本骨架。另外，未参与杂化的 2p 轨道相互平行且垂直于六个原子平面，并各自拥有一个成单电子，为了进一步稳定体系，两条 2p 轨道形成 π 键。这样，两个碳原子之间形成双键，包含一个 σ 键和一个 π 键。

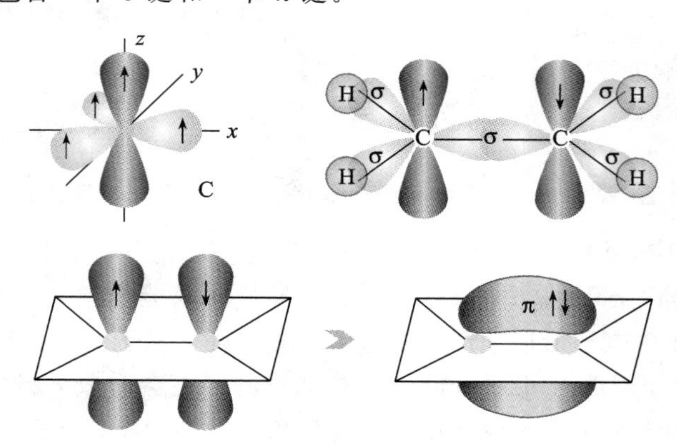


图 2-25 乙烯分子的杂化形式及成键示意图

如图 2-26 所示，对乙炔($C_2H_2$)分子而言，四个原子都处于一条直线上，原子间的键角为 180°。根据键角判断，很明显中心碳原子应采取 sp 杂化。两条 sp 杂化轨道各自拥有一个成单电子，两条没有参与杂化的 p 轨道相互垂直于杂化轨道且填有一个成单电子。两个碳原子各自拿出一条 sp 杂化轨道连接在一起，剩余的 sp 杂化轨道分别和氢原子形成 σ 键。四个原子通过三个 σ 键连接形成基本骨架。另外，未参与杂化的 2p 轨道两两相互平行，并各自拥有一个成单电子，为了进一步稳定体系，相互平行的两条 2p 轨道形成 π 键。在两个相互垂直的平面形成两个 π 键。这样，两个碳原子之间形成三键，包含一个 σ 键和两个 π 键。

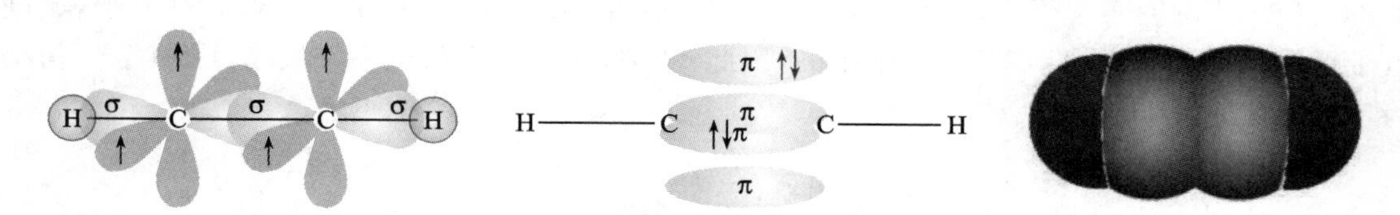


图 2-26 乙炔分子的杂化形式及成键示意图

如图 2-27 所示，对苯($C_6H_6$)分子而言，12 个原子都处于同一平面，原子间的键角为 120°。根据键角判断，很明显中心碳原子应采取 $sp^2$ 杂化。三条 $sp^2$ 杂化轨道各自拥有一个成单电子，没有参与杂化的 p 轨道相互垂直于杂化轨道且填有一个成单电子。每个碳原子各自拿出两条 $sp^2$ 杂化轨道连接在一起，形成六元环骨架，每个碳原子剩余的 sp 杂化轨道分别和氢原子形成 σ 键。另外，六个碳原子未参与杂化的 2p 轨道相互平行，并各自拥有一个成单电子，为了进一步稳定体系，相互平行的 2p 轨道两两形成 π 键，最终形成首尾相连的大 π 键。π 键电子云呈环状位于苯环上下两侧。

### 2.6.3 金属键

元素周期表中约有 80%的元素为金属元素，除了液态汞以外，其他金属在常温常压下均

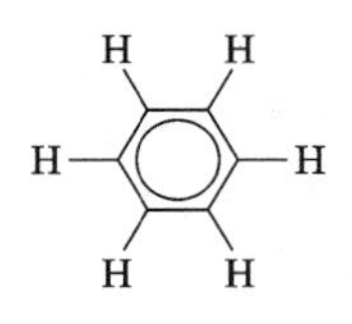

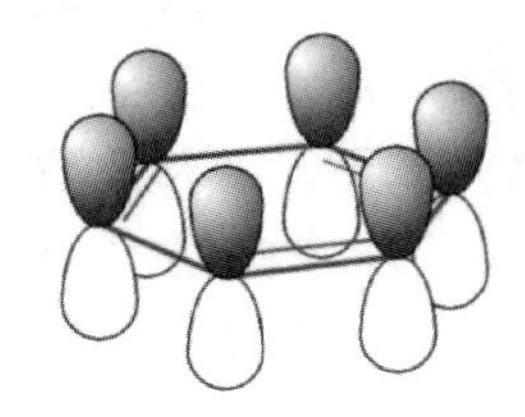

图 2-27　苯分子的杂化形式及成键示意图

【扩展阅读】　分子轨道理论简介

为金属晶体，具有金属光泽、较好的导电性、延展性等。金属晶体的构成可以理解为“电子海”模型，即包含金属原子、金属正离子和自由电子。金属原子和金属正离子通过自由电子紧密堆积在一起，这就是金属键的实质。在外电场中，自由电子可以定向移动形成电流，使金属具有导电性；受热时自由电子和金属正离子通过碰撞传递能量，使金属具有导热性；当金属受外力而变形时，在不破坏金属键的前提下，金属原子和金属正离子间的紧密堆积允许原子层滑动，使金属具有延展性。更详细的内容可参考第 8 章。

## 2.7　分子间作用力

除了需要了解分子内、原子间的相互作用力以外，还需要了解分子与分子之间的相互作用力。在此之前，首先需要了解极性分子与非极性分子的概念，从而更方便地学习分子间作用力。

### 2.7.1　极性共价键和非极性共价键

共价键根据其组成原子的不同，可以分为极性共价键和非极性共价键。对于不同原子间形成的共价键，由于原子电负性的不同，原子核的正负电荷重心不再重合，形成极性共价键，例如，HCl 分子中存在的共价键是极性共价键，如图 2-28(a)所示。如果成键原子电负性相同，电子云密集区在两核中间，则其正负电荷重心相重合，形成非极性共价键，常见于相同原子构成的体系当中，例如，$Cl_2$ 分子中存在的共价键是非极性共价键，如图 2-28(b)所示。

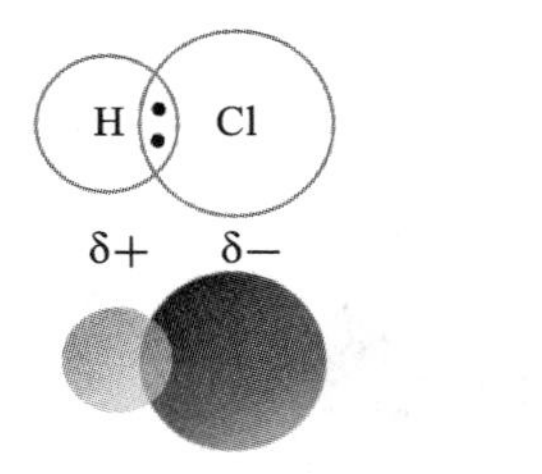


(a) HCl分子中的极性共价键

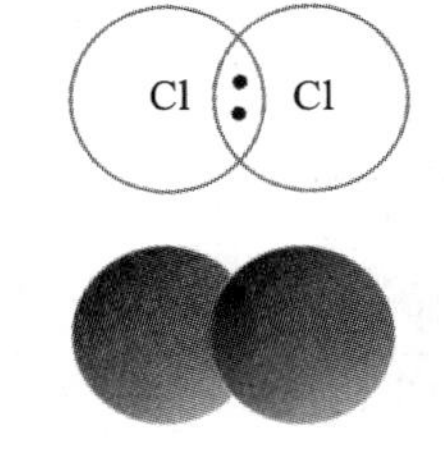


(b) $Cl_2$分子中的非极性共价键

图 2-28　HCl 分子中的极性共价键与 $Cl_2$ 分子中的非极性共价键

### 2.7.2　极性分子和非极性分子

根据共价键的极性与分子结构的对称性，就可以判断分子是否具有极性。

对双原子体系而言，组成其分子结构的共价键是极性共价键，则分子具有极性，称为极性分子；反之，分子不具有极性，称为非极性分子。

对于多原子体系，除了要看组成其分子结构的共价键是否具有极性以外，还要看分子结构的对称性。体系内的共价键均是非极性共价键的分子，称为非极性分子，如 $P_4$、$S_8$ 等多原子单质分子。如果体系内的共价键为极性共价键，但分子不具有对称性，则其为极性分子，如 $NH_3$、$H_2O$ 等；但如果分子具有对称性，则正负电荷中心重合，分子为非极性分子，如 $CO_2$、$CH_4$ 等。$CO_2$、$CH_4$ 分别呈现直线形、正四面体构型，均为对称性结构，其正负电荷重叠在对称中心。

### 2.7.3 电偶极矩

分子的极性可以利用电偶极矩来比较。规定分子中正负电荷中心所带电量分别为 $q$，正负电荷中心距离为 $l$，则电偶极矩为两者的乘积，用符号 $\mu$ 来表示，即 $\mu=q\times l$，单位是库·米(C·m)。对非极性分子而言，$\mu$ 值为零；$\mu$ 值越大，该分子的电偶极矩越大。对双原子分子而言，分子偶极矩等于键的偶极矩；对多原子分子而言，分子偶极矩则等于各个键的偶极矩的矢量和。表 2-2 给出了一些物质的电偶极矩数据(在气相中)。

**表 2-2 一些物质的电偶极矩数据(在气相中)**

| 分子种类 | 化学式 | 电偶极矩 $\mu/(\times10^{-30}$ C·m) | 空间构型 |
|---|---|---|---|
| 双原子分子 | HF | 6.07 | 直线形 |
| | HCl | 3.60 | 直线形 |
| | HBr | 2.74 | 直线形 |
| | HI | 1.47 | 直线形 |
| | CO | 0.37 | 直线形 |
| | $N_2$ | 0 | 直线形 |
| | $H_2$ | 0 | 直线形 |
| 三原子分子 | HCN | 9.94 | 直线形 |
| | $H_2O$ | 6.17 | V 字形 |
| | $SO_2$ | 5.44 | V 字形 |
| | $H_2S$ | 3.24 | V 字形 |
| | $CS_2$ | 0 | 直线形 |
| | $CO_2$ | 0 | 直线形 |
| 四原子分子 | $NH_3$ | 4.90 | 三角锥 |
| | $BF_3$ | 0 | 平面三角形 |
| 五原子分子 | $CHCl_3$ | 3.37 | 四面体 |
| | $CH_4$ | 0 | 正四面体 |
| | $CCl_4$ | 0 | 正四面体 |

### 2.7.4 范德华力及氢键

化学键是分子内或原子间强烈的相互作用力，其能量可以达到几百千焦每摩尔。原子通过这些化学键组合成各种分子和晶体。除此之外，分子与分子之间还存在着较弱的相互作用力，比化学键的能量小 1～2 个数量级，这种分子间作用力称为分子间力，主要包括**取向力、诱**

**导力、色散力和氢键**,前三者又称为**范德华力**。分子间力是决定物质熔点、沸点、溶解度等性质的一个重要因素。

极性分子一直具有偶极,其偶极矩称为**永久偶极**;非极性分子在极性分子永久偶极诱导下,会产生一定的偶极矩,叫作**诱导偶极**;由不断运动的电子和不停振动的原子核在某一瞬间的相对位移造成分子正负电荷重心分离,引起的偶极叫作**瞬间偶极**。瞬间偶极存在于所有类型的分子内部,包括极性分子与非极性分子。

**1) 取向力**

极性分子与极性分子间的固有偶极与固有偶极间的静电引力,称为取向力或定向力。

当两个极性分子相互接近时,由于固有偶极的存在,同极相斥、异极相吸,静电作用力会使分子发生相对翻转,导致极性分子间按异极相邻的状态排列,这一过程叫作取向。分子之间通过静电引力聚集在一起,并且当分子之间接近到一定程度后,排斥和吸引达到相对平衡,从而使体系能量达到最小值,如图 2-29 所示。注意,取向力只发生在极性分子与极性分子之间。由于取向力本质是静电作用力,其大小取决于极性分子偶极矩的大小。分子的极性越强,偶极矩越大,取向力则越大。例如,HI、HBr、HCl 分子中两个原子之间的电负性差值依次增大,导致偶极矩依次增大,因而取向力也依次增大。另外,取向力还受温度的影响,温度越高,取向力越小。需要注意的是,一般只能在极性较大分子间明显观察到取向力对物质性质的影响,在极性较小的分子间,取向力对物质性质的贡献较小,有时可以忽略。

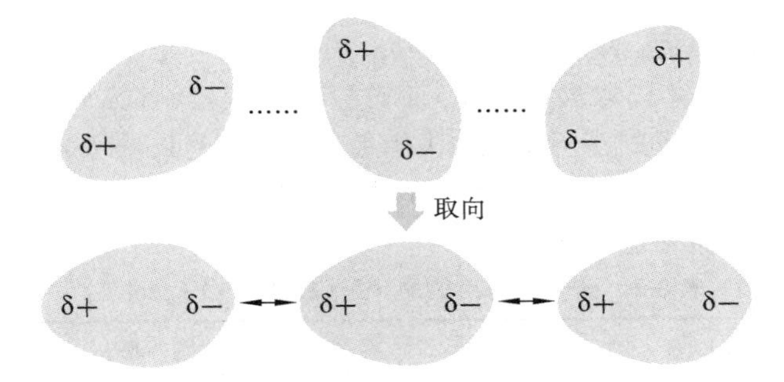


**图 2-29　HCl 分子间的取向力作用示意图**

**2) 诱导力**

在极性分子的固有偶极电场作用下,靠近它的分子会产生诱导偶极。此时,分子间的诱导偶极与固有偶极之间的静电作用力,称为诱导力,如图 2-30 所示。诱导力可以作用在极性分子与极性分子之间,也可以作用在极性分子与非极性分子之间。与取向力相比,诱导力的作用非常弱,可以忽略它对物质性质的贡献。

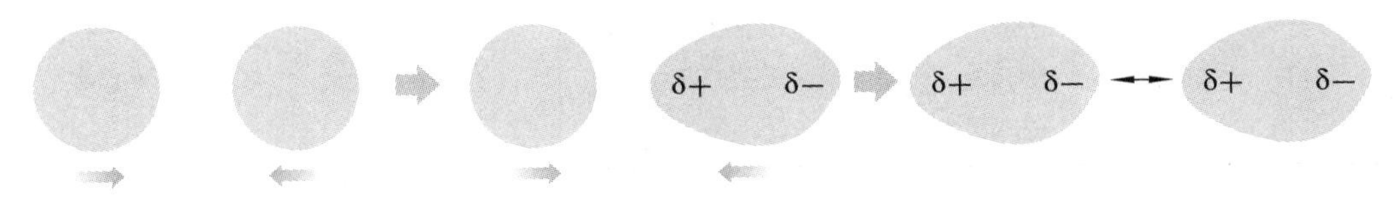


**图 2-30　极性与非极性分子间诱导力作用示意图**

**3) 色散力**

对任何一个分子而言,其体系内部原子的电子与原子核处在不断运动的过程中,在某个瞬间电子与原子核会发生相对位移,产生瞬时偶极。分子间通过瞬时偶极而产生的相互作用力,称为色散力，如图 2-31 所示。任何分子的电子和原子核都在不断运动，都会不断产生瞬时偶极，所以色散力存在于所有分子之间，包括极性分子与极性分子、极性分子与非极性分子、非极性分子与非极性分子之间。并且通常情况下，色散力是主要的分子间力，对物质性质有着决定性的影响。只有极性非常强的分子，取向力才显得重要。色散力的大小主要依赖于分子的大小和形状，随着分子体积的增大，色散力逐渐增大，物质的沸点升高，例如，正丙烷、正丁烷、正戊烷的沸点依次升高；取向力随着分子结构对称性或堆积密实程度的增大而减小，导致沸点下降，例如，正戊烷、异戊烷和新戊烷对称性依次升高，但沸点依次降低。

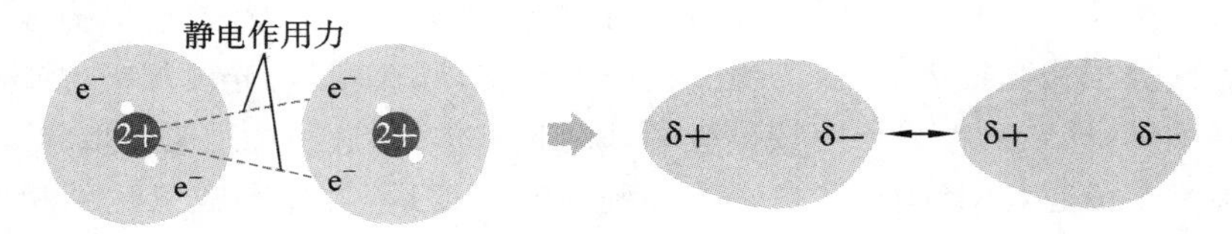


图 2-31　He 原子的瞬时偶极间的相互作用力

对于卤素分子物理性质的规律性变化，可以用色散力解释：$F_2$、$Cl_2$、$Br_2$、$I_2$ 属于非极性分子，分子量及原子半径依次增大，色散力增大，分子间作用力增大，导致卤素分子的熔、沸点依次升高。但是，对 HF、$H_2O$、$NH_3$ 三种物质而言，与同族其他氢化物相比，其分子量和分子空间体积明显偏小，但它们的熔、沸点却非常高，这主要是因为另外一种作用力——氢键。

综上所述，在非极性分子之间存在色散力，在非极性分子和极性分子间存在色散力和诱导力，在极性分子间存在色散力、诱导力和取向力。其中色散力是主要的分子间力，只有在极性很大的分子（如 $H_2O$）之间才以取向力为主，而诱导力一般较小（见表 2-3）。分子间力是普遍存在的一种作用力，与共价键的能量相比，其能量小 1～2 个数量级，作用范围一般为 0.3～0.5 nm，属于近距离作用力。分子间力没有方向性和饱和性，并与分子间距离的 7 次方成反比，即随分子间距离增大而迅速减小。

表 2-3　分子间作用能的分配(单位为 $kJ \cdot mol^{-1}$)

| 分　子 | 取　向　力 | 诱　导　力 | 色　散　力 | 总　能　量 |
|---|---|---|---|---|
| $H_2$ | 0 | 0 | 0.17 | 0.17 |
| Ar | 0 | 0 | 8.48 | 8.48 |
| Xe | 0 | 0 | 18.40 | 18.40 |
| CO | 0.003 | 0.008 | 8.79 | 8.80 |
| HCl | 3.34 | 1.1003 | 16.72 | 21.05 |
| HBr | 1.09 | 0.71 | 28.42 | 30.22 |
| HI | 0.58 | 0.295 | 60.47 | 61.36 |
| $NH_3$ | 13.28 | 1.55 | 14.72 | 29.65 |
| $H_2O$ | 36.32 | 1.92 | 8.98 | 47.22 |

**4）氢键**

氢键是一种既可以存在于分子之间，又可以存在于分子内部的作用力，其强度比化学键弱，但又比范德华力强。氢键的形成需要两个条件：分子中必须有一个与电负性很大的元素形成强极性共价键的氢原子；电负性大的元素的原子必须有孤对电子，并且半径要小。电负性大的元素通常为 F、O、N。氢键的本质则是强极性共价键上的氢原子与电负性很大的、含有孤对电子的原子间的静电作用力。氢键的通式可以用 X—H…Y 表示，其中 X 和 Y 代表 F、O、N 等电负性大的原子，并且 X 和 Y 可以是相同的元素，也可以是不同的元素。

氢键不同于范德华力，它具有饱和性和方向性。由于氢原子特别小，当其与一个电负性很大的原子形成共价键后只能再与另外一个电负性很大的原子形成氢键，这就是氢键的饱和性。氢键具有方向性是指为了使空间斥力最小、体系最稳定，X—H…Y 成键时三个原子要尽可能地在同一条直线上，这样形成的氢键最稳定。

氢键的存在对物质的物理性质有着至关重要的影响。

分子间形成氢键能够使物质的熔、沸点升高，分子内氢键则会使物质的熔、沸点低于同类化合物的熔、沸点。在极性溶剂中，如果溶质分子与溶剂分子之间易形成氢键，则溶质的溶解度增大。例如，HF 和 $NH_3$ 在水中的溶解度比较大，就是因为它们能和水分子形成氢键，如图 2-32 所示。液态分子间易形成氢键，会导致其黏度较大，如甘油、浓硫酸等。

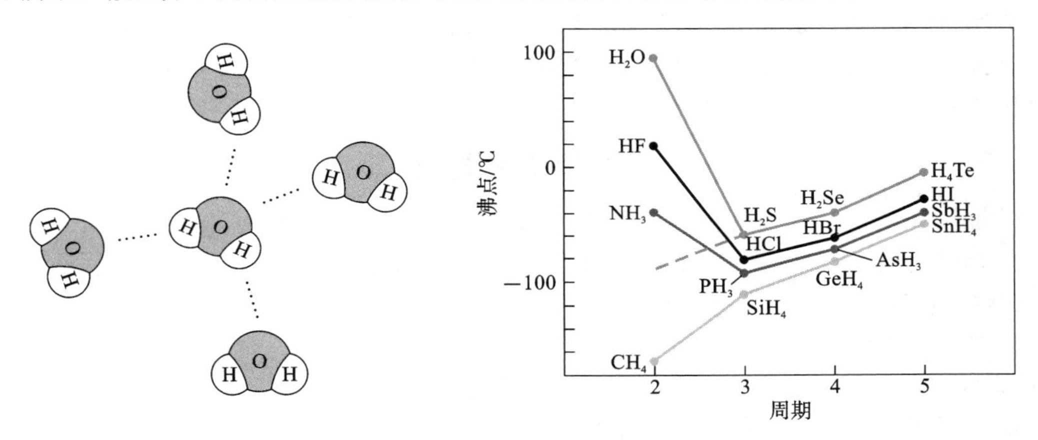


图 2-32　水分子间的氢键相互作用及同主族氢化物的沸点变化示意图

在生命结构中，氢键也发挥着巨大的作用。多肽链间形成的氢键，能使蛋白质分子按螺旋方式卷曲成立体构型，即蛋白质的二级结构。一旦氢键被破坏，分子的空间结构发生变化，其生理功能就会丧失，如图 2-33 所示。

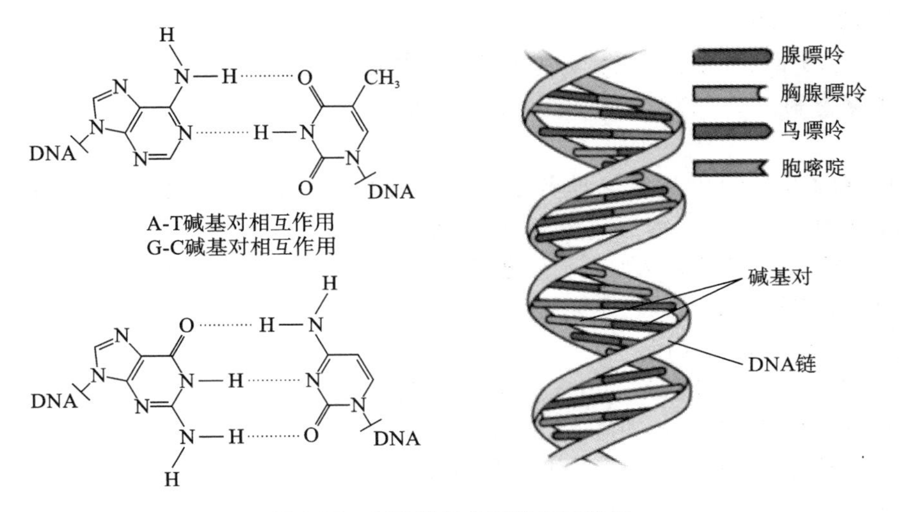


图 2-33　多肽链间的氢键相互作用

### 2.7.5 分子间力对物质性质的影响

分子间力较弱,会导致物质的熔点较低。对于同类型的单质和化合物,熔点一般随分子量的增大而增大。这是因为随着分子量的增大,分子变形性增大,色散力增大。对于含氢键的物质,一般其熔、沸点较高。

分子间力还能影响物质的溶解性。例如,碘单质易溶于苯或四氯化碳,而难溶于水。这主要是因为它们均为非极性分子,分子间存在着相似的作用力(主要为色散力),而水为极性分子,水分子间还存在氢键,导致碘单质难溶于水。

随着对生命体系的深入了解,人们已认识到许多复杂的生物化学反应,必须由许多单一分子通过非共价键弱相互作用聚集成有序空间结构才能表现出相应作用。例如,细胞膜就是通过许多类磷脂分子依靠分子间作用力聚集在一起来体现相应的生物功能的。

另外,超分子化学是近几十年发展起来的一门化学分支学科。超分子是指许多分子通过氢键、范德华力和疏水作用等形成的有序体系,并产生协同效应,使超分子体系具有自组装、自组织等特征。

## 本章知识要点

1. 物质状态:理想气体状态方程、理想气体分压定律和分体积定律。

2. 原子结构与元素周期律:原子结构、原子轨道、波函数、电子云、四个量子数、能级与能级组、核外电子排布三原则、元素周期律。

3. 化学键与分子结构:化学键、键长和键角、杂化类型和杂化轨道、极性分子和非极性分子、电偶极矩。

4. 分子间力:取向力、诱导力、色散力、氢键。

5. 分子间力对物质性质的影响。

## 习　　题

1. 激发态氢原子的电子从第三能级跃迁到第二能级时所发射的光子的频率、波长和能量分别是多少?

2. 对 H 原子而言,将基态电子激发到 2s、2p 轨道,所需能量是否相同? 对 He 原子而言,将基态电子激发到 2s、2p 轨道,所需能量是否相同? 同样情况下,对 $He^{+}$ 和 $Li^{2+}$ 而言,情况又如何?

3. 写出原子序数为 24 的元素的名称、元素符号及其基态原子核外电子排布式,并用四个量子数来表述每一个价电子的运动状态。

4. 请写出下列元素的基态原子核外电子排布式,并给出原子序数和元素名称:

(1) 第四周期第六个元素;

(2) 电负性最大的元素。

5. 已知 $M^{2+}$ 中,其 3d 轨道上有五个电子,请推出:

(1) M 原子的核外电子排布式;

(2) M 原子最外层和最高能级中电子的数目;

(3) M 元素在周期表中的位置。

6. 请写出下列离子的核外电子排布式,并给出相应化学式:

(1) 同 Ar 具有相同电子构型的+2 价阳离子;

(2) 与 $F^-$ 电子构型相同的+3 价阳离子。

7. 某元素排在 Kr 之前,当其基态原子失去三个电子之后,其角量子数为 2 的轨道上的电子填充状态正好为半充满状态,请推断该元素的名称,并给出其基态原子核外电子排布式。

8. 判断下列各对元素中哪一种元素的电离能较大,并解释。

P 和 S　Al 和 Mg　Cu 和 Zn

9. 判断下列各对离子中哪一种离子的电离能较大,并解释。

$Na^+$ 和 $Al^{3+}$　$Fe^{2+}$ 和 $Fe^{3+}$　$F^-$ 和 $Na^+$

10. $BF_3$ 的分子构型是平面三角形,$NF_3$ 的分子构型却是三角锥,请用杂化轨道理论解释。

11. 已知 $NO_2$、$CO_2$、$SO_2$ 分子中键角分别是 132°、180°、120°,请判断它们中心原子的杂化情况。

12. 比较下列化合物熔、沸点的高低,并说明原因。

$CH_3CH_2OH$ 和 $CH_3OCH_3$　$O_3$ 和 $SO_2$　邻羟基苯甲酸与对羟基苯甲酸

13. 判断下列各组分子之间存在何种分子间作用力。

$C_6H_6$ 和 $CH_4$ 之间　$CO_2$ 分子之间　甲醇与水分子之间

14. 请将 HF、HBr、HI 三种物质按沸点高低进行排序,并解释原因。

15. 请解释金刚石的硬度比石墨的硬度大的原因。

16. C 元素与 O 元素之间电负性差值较大,但 CO 分子内的极性较弱,请解释。

17. 下列分子中哪些是极性分子,哪些是非极性分子?

$NO_2$　$CCl_4$　$CHCl_3$　$BCl_3$　$SO_3$

18. 为什么 $SiCl_4$ 比 $CCl_4$ 更容易水解?

19. 请比较下列化合物中,键角的相对大小,并说明原因。

$CH_4$ 与 $NH_3$　$NH_3$ 与 $NF_3$　$PH_3$ 与 $NH_3$

20. 下列物质哪些可溶于水?哪些难溶于水?

$CH_3OH$　$CH_3COCH_3$　$C_2H_5OC_2H_5$　HCHO　$CHCl_3$　$CH_4$

21. 下列各物质的分子之间,存在何种分子间力?

$H_2$　$SiH_4$　$CH_3COOH$　$CCl_4$　HCHO

22. 比较并简单解释 $BBr_3$ 与 $NCl_3$ 分子的空间构型。

# 第3章　化学热力学基础

**【内容提要】** 本章围绕以下三个问题介绍了化学热力学中的基本概念、基本理论和方法：反应热的测量与计算(反应中的能量转化问题)；反应的自发性判据(反应的可能性问题)；反应进行的程度判断(反应的限度-化学平衡问题)。这些理论是学习后面内容的理论基础，更是在化学工程设计及应用中，必须综合考虑的问题，因此需要重点掌握。

热力学是研究物质热现象、热运动的规律，以及热运动与其他运动形式之间相互转化的一门学科，它适用于宏观系统。热力学基础主要研究热力学第一定律和热力学第二定律，这两个定律是人类在长期实践经验的基础上总结出来的，并有广泛、坚实的科学实验基础。用热力学的基本原理来研究化学变化及与化学变化有关的物理现象，称为**化学热力学**。具体而言，根据热力学第一定律研究化学变化过程的能量转化问题，其中定量研究化学变化过程中的热效应问题的部分称为**热化学**；根据热力学第二定律研究上述变化过程的方向和限度问题及化学平衡和相平衡的理论；热力学第三定律研究低温下物质的规定熵，对化学平衡的计算有极其重要的意义。热力学应用演绎法研究问题，它从热力学三大定律出发，通过严格的逻辑推理得出结论，再借助数学工具得到物质的各种宏观性质之间普遍适用的关系式，因而它是一种宏观理论。由于热力学的研究对象是大量质点的集合体，因此所得到的结论只反映它们的平均行为，而不适用于个别质点。

热力学的局限性主要表现在以下两个方面。

(1) 热力学只能判断一定条件下变化能否发生及变化的限度(理论产量)，它不能说明变化能够发生的机理，也不能预测实际产量。

(2) 只预测变化的可能性，而不问其现实性，即热力学只能指出变化的方向、变化前后的净结果，而不能指出变化的速率。

虽然热力学具有局限性，但是用它处理问题具有普遍性和可靠性，所以热力学仍是一种非常重要的理论工具。本章将主要讨论化学热力学和化学平衡问题，重点介绍与化学反应中质量和能量守恒、反应的方向和限度相关的基本规律。

## 3.1　化学热力学术语和基本概念

### 3.1.1　系统和环境

化学是研究物质变化的科学，而物质世界是无限的，物质之间又是相互联系的。为了便于研究，通常把研究对象的那一部分物质从周围其他物质中划分出来，这部分被划分出来的物质就称为**系统(体系或物系)**。热力学系统由大量的物质微粒所组成，是宏观的、有限的系统。系统之外而又与系统密切相关的其他物质就称为**环境**。系统与环境之间的界面可以是真实的，也可以是虚构的。系统与环境的划分是相对的，完全取决于研究问题的需要。例如，研究一个烧杯中的溶液时，烧杯中的溶液就是系统，溶液之外的烧杯和空气等构成的部分就是环境。

系统和环境之间可能有物质或能量的交换，按系统与环境之间有无能量交换和物质交换，系统可分为三类。

(1) 敞开系统:系统与环境之间既有物质交换,又有能量交换。

(2) 封闭系统:系统与环境之间没有物质交换,只有能量交换。

(3) 孤立系统(隔离系统):系统与环境之间既没有物质交换,又没有能量交换。

例如,一个有隔热盖子的保温瓶内装有热水,现以瓶内热水为系统。若瓶的保温性能不好(热量可传至环境),但瓶盖塞紧(蒸汽无法外逸),这就构成了封闭系统;若将瓶盖打开,不仅系统的热量散失,而且水也蒸发至环境,这就构成了敞开系统;若瓶盖塞紧且瓶的保温性能很好,这就构成了孤立系统,即瓶内热水与环境之间既没有物质交换,又没有能量交换。上述例子中,既存在由瓶体构成的实在的物理分界面,又存在由瓶口构建的虚拟分界面。应当指出,自然界中没有真正的孤立系统,但存在接近于孤立系统的系统,因为划分的孤立部分总是与其他部分有一定的联系,当忽略这种联系时,便可将系统作为孤立系统来处理。有时,为了研究问题的方便,我们把所研究的对象连同与它相关联的环境看作孤立系统,只能在有限的时间和有限的空间中近似地使用孤立系统。

### 3.1.2　相

系统中物理性质和化学性质完全相同的均匀部分就是相,相与相之间有明确的界面。图3-1所示为纯水(液相)与水蒸气(气相)两相共存的状态。

对于相这个概念,要注意以下几种情况。

(1) 一个相中不一定只含有一种物质。例如,气体混合物和溶液都是单相系统。虽然气体混合物和溶液都是由几种物质混合而成的,但各成分都以分子状态均匀分布,没有界面存在,故称为均匀系统或单相系统。

图3-1　纯水(液相)与水蒸气(气相)两相共存的状态

(2) 聚集状态相同的物质在一起,不一定就是单相系统。例如,对于一个油水分层的系统,虽然油、水都是液态,但含有两个相(油相和水相),有很清楚的油/水界面。又如,对于固体粉末混合物,即使很细小、很均匀,但还是有相界面存在。含有两个或多个相的系统称为不均匀系统或多相系统。

(3) 同一种物质可因聚集状态不同而形成多相系统。最常见的例子是水和水面上的水蒸气所形成的两相系统。如果该系统中还有冰存在,就构成了三相系统。

### 3.1.3　系统的性质

系统中大量粒子集体表现出来的宏观性质称为系统的热力学性质(简称性质),又称为热力学变量,如质量、温度、压力、体积、内能、焓、密度、电导率、表面张力等。

系统的性质按其与物质的量的关系可分为以下两类。

(1) 广度性质:与物质的量成正比的性质。广度性质具有加和性,即整体为部分之和,如质量、体积等。它表现了系统"量"的特征。

(2) 强度性质:与物质的量无关的性质。强度性质不具有加和性,如温度、压力、密度、比热容等。它表现了系统"质"的特征。

每单位量的广度性质便是强度性质，如摩尔体积、密度等。

### 3.1.4　热力学平衡

当系统的所有性质不随时间而改变时，则其处于热力学平衡状态，简称平衡态，热力学中所涉及的状态，一般都是平衡态。热力学平衡应同时包含下列四个平衡。

(1) 热平衡：系统各部分的温度相等。

(2) 力平衡：系统各部分之间及系统与环境之间没有不平衡的力存在，从宏观上看，系统内物质不发生任何相对移动。

(3) 相平衡：系统中物质在相间的分布达到平衡，即相间无物质的净转移。

(4) 化学平衡：当系统中有化学反应时，其变化应达到平衡，系统内组成不随时间而改变。

热力学研究平衡态的原因是：只有当系统处于此状态时，热力学性质才有确切的含义，并具有唯一的值。如果系统偏离平衡态，系统内的温度、压力或组成会变得不均匀，则系统没有确定的性质。

### 3.1.5　状态和状态函数

系统的状态是系统所有微观性质和宏观性质的综合表现。系统的状态是由它的性质确定的。例如，理想气体的状态可用压力 $p$、体积 $V$、温度 $T$ 和物质的量 $n$ 来描述。当这些性质都有确定值时，系统状态就确定了；反之，系统状态确定后，它的所有性质都有确定值。系统的状态与性质之间具有单值对应的关系，所以这些用于描述系统状态的物理量(热力学性质)，如压力、体积、温度、表面张力、物质的量、密度等都是**状态函数**。

系统中各状态函数之间是互相制约的。若要确定系统的状态，只需指定系统的所有性质中的少数几个就可以了。一般而言，在没有外场的作用下，对于一定量的纯物质(或固定组成的混合物)的均相封闭系统，只需指定两个可以独立变化的性质，就能确定系统的其他性质及状态。例如，对于 $n$ 摩尔混合理想气体，当其组成确定后，如果其三个状态函数(压力 $p$、体积 $V$、温度 $T$)中任意两个是确定的，就能用理想气体状态方程确定第三个状态函数。

状态函数有以下两个主要性质：

(1) 如果系统的状态一定，则状态函数就具有确定值；

(2) 当系统的状态发生变化时，状态函数的变化量只取决于系统的始态和终态，而与变化的途径无关。

### 3.1.6　热力学能

热力学能又称为内能，是系统内除了整体势能和整体动能以外，粒子全部能量的总和，用符号 $U$ 表示，单位为 J 或 kJ。系统的热力学能包括系统内部各种物质的分子平动能、分子转动能、分子振动能、电子运动能、核运动的能量等。在一定条件下，系统的热力学能与系统中物质的量成正比，即热力学能具有加和性，是具有广度性质的热力学状态函数。系统处于一定状态时，热力学能具有确定的值。当系统状态发生变化时，其热力学能也必然发生变化。热力学能的变化量只取决于系统的始态和终态，而与变化的途径无关。

由于系统内部微观粒子的运动及其相互作用很复杂，无法知道一个系统热力学能的绝对数值。但系统状态改变时，热力学能的增量($\Delta U$)可以从过程中系统和环境所交换的热和功的数值来确定。在化学变化中，只需要知道热力学能的增量，无须追究它的绝对值。

### 3.1.7　过程和途径

当外界条件发生变化时，系统的状态就会发生变化，这种系统状态的变化就称为过程。完成这个状态变化的具体方式则称为途径。常使用等(恒)压、等(恒)容和等(恒)温过程来描述系统状态变化所经历的途径的特征。常见的热力学过程如下。

(1) 等温过程：系统的始态与终态的温度相同，并等于恒定的环境温度 $T_{环}$ 的过程，即 $T=T_{环}=$定值的过程。

(2) 恒压过程：系统的始态与终态的压力相同，并等于恒定的环境压力 $p_{环}$($p_{外}$)的过程，即 $p=p_{环}=$定值的过程。

(3) 恒容过程：系统的始态与终态的体积相同的过程。

(4) 绝热过程：系统与环境间无热量传递的过程。

(5) 循环过程：系统从始态经一系列变化后又回到始态的过程。

(6) 可逆过程：这是一种理想的过程，有严格的含义及特殊用途。

### 3.1.8　热和功

系统处于一定状态时，具有一定的热力学能。在状态变化过程中，系统与环境间可能有能量交换，这种能量交换往往是以热和功的形式进行的。热与功都不是系统的性质，它们的单位是 J 或 kJ。

系统与环境间因温度不同而传递的能量称为热，用符号 $q$ 来表示。由于物质的温度反映了其内部粒子无序运动的平均强度，因此热是系统与环境间因内部粒子无序热运动的强度不同而交换的能量。当两个温度不同的物体相互接触时，高温物体温度下降，低温物体温度上升，通过能量交换，最终两者的温度是相同的。在化学反应过程中常伴有热的吸收或释放。

除了热以外，系统与环境间传递的其他各种形式的能量统称为功，用符号 $W$ 来表示。广义地说，功是系统与环境间因粒子做定向有序运动而交换的能量。一个物体受到力 $F$ 的作用，沿 $F$ 的方向在空间中移动，则 $F$ 就对物体做了功。功的种类很多，在热力学中涉及两类功：因系统的体积变化而做的功为**体积功**($w$)；**非体积功**或其他功($w'$)，如电池中在电动势的作用下输送电荷所做的电功等。

国标中规定，系统从环境中吸热(吸热反应)，$q$ 为正值；系统向环境中放热(放热反应)，$q$ 为负值。系统对环境做功(膨胀功)，$W$ 为负值；环境对系统做功(压缩功)，$W$ 为正值。系统只有在状态改变时才能与环境发生能量交换，所以热和功不是系统的性质。当系统与环境发生能量交换时，经历的途径不同，热和功的值就不同，所以，热和功都不是系统的状态函数。热和功的单位均为能量单位，按法定计量单位，以 J 或 kJ 表示。

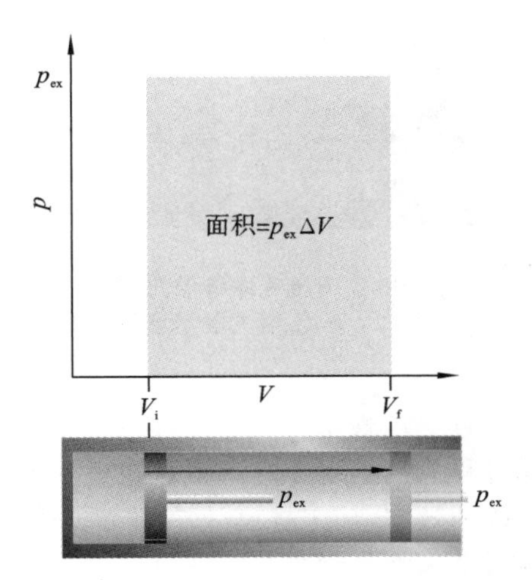


图 3-2　气体膨胀做体积功示意图

从本质上说，体积功属于机械功，可用力 $F$ 与力作用下产生的位移来计算。如图 3-2 所示，气缸活塞面积为 $A$，其内装有气体，体积为 $V$，压力为 $p$，施加于活塞外的压力为 $p_{ex}$。假设活塞无质量，与缸壁间无摩擦阻力。作用于活塞上的总压力为 $F$,则 $F=p_{ex}A$,系统内的气体反抗外压力的作用,移动一定的距离 $L$。此时,气体膨胀克服外压力做体积功 $w$,则有

$$w=-F_{ex}L=-p_{ex}AL$$

则

$$w=-p_{ex}\Delta V \tag{3-1}$$

由于 $\Delta V>0$,体积膨胀,系统对环境做体积功,系统能量降低,$w<0$。

式(3-1)是计算体积功的基本公式,$p_{ex}$是环境压力,$\Delta V$ 是系统终态体积与始态体积之差。压力单位为 Pa,体积单位为 $m^3$,体积功的单位为 J($J=Pa\cdot m^3$)。

### 3.1.9 热力学可逆过程

在热力学中,可逆过程是一个非常重要的概念。系统经历某过程,系统状态由状态 1 变化到状态 2,若系统能够通过原过程的反向变化恢复到原来状态(系统复原),同时在环境中没有留下任何变化(环境复原),则该过程称为**热力学可逆过程**。反之则称为**不可逆过程**。可逆过程的特点如下。

(1) 可逆过程是在广义的推动力与阻力(内外强度性质)相差无限小的条件下进行的,例如,$p_{外}=p_{内}\pm dp$,$T_{环}=T_{内}\pm dT$。

(2) 整个过程进行应无限缓慢,系统状态在每一瞬间都无限接近于平衡态,慢到以零为极限,这样就有足够的时间使系统内的压力等性质从微小的不均匀变为均匀。

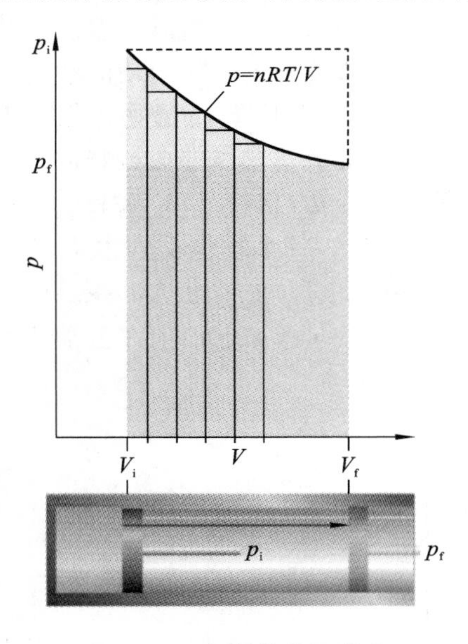


**图 3-3　理想气体等温膨胀和压缩过程示意图**

(3) 可逆过程发生后,系统与环境在逆向过程中的每一状态都是系统在原正向过程中每一状态的重演,经此循环后系统与环境都完全恢复到原来状态。

(4) 在等温可逆条件下,系统对环境做最大功,环境对系统做最小功。下面以理想气体等温膨胀和压缩过程为例进行说明,如图 3-3 所示,假设活塞无质量,与缸壁间无摩擦阻力。

不可逆方式进行时:$w=-p_f\Delta V$。

可逆方式进行时:$p=nRT/V$,功等于曲线下方的面积。

系统膨胀时,系统对环境做功。不可逆膨胀时,体积功为曲线下方矩形面积之和,可逆膨胀时体积功则为曲线下方的面积,显然可逆膨胀时系统对环境做最大体积功。反之,压缩时,环境对系统做体积功。可逆压缩时,体积功仍为曲线下方的面积,但不可逆压缩时,体积功为曲线上方矩形面积之和。显然,可逆压缩时环境对系统做最小体积功。

可逆过程是一种理想的过程,是科学的抽象,在客观世界中并不存在真正的可逆过程,实际过程只能趋近于它。但可逆过程的概念非常重要,它可以作为一个比较标准,用以研究实际过程的效率,确定提高效率的可能性。更重要的是,它可作为热力学的研究手段,一些重要的热力学函数的增量只有通过可逆过程才能求算。另外,许多热力学的理论推演与计算均需借助可逆过程这个重要的概念。

### 3.1.10 化学反应通式、化学计量数与反应进度

18世纪，罗蒙诺索夫首先提出了**物质质量守恒定律**，即参加反应的全部物质的质量等于全部反应生成物的质量。在化学变化中，反应物不断消耗，新的物质不断产生，系统中物质的性质发生了变化，但系统内总的质量不会改变。化学反应质量守恒定律也可表述为物质不灭定律：在化学反应中，质量既不能创造，也不能毁灭，只能由一种形式转变为另一种形式。

一般化学反应方程式可以用以下通式表示：

$$0 = \sum_{B} \nu_B B \tag{3-2}$$

式中：B表示反应中物质的化学式；$\nu_B$ 为B的化学计量数，是量纲为1的量（又称为无量纲的纯数）。与化学反应中反应物减少和生成物增加相对应，反应物的化学计量数取负值，生成物的化学计量数取正值。式(3-2)是质量守恒定律在化学变化中的具体体现。

以合成氨的反应为例，按式(3-2)，合成氨的反应可写为

$$0=(+2)NH_3+(-1)N_2+(-3)H_2$$

即

$$0=2NH_3-N_2-3H_2$$

通常的写法是

$$N_2+3H_2=2NH_3$$

需要注意的是，由于化学计量数与化学反应方程式的写法有关，因此凡是用到化学计量数的地方都必须给出对应的化学反应方程式。

为了描述化学反应进行的程度，引入反应进度的概念，反应进度用符号 $\xi$ 表示，其定义为

$$d\xi \overset{\text{def}}{=\!=\!=} \frac{dn_B}{\nu_B} \tag{3-3}$$

若规定反应开始时 $\xi=0$，则有

$$\xi=\frac{n_B-n_{B,0}}{\nu_B}=\frac{\Delta n_B}{\nu_B} \tag{3-4}$$

式中：$n_{B,0}$ 代表反应进度 $\xi=0$（反应尚未开始）时B的物质的量，是原始含量，在给定体积下是一个常数；$n_B$ 代表反应进度为 $\xi$ 时B的物质的量；$\xi$ 的单位为mol。

引入反应进度的最大优点是：在化学反应中可以用任一反应物或任一生成物来表示反应进行的程度，所得的值总是相等的。例如，对于反应

$$dD+eE+\cdots \longrightarrow fF+gG+\cdots$$

有

$$\xi=\frac{\Delta n_D}{\nu_D}=\frac{\Delta n_E}{\nu_E}=\frac{\Delta n_F}{\nu_F}=\frac{\Delta n_G}{\nu_G}=\cdots$$

反应进度这一概念必须与化学反应的计量方程相对应（即必须给出化学反应方程式），当反应按照所给的化学反应方程式的计量比例进行一个单位的化学反应时，$\Delta n_B=\nu_B$ mol，反应进度 $\xi=1$ mol，这种反应通常称为“摩尔反应”。

## 3.2 化学反应热的测量与计算

### 3.2.1 化学反应热的测量

化学反应过程中往往有热量的释放或吸收。在热化学中，等温条件下化学反应所放出或

吸收的热量称为化学反应的热效应,简称**反应热**。对反应热进行精密的测定并研究反应热与其他能量变化的定量关系的学科称为**热化学**。热化学的实验数据具有实际和理论价值。例如,反应热的实验数据就与实际生产中的机械设备、热量交换及经济价值等有关;另一方面,反应热的实验数据,在计算平衡常数和其他热力学函数时很有用处。因此,对于工科学生,初步了解热效应的测量是十分有益的。

反应热的测量原理为:当需要测定某个热化学过程所放出或吸收的热量(如燃烧热、溶解热或相变热等)时,一般可利用以下公式计算:

$$q=-c_s m_s \Delta T=-C_s \Delta T \tag{3-5}$$

式中:$q$ 表示一定量反应物在给定条件下的反应热;$c_s$ 表示吸热溶液的比热容;$m_s$ 表示吸热溶液的质量;$C_s$ 表示溶液的热容,$C_s=c_s \cdot m_s$;$\Delta T$ 表示溶液终态温度 $T_2$ 与始态温度 $T_1$ 之差。这里物质的比热容 $c$ 的定义为:热容除以质量,即 $c=C/m$,其 SI 单位为 $J \cdot kg^{-1} \cdot K^{-1}$,常用单位为 $J \cdot g^{-1} \cdot K^{-1}$。而热容 $C$ 的定义为:系统吸收的微小热量 $\delta q$ 除以温升 $dT$,即 $C=\delta q/dT$,热容的 SI 单位为 $J \cdot K^{-1}$。

热量计的种类很多,但基本上可分为图 3-4 所示的三类。

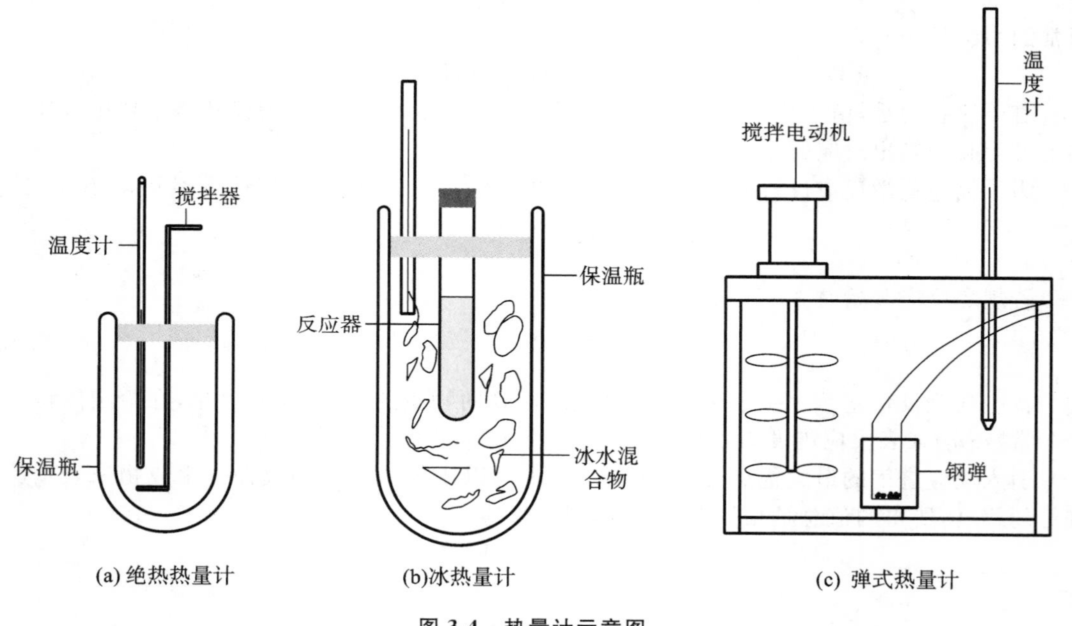


图 3-4 热量计示意图

(1) 绝热热量计:常用于测量在溶液中进行的化学反应的热效应。只要把待测溶液放入一个保温瓶内,记录反应终态温度 $T_2$ 与始态温度 $T_1$ 的温度差 $\Delta T$,就可按式(3-6)计算反应释放的热量:

$$q=-(c_s m_s \Delta T+C\Delta T)=-(c_s m_s+C)\Delta T \tag{3-6}$$

式中:$c_s$ 和 $m_s$ 分别为溶液的比热容和质量;$C$ 为热量计的热容。绝热热量计常在等压下操作,所以用这类热量计测量的热效应是化学反应的**等压热效应**。

(2) 冰热量计:把反应器装在一个贮有冰水混合物的保温良好的密闭容器内,反应器内进行的反应所释放的热使 0 ℃的冰融化为 0 ℃的水。冰在 0 ℃融化时体积将减小,吸收的热量 $q$ 和体积的增量 $\Delta V$ 之间有严格的定量关系,即

$$\frac{\Delta V}{q}=-0.278\ \mathrm{cm^3\cdot kJ^{-1}} \tag{3-7}$$

只要测量反应前后冰水混合物的体积差 $\Delta V$，就可以求得反应的热效应。这类热量计是一种**等温热量计**，能直接测得等温条件下的反应热效应。

(3) 弹式热量计：是现代常用的反应热的测量设备(也称为**氧弹**)，可以精确地测得**恒容条件下**的反应热。把参与反应的一定量的物质密封在一个不锈钢钢弹内，将钢弹沉入热量计内的绝热水箱中，钢弹内的反应被引发后，记录反应前后水的温度差 $\Delta T$，就可按式(3-8)计算反应释放的热量：

$$q=-[c(\mathrm{H_2O})m(\mathrm{H_2O})\Delta T+C_\mathrm{b}\Delta T]=-[C(\mathrm{H_2O})\Delta T+C_\mathrm{b}\Delta T]=-\sum C\Delta T \tag{3-8}$$

式中：$c(\mathrm{H_2O})$、$C(\mathrm{H_2O})$和 $m(\mathrm{H_2O})$分别为热量计内水的比热容、热容和质量；$C_\mathrm{b}$ 为钢弹组件等热量计的热容。常用燃料(如煤、天然气、汽油等)的燃烧反应热均可按此法测得。为了规范热化学数据，一般规定物质完全燃烧时的产物(在 25 ℃和标准压力下)为：C 变为 $\mathrm{CO_2(g)}$，H 变为 $\mathrm{H_2O(l)}$，S 变为 $\mathrm{SO_2(g)}$，N 变为 $\mathrm{N_2(g)}$，Cl 变为 HCl(aq)等。其中，l、g 和 aq 分别表示液态、气态和水溶液或水合离子态。

**例 3-1**　0.500 g $\mathrm{N_2H_4(l)}$在盛有 1210 g $\mathrm{H_2O}$ 的弹式热量计的钢弹内(通入氧气)完全燃烧。吸热介质的热力学温度由 293.18 K 上升至 294.82 K。已知钢弹组件在实验温度时的总热容 $C$ 为 848 $\mathrm{J\cdot K^{-1}}$，水的比热容为 4.18 $\mathrm{J\cdot g^{-1}\cdot K^{-1}}$。试计算在此条件下联氨完全燃烧所放出的热量。

**解**：联氨在氧气中完全燃烧的反应方程式为

$$\mathrm{N_2H_4(l)+O_2(g)=\!=\!=N_2(g)+2H_2O(l)}$$

根据式(3-8)，0.500 g $\mathrm{N_2H_4(l)}$的定容燃烧热为

$$\begin{aligned} q&=-(c_{水}m_{水}\Delta T+C\Delta T)=-(c_{水}m_{水}+C)\Delta T\\ &=-(4.18\times1210+848)\times(294.82-293.18)\\ &=-9686(\mathrm{J})=-9.686(\mathrm{kJ}) \end{aligned}$$

显然，当联氨的质量不同时，$q$ 值也不同。为进行比较，定义了**摩尔反应热** $q_\mathrm{m}$，其为反应热与反应进度之比，单位为 $\mathrm{kJ\cdot mol^{-1}}$。当反应进度为 1 mol 时，$\mathrm{N_2H_4}$ 的摩尔质量为 32.0 $\mathrm{g\cdot mol^{-1}}$，根据式(3-4)和 $\mathrm{N_2H_4}$ 的完全燃烧反应方程式，$\mathrm{N_2H_4(l)}$摩尔反应热 $q_\mathrm{m}$ 为

$$q_\mathrm{m}=-9.686\times(32.0/0.500)=-620(\mathrm{kJ\cdot mol^{-1}})$$

### 3.2.2　化学反应热的理论计算

#### 1. 热力学第一定律

在任何过程中，能量既不能凭空产生，也不能自行消灭，只能从一种形式转化为另一种形式。在转化过程中，能量的总值不变。这个规律就称为**热力学第一定律**，也就是**能量守恒定律**。换言之，在孤立系统中，能量的形式可以转化，但是能量的总值不变。将能量守恒定律应用于以热和功进行交换的热力学过程，就称为**热力学第一定律**。

在热力学中，热力学第一定律的通常说法是：系统处于确定状态时，其热力学能具有唯一的确定值。系统发生变化时，其热力学能的增量只取决于系统的始态和终态，而与变化的途径无关。根据热力学第一定律，热量可以从一个物体传递到另一个物体，也可以与机械能或其他形式的能量互相转换。对于一个封闭系统(大多数的化学反应体系可以看成封闭系统)，热力学第一定律可表示为

$$U_2 - U_1 = \Delta U = q + w \tag{3-9}$$

式中：$q$ 和 $w$ 分别为系统与环境间交换的热和功，此处，只考虑体积功；$\Delta U$ 为热力学能的增量。该式的含义是：以热和功的形式所传递的能量之和必定等于系统内能的变化。也就是说，在指定的始态和终态下，$q$ 和 $w$ 的值与途径有关，但两者之和$(q+w)$与途径无关，只取决于系统的始态和终态。再次强调，式(3-9)只适用于封闭系统。

热力学第一定律还有如下表述方式。

(1)"第一类永动机是不可能造成的"。历史上曾有人试图制造一种不靠外界供能，却能不断对外做功的机器，这种机器称为**第一类永动机**。显然它违背了能量守恒定律，是无法实现的。

(2)"孤立系统的内能不变"。孤立系统与环境既无物质交换，又无能量交换，其自身的总能量是一定的。

**例 3-2** 系统在始态具有热力学能 $U_1$，系统在状态变化过程中，既吸收了 600 J 的热，又对环境做了 450 J 的功，求系统的能量变化 $\Delta U$ 和终态的热力学能 $U_2$。

**解**：由题意可得，$q=600\ \text{J}$，$w=-450\ \text{J}$，所以

$$\Delta U = q + w = 600\ \text{J} - 450\ \text{J} = 150\ \text{J}$$

又因为

$$U_2 - U_1 = \Delta U$$

所以

$$U_2 = U_1 + \Delta U = U_1 + 150\ \text{J}$$

则系统的能量变化 $\Delta U$ 为 150 J，终态的热力学能 $U_2$ 为 $U_1+150$ J。

**例 3-3** 采用与例 3-2 相同的系统，系统的初始能量状态为 $U_1$，系统放出了 100 J 的热的同时，环境对系统做了 250 J 的功，求系统的能量变化 $\Delta U$ 和终态的热力学能 $U_2$。

**解**：由题意可得，$q=-100\ \text{J}$，$w=250\ \text{J}$，所以

$$\Delta U = q + w = -100\ \text{J} + 250\ \text{J} = 150\ \text{J}$$

$$U_2 = U_1 + \Delta U = U_1 + 150\ \text{J}$$

则系统的能量变化 $\Delta U$ 为 150 J，终态的热力学能 $U_2$ 为 $U_1+150$ J。

从上述两个例题可看到，系统的始态$(U_1)$和终态$(U_1+150\ \text{J})$分别是相同的，虽然变化途径不同($q$ 和 $w$ 不同)，但是热力学能的增量$(\Delta U)$是相同的。

**例 3-4** 在 100 ℃、101.3 kPa 下，将 1 mol 液态水加热使之完全变为水蒸气，状态变化示意如下：

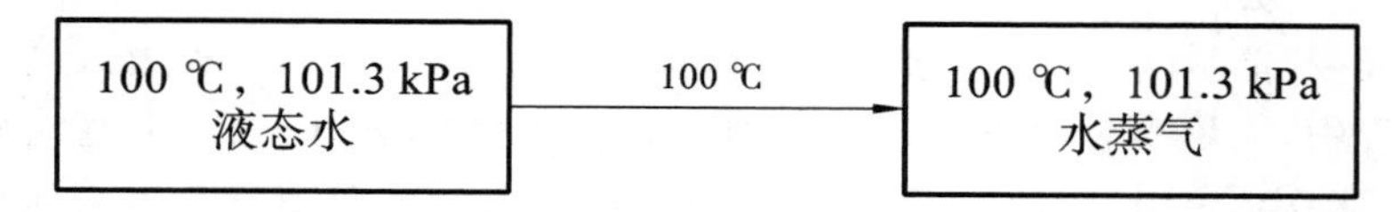


已知该过程吸热，$q=40640$ J，100 ℃时，1 mol 液态水体积 $V_1$ 为 $0.0188\times10^{-3}\ \text{m}^3$，1 mol 水蒸气体积 $V_2$ 为 $30.606\times10^{-3}\ \text{m}^3$，气化时蒸气反抗恒定外压 101.3 kPa，求该过程系统内能的变化。

**解**：系统所做体积功为

$$w = -p_{ex}\Delta V = -1.013\times10^5\times(30.606-0.0188)\times10^{-3} = -3098(\text{J})。$$

则系统内能的增量为

$$\Delta U = q + w = 40640 - 3098 = 37542(\text{J})$$

**2. 不同过程的反应热**

**1) 恒容过程反应热**

对于在密闭容器中进行的化学反应，体积保持不变（$\Delta V=0$），其反应过程就是一个恒容变化过程。由于只考虑系统做体积功，而在此过程中体积功为零（$w=0$），则根据热力学第一定律有

$$\Delta U_{\mathrm{V}} = q + w = q_{\mathrm{V}} \tag{3-10}$$

式中：$\Delta U_{\mathrm{V}}$ 表示恒容条件下热力学能的增量；$q_{\mathrm{V}}$ 表示恒容反应热；右下标字母 V 表示恒容过程。式(3-10)的意义是：对于在恒容条件下进行的化学反应，其反应热等于该系统中热力学能的增量。

反应热是途径函数，它与反应的变化条件（变化途径）有关。但若限制条件为恒容过程，反应热全部作用于系统的热力学能的变化，即恒容反应热与热力学能这一状态函数的增量相等，故 $q_{\mathrm{V}}$ 只取决于系统的始态和终态。

**2) 恒压过程反应热与焓**

大多数化学反应是在恒压条件下进行的。例如，在敞口容器中进行的液体反应或在恒定压力下进行的气体反应（外压不变，系统压力与外压相等），都属于恒压过程。在恒压条件下，许多化学反应会发生体积变化（从 $V_1$ 变到 $V_2$），从而做体积功（$w=-p_{\mathrm{ex}}\Delta V$），如果不考虑非体积功，则热力学第一定律可写成

$$\Delta U_{\mathrm{p}} = q_{\mathrm{p}} + w = q_{\mathrm{p}} - p_{\mathrm{ex}}\Delta V$$

即

$$q_{\mathrm{p}} = \Delta U_{\mathrm{p}} + p_{\mathrm{ex}}\Delta V \tag{3-11}$$

式中：$\Delta U_{\mathrm{p}}$ 表示恒压条件下热力学能的增量；$q_{\mathrm{p}}$ 表示恒压反应热；右下角字母 p 表示恒压过程。在恒压过程中，$p_1=p_2=p_{\mathrm{ex}}=p$，因此，可将式(3-11)改写为

$$q_{\mathrm{p}} = (U_2 - U_1) + p(V_2 - V_1) = \Delta U_{\mathrm{p}} + p\Delta V$$

即

$$q_{\mathrm{p}} = (U_2 + p_2V_2) - (U_1 + p_1V_1) \tag{3-12}$$

式中：$U$、$p$、$V$ 都是系统的状态函数。而复合函数 $U+pV$，当然也是系统的状态函数。定义这一新的热力学状态函数为**焓**，以符号 $H$ 表示，即

$$H \overset{\text{def}}{=\!=\!=} U + pV \tag{3-13}$$

当系统的状态改变时，根据焓的定义，在恒压条件下，式(3-12)就可写为

$$q_{\mathrm{p}} = H_2 - H_1 = \Delta H \tag{3-14}$$

$\Delta H$ 是焓的改变量，称为焓变。式(3-14)表明，在恒压及 $w'=0$ 的条件下，恒压过程的反应热 $q_{\mathrm{p}}$ 等于焓的改变量，即焓变 $\Delta H$。$\Delta H<0$，恒压下系统向环境放热，是放热反应；$\Delta H>0$，系统从环境吸热，是吸热反应。反应热虽然是途径函数，但若限制条件为恒压，则恒压反应热与焓这一状态函数的改变量相等，故 $q_{\mathrm{p}}$ 也只取决于系统的始态和终态。

由式(3-13)可知，焓具有能量单位，焓的单位是 J 或 kJ。热力学能 $U$ 和体积 $V$ 都具有加和性，所以焓也具有加和性。但组合函数（$H=U+pV$）没有明确的物理意义，只是在特定条件（恒压，$w'=0$）下，系统的焓变 $\Delta H$ 与 $q_{\mathrm{p}}$ 相等。因为热力学能的绝对值无法测得，所以焓的绝对值也无法确定。实际上，一般情况下，不需要知道焓的绝对值，只需要知道状态变化时的焓

变($\Delta H$)即可。

根据式(3-11)和 $H$ 的定义,对于恒压且 $w'=0$ 条件下的过程,有

$$\Delta H = q_p = \Delta U_p + p_{ex}\Delta V$$

这表明,在该条件下系统的焓变等于系统所吸收(或放出)的热,这些热一部分转化为系统增加(或减少)的内能,另一部分转化为因反抗外压而做的膨胀功(或压缩功)。虽然 $H$ 由恒压过程引出,但根据其定义,在非恒压过程中也存在焓变 $\Delta H$,其表达式为

$$\Delta H = \Delta U + \Delta(pV)$$

**3. $q_p$ 与 $q_V$ 的关系和盖斯定律**

从上述讨论可知,恒压条件和恒容条件下化学反应热可能不同。在实际工作中,也有一些反应的热效应不能直接测量,例如,$C(s)+\frac{1}{2}O_2(g) \longrightarrow CO(g)$ 是煤气生产中的一个重要反应,工厂设计时需要该反应的热数据,而通过实验却难以直接测定,单质碳与氧气反应不能直接生成纯的一氧化碳,总有二氧化碳生成。因此,研究热化学时必须解决以下两个问题。

(1) $q_p$ 与 $q_V$ 的关系是怎样的?

(2) 如何获得难以直接测定的化学反应热?

**1) $q_p$ 与 $q_V$ 的关系**

对于一个封闭系统,理想气体的热力学能和焓只是温度的函数。对于真实气体、液体和固体,其热力学能和焓在温度不变和压力变化不大时,也可近似地认为不变。换言之,可以认为恒温恒压过程和恒温恒容过程的热力学能近似相等,即 $\Delta U_p \approx \Delta U_V$。根据式(3-10)和式(3-14)有

$$q_p - q_V = \Delta H - \Delta U_V = (\Delta U_p + p\Delta V) - \Delta U_V = p\Delta V \tag{3-15}$$

(1) 对于只有凝聚相(液相和固相)的系统,$\Delta V \approx 0$,所以 $q_p = q_V$。

(2) 对于有气态物质参与的系统(近似按理想气体处理),在恒压条件下,$\Delta V$ 是气体物质的量发生变化而引起的。若系统中任一气态组分(B,g)的物质的量变化为 $\Delta n(B,g)$,则根据理想气体状态方程,由系统中所有气态组分(B,g)的物质的量的变化引起的体积变化为 $\Delta V = \sum_B \Delta n(B,g) \cdot RT/p$,故

$$q_p - q_V = \sum_B \Delta n(B,g) \cdot RT \tag{3-16a}$$

根据反应进度的定义,有 $\Delta n_B = \xi \nu_B$,则系统中各气态组分的物质的量的变化之和 $\sum_B \Delta n(B,g)$ 可表示为 $\xi \sum_B \nu(B,g)$,则有

$$q_{p,m} - q_{V,m} = \sum_B \nu(B,g) \cdot RT \tag{3-16b}$$

式中:下标 m 表示化学反应的反应进度为 1 mol。

**例 3-5** 已精确测得下列反应的 $q_{V,m}$ 为 $-3268\ kJ \cdot mol^{-1}$:

$$C_6H_6(l) + \frac{15}{2}O_2(g) \xlongequal{} 6CO_2(g) + 3H_2O(l)$$

求在恒压、298.15 K 条件下上述反应的反应进度为 1 mol 时的反应热。

**解:** 根据给定的反应计量方程式,有

$$\sum_B \nu(B,g) = \nu(CO_2) - \nu(O_2) = 6 - \frac{15}{2} = -1.5(mol)$$

根据式(3-16b)，有

$$\begin{aligned} q_{p,m} &= q_{V,m} + \sum_B \nu(B,g) \cdot RT \\ &= -3268 + (-1.5) \times 8.314 \times 10^{-3} \times 298.15 \\ &= -3272(kJ \cdot mol^{-1}) \end{aligned}$$

**2）盖斯定律**

19 世纪中叶，俄国科学家盖斯(Hess)从大量有关反应热的实验中，总结出一个重要定律：化学反应无论是一步完成还是分几步完成，若整个过程在恒容或恒压下进行，化学反应的反应热(恒压热或恒容热)都只与物质的始态和终态有关，而与变化的途径无关。这一定律后来称为**盖斯定律**。

从热力学角度看，盖斯定律实质上是热力学第一定律在化学反应中的应用，也就是说该定律是状态函数性质的体现。这是因为，在恒压(或恒容)下，反应的热效应与焓变(或热力学能的增量)相等，而焓(或热力学能)是状态函数，只要反应的始态和终态一定，则 $\Delta H$(或 $\Delta U$)便是定值，而与反应途径无关。

例如，C 完全燃烧生成 $CO_2$ 有两种途径，示意如下：

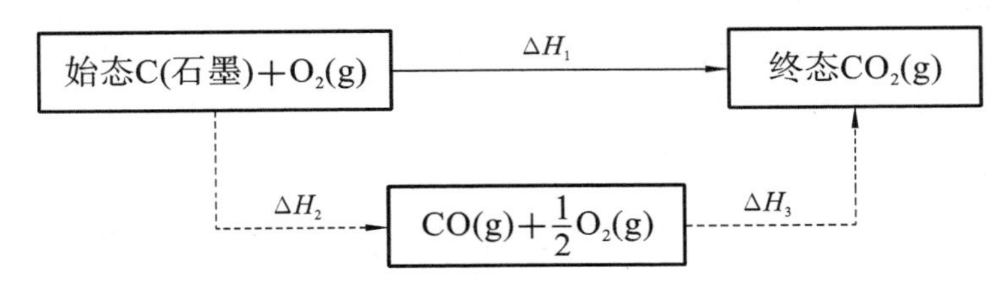


显然，根据盖斯定律，有 $\Delta H_1 = \Delta H_2 + \Delta H_3$。

盖斯定律有着广泛的应用。应用这个定律可以计算化学反应的反应热，尤其是一些不能或难以通过实验直接测定的反应热。例如，$C(s) + \frac{1}{2}O_2(g) \longrightarrow CO(g)$ 的反应热难以通过实验测定，但下面两个反应的反应热是容易测定的。在 100 kPa 和 298.15 K 下，它们的反应热分别为

$$C(s) + O_2(g) \longrightarrow CO_2(g), \quad \Delta_r H_{m,1} = -393.5\ kJ \cdot mol^{-1}$$

$$CO(g) + \frac{1}{2}O_2(g) \longrightarrow CO_2(g), \quad \Delta_r H_{m,3} = -283.0\ kJ \cdot mol^{-1}$$

那么，根据盖斯定律，$C(s) + \frac{1}{2}O_2(g) \longrightarrow CO(g)$ 的反应热 $\Delta_r H_{m,2}$ 为

$$\Delta_r H_{m,2} = \Delta_r H_{m,1} - \Delta_r H_{m,3} = -393.5 - (-283.0) = -110.5(kJ \cdot mol^{-1})$$

人们从多种反应中找出一些类型的反应作为基本反应，知道了一些基本反应的反应热数据，应用盖斯定律就可以计算其他反应的反应热。常用的基本反应热数据是物质的标准摩尔生成焓。

**3）标准状态与热化学方程式**

热化学方程式是表示化学反应及其热效应关系的化学反应方程式，例如：

$$2H_2(g) + O_2(g) = 2H_2O(g), \quad \Delta_r H_m^{\ominus}(298.15\ K) = -483.6\ kJ \cdot mol^{-1}$$

$$H_2(g) + \frac{1}{2}O_2(g) = H_2O(l), \quad \Delta_r H_m^{\ominus}(298.15\ K) = -285.83\ kJ \cdot mol^{-1}$$

$$C(石墨) + O_2(g) = CO_2(g), \quad \Delta_r H_m^{\ominus}(298.15\ K) = -394\ kJ \cdot mol^{-1}$$

以上化学反应方程式均为热化学方程式。其中，上标$\ominus$表示标准状态。

所谓**标准状态**指的是：在任一温度 $T$、标准压力 $p^{\ominus}$下表现出理想气体性质的纯气体状态为气态物质的标准状态，而液体、固体或溶液的标准状态为任一温度 $T$、标准压力 $p^{\ominus}$下的纯液体、纯固体或标准浓度 $c^{\ominus}$时的状态。物质的热力学标准态强调物质的压力或浓度，对温度并无限定。根据最新国家标准和国际纯粹与应用化学联合会（IUPAC）的规定，标准压力 $p^{\ominus}=100\ \text{kPa}$，标准浓度 $c^{\ominus}=1\ \text{mol}\cdot\text{dm}^{-3}$。

在书写热化学方程式时必须注意以下几点。

（1）注明各物质前的计量系数以表明物质的量。

（2）标明物质所处的状态（l、g、s）和晶形；对于溶液中的反应，还要注明物质的浓度，以 aq 表示水溶液。

（3）注明温度，如 $\Delta_r H_m(298.15\ \text{K})$，温度为 298.15 K 时也可以省略。若整个反应在标准状态下进行，则应加注标准状态符号“$\ominus$”，如 $\Delta_r H_m^{\ominus}(298.15\ \text{K})$。

（4）标明反应热（焓变）。

（5）热化学方程式不能写成 $H_2(g)+I_2(g)=\!=\!=2HI(g)+25.9\ \text{kJ}\cdot\text{mol}^{-1}$，这是因为物质和能量的量纲不同，不能直接相加减。

（6）聚集状态不同，热效应不同；方程式写法不同，热效应也不同。例如：

$$2H_2(g)+O_2(g)=\!=\!=2H_2O(g),\quad \Delta_r H_m^{\ominus}(298.15\ \text{K})=-483.6\ \text{kJ}\cdot\text{mol}^{-1}$$

$$2H_2(g)+O_2(g)=\!=\!=2H_2O(l),\quad \Delta_r H_m^{\ominus}(298.15\ \text{K})=-571.66\ \text{kJ}\cdot\text{mol}^{-1}$$

$$H_2(g)+\frac{1}{2}O_2(g)=\!=\!=H_2O(g),\quad \Delta_r H_m^{\ominus}(298.15\ \text{K})=-241.8\ \text{kJ}\cdot\text{mol}^{-1}$$

**4. 化学反应的反应热的计算**

**1）物质的标准摩尔生成焓**

由单质生成某化合物的反应称为该化合物的生成反应。例如，$CO_2$ 的生成反应为

$$C(s)+O_2(g)\longrightarrow CO_2(g)$$

在标准状态下由指定的稳定单质生成单位物质的量（1 mol）的纯物质时反应的焓变称为该物质的标准摩尔生成焓，用符号 $\Delta_f H_m^{\ominus}(T)$表示。$T$ 表示反应时的温度，$T$ 为 298.15 K 时可以省略，也可简写为 $\Delta_f H^{\ominus}$，下标 f 表示生成反应。这里，指定的单质通常为在选定温度及标准条件下最稳定的单质，如氢 $H_2(g)$、氮 $N_2(g)$、氧 $O_2(g)$、氯 $Cl_2(g)$、溴 $Br_2(l)$、碳 C(石墨)、硫 S(正交)、钠 Na(s)、铁 Fe(s)等。例如，碳有金刚石、石墨、无定形碳等几种相态，而在298.15 K 及 $p^{\ominus}$下，石墨在热力学上是稳定的单质。磷较为特殊，其“指定单质”为白磷，而不是热力学上更加稳定的红磷。反应的标准摩尔焓变和物质的标准摩尔生成焓的单位都是$\text{kJ}\cdot\text{mol}^{-1}$。例如，298.15 K 时，下列反应的标准摩尔焓变为

$$H_2(g)+\frac{1}{2}O_2(g)\longrightarrow H_2O(l),\quad \Delta_r H_m^{\ominus}=-285.83\ \text{kJ}\cdot\text{mol}^{-1}$$

则 $H_2O(l)$的标准摩尔生成焓为 $\Delta_f H_m^{\ominus}(H_2O,l)=-285.83\ \text{kJ}\cdot\text{mol}^{-1}$。物质在 298.15 K 时的标准摩尔生成焓可从本书附录或化学手册中查到。

根据标准摩尔生成焓的定义，单质元素（指定单质）的标准摩尔生成焓为零。但对于水合离子的相对焓值，规定水合氢离子（$H^+$）的标准摩尔生成焓为零。通常选定温度为 298.15 K，水合氢离子在 298.15 K 时的标准摩尔生成焓用 $\Delta_f H_m^{\ominus}(H^+,aq,298.15\ \text{K})$或 $\Delta_f H_m^{\ominus}(H^+,aq)$表示，即 $\Delta_f H_m^{\ominus}(H^+,aq,298.15\ \text{K})=0$。

**2）反应的标准摩尔焓变及其计算**

在标准状态下反应的摩尔焓变称为该反应的标准摩尔焓变，以符号 $\Delta_r H_m^{\ominus}(T)$ 表示。同上，$T$ 表示反应时的温度，$T$ 为 298.15 K 时可以省略，下标 r 表示反应，m 表示化学反应的反应进度为 1 mol，也可简写为 $\Delta_r H^{\ominus}$。

根据盖斯定律和标准摩尔生成焓的定义，可以导出反应的标准摩尔焓变的一般计算规则。例如，求反应 $CH_4(g)+2O_2(g) \longrightarrow CO_2(g)+2H_2O(l)$ 的标准摩尔焓变，可以设想，此反应分以下三步进行：

$$C(s)+O_2(g) \longrightarrow CO_2(g), \quad \Delta_r H_{m,1}^{\ominus}=\Delta_f H_m^{\ominus}(CO_2,g)$$

$$2H_2(g)+O_2(g) \longrightarrow 2H_2O(l), \quad \Delta_r H_{m,2}^{\ominus}=2\Delta_f H_m^{\ominus}(H_2O,l)$$

$$CH_4(s) \longrightarrow C(s)+2H_2(g), \quad \Delta_r H_{m,3}^{\ominus}=-\Delta_f H_m^{\ominus}(CH_4,g)$$

这三个反应的标准摩尔焓变的总和就是所求反应的标准摩尔焓变，即

$$\begin{aligned}\Delta_r H_m^{\ominus} &= \Delta_r H_{m,1}^{\ominus}+\Delta_r H_{m,2}^{\ominus}+\Delta_r H_{m,3}^{\ominus} \\ &= [\Delta_f H_m^{\ominus}(CO_2,g)+2\Delta_f H_m^{\ominus}(H_2O,l)]-[\Delta_f H_m^{\ominus}(CH_4,g)]\end{aligned}$$

推广之，对于任一化学反应：

$$aA+bB \longrightarrow gG+dD$$

在 298.15 K 时反应的标准摩尔焓变 $\Delta_r H_m^{\ominus}$ 可按下式求得：

$$\Delta_r H_m^{\ominus}(T)=\sum_B \nu_B \Delta_f H_{m,B}^{\ominus}(T) \tag{3-17a}$$

即

$$\Delta_r H_m^{\ominus}=[g\Delta_f H_m^{\ominus}(G)+d\Delta_f H_m^{\ominus}(D)]-[a\Delta_f H_m^{\ominus}(A)+b\Delta_f H_m^{\ominus}(B)] \tag{3-17b}$$

式(3-17)表示：反应的标准摩尔焓变等于生成物标准摩尔生成焓的总和减去反应物标准摩尔生成焓的总和。

**例 3-6**　计算 1 mol 乙炔完全燃烧反应的标准摩尔焓变 $\Delta_r H_m^{\ominus}$。

**解**：先写出乙炔完全燃烧时的化学反应方程式，并在各物质下面标出其 298.15 K 时标准摩尔生成焓。

化学反应方程式：　$C_2H_2(g)+\frac{5}{2}O_2(g) \longrightarrow 2CO_2(g)+H_2O(l)$

$\Delta_f H_m^{\ominus}/(kJ \cdot mol^{-1})$：　226.73　　0　　−393.51　−285.83

则

$$\begin{aligned}\Delta_r H_m^{\ominus} &= \sum_B \nu(B)\Delta_f H_m^{\ominus}(B)=2\times\Delta_f H_m^{\ominus}(CO_2,g)+\Delta_f H_m^{\ominus}(H_2O,l) \\ &\quad -\Delta_f H_m^{\ominus}(C_2H_2,g)-\frac{5}{2}\times\Delta_f H_m^{\ominus}(O_2,g) \\ &= 2\times(-393.51)+(-285.83)-(226.73+0) \\ &= -1299.58(kJ \cdot mol^{-1})\end{aligned}$$

反应的焓变随温度的变化较小。因为反应物与生成物的焓都随温度升高而增大，结果基本上相互抵消。在温度变化不大时，可以认为反应的焓变不随温度变化，即

$$\Delta_r H_m^{\ominus}(T) \approx \Delta_r H_m^{\ominus}(298.15\ K)$$

**【扩展阅读】** 由物质的标准摩尔燃烧焓计算标准摩尔反应焓

**【扩展阅读】** 反应焓与温度的关系

## 3.3　化学反应进行的方向与判据

热力学第一定律是自然界的普遍规律之一，但许多不违背热力学第一定律的过程未必能自动发生。例如，一杯 90 ℃的水放置在 25 ℃的室内，热量由水传给环境直至二者温度相等。但若使水自发地从环境中吸热使其温度升高（>90 ℃），而环境放出热量后温度下降（<25 ℃），虽然这并不违背热力学第一定律，吸热等于放热，能量守恒，但这是不可能的。又如化学反应：$A+D \rightleftharpoons Q+R$，它究竟自发地向哪个方向（正向或逆向）进行？到什么程度（限度）为止？单凭热力学第一定律是不能做出回答的，这个新问题应由热力学第二定律来解决。

热力学第二定律是研究在指定条件下过程自发进行的方向及限度的一个普遍规律。**自发过程**是指在一定条件下能够自动发生的过程，即不需要外力帮助，任其自然，就可发生的过程。例如，热从高温物体自发地传向低温物体，水从高处自发地流向低处，气体也总是从高压处自发地向低压处扩散。它们在没有外力作用的条件下，都能自发进行。反应自发进行的方向就是指在一定条件（定温、定压）下不需要借助外力做功而能自动进行的反应方向。

### 3.3.1　热力学第二定律、热力学第三定律与熵

热力学第一定律的建立，使设计第一类永动机的希望破灭了，于是人们又开始设想制造**第二类永动机**，即从单一热源吸热并全部用来对外做功，而不留下其他变化的机器。显然它并不违背热力学第一定律，因为能量以热的形式由环境传给系统，等量的能量又以功的形式由系统传给了环境，能量不增不减。但所有的尝试都以失败告终，人们从中得出结论：从单一热源吸热并全部转变为功而不留下其他变化是不可能的，这个结论的三部分（单一、全部、不留下其他变化）是互相关联、缺一不可的。一个很简单的例子是理想气体的等温膨胀，它就是从单一热源吸热并全部转变为功了，但附带的其他变化是气体的体积变大了，即气体的状态改变了，所以第二类永动机是不可能制得的。

事实上在热功转换中，一台能不断循环做功的机器必须至少有两个温度不同的热源。工作物质（如气缸中的气体）从高温热源吸热，其中一部分热转化为功，另一部分热传给低温热源，工作物质才得以复原，能够如此循环操作的机器称为**热机**。若想不散失这部分热量，热机就不能如此循环工作，也就不能被称为热机了。由此得到如下热力学第二定律的经典叙述。

(1) 克劳修斯（Clausius）的表述：热不可能自动地从低温物体传给高温物体而不产生其他变化。

(2) 开尔文（Kelvin）的表述：从单一热源吸收热使之完全转化为功，而不产生其他变化的第二类永动机不可能实现。

以上两种说法都是指某事件的“不可能”性，是等效的。

热力学第二定律的统计表达为：在孤立系统中发生的自发进行的反应（过程）必然伴随着熵的增加，或孤立系统的熵总是趋向于极大值。那么，什么是熵呢？

熵是系统内物质微观粒子的混乱度（或无序度）的度量，用符号 $S$ 表示。熵值小的状态对应于混乱度小或较有序的状态，熵值大的状态对应于混乱度大或较无序的状态。什么是混乱度？混乱度是有序度的反义词，即组成物质的质点在一个指定空间区域内排列和运动的无序度。系统的熵值越大，系统内微观粒子的混乱度越大。显然，熵与热力学能、焓一样是系统的一种性质，是状态函数。状态一定，熵值一定；状态发生变化，熵值也发生变化。同样，熵也具

有加和性，熵值与系统中物质的量成正比。

在现实生活中，容易发现，许多自发过程都是熵（混乱度）增加的过程，而无法找到熵减少的自发过程。例如，往一杯水中滴加几滴墨水，墨水就会自发地扩散到整杯水中，而这个过程不能自发地逆向进行。又如，将密闭容器用隔板分割成 3 个独立空间，分别注入 $N_2$、$H_2$ 和 He，隔板打开后，三种气体将很快相互混合，达到一种均匀的平衡状态，无论再等多长时间，系统也不会自发地恢复到三种气体独立存在的状态。这是因为，混合过程是混乱度增大的过程，充分混合达到平衡时，系统的混乱度最大，即熵值最大。

这一自发过程的热力学准则，又称为**熵增原理**。即

$$\Delta S_{孤立} \geqslant 0 \tag{3-18}$$

式中：$\Delta S$ 表示系统的熵变；下标"孤立"表示孤立系统。式(3-18)指出，孤立系统中，自发过程的方向是熵值增大的方向，直到熵值最大，$\Delta S$ 趋近于零时，系统的状态则趋于平衡状态。克劳修斯把式(3-18)总结为熵增原理：**孤立系统由始态变化至末态时，其熵值永不减小**。如果过程是可逆的，则熵值不变；如果过程是不可逆的，则熵值增加。在隔离系统中，不可能发生熵值减小的过程。

熵增原理是过程进行方向和限度的表述，与过程不可逆性的概念密切相关。过程不可逆程度越大，过程进行的自发性越大，过程进行后，系统的熵值也越大。过程的不可逆程度达到极限时，系统处于平衡状态，熵值最大且不再改变，因此，熵是描述热力学第二定律的基本状态函数。但熵增原理只能应用于隔离系统。对于非隔离系统，可以人为地把该系统和与其有关的环境组成一个隔离系统，应用 $\Delta S_{孤立}=\Delta S_{系统}+\Delta S_{环境}\geqslant 0$ 来判断过程的自发性。那么，如何计算 $\Delta S$ 呢？这就需要用到热力学第三定律。

热力学第三定律可以表述为：在 0 K 时，任何纯净的完整晶态物质的熵为零，即

$$\lim_{T\to 0\ \mathrm{K}} S(T)=0 \tag{3-19}$$

如果知道某物质从 0 K 到指定温度下的热力学数据，如热容、相变热等，便可求出该指定温度下的熵值，称为该物质的**规定熵**（或**绝对熵**）。单位物质的量的绝对熵叫作**摩尔熵**。标准状态下的摩尔熵叫作**标准摩尔熵**，以符号 $S_m^\ominus$ 表示，也可简写为 $S^\ominus$，其单位为 $J\cdot mol^{-1}\cdot K^{-1}$。

与热力学能和焓只能得到相对值不同，熵有绝对值，且所有单质和化合物的熵大于零。但对于水合离子，无法获得熵的绝对值，因为溶液中同时存在正、负离子。与标准生成焓相似，规定处于标准状态下水合氢离子（$H^+$）的标准熵值为零。通常把温度选定为 298.15 K，即 $S_m^\ominus(H^+,aq,298.15\ K)=0$，从而得出其他水合离子在 298.15 K 时的标准摩尔熵。因此，水合离子的标准摩尔熵是相对的，可以有正、负值。

熵是状态函数，反应或过程的熵变 $\Delta_r S$ 只与始态和终态有关，而与变化的途径无关。应用标准摩尔熵 $S_m^\ominus$ 的数据可计算化学反应的标准摩尔熵变，以 $\Delta_r S_m^\ominus$ 表示，也可简写为 $\Delta S^\ominus$。与反应的标准摩尔焓变的计算类似，反应的标准摩尔熵变等于生成物标准摩尔熵的总和减去反应物标准摩尔熵的总和。对于反应 $aA+bB \longrightarrow gG+dD$，在 298.15 K 下，反应的标准摩尔熵变 $\Delta_r S_m^\ominus$ 可按下式求得：

$$\Delta_r S_m^\ominus = \sum_B \nu(B) S_m^\ominus(B) \tag{3-20a}$$

即

$$\Delta_r S_m^\ominus = [gS_m^\ominus(G)+dS_m^\ominus(D)]-[aS_m^\ominus(A)+bS_m^\ominus(B)] \tag{3-20b}$$

**例 3-7**　计算 298.15 K 时反应 $H_2O(l) \longrightarrow H_2(g)+\frac{1}{2}O_2(g)$ 的标准摩尔熵变 $\Delta_r S_m^\ominus$。

**解**：化学反应方程式：　　$H_2O(l) \longrightarrow H_2(g)+\frac{1}{2}O_2(g)$

$S_m^\ominus/(J \cdot mol^{-1} \cdot K^{-1})$：　69.91　　130.68　205.14

$$\Delta_r S_m^\ominus=[S_m^\ominus(H_2,g)+\frac{1}{2}S_m^\ominus(O_2,g)]-[S_m^\ominus(H_2O,l)]$$

$$=\left(130.68+\frac{1}{2}\times 205.14\right)-69.91$$

$$=163.34\ (J \cdot mol^{-1} \cdot K^{-1})$$

应当指出，虽然物质的标准熵随温度的升高而增大，但只要温度升高，没有引起物质聚集状态改变，则通常由温度升高引起的每个生成物的标准熵乘以其化学计量数所得的总和与每个反应物的标准熵乘以其化学计量数所得的总和的数值相差不大，所以标准摩尔熵变 $\Delta_r S_m^\ominus(T)$ 随温度的变化也较小，在近似计算中可以忽略，即

$$\Delta_r S_m^\ominus(T) \approx \Delta_r S_m^\ominus(298.15\ K)$$

关于物质的标准熵，可以得出如下规律。

(1) 对同一物质而言，气态时的熵大于液态时的，而液态时的熵又大于固态时的。

(2) 同一物质处于相同的聚集状态时，其熵值随温度的升高而增大。

(3) 混合物或溶液的熵值往往比相应的纯物质的熵值大。

(4) 一般而言，温度和聚集状态相同时，分子或晶体结构较复杂(内部微观粒子较多)的物质的熵大于(由相同元素组成的)分子或晶体结构较简单(内部微观粒子较少)的物质的熵，即 $S_{复杂分子}>S_{简单分子}$。例如，$S_m^\ominus(C_2H_6,g,298.15\ K)=229\ J \cdot mol^{-1} \cdot K^{-1}$，$S_m^\ominus(CH_4,g,298.15\ K)=186\ J \cdot mol^{-1} \cdot K^{-1}$。

关于过程的熵变有一条定性判断规律，对于物理或化学变化而言(几乎没有例外)，一个导致气体分子数增加的过程或反应总伴随着熵值的增大，即 $\Delta S>0$；如果气体分子数减少，则 $\Delta S<0$。

根据熵的热力学定义，在恒温可逆过程中系统所吸收或放出的热量(以 $q_r$ 表示)除以温度等于系统的熵变 $\Delta S$，即

$$\Delta S=\frac{q_r}{T} \tag{3-21}$$

也就是说，熵变可用可逆过程的热量与温度之商来计算。

**例 3-8**　在 100 kPa 和 273.15 K 下，计算冰融化过程的摩尔熵变。已知冰的熔化热 $q(H_2O)=6007\ J \cdot mol^{-1}$。

**解**：在 100 kPa 和 273.15 K 下，冰融化为水是恒温、恒压可逆相变过程，根据式(3-21)得

$$\Delta_r S_m=\frac{q(H_2O)}{T}=\frac{6007}{273.15}=21.99(J \cdot mol^{-1} \cdot K^{-1})$$

式(3-21)表明，对于恒温、恒压的可逆过程，$T\Delta S=q_r=\Delta H$，所以 $T\Delta S$ 是对应于能量的一种转化形式，可以与 $\Delta H$ 相比较。

### 3.3.2　影响化学反应自发性的因素

化学反应在给定条件下能否自发进行？进行到什么程度？根据什么来判断化学反应的自

发性？这些问题对于科学研究和生产实践十分重要。

人们研究了大量物理、化学过程，发现所有自发过程都遵循以下规律：

(1) 从过程的能量变化来看，系统倾向于取得最低能量状态；

(2) 从系统中微观粒子分布和运动状态来分析，系统倾向于取得最大混乱度；

(3) 自发过程通过一定的装置都可以做有用功。

系统倾向于取得最低能量状态，对于化学反应就意味着放热反应($\Delta H<0$)才能自发进行，这和水自动地从高处往低处流动的情况相似，因此用 $\Delta H<0$ 作为化学反应自发性的判据似乎是有道理的。有人曾试图将反应的热效应或焓作为反应能否自发进行的判断依据，即 $\Delta H<0$，并且认为，放热越多，反应越易自发进行。确实许多能自发进行的化学反应是放热反应。但是，也可以发现许多过程(反应)，如冰的融化、盐溶解于水，都是吸热过程；又如，$N_2O_5$ 的分解反应是一个强烈的吸热反应，而这些过程(反应)都能自发进行。

在孤立系统中，热力学第二定律表明自发过程向着熵值增大的方向进行。但是，大多数化学反应并非孤立系统，而是封闭系统，系统与环境间存在能量交换，用系统的熵值增大作为化学反应自发性判据并不具有普遍意义，因此，对于研究化学反应(系统)的自发性，必须同时考虑反应的焓变和熵变。另外，化学反应的自发性还与反应的温度有关。例如，$CaCO_3$ 分解生成 $CO_2$ 和 CaO 的反应，在 298.15 K 和 100 kPa 下是非自发进行的，可是当温度升高到 1110.4 K 以上时，反应就可以自发进行。所以，要正确判断化学反应的自发性，必须综合考虑系统的焓变和熵变及温度的影响，需要寻找包含系统焓变、熵变和温度三个状态函数的新的状态函数。

### 3.3.3　吉布斯函数与化学反应进行的方向

#### 1. 吉布斯函数与反应方向判据

1875 年，美国物理学家吉布斯(Gibbs)提出一个把焓和熵结合在一起的热力学函数——自由能，现称之为**吉布斯自由能或吉布斯函数**，用符号 $G$ 表示，它定义为

$$G \xlongequal{\text{def}} H - TS \tag{3-22}$$

从定义式可以看出，吉布斯函数是系统的一种性质。由于 $H$、$T$、$S$ 都是状态函数，因此吉布斯函数也是系统的状态函数。

在恒温、恒压下，当系统发生状态变化时，其吉布斯函数的变化 $\Delta G$ 为

$$\Delta G = \Delta H - T\Delta S \tag{3-23}$$

化学反应系统的吉布斯函数的变化与反应自发性之间的关系是：在恒温、恒压、只做体积功的条件下

$$\begin{cases} \Delta G<0\text{，自发过程，能向正方向进行} \\ \Delta G=0\text{，平衡状态} \\ \Delta G>0\text{，非自发过程，能向逆方向进行} \end{cases} \tag{3-24}$$

式(3-24)就可作为在恒温、恒压、只做体积功条件下，判断化学反应自发性的一个统一的标准。因为反应自发进行的方向是 $G$ 值减小的方向，所以，$G$ 值越大表示反应越不稳定，有自发向 $G$ 值减小的方向进行的趋势，以减小 $G$ 值达到平衡态。平衡态具有最小 $G$ 值，这一判据也叫"**最小自由能原理**"。

熵判据和吉布斯函数判据的比较见表 3-1。大多数化学反应是在恒温、恒压条件下进行

的，系统一般不做非体积功，所以就化学反应而言，式(3-24)比式(3-18)更有用。

**表 3-1 熵判据和吉布斯函数判据的比较**

| | 熵 判 据 | 吉布斯函数判据 |
|---|---|---|
| 系统 | 孤立系统 | 封闭系统 |
| 过程 | 任何过程 | 恒温、恒压、不做非体积功 |
| 自发变化的方向 | 熵值增大，$\Delta S>0$ | 吉布斯函数值减小，$\Delta G<0$ |
| 平衡条件 | 熵值最大，$\Delta S=0$ | 吉布斯函数值最小，$\Delta G=0$ |
| 判据法名称 | 熵增原理 | 最小自由能原理 |

从热力学可以导出，如果化学反应在恒温、恒压条件下，除了做体积功以外，还做非体积功 $w'$，则吉布斯函数判据就变为

$$\begin{cases}-\Delta G>-w'\text{，自发过程}\\-\Delta G=-w'\text{，平衡状态}\\-\Delta G<-w'\text{，非自发过程}\end{cases}\tag{3-25}$$

式(3-25)的意义是：在恒温、恒压下，一个封闭系统对外所能做的最大非体积功($-w'_{\max}$，即有用功)等于其吉布斯函数的减小($-\Delta G$)，即

$$-\Delta G=-w'_{\max}\tag{3-26}$$

对于一个自发过程，其有内在的推动力，不需要外功，如果给以适当的条件，可以对外做功，即自发过程具有对外做功的能力。由式(3-26)可知，$G$ 相当于系统做功的本领。吉布斯函数减小得越多，表示系统做功的本领越大。因此吉布斯提出，判断反应自发性的正确标准是它做有用功的能力。在恒温、恒压下，如果反应在理论上或实际中可被用来做有用功，则该反应是自发反应；如果反应必须依靠外界做功才能进行，则该反应是非自发反应。

根据 $\Delta G=\Delta H-T\Delta S$，如果反应是放热的($\Delta H<0$)，且熵值增大($\Delta S>0$)，则表现为吉布斯函数的减小($\Delta G<0$)，该过程在任何温度下都会自发进行；如果反应是吸热的($\Delta H>0$)，且熵值减小($\Delta S<0$)，则表现为吉布斯函数的增大($\Delta G>0$)，该反应在任何温度下都不能自发进行(但逆向反应可自发进行)。但是，对于放热($\Delta H<0$)而熵值减小($\Delta S<0$)的反应或者吸热($\Delta H>0$)而熵值增大($\Delta S>0$)的反应，情况又如何呢？现将 $\Delta H$ 和 $\Delta S$ 的正、负及 $T$ 对 $\Delta G$ 的影响归纳于表 3-2 中。

**表 3-2 $\Delta H$、$\Delta S$ 及 $T$ 对反应自发性的影响**

| 反 应 实 例 | $\Delta H$ | $\Delta S$ | $\Delta G=\Delta H-T\Delta S$ | 正向反应的自发性 |
|---|---|---|---|---|
| $H_2(g)+Cl_2(g)=\!=\!=2HCl(g)$ | − | + | − | 自发(任何温度) |
| $CO(g)=\!=\!=C(s)+\frac{1}{2}O_2(g)$ | + | − | + | 非自发(任何温度) |
| $CaCO_3(s)=\!=\!=CaO(s)+CO_2(g)$ | + | + | 低温为+<br>高温为− | 升高温度，有利于反应自发进行 |
| $HCl(g)+NH_3(g)\longrightarrow NH_4Cl(s)$ | − | − | 低温为−<br>高温为+ | 降低温度，有利于反应自发进行 |

**2. 化学反应吉布斯函数变的计算**

由 $G$ 的定义式可知，其绝对值无法得到，但依然可以用它来分析过程的自发性，因为，可用它的改变量 $\Delta G$ 来判断过程的可逆性。

在某一温度下，各物质处于标准态时化学反应的摩尔吉布斯函数的变化称为标准摩尔吉布斯函数变，以符号 $\Delta_r G_m^\ominus(T)$ 表示，$T$ 为 298.15 K 时可以省略，也可简写为 $\Delta_r G^\ominus$。这里介绍两种计算 $\Delta_r G_m^\ominus(T)$ 的方法。

**1）由物质的标准摩尔生成吉布斯函数计算**

在指定温度 $T$、标准状态下，由指定单质生成单位物质的量的纯物质时反应的吉布斯函数变，为该物质的标准摩尔生成吉布斯函数。而任何指定单质的标准摩尔生成吉布斯函数为零。对于水合离子，规定水合氢离子（$H^+$）的标准摩尔生成吉布斯函数为零。物质的标准摩尔生成吉布斯函数，以 $\Delta_f G_m^\ominus(T)$ 表示，对 298.15 K 时的标准摩尔生成吉布斯函数，$T$ 可以省略，也可简写为 $\Delta_f G^\ominus$，单位为 $kJ \cdot mol^{-1}$。物质在 298.15 K 时的标准摩尔生成吉布斯函数值可从本书附录或化学手册中查到。

根据吉布斯函数是状态函数且具有加和性的特点，反应的标准摩尔吉布斯函数变与标准摩尔焓变的计算类似，它等于生成物标准摩尔生成吉布斯函数的总和减去反应物标准摩尔生成吉布斯函数的总和。反应 $aA+bB \longrightarrow gG+dD$ 的标准摩尔吉布斯函数变可按下式求得：

$$\Delta_r G_m^\ominus = \sum_B \nu(B)\Delta_f G_m^\ominus(B)$$

即

$$\Delta_r G_m^\ominus = [g\Delta_f G_m^\ominus(G)+d\Delta_f G_m^\ominus(D)]-[a\Delta_f G_m^\ominus(A)+b\Delta_f G_m^\ominus(B)] \tag{3-27}$$

**例 3-9** 计算 298.15 K 时反应 $H_2(g)+Cl_2(g) \longrightarrow 2HCl(g)$ 的标准摩尔吉布斯函数变 $\Delta_r G_m^\ominus$。

**解**：化学反应方程式：　$H_2(g)+Cl_2(g) \longrightarrow 2HCl(g)$

$\Delta_f G_m^\ominus/(kJ \cdot mol^{-1})$：　0　　0　　$-95.30$

则该反应的标准摩尔吉布斯函数变 $\Delta_r G_m^\ominus$ 为

$$\Delta_r G_m^\ominus = [2\Delta_f G_m^\ominus(HCl,g)]-[\Delta_f G_m^\ominus(H_2,g)+\Delta_f G_m^\ominus(Cl_2,g)]$$
$$=2\times(-95.30)-(0+0)=-190.60(kJ \cdot mol^{-1})$$

**2）利用物质的 $\Delta_f H_m^\ominus$(298.15 K) 和 $S_m^\ominus$(298.15 K) 数据求算**

在 298.15 K，$\Delta_r G_m^\ominus$ 也可以应用 $\Delta_r G_m^\ominus = \Delta_r H_m^\ominus - T\Delta_r S_m^\ominus$ 关系式，通过物质的 $\Delta_f H_m^\ominus$(298.15 K) 和 $S_m^\ominus$(298.15 K) 的数据求得。

反应的焓变与熵变基本不随温度而变，$\Delta_r H_m^\ominus(T)$、$\Delta_r S_m^\ominus(T)$ 可近似地用 $\Delta_r H_m^\ominus$(298.15 K)、$\Delta_r S_m^\ominus$(298.15 K) 代替，因此，其他温度下的 $\Delta_r G_m^\ominus(T)$ 可由下式计算：

$$\Delta_r G_m^\ominus(T) \approx \Delta_r H_m^\ominus(298.15\ K) - T\Delta_r S_m^\ominus(298.15\ K) \tag{3-28}$$

**例 3-10** 在 298.15 K 的标准状态及在 1273 K 的标准状态下，下述反应

$$CaCO_3(s) \longrightarrow CaO(s)+CO_2(g)$$

能否自发进行？

**解**：化学反应方程式：　$CaCO_3(s) \longrightarrow CaO(s) + CO_2(g)$

$\Delta_f H_m^\ominus/(kJ \cdot mol^{-1})$：　$-1206.92$　　$-635.09$　　$-393.51$

$S_m^\ominus/(J \cdot K^{-1} \cdot mol^{-1})$：　92.9　　39.75　　213.74

根据式(3-17)和式(3-20)，有

$$\Delta_r H_m^\ominus = \sum_B \nu(B)\Delta_f H_m^\ominus(B) = (-635.09)+(-393.51)-(-1206.92)$$
$$=178.32(kJ \cdot mol^{-1})$$
$$\Delta_r S_m^\ominus = \sum_B \nu(B) S_m^\ominus(B) = (39.75+213.74)-92.9$$
$$=160.59(J \cdot K^{-1} \cdot mol^{-1}) = 0.16\ kJ \cdot K^{-1} \cdot mol^{-1}$$

(1) 在 298.15 K 的标准状态下：

$$\Delta_r G_m^\ominus = \Delta_r H_m^\ominus - T\Delta_r S_m^\ominus$$
$$=178.32-298.15\times 0.16 = 130.62(kJ \cdot mol^{-1})$$

由于此反应在 298.15 K 的标准态下进行，因此也可直接查 $\Delta_f G_m^\ominus$数据进行计算，即

$$\Delta_r G_m^\ominus(298.15\ K) = \sum_B \nu(B)\Delta_f G_m^\ominus(B,298.15\ K) = (-394.36)+(-604.03)-(-1128.79)$$
$$=130.40(kJ \cdot mol^{-1})$$

(2) 在 1273 K 的标准状态下：

$$\Delta_r G_m^\ominus(1273\ K) \approx \Delta_r H_m^\ominus(298.15\ K) - T\Delta_r S_m^\ominus(298.15\ K)$$
$$=178.32-1273\times 0.16$$
$$=-25.36(kJ \cdot mol^{-1})$$

因此，$CaCO_3$ 分解反应在 298.15 K 的标准状态下不能自发进行，而在 1273 K 的标准状态下能够自发进行。

**3）标准状态下反应自发进行的温度条件**

例 3-10 表明，标准状态下，$CaCO_3$ 在 298.15 K 下不能分解，在 1273 K 下能够分解。那么，$CaCO_3$ 能发生分解反应的最低温度是多少？根据标准状态时反应可自发进行的条件，即

$\Delta_r G_m^\ominus = \Delta_r H_m^\ominus - T\Delta_r S_m^\ominus < 0$，移项整理后，可得反应自发进行的温度，为

$$T > \frac{\Delta_r H_m^\ominus}{\Delta_r S_m^\ominus} \tag{3-29}$$

对一个反应来说，自发进行与不能自发进行的转变点应由达到平衡状态的点决定，即 $\Delta_r G_m^\ominus = 0$，所以，其**转变温度** $T_c$ 为

$$T_c = \frac{\Delta_r H_m^\ominus}{\Delta_r S_m^\ominus} \tag{3-30}$$

根据例 3-10 中的计算结果，很容易估算出标准状态下 $CaCO_3$ 能发生分解反应的最低温度（转变温度），应为

$$T_c = \frac{\Delta_r H_m^\ominus}{\Delta_r S_m^\ominus} = \frac{178.32}{0.16} = 1114.5\ K$$

**3. ΔG 与 $\Delta G^\ominus$ 的关系**

化学反应并非都处于标准态，因此，任意状态下反应的自发性判断标准是 $\Delta G$，而不是 $\Delta G_m^\ominus$。任意态（或称指定态）下反应过程的吉布斯函数变 $\Delta G$ 会随着系统中反应物和生成物的分压（对于气体）或浓度（对于水合离子或分子）的改变而改变。$\Delta G$ 与 $\Delta G^\ominus$之间的关系可由化学热力学推导得出，称为**热力学等温方程**。对于一般化学反应式

$$aA + bB \longrightarrow gG + dD$$

若该反应是气体反应，热力学等温方程可表示为

$$\Delta_r G_m(T) = \Delta_r G_m^\ominus(T) + RT\ln \prod_B (p_B/p^\ominus)^{\nu_B} \tag{3-31a}$$

式中：$R$ 为摩尔气体常数；$p_B$ 为参与反应的物质 B 的分压；$p^\ominus$ 为标准压力；$\prod$ 为连乘算符。

例如，对于反应

$$2CO(g)+O_2(g)\longrightarrow 2CO_2(g)$$

$$\prod_B (p_B/p^\ominus)^{\nu_B}=\frac{[p(CO_2)/p^\ominus]^2}{[p(O_2)/p^\ominus]\cdot[p(CO)/p^\ominus]^2}$$

按式(3-31a)，有

$$\Delta_r G_m(T)=\Delta_r G_m^\ominus(T)+RT\ln\frac{[p(CO_2)/p^\ominus]^2}{[p(O_2)/p^\ominus]\cdot[p(CO)/p^\ominus]^2}$$

对于水溶液中的离子反应，或有水合离子（或分子）参与的多相反应，变化的不是气体的分压 $p$，而是相应的水合离子（或分子）的浓度 $c$，根据化学热力学的推导，此时各物质的$(p/p^\ominus)$将换成各相应物质的相对浓度$(c/c^\ominus)$，$c^\ominus$为标准浓度，规定 $c^\ominus=1\ \text{mol}\cdot\text{dm}^{-3}$，即

$$\Delta_r G_m(T)=\Delta_r G_m^\ominus(T)+RT\ln\prod_B (c_B/c^\ominus)^{\nu_B} \tag{3-31b}$$

若有纯的固态或液态物质参与反应，则不必列入式子中。所以，对于一般化学反应式

$$aA(l)+bB(aq)=\!=\!=gG(s)+dD(g)$$

热力学等温方程可表示为

$$\Delta_r G_m(T)=\Delta_r G_m^\ominus(T)+RT\ln\frac{(p_D/p^\ominus)^d}{(c_B/c^\ominus)^b} \tag{3-31c}$$

习惯上将 $\prod_B (p_B/p^\ominus)^{\nu_B}\left[或\prod_B (c_B/c^\ominus)^{\nu_B}\right]$ 称为**反应商 $Q$**，$p_B/p^\ominus$（或 $c_B/c^\ominus$）称为相对分压（或相对浓度），故可将式(3-31a)～式(3-31c)写成

$$\Delta_r G_m(T)=\Delta_r G_m^\ominus(T)+RT\ln Q \tag{3-31d}$$

显然，若所有参与反应的物质的分压和浓度均处于标准状态时，则 $Q=1$，$\ln Q=0$。这时，任意态变成了标准态，$\Delta_r G_m(T)=\Delta_r G_m^\ominus(T)$。在一般情况下，只有根据热力学等温方程求出的指定态下的 $\Delta_r G_m(T)$，才能判断此条件下反应的自发性。

**例 3-11**　已知空气压力 $p=101.325$ kPa，其中所含 $CO_2$ 的摩尔分数为 0.0003。试计算在此条件下将潮湿 $Ag_2CO_3$ 固体在 110 ℃的烘箱中烘干时热分解反应的摩尔吉布斯函数变。此条件下 $Ag_2CO_3$ 固体的热分解反应能否自发进行？有何办法避免 $Ag_2CO_3$ 的热分解？

**解**：化学反应方程式：　$Ag_2CO_3(s)=\!=\!=Ag_2O(s)+CO_2(g)$

| | $Ag_2CO_3(s)$ | $Ag_2O(s)$ | $CO_2(g)$ |
|---|---|---|---|
| $\Delta_f H_m^\ominus(298.15\ \text{K})/(\text{kJ}\cdot\text{mol}^{-1})$： | −505.8 | −30.05 | −393.509 |
| $S_m^\ominus(298.15\ \text{K})/(\text{J}\cdot\text{mol}^{-1}\cdot\text{K}^{-1})$： | 167.4 | 121.3 | 213.74 |

可求得

$$\Delta_r H_m^\ominus(298.15\ \text{K})=82.24\ \text{kJ}\cdot\text{mol}^{-1}$$

$$\Delta_r S_m^\ominus(298.15\ \text{K})=167.64\ \text{J}\cdot\text{mol}^{-1}\cdot\text{K}^{-1}$$

根据气体分压定律可求得空气中 $CO_2$ 的分压：

$$p(CO_2)=px(CO_2)=101.325\times10^3\times0.0003\approx30(\text{Pa})$$

根据热力学等温方程，110 ℃即 383.15 K 时

$$\begin{aligned}\Delta_r G_m(383.15\ \text{K})&=\Delta_r G_m^\ominus(383.15\ \text{K})+RT\ln[p(CO_2)/p^\ominus]\\&\approx82.24-383.15\times167.64/1000+8.314/1000\times383.15\times\ln(30/10^5)\\&=-7.83(\text{kJ}\cdot\text{mol}^{-1})\end{aligned}$$

在此条件下，$\Delta_r G_m(383.15\ \text{K})<0$，所以在 110 ℃烘箱中烘干潮湿的 $Ag_2CO_3$ 固体时其会

自发分解。为了避免 $Ag_2CO_3$ 的热分解，可以通入含有 $CO_2$ 且 $CO_2$ 分压较大的气流进行干燥，使此时的 $\Delta_r G_m(383.15\ K)>0$。

【扩展阅读】利用 $\Delta G^\ominus$ 对反应自发性进行估计

## 3.4 化学反应进行的程度——化学平衡

对于化学反应，我们不仅需要知道反应在给定条件下能否自发进行，还需要知道在该条件下反应可以进行到什么程度，采取哪些措施可以提高产率等。这些都是化学平衡理论要解决的问题。

### 3.4.1 化学平衡

自发反应具有明显的方向性，总是单向地趋向平衡状态。大多数化学反应具有可逆性。在相同的条件下，系统中反应物之间可以相互作用生成生成物（正反应），同时生成物之间也可以相互作用生成反应物（逆反应），这样的反应就叫**可逆反应**。可逆性是化学反应的普遍特征。在化学反应的开始瞬间，正反应的速率最大而逆反应的速率为零。随着时间的延长，反应物被消耗，正反应的速率不断减小；同时，生成物不断产生，逆反应的速率逐渐增大。当反应进行到一定程度时，系统中反应物与生成物的浓度（或压力）便不再随时间而改变，也就是达到了平衡状态。宏观上的平衡是微观上持续进行着的正、逆反应的速率相互抵消所导致的。系统的这种表面上静止的状态称为**化学平衡状态**。显然，化学平衡是一种**动态平衡**。

如前所述，对于恒温、恒压、不做非体积功的化学反应，当 $\Delta_r G(T)<0$ 时，系统在 $\Delta_r G(T)$ 的推动下，使反应沿着确定的方向自发进行。当 $\Delta_r G(T)=0$ 时，反应因失去内在的推动力而达到平衡状态，所以，$\Delta_r G(T)=0$ 就是**化学平衡的热力学标志**，称为**反应限度的判据**。

### 3.4.2 化学平衡常数

化学反应达到平衡状态时，系统中反应物与生成物的浓度（或压力）便不再随时间而改变。此时，反应物浓度（或压力）积与生成物浓度（压力）积之比为一常数。对于一般化学反应

$$aA+bB \longrightarrow gG+dD$$

平衡常数表达式具有如下一般形式：

$$K_p=\frac{p^{eq}(G)^g p^{eq}(D)^d}{p^{eq}(A)^a p^{eq}(B)^b} \text{或} K_c=\frac{c^{eq}(G)^g c^{eq}(D)^d}{c^{eq}(A)^a c^{eq}(B)^b}$$

式中：上标 eq 表示平衡状态；$K_p$ 和 $K_c$ 分别为压力平衡常数和浓度平衡常数，为实验平衡常数。也就是说，在平衡常数表达式中，分子为反应式右边各生成物达到平衡时的分压（或浓度）之积，分母为反应式左边各反应物达到平衡时的分压（或浓度）之积，且各物质的分压（或浓度）以其在化学反应方程式中的化学计量数为幂。$K_p$ 和 $K_c$ 具有量纲，但通常不给出其单位，而要求表达式中各物质的压力以大气压（atm）为单位，浓度采用摩尔浓度（$mol \cdot dm^{-3}$）。显然，不同反应的 $K_p$ 和 $K_c$ 具有不同的单位，这样使用起来不方便。

平衡常数的表达式最初是通过实验数据总结归纳出来的，但实际上它也可以从化学热力学等温方程中推导得出。标准平衡常数 $K^\ominus$ 是量纲为 1 的量，这样就避免了上面提到的单位问题。注意，标准平衡常数不是标准状态下的平衡常数，可以理解为标准化的平衡常数。下面出现的平衡常数都是标准平衡常数。

对于理想气体反应系统，如反应

$$aA(g)+bB(g)\rightleftharpoons gG(g)+dD(g)$$

平衡常数的表达式为

$$K^{\ominus}=\frac{[p(G)/p^{\ominus}]^{g}\cdot[p(D)/p^{\ominus}]^{d}}{[p(A)/p^{\ominus}]^{a}\cdot[p(B)/p^{\ominus}]^{b}} \tag{3-32a}$$

对于溶液中的反应系统，如反应

$$aA(aq)+bB(aq)\rightleftharpoons gG(aq)+dD(aq)$$

平衡常数的表达式为

$$K^{\ominus}=\frac{[c^{eq}(G)/c^{\ominus}]^{g}\cdot[c^{eq}(D)/c^{\ominus}]^{d}}{[c^{eq}(A)/c^{\ominus}]^{a}\cdot[c^{eq}(B)/c^{\ominus}]^{b}} \tag{3-32b}$$

对于气液混相反应

$$aA(aq)+bB(g)\rightleftharpoons gG(aq)+dD(g)$$

则有

$$K^{\ominus}=\frac{[c^{eq}(G)/c^{\ominus}]^{g}\cdot[p(D)/p^{\ominus}]^{d}}{[c^{eq}(A)/c^{\ominus}]^{a}\cdot[p(B)/p^{\ominus}]^{b}} \tag{3-32c}$$

关于平衡常数，需要说明以下几点。

(1) 当化学反应方程式的写法不同时，平衡常数的表达式和数值都是不同的。

例如，对于

$$N_2(g)+3H_2(g)\rightleftharpoons 2NH_3(g)$$

其平衡常数为

$$K^{\ominus}=\frac{[p(NH_3)/p^{\ominus}]^{2}}{[p(N_2)/p^{\ominus}]\cdot[p(H_2)/p^{\ominus}]^{3}}$$

若写成

$$\frac{1}{2}N_2(g)+\frac{3}{2}H_2(g)\rightleftharpoons NH_3(g)$$

则其平衡常数为

$$K^{\ominus}=\frac{p(NH_3)/p^{\ominus}}{[p(N_2)/p^{\ominus}]^{\frac{1}{2}}\cdot[p(H_2)/p^{\ominus}]^{\frac{3}{2}}}$$

显然，前者等于后者的平方。

(2) 固体或纯液体不表示在平衡常数表达式中。

例如，对于

$$Fe_3O_4(s)+4CO(g)\rightleftharpoons 3Fe(s)+4CO_2(g)$$

其平衡常数为

$$K^{\ominus}=\frac{[p(CO_2)/p^{\ominus}]^{4}}{[p(CO)/p^{\ominus}]^{4}}$$

又如，对于

$$Br_2(l)+2I^-(aq)=\!=\!=2Br^-(aq)+I_2(s)$$

其平衡常数为

$$K^{\ominus}=\frac{[c^{eq}(B_r^-)/c^{\ominus}]^{2}}{[c^{eq}(I^-)/c^{\ominus}]^{2}}$$

(3) 平衡常数表达式不仅适用于化学可逆反应，还适用于其他可逆过程。

例如，对于水与水蒸气的相平衡过程

$$H_2O(l) \rightleftharpoons H_2O(g)$$

其平衡常数可写为

$$K^{\ominus} = p(H_2O)/p^{\ominus}$$

(4) 对于存在着两个以上平衡关系，或者可表示为两个或更多个反应的总和的反应，如反应Ⅰ=反应Ⅱ+反应Ⅲ，总反应的平衡常数可以表示为在该温度下各反应的平衡常数的乘积，即

$$K_{\mathrm{I}}^{\ominus} = K_{\mathrm{II}}^{\ominus} \cdot K_{\mathrm{III}}^{\ominus} \text{ 或 } K_{\mathrm{II}}^{\ominus} = K_{\mathrm{I}}^{\ominus}/K_{\mathrm{III}}^{\ominus} \tag{3-33}$$

例如，在某温度下水煤气生成同时存在下列四个平衡：

$$C(s) + H_2O(g) \rightleftharpoons CO(g) + H_2(g), \quad \Delta_r G_{m,1}^{\ominus} = -RT\ln K_1^{\ominus}$$

$$CO(g) + H_2O(g) \rightleftharpoons CO_2(g) + H_2(g), \quad \Delta_r G_{m,2}^{\ominus} = -RT\ln K_2^{\ominus}$$

$$C(s) + 2H_2O(g) \rightleftharpoons CO_2(g) + 2H_2(g), \quad \Delta_r G_{m,3}^{\ominus} = -RT\ln K_3^{\ominus}$$

$$C(s) + CO_2(g) \rightleftharpoons 2CO(g), \quad \Delta_r G_{m,4}^{\ominus} = -RT\ln K_4^{\ominus}$$

由于 $\Delta_r G_{m,3}^{\ominus} = \Delta_r G_{m,1}^{\ominus} + \Delta_r G_{m,2}^{\ominus}$，因此根据式(3-33)可得

$$K_3^{\ominus} = K_1^{\ominus} \cdot K_2^{\ominus}$$

### 3.4.3　反应的 $\Delta_r G_m^{\ominus}(T)$ 与平衡常数 $K^{\ominus}$

以气相反应为例，吉布斯函数变与标准吉布斯函数变的关系是

$$\Delta_r G_m(T) = \Delta_r G_m^{\ominus}(T) + RT\ln \prod_B [p(B)/p^{\ominus}]^{\nu_B} \tag{3-34}$$

当反应达到平衡时，$\Delta_r G_m(T) = 0$，则

$$0 = \Delta_r G_m^{\ominus}(T) + RT\ln \prod_B [p^{eq}(B)/p^{\ominus}]^{\nu_B} \tag{3-35}$$

将式(3-32a)代入式(3-35)，可得

$$\Delta_r G_m^{\ominus}(T) = -RT\ln K^{\ominus} \tag{3-36}$$

$$\ln K^{\ominus} = \frac{-\Delta_r G_m^{\ominus}(T)}{RT} \tag{3-37}$$

式(3-36)和式(3-37)给出了平衡常数 $K^{\ominus}$ 与 $\Delta_r G_m^{\ominus}(T)$ 的关系。$K^{\ominus}$ 与 $\Delta_r G_m^{\ominus}(T)$ 都是温度 $T$ 的函数，所以应用式(3-36)和式(3-37)时，$\Delta_r G_m^{\ominus}(T)$ 必须与 $K^{\ominus}$ 的温度一致，且应注明温度，若未注明，一般指 $T = 298.15$ K。

通过上述讨论可知，$K^{\ominus}$ 与压力或组成无关。对于一个给定的反应，$K^{\ominus}$ 只是温度的函数。$\Delta_r G_m^{\ominus}(T)$ 的代数值越大，$K^{\ominus}$ 值越小，反应向正方向进行的程度越小；$\Delta_r G_m^{\ominus}(T)$ 的代数值越小，$K^{\ominus}$ 值越大，反应向正方向进行的程度越大，说明该反应进行得越彻底，反应物的转化率越高。某指定反应物的**转化率**是指反应中该反应物已消耗量占该反应物初始用量的百分数，即

$$\text{某指定反应物的转化率} = \frac{\text{该反应物已消耗量}}{\text{该反应物初始用量}} \times 100\% \tag{3-38}$$

**例 3-12**　CO 的转化反应为 $CO(g) + H_2O(g) \rightleftharpoons CO_2(g) + H_2(g)$。在 797 K 下使 2.0 mol CO(g) 和 3.0 mol $H_2O(g)$ 在密闭容器中反应。在此条件下反应能否自发进行？若能自发进行，试计算 CO 在此条件下的最大转化率(即平衡转化率)。

**解**：设达到平衡状态时 CO 转化了 $x$ mol，则可建立如下关系。

| 化学反应方程式： | $CO(g)$ | + $H_2O(g)$ | $\rightleftharpoons$ $CO_2(g)$ | + $H_2(g)$ |
| --- | --- | --- | --- | --- |
| $\Delta_f H_m^\ominus/(kJ \cdot mol^{-1})$： | $-110.525$ | $-241.818$ | $-393.509$ | 0 |
| $S_m^\ominus/(J \cdot mol^{-1} \cdot K^{-1})$： | 197.674 | 188.825 | 213.74 | 130.684 |
| 反应起始时各物质的量/mol： | 2.0 | 3.0 | 0 | 0 |
| 反应过程中物质的量的变化/mol： | $-x$ | $-x$ | $+x$ | $+x$ |
| 平衡时各物质的量/mol： | $(2.0-x)$ | $(3.0-x)$ | $x$ | $x$ |

平衡时总的物质的量/mol：　$n=(2.0-x)+(3.0-x)+x+x=5.0(mol)$

设平衡时系统的总压力为 $P$，则

$$p(CO_2)=p(H_2)=\frac{P \cdot x}{5.0}$$

$$p(CO)=\frac{P \cdot (2.0-x)}{5.0}$$

$$p(H_2O)=\frac{P \cdot (3.0-x)}{5.0}$$

$$\Delta_r H_m^\ominus=\sum_B \nu_B \Delta_f H_m^\ominus(B)=0+(-393.509)-(-241.818)-(-110.525)$$

$$=-41.166(kJ \cdot mol^{-1})$$

$$\Delta_r S_m^\ominus=\sum_B \nu_B S_m^\ominus(B)=213.74+130.684-188.825-197.674$$

$$=-42.075(J \cdot mol^{-1} \cdot K^{-1})$$

$$\Delta_r G_m^\ominus(797\ K)=\Delta_r H_m^\ominus-T\Delta_r S_m^\ominus=-41.166-797\times(-42.075)/1000$$

$$=-7.632(kJ \cdot mol^{-1})$$

因此，在 797 K 下，该反应能自发进行。

根据式(3-37)，有

$$\ln K^\ominus=\frac{-\Delta_r G_m^\ominus(T)}{RT}=\frac{7.632\times 1000}{8.314\times 797}\Rightarrow K^\ominus=3.164$$

则

$$K^\ominus=\frac{[p(CO_2)/p^\ominus]\cdot[p(H_2)/p^\ominus]}{[p(CO)/p^\ominus]\cdot[p(H_2O)/p^\ominus]}=\frac{\frac{x}{5.0}\cdot\frac{x}{5.0}}{\left(\frac{2.0-x}{5.0}\right)\cdot\left(\frac{3.0-x}{5.0}\right)}$$

$$=\frac{x^2}{6.0-5.0x+x^2}=3.164$$

解得 $x=1.513$，即 CO 转化了 1.513 mol，其转化率为

$$\frac{x}{2.0}\times 100\%=\frac{1.513}{2.0}\times 100\%=75.65\%$$

因此，CO 在此条件下的平衡转化率约为 76%。

### 3.4.4　化学平衡的移动

一切平衡都只是相对的和暂时的。化学平衡只有在一定的条件下才能保持。条件改变，系统的平衡就会被破坏，气体混合物中各气体的分压或液态溶液中各溶质的浓度就会发生变化，直到与新的条件相适应，系统达到新的平衡。这种条件的改变使化学反应从原来的平衡状态转变到新的平衡状态，该过程称为化学平衡的移动。

在中学，已学过平衡移动原理：假如改变平衡系统的条件之一，如浓度、压力、温度，平衡就向能减弱这个改变的方向移动。为什么浓度、压力、温度都统一于一条普遍规律？这一规律的理论依据又是什么？

对此，可应用化学热力学进行分析。将式(3-36)代入式(3-34)，可得

$$\Delta_r G_m(T) = -RT\ln K^{\ominus} + RT\ln \prod_B [p(B)/p^{\ominus}]^{\nu_B} \tag{3-39a}$$

或

$$\Delta_r G_m(T) = -RT\ln K^{\ominus} + RT\ln Q \tag{3-39b}$$

式(3-39b)称为**化学反应等温方程式**。通过化学反应等温方程式，将未达到平衡时的反应商 $Q$ 与 $K^{\ominus}$ 值进行比较，可判断该状态下反应自发进行的方向：

(1) 当 $Q<K^{\ominus}$ 时，$\Delta_r G_m<0$，正向反应自发进行；

(2) 当 $Q=K^{\ominus}$ 时，$\Delta_r G_m=0$，反应处于平衡状态；

(3) 当 $Q>K^{\ominus}$ 时，$\Delta_r G_m>0$，正向反应不自发进行，逆向反应自发进行。

在恒温下，$K^{\ominus}$ 是常数，而 $Q$ 可通过调节反应物或生成物的量(即浓度或分压)改变。若希望反应正向进行，则可移去生成物或增加反应物，使 $Q<K^{\ominus}$，$\Delta_r G_m<0$，从而达到预期的目的。例如，在合成氨生产中，将生成的 $NH_3$ 用冷冻方法从系统中分离出去，减小反应的 $Q$ 值，使反应持续进行。

**1. 分压、总压力对化学平衡的影响**

研究气体反应系统中分压或总压力对化学平衡移动的影响的前提是温度保持不变(这样，平衡常数就是一个不变的定值)。

若在原平衡系统中增加某种反应物，则反应将正向进行，即平衡将向右移动；反之，若在原平衡系统中增加某种生成物，则反应将逆向进行，即平衡将向左移动。这种情况可以通过定量的计算来证实。

**例 3-13** 在例 3-12 的系统中，保持 797 K 不变，再向已达平衡的容器中加入 3.0 mol 水蒸气，则 CO 的转化率会发生怎样的变化？

**解**：设加入水蒸气后，反应达到平衡时，CO 共转化 $y$ mol，则可建立如下关系。

| | $CO(g)$ | $+\ H_2O(g)$ | $\rightleftharpoons CO_2(g)$ | $+\ H_2(g)$ |
|---|---|---|---|---|
| 化学反应方程式： | $CO(g)$ | $H_2O(g)$ | $CO_2(g)$ | $H_2(g)$ |
| 假设全部未反应时各物质的量/mol： | 2.0 | 6.0 | 0 | 0 |
| 转化中物质的量的变化/mol： | $-y$ | $-y$ | $+y$ | $+y$ |
| 平衡时物质的量/mol： | $(2.0-y)$ | $(6.0-y)$ | $y$ | $y$ |

平衡时物质的量的总和： $n=(2.0-y)+(6.0-y)+y+y=8.0(\text{mol})$

设平衡时系统的总压力为 $P$，则

$$p(CO_2)=p(H_2)=P\cdot\frac{y}{8.0}$$

$$p(CO)=P\cdot\frac{2.0-y}{8.0}$$

$$p(H_2O)=P\cdot\frac{6.0-y}{8.0}$$

则

$$K^{\ominus}=\frac{[p(CO_2)/p^{\ominus}]\cdot[p(H_2)/p^{\ominus}]}{[p(CO)/p^{\ominus}]\cdot[p(H_2O)/p^{\ominus}]}=\frac{y^2}{(2.0-y)\cdot(6.0-y)}=3.164$$

解得 $y=1.767$。

CO 的总转化率为

$$\frac{y}{2.0}\times 100\%=\frac{1.767}{2.0}\times 100\%=88.35\%$$

此例说明，若向旧平衡系统中增加反应物，新平衡建立时，生成物增多。当然，若从旧平衡系统中减少某种生成物，也会使平衡向右移动。这也是一种提高产量的途径。

对于有气体参加的化学反应系统，改变系统的总压力势必会改变各气体的分压。这时，平衡移动的方向就要由系统本身的特点来决定了。例如，对于合成氨反应：

$$N_2(g)+3H_2(g)\rightleftharpoons 2NH_3(g)$$

在某温度下达到平衡，设各气体的平衡分压为 $p(N_2)$、$p(H_2)$、$p(NH_3)$，则平衡常数为

$$K^{\ominus}=\frac{[p^{eq}(NH_3)/p^{\ominus}]^2}{[p^{eq}(N_2)/p^{\ominus}]\cdot[p^{eq}(H_2)/p^{\ominus}]^3}$$

若温度不变，将平衡系统总压力增大一倍，各气体的分压也将增大一倍，即 $p(NH_3)\longrightarrow 2p^{eq}(NH_3)$、$p(N_2)\longrightarrow 2p^{eq}(N_2)$、$p(H_2)\longrightarrow 2p^{eq}(H_2)$，则系统总压力增大后的反应商为

$$Q=\frac{[2p^{eq}(NH_3)/p^{\ominus}]^2}{[2p^{eq}(N_2)/p^{\ominus}]\cdot[2p^{eq}(H_2)/p^{\ominus}]^3}=\frac{K^{\ominus}}{4}<K^{\ominus}$$

所以，对上述平衡系统加压后，反应将正向进行，即平衡向右移动。

对于反应 $C(s)+CO_2(g)\rightleftharpoons 2CO(g)$，可以用同样的方法进行讨论，结果与合成氨反应的情况恰恰相反，增加总压力将导致反应逆向进行，即平衡向左移动。

这两个气相反应的区别在于：前一个反应是气体分子总数减少的反应(即 $\sum_B \nu_B<0$)，而后一个反应是气体分子总数增加的反应。若反应前后气体分子总数相等，如 CO 的转换反应 $CO(g)+H_2O(g)\rightleftharpoons CO_2(g)+H_2(g)$，总压力改变将不会使此系统的平衡状态发生变化。

**2. 温度对化学平衡的影响**

上文曾指出，平衡常数不受反应系统物质分压的影响，但温度改变会使平衡常数发生变化。例如，合成氨反应

$$N_2(g)+3H_2(g)\rightleftharpoons 2NH_3(g),\quad \Delta_r H_m^{\ominus}=-92.22\ kJ\cdot mol^{-1}$$

显然，这是一个放热反应，在不同温度下的 $K^{\ominus}$ 如表 3-3 所示。

**表 3-3　温度对合成氨反应标准平衡常数的影响**

| $T$/K | 473 | 573 | 673 | 773 | 873 | 973 |
|---|---|---|---|---|---|---|
| $K^{\ominus}$ | $4.4\times10^{-2}$ | $4.9\times10^{-3}$ | $1.9\times10^{-4}$ | $1.6\times10^{-5}$ | $2.3\times10^{-6}$ | $4.8\times10^{-7}$ |

由 $\ln K^{\ominus}=-\Delta_r G_m^{\ominus}/RT$ 和 $\Delta_r G_m^{\ominus}=\Delta_r H_m^{\ominus}-T\Delta_r S_m^{\ominus}$ 可得

$$\ln K^{\ominus}=\frac{-\Delta_r H_m^{\ominus}}{RT}+\frac{\Delta_r S_m^{\ominus}}{R} \tag{3-40a}$$

设某一反应在温度 $T_1$ 和 $T_2$ 下的平衡常数分别为 $K_1^{\ominus}$ 和 $K_2^{\ominus}$，则

$$\ln\frac{K_2^{\ominus}}{K_1^{\ominus}}=-\frac{\Delta_r H_m^{\ominus}}{R}\left(\frac{1}{T_2}-\frac{1}{T_1}\right)=\frac{\Delta_r H_m^{\ominus}}{R}\left(\frac{T_2-T_1}{T_1T_2}\right) \tag{3-40b}$$

式(3-40b)称为范特霍夫(van't Hoff)方程。它表明了 $\Delta_r H_m^{\ominus}$、$T$ 与平衡常数的相互关系，是说明温度对平衡常数影响的十分有用的公式。若已知反应焓变及某温度 $T_1$ 下的 $K_1^{\ominus}$，就可推出温度 $T_2$ 下的 $K_2^{\ominus}$；若已知两个不同温度下反应的 $K^{\ominus}$，则不但可以定性地判断该反应是吸

热反应还是放热反应，而且还可以定量地求出 $\Delta_r H_m^\ominus$的数值。

**例 3-14** 计算反应 $CO(g)+H_2O(g) \rightleftharpoons CO_2(g)+H_2(g)$在 1073 K 下的平衡常数 $K^\ominus$，已知 $K^\ominus(298.15\ K)=1.02\times10^5$。

**解**：化学反应方程式：　　$CO(g)\ +\ H_2O(g) \rightleftharpoons CO_2(g)\ +H_2(g)$

$\Delta_f H_{m,B}^\ominus/(kJ\cdot mol^{-1})$：　$-110.53$　$-241.82$　$-393.51$　$0$

$$\Delta_r H_m^\ominus=[(-393.51)+0]-[(-110.53)+(-241.82)]=-41.16(kJ\cdot mol^{-1})$$

根据式(3-40b)，有

$$\ln K^\ominus(1073\ K)=\frac{\Delta_r H_m^\ominus}{R}\left(\frac{T_2-T_1}{T_1T_2}\right)+\ln K^\ominus(298.15\ K)$$

$$\ln K^\ominus(1073\ K)=\frac{-41.16\times10^3}{8.314}\left(\frac{1073-298.15}{298.15\times1073}\right)+\ln(1.02\times10^5)=-0.46$$

解得 $K^\ominus(1073\ K)\approx0.63$。

由计算结果可知，对于放热反应 $\Delta_r H_m^\ominus<0$，温度升高，平衡常数变小。显然，对于吸热反应 $\Delta_r H_m^\ominus>0$，温度升高，平衡常数变大。

**【扩展阅读】非平衡系统的热力学简介**

综上所述，平衡移动原理中的浓度、压力和温度三个因素是从 $K^\ominus$和 $Q$ 两个不同的方面来影响平衡的，其结果都归结到系统的 $\Delta_r G_m$ 是否小于零这一判断反应自发性的最小自由能原理。也就是说，化学平衡的移动或化学反应的自发性，取决于 $\Delta_r G_m$ 数值的正负；而化学平衡考虑度，即平衡常数，它取决于 $\Delta_r G_m^\ominus$(注意不是 $\Delta_r G_m$)数值的大小。

## 本章知识要点

1. 基本概念：系统与环境、状态与状态函数、广度性质与强度性质、过程与可逆过程、定压热效应 $q_p$ 与定容热效应 $q_V$、热力学能 $U$ 与热力学能增量 $\Delta U$、热与功、焓 $H$ 与焓变 $\Delta H$、热力学标准态、物质的标准摩尔生成焓与反应的标准摩尔焓变、熵与熵变、吉布斯函数与吉布斯函数变、物质的标准摩尔生成吉布斯函数与反应的标准摩尔吉布斯函数变、反应商与标准平衡常数。

2. 基本原理与基本计算：

(1) 化学反应热效应的实验测量方法、恒容热效应与恒压热效应之间的关系、盖斯定律；

(2) 封闭系统热力学第一定律的数学表达式；

(3) 利用参与反应的物质在 298.15 K 时的标准摩尔生成焓计算反应的标准摩尔焓变；

(4) 利用反应在 298.15 K 时的标准摩尔焓变估算反应在其他温度下的标准摩尔焓变；

(5) 体系熵变的定义式、热力学第二定律、过程自发性和可逆性的基本原则、热力学第三定律(熵的绝对标准)；

(6) 反应熵的计算；

(7) 吉布斯函数定义与热力学等温方程；

(8) 利用吉布斯函数变判断反应的自发性(适用于恒温、恒压、不做非体积功的封闭系统)；

(9) $\Delta_r G_m$ 的计算方法、转变温度 $T_c$ 的估算方法；

(10) 化学平衡的热力学标志；

(11) 标准平衡常数定义与计算方法；

(12) 化学平衡移动的判断式；

(13) 定量描述温度对平衡常数影响的范特霍夫方程。

## 习　　题

1. 区别下列概念：

系统与环境　反应热效应与焓变　恒容反应热与恒压反应热　标准摩尔生成焓与反应的标准摩尔焓变　标准摩尔熵与标准摩尔生成吉布斯函数　反应的摩尔吉布斯函数变与反应的标准摩尔吉布斯函数变　反应商与标准平衡常数

2. 什么是状态函数，状态函数有哪些特性？为什么说 $U$ 和 $H$ 是状态函数，而 $Q$ 和 $W$ 不是状态函数？

3. 自然界发生的一切过程都遵守能量转化与守恒定律，那么凡是遵守能量转化与守恒定律的过程是否都能自发进行？

4. 焓的物理意义是什么？是否只有等压过程才有 $\Delta H$？应用 $\Delta H = Q_p$ 时要满足哪些条件？

5. 试根据标准摩尔生成焓的定义，说明在该条件下指定单质的标准摩尔生成焓必须为零。

6. 熵既然是状态函数，它的变化与过程性质无关，为什么熵变值又能够作为过程性质的判据？

7. $H$、$S$ 与 $G$ 之间，$\Delta_r H$、$\Delta_r S$ 与 $\Delta_r G$ 之间，$\Delta_r G$ 与 $\Delta_r G^\ominus$ 之间存在哪些重要关系？试用公式表示。

8. 在温度为 298.15 K、压力为 101.325 kPa 下，反应 $H_2O(l) = H_2(g) + \frac{1}{2}O_2(g)$ 的 $\Delta G > 0$，说明该反应不能自发进行；但实验室常用电解水制取 $H_2$ 和 $O_2$。这两者有无矛盾？

9. 化学反应达到平衡时，宏观及微观特征分别是什么？从热力学角度分析化学平衡的条件。

10. 平衡常数改变，平衡必定移动，平衡移动，平衡常数是否一定改变？为什么？

11. 能否用 $K^\ominus$ 来判断反应的自发性？为什么？

12. 下列反应在标准状态下的恒压反应热是否相同，并说明理由。

(1) $N_2(g) + 3H_2(g) = 2NH_3(g)$ 和 $\frac{1}{2}N_2(g) + \frac{3}{2}H_2(g) = NH_3(g)$；

(2) $H_2(g) + Br_2(g) = 2HBr(g)$ 和 $H_2(g) + Br_2(l) = 2HBr(g)$。

13. 比较下列各对物质的熵值，哪个更大？

(1) 1 mol $O_2$(298 K，$1\times10^5$ Pa)和 1 mol $O_2$(373 K，$1\times10^5$ Pa)；

(2) 0.1 mol $H_2O$(s，273 K，$10\times10^5$ Pa)和 0.1 mol $H_2O$(1273 K，$10\times10^5$ Pa)；

(3) 1 g He(298 K，$1\times10^5$ Pa)和 1 mol He(298 K，$1\times10^5$ Pa)；

(4) 2 mol $C_2H_4$(293 K，$1\times10^5$ Pa)和 2 mol $C_2H_5OH$(293 K，$1\times10^5$ Pa)。

14. 不用查表，将下列物质按其标准熵 $\Delta S_m^\ominus$(298.15 K)值由大到小的顺序排列，并简单说明理由。

K(s)　Na(s)　$Br_2$(l)　$Br_2$(g)　KCl(s)　$CaCO_3$(s)

15. 定性判断下列反应或过程中熵变的数值是正值还是负值：

(1) 溶解少量砂糖于水中；

(2) 活性炭表面吸附氧气；

(3) 盐从过饱和水溶液中结晶出来；

(4) 碳与氧气反应生成一氧化碳；

(5) 气体等温膨胀。

16. 一定量冰和一定量热水在一密闭的绝热容器内混合，容器内的物质很快达到平衡。在这个过程中容器内物质的总能量是增大、减小，还是保持不变？它们的总熵是增大、减小，还是保持不变？

17. 反应 $2Cl_2(g)+2H_2O(g)=\!=\!=4HCl(g)+O_2(g)$ 的 $q$ 为正值。将 $Cl_2$、$H_2O$、$HCl$、$O_2$ 四种气体混合后，反应达到平衡。左边的操作条件改变对右边的平衡时的数值有何影响？操作条件中没加注明的，是指温度不变、容器体积不变。

(1) 增大容器体积——$H_2O$ 的物质的量。

(2) 加 $O_2$——$H_2O$ 的物质的量。

(3) 加 $O_2$——$O_2$ 的物质的量。

(4) 加 $O_2$——$HCl$ 的物质的量。

(5) 减小容器体积——$Cl_2$ 的物质的量。

(6) 减小容器体积——$Cl_2$ 的分压。

(7) 减小容器体积——$K^{\ominus}$。

(8) 提高温度——$K^{\ominus}$。

(9) 提高温度——$HCl$ 的分压。

18. 写出下列反应的标准平衡常数表达式：

(1) $2N_2O_5(g)=\!=\!=4NO_2(g)+O_2(g)$；

(2) $SiCl_4(l)+2H_2O(g)=\!=\!=SiO_2(s)+4HCl(g)$；

(3) $CaCO_3(s)=\!=\!=CaO(s)+CO_2(g)$；

(4) $ZnS(s)+2H^+(aq)=\!=\!=Zn^{2+}(aq)+H_2S(g)$。

19. 将重 10.0 g、温度为 −10 ℃的冰块放入 100 g、温度为 20 ℃的水中。若没有热量散失到环境中，计算体系达到平衡时的温度。已知冰和水的恒压热容 $c_p$ 分别为 38 $J\cdot mol^{-1}\cdot K^{-1}$ 和 75 $J\cdot mol^{-1}\cdot K^{-1}$，冰的摩尔熔化焓 $\Delta_{fus}H=6.007\ kJ\cdot mol^{-1}$。

20. 在环境压力为 100 kPa 下，一个带有移动活塞的气缸内的 5.00 mol 氩气从温度为 398 K 冷却到 298 K。设氩气是理想气体，其恒压摩尔热容 $c_p=(5/2)R$。计算：

(1) 环境对体系所做的功 $w$；

(2) 体系吸收的热 $q$；

(3) 体系的内能变化 $\Delta U$；

(4) 体系的焓变 $\Delta H$。

21. 25 ℃时，由单质 $Hg(l)$ 和 $Br_2(l)$ 形成 1 mol $Hg_2Br_2(s)$ 的反应焓变是 −206.77 $kJ\cdot mol^{-1}$；而形成 1 mol $HgBr(g)$ 的反应焓变是 96.23 $kJ\cdot mol^{-1}$，计算反应 $Hg_2Br_2(s)=\!=\!=2HgBr(g)$ 的焓变。

22. $C_2H_2(g)$ 是经常用于焊接的气体，它在氧气中的燃烧反应是：

$$C_2H_2(g)+\frac{5}{2}O_2(g)=\!=\!=2CO_2(g)+H_2O(g)$$

(1) 用附录的数据计算反应的 $\Delta H^{\ominus}$。

(2) $CO_2(g)$和 $H_2O(g)$的 $c_p$ 分别为 37 $J \cdot mol^{-1} \cdot K^{-1}$和 36 $J \cdot mol^{-1} \cdot K^{-1}$，计算 2.00 mol $CO_2(g)$和 1.00 mol $H_2O(g)$的总热容。

(3) 当这一反应在一个敞开的火焰中进行时，假设全部热量用于使产物的温度升高，计算 $C_2H_2$ 在氧气中燃烧时火焰可能达到的最高温度。

23. 已知下列热化学反应方程：

$$Fe_2O_3(s)+3CO(g)=2Fe(s)+3CO_2(g),\quad q_p=-27.6\ kJ \cdot mol^{-1}$$

$$3Fe_2O_3(s)+CO(g)=2Fe_3O_4(s)+CO_2(g),\quad q_p=-58.6\ kJ \cdot mol^{-1}$$

$$Fe_3O_4(s)+CO(g)=3FeO(s)+CO_2(g),\quad q_p=38.1\ kJ \cdot mol^{-1}$$

不用查表，试计算反应 $FeO(s)+CO(g)=Fe(s)+CO_2(g)$的 $q_p$。提示：根据盖斯定律，利用已知反应方程，设计一循环，以消去 $Fe_2O_3$ 和 $Fe_3O_4$，从而得到所需反应方程。

24. 已知下列反应：

$$C(s)+O_2(g)=CO_2(g),\quad \Delta_r H_1^{\ominus}=-393.5\ kJ \cdot mol^{-1}$$

$$H_2(g)+\frac{1}{2}O_2(g)=H_2O(l),\quad \Delta_r H_2^{\ominus}=-285.9\ kJ \cdot mol^{-1}$$

$$CH_4(g)+2O_2(g)=CO_2(g)+2H_2O(l),\quad \Delta_r H_3^{\ominus}=-890.0\ kJ \cdot mol^{-1}$$

试求反应 $C(s)+2H_2(g)=CH_4(g)$的 $\Delta_r H_m^{\ominus}$。

25. 已知反应 $2Fe(s)+\frac{3}{2}O_2(g)=Fe_2O_3(s)$和反应 $4Fe_2O_3(s)+Fe(s)=3Fe_3O_4(s)$在 298 K、100 kPa 下的 $\Delta_r G_m^{\ominus}$分别为$-741$ $kJ \cdot mol^{-1}$和$-79$ $kJ \cdot mol^{-1}$，计算 $Fe_3O_4$ 的 $\Delta_f G_m^{\ominus}$。

26. 假设一个人行走 1 km，要消耗 100 kJ 能量。这些能量来源于食物的氧化，其中有效能量为 30%。汽车每行走 8.0 km 消耗 1 L 汽油。若一个人不开车，改为步行往返 1 km，可以节省多少能量？已知汽油的密度为 0.68 $g \cdot cm^{-3}$，其燃烧值为$-48$ $kJ \cdot g^{-1}$(燃料和食物的含热量常以等压条件下燃烧 1 g 物质所释放的热量表示，称为燃烧值或热值，符号也是 $\Delta H$，单位为 $kJ \cdot g^{-1}$)。

27. 用附录所给的热力学数据计算下列过程能自发进行的温度范围。

(1) 铁生锈：$4Fe(s)+3O_2(g)=2Fe_2O_3(s)$。

(2) 由氯酸钾分解制氧气：$2KClO_3(s)=2KCl(s)+3O_2(g)$。

(3) 由碳还原铁(Ⅱ)氧化物生产金属铁：$FeO(s)+C(石墨)=Fe(s)+CO(g)$。

28. 合成乙醇的一条途径是利用反应 $C_2H_4(g)+H_2O(g)=C_2H_5OH(g)$。已知$C_2H_4(g)$、$H_2O(g)$、$C_2H_5OH(g)$的 $\Delta H^{\ominus}$分别为 52.3 $kJ \cdot mol^{-1}$、$-214.8$ $kJ \cdot mol^{-1}$、$-235.3$ $kJ \cdot mol^{-1}$。不做详细计算指出提高平衡时乙醇产率的温度和压强条件。

29. 在高温下氮化钡的分解反应方程为

$$Ba_3N_2(s)=3Ba(g)+N_2(g)$$

上述反应在 1000 K 下的平衡常数为 $4.5\times10^{-19}$；在 1200 K 下的平衡常数为 $6.2\times10^{-12}$。估算此反应的 $\Delta H^{\ominus}$。把分解反应方程改写为

$$2Ba_3N_2(s)=6Ba(g)+2N_2(g)$$

此时反应在 1000 K 下的平衡常数为 $2.0\times10^{-37}$；在 1200 K 下的平衡常数为 $3.8\times10^{-23}$。估算这一反应的 $\Delta H^{\ominus}$。

30. 尽管碘($I_2$)在纯水中不容易溶解，但它容易在含有碘离子($I^-$)的水中溶解，反应方

程为

$$I_2(aq)+I^-(aq)=I_3^-(aq)$$

在不同温度下,此反应的平衡常数的测量值如表 3-4 所示。

**表 3-4 平衡常数在不同温度下的测量值**

| $T$/℃ | 3.8 | 15.3 | 25.0 | 35.0 | 50.2 |
|---|---|---|---|---|---|
| $K$ | 1160 | 841 | 698 | 533 | 409 |

估算这一反应的 $\Delta H^\ominus$。

31. NO 和 CO 是在轿车尾气中两种对大气有污染作用的气体,有人提议在合适的条件下使这两种气体发生反应:

$$2NO(g)+2CO(g)=N_2(g)+2CO_2(g)$$

将它们转变为对大气无污染作用的 $N_2(g)$和 $CO_2(g)$。

(1) 写出该反应的平衡常数 $K^\ominus$的表达式。

(2) 计算反应在 25 ℃时的 $\Delta H^\ominus$、$\Delta G^\ominus$和 $K^\ominus$。

(3) 若某市大气中这些气体成分的分压分别为:$p_{N_2}=78.1$ kPa,$p_{CO_2}=0.31$ kPa,$p_{NO}=5.0\times10^{-5}$ kPa,$p_{CO}=5.0\times10^{-3}$ kPa。在此实际条件下上述反应朝哪个方向进行。

32. 已知反应 $Ag_2S(s)+H_2(g)=2Ag(s)+H_2S(g)$在 740 K 下的 $K^\ominus=0.36$。若在该温度下,在密闭容器中将 1.0 mol $Ag_2S$ 还原为银,试计算最少需用 $H_2$ 的物质的量。

33. 利用标准热力学函数估算反应 $CO_2(g)+H_2(g)=CO(g)+H_2O(g)$在 1273 K 下的标准摩尔吉布斯函数变和标准平衡常数。若此时系统中各组分气体的分压为 $p(CO_2)=p(H_2)=127$ kPa,$p(CO)=p(H_2O)=76$ kPa,计算此条件下反应的摩尔吉布斯函数变,并判断反应进行的方向。

34. 298 K 时,已知下列反应:

$$CuO(s)+H_2(g)=Cu(s)+H_2O(g),\quad K_1^\ominus=2\times10^{15}$$

$$(H_2(g)+\frac{1}{2}O_2(g)=H_2O(g),\quad K_2^\ominus=5\times10^{22}$$

求该温度下反应 $CuO(s)=Cu(s)+\frac{1}{2}O_2(g)$的标准平衡常数 $K_3^\ominus$。

35. 将 1.20 mol $SO_2$ 和 2.00 mol $O_2$ 的混合气体,在 800 K 和 101.325 kPa 下,缓慢通过 $V_2O_5$ 催化剂以生成 $SO_3$,在恒压下达到平衡后,测得混合物中生成的 $SO_3$ 为 1.10 mol。试利用上述实验数据,求该温度下,反应 $2SO_2(g)+O_2(g)=2SO_3(g)$的 $K^\ominus$、$\Delta_r G_m^\ominus$和 $SO_2$ 的转化率。若初始混合气体中 $O_2$ 为 3.00 mol,则 $SO_2$ 的转化率是多少?并讨论温度、压力的高低对 $SO_2$ 转化率的影响。

36. 在 101.325 kPa 及 338 K(甲醇的沸点)下,将 1 mol 甲醇蒸发变成气体,吸收热量 $3.52\times10^4$ J,求此变化过程中的热效应、体积功、内能变化和吉布斯函数变。

37. 749 K 时,密闭容器中进行下列反应:

$$CO(g)+H_2O(g)=CO_2(g)+H_2(g),\quad K^\ominus=2.6$$

试求:

(1) 当 $p_{H_2O}:p_{CO}=1:1$ 时,CO 的转化率;

(2) 当 $p_{H_2O}:p_{CO}=3:1$ 时,CO 的转化率;

(3) 根据计算结果，你能得到什么结论？

38. 试通过计算说明下列甲烷燃烧反应在 298.15 K 下进行 1 mol 反应进度时，在定压和定容条件下燃烧热的差别，并说明原因。甲烷燃烧反应方程为

$$CH_4(g) + 2O_2(g) = CO_2(g) + 2H_2O(l)$$

39. 制备半导体材料时发生如下反应：

$$SiO_2(s) + 2C(s) = 2CO_2(g) + Si(s)$$

通过查表，计算并回答下列问题。

(1) 标准状态下，298.15 K 时，反应能否自发进行？

(2) 标准状态下，反应自发进行时的温度条件如何？

(3) 标准状态下，反应热为多少？上述反应是放热反应还是吸热反应？

40. 碘钨灯比一般白炽灯发光效率高并且使用寿命长，其原理是灯管内所含少量碘发生了可逆反应 $W(s) + I_2(g) \rightleftharpoons WI_2(g)$。当生成的 $WI_2(g)$ 扩散到灯丝附近的高温区时，又会立即分解出 W 而重新沉积到灯管上。通过查表，利用三个物质的 $\Delta_f H_m^\ominus$、$S_m^\ominus$，计算：

(1) 灯管壁温度为 623 K 时，该反应的 $\Delta_r G_m^\ominus(623\ K)$；

(2) $WI_2(g)$ 在灯丝上发生分解所需的最低温度。

41. 一定数量的 $PCl_5$ 于 250 ℃下在一个 12 L 的容器内加热，发生如下反应：

$$PCl_5(g) = PCl_3(g) + Cl_2(g)$$

平衡时，此容器内含有 0.21 mol $PCl_5$、0.32 mol $PCl_3$ 和 0.32 mol $Cl_2$。试计算：

(1) $PCl_5$ 在 250 ℃下的分解反应的平衡常数 $K^\ominus$；

(2) 该反应的 $\Delta_r G_m^\ominus$。

# 第 4 章　化学动力学基础

**【内容提要】** 化学动力学主要研究化学反应的速率和机理。本章主要内容包括化学反应速率，化学反应的速率方程，反应物浓度、温度及催化剂等因素对反应速率的影响。对活化能、化学反应速率理论、复合反应动力学及光化学反应进行了简单介绍。

在研究化学反应的基本规律时，化学热力学只能预测在给定条件下，反应能否发生，进行到什么程度。至于可能发生的反应是否一定进行，反应的速率为多少，这些问题化学热力学是不能解决的。例如，氢气与氧气化合生成水的反应：

$$H_2(g)+\frac{1}{2}O_2(g)=\!=\!=H_2O(l)$$

在常温常压下，该反应的摩尔吉布斯函数变 $\Delta_r G_m=-237.129\ \mathrm{kJ\cdot mol^{-1}}$。

计算结果表明，反应向正方向进行。但在常温常压下，氢气、氧气之间的反应速率极慢，以至于实际上该反应不能发生，这就涉及化学反应的速率问题。化学动力学就是研究化学反应的速率和反应历程等问题的学科，通过动力学的研究来说明影响化学反应速率的因素，进而采取措施，加快反应的速率。可见，对于化学反应而言，热力学和动力学是相辅相成的两个方面。

## 4.1　化学反应速率

大量实验表明：化学反应不同，反应速率也不同。火药的爆炸瞬间完成，离子反应可以秒计，一些有机物的聚合则要长达数小时，橡胶的老化需数年之久。一般来说，在常见的化学反应中，无机离子反应较快，而大多数有机反应都比较慢。即使对于同一反应，在不同条件下，反应速率也不同。

在工业生产和日常生活中，人们总希望对人类生产及生活有利的化学反应尽可能快，如金属的冶炼、橡胶的合成，以提高生产效率；而对人类生产及生活不利的化学反应尽可能慢，如金属的腐蚀、塑料的老化、食物的变质，以减少损失。因此，研究反应速率并掌握它的规律，是一个至关重要的问题。

### 4.1.1　化学反应速率的定义

一个化学反应开始后，反应物随时间不断减少，生成物随时间不断增多。化学反应速率表示化学反应进行的快慢程度。由于反应进度代表反应进行的程度，因此，IUPAC 定义：化学反应速率为反应进度随时间的变化率。其数学表达式为

$$v=\frac{\mathrm{d}\xi}{\mathrm{d}t}=\frac{1}{\nu_B}\cdot\frac{\mathrm{d}n_B}{\mathrm{d}t} \tag{4-1}$$

此时速率的单位为 $\mathrm{mol\cdot s^{-1}}$。

对于绝大多数化学反应，在整个反应过程中，反应体系的体积恒定，所以化学反应速率也可定义为：单位时间、单位体积内化学反应的反应进度。其数学表达式为

$$v=\frac{1}{\nu_B}\cdot\frac{\mathrm{d}n_B}{V\cdot\mathrm{d}t} \tag{4-2}$$

因为 $dc_B=\frac{dn_B}{V}$，所以式(4-2)也可表示为

$$v=\frac{1}{\nu_B}\cdot\frac{dc_B}{dt} \tag{4-3}$$

此时速率的单位为 $mol\cdot m^{-3}\cdot s^{-1}$。

对于反应：

$$aA+bB=\!=\!=mM+dD$$

根据上文对化学反应速率的定义，该反应的速率的数学表达式为

$$v=-\frac{1}{a}\cdot\frac{dc_A}{dt}=-\frac{1}{b}\cdot\frac{dc_B}{dt}=\frac{1}{m}\cdot\frac{dc_M}{dt}=\frac{1}{d}\cdot\frac{dc_D}{dt}$$

例如，反应 $2NO_2=\!=\!=2NO+O_2$ 的反应速率可用不同的反应物或生成物来表示，其相互关系为

$$v=-\frac{1}{2}\cdot\frac{dc_{NO_2}}{dt}=\frac{1}{2}\cdot\frac{dc_{NO}}{dt}=\frac{dc_{O_2}}{dt}$$

在实际应用中，人们为了研究问题的方便，经常以指定的反应物 A 的消耗速率，或者指定的生成物 D 的生成速率来表示化学反应速率，此时化学反应速率的数学表达式如下。

反应物 A 的消耗速率为

$$v_A=-\frac{1}{V}\cdot\frac{dn_A}{dt}=-\frac{dc_A}{dt}$$

生成物 D 的生成速率为

$$v_D=\frac{1}{V}\cdot\frac{dn_D}{dt}=\frac{dc_D}{dt}$$

此时，尽管反应物 A 的消耗速率 $v_A$ 或生成物 D 的生成速率 $v_D$ 也可以反映化学反应的快慢，但是由于两者的计量系数不一定相等，$v_A$ 与 $v_D$ 的数值不一定相等。

例如，合成氨反应的化学反应计量式为

$$N_2+3H_2\rightleftharpoons 2NH_3$$

则

$$v=-\frac{dc_{N_2}}{dt}=-\frac{1}{3}\cdot\frac{dc_{H_2}}{dt}=\frac{1}{2}\cdot\frac{dc_{NH_3}}{dt}$$

若合成氨反应的化学反应计量式为

$$\frac{1}{2}N_2+\frac{3}{2}H_2\rightleftharpoons NH_3$$

则

$$v'=-2\frac{dc_{N_2}}{dt}=-\frac{2}{3}\cdot\frac{dc_{H_2}}{dt}=\frac{dc_{NH_3}}{dt}$$

若以反应物 $N_2$ 的消耗速率 $v_{N_2}$ 或生成物 $NH_3$ 的生成速率 $v_{NH_3}$ 来表示化学反应速率，则

$$v_{N_2}=-\frac{dc_{N_2}}{dt},\quad v_{NH_3}=\frac{dc_{NH_3}}{dt},\quad 2v_{N_2}=v_{NH_3}$$

可见，化学反应速率的数学表达式与化学反应计量式的书写有关。当用参与反应的各组分的浓度随时间的变化率表示化学反应速率时，由于化学反应计量式中各组分的计量系数不相等，因此，各组分的浓度随时间的变化率也不相同。

需要注意的是，上述化学反应速率为瞬时速率，对于多数反应，由于反应过程中物质的浓

度时刻处于变化之中，因此化学反应速率也是随时间而变化的。对于气相反应，可以用气体的分压代替浓度。有时候我们也采用**平均速率**，即单位时间、单位体积反应物或生成物的反应进度的变化，时间单位可用 s、min 或 h，浓度单位一般用 $mol \cdot L^{-1}$。

### 4.1.2 化学反应速率的测定

由于化学反应速率为反应体系中某一组分的浓度随时间的变化率，因此，通过测定不同时间 $t$ 下反应物的浓度或生成物的浓度，来绘制浓度与时间的关系曲线，如图 4-1 所示。

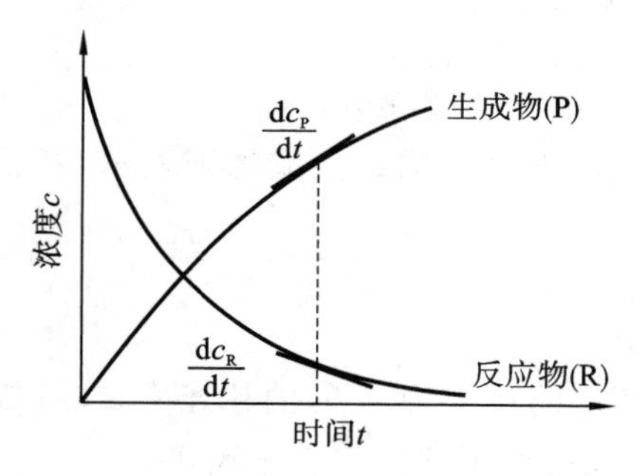


图 4-1　浓度与时间的关系曲线

曲线斜率的绝对值就为该时刻的反应速率。所以，测定反应速率，实际上是测定不同时间的反应物或生成物的浓度。

测定浓度的方法有化学法和物理法。化学法比较麻烦，需要采用突然降温、冲淡或其他方法停止反应，然后进行化学分析。物理法测定反应体系中与反应物浓度或生成物浓度有关的物理量随时间的变化，此物理量的变化能准确地反映出反应物浓度或生成物浓度的变化，最好与浓度变化成线性关系。通常可利用的物理量有压力、体积、旋光度、吸光度、电导率等。物理法的优点是：能在反应过程中即时测定，不需要停止反应。温度对反应速率的影响很大，所以在实验中要保持温度恒定。

## 4.2 化学反应的速率方程

化学反应速率除了取决于反应物的性质以外，还与外界条件有关。影响化学反应速率的外部因素是多方面的，但其中最主要的因素是浓度、温度、催化剂和溶剂等。有些反应还与光的强度有关。

化学反应的速率方程就是表示时间（或速率）与浓度、温度等之间的关系的函数关系式，即 $f(T,c,t)=0$ 或 $f(T,c,v)=0$。

在各种反应的速率方程中，基元反应的速率方程最简单，而且物理意义明确。

### 4.2.1 基元反应的速率方程

**1）基元反应与反应机理**

根据化学反应计量式，人们可以知道参与反应的物质种类及反应中各物质间量的变化关系，但并不清楚反应是如何进行的。例如下列反应：

$$2NO + 2H_2 = N_2 + 2H_2O$$

上述反应不代表 2 个 NO 分子和 2 个 $H_2$ 分子通过直接碰撞就可以一步生成一个 $N_2$ 分子和 2 个 $H_2O$ 分子。经研究，它实际上是经过以下三个步骤完成的：

$$2NO = N_2O_2 \text{（快）} \tag{4-4a}$$

$$N_2O_2 + H_2 = N_2O + H_2O \text{（慢）} \tag{4-4b}$$

$$N_2O + H_2 = N_2 + H_2O \text{（快）} \tag{4-4c}$$

上述三个反应反映了总反应的具体反应步骤，每一个反应都代表反应物分子在碰撞中一步直接转化为生成物分子的简单反应。这种在分子水平上代表反应物分子一步直接转化为生成物分子的简单反应称为**基元反应**，所以式(4-4a)、式(4-4b)和式(4-4c)所示的反应均为基元反应，其中式(4-4b)所示的反应为慢步骤，也称为**速率控制步骤**。上述三个基元反应体现了反应 $2NO+2H_2 = N_2+2H_2O$ 的具体经历，所以它们是反应 $2NO+2H_2 = N_2+2H_2O$ 的**反应机理**。反应 $2NO+2H_2 = N_2+2H_2O$ 称为**非基元反应**或**化学反应计量式**，只表示参加反应的组分(即物质种类)和组分之间物质的量的关系。例如，反应 $2NO+2H_2 = N_2+2H_2O$ 只表明参加反应的组分有 NO、$H_2$、$N_2$ 和 $H_2O$ 四个组分，反应过程中，每反应掉 2 mol NO，就会有 2 mol $H_2$ 被反应掉，同时生成 1 mol $N_2$ 和 2 mol $H_2O$。

化学反应的机理要通过一系列的实验探究后拟定，拟定的反应机理是否合理，需要检验：首先，由拟定的反应机理推导出的动力学方程是否与实验测定得到的动力学方程一致；然后，由反应机理导出的动力学方程计算得到的表观活化能是否与实验值相近；最后，反应机理是否能对实验中的现象进行合理解释。如果上述检验结果与实验结果一致，则拟定的反应机理就基本准确，同时反应机理中的每一个反应都是基元反应。所以，反应机理是由一系列基元反应构成的。

**2）基元反应的速率方程——质量作用定律**

基元反应是化学反应的基本单元，表示反应的具体步骤。反应物分子需要彼此碰撞才可能发生反应。单位体积内的分子越多，彼此碰撞的可能性就越大，反应速率就越快。大量实验表明，基元反应的速率与反应物浓度之间的关系比较简单，即一定温度下，基元反应的速率与反应物浓度的幂乘积成正比，浓度的幂次为基元反应方程式中各反应物的计量系数。这就是**质量作用定律**。

对于基元反应：

$$aA+bB = mM+dD$$

反应速率与反应物浓度间的定量关系为

$$v = kc_A^a c_B^b \tag{4-5}$$

式(4-5)为基元反应 $aA+bB = mM+dD$ 的速率方程。$c_A$ 和 $c_B$ 分别表示反应物 A 和 B 的浓度，单位为 $mol \cdot m^{-3}$，幂次项 $a$ 和 $b$ 分别为反应物 A 和 B 的计量系数；$k$ 为**反应速率常数**，它的物理意义是：其数值相当于参加反应的物质都处于单位浓度时的反应速率。不同的反应有不同的 $k$ 值。对于某给定反应，在同一温度、催化剂等条件下，$k$ 值不随反应物浓度变化，但 $k$ 值随温度、溶剂及催化剂等变化，即温度、溶剂及催化剂等是通过影响反应速率常数 $k$ 来影响反应速率的。

反应 $NO_2+CO = NO+CO_2$ 和反应 $H_2+2I\cdot = 2HI$ 已被证明是基元反应，它们的速率方程可分别表示为

$$v = kc_{NO_2}c_{CO} \tag{4-6}$$

$$v = kc_{H_2}c_{I\cdot}^2 \tag{4-7}$$

需要注意以下两点。

(1) 如果有固体和纯液体参加反应，则固体和纯液体本身为标准态，即单位浓度，因此不必列入反应速率方程。例如，对于基元反应 $C(s)+O_2(g) = CO_2(g)$，反应速率方程为 $v = k \cdot c_{O_2}$。

(2) 如果反应物中有气体，在反应速率方程中可用气体分压代替浓度，则上述反应的速率方程也可写为 $v=k' \cdot p_{O_2}$。

### 4.2.2　化学反应速率方程的一般形式与反应级数

**1）化学反应速率方程的一般形式**

对于非基元化学反应的速率方程，需要通过实验测出反应物（或生成物）的浓度与时间（$c-t$）的关系。

对于化学反应 $2N_2O_5 \longrightarrow 4NO_2+O_2$，实验测得的速率方程为

$$v = kc_{N_2O_5} \tag{4-8}$$

对于化学反应 $H_2+Cl_2 \longrightarrow 2HCl$，实验测得的速率方程为

$$v = kc_{H_2}c_{Cl_2}^{\frac{1}{2}} \tag{4-9}$$

对于化学反应 $CH_3CHO \longrightarrow CH_4+CO$，实验测得的速率方程为

$$v = kc_{CH_3CHO} \tag{4-10}$$

所以，对于大多数化学反应 $aA+bB = mM+dD$，速率方程的一般经验式为

$$v = kc_A^{n_A}c_B^{n_B} \tag{4-11}$$

绝大多数化学反应的速率方程一般可以用式(4-11)表示，即反应速率与反应物浓度的幂乘积成正比，但也有少数例外。

对于化学反应 $H_2+Br_2 \longrightarrow 2HBr$，实验证明，其速率方程为

$$v=-\frac{dc_{H_2}}{dt}=k\frac{c_{H_2}c_{Br_2}^{\frac{1}{2}}}{1+k'\frac{c_{HBr}}{c_{Br_2}}}$$

此时的反应速率不仅与反应物浓度有关，还与生成物浓度有关，这属于极个别例外情况。

**2）反应级数**

将化学反应速率方程的一般经验式(4-11)与基元反应速率方程(4-5)进行对比，可以看出以下两点。

(1) 化学反应速率方程的一般经验式中的幂次 $n_A$、$n_B$ 并不一定等于化学反应计量式中反应组分 A 和 B 的计量系数，此值要由实验测定。$n_A$、$n_B$ 的值分别表示反应组分 A 和 B 的浓度对反应速率的影响程度，$n_A$、$n_B$ 分别称为反应组分 A 和 B 的**分级数**，级数越大，浓度对反应速率的影响程度越大。各反应组分的分级数之和（$n=n_A+n_B$）称为该化学反应的**总级数**。例如，化学反应 $2N_2O_5 \longrightarrow 4NO_2+O_2$ 的总级数为 1，在化学反应 $H_2+Cl_2 \longrightarrow 2HCl$ 中，$H_2$ 的分级数为 1，$Cl_2$ 的分级数为 0.5，该反应的总级数为 1.5。

(2) 基元反应速率方程中的幂次 $a$、$b$ 等于基元反应方程中反应组分 A 和 B 的计量系数。$a$、$b$ 不仅表示反应组分 A 和 B 的浓度对反应速率的影响程度，还表示反应组分 A、B 的分子数，所以，$n=a+b$ 代表该基元反应的总级数，也代表该基元反应的反应分子数。例如，基元反应 $NO_2+CO = NO+CO_2$ 和 $H_2+2I\cdot = 2HI$ 的总级数分别为 2 和 3，同时也表明这两个反应分别是 2 分子基元反应和 3 分子基元反应。

**【扩展阅读】化学反应速率方程的测定方法**

需要注意的是，只有基元反应的级数才等于化学反应计量式中各物质的计量系数之和，也只有基元反应的级数等于反应分子数。因此，反应级数一定要依据实验测定的速率与浓度的关系式来确定。分数级反应肯定是由几个基元反应组成的复合反应。不符合质量作用定律的反应一定是非基元反应，但有些非基元反应也可能在形式

上满足质量作用定律。例如，对于反应 $H_2(g)+I_2(g)=2HI(g)$，其速率方程为 $v=kc_{H_2}c_{I_2}$。然而实验证明，该反应为非基元反应。显然，符合质量作用定律的反应不一定是基元反应，还需要进一步通过实验证明。

无论是基元反应，还是非基元反应，由速率方程都可以清楚地知道反应物浓度对反应速率的影响程度。实际应用中，比较常见的有零级、一级和二级等简单级数的反应，也有三级反应甚至分数级反应，掌握常见反应的动力学规律，可以更好地指导工业生产。下面简单介绍零级反应和一级反应的动力学特征。

### 4.2.3　简单级数反应的动力学特征

**1）零级反应**

在自然界中，许多发生在固体表面的反应都是零级反应。例如，氨在金属钨的表面上发生的热分解反应 $NH_3(g)\xrightarrow{W}\frac{1}{2}N_2(g)+\frac{3}{2}H_2(g)$，温度一定时，其速率方程为

$$v=-\frac{dc_{NH_3}}{dt}=kc_{NH_3}^0=k$$

对上式积分，得

$$c_{NH_3,t}-c_{NH_3,0}=-kt$$

式中：$c_{NH_3,0}$ 为氨的初始浓度；$c_{NH_3,t}$ 为氨在 $t$ 时刻的浓度；$k$ 为反应速率常数。

可见，零级反应的特征是：反应速率与反应物浓度无关，反应物浓度与时间成线性关系；反应速率常数 $k$ 的单位与速率的单位一样，为 $mol\cdot m^{-3}\cdot s^{-1}$。

**例 4-1**　某反应的反应速率常数 $k=1\times10^{-5}\ mol\cdot dm^{-3}\cdot s^{-1}$，反应物的起始浓度为 $0.1\ mol\cdot dm^{-3}$，该反应进行完全所需时间是多少？

**解**：由反应速率常数的单位可知，该反应为零级反应，设反应物为 A，则

$$c_{A,t}-c_{A,0}=-kt$$

由题已知，$c_{A,0}=0.1\ mol\cdot dm^{-3}$，$c_{A,t}=0$，所以

$$t=c_{A,0}/k=10^4\ s$$

**2）一级反应**

绝大多数分解反应都为一级反应，某些（放射性）元素的蜕变也为一级反应。一级反应的反应速率与反应物浓度有关。例如，$H_2O_2$ 的分解反应 $H_2O_2(l)=H_2O(l)+\frac{1}{2}O_2(g)$，其速率方程为

$$v=-\frac{dc_{H_2O_2}}{dt}=kc_{H_2O_2} \tag{4-12}$$

或

$$\frac{dc_{H_2O_2}}{c_{H_2O_2}}=-kdt$$

对上式积分得

$$c_{H_2O_2,t}=c_{H_2O_2,0}\cdot e^{-kt} \tag{4-13}$$

或

$$\lg\frac{c_{H_2O_2,0}}{c_{H_2O_2,t}}=\frac{kt}{2.303} \tag{4-14}$$

式(4-14)也可表示为

$$\lg c_{H_2O_2,t} = -\frac{kt}{2.303} + \lg c_{H_2O_2,0} \tag{4-15}$$

式中：$c_{H_2O_2,0}$为 $H_2O_2$ 的初始浓度；$c_{H_2O_2,t}$为 $H_2O_2$ 在 $t$ 时刻的浓度。由式(4-13)、式(4-14)和式(4-15)，均可以得到 $H_2O_2$ 在 $t$ 时刻的浓度 $c_{H_2O_2,t}$，或浓度降到 $c_{H_2O_2,t}$时所需要的时间 $t$。

反应物 $H_2O_2$ 反应掉一半所需要的时间称为**半衰期**，用 $t_{1/2}$表示。

将 $c_{H_2O_2,t}=0.5c_{H_2O_2,0}$代入式(4-14)，得

$$t_{1/2} = \frac{2.303\lg 2}{k} = \frac{0.693}{k} \tag{4-16}$$

一级反应的特征是：反应速率与反应物浓度的一次幂成正比；反应物浓度的对数与时间成线性关系；反应速率常数 $k$ 的单位为(时间)$^{-1}$；反应的半衰期与反应速率常数 $k$ 成反比，与反应物浓度无关。

**【扩展阅读】二级反应的动力学特征**

**例 4-2** 蔗糖的水解反应 $C_{12}H_{22}O_{11}$(蔗糖)$+H_2O = C_6H_{12}O_6$(葡萄糖)$+C_6H_{12}O_6$(果糖)为一级反应，48 ℃时的反应速率常数为 0.0193 $min^{-1}$。

(1) 蔗糖初始浓度为 0.3 $mol \cdot dm^{-3}$，20 min 后，其浓度变为多少？

(2) 蔗糖的浓度为初始浓度的一半时所需要的时间是多少？

**解**：(1) 根据 $\lg c_{蔗糖} = -\frac{kt}{2.303} + \lg c_{蔗糖,0} = -\frac{0.0193\times 20}{2.303} + \lg 0.3 = -0.69$，得

$$c_{蔗糖} = 0.2\ mol \cdot dm^{-3}$$

(2) 蔗糖浓度为初始浓度的一半时 $c_{蔗糖} = 0.15\ mol \cdot dm^{-3}$，有

$$\lg\frac{0.3}{0.15} = \frac{kt}{2.303}$$

$$t_{1/2} = \frac{2.303\lg 2}{k} = \frac{2.303\times 0.301}{0.0193} = 35.9(min)$$

**例 4-3** 金属冶炼中常涉及一级反应。例如，1600 ℃时，空气与含碳熔铁在坩埚中的碳-氧反应 $2C+O_2 = 2CO$ 为一级反应，其反应速率常数 $k_1=0.030\ min^{-1}$。试估算含碳量分别为 0.8%、0.35%、0.05%时的脱碳速率，以及脱去 0.01%碳所需的时间。

**解**：在空气中反应，消耗的氧气量相对空气中的氧气量很小，氧气浓度几乎不变。所以，速率方程为 $v=kc_C$。

含碳量为 0.8%时，$v_1=kc_{C,1}=0.03\times 0.8\%=0.00024(min^{-1})$

含碳量为 0.35%时，$v_2=kc_{C,2}=0.03\times 0.35\%=0.000105(min^{-1})$

含碳量为 0.05%时，$v_3=kc_{C,3}=0.03\times 0.05\%=0.000015(min^{-1})$

由 $v_3<v_2<v_1$ 可知，含碳量越低，脱碳速率越小。脱去 0.01%碳所需时间分别为

$$t_1 = \frac{0.0001}{0.00024} = 0.42(min)$$

$$t_2 = \frac{0.0001}{0.000105} = 1(min)$$

$$t_3 = \frac{0.0001}{0.000015} = 6.67(min)$$

可见，低碳钢脱碳时间要长得多。

## 4.3　温度对反应速率的影响

一般来讲，温度对化学反应速率的影响很大。温度越高，反应速率越快；温度越低，反应速率越慢。例如，对于氢气和氧气化合成水的反应，常温下几乎观察不出反应在进行，若温度升高到 873 K，反应迅猛进行，甚至发生爆炸。从许多实验事实中得出，反应物浓度相同时，温度每升高 10 K，反应速率约增大 2～4 倍。经验告诉我们，无论是吸热反应，还是放热反应，一般情况下，温度升高时，反应速率都会加快，定量描述反应速率与温度的关系的方程为阿伦尼乌斯方程。

### 4.3.1　阿伦尼乌斯方程

由化学反应速率方程的一般经验式 $v=kc_A^{n_A}c_B^{n_B}$ 可知，反应物浓度一定时，温度对反应速率的影响是通过反应速率常数 $k$ 来体现的。对于某给定的反应，反应速率常数 $k$ 是温度的函数，温度升高，$k$ 值增大，反应速率相应加快。

1889 年，瑞典化学家阿伦尼乌斯(Arrhenius)在总结大量实验事实的基础上，提出了温度与反应速率常数 $k$ 之间的定量关系式：

$$k = Ae^{-E_a/(RT)} \tag{4-17}$$

式中：$k$ 为反应速率常数；$T$ 为热力学温度；$R$ 为气体常数(8.314 $J \cdot mol^{-1} \cdot K^{-1}$)；$E_a$ 为反应的活化能；$A$ 为与反应有关的特性常数，称为指前因子或频率因子。由式(4-17)可知，反应速率常数 $k$ 与热力学温度 $T$ 成指数关系，温度的微小变化将导致 $k$ 值的较大变化。

阿伦尼乌斯方程的其他形式有

$$\ln k = -\frac{E_a}{RT} + \ln A \tag{4-18}$$

或

$$\frac{d\ln k}{dT} = \frac{E_a}{RT^2} \tag{4-19}$$

根据式(4-18)，通过实验测得某反应在不同温度 $T$ 下的反应速率常数 $k$，以 $\ln k$ 对 $1/T$ 作图，应得一直线，由直线的斜率可求得该反应的活化能 $E_a$，由截距可以求出该反应的指前因子 $A$。

**例 4-4**　通过实验测得反应 $NO_2 + CO \longrightarrow NO + CO_2$ 在不同温度下的反应速率常数，如表 4-1 所示。

**表 4-1　反应 $NO_2 + CO \longrightarrow NO + CO_2$ 在不同温度下的反应速率常数**

| $T$/K | 600 | 650 | 700 | 750 | 800 | 850 |
|---|---|---|---|---|---|---|
| $k/(mol \cdot dm^{-3} \cdot s^{-1})$ | 0.028 | 0.220 | 1.30 | 6.00 | 23.0 | 74.6 |

求此反应的活化能。

**解**：根据阿伦尼乌斯方程 $\ln k = -\frac{E_a}{RT} + \ln A$，将计算得到的 $\ln k$ 与 $1/T$ 的有关数据列于表 4-2。

以 $\ln k$ 对 $1/T$ 作图(见图 4-2)，得一直线，在直线上取 $A$(1.20,3.90)和 $B$(1.45,0.00)两

点，该直线的斜率为

$$斜率=\frac{y_A-y_B}{x_A-x_B}=\frac{3.90-0.00}{(1.20-1.45)\times10^{-3}}=-1.6\times10^4(K^{-1})$$

**表 4-2　不同温度下 ln*k* 与 1/*T* 的有关数据**

| $T$/K | 600 | 650 | 700 | 750 | 800 | 850 |
|---|---|---|---|---|---|---|
| $(1/T)\times10^3/K^{-1}$ | 1.67 | 1.54 | 1.43 | 1.33 | 1.25 | 1.18 |
| ln$k$ | −3.58 | −1.51 | 0.262 | 1.79 | 3.14 | 4.31 |

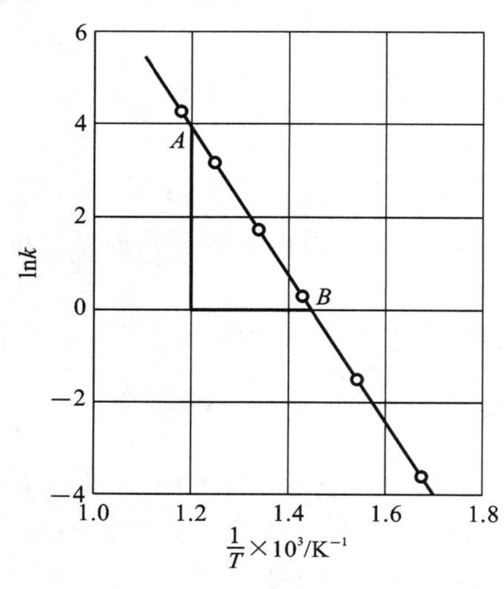


**图 4-2　反应速率常数与温度的关系**

根据式(4-19)，反应速率常数的对数 ln$k$ 随温度的变化率与反应的活化能 $E_a$ 成正比。反应的活化能 $E_a$ 越大，反应速率常数随温度的变化率就越大，说明反应速率受温度的影响就越大。对于活化能较小的反应，温度升高时，反应速率常数 $k$ 随温度的变化率相对较小，反应速率受温度的影响相对较小。

**例 4-5**　有两个反应，其活化能分别为 100 kJ · mol$^{-1}$ 和 150 kJ · mol$^{-1}$，从 300 K 升温至 310 K 时，这两个反应的速率常数是怎样变化的，计算结果说明什么？

**解：** 根据阿伦尼乌斯方程 $k=Ae^{-E_a/(RT)}$，有

$$\frac{k_2}{k_1}=e^{-E_a\left(\frac{1}{RT_2}-\frac{1}{RT_1}\right)}$$

当 $E_a=100$ kJ · mol$^{-1}$ 时，有

$$\frac{k_{310}}{k_{300}}=e^{-100\times10^3\left(\frac{1}{8.314\times310}-\frac{1}{8.314\times300}\right)}=3.64$$

当 $E_a=150$ kJ · mol$^{-1}$ 时，有

$$\frac{k_{310}}{k_{300}}=e^{-150\times10^3\left(\frac{1}{8.314\times310}-\frac{1}{8.314\times300}\right)}=6.96$$

计算结果说明，温度从 300 K 升至 310 K 时，活化能 $E_a$ 越大，反应速率常数增大的倍数越大，即活化能 $E_a$ 越大，反应速率常数随温度的变化率就越大，反应速率受温度的影响就越大。

对式(4-19)进行积分，可得

$$\ln\frac{k_2}{k_1}=-\frac{E_a}{R}\left(\frac{1}{T_2}-\frac{1}{T_1}\right)$$

当活化能 $E_a$ 已知时，可以由一个温度下的反应速率常数 $k_1$，求出另一个温度下的反应速率常数 $k_2$；或者由两个温度下的反应速率常数 $k_1$ 和 $k_2$，求出该反应的活化能 $E_a$。

**例 4-6**　某化合物的分解反应是一级反应，已知 557 K 时，反应速率常数 $k_1=3.3\times10^{-2}$ s$^{-1}$，520 K 时，反应速率常数 $k_2=3.8\times10^{-3}$ s$^{-1}$，求：

(1) 该反应的活化能 $E_a$；

(2) 538 K 时的反应速率常数 $k_3$。

**解：**(1) 根据阿伦尼乌斯方程 $\ln\frac{k_2}{k_1}=-\frac{E_a}{R}\left(\frac{1}{T_2}-\frac{1}{T_1}\right)$，有

$$\ln\frac{3.8\times10^{-3}}{3.3\times10^{-2}}=-\frac{E_a}{8.314}\left(\frac{1}{520}-\frac{1}{557}\right)$$

解得 $E_a=140.68\ \text{kJ}\cdot\text{mol}^{-1}$。

(2) 根据阿伦尼乌斯方程 $\ln\frac{k_3}{k_1}=-\frac{E_a}{R}\left(\frac{1}{T_3}-\frac{1}{T_1}\right)$,有

$$\ln\frac{k_3}{3.3\times10^{-2}}=-\frac{140.68\times10^3}{8.314}\left(\frac{1}{538}-\frac{1}{557}\right)$$

解得 $k_3=1.13\times10^{-2}\ \text{s}^{-1}$。

阿伦尼乌斯方程是描述反应速率常数 $k$ 与温度 $T$ 最常用的关系式,该关系式不仅适用于基元反应,还适用于非基元反应及某些非均相反应。但是,不是所有反应的速率常数都符合阿伦尼乌斯方程,如爆炸反应、酶催化反应等。

### 4.3.2 活化能

活化能是由阿伦尼乌斯方程引出的一个经验常数,此经验常数只与化学反应本身属性有关,其大小对化学反应的速率影响很大。

**例 4-7** 有两个反应,其活化能分别为 $100\ \text{kJ}\cdot\text{mol}^{-1}$ 和 $150\ \text{kJ}\cdot\text{mol}^{-1}$,求 300 K 时,上述两个反应的速率常数之比(假设两个反应的指前因子 $A$ 相同)?

**解:** 根据阿伦尼乌斯方程 $k=Ae^{-E_a/(RT)}$,有

$$\frac{k_1}{k_2}=e^{\frac{E_{a,2}-E_{a,1}}{RT}}=e^{\frac{50\times10^3}{8.314\times300}}=5.1\times10^8$$

一般来说,对于两个不同的化学反应(假设 $A$ 彼此相等),在相同温度、浓度下,当活化能相差 $5\ \text{kJ}\cdot\text{mol}^{-1}$ 时,反应速率相差 7 倍多;当活化能相差 $10\ \text{kJ}\cdot\text{mol}^{-1}$ 时,反应速率相差 50 倍多。一般化学反应的活化能为 $40\sim400\ \text{kJ}\cdot\text{mol}^{-1}$,其中绝大多数化学反应的活化能为 $50\sim250\ \text{kJ}\cdot\text{mol}^{-1}$,可见活化能对化学反应的速率影响很大。

为什么活化能的大小对化学反应速率影响如此之大?活化能的物理意义是什么?从化学反应速率理论中可以得到解释。

## 4.4 化学反应速率理论简介

上文讨论了化学反应速率与反应物浓度、温度的关系,建立了化学反应速率方程。如何理解这些宏观规律的微观本质?如何从分子角度解释这些规律?化学反应速率理论可以给出一定的解释。本节介绍碰撞理论和过渡状态理论。

### 4.4.1 碰撞理论

化学反应的本质是反应物分子内原子间旧键的断裂和生成物分子内原子间新键的形成。所以,化学反应发生的必要条件是反应物分子必须相互靠近且碰撞。这个过程必然伴随着能量的变化。

气体反应碰撞理论以气体分子运动论为基础,其基本假设是:

(1) 化学反应发生的必要条件是气体反应物分子必须发生碰撞;

(2) 化学反应发生的充分条件是反应物分子间的碰撞必须为有效碰撞;

(3) 化学反应速率等于单位时间、单位体积内的有效碰撞次数。

若要发生有效碰撞，反应物分子必须具备足够大的能量。只有碰撞动能大于临界能（或阈能）时，才能克服新键形成前价电子云之间存在的静电排斥力及旧键断裂前的引力，从而使旧的化学键断裂和新的化学键形成，这种碰撞动能大于临界能（或阈能）的碰撞称为**有效碰撞**。

例如，对于基元反应 $2HI \longrightarrow H_2 + 2I \cdot$，两个 HI 分子要发生反应，就要彼此靠近碰撞，碰撞中两个 HI 分子中的两个 H 原子要互相趋近，如图 4-3 所示，从而形成新的 H—H 键，同时，原来的 H—I 键要断裂，才能变成产物 $H_2$ 和 I·。但两个 HI 分子中的 H 原子核外已配对电子的排斥力，使它们难以足够接近并形成新的 H—H 键。而且 H—I 键的引力，使这个键难以断裂。为了克服新键形成前的排斥力和旧键断裂前的引力，两个相撞的分子必须具有足够大的能量。相互碰撞的分子如果不具备这种能量，就不能足够接近，达到化学键新、旧交替的活化状态，因而就不能发生反应。所以，阿伦尼乌斯认为，化学反应要能够发生，普通分子必须吸收足够的能量，先变成**活化分子**（动能大的，且能导致有效碰撞的分子），活化分子才可能进一步转变为产物分子。将普通分子变成活化分子所需要的能量即为**活化能**。后来，塔尔曼(Tolman)从统计力学的角度较严格地证明了活化能 $E_a$ 是活化分子的平均能量与反应物分子的平均能量之差。下面简单进行说明。

气体分子的能量分布示意图如图 4-4 所示，图中曲线称为麦克斯韦分布曲线。横轴 $E$ 代表分子的动能，纵坐标 $\Delta N/(N\Delta E)$ 代表动能 $E$ 到 $E+\Delta E$ 区间内的分子数($\Delta N$)占分子总数($N$)的百分数。一定温度下，各分子的动能不相同，气体分子的平均动能为 $E_m$。从能量曲线可见，大部分分子的动能在 $E_m$ 附近，但也有少数分子的动能比 $E_m$ 低得多或高得多。假设分子达到有效碰撞的最低能量为 $E_0$，则曲线下阴影部分表示活化分子所占的百分数（曲线下的总面积相当于 100%）。活化能就是把反应物分子转变为活化分子所需的能量，由于反应物分子的能量各不相同，活化分子的能量彼此也不同，只能从统计学的角度来比较反应物分子和活化分子的能量。因此**活化能为活化分子的平均能量 $E_m^*$ 与反应物分子的平均能量之差**($E_a = E_m^* - E_m$)。

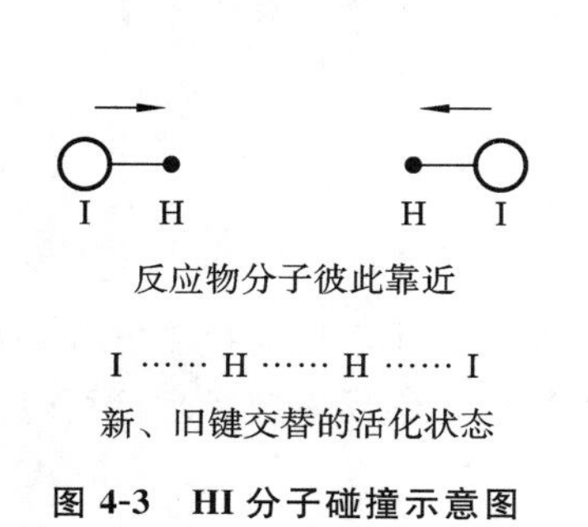


**图 4-3　HI 分子碰撞示意图**

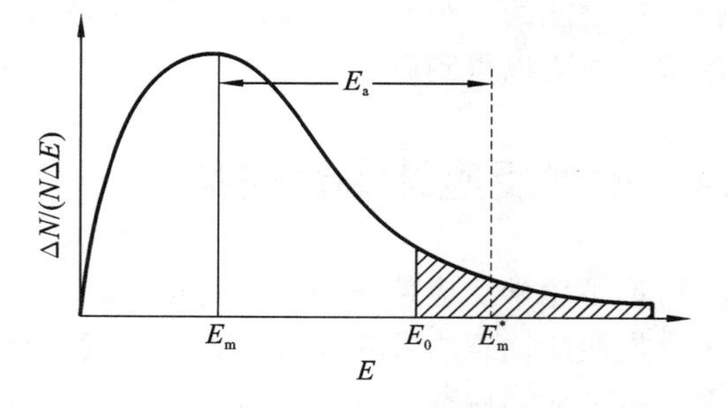


**图 4-4　气体分子的能量分布示意图**

当反应物浓度增大时，单位时间内反应物分子间的碰撞次数增多，发生反应的可能性增大，反应速率增大；当温度升高时，分子具有的能量增大，反应物分子间碰撞动能大于临界能的碰撞次数增多，反应物分子间的有效碰撞次数增多，反应速率增大。

活化能是决定化学反应速率的重要因素，其值大小是由反应物分子的性质决定的，而反应物分子的性质与分子的内部结构密切相关，所以，对于一个反应来说，其活化能数值是一定的。不同的反应具有不同的活化能。

碰撞理论较合理地解释了浓度、温度对反应速率的影响。但其理论模型过于简单，只强调反应物分子必须经过碰撞才可能发生反应，没有考虑分子的结构，认为只要碰撞动能高于临界能，分子就能发生反应。实际上，分子的结构不一样，就算是同样的分子，彼此的碰撞部位不同，其效果也会大不相同，而化学反应往往就是某些特定部位化学键的重新组合，如果不是特定部位的碰撞，即便碰撞动能高于临界能，也不一定发生反应。所以，碰撞理论对化学反应速率本质的探讨还是比较粗浅的。

### 4.4.2　过渡状态理论

为了弥补气体反应碰撞理论的不足，20 世纪 30 年代，艾林提出了过渡状态理论。过渡状态理论认为：在化学反应中，不是通过简单的碰撞就能生成产物，而是反应物分子在彼此靠近过程中，具有足够动能的分子彼此以适当的取向接近时，分子的动能转变为分子间相互作用的势能，引起分子结构的变化，原来以化学键结合的原子间距离变长，原来没有结合的原子间距离变短，形成新、旧键交替的过渡状态，过渡状态的能量比反应物分子和产物分子的能量高，过渡状态的物质称为**活化络合物**。图 4-5 所示为 $NO_2$ 与 CO 反应形成的新、旧键交替的过渡状态（活化络合物）。

$$NO_2+CO \longrightarrow [O—N\cdots O\cdots C—O] \longrightarrow CO_2+NO$$

**图 4-5　新、旧键交替的过渡状态（活化络合物）**

活化络合物的能量高，不稳定，可以继续分解为产物，也有可能回到原始反应物的状态。此时的活化络合物具有两个特点：一是原子之间的作用力比正常化学键的力要弱得多，原子之间的距离比正常化学键的键长要长；二是它同正常分子一样，可以平动、转动和有限的振动。

反应过程势能变化示意图如图 4-6 所示。$E_1$ 表示反应物分子的平均势能，$E_2$ 表示产物分子的平均势能，$E^*$ 表示过渡态分子的平均势能。反应物分子彼此反应生成产物分子时，一定要经过新、旧键交替的过渡状态，该过渡状态的势能 $E^*$ 既高于反应物分子的平均势能 $E_1$，又高于产物分子的平均势能 $E_2$。所以，要使反应发生，反应物分子必须具有足够高的能量，才能翻越这个势能垒，彼此接近，达到新键即将形成、旧键即将断裂的过渡状态。过渡状态分子的能量 $E^*$ 越大，反应物分子翻越的势能垒越高，反应越困难，反应速率就越小。$E^*$ 与 $E_1$ 的能量差为正反应的活化能 $E_a$(正)，$E^*$ 与 $E_2$ 的能量差为逆反应的活化能 $E_a$(逆)，正、逆反应活化能的差为该反应的热效应（恒容时为 $\Delta U$，恒压时为 $\Delta H$）。

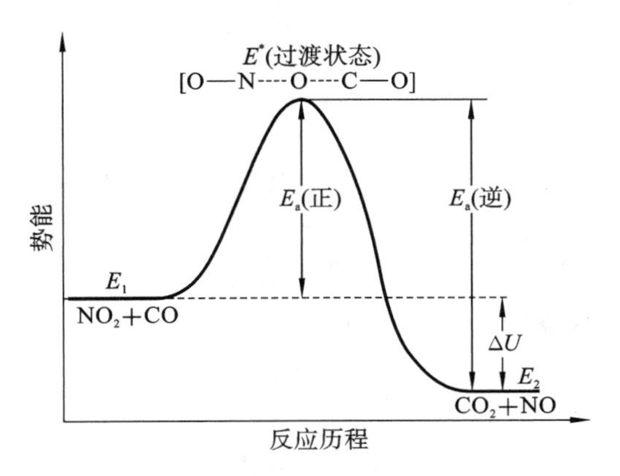


**图 4-6　反应过程势能变化示意图**

过渡状态理论，可用来解释浓度、温度对反应速率的影响。

(1) 对于基元反应 $A+B \longrightarrow [AB]^* \longrightarrow C$，A、B 之间发生碰撞的频率与 A、B 浓度成正

比，除去能量因素和取向因素引起的无效碰撞，可以近似认为 $v=kc_{A}c_{B}$，其中 $v$ 为反应速率，$c_{A}$、$c_{B}$分别为 A、B 的浓度，这就是质量作用定律。

(2) 温度对反应速率的影响除了体现在温度升高，有效碰撞频率增大，反应速率加快以外，更主要的是体现在温度升高，活化分子增加，有效碰撞频率增大。

过渡状态理论形象地说明了反应的活化能及反应遵循能量最低的原理。原则上，只要知道了分子结构，就可以通过理论计算得到反应速率常数，不需要进行实验测定，所以该理论又称为**绝对反应速率理论**。

## 4.5 催化反应动力学

### 4.5.1 催化剂与催化作用

催化剂是一种能改变化学反应速率，而本身质量和组成保持不变的物质，这种改变反应速率的作用称为**催化作用**。能增大化学反应速率的催化剂称为**正催化剂**；能减小化学反应速率的催化剂称为**负催化剂**或**抑制剂**。一般情况下，催化剂指的是能加快化学反应速率的正催化剂。减小橡胶、塑料等老化速率的负催化剂称为防老化剂，延缓金属腐蚀的负催化剂称为缓蚀剂等。

催化作用通常分为**均相催化**作用和**多相催化**作用。前者指催化剂与反应物同处于一相中，例如，在酯的水解反应中加入酸或碱属于均相催化作用。后者指催化剂与反应物不在同一相中，例如，在氮合成氨反应中使用铁催化剂属于多相催化作用。大多数催化作用是多相催化作用。

古代，人们用发酵的方法酿酒和制醋，均涉及催化反应。在近代化工生产中，80%以上的化学反应都是催化反应（即有催化剂参与的反应），如石油的炼制、氨的合成、醋酸的生产等。所以，催化剂是实现高效、低成本工业生产的关键。

**【扩展阅读】催化剂在工业中的应用**

**1）催化剂的基本特征**

(1) 催化剂参与反应，改变反应速率，最终催化剂的质量和组成保持不变。例如，在合成氨反应中，在 773 K 下，加入铁催化剂后，反应速率可增大 $2\times10^{7}$ 倍，从而实现了人工固氮。

(2) 催化剂在加快正反应速率的同时，也以同样的倍数加快逆反应速率。所以，催化剂只能缩短化学反应达到平衡的时间，不能改变化学反应的平衡状态。根据热力学原理，对于 $T$、$p$ 一定的反应体系，达到平衡时，$\Delta_r G_m=0$，由化学反应等温方程 $\Delta_r G_m=\Delta_r G_m^{\ominus}+RT\ln K^{\ominus}=0$ 可知，$\Delta_r G_m^{\ominus}=-RT\ln K^{\ominus}$。对于确定的反应体系，$\Delta_r G_m^{\ominus}$仅是温度的函数，当温度一定时，$K^{\ominus}$确定，即平衡组成一定，平衡状态也一定，与催化剂无关。催化剂可以缩短达到 $\Delta_r G_m=0$ 这个状态所需要的时间，但是不能改变 $\Delta_r G_m=0$ 时的状态。

**2）催化反应的一般历程**

催化剂之所以能加快化学反应速率，是因为催化剂在反应过程中参与反应，改变了反应历程，降低了反应的活化能。

例如，化学反应 $A+B \longrightarrow AB$ 的活化能为 $E_a$。当催化剂 K 存在时，由于催化剂 K 参与反应，反应历程变为：

(1) $A+K \longrightarrow AK$,活化能为 $E_1$;

(2) $AK+B \longrightarrow AB+K$,活化能为 $E_2$。

催化剂改变反应历程示意图如图 4-7 所示。

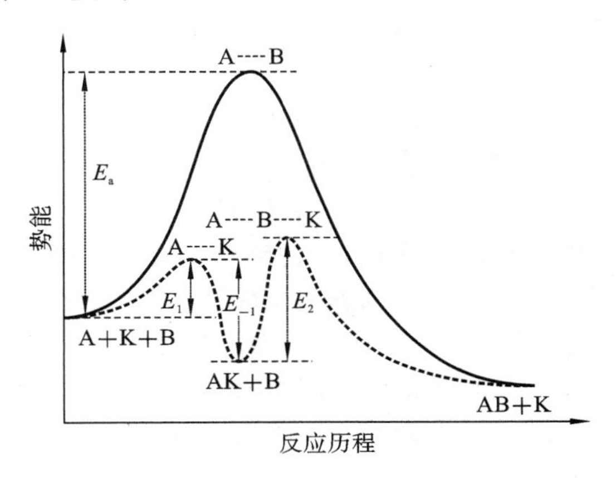


**图 4-7　催化剂改变反应历程示意图**

加入催化剂 K 后,由于催化剂 K 参与反应,反应历程改变,上述反应经两步完成,每步的活化能 $E_1$、$E_2$ 均小于不加催化剂 K 时反应的活化能 $E_a$。可见,非催化反应要克服的势能垒 $E_a$ 较高,而催化剂改变了反应历程,只需要克服两个较小的势能垒 $E_1$、$E_2$,反应体系中能够翻越此势能垒的分子增加,有效碰撞次数增多,所以反应速率增大。

例如,过氧化氢($H_2O_2$)的分解反应为

$$2H_2O_2 \longrightarrow O_2+2H_2O$$

室温下,该反应的活化能为 76 kJ · mol$^{-1}$。当用 KI 作催化剂时,因为催化剂 KI 参与反应,反应历程变为:

(1) $H_2O_2+I^- \xrightleftharpoons{\text{慢}} IO^- +H_2O$;

(2) $IO^- +H_2O_2 \xrightleftharpoons{\text{快}} I^- +H_2O+O_2$。

加入 KI 催化剂后,有中间产物 $IO^-$ 生成,活化能降为 57 kJ · mol$^{-1}$,此时反应速率是不加 KI 催化剂时的 2100 多倍。

又如,乙醛($CH_3CHO$)的分解反应,318 K 时的活化能为 190 kJ · mol$^{-1}$,当用 $I_2$ 作催化剂时,因为 $I_2$ 和 $CH_3CHO$ 反应生成了中间产物 $CH_3I$,改变了反应历程,活化能降为 136 kJ · mol$^{-1}$,反应速率可提高 $7.42\times10^8$ 倍。可见,催化剂对反应速率的影响是很大的。

**例 4-8**　在温度 500 K 下,某反应的活化能 $E_{a,1}$ 为 190 kJ · mol$^{-1}$,加入催化剂后,反应的活化能 $E_{a,2}$ 降为 136 kJ · mol$^{-1}$。假设加入催化剂前后指前因子 $A$ 值保持不变,则加入催化剂后反应速率常数是原来的多少倍?

**解**:根据阿伦尼乌斯方程 $k=Ae^{-E_a/(RT)}$,有

$$\frac{k_2}{k_1}=e^{\frac{E_{a,1}-E_{a,2}}{RT}}=e^{\frac{(190-136)\times10^3}{8.314\times500}}=4.38\times10^5$$

可见,加入催化剂后,由于活化能降低,反应速率常数明显增大,反应速率增大。

应当指出的是,尽管催化剂在反应前后的质量和组成不变,但其物理性质往往会发生变化,例如,块状变成粉状,光滑表面变得粗糙等。这些物理性质的变化,均会使催化剂的催化性能下降。

### 4.5.2 酶催化反应

酶是由动植物和微生物产生的具有催化能力的蛋白质，其相对分子质量为$10^4 \sim 10^6$。生物体内进行的各种复杂反应（如蛋白质、脂肪的合成与分解反应），均是在酶的催化作用下完成的。酶作为生物催化剂具有以下主要特征。

(1) 酶的催化效率高。酶的催化效率比其他催化剂的高$10^9 \sim 10^{15}$倍。例如，一个过氧化氢分解酶分子，在1 s内可以分解十万个过氧化氢分子。

(2) 酶的催化作用具有高度的专一性。一种酶只能作用于某一类或某一特定的物质，通常把被酶作用的物质称为该酶的底物，所以，一种酶只作用于一种或一类底物。例如，脲酶只能催化尿素迅速转化成氨和二氧化碳，而对其他反应没有任何活性。

(3) 酶催化反应的条件温和。酶催化反应一般在常温、常压下进行。

总之，酶的高催化效率、专一性及温和的作用条件，使酶在生物体内的新陈代谢中发挥着强有力的作用，酶使生命活动中各个反应有条不紊地进行着。

## 4.6 复合反应动力学

复合反应一般由若干个基元反应组成，这些反应常常会生成非常活泼的中间体，如自由原子或自由基（包括一个或多个未配对电子的中性原子或原子团）。这些高活性的自由原子或自由基可通过加热或光照的方式产生。

### 4.6.1 链反应

链反应常称为连锁反应，在实际生产中具有重要的意义。高聚物的合成，石油的裂解，某些有机物的热分解、燃烧及爆炸等反应都与链反应有关。链反应按照反应机理可分为两类：单链反应和支链反应。

**1）单链反应**

在一定条件下，对于反应：

$$Cl_2 + H_2 \longrightarrow 2HCl$$

通过实验测定，其速率方程为

$$v = kc_{H_2}c_{Cl_2}^{1/2}$$

为了证明该速率方程的合理性，人们认为其反应机理如下。

(1) 链的开始：

$$Cl_2 + M \xrightarrow{k_1} 2Cl\cdot$$

(2) 链的传递：

$$Cl\cdot + H_2 \xrightarrow{k_2} HCl + H\cdot$$

$$H\cdot + Cl_2 \xrightarrow{k_3} HCl + Cl\cdot$$

(3) 链的终止：

$$2Cl\cdot + M \xrightarrow{k_4} Cl_2 + M$$

反应中，首先通过加热或光照的方式使$Cl_2$分解为自由原子或自由基（用黑点表示高活性原子或自由基的未配对电子，有时也可略去），此反应称为链的开始（或链的引发）。$Cl\cdot$有未配对电子，很活泼，易与反应物 $H_2$ 分子发生反应，生成产物 HCl 和 H·，而活泼的 H·又与反应物 $Cl_2$ 分子发生反应，生成产物 HCl 和 Cl·，如此不断循环，此过程称为链的传递，此过程中的自由原子或自由基称为链的传递物。当活泼的自由原子或自由基碰到不活泼的分子或反应器壁时，其活性可能会消失而变成普通的分子，此过程称为链的终止。所以，链反应的动力学特点是：从链的引发开始，经过链的传递，最后到链的终止。

**2）支链反应与爆炸界限**

对于支链反应，其反应动力学规律与单链反应的类似，也是由链的引发、链的传递、链的终止三个基本步骤组成的。但是它也有与单链反应不同的地方，单链反应中，在反应的主体部分，即链的传递，每消耗一个自由基，就会产生另一个自由基，链的传递物不增加，也不减少。而支链反应是，每消耗一个自由原子或自由基，就会产生两个或更多个自由原子或自由基，自由原子或自由基的数量以几何速度快速增长。

例如，最具有代表性的支链反应为 $H_2$ 的燃烧反应：

$$2H_2+O_2 \longrightarrow 2H_2O$$

其反应机理如下。

（1）链的开始：

$$H_2+O_2 \xrightarrow{k_1} 2HO\cdot$$

（2）链的增长：

$$HO\cdot+H_2 \xrightarrow{k_2} H_2O+H\cdot$$

（3）链的分支：

$$H\cdot+O_2 \xrightarrow{k_3} HO\cdot+\dot{\underset{\cdot}{O}}$$

$$\dot{\underset{\cdot}{O}}+H_2 \xrightarrow{k_4} HO\cdot+H\cdot$$

（4）链的终止：

$$H\cdot \xrightarrow{k_5} \text{器壁（低压）}$$

$$2H\cdot+\frac{1}{2}O_2+M \xrightarrow{k_6} H_2O+M\text{（高压）}$$

由上述反应机理可以看出，从链的引发开始，每产生一个 HO·，在链的增长中产生一个 H·，而每消耗一个 H·会生成两个自由基 HO·和 $\dot{\underset{\cdot}{O}}$，而每消耗一个 $\dot{\underset{\cdot}{O}}$ 又可以生成两个自由基 HO·和 H·，如此循环，自由基数量急剧增加，导致反应速率急剧增大，当反应速率在瞬间增大到不可控制的时候，爆炸就会发生，这就是爆炸发生的主要原因，常称为**支链爆炸**。

另外，如果一个反应是放热反应，其放出的热不能及时地散出反应体系，则反应体系的温度会升高。温度升高，反应速率加快；反应速率加快，反应放出更多的热，导致反应体系温度急剧升高，如此循环，反应速率在瞬间增大到不可控制的时候，爆炸也会发生，此时的爆炸称为**热爆炸**。

影响支链反应的因素主要有 $T$、$p$ 和反应体系的组成等。当 $T$、$p$ 一定时，反应体系的组成对支链反应的影响很大。例如，对于氢气与氧气的混合气体，氢气的体积分数小于 4%或大于 94%时，氢气都可以安静地在氧气中燃烧，不发生爆炸；但是氢气的体积分数为 4%～94%时，氢气在氧气中燃烧都有可能发生爆炸，所以氢气的爆炸下限为 4%，爆炸上限为 94%。可燃气体在空气中的爆炸界限如表 4-3 所示。

表 4-3　可燃气体在空气中的爆炸界限

| 可燃气体 | 可燃气体在空气中的体积分数/(%) | |
|---|---|---|
| | 爆炸下限 | 爆炸上限 |
| $H_2$ | 4 | 74 |
| $NH_3$ | 16 | 27 |
| $CS_2$ | 1.25 | 44 |
| $CO$ | 12.5 | 74 |
| $CH_4$ | 5.3 | 14 |
| $C_3H_8$ | 2.4 | 9.5 |
| $C_5H_{12}$ | 1.6 | 7.8 |
| $C_2H_4$ | 3.0 | 29 |
| $C_2H_2$ | 2.5 | 80 |
| $C_6H_6$ | 1.4 | 6.7 |
| $C_2H_5OH$ | 4.3 | 19 |
| $(C_2H_5)_2O$ | 1.9 | 48 |

### 4.6.2　光化学反应

在光的辐照作用下进行的化学反应，称为**光化学反应**，如植物的光合作用、胶片的感光作用、染料的褪色等。光是一种电磁波，在光化学反应中，光提供与其波长及强度相关的能量，反应物分子吸收光能量后达到较高的激发态，然后发生化学反应。相对于光化学反应，普通的化学反应是反应物分子间的碰撞，只有当碰撞动能大于活化能时才能发生反应，而光化学反应中分子间的碰撞动能来源于热运动，所以有时又称为**热反应**。

**1）光化学反应的特点**

光化学反应与热反应从总体上说都应该服从化学热力学与动力学的基本定律，但光化学反应是由反应物分子吸收一定能量的光子引起的，因此具有一些不同于热反应的特点。

(1) 光化学反应的活化能来源于光，所以光化学反应可以使某些 $\Delta G>0$ 的反应自发进行。

例如，绿色植物利用日光将二氧化碳和水转化为糖和氧气的过程称为光合作用。光合作用的基本化学反应方程为

$$CO_2+H_2O\xrightarrow[\text{叶绿素}]{h\nu}(CH_2O)+O_2$$

其中，$(CH_2O)$代表糖，该反应的 $\Delta_r G_m^{\ominus}=447.0\ \text{kJ}\cdot\text{mol}^{-1}$。无光照时，由于 $\Delta G>0$，反应不能自发进行。但在日光照射下，叶绿素吸收光能，上述反应可在叶绿体中自发进行。

(2) 光化学反应的速率主要取决于光的强度，受温度的影响很小。光化学反应大多为零级反应，反应的速率与温度的关系不一定符合阿伦尼乌斯方程。

(3) 光化学反应由具有一定波长的光提供相关的能量，所以光化学反应通常比热反应具有更高的选择性。例如，在溶液中，作为反应物的溶质分子受到具有一定波长的光的辐射而发生光化学反应。其中，溶剂分子因不能吸收这类光子而不参与反应。

总之，光化学反应具有反应温度低、选择性高，可通过控制光源的波长，使主反应发生、副反应不发生等优点。由于以上优点，光化学反应目前越来越受到人们的关注。

**2）光化学定律**

光化学反应要有光的照射，光的照射是发生光化学反应的必要条件。那么，是否只要有光的照射就能发生光化学反应呢？

只有被反应物系吸收的光，对光化学反应才是有效的，即**光化学第一定律**。

由光化学第一定律可知，照射到反应物系上的光，对光化学反应并不都是有效的，未被反应物系吸收的反射光和透射光，对光化学反应是不起作用的。反应物分子吸收光能，变为活化分子，那么吸收的光子与被活化的分子之间存在怎样的关系呢？

爱因斯坦光化当量定律指出：在光化学反应的初级过程中，反应物系每吸收一个光子就活化一个分子（或原子）。吸收 1 mol 的光子，就有 1 mol 分子被活化，或者说，1 mol 的光子可以活化 1 mol 分子。

1 mol 光子所具有的能量为

$$E = Lh\nu = Lhc/\lambda$$

式中：$h\nu$ 为 1 个光子的能量；$h$ 为普朗克常数，$6.626\times10^{-34}$ J · s；$\nu$ 为光的频率，$\nu=c/\lambda$；$c$ 为光速，$2.9979\times10^{8}$ m · s$^{-1}$；$\lambda$ 为波长，单位为 m。

可见，光子的能量与光的波长成反比。

## 本章知识要点

1. 基本概念：反应速率、基元反应、反应级数、反应机理、零级反应、一级反应、半衰期、活化能、活化分子、过渡状态、催化剂与催化作用、自由基、链反应、光化学反应。

2. 基本原理与基本计算：

（1）化学反应速率的定义与测定方法；

（2）质量作用定律；

（3）零级、一级等简单级数反应的速率方程及动力学特征；

（4）反应速率常数、转化率、半衰期等的计算方法；

（5）阿伦尼乌斯公式，掌握活化能、反应温度等因素对反应速率的影响并进行有关计算；

（6）碰撞理论和过渡态理论；

（7）催化剂的基本特征和催化反应的一般历程；

（8）链反应的种类及特点、光化学反应的特点和光化学定律。

## 习　　题

1. 化学反应速率方程如何表达？

2. 能否根据化学反应方程来表达反应的级数？为什么？举例说明。

3. 阿伦尼乌斯公式有什么重要应用？举例说明。对于“温度每升高 10 ℃，反应速率通常增大到原来的 2～4 倍”这一实验规律，你认为如何？

4. 影响反应速率的主要因素有哪些？这些因素对反应速率常数是否有影响？为什么？

5. 什么是质量作用定律？质量作用定律对非基元反应是否适用？为什么？

6. 化学反应速率的定义是 ＿＿＿＿＿＿，它是以 ＿＿＿＿＿＿ 为基础的，其数值与 ＿＿＿＿＿＿无关。

7. 反应 A(g)+B(g)⟶C(g)的速率方程为 $v=kc_{A}c_{B}^{2}$。该反应为__________基元反应，反应级数为__________。当 B 的浓度增加 2 倍时，反应速率将增大__________倍。

8. 在化学反应中，加入催化剂可以提高反应速率，主要是因为__________了反应活化能，活化分子__________增加，速率常数__________。

9. 阿伦尼乌斯公式为__________，其中__________是反应的活化能。正、逆反应的活化能与反应热的关系是____________________。

10. 反应速率常数 $k$ 可表示__________时的反应速率。$k$ 值不受__________的影响而受__________的影响。

11. 用活化分子和活化能的概念来理解影响反应速率的因素时，反应物浓度增大，是由于__________；提高反应温度，是由于__________，催化剂的存在__________，因而都可提高反应速率。

12. 质量作用定律可表示为____________________，它只适用于__________。

13. 把食物放入工作着的电冰箱内，能使食物腐败的速度__________。

14. 在空气中燃烧木炭是一个放热反应，木炭燃烧时必须先引火点燃，点燃后停止加热，木炭能够继续燃烧，原因是____________________。

15. 对于反应 $4HBr(g)+O_2(g)═2H_2O+2Br_2(g)$，在一定温度下，测得 HBr 起始浓度为 0.0100 $mol \cdot dm^{-3}$，10 s 后 HBr 的浓度为 0.0082 $mol \cdot dm^{-3}$，试计算该反应在 10 s 之内的平均速率。如果上述数据是 $O_2$ 的浓度，则该反应的平均速率又是多少？

16. 673 K 时，反应 $CO+NO_2═CO_2+NO$ 的反应速率常数为 $5\times10^{-4}\ m^3 \cdot mol^{-1} \cdot s^{-1}$，该反应对 CO 和 $NO_2$ 来说，都是一级反应。求：

(1) 该反应的级数；

(2) 当 CO 浓度为 25 $mol \cdot m^{-3}$，$NO_2$ 浓度为 40 $mol \cdot m^{-3}$时的反应速率。

17. 在 298 K 下，用反应 $S_2O_8^{2-}(aq)+2I^-(aq)═2SO_4^{2-}(aq)+I_2(s)$进行实验，得到的实验数据如表 4-4 所示。

**表 4-4 实验数据**

| 实验序号 | $c_{S_2O_8^{2-}}/(mol \cdot dm^{-3})$ | $c_{I^-}/(mol \cdot dm^{-3})$ | $v/(mol \cdot dm^{-3} \cdot min^{-1})$ |
|---|---|---|---|
| 1 | $1.0\times10^{-4}$ | $1.0\times10^{-2}$ | $0.65\times10^{-6}$ |
| 2 | $2.0\times10^{-4}$ | $1.0\times10^{-2}$ | $1.30\times10^{-6}$ |
| 3 | $2.0\times10^{-4}$ | $0.50\times10^{-2}$ | $0.65\times10^{-6}$ |

(1) 写出该反应的速率方程；

(2) 计算反应速率常数 $k$；

(3) $c_{S_2O_8^{2-}}=5.0\times10^{-4}\ mol \cdot dm^{-3}$，$c_{I^-}=5.0\times10^{-2}\ mol \cdot dm^{-3}$的 1.0 $dm^3$ 溶液，在 1.0 min 之内有多少 $I_2$ 产生？

18. $H_2O_2$ 的分解反应 $H_2O_2(l)⟶H_2O(l)+\frac{1}{2}O_2(g)$是一级反应，某温度下的反应速率常数 $k=0.041\ min^{-1}$。有 3.0%的 $H_2O_2$ 溶液开始分解，30 min 后它的浓度是多少？$H_2O_2$ 分解一半需要多长时间？

19. 根据实验结果，在高温下焦炭中碳与二氧化碳的反应为 $C(s)+CO_2(g)═══2CO(g)$，其活化能为 $167.4\ kJ\cdot mol^{-1}$，温度从 900 K 升高到 1000 K 时，反应速率如何变化？

20. 反应 $SiH_4(g)═══Si(s)+2H_2(g)$ 在不同温度下的反应速率常数如表 4-5 所示。

**表 4-5 不同温度下的反应速率常数**

| $k/s^{-1}$ | 0.048 | 2.3 | 49 | 590 |
|---|---|---|---|---|
| $T/K$ | 773 | 873 | 973 | 1073 |

试求该反应的活化能 $E_a$ 及指前因子 $A$。

21. 反应 $C_2H_5Br(g)═══C_2H_4(g)+HBr(g)$ 在 650 K 时 $k$ 为 $2.0\times10^{-5}\ s^{-1}$，在 670 K 时 $k$ 为 $7.0\times10^{-5}\ s^{-1}$，求 690 K 时的 $k$。

22. 在 301 K 时鲜牛奶大约 4.0 h 变酸，但在 278 K 的冰箱中，鲜牛奶变酸大约需要 48 h。假定反应速率与变酸时间成反比，求牛奶变酸反应的活化能。

23. 在 773 K 时，铁催化剂可使合成氨反应的活化能从 $254\ kJ\cdot mol^{-1}$ 降到 $146\ kJ\cdot mol^{-1}$，假设使用催化剂不影响"指前因子"，试计算使用催化剂时反应速率增加的倍数。

24. 298 K 时，反应 $2SO_2(g)+O_2(g)═══2SO_3(g)$ 的活化能为 $251.0\ kJ\cdot mol^{-1}$，在 Pt 催化下，活化能降为 $62.8\ kJ\cdot mol^{-1}$，试利用有关数据计算反应 $2SO_3(g)═══2SO_2(g)+O_2(g)$ 的活化能及在 Pt 催化下的活化能。

25. 已知某药物在储存条件下按一级反应分解，25 ℃分解时的反应速率常数为 $2.09\times10^{-5}\ h^{-1}$，该药物的起始浓度为 $94\ g\cdot cm^{-3}$，当其浓度下降至 $45\ g\cdot cm^{-3}$ 时，它就变得无临床价值。其有效期应定为多长时间？

26. 在一定温度范围内，反应 $2NO(g)+Cl_2(g)═══2NOCl(g)$ 是基元反应。

(1) 写出该反应的速率方程，指出该反应的级数。

(2) 当其他条件不变时，若将容器体积增大到原来的 2 倍，反应速率将如何变化？

(3) 若容器体积不变，而将 NO 的浓度增加到原来的 3 倍，反应速率又将如何变化？

(4) 已知在某瞬间，$Cl_2$ 的浓度减小了 $0.003\ mol\cdot L^{-1}\cdot s^{-1}$，分别写出用 NO 及用 NOCl 在该瞬间浓度的改变来表示的反应速率。

(5) 如果温度每升高 10 ℃，反应速率增加一倍，则在 55 ℃时反应速率比在 25 ℃时要快多少？在 100 ℃时反应速率比在 25 ℃时要快多少？

27. 反应 $C(s)+CO_2(g)═══2CO(g)$ 的 $\Delta_r H_m^{\ominus}=172.5\ kJ\cdot mol^{-1}$，请填充表 4-6。

**表 4-6 反应 $C(s)+CO_2(g)═══2CO(g)$ 的相关数据**

| 改变条件 | $k_{正}$ | $k_{逆}$ | $v_{正}$ | $v_{逆}$ | 平衡移动方向 |
|---|---|---|---|---|---|
| 增加总压 | | | | | |
| 升高温度 | | | | | |
| 加入催化剂 | | | | | |

28. 将含有 $0.1\ mol\cdot dm^{-3}\ Na_3AsO_3$ 和 $0.1\ mol\cdot dm^{-3}\ Na_2S_2O_3$ 的溶液与过量的稀硫酸溶液混合均匀，产生下列反应：

$$2H_3AsO_3(aq)+9H_2S_2O_3(aq)=\!=\!=As_2S_3(s)+3SO_2(g)+9H_2O(l)+3H_2S_4O_6(aq)$$

今由实验测得在 17 ℃时，从混合开始至溶液刚出现黄色的 $As_2S_3$ 沉淀共需时 1515 s；若将上述溶液温度升高 10 ℃，重复上述实验，测得需时 500 s，试求该反应的活化能 $E_a$。提示：实验中，反应速率常用某物质的浓度改变一定大小所需的时间来表示。

# 第 5 章　溶液与表面化学基础

**【内容提要】**　本章主要介绍了溶液的概念、溶液的通性、溶液中的离子平衡(酸碱平衡、配离子解离平衡、沉淀-溶解平衡),以及胶体与表面化学基础。其中溶液的通性及溶液中的离子平衡的计算与应用是本章的重点,需要掌握。

## 5.1　溶液的组成与描述

广义地说,由两种或两种以上物质彼此均匀混合所形成的体系称为**溶液**。溶液根据物质状态可分为气态溶液、固态溶液和液态溶液。例如,空气可看成气态溶液,这是因为其中的各种组成气体彼此均匀混合形成均相(气相)体系;金属合金中如果各种金属元素彼此均匀混合,形成均相(固相)体系,就可看成固态溶液。

我们通常所说的溶液是指**液态溶液**,这也是本章要介绍的内容。所以,下面提到溶液概念时,如果不做特别说明,都是指液态溶液。液态溶液是指固态、液态或气态物质均匀分散在其他液态物质中形成的液态体系。

### 5.1.1　溶液的组成

根据溶液的概念,可以认为溶液由**溶质和溶剂**组成。溶解分散于某种液体中的物质(可以是固体、液体或气体)称为溶质,用于溶解分散这些溶质的液体称为溶剂。一般按下面的规则区分溶液中的溶质和溶剂。

(1) 如果组成溶液的物质呈不同的状态,通常将液态物质称为溶剂,气态或固态物质称为溶质。例如,生理盐水就是固体 NaCl 溶解在水中形成的 NaCl 水溶液,生活中常见的汽水就是 $CO_2$ 溶解在水中形成的 $CO_2$ 水溶液。

(2) 如果组成溶液的物质都是液态,则把含量大的物质称为溶剂,含量小的物质称为溶质。例如,乙醇(俗称酒精)可以与水以任意比例互溶,通常在药店可以购买到 75%和 95%(体积比浓度)的酒精,这时酒精含量大作溶剂,所以称为酒精溶液。

根据溶质的性质,溶液又可分为电解质溶液和非电解质溶液。电解质是指在水溶液中或熔融状态下能导电的化合物,例如,NaCl 在水溶液中或熔融状态下能产生自由移动的离子($Na^+$ 和 $Cl^-$)而导电,因此,**电解质溶液**是指溶质(电解质)溶解于溶剂后完全或部分解离为离子的溶液。电解质溶液具有导电性,常见的酸、碱、盐溶液均为电解质溶液。根据溶液中电解质解离程度的大小,电解质溶液可分为强电解质溶液和弱电解质溶液。常见的强酸(HCl、$H_2SO_4$、$HNO_3$)、强碱(NaOH、KOH)、大部分盐(NaCl、KCl 等)溶液都是强电解质溶液,而水是一种极弱的电解质。

非电解质是指在水溶液中或熔融状态下都不能导电的化合物,通常包括大部分有机物、非金属氧化物等。由非电解质形成的溶液就是**非电解质溶液**,如常见的蔗糖水溶液、酒精溶液等。

### 5.1.2　溶液组成的描述

通常采用溶液的浓度来描述其组成，这也是人们最关心的溶液性质。溶液浓度的表示方法通常包括以下几类。

(1) 物质的量分数 $x_B$(摩尔分数)：

$$x_B=\frac{n_B}{n_{总}}$$

溶质B的物质的量与溶液中总的物质的量之比称为溶质B的物质的量分数，又称为摩尔分数，单位为1。

(2) 质量摩尔浓度 $m_B$：

$$m_B=\frac{n_B}{m_A}$$

溶质B的物质的量与溶剂A的质量之比称为溶质B的质量摩尔浓度，单位为$mol \cdot kg^{-1}$。这个表示方法的优点是可以用准确的称重法来配制溶液，不受温度影响，在电化学中用得很多。因此，在温度发生明显变化的条件下，应该使用质量摩尔浓度 $m_B$，它反映出单位质量的溶剂中所含溶质的物质的量。

(3) 体积摩尔浓度 $c_B$：

$$c_B=\frac{n_B}{V}$$

溶质B的物质的量与溶液体积 $V$ 之比称为溶质B的体积摩尔浓度，反映出单位体积的溶液中所含溶质的物质的量，单位为 $mol \cdot dm^{-3}$。体积摩尔浓度用得最为广泛，但是当温度发生变化时，溶液的密度会发生变化，其体积摩尔浓度自然也会发生变化。

(4) 质量分数 $w_B$：

$$w_B=\frac{m_B}{m_{总}}$$

溶质B的质量与溶液总质量之比称为溶质B的质量分数，单位为1。

【扩展阅读】 溶液的配制方法

【扩展阅读】 “相似相容原理”的热力学基础

## 5.2　溶液的通性

不同溶质与溶剂组成的溶液可能具有不同的性质，如溶液的颜色、导电性、密度等。但所有的溶液都具有一些共同的性质，这就是溶液的通性。下面先介绍难挥发性非电解质稀溶液的通性，再介绍电解质溶液的通性。

### 5.2.1　非电解质稀溶液的通性

浓度很小的溶液在许多物理性质方面接近理想溶液，具有一般性，如溶液的蒸气压下降、沸点升高、凝固点降低和渗透压，这些性质称为**稀溶液的通性**，它们满足稀溶液定律，也称为**依**

**数定律**。这些性质与溶液中溶质的量有关,而与其性质无关,所以这些性质也称为**溶液的依数性**。

**1) 溶液的蒸气压下降**

(1) 液体的蒸发与凝聚。

一定条件下,液体内部一些能量较大的分子,会克服液体分子间的引力从液体表面逸出,成为蒸气分子,特别是液体表面上的分子都有向相邻气相中逃逸并形成蒸气的倾向,这个过程叫作**蒸发**,又称为**气化**。蒸发是吸热、熵增加的过程。与此同时,蒸气分子在不断运动中可能撞到液体表面,受到液体分子的吸引作用而重新进入液体表面,这个过程叫作**凝聚**。凝聚是放热、熵减少的过程。

(2) 液体的蒸气压。

如果在一个密闭空间内,在某一给定温度下,液体开始以一定的蒸发速率蒸发,蒸发开始时,蒸气分子不多,凝聚的速率远小于蒸发的速率;随着蒸发的进行,气相中的蒸气分子不断增多,其凝聚速率也不断增大。当液体蒸发速率与凝聚速率相等时,液体就和它的蒸气处于动态平衡状态。此时,蒸气所具有的压力就是该温度下的液体的**饱和蒸气压**,简称**蒸气压**。

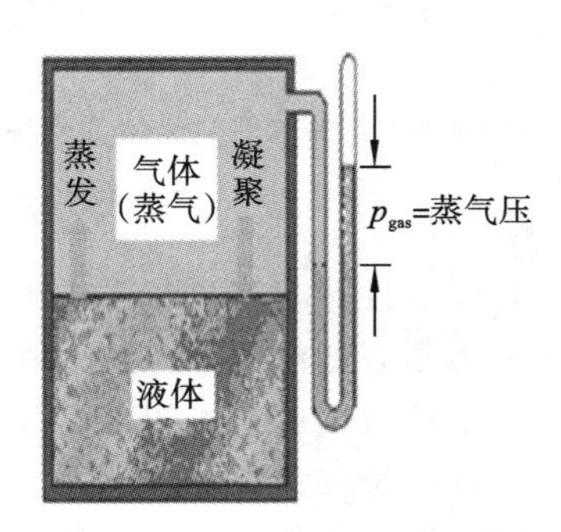


**图 5-1 蒸气压测量原理示意图**

图 5-1 所示为蒸气压测量原理示意图。以水为例,不同温度下水的饱和蒸气压数据如表 5-1 所示。很明显,温度升高,水的饱和蒸气压增大,这是因为在水与水蒸气的平衡过程中,由于水的蒸发是吸热的,温度升高,$K^{\ominus}$增大,水的蒸气压增大。

**表 5-1 不同温度下水的饱和蒸气压数据**

| $T$/K | $p$/kPa | $T$/K | $p$/kPa |
|---|---|---|---|
| 273 | 0.6106 | 333 | 19.9183 |
| 278 | 0.8719 | 343 | 35.1574 |
| 283 | 1.2279 | 353 | 47.3426 |
| 293 | 2.3385 | 363 | 70.1001 |
| 303 | 4.2423 | 373 | 101.3247 |
| 313 | 7.3754 | 423 | 476.0262 |
| 323 | 12.3336 | | |

不同的液体具有不同的蒸气压,图 5-2 给出了几种不同液体的蒸气压与温度的关系曲线。在相同温度下,液体的蒸气压越大,越容易挥发。从图中可以看出,挥发性大小顺序为:乙醚>乙醇>水。

19 世纪 80 年代,法国化学家拉乌尔从实验中归纳出拉乌尔定律(Raoult's law)。拉乌尔定律指出:**理想溶液**上方溶剂的分压 $p_A$ 等于溶液中溶剂的摩尔分数 $x_A$ 与纯溶剂在给定温度下蒸气压$p_A^{\circ}$的乘积:

$$p_A = x_A\, p_A^{\circ} \tag{5-1}$$

严格地说,拉乌尔定律只适用于理想溶液及溶液中的挥发性组分。不过,当溶液很稀

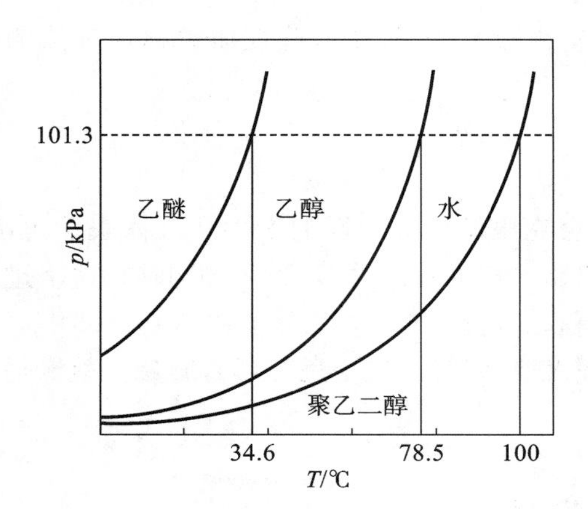


**图 5-2　几种不同液体的蒸气压与温度的关系曲线**

($x_A>0.98$)时，即使是非理想溶液，拉乌尔定律也适用。

对于难挥发性非电解质溶质 B 与挥发性溶剂 A 构成的溶液来说，由于溶质 B 是难挥发性物质，其产生的蒸气压可以忽略不计，因此，溶液的蒸气压实际上是指溶液中溶剂的蒸气压。同时由于 $x_A<1$，根据式(5-1)，溶液的蒸气压 $p_A$ 必然小于纯溶剂的蒸气压 $p_A^\circ$。

因此，难挥发性非电解质稀溶液的蒸气压随溶液中溶质的摩尔分数的增大而下降。同一温度下，纯溶剂蒸气压与溶液蒸气压之差称为溶液的蒸气压下降，其数学表达式为

$$\Delta p=p_A^\circ-p_A=(1-x_A)p_A^\circ=x_B\,p_A^\circ \quad (5\text{-}2)$$

难挥发性非电解质稀溶液的蒸气压下降的原因可以定性地解释如下。

①由于溶剂溶解了难挥发性溶质，溶剂的一部分表面或多或少地被溶质的微粒所占据，从而使得单位时间内从溶液中蒸发出的溶剂分子比原来从纯溶剂中蒸发出的溶剂分子少，也就使得溶剂的蒸发速率变小。

②纯溶剂气相与液相之间原本的蒸发与凝聚处于平衡状态，在加入难挥发性溶质后，由于溶剂蒸发速率减小，凝聚占据优势。在较低的蒸气浓度或压力下，溶剂的蒸气（气相）与溶剂（液相）需要重建平衡。因此，在达到平衡时，难挥发性溶质的溶液中溶剂的蒸气压低于纯溶剂的蒸气压。显然，溶质的浓度越大，溶液的蒸气压下降越多。

**例 5-1**　已知异戊烷 $C_5H_{12}$ 的摩尔质量 $M=72.15\ g\cdot mol^{-1}$，20.3 ℃时的蒸气压为 77.31 kPa。现将 0.0697 g 难挥发性非电解质溶质溶于 0.891 g 异戊烷中，测得该溶液的蒸气压下降 2.32 kPa。试求溶质的摩尔质量 $M_B$。

**解**：因为

$$x_B=\frac{n_B}{n_A+n_B}\approx\frac{n_B}{n_A}=\frac{n_B}{m_A/M_A}$$

$$\Delta p=p_A^\circ x_B=p_A^\circ\frac{n_B}{m_A}M_A,\quad n_B=m_B/M_B$$

所以

$$M_B=p_A^\circ m_B M_A/(m_A\Delta p)=\frac{77.31\times0.0697\times72.15}{2.32\times0.891}=188(g\cdot mol^{-1})$$

**2）溶液的沸点升高和凝固点降低**

(1) 沸点和凝固点。

当液体的蒸气压等于外界压力时，液体就会沸腾，此时对应的温度即为液体的沸点，以 $T_{bp}$ 表示(bp 是 boiling point 的缩写)。通常液体处于大气环境中，外界压力为 1 atm(1 atm=101.325 kPa)，此时的沸点叫作**正常沸点**。从图 5-2 中可以看出，三种液体的正常沸点的大小顺序为：乙醚<乙醇<水。显然，液体越容易挥发，其沸点越低。

实际上固体也存在蒸发与凝聚，例如，日常生活中可以看到在严寒的冬季，晾洗的衣服上结的冰可以逐渐消失，大地上的冰雪不经融化也可以逐渐减少甚至消失，家里使用的固体樟脑丸会逐渐消失等。如果把固体放在密封的容器内，固体（固相）和它的蒸气（气相）之间也能达

到平衡状态，表现出一定的蒸气压。这时由固体直接变为蒸气的过程叫作**升华**，相应的蒸气压也称为**升华压**。每一种纯固体也都具有各自的蒸气压，只是在某些条件下，一些固体的蒸气压很低而不能被现有仪器测量出来。但在有些情况下，固体的蒸气压是可以测量出来的。表 5-2 列出了不同温度下冰的蒸气压数据，由此可见，固体的蒸气压也随温度的升高而增大。

**表 5-2 不同温度时冰的蒸气压数据**

| 温度/℃ | −20 | −15 | −10 | −6 | −5 | −4 | −3 | −2 | −1 | 0 |
|---|---|---|---|---|---|---|---|---|---|---|
| 冰的蒸气压/Pa | 103 | 165 | 260 | 369 | 402 | 437 | 476 | 518 | 563 | 611 |

当物质的液相蒸气压和固相蒸气压相等时，对应的温度就是该物质的**凝固点**（或**熔点**）以 $T_{fp}$ 表示（fp 是 freezing point 的缩写）。若固相蒸气压大于液相蒸气压，则固相向液相转变，即固体熔化；反之，则液相向固相转变（液体凝固）。总之，若固、液两相的蒸气压不等，两相就不能共存，必有一相要向另一相转化，而且，总是向蒸气压下降的方向转变。一切可形成晶体的纯物质，在给定条件下，都有一定的凝固点和沸点。

（2）溶液的沸点和凝固点变化。

难挥发性溶质的加入导致溶液蒸气压下降，在纯溶剂的沸点温度下，溶液的蒸气压要小于纯溶剂的蒸气压，即低于给定条件下外部环境的气压，溶液无法沸腾。要使溶液沸腾，就必须进一步升高温度以便溶液的蒸气压达到外界压力。显然，溶液的沸点必然高于纯溶剂的沸点。二者的差值称为溶液的沸点升高。非电解质稀溶液的沸点升高随溶液质量摩尔浓度 $m_B$ 的增大而增大：

$$\Delta T_{bp}=k_{bp}m_B \tag{5-3}$$

式中：$k_{bp}$ 为摩尔沸点常数，单位为 $K \cdot kg \cdot mol^{-1}$。

实验证明，溶质的加入也会导致溶液的凝固点降低。溶液的凝固点降低与溶液质量摩尔浓度 $m_B$ 成正比：

$$\Delta T_{fp}=-k_{fp}m_B \tag{5-4}$$

式中：$k_{fp}$ 为摩尔凝固点常数，单位为 $K \cdot kg \cdot mol^{-1}$。

表 5-3 列出了几种典型溶剂的沸点、凝固点、$k_{bp}$ 和 $k_{fp}$ 的数值。

**表 5-3 几种典型溶剂的沸点、凝固点、$k_{bp}$ 和 $k_{fp}$ 的数值**

| 溶剂 | 沸点/℃ | $k_{bp}/(K \cdot kg \cdot mol^{-1})$ | 凝固点/℃ | $k_{fp}/(K \cdot kg \cdot mol^{-1})$ |
|---|---|---|---|---|
| 萘 | 217.955 | 5.80 | 80.29 | 6.94 |
| 樟脑 | 208.3 | 6.0 | 179.5 | 40.0 |
| 乙酸 | 118.1 | 3.07 | 16.66 | 3.90 |
| 水 | 100.0 | 0.51 | 0.0 | 1.86 |
| 苯 | 80.100 | 2.53 | 5.533 | 5.12 |
| 氯仿 | 61.150 | 3.62 | — | — |

图 5-3 可以解释溶液沸点升高和凝固点降低的原因。图 5-3 实际上就是纯溶剂和含难挥发性溶质的溶液的简化相图。曲线 *OB* 为纯溶剂的蒸气压曲线（气-液平衡线），曲线 *AO* 为纯溶剂固体的升华曲线（固-气平衡线），曲线 *OF* 为溶剂的熔点曲线（固-液平衡线）。这三条曲线的交点就是溶剂物质的三相点 *O*（固-液-气三相平衡点）。这三条曲线将系统划分为三个相区域：固相区、液相区和气相区。当溶剂中溶入难挥发性溶质而形成溶液时，溶液的蒸气压下降，蒸气压曲

线由原来的曲线 $OB$ 变为曲线 $ob$。从图中可明显看出，要使溶液的蒸气压达到外界压力(1 atm)，就必须在纯溶剂的沸点的基础上继续升高温度 $\Delta T_{bp}$，这就导致溶液的沸点升高。

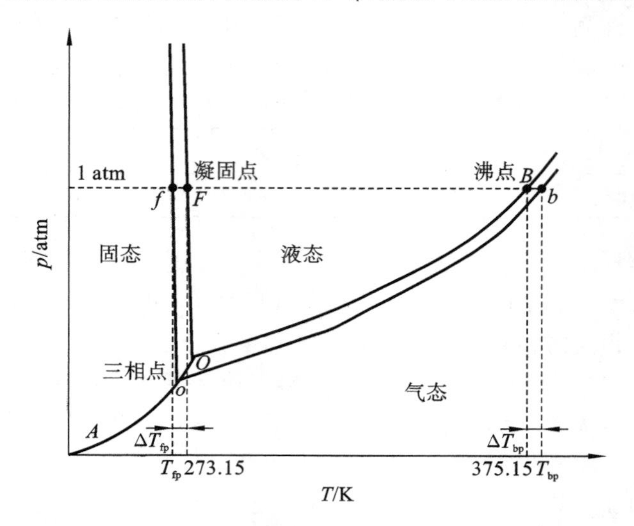


**图 5-3　溶液沸点升高和凝固点降低的示意图**

在考虑溶液的凝固点变化时情形有所变化。溶液的蒸气压曲线由原来的曲线 $OB$ 变为曲线 $ob$，但溶剂固体的升华曲线位置不变，只是可存在的温度区间缩小了，三相点由原来的点 $O$ 变为点 $o$。同时，熔点曲线由原来的曲线 $OF$ 平行地左移到曲线 $of$。显然，对应于外界压力 1 atm 的正常熔点将下降，其变化值与三相点的变化值相等。由上述分析可见，**溶液的沸点升高和凝固点降低的本质原因是溶液的蒸气压下降！**

在日常生活和生产实践中，溶液的凝固点降低和沸点升高性质得到了广泛的应用。乙二醇 $C_2H_4(OH)_2$ 是典型的汽车用防冻剂，将它加入汽车的散热器中，得到的乙二醇水溶液可为汽车冷却系统提供全气候条件下的保护，在冬天，加入的乙二醇使溶液的凝固点降低而防止结冰，在夏天，加入的乙二醇使溶液的沸点升高而防止冷却系统过沸腾。

冬天，在容易结冰的路面上撒食盐 NaCl，NaCl 溶解使水的凝固点降低而防止路面结冰。NaCl 水溶液最低的凝固点为 −21 ℃。除了防止结冰以外，它还能用于除冰，即便是在 −21 ℃ 的低温下，食盐也能将冰有效地融化。

采用沸点升高和凝固点降低还可以测定物质的摩尔质量，但测定精度十分有限。以 1 mol · dm$^{-3}$ 的水溶液为例，其沸点升高约为 0.5 ℃，凝固点降低约为 1.9 ℃。若想保证溶液的依数性表达式的正确性，则溶液的浓度要远远低于 1 mol · dm$^{-3}$，相应的温度变化值就要更小，因此，需要使用非常精密的温度计。沸点与大气压直接相关，温度测量的要求越高，测量过程中对大气压恒定的要求就越严格，所以，采用凝固点降低略微好些。为了提高精度，可以采用摩尔凝固点常数较大的溶剂，如樟脑($k_{fp}$=40.0 K · kg · mol$^{-1}$)。

**例 5-2**　将 0.334 g 樟脑溶解于 10 g 苯中，溶剂的沸点升高为 0.612 K。已知苯的正常沸点是 80.1 ℃，摩尔沸点常数为 2.53 K · kg · mol$^{-1}$，计算樟脑的摩尔质量。

**解**：根据稀溶液沸点升高的表达式 $\Delta T_{bp}=k_{bp}m_B$，可计算出樟脑的质量摩尔浓度，为

$$m_B=\Delta T_{bp}/k_{bp}=0.612/2.53=0.242(\text{mol} \cdot \text{kg}^{-1})$$

樟脑溶液中所含樟脑的物质的量为

$$n_B=m_Bm_A=0.242\times 10\times 10^{-3}=2.42\times 10^{-3}(\text{mol})$$

所以，樟脑的摩尔质量 $M_B$ 为

$$M_B=\frac{m_B'}{n_B}=0.334/(2.42\times10^{-3})=138(g\cdot mol^{-1})$$

此值明显小于樟脑 $C_{10}H_{16}O$ 的实际摩尔质量 152.24 $g\cdot mol^{-1}$，说明采用该实验方法无法得到准确结果。

**例 5-3**　有一糖水稀溶液，在常压下，沸点升高为 1.02 K，求该溶液的凝固点。

**解**：查表 5-3，水的 $k_{fp}=1.86\ K\cdot kg\cdot mol^{-1}$，$k_{bp}=0.51\ K\cdot kg\cdot mol^{-1}$。

根据式(5-3)和式(5-4)，有

$$\frac{\Delta T_{fp}}{\Delta T_{bp}}=\frac{-k_{fp}}{k_{bp}}$$

代入数据有

$$\frac{\Delta T_{fp}}{1.02}=\frac{-1.86}{0.51}$$

则

$$\Delta T_{fp}=-3.72\ K$$

该溶液的凝固点温度为

$$T_{fp}'=T_{fp}+\Delta T_{fp}=273.15-3.72=269.43(K)$$

**例 5-4**　现有两种溶液，一种是 1.50 g 尿素[$CO(NH_2)_2$]溶解在 200 g 水中，另一种是 42.8 g未知物溶于 1000 g 水中，这两种溶液在同一温度结冰，求这个未知物的摩尔质量 $M_{未知物}$。

**解**：已知 $M_{尿素}=60\ g\cdot mol^{-1}$，时

$$\Delta T_{fp}(尿素)=-k_{fp}m_{尿素}=-k_{fp}\frac{n_{尿素}}{m_{水}}=-k_{fp}\frac{1.50}{60\times200\times10^{-3}}$$

$$\Delta T_{fp}(未知物)=-k_{fp}m_{未知物}=-k_{fp}\frac{n_{未知物}}{m_{水}}=-k_{fp}\frac{42.8}{M_{未知物}\times1000\times10^{-3}}$$

两种水溶液的凝固点相等，因此以上二式相等，可计算出未知物的摩尔质量为

$$M_{未知物}=342\ g\cdot mol^{-1}$$

**3）溶液的渗透压**

渗透的发生需要半透膜。半透膜是一种多孔膜，其孔只允许溶剂分子通过，而不允许溶质分子通过。半透膜包括细胞膜、动物的膀胱、肠衣等天然半透膜，以及硝化纤维膜、醋酸纤维膜和聚砜纤维膜等人工半透膜。若被半透膜隔开的两边溶液的浓度不等(即单位体积内溶剂的分子数不等)，则可发生渗透。如图 5-4 所示，纯溶剂通过一张半透膜与溶液相分离。溶液和纯溶剂隔开，由于纯溶剂中溶剂分子的浓度高于溶液中溶剂分子的浓度，这时溶剂分子在单位时间内进入溶液内的数目，要比溶液内的溶剂分子在同一时间内进入纯溶剂的数目多。溶剂分子将由纯溶剂透过半透膜流入溶液中，使得溶液的体积逐渐增大，垂直的细玻璃管中的液面逐渐上升，如图 5-4(a)所示。从宏观上看，渗透是溶剂通过半透膜进入溶液的单方向扩散过程。

图 5-4(a)中溶液液面与纯溶剂液面的高度差 $h$ 是渗透造成的，这一高度的溶液柱所代表的压力就等于渗透压，用 $\Pi$ 表示。其测量原理如图 5-4(b)所示。要使溶液的液面不上升，必须在溶液液面上增加一定压力，迫使溶液中的溶剂向纯溶剂中扩散。当两边的液面等高时，此时单位时间内溶剂分子从两个相反的方向通过半透膜的数目彼此相等，即达到渗透平衡。在溶液一侧的适当位置安装一个压力表，就可以直接测出该压力。这一压力就是溶液的渗透压。

因此，**渗透压是为了维持半透膜所隔开的溶液与纯溶剂之间的渗透平衡所需要的额外压力**。

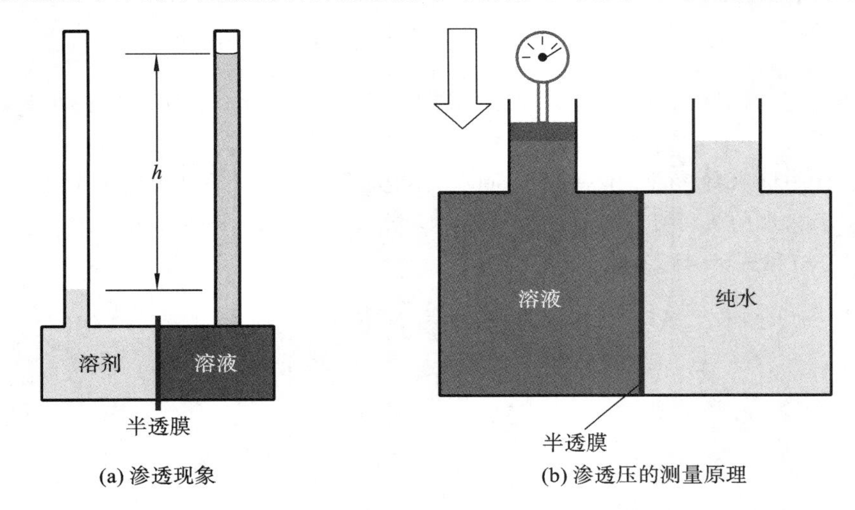


(a) 渗透现象　(b) 渗透压的测量原理

**图 5-4　渗透现象及渗透压的测量原理示意图**

难挥发性非电解质稀溶液的渗透压 $\Pi$(Pa)与溶液的体积摩尔浓度 $c_B$($mol \cdot dm^{-3}$)及热力学温度 $T$(K)成正比：

$$\Pi = c_B RT = (n_B/V)RT \tag{5-5}$$

或

$$\Pi V = n_B RT \tag{5-6}$$

这一方程也称为范特霍夫方程(van't Hoff equation)。其中，$n_B$ 为溶质的物质的量，$V$ 为溶液的体积，气体常数 $R = 8.314 \times 10^3\ Pa \cdot dm^3 \cdot mol^{-1} \cdot K^{-1}$。在形式上，式(5-6)与理想气体方程完全相同。不过，气体的压力是气体分子运动碰撞容器壁而产生的，而渗透压是溶剂分子渗透的结果。

溶液的渗透压可以很大，以 1 $mol \cdot dm^{-3}$ 的水溶液为例，其渗透压可高达 250 m 水柱。因此，渗透压方法是一种很灵敏的摩尔质量测定方法，现在广泛用于测定蛋白质、聚合物及其他大分子的摩尔质量。渗透压实验可在室温下进行，这对易分解和对温度十分敏感的生物分子来说十分重要。

**例 5-5**　将 1.10 g 蛋白质溶解于 0.1 $dm^{-3}$ 的 20 ℃水中，所得溶液的渗透压为 395 Pa。计算该蛋白质的相对分子质量。

**解**：根据渗透压的计算公式 $\Pi = (n/V)RT$，得

$$n = \Pi V/RT$$

已知 $T = 293.15$ K，$V = 0.1\ dm^3$，$\Pi = 395$ Pa，$R = 8.314 \times 10^3\ Pa \cdot dm^3 \cdot mol^{-1} \cdot K^{-1}$。代入上式，得

$$n = 395 \times 0.1/(8.314 \times 10^3 \times 293.15) = 1.62 \times 10^{-5}(mol)$$

该蛋白质的摩尔质量为

$$M = \frac{m'}{n} = 1.10/(1.62 \times 10^{-5}) = 6.8 \times 10^4 (g \cdot mol^{-1})$$

所以该蛋白质的相对分子质量为 $6.8 \times 10^4$。

渗透压在生物学中具有重要意义。有机体的细胞膜大多具有半透膜的性质，渗透压是引起水在生物体中运动的重要推动力。例如，在室温 25 ℃下，0.1 $mol \cdot dm^{-3}$ 溶液的渗透压为

248 kPa,一般植物细胞汁的渗透压可达 2000 kPa,因而大树根部的水分可以被运送到数十米高的顶端。渗透压还调节着细胞膜内外水的扩散平衡。例如,人体血液的平均渗透压约为 780 kPa。血红细胞中溶液的渗透压与质量浓度为 0.92%的 NaCl 溶液的渗透压相等。如果将血红细胞置于纯水中,细胞将不断膨胀,甚至破裂;将血红细胞置于 0.92%的 NaCl 溶液中,血红细胞保持稳定;当血红细胞置于质量浓度高于 0.92%的 NaCl 溶液中,血红细胞中的水就会通过细胞膜渗透出来,血红细胞收缩并从悬浮状态中沉降,因此,0.92%的 NaCl 溶液是等渗溶液,质量浓度高于或低于 0.92%的 NaCl 溶液分别是高渗溶液或低渗溶液。图 5-5 所示为血红细胞在等渗、高渗、低渗溶液中的变化图像。

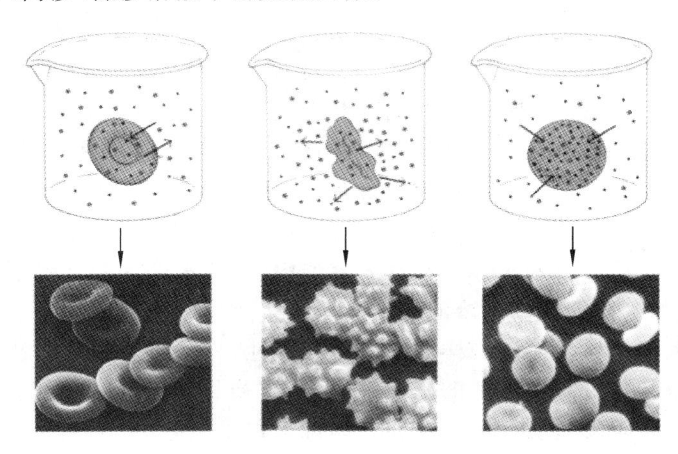

**图 5-5　血红细胞在等渗、高渗、低渗溶液中的变化图像**

因此,为了救治脱水病人或者给病人进行输液提供营养物时,被注射的液体必须与血液是等渗的,称为**等渗输液**。例如,临床上通常采用 0.9%生理盐水或者 5.0%葡萄糖溶液,这些溶液都是等渗溶液。

渗透压在一般的救生方面也具有重要意义。当淡水被吸入肺内时,淡水将向具有一定盐度的血液发生渗透,并在大约 3 min 内危及心脏;当海水被吸入肺内时,血液中的水将向盐度更高的海水发生渗透,但因为二者的盐度相差较小,渗透压要稍微小一些,致死时间大约为 12 min。因此,当发现溺水者时,淡水游泳池的救生员相比海水游泳池的救生员必须实施更为迅速的救生行动。

**例 5-6**　非电解质水溶液的冰点为−0.53 ℃。求此溶液的渗透压,并指出其是否与血浆等渗(人体血液的平均渗透压为 780 kPa)。

**解**:根据凝固点降低公式,有

$$\Delta T_{\mathrm{fp}} = -k_{\mathrm{fp}} m = -1.86m$$

已知水的 $k_{\mathrm{fp}} = 1.86\ \mathrm{K \cdot kg \cdot mol^{-1}}$,则

$$m = -0.53/(-1.86) = 0.2849(\mathrm{mol \cdot kg^{-1}}) \approx 0.2849(\mathrm{mol \cdot dm^{-3}})$$

$$\Pi = cRT = 0.2849 \times 8.314 \times (273.15 + 37) = 734.64(\mathrm{kPa})$$

该溶液的渗透压与血浆的接近,因此可以认为该溶液是血浆的等渗溶液。

渗透压还有一个重要的应用就是反渗透技术。如果在溶液一侧向溶液施加一个大于溶液渗透压的外加压力,那么溶液中的溶剂就会向纯溶剂一侧渗透,溶液不断浓缩而体积缩小,纯溶剂的量不断增大,这一现象称为**反渗透**,其在工业中的应用叫作反渗透技术,所用到的半透膜称为**反渗透膜**。目前,反渗透技术广泛用于海水脱盐、工业污水和城市污水的深度处理、实

验室高纯水的制备等。

【扩展阅读】
反渗透技术

### 5.2.2 电解质溶液的通性

稀溶液定律仅适合于非电解质稀溶液。当非电解质溶液的浓度不断增大时，稀溶液定律所描述的相关物理性质的变化趋势仍保持不变，但会偏离严格的正比例曲线。这主要是因为在浓溶液中，溶质分子较多，溶质分子之间及溶质分子与溶剂分子之间的相互作用大大增强，破坏了依数性的定量关系。

例如，海水不易结冰，其凝固点低于 273.15 K，而沸点可高于 373.15 K。另外，盐和冰的混合物可以作为冷冻剂，冰的表面上有少量水，当盐与冰混合时，盐溶解在这些水里成为溶液，此时，由于所生成的溶液中水的蒸气压低于冰的蒸气压，冰融化。冰融化时要吸收热量，使周围物质的温度降低。采用氯化钠和冰的混合物，温度可以降低到 251 K(约−22 ℃)，采用氯化钙和冰的混合物，温度可以降低到 218 K(约−55 ℃)。工业或实验室中常采用某些易潮解的固态物质(如氯化钙、五氧化二磷等)作为干燥剂。这是因为这些物质能使其表面所形成的溶液的蒸气压显著下降，当它低于空气中水蒸气的分压时，空气中水蒸气可不断凝聚而进入溶液，即这些物质能不断地吸收水蒸气。在密闭容器内，吸收水蒸气的过程则可进行到空气中水蒸气的分压等于这些物质的(饱和)溶液的蒸气压为止。

上述例子说明，电解质稀溶液同样表现出溶液通性，只是溶液中各种粒子相互作用更为强烈，导致电解质稀溶液都表现出异常的依数性，即电解质稀溶液所表现出的沸点升高、凝固点降低、渗透压等的变化幅度要明显大于相同摩尔浓度的非电解质溶液的变化幅度。这种异常性与电解质的解离有关。与相同摩尔浓度的非电解质溶液相比，由于电解质的解离，电解质溶液中溶质微粒数更多。为了得到电解质稀溶液的依数性表达式，范特霍夫提出了一个修正系数 $i$(范特霍夫系数)。它的定义是电解质稀溶液依数性的测量值与同浓度非电解质溶液依数性的预测值之比。因此，电解质稀溶液的依数性计算公式为

$$\Pi = ic_{\mathrm{B}}RT \tag{5-7}$$

$$\Delta T_{\mathrm{fp}} = -ik_{\mathrm{fp}}m_{\mathrm{B}} \tag{5-8}$$

$$\Delta T_{\mathrm{bp}} = ik_{\mathrm{bp}}m_{\mathrm{B}} \tag{5-9}$$

根据电解质 $A_nB_m$ 的解离平衡：

$$A_nB_m(\mathrm{aq}) \rightleftharpoons nA^{m+}(\mathrm{aq}) + mB^{n-}(\mathrm{aq}) \tag{5-10}$$

可以知道，范特霍夫系数与电解质的强度(解离度)有关，与电解质荷电数类型 $n+m$ 有关。电解质正负离子荷电总数 $n+m$ 越大，$i$ 值越大，且最大值为 $n+m$；解离度越高，$i$ 值越接近其最大值 $n+m$。在同一电解质与同种溶剂形成的溶液中，溶液浓度越高，电解质的解离度越大。因此，在给出 $i$ 值时，必须指明溶液的浓度。表 5-4 列出了几种典型电解质的范特霍夫系数值。

**表 5-4 几种典型电解质的范特霍夫系数值(质量摩尔浓度为 0.1 mol · kg$^{-1}$ 的水溶液)**

| 电 解 质 | $i$ |
|---|---|
| NaCl | 1.87 |
| HCl | 1.91 |
| $K_2SO_4$ | 2.46 |
| $CH_3COOH$ | 1.01 |

因此，对于同浓度的溶液，其沸点、渗透压的大小顺序为：$A_2B$ 或 $AB_2$ 型强电解质溶液＞AB 型强电解质溶液＞弱电解质溶液＞非电解质溶液。

蒸气压、凝固点的大小顺序则正好相反。

**例 5-7**　预测已知质量摩尔浓度为 0.00145 $mol \cdot kg^{-1}$ 的 $MgCl_2$ 水溶液的凝固点。

**解**：$MgCl_2$ 为 $AB_2$ 型强电解质，1 mol $MgCl_2$ 溶于水后会解离成 3 mol 的离子，即范特霍夫系数 $i=3$。查表可知溶剂水的 $k_{fp}=1.86\ K \cdot kg \cdot mol^{-1}$。根据电解质稀溶液凝固点降低的表达式，有

$$\Delta T_{fp}=-ik_{fp}m_{MgCl_2}=-3\times1.86\times0.00145=-0.0081(K)$$

$$T_{fp}=273.15-0.0081\approx273.14(K)$$

## 5.3　溶液中的酸碱平衡

### 5.3.1　酸碱理论简介

酸与碱是两类重要的化学物质，人们对酸碱的认识经历了相当长的过程。最初化学家以酸的刺激味道和碱的滑溜感觉来定义酸与碱。随着化学学科的不断发展，化学家依次提出了酸碱电离理论、酸碱质子理论和酸碱电子理论。

酸碱性是水溶液的重要性质之一，常用 pH 表示，$pH=-\lg c(H^+, aq)$。酸性溶液的 pH＜7，中性溶液的 pH＝7，碱性溶液的 pH＞7。水的解离平衡可表示为

$$H_2O \rightleftharpoons H^+ + OH^-$$

25 ℃时，其解离平衡常数（水的离子积常数）$K_w^{\ominus}=c(H^+)\cdot c(OH^-)=1.0\times10^{-14}$，这才有了上述关于溶液酸碱性的定义。当温度变化，即 $K_w^{\ominus}$ 变化时，上述定义将发生变化。下面先简单介绍关于酸碱的理论。

（1）酸碱电离理论。

酸碱电离理论认为：解离时所生成的正离子都是 $H^+$ 的化合物叫作酸，而所生成的负离子都是 $OH^-$ 的化合物叫作碱。酸碱电离理论把酸碱的定义局限在以水为溶剂的系统中，并把碱限制为氢氧化物，具有局限性。当初误认为氨（$NH_3$）溶于水后生成"氢氧化铵（$NH_4OH$）"，将氨认为是碱（后来发现，氨水中不存在 $NH_4OH$，只存在 $NH_3 \cdot H_2O$）。尽管纯碱（$Na_2CO_3$）的水溶液呈碱性，但是酸碱电离理论认为它是盐而不是碱。

（2）酸碱质子理论。

鉴于酸碱电离理论的局限性，J. N. Brønsted 和 T. M. Lowry 提出了酸碱质子理论，也称为 Brønsted-Lowry 理论。该理论认为：凡是能给出质子（$H^+$）的物质（分子或离子）都是酸；凡是能与质子结合的物质（分子或离子）都是碱。简而言之，酸是质子的给予体，碱是质子的接受体。质子给予体与接受体之间的反应叫作中和反应。酸碱质子理论不区分物质的存在形态（分子或离子），而只以 $H^+$ 的得失为判据。根据这一判据，$NH_3 \cdot H_2O$ 和 $Na_2CO_3$ 都自然而然地被归为碱。酸碱质子理论不仅适用于水溶液，还适用于非水溶液。

（3）酸碱电子理论。

在酸碱质子理论提出的同年，G. N. Lewis 提出了可以包容更多的化学物质且更具一般性的路易斯酸碱理论，也称为**酸碱电子理论**。该理论认为：路易斯酸为电子对的接受体，而路易斯碱为电子对的给予体。路易斯酸（碱）包含了布朗斯特酸（碱），但强调的侧重点有所不同。

质子能与电子对作用，因而电子对给予体就是质子的接受体；对于碱，两种理论的定义在本质上是相同的。由于路易斯酸碱理论强调的是物质电子对的得失，物质的酸碱特征不明显。该理论认为酸碱反应是形成配位键、形成酸碱加合物的过程，不一定有质子的参加。因此，可以将酸碱质子理论看成酸碱电子理论的特例。路易斯酸包括许多酸碱质子理论无法定义的酸。例如，对于 $Cu^{2+}$ 与 $NH_3$ 形成铜氨配离子的反应 $Cu^{2+}$（路易斯酸）$+4NH_3$（路易斯碱）$=\!=\!=$ $Cu(NH_3)_4^{2+}$，$Cu^{2+}$ 具有空轨道，是电子对的接受体，是路易斯酸，而 $NH_3$ 是电子对的给予体，是路易斯碱。路易斯酸碱理论在配合物化学中具有非常重要的意义。

虽然路易斯酸碱理论在酸碱的定义上更具广泛性，不受物质必须含有 H 的限制，但它不能取代酸碱质子理论。最主要的原因就是：路易斯酸碱理论只能用于定性的讨论，无法用于定量的讨论。酸碱质子理论可以通过 pH 及解离平衡常数等进行量化，因而应用最为广泛。它即使存在一些理论上的局限性，但也能解决工业生产和日常生活中遇到的绝大部分酸碱问题。因此下面采用酸碱质子理论对溶液中的酸碱平衡进行讨论。

### 5.3.2　溶液中的酸碱解离平衡与 pH 值计算

**1）溶液中的共轭酸碱对**

在溶液中存在如下反应：

$$HAc(aq) \rightleftharpoons Ac^-(aq) + H^+(aq)$$

$$H_2PO_4^-(aq) \rightleftharpoons HPO_4^{2-}(aq) + H^+(aq)$$

$$NH_4^+(aq) \rightleftharpoons NH_3(aq) + H^+(aq)$$

$$HCO_3^-(aq) \rightleftharpoons CO_3^{2-}(aq) + H^+(aq)$$

从上述反应可以看出，HAc（醋酸，$CH_3COOH$）、$H_2PO_4^-$、$NH_4^+$、$HCO_3^-$ 都能给出质子，所以它们都是酸。酸可以是分子、正离子或负离子。酸给出质子的过程是可逆的，酸给出质子后，余下的 $Ac^-$、$HPO_4^{2-}$、$NH_3$、$CO_3^{2-}$ 都能接受质子，所以它们都是碱。碱也可以是分子或离子。由此可见，在溶液中酸碱与它们存在的形态（分子或离子）无关，而且酸与碱总是成对出现。

酸与对应的碱存在如下的相互依赖关系：

$$酸 \rightleftharpoons 碱 + 质子$$

这种相互依存、相互转化的关系叫作**酸碱的共轭关系**。酸失去质子后形成的碱叫作该酸的共轭碱，碱结合质子后形成的酸叫作该碱的**共轭酸**，酸与它的共轭碱（或碱与它的共轭酸）一起叫作**共轭酸碱对**。例如，HAc 是 $Ac^-$ 的共轭酸，而 $Ac^-$ 是 HAc 的共轭碱；$H_3O^+$ 是 $H_2O$ 的共轭酸。这里需要注意的是，水溶液中的质子并不是以 $H^+$ 形式存在的，而是以水合形态 $H_3O^+$ 存在的。通常情况下，我们采用 $H^+$ 表示水溶液中的质子，但必须记住它实际上是水合质子。表 5-5 中列出了一些常见的共轭酸碱对。

无论是从酸的角度还是从碱的角度考虑，人们都希望能够区分酸（或者碱）的强弱。根据酸碱质子理论，提供质子的能力越强，酸的酸性越强，反之则越弱；接受质子的能力越强，碱的碱性越强，反之则越弱。一种物质既可以是酸也可以是碱，它究竟是酸还是碱，以及它的酸碱强度取决于与它共存的其他物质。例如，与 HAc 共存时，$H_2O$ 是碱；与 $NH_3$ 共存时，$H_2O$ 是酸；而在纯液体中，$H_2O$ 既是碱又是酸。

表 5-5　一些常见的共轭酸碱对

| 酸性增强（↑） | 酸 ⇌ 质子 + 碱 | 碱性增强（↓） |
| --- | --- | --- |
| | $HCl \rightleftharpoons H^+ + Cl^-$ | |
| | $H_3O^+ \rightleftharpoons H^+ + H_2O$ | |
| | $HSO_4^- \rightleftharpoons H^+ + SO_4^{2-}$ | |
| | $H_3PO_4 \rightleftharpoons H^+ + H_2PO_4^-$ | |
| | $HAc \rightleftharpoons H^+ + Ac^-$ | |
| | $[Al(H_2O)_6]^{3+} \rightleftharpoons H^+ + [Al(H_2O)_5(OH)]^{2+}$ | |
| | $H_2CO_3 \rightleftharpoons H^+ + HCO_3^-$ | |
| | $H_2S \rightleftharpoons H^+ + HS^-$ | |
| | $H_2PO_4^- \rightleftharpoons H^+ + HPO_4^{2-}$ | |
| | $NH_4^+ \rightleftharpoons H^+ + NH_3$ | |
| | $HCO_3^- \rightleftharpoons H^+ + CO_3^{2-}$ | |

**2）溶液中的酸碱解离平衡**

在水溶液中，除了少数强酸（如 HCl）和强碱（如 NaOH）以外，大多数酸和碱在溶液中存在着解离平衡。如果以 HA 表示酸，则酸的解离平衡可用如下通式表示：

$$HA(aq) + H_2O(l) \rightleftharpoons A^-(aq) + H_3O^+(aq) \tag{5-11}$$

其化学平衡常数为

$$K^{\ominus} = \frac{(c_{A^-}/c^{\ominus})(c_{H_3O^+}/c^{\ominus})}{(c_{HA}/c^{\ominus})} \tag{5-12}$$

这一常数也称为酸的解离平衡常数，并通常用 $K_a^{\ominus}$ 取代 $K^{\ominus}$。通常，标准浓度为 1 $mol \cdot dm^{-3}$。用简化的 $H^+$ 表示 $H_3O^+$，则上式转化为

$$K_a^{\ominus} = \frac{c_{A^-} c_{H^+}}{c_{HA}} \tag{5-13}$$

根据化学平衡常数与反应自由能变之间的关系，可以用热力学数据计算出 $K_a^{\ominus}$，但在许多情况下解离平衡常数是通过实验测定出来的，此时则用 $K_a$ 表示，以示区别。对于常规的碱，也可以进行类似的处理，其解离平衡常数用 $K_b^{\ominus}$ 或者 $K_b$ 表示。

解离平衡常数越大，酸的酸性（或者碱的碱性）越强。强酸、强碱的解离平衡常数都非常大，通常认为它们在水溶液中发生完全解离。因此，一般只处理中强酸（碱）和弱酸（碱）的解离平衡，在特殊情况下会处理极弱酸（碱）的解离平衡。这些酸碱的解离平衡常数很小，因此为了方便表示，有关手册或者数据表中都以 $pK_a$ 的形式给出，$pK_a = -\lg K_a$。

**3）一元弱酸与一元弱碱**

以醋酸为例，醋酸在水中的解离平衡为

$$HAc(aq) + H_2O(l) = Ac^-(aq) + H_3O^+(aq)$$

或简写为

$$HAc(aq) = Ac^-(aq) + H^+(aq)$$

根据平衡常数的定义：

$$K_a(HAc) = \frac{[c^{eq}(H^+, aq)/c^{\ominus}][c^{eq}(Ac^-, aq)/c^{\ominus}]}{[c^{eq}(HAc, aq)/c^{\ominus}]}$$

上式可简化为

$$K_a(\mathrm{HAc})=\frac{c^{eq}(\mathrm{H}^+,\mathrm{aq})c^{eq}(\mathrm{Ac}^-,\mathrm{aq})}{c^{eq}(\mathrm{HAc},\mathrm{aq})}$$

通常，还可以用解离度 $\alpha$ 来描述解离的程度。在定容反应中，已解离的弱酸（或弱碱）的浓度与原始浓度之比称为解离度 $\alpha$。若一元酸的通式用 HA 表示，则其解离度可表示为

$$\alpha=\frac{c(\mathrm{HA})}{c_0(\mathrm{HA})}\times100\%$$

显然，解离度越大，解离程度越大。而对于弱酸，其解离度 $\alpha$ 必然很小。

一元酸在水溶液中解离将产生等量的 $A^-$ 和 $H^+$，如果不存在其他的酸碱，那么可以认为在平衡状态下 $c(A^-)=c(H^+)$。表示如下：

$$\mathrm{HA(aq)}\rightleftharpoons\mathrm{A^-(aq)}+\mathrm{H^+(aq)}$$

平衡浓度：　$c(1-\alpha)$　　　$c\alpha$　　　$c\alpha$

则

$$K_a(\mathrm{HA})=\frac{c^{eq}(\mathrm{H}^+,\mathrm{aq})c^{eq}(\mathrm{A}^-,\mathrm{aq})}{c^{eq}(\mathrm{HA},\mathrm{aq})}=\frac{c\alpha\times c\alpha}{c(1-\alpha)}=\frac{c\alpha^2}{1-\alpha}$$

弱酸的解离度 $\alpha$ 很小，则可以认为在平衡状态下 $1-\alpha\approx1$，有

$$\alpha\approx(K_a/c)^{1/2}\tag{5-14}$$

式(5-14)表明溶液的解离度与其浓度的平方根成反比，浓度越小（$c$ 越小），解离度 $\alpha$ 越大，这个关系叫作**稀释定律**。此外，

$$c^{eq}(\mathrm{H}^+,\mathrm{aq})=c\alpha=(K_ac)^{1/2}\tag{5-15}$$

由此可以进一步计算溶液的 pH 值：

$$\mathrm{pH}=-\lg c(\mathrm{H}^+)\approx-0.5\lg(K_ac)\tag{5-16}$$

应该注意的是，这里各物质的浓度均以 $\mathrm{mol\cdot dm^{-3}}$ 为单位。

**例 5-8**　醋酸是弱酸，25 ℃时，$K_a=1.76\times10^{-5}$，试计算 0.1 $\mathrm{mol\cdot dm^{-3}}$ 的醋酸溶液的 $H^+$(aq)浓度、pH 值和解离度 $\alpha$。

**解**：醋酸是一元弱酸，根据式(5-15)和式(5-16)，有

$$c(\mathrm{H}^+)=c\alpha=(K_ac)^{1/2}=(1.76\times10^{-5}\times0.1)^{1/2}\approx1.33\times10^{-3}(\mathrm{mol\cdot dm^{-3}})$$

$$\mathrm{pH}=-\lg c(\mathrm{H}^+)=2.88$$

$$\alpha=c(\mathrm{H}^+)/c=\frac{1.33\times10^{-3}}{0.1}\times100\%=1.33\%$$

由此可见，醋酸的解离度 $\alpha$ 确实很小。这里需要注意的是，一般 $\alpha$ 小于 5%时可以采用近似计算公式。

需要精确计算 pH 值时，不能采用近似计算公式，而必须通过解离平衡常数建立一元二次方程。一元弱酸溶液 pH 的精确计算公式为

$$c(\mathrm{H}^+)=-K_a/2+(K_a^2/4+K_ac)^{1/2}\tag{5-17}$$

对于中强酸水溶液的 pH 值计算，不能采用近似计算公式，必须采用精确计算公式。

对于一元弱碱 MOH（浓度 $c$，解离度 $\alpha$），也可以进行类似的推导，相关公式相应地变为

$$\alpha\approx(K_b/c)^{1/2}\tag{5-18}$$

$$c(\mathrm{OH}^-)\approx(K_bc)^{1/2}\tag{5-19}$$

$$\mathrm{pOH}=-\lg c(\mathrm{OH}^-)\approx-0.5\lg(K_bc)\tag{5-20}$$

25 ℃时，水的离子积常数 $K_w=c(\mathrm{OH}^-)\cdot c(\mathrm{H}^+)=1.0\times10^{-14}$，$pK_w=14$，所以有

$$c(H^+)=K_w/(K_b c)^{1/2} \quad (5\text{-}21)$$

$$pH=pK_w-pOH=14+0.5\lg(K_b c) \quad (5\text{-}22)$$

通过分析任意一对共轭酸碱对的解离平衡常数表达式不难发现，它们的解离平衡常数之积等于水的离子积，即

$$K_a \cdot K_b=[c^{eq}(H^+)/c^{\ominus}][c^{eq}(OH^-)/c^{\ominus}]=K_w \quad (5\text{-}23)$$

**4）多元酸碱**

一元酸(碱)只有一级解离，二元酸和三元酸等多元酸能够提供两个和两个以上的质子，因而可以发生多级解离。一级、二级、三级解离平衡常数分别用 $K_{a1}$、$K_{a2}$ 和 $K_{a3}$ 表示。随着解离级数的增大，解离出的离子的负电荷数逐步增大，进一步解离出带正电荷质子的困难增大，因而解离平衡常数明显减小，相应的酸越来越弱。

例如，二元酸 $H_2SO_4$ 是强酸，其溶液的解离平衡如下。

一级解离：$H_2SO_4 \rightleftharpoons H^+ + HSO_4^-$，$K_{a1}$ 很大，强酸，按完全解离处理。

二级解离：$HSO_4^- \rightleftharpoons H^+ + SO_4^{2-}$，$K_{a2}=1.20\times10^{-2}$，中强酸。

又如，$H_3PO_4$ 是三元酸，其溶液的解离平衡如下。

一级解离：$H_3PO_4 \rightleftharpoons H^+ + H_2PO_4^-$，$K_{a1}=7.52\times10^{-3}$，中强酸。

二级解离：$H_2PO_4^- \rightleftharpoons H^+ + HPO_4^{2-}$，$K_{a2}=6.17\times10^{-8}$，弱酸。

三级解离：$HPO_4^{2-} \rightleftharpoons H^+ + PO_4^{3-}$，$K_{a3}=4.37\times10^{-13}$，弱酸。

**【扩展阅读】溶液中盐的解离平衡**

多元酸水溶液 pH 值的估算需要更为精确的计算公式。二级解离的平衡常数通常比一级解离的平衡常数小得多，因此可以只考虑多元弱酸的一级解离平衡，利用简化的公式进行估算。对于磷酸，其在一级解离中属于中强酸，不能采用上文的近似计算公式，而必须通过解离平衡常数建立一元二次方程并进行精确求解，但其二级和三级解离为弱酸，因而需要考虑多级平衡才能正确求解。

### 5.3.3　缓冲溶液及其应用

**1）同离子效应与缓冲溶液**

在弱酸溶液中加入该酸的共轭碱或在弱碱溶液中加入该碱的共轭酸时，这些弱酸或弱碱的解离度会减小，这种现象叫作**同离子效应**。例如，往 HAc 溶液中加入 NaAc，$Ac^-$ 浓度增大，平衡向生成 HAc 的一方移动，使 HAc 的解离度减小：

$$HAc(aq) \rightleftharpoons H^+(aq) + Ac^-(aq)$$

又如，弱碱性氨水溶液的解离平衡为

$$NH_3(aq) + H_2O(l) \rightleftharpoons OH^-(aq) + NH_4^+(aq)$$

加入 $NH_3$ 的共轭酸 $NH_4Cl$，$NH_4^+$ 浓度增大，平衡将向生成 $NH_3$ 的一方移动，使 $NH_3$ 的解离度减小。另外，需要注意的是，在上述体系中如果加水稀释，则解离平衡会向右边移动，使 HAc 和 $NH_3$ 的解离度减小(稀释定律)。

这种**具有同离子效应的溶液**有一种很重要的性质，就是在一定范围内，pH 值不会因稀释或加入少量的酸(碱)而发生明显变化，即对酸和碱有缓冲作用，这种溶液叫作**缓冲溶液**。组成缓冲溶液的一对共轭酸碱对也称为**“缓冲对”**，例如，HAc-NaAc 为一对缓冲对，$NH_4^+$-$NH_3$ 为一对缓冲对。

对于含有共轭酸碱对的水溶液，共轭酸、共轭碱之间的平衡如下：

$$共轭酸 \rightleftharpoons H^+(aq) + 共轭碱$$

外加少量酸，平衡向左移动，共轭碱与增加的 $H^+$ 结合生成共轭酸，$H^+$ 浓度减小；外加少量碱，$H^+$ 被消耗，平衡向右移动，共轭酸解离度增大，转变成共轭碱和 $H^+$，弥补消耗的 $H^+$。这就是缓冲溶液的作用原理。

缓冲体系的平衡常数表达式为

$$K_a=\frac{c_{共轭碱}c_{H^+}}{c_{共轭酸}}$$

由此可得平衡条件下的氢离子浓度：

$$c_{H^+}=K_a\frac{c_{共轭酸}}{c_{共轭碱}}$$

从而可以按下式计算缓冲溶液的 pH 值：

$$pH=pK_a+\lg\frac{c^{eq}(共轭碱)}{c^{eq}(共轭酸)} \tag{5-24}$$

式(5-24)适用于任何共轭酸碱对。

**例 5-9**　计算含有 0.10 mol · $dm^{-3}$ HAc 与 0.10 mol · $dm^{-3}$ NaAc 的缓冲溶液的 pH 值和 HAc 的解离度。若往 100.0 $cm^3$ 上述缓冲溶液中加入 1.0 $cm^3$ 的 1.0 mol · $dm^{-3}$ HCl 溶液，则溶液的 pH 值变为多少？

**解**：(1) 查表可知，HAc 的 $K_a=1.76\times10^{-5}$，根据式(5-24)，有

$$pH=pK_a+\lg\frac{c^{eq}(共轭碱)}{c^{eq}(共轭酸)}=4.75+\lg\frac{0.10}{0.10}=4.75$$

$$\alpha=\frac{c^{eq}(H^+)}{c^{eq}(HAc)}=\frac{1.76\times10^{-5}}{0.10}\times100\%=0.0176\%$$

与例 5-8 中 0.10 mol · $dm^{-3}$ HAc 的解离度 1.33%相比，加入 NaAc 后，HAc 的解离度大幅度降低。

(2) 加入的 HCl 由于稀释，浓度变为 $\frac{1.0}{(100.0+1.0)}\times1.0\ mol\cdot dm^{-3}\approx0.01\ mol\cdot dm^{-3}$。

因此，加入的 $c(H^+)=0.01\ mol\cdot dm^{-3}$。可以认为，这些加入的 $H^+$ 可与 $Ac^-$ 完全结合成 HAc 分子，则可近似认为：

$$c^{eq}(HAc)=0.10+0.01=0.11\ mol\cdot dm^{-3}$$

$$c^{eq}(NaAc)=0.10-0.01=0.09\ mol\cdot dm^{-3}$$

$$pH=pK_a+\lg\frac{c^{eq}(共轭碱)}{c^{eq}(共轭酸)}=4.75+\lg\frac{0.09}{0.11}=4.66$$

类似地，若加入 1.0 $cm^3$ 的 1.0 mol · $dm^{-3}$ NaOH 溶液，则溶液的 pH 值变为 4.84(请自己计算)。显然，该缓冲溶液中加入少量的酸或碱对其 pH 值影响不大。

**2) 缓冲溶液的缓冲容量**

当缓冲溶液中加入大量的强酸或强碱，溶液中的弱酸及其共轭碱或弱碱及其共轭酸中的一种消耗将尽时，该溶液就失去缓冲能力了。所以，缓冲溶液的缓冲能力是有一定限度的。缓冲能力用**缓冲容量衡量**，即改变缓冲溶液单位 pH 值时所添加的强碱或强酸的物质的量，用 $\beta$ 表示：

$$\beta=dn_{碱}/dpH=-dn_{酸}/dpH \tag{5-25}$$

如果共轭酸、共轭碱的初始浓度都比较大，那么可以认为在平衡状态下共轭酸和共轭碱的浓度都近似等于其加入时的初始浓度。当加入少量外来酸时，一部分共轭碱将转化为共轭酸，

显然当 $c_{共轭酸}/c_{共轭碱} \leqslant 10$ 时，溶液的 pH 降低值不超过 1。类似地，当加入少量外来碱时，一部分共轭碱将转化为共轭酸，显然当 $c_{共轭碱}/c_{共轭酸} \leqslant 10$ 时，溶液的 pH 升高值不超过 1。因此，通常认为缓冲溶液的缓冲范围为

$$pH = pK_a \pm 1 \tag{5-26}$$

缓冲溶液中共轭酸、共轭碱的浓度越大，缓冲容量 $\beta$ 越大。共轭酸与共轭碱浓度的比值也对缓冲容量产生影响，缓冲对中任何一种物质的浓度过小都会使溶液丧失缓冲能力。理论计算表明，共轭酸与共轭碱的浓度相等时，缓冲溶液的缓冲容量可以达到最大值，$\beta = 0.575c$。当缓冲溶液各组分浓度相同时，缓冲溶液的总浓度越大，$\beta$ 越大；当缓冲溶液总浓度相同时，各组分浓度比为 1∶1 时，$\beta$ 最大。实际上，高浓度的强酸或强碱溶液也是一种特殊的缓冲溶液。

**3）缓冲溶液的选择原则**

实际工作中需要控制的 pH 值范围多种多样，可能遇到的外加酸碱冲击的强度也大小不一，因此常常需要恰当地选择缓冲溶液。选择缓冲溶液时应遵循以下原则。

（1）所需控制的 pH 值应在缓冲溶液的缓冲范围之内。由于弱酸及其共轭碱组成的缓冲溶液的缓冲范围一般为 $pH = pK_a \pm 1$，应当选用 $pK_a$ 接近或等于该 pH 值的弱酸与其共轭碱的混合溶液。例如，如果要使 pH＝5 左右，应该选用 $HAc\text{-}Ac^-$（如 HAc-NaAc）的缓冲溶液比较适宜，因为 HAc 的 $pK_a$ 等于 4.75，与所需的 pH 值接近，这样配制缓冲溶液时 $c_{共轭酸}/c_{共轭碱}$ 可以更接近于 1∶1，从而可以获得更大的缓冲容量 $\beta$。表 5-6 列出了常用缓冲溶液及其 pH 值缓冲范围。

**表 5-6　常用缓冲溶液及其 pH 值缓冲范围**

| 酸/碱缓冲对 | 酸的 $pK_a$ | pH 值缓冲范围 |
| --- | --- | --- |
| 甲酸/氢氧化钠 | 3.75 | 2.8～4.6 |
| 苯乙酸/苯乙酸钠 | 4.31 | 3.4～5.1 |
| 乙酸/乙酸钠 | 4.75 | 3.7～5.6 |
| 邻苯二甲酸氢钾/氢氧化钠 | 5.41 | 4.1～5.9 |
| 磷酸二氢钠/磷酸氢二钠 | 7.21 | 5.9～8.0 |
| 硼酸/氢氧化钠 | 9.14 | 7.8～10.0 |
| 氯化铵/氨 | 9.25 | 8.3～10.2 |
| 碳酸氢钠/碳酸钠 | 10.25 | 9.6～11.0 |

（2）缓冲溶液应有足够的缓冲容量。共轭酸碱浓度越大，缓冲能力越强。浓度过小不能保证所需的缓冲能力，浓度过大则显得浪费。通常缓冲溶液中各组分的浓度控制在 0.01～1 $mol \cdot dm^{-3}$ 范围之内。

（3）所选择的共轭酸碱不能对分析过程或其他实际过程产生干扰。例如，如果共轭酸碱中某种离子会与原溶液体系中的某种成分形成沉淀，那么就不能选用。

**4）缓冲溶液的应用**

缓冲溶液广泛存在于自然环境和生命体系中。在海水中，$H_2CO_3\text{-}NaHCO_3$ 及其他多种盐类构成复杂的缓冲体系，其 pH 值通常在 8.3 左右。在土壤中，$H_2CO_3\text{-}NaHCO_3$、$NaH_2PO_4\text{-}Na_2HPO_4$，以及其他有机弱酸及其共轭碱构成复杂的缓冲系统，形成维持植物正常生长、具有一定 pH 值的土壤环境。近年来，酸雨对这种土壤环境造成了局部破坏，严重地损害了植物的

生长。人体血液的 pH 值为 7.3～7.5，同样依靠 $H_2CO_3$-$NaHCO_3$ 构成的缓冲系统。外来酸碱使血液的 pH 值发生明显变化时，将会引起“酸中毒”或“碱中毒”。当 pH 值的变化量超过 0.5 时，可能会导致生命危险。

缓冲溶液也广泛应用于各种生产活动和日常生活之中。在电镀过程中，电镀液的 pH 值需要保持不变以维持电镀液的稳定，同时还需要抑制阴极表面因析出氢气而造成的 pH 值增大（pH 值增大可导致氢氧化物夹杂进入金属镀层，严重影响镀层的质量），往往需要利用由硼酸或有机弱酸构成的缓冲体系。在生产硅半导体器件时，需要利用氢氟酸的腐蚀性来去除硅片表面没有用胶膜保护的那部分氧化膜，其反应为

$$SiO_2 + 6HF \xlongequal{} H_2SiF_6 + 2H_2O$$

此反应的反应速率与氢氟酸溶液的浓度有关，在反应过程中 $H^+$ 被消耗，造成 pH 值不稳定及腐蚀不均匀。因此，在正常的生产工艺中采用 HF-$NH_4F$ 缓冲体系。

在分析化学中缓冲溶液也有广泛应用。例如，测定溶液中的金属离子含量时，常采用配位滴定，一般需要缓冲溶液来维持溶液的 pH 值。另外，通常采用 pH 计来测定溶液的准确 pH 值，但使用前必须对 pH 电极进行标定，此时就要选用已知 pH 值的标准缓冲溶液。标准缓冲溶液的 pH 值由实验测得，标准缓冲溶液有商用产品。

## 5.4 溶液中的配离子解离平衡

### 5.4.1 配离子

由一个简单正离子（中心离子）与几个中性分子或其他离子（配位体）结合而成的复杂离子叫作**配离子**，又称为**络离子**，如 $[Cu(NH_3)_4]^{2+}$、$[Ag(NH_3)_2]^+$、$[Fe(CN)_6]^{3-}$。图 5-6 给出了 $Cu^{2+}$ 与 $NH_3$ 形成 $[Cu(NH_3)_4]^{2+}$ 的过程和结构。

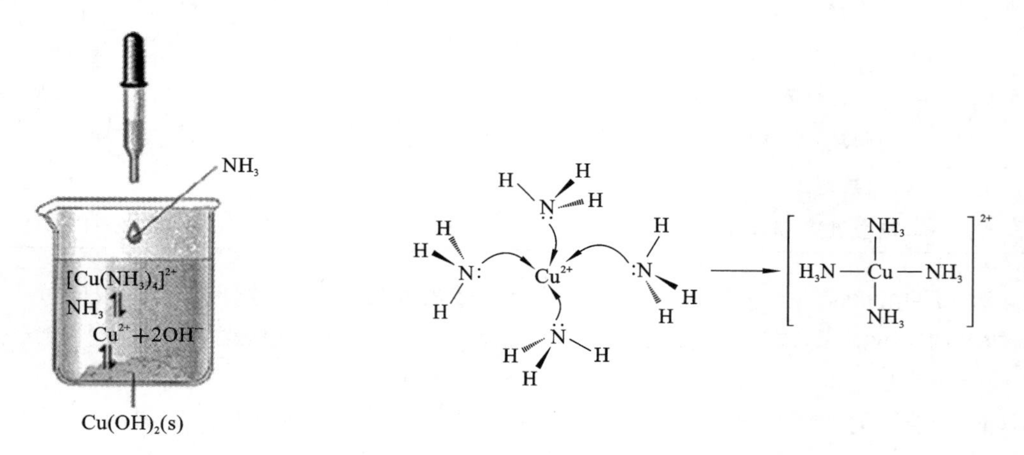


**图 5-6 $[Cu(NH_3)_4]^{2+}$ 的形成过程和结构**

含有配离子的化合物称为**配位化合物**，或**配合物**，如 $[Cu(NH_3)_4]SO_4$。这些配合物又称为配盐。配盐包括两部分，一部分是配离子，它几乎已经失去了原来简单离子（如 $Cu^{2+}$）原有的性质；另一部分是带有与配离子异号电荷的离子（如 $SO_4^{2-}$），它们仍保留着原有的性质。配盐在水中能充分解离，但配离子存在解离平衡。

### 5.4.2　配离子的解离平衡

配离子类似于弱电解质，是一类难解离的物质，在水溶液中只有少量解离，存在着解离平衡。例如：

$$[Ag(NH_3)_2]^+ \rightleftharpoons Ag^+ + 2NH_3 \tag{5-27}$$

其平衡常数表达式为

$$K=\frac{(c_{Ag^+}/c^\ominus)(c_{NH_3}/c^\ominus)^2}{(c_{[Ag(NH_3)_2]^+}/c^\ominus)} \tag{5-28}$$

如果各物质的浓度都以 $mol \cdot dm^{-3}$ 为单位，那么式(5-28)可以简化成

$$K=\frac{c_{Ag^+}c_{NH_3}^2}{c_{[Ag(NH_3)_2]^+}} \tag{5-29}$$

在水溶液中，$[Ag(NH_3)_2]^+$ 解离是分级进行的，$K=K_1K_2$。第一级和第二级解离平衡常数 $K_1$ 和 $K_2$ 称为**单级不稳定常数**，$K$ 称为**累积不稳定常数**。对同一种类型(中心离子和配位体个数均相同)的配离子来说，解离平衡常数越大，表明配离子越不稳定。因此，配离子的解离平衡常数习惯上也叫作**不稳定常数**，常用 $K_{不稳}$ 或者 $K_i$ 表示。

如果在 $[Ag(NH_3)_2]^+$ 的解离平衡中交换反应物和生成物的位置，那么就得到 $[Ag(NH_3)_2]^+$ 的生成反应，其相应的平衡常数则代表了配离子的稳定性，称为**稳定常数**，用 $K_{稳}$ 或者 $K_f$ 表示。$[Ag(NH_3)_2]^+$ 的稳定常数表达式为

$$K_f=\frac{c_{[Ag(NH_3)_2]^+}}{c_{Ag^+}c_{NH_3}^2} \tag{5-30}$$

显然，对同一配离子来说，其稳定常数和不稳定常数互成倒数关系：

$$K_{稳}\ K_{不稳}=1 \tag{5-31}$$

### 5.4.3　配离子解离平衡的移动与配离子的转化

当平衡条件改变时，配离子的解离平衡将发生移动。配离子解离平衡的移动遵循化学平衡移动的普遍规律。配离子的解离平衡涉及多种物质，往往不能只简单地考虑配离子的解离平衡，还必须考虑配离子与其他物质构成的多重平衡。一般来说，在考虑配离子解离平衡的移动时必须注意以下几点。

(1) 当改变的条件简单明了时，可直接利用化学平衡移动的基本原理进行分析。

(2) 当一种或者多种配位体具有弱酸或弱碱的性质时，改变溶液的酸度，将引起配离子解离平衡的移动。例如，$[Ag(NH_3)_2]^+$ 的配位体 $NH_3$ 为弱碱，提高溶液的酸度将减少 $NH_3$ 的平衡浓度(因为生成了 $NH_4^+$)，促使 $[Ag(NH_3)_2]^+$ 发生解离。浓度较大的 $[Ag(NH_3)_2]^+$ 溶液呈深蓝色，若加入少量的稀 $HNO_3$，$[Ag(NH_3)_2]^+$ 发生明显解离，则溶液的颜色转变为浅蓝色。

(3) 当溶液中存在其他配位体可与中心离子形成新的配离子时，或者当溶液中存在其他中心离子可与原配离子的配体形成新的配离子时，需要考虑几者之间的竞争平衡。例如：

$$[HgCl_4]^{2-}+4I^- \longrightarrow [HgI_4]^{2-}+4Cl^-$$

$K_i([HgCl_4]^{2-})=8.55\times10^{-16}$，$K_i([HgI_4]^{2-})=1.48\times10^{-30}$，显然，$[HgI_4]^{2-}$ 更稳定，当加入足够量的 $I^-$ 时，$[HgCl_4]^{2-}$ 将解离生成 $[HgI_4]^{2-}$。

配离子解离平衡的移动有广泛的应用。例如，在合金电镀中，利用不同配离子的解离平衡

来调节电镀液中指定金属的自由离子浓度，调节不同金属离子的析出电位，保证电镀的顺利进行；在溶解难溶电解质时，可添加适当的配位体，通过生成配离子来降低溶液中金属的自由离子浓度，从而将难溶电解质转化为可溶物质。

【扩展阅读】
配合物的应用

## 5.5 溶液中的沉淀-溶解平衡

上文讨论了可溶电解质单相系统的离子平衡。在科学研究和工业生产中，经常遇到难溶解的物质，这些物质称为**沉淀物**。有时候我们不希望溶液中产生沉淀物，有时候则相反，希望尽可能多地析出沉淀物。为了解决这些问题，就需要研究在含有难溶电解质的水溶液系统中所存在的固体和液体中离子之间的平衡，简称溶液中的**沉淀-溶解平衡**。由于这种系统涉及固相和液相，沉淀-溶解平衡也可称为**多相离子平衡**。

### 5.5.1 沉淀-溶解平衡与溶度积

严格地说，在水中没有绝对不溶解的物质。难溶电解质在水中的溶解度很小，在其固体表面将有少量的物质以正负离子形式溶入水中（溶解过程），这些溶解了的正负离子也能够不断地从溶液中回到固体表面而结晶析出（结晶或沉淀过程）。在一定条件下，溶解速率与结晶速率相等时，系统达到动态平衡，这就是**多相离子平衡，即沉淀-溶解平衡**。例如，氯化银的沉淀-溶解平衡为

$$AgCl(s) \underset{结晶}{\overset{溶解}{\rightleftharpoons}} Ag^{+}(aq) + Cl^{-}(aq) \tag{5-32}$$

为了讨论一般情况，假定难溶电解质的化学式为 $A_nB_m$，其沉淀-溶解平衡的通式为

$$A_nB_m(s) \underset{结晶}{\overset{溶解}{\rightleftharpoons}} nA^{m+}(aq) + mB^{n-}(aq) \tag{5-33}$$

其平衡常数的表达式则为

$$K^{\ominus} = (c_A/c^{\ominus})^n (c_B/c^{\ominus})^m \tag{5-34}$$

如果各物质的浓度均以 $mol \cdot dm^{-3}$ 为单位，则式(5-34)可简写为

$$K^{\ominus} = c_A^n c_B^m \tag{5-35}$$

式(5-35)的等号右边在形式上就是溶解了的离子浓度之积，它表明当温度一定时，难溶电解质饱和溶液中的离子浓度的乘积为一常数。因此，溶解平衡常数通常叫作**溶度积常数**，简称**溶度积**，用 $K_{sp}$ 表示：

$$K_{sp} = c_A^n c_B^m \tag{5-36}$$

与其他平衡常数一样，$K_{sp}$ 的数值既可以由实验测得，又可以由热力学数据计算得到。如果由热力学数据计算得到，则需用 $K_{sp}^{\ominus}$ 表示。

由于溶度积反映了难溶电解质饱和溶液中离子浓度的大小，它能够在一定程度上反映难溶电解质的溶解度大小。必须注意的是，在对两者进行比较时，作为比较对象的难溶电解质必须是同类型的，即化学式 $A_nB_m$ 中的 $n$ 和 $m$ 都相同。对于同种类型的难溶电解质，溶度积越大，溶解度越大。

**例 5-10** 计算 25 ℃时 AgCl 的溶度积。

**解：**

| | $AgCl(s) \rightleftharpoons$ | $Ag^{+}(aq)+$ | $Cl^{-}(aq)$ |
|---|---|---|---|
| $\Delta_f G_m^{\ominus}(298.15\ K)/(kJ \cdot mol^{-1})$： | $-109.789$ | $77.107$ | $-131.26$ |

$$\Delta_r G_m^\ominus(298.15\ \mathrm{K}) = \Delta_f G_m^\ominus(\mathrm{Ag^+},\mathrm{aq},298.15\ \mathrm{K}) + \Delta_f G_m^\ominus(\mathrm{Cl^-},\mathrm{aq},298.15\ \mathrm{K}) - \Delta_f G_m^\ominus(\mathrm{AgCl},\mathrm{s},298.15\ \mathrm{K})$$
$$= 77.107 + (-131.26) - (-109.789)$$
$$= 55.636(\mathrm{kJ \cdot mol^{-1}})$$

$$\ln K^\ominus = \ln K_{sp}^\ominus(\mathrm{AgCl}) = -\Delta_r G_m^\ominus/(RT) = -55.636\times 10^3/(8.314\times 298.15) = -22.44$$
$$K_{sp}^\ominus(\mathrm{AgCl}) = 1.80\times 10^{-10}$$

**例 5-11**　查表可知，25 ℃时，AgCl 的 $K_{sp}=1.77\times10^{-10}$，$Ag_2CrO_4$ 的 $K_{sp}=1.12\times10^{-12}$，二者谁的溶解度更大(浓度单位为 $mol \cdot dm^{-3}$)？

**解**：这是不同类型的难溶电解质，不能直接用 $K_{sp}$ 数值进行比较，需要计算实际溶解浓度。假设 AgCl 的溶解度为 $c_1$，根据 AgCl 溶解平衡，有

$$c^{eq}(\mathrm{Ag^+}) = c^{eq}(\mathrm{Cl^-}) = c_1$$
$$K_{sp}(\mathrm{AgCl}) = c^{eq}(\mathrm{Ag^+})c^{eq}(\mathrm{Cl^-}) = c_1^2$$
$$c_1 = 1.33\times10^{-5}\ \mathrm{mol \cdot dm^{-3}}$$

同样，假设 $Ag_2CrO_4$ 的溶解度为 $c_2$，$Ag_2CrO_4$ 的溶解平衡为

$$\mathrm{Ag_2CrO_4(s)} \rightleftharpoons 2\mathrm{Ag^+(aq)} + \mathrm{CrO_4^{2-}(aq)}$$

则

$$c^{eq}(\mathrm{CrO_4^{2-}}) = c_2,\ c^{eq}(\mathrm{Ag^+}) = 2c_2$$
$$K_{sp}(\mathrm{Ag_2CrO_4}) = c^{eq}(\mathrm{Ag^+})^2 c^{eq}(\mathrm{CrO_4^{2-}}) = 4c_2^3$$
$$c_2 = 6.54\times10^{-5}\ \mathrm{mol \cdot dm^{-3}}$$

$c_1 < c_2$，所以 $Ag_2CrO_4$ 的溶解度更大。

上述结果表明，$Ag_2CrO_4$ 的 $K_{sp}$ 更小，但其溶解度反而比 AgCl 的大。对于同一类型的难溶电解质，可以通过溶度积的大小来比较溶解度的大小。例如，对于 AB 型难溶电解质，如 AgCl、$BaSO_4$ 和 $CaCO_3$ 等，在相同温度下，溶度积越大，溶解度也越大；反之亦然。但对于不同类型的难溶电解质，则不能认为溶度积小的，溶解度也一定小。另外，需要注意的是，溶度积与溶解度的换算是一种近似的计算，忽略了难溶电解质的离子与水的作用等情况。

### 5.5.2　溶度积规则

我们已经知道，针对一般化学平衡体系，可以根据反应商 $Q$ 与平衡常数 $K^\ominus$ 的相对大小来判断反应进行的方向。$K_{sp}$ 是一种平衡常数，因此在由两种离子构成的简单溶液体系中，可以通过比较离子浓度的乘积(也就是反应商)与对应的 $K_{sp}$(平衡常数)相对大小来判断该体系中是否有沉淀析出、沉淀是否溶解或者溶液是否饱和，由此得到的规则叫作**溶度积规则**，其具体如下。

(1) 若 $Q=c_A^n c_B^m > K_{sp}$，则有沉淀析出。

(2) 若 $Q=c_A^n c_B^m = K_{sp}$，则溶液为饱和溶液。

(3) 若 $Q=c_A^n c_B^m < K_{sp}$，则溶液为不饱和溶液，无沉淀析出或沉淀可以溶解。

利用溶度积规则，我们能够根据溶度积来判断沉淀的生成和溶解。在饱和溶液中，加入含有相同离子的强电解质，将使得 $Q > K_{sp}$，原难溶电解质的溶解度降低，表现为有沉淀析出。这种加入含有相同离子的强电解质而使难溶电解质溶解度降低的现象也叫作**同离子效应**。

当需要形成沉淀时，可以利用同离子效应降低难溶电解质的溶解度，使沉淀进行得尽可能完全。当需要转化沉淀的形式时，通常可以选择溶度积更小的难溶电解质所涉及的对离子作

为沉淀剂，在一定条件下，溶度积较小的难溶电解质就会逐步转化为另一种溶度积更小的难溶电解质。当需要溶解沉淀时，可以通过任何适当的方法降低难溶电解质所含的阳离子和阴离子的自由浓度，使其离子浓度之积明显小于 $K_{sp}$，从而难溶电解质就会逐步溶解。

**例 5-12**　25 ℃时，往盛有 1.00 $dm^3$ 纯水的烧杯中加入 1.0 $cm^3$ 的 0.10 mol · $dm^{-3}$ 的 $CaCl_2$ 溶液和 0.10 $cm^3$ 的 0.01 mol · $dm^{-3}$ 的 $NaCO_3$ 溶液，此时是否产生沉淀？若继续加入 $NaCO_3$ 溶液，需要 $CO_3^{2-}$ 浓度达到多少才能产生沉淀？若要将 $Ca^{2+}$ 完全沉淀，需要 $CO_3^{2-}$ 浓度达到多少？

**解**：(1) 混合溶液中 $c(Ca^{2+})=1.0\times10^{-4}$ mol · $dm^{-3}$，$c(CO_3^{2-})=1.0\times10^{-6}$ mol · $dm^{-3}$，根据溶度积规则，有

$$Q=c(Ca^{2+})c(CO_3^{2-})=1.0\times10^{-4}\times1.0\times10^{-6}=1.0\times10^{-10}<K_{sp}(CaCO_3)=4.96\times10^{-9}$$

因此，不会产生 $CaCO_3$ 沉淀。

(2) 根据溶度积规则，$Q=c(Ca^{2+})c(CO_3^{2-})>K_{sp}(CaCO_3)$ 时，才能产生 $CaCO_3$ 沉淀，则

$$c(CO_3^{2-})>K_{sp}(CaCO_3)/c(Ca^{2+})=4.96\times10^{-9}/(1.0\times10^{-4})=4.96\times10^{-5}(mol\cdot dm^{-3})$$

因此，$CO_3^{2-}$ 浓度需要大于 $4.96\times10^{-5}$ mol · $dm^{-3}$ 才会产生 $CaCO_3$ 沉淀。

(3) 理论上完全沉淀是不可能发生的。通常，离子在溶液中的残留浓度小于 $1.0\times10^{-5}$ mol · $dm^{-3}$ 时，就可以认为该离子已被完全沉淀。因此，可以假设 $Ca^{2+}$ 完全沉淀时 $c(Ca^{2+})=1.0\times10^{-5}$ mol · $dm^{-3}$ 并达到沉淀-溶解平衡，根据溶度积规则，有

$$Q=c(Ca^{2+})c(CO_3^{2-})=1.0\times10^{-5}\times c(CO_3^{2-})=K_{sp}(CaCO_3)=4.96\times10^{-9}$$

$$c(CO_3^{2-})=4.96\times10^{-4}\ mol\cdot dm^{-3}$$

因此，当 $CO_3^{2-}$ 浓度大于或等于 $4.96\times10^{-4}$ mol · $dm^{-3}$ 时，$Ca^{2+}$ 可以完全沉淀。

**例 5-13**　25 ℃时，AgCl 在纯水中的溶解度为 $1.33\times10^{-5}$ mol · $dm^{-3}$（见例 5-11）。计算其在 0.01 mol · $dm^{-3}$ 的 NaCl 溶液中的溶解度，观察同离子效应的效果。

**解**：设 AgCl 在 0.01 mol · $dm^{-3}$ 的 NaCl 溶液中的溶解度为 $c_1$，则

$$AgCl(s)\rightleftharpoons Ag^+(aq)+Cl^-(aq)$$

平衡时浓度/(mol · $dm^{-3}$)：　　$c_1$　　$0.01+c_1$

根据溶度积规则，有

$$Q=c(Ag^+)c(Cl^-)=c_1\times(0.01+c_1)=K_{sp}(AgCl)=1.77\times10^{-10}$$

由于 $0.01+c_1$ 很小，因此 $0.01+c_1\approx0.01$，则有

$$c_1=1.77\times10^{-8}\ mol\cdot dm^{-3}$$

由此可见，在 0.01 mol · $dm^{-3}$ 的 NaCl 溶液中 AgCl 的溶解度比在纯水中的溶解度降低了三个数量级，同离子效应非常明显。

### 5.5.3　沉淀的溶解与转化

#### 1) 沉淀转化

在实践中，有时需要将一种沉淀转化为另一种沉淀。例如，锅炉中锅垢的主要组分为 $CaSO_4$。锅垢的导热能力很小（导热系数只有钢铁的 1/50～1/30），阻碍传热，浪费燃料，还可能引起锅炉或蒸气管爆裂。但 $CaSO_4$ 沉淀不溶于酸，难以除去。若用 $Na_2CO_3$ 溶液处理，则可使 $CaSO_4$ 沉淀转化为疏松而可溶解于酸的 $CaCO_3$ 沉淀，便于锅垢的清除。具体反应为

$$CaSO_4(s)\rightleftharpoons Ca^{2+}(aq)+SO_4^{2-}(aq),\quad K_{sp}(CaSO_4)=7.10\times10^{-5}$$

$$Na_2CO_3(s)=CO_3^{2-}(aq)+2Na^+(aq)$$

$$CaCO_3(s) \rightleftharpoons Ca^{2+}(aq) + CO_3^{2-}(aq), \quad K_{sp}(CaCO_3) = 4.96 \times 10^{-9}$$

总反应为

$$CaSO_4(s) + CO_3^{2-}(aq) \rightleftharpoons CaCO_3(s) + SO_4^{2-}(aq)$$

从上述反应可见，由于 $K_{sp}(CaSO_4) \gg K_{sp}(CaCO_3)$，因此在溶液中与 $CaSO_4$ 沉淀平衡的 $Ca^{2+}$ 与加入的 $CO_3^{2-}$ 结合生成溶度积更小的 $CaCO_3$ 沉淀，从而降低了溶液中 $Ca^{2+}$ 浓度，破坏了 $CaSO_4$ 的溶解平衡，使 $CaSO_4$ 沉淀不断溶解或转化。$CaSO_4$ 沉淀转化的程度可用总反应的平衡常数 $K$ 来衡量：

$$K = \frac{c^{eq}(SO_4^{2-})}{c^{eq}(CO_3^{2-})} = \frac{c^{eq}(SO_4^{2-})c^{eq}(Ca^{2+})}{c^{eq}(CO_3^{2-})c^{eq}(Ca^{2+})} = \frac{K_{sp}(CaSO_4)}{K_{sp}(CaCO_3)} = \frac{7.1 \times 10^{-5}}{4.96 \times 10^{-9}} = 1.43 \times 10^4$$

上述平衡常数较大，说明沉淀转化得比较完全。但由于 $CaCO_3$ 沉淀也有一定的溶解度，因此当锅炉中水不断蒸发时，溶解的少量 $CaCO_3$ 又会不断地析出而结垢。如果要进一步降低锅炉水中的 $Ca^{2+}$ 浓度，还可以继续采用溶度积更小的沉淀进行转化。例如，再用 $Na_3PO_4$ 溶液处理，生成溶度积更小的 $Ca_3(PO_4)_2$ 沉淀。

**【扩展阅读】**
**阻垢剂、阻垢原理与应用**

一般说来，由一种难溶的电解质转化为更难溶的电解质的过程是很容易实现的，而反过来，由一种很难溶的电解质转化为不太难溶的电解质就比较困难。另外，沉淀的生成或转化除了与溶解度或溶度积有关以外，还与离子浓度有关。当涉及多种离子时，需要严格按照溶度积规则进行计算，然后进行判断。例如，$BaCO_3$ 沉淀的 $K_{sp}$ $(2.58 \times 10^{-9})$ 大于 $BaSO_4$ 沉淀的 $K_{sp}(1.07 \times 10^{-10})$，不利于 $BaSO_4$ 沉淀向 $BaCO_3$ 沉淀的转化，但是利用 $Na_2CO_3$ 溶液进行沉淀转化时能够很容易地保证溶液中 $CO_3^{2-}$ 的浓度远远大于 $SO_4^{2-}$ 的浓度，从而使得 $BaSO_4$ 沉淀向 $BaCO_3$ 沉淀的转化能够进行，后者也可溶于酸，便于清除。

**2）沉淀溶解**

有时，沉淀转化就是为后面的沉淀溶解做准备的，例如将 $CaSO_4$ 沉淀转化为 $CaCO_3$ 沉淀后，会加酸将 $CaCO_3$ 沉淀溶解掉，从而去除锅垢。相据溶度积规则，只要设法降低难溶电解质饱和溶液中有关离子的浓度，使离子浓度乘积小于其溶度积，就有可能使沉淀溶解。下面介绍几种常用的方法。

（1）利用酸碱反应。

在酸碱反应中，有气体逸出时，溶液中处于沉淀-溶解平衡中的某种离子浓度会不断减小，从而使沉淀溶解。对于难溶的氢氧化物沉淀，利用酸碱反应产生 $H_2O$，减小 $OH^-$ 浓度，从而使沉淀溶解。例如，使用 HCl 溶液溶解 $CaCO_3$ 沉淀的反应如下：

$$CaCO_3(s) \rightleftharpoons Ca^{2+}(aq) + CO_3^{2-}(aq)$$

$$CO_3^{2-}(aq) + H^+(aq) \rightleftharpoons HCO_3^-(aq)$$

$$HCO_3^-(aq) + H^+(aq) \rightleftharpoons H_2CO_3(aq)$$

$$H_2CO_3(aq) \rightleftharpoons H_2O(l) + CO_2(g)$$

总反应为

$$CaCO_3(s) + 2H^+(aq) \rightleftharpoons 2Ca^{2+}(aq) + CO_2(g) + H_2O(l)$$

由于生成的 $CO_2$ 逸出，$CO_3^{2-}$ 浓度不断降低，导致 $CaCO_3$ 逐渐溶解。

例如，使用 HCl 溶液溶解 $Fe(OH)_3$ 沉淀的反应为

$$Fe(OH)_3(s) + 3H^+(aq) \rightleftharpoons Fe^{3+}(aq) + 3H_2O(l)$$

部分金属硫化物，如 FeS 沉淀、ZnS 沉淀等也能溶于稀酸，FeS 沉淀的溶解反应为

$$FeS(s)+2H^{+}(aq) \rightleftharpoons Fe^{2+}(aq)+H_2S(g)$$

(2) 利用配合反应。

利用配离子是很弱的电解质的性质，选择恰当的配合剂，使之与难溶电解质溶解出的少量金属离子形成配合物离子，使得溶液中自由金属离子的浓度明显降低，这样就可以或多或少地使难溶电解质溶解。例如，照相底片上未曝光的 AgBr 可用 $Na_2S_2O_3$ 溶液溶解回收($Na_2S_2O_3 \cdot 5H_2O$俗称海波)，其沉淀-溶解平衡为

$$AgBr(s)+2S_2O_3^{2-}(aq) \rightleftharpoons [Ag(S_2O_3)_2]^{3-}(aq)+Br^{-}(aq)$$

例如，工业制备氧化铝时，首先用苛性钠溶液浸取粉碎好的铝矿石，然后对浸取液进行中和、水解、沉淀，得到 $Al(OH)_3$ 沉淀，再将洗净的 $Al(OH)_3$ 沉淀进行焙烧，得到 $Al_2O_3$ 产品。但在制备 $Al(OH)_3$ 沉淀时，苛性钠溶液不能过量，否则 $Al(OH)_3$ 会与 $OH^-$ 形成 $[Al(OH)_4]^-$ 配离子而溶解，该沉淀-溶解平衡为

$$Al(OH)_3(s)+OH^{-}(aq,\text{过量}) \rightleftharpoons [Al(OH)_4]^{-}(aq)$$

或

$$Al^{3+}(aq)+4OH^{-}(aq) \rightleftharpoons [Al(OH)_4]^{-}(aq)$$

(3) 利用氧化还原反应。

$Ag_2S$、CuS、PbS 等溶度积极小的难溶于酸的硫化物，不能用盐酸溶解，这是因为盐酸无法有效降低 $S^{2-}$ 浓度。可利用氧化性酸将溶液中的极少量 $S^{2-}$ 氧化成溶解度极小的 S，从而使 $S^{2-}$ 的浓度降低，实现上述硫化物的溶解。例如，使用稀 $HNO_3$ 溶液溶解 CuS 沉淀物的反应为

$$3CuS(s)+8HNO_3(aq) = 3Cu(NO_3)_2(aq)+3S(s)+2NO(g)+4H_2O(l)$$

## 5.6　胶体与表面化学基础

### 5.6.1　分子间作用力与液体的某些性质

物质通常有三个基本聚集状态，即固态、液态和气态。对于同一种物质来说，这三种状态的差别来源于它们的分子间作用力与分子运动程度的不同。在固体中，分子间作用力较大，分子只能在其平衡位置附近进行小幅度的运动。随着温度的升高，分子运动的幅度有所增大，但其中心仍在平衡位置上。此时，升温会增大固体的体积，但不会明显改变其形状，这是固体材料热胀冷缩的直接原因。当温度升高到某一温度时，分子运动的幅度明显增大以至于能够摆脱平衡位置的束缚，分子可以做相对自由的运动。这时，物质由固体向液体转化，这一过程就是我们熟知的固体熔化，对应的温度就是熔点。此时，物质从固体(聚集态)转化为液体(聚集态)，即发生了相变。

液体的分子运动较为自由，从微观上来说，液体分子运动的每一步都很小，仅为分子直径的数百分之一(约 $10^{-12}$ m)，且在 $10^{-13}$ s 左右的时间内完成，运动方向是任意的。当花粉等微小的固体颗粒悬浮在水中时，固体颗粒受到周围大量运动着的水分子的撞击。一般来说，在某一瞬间，这种撞击不是均衡的，固体颗粒好像受到了东一下西一下的撞击，表现为在水中做杂乱无章的运动。这就是液体分子的相对运动导致的**布朗运动**。

液体中分子间的间隙很小，因而液体的可压缩性很小；液体中存在明显的分子间作用力，因而液体不能像气体那样自由充满容器的整个空间。液体分子间作用力还决定着液体的黏

度。液体的黏度反映液体对流动的阻力大小。液体流动时，液体的一部分将发生相对于相邻的另一部分的运动，液体内存在的黏结力（源于液体分子间作用力）将导致内部摩擦，阻碍这种相对运动。相互吸引的分子之间的作用力越大，内部摩擦力越大，液体的黏度越大，液体就越难流动。水、乙醇等低黏度液体中内部摩擦作用较弱，液体容易流动。蜂蜜很难流动，是黏性液体。升高温度会增大分子的动能，并且降低分子间作用力，因此，黏度通常随温度升高而减小。

液体分子间作用力还决定着液体的一些表面性质，如表面张力、毛细作用、润湿性等。

### 5.6.2　表面现象

**1）表面张力**

在多相体系中，不同相之间存在相界面。相界面又称为**表面相**，是两相之间的过渡层，其厚度相当于几个分子层的厚度。表面化学的主要任务就是研究相界面上的特殊性质。这些性质主要包括表面张力，以及表面自由焓、表面熵、表面能等表面热力学性质。

习惯上将一相为气相的相接触面称为**表面**（如固-气体系的固体表面，液-气体系的液体表面），不涉及气相的相接触面称为**界面**（如固-固、液-固、液-液体系的界面）。在同一相内部，分子受到的分子间作用力是对称的，所以分子可以自由移动而不消耗功。但是，在不同相中，分子所受到的分子间作用力是不同的。因此，分子在表面（或界面）上所处的环境与在体相内部的环境不同，分子受到的分子间作用力是不对称的，要将分子从本相移至相界面，就必须对它做功（表面功）。与此相关的一个重要性质就是**表面张力**。

例如，在液体内部，一个液体分子将通过分子间作用力全方位地与最近邻分子相吸引，而在液体表面，液体分子上方不存在其他液体分子，如图 5-7(a)所示。相邻分子的吸引力使得液体内部的分子的能量要比在表面的低。液体分子都趋向于进入液体内部而尽可能不留在液体表面，从而使液体趋于保持最小表面积。要增大液体表面积，就必须施加额外的能量。液体表面张力就是增大液体表面积时所需要的能量或者功，单位为 $J \cdot m^{-2}$。将一根细小的钢针小心放置于水的表面，钢针可以浮在水面而不下沉，其原因就是钢针要想沉入液体，就必须撕裂液体表面，即增大液体表面积，这要求钢针对液体表面做功。当钢针的重力不足以提供所需的能量时，钢针就会浮在水面而不下沉。空中的雨滴及荷叶上的水滴都呈球形，就是因为同样体积的球的表面积是所有不同几何结构中最小的。这些都与液体的表面张力有关。

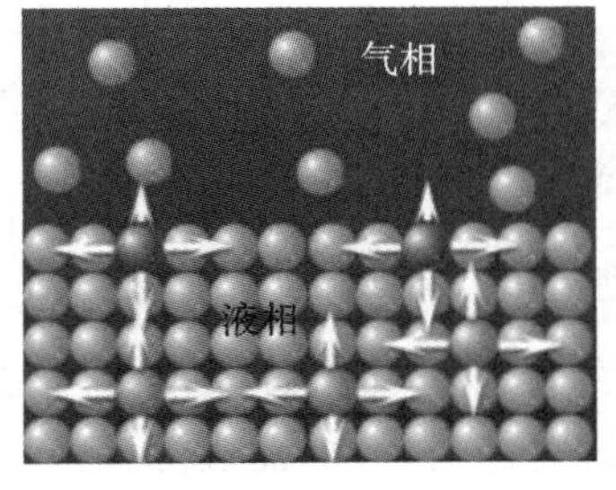

(a) 液体分子间作用力示意图

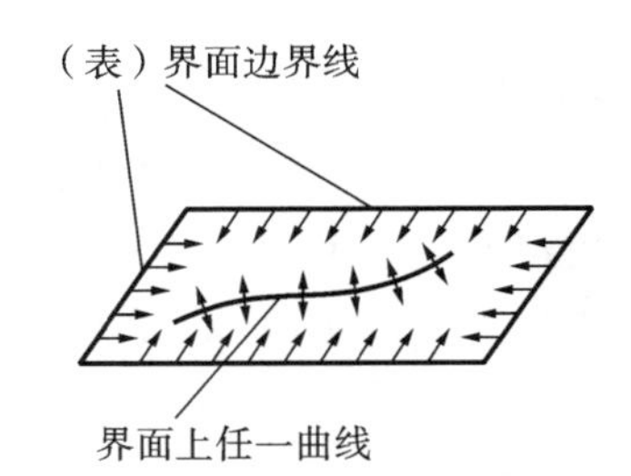

(b) 表面张力示意图

**图 5-7　液体分子间作用力和表面张力示意图**

液体的表面张力也可指在单位长度的作用线上液体表面的收缩力，它垂直于分界边缘并指向液体内部，单位为 $N \cdot m^{-1}$，如图 5-7(b)所示。许多因素都对表面张力产生影响，特别是温度、压力和化学组成。一般情况下，液体的表面张力随温度升高而减小，这主要是因为升温加剧了分子的热运动，液体膨胀也增大了分子间的距离，二者都使分子间作用力降低。体相的密度比表面相的密度要大，压力增大通常导致表面张力增大。相界面两边不同的化学组成对表面张力有着决定性的影响。表面张力有多种测量方法。界面张力可利用相关的表面张力通过理论公式进行估算，也可通过实验方法进行测定。

**2）润湿与接触角**

在洁净的玻璃表面上滴一滴水，水滴将很快地铺展开；水珠落在荷叶表面，它却保持球形而不展开。前者（水对玻璃表面）称为**润湿**，后者（水对荷叶表面）称为**不润湿**。从完全润湿到完全不润湿，中间存在许多状态。可以从分子间作用力的角度对上述现象进行定性解释。当液体在某固体表面时，液体分子会受到两种分子间作用力：一种是同种分子间作用力，称为**黏结力**；另一种是异种分子间作用力，称为**附着力**。当前者大于后者时，液滴保持其自身的形状；当后者大于前者时，液滴会在表面上铺开而形成液膜，这就是常说的润湿。水能够润湿多种表面，因而是一种应用最广的清洗剂。在很多情况下，还需要添加一些物质降低水的表面张力。这种能够降低水的表面张力，促使水展开成膜的物质称为**润湿剂**。

不同的润湿程度可用接触角 $\theta$ 来定量描述。如图 5-8 所示，在气、液、固三相交界点处，沿着液面的切线与固体表面之间存在一个夹角，该夹角被定义为接触角 $\theta$。$\theta=0°$表示液体对固体完全润湿；$\theta=180°$表示液体对固体完全不润湿；$\theta<90°$表示液体对固体润湿；$\theta>90°$表示液体对固体不润湿。

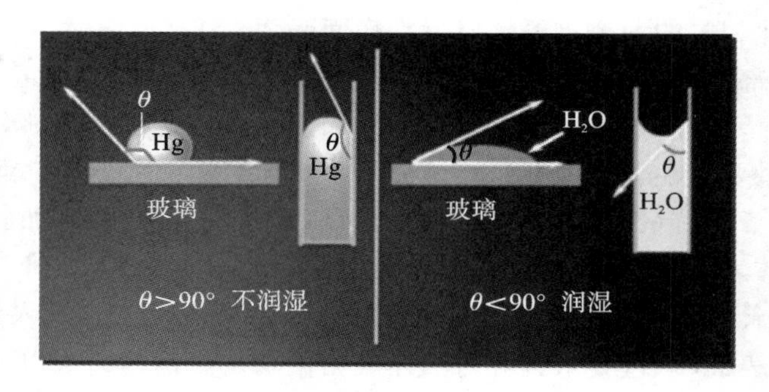


**图 5-8　接触角示意图**

接触角的形成本质上由表（界）面张力的相互影响来决定。它们之间的关系称为 Young 方程：

$$\cos\theta=(\sigma_S-\sigma_{S\text{-}L})/\sigma_L$$

式中：$\sigma_S$、$\sigma_L$ 和 $\sigma_{S\text{-}L}$分别为固体表面张力、液体表面张力和固液界面张力。

接触角的测定方法很多，其中高度测量法和直接测量法较为简便。测量时可以通过增大液滴体积的方式来改变接触角，也可以通过减小液滴体积的方式来改变接触角。用前一方式测得的接触角称为前进接触角，而用后一方式测得的接触角称为后退接触角。由于非平衡态的存在、固体表面的粗糙性及固体表面的污染等原因，同一体系的前进接触角往往大于后退接触角，即存在接触角滞后。

由上文可知，表面张力与接触角之间存在必然的联系。基于这种关系，科学家发现在许多有机固体表面上，$\cos\theta$ 与液体的表面张力成线性关系，将此关系外推到 $\cos\theta=1$，得到所谓的**临界表面张力**。当某液体的表面张力小于某固体的临界表面张力时，该液体就能润湿这种固体表面，否则就不能润湿。例如，聚四氟乙烯、聚苯乙烯、萘、聚乙烯和尼龙的临界表面张力分别为 18 $mN \cdot m^{-1}$、33～43 $mN \cdot m^{-1}$、25 $mN \cdot m^{-1}$、31 $mN \cdot m^{-1}$和 42～46 $mN \cdot m^{-1}$。

润湿的本质决定了润湿过程通常是放热的，其热值称为**润湿热**。一般来说，在不存在污染的情况下，液体的极性越强，固体与液体之间的相互作用力越大，则润湿热越大，润湿效果越好。

**3）毛细作用**

在用管状容器盛装液体时，由于表面张力的作用，液面通常呈弯月形。如果液体能润湿表面（例如水与玻璃管），弯月面呈下凹形；如果液体不能润湿表面（例如水银与玻璃管），弯月面呈上凸形，如图 5-8 所示。在直径很小的毛细管内，这种弯月面的效果会更加明显。液体沿毛细管上升或下降的现象称为**毛细作用**。将洁净毛细玻璃管插入水中时，毛细玻璃管内的水面会明显高出管外的水面；如果插入水银中，所观察的现象正好相反。

图 5-9 给出了毛细作用的示意图与计算公式，其中，$h$ 为毛细管中液柱上升高度（cm）；$\sigma$ 为液体的表面张力（$mN \cdot m^{-1}$）；$\theta$ 为液体表面对固体表面的接触角（°）；$\rho$ 为液体密度（$g \cdot cm^{-3}$）；$g$ 为重力加速度（$cm \cdot s^{-2}$）；$R$ 为液面半径（cm）；$r$ 为毛细管半径（cm）。理论上 $r$ 较大时 $h$ 会很小，从而不容易被发现。理论计算结果表明，在半径为 0.1 mm 的毛细管中，水可以上升 14 cm。

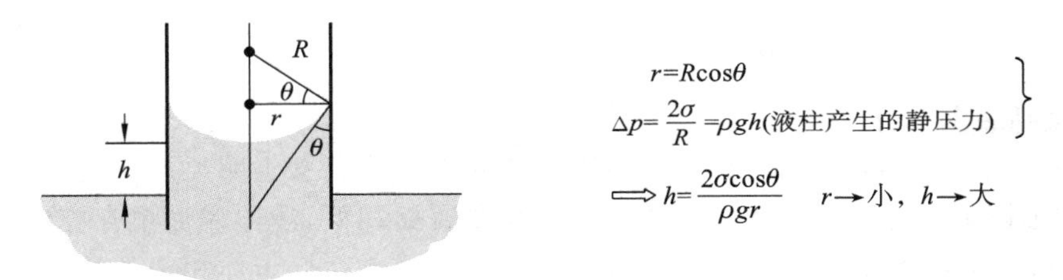


图 5-9　毛细作用的示意图与计算公式

毛细现象在自然界、日常生活和工业生产中都可以观察到。例如，多孔固体材料在与液体接触时就会出现毛细现象。纸张、纺织品、粉笔等物体中含有大量的小孔，水能够润湿这些多孔物质而出现毛细现象，所以它们都能够吸水。自然界中植物能够通过根和茎把土壤中的水和养分吸收到机体中，部分原因就是机体中存在毛细管的毛细作用。在动物的组织中，毛细现象也很常见，而且对于维持动物的生命有巨大意义。在工程技术中，人们常常利用毛细现象使润滑油通过孔隙进入机器部件中而润滑机器。

毛细现象在有些情况下是有害的。例如，建筑房屋的时候，地基中毛细管又多又细，它们会把土壤中的水分吸来，使得室内潮湿，在地基上面铺油毡，就是为了防止毛细现象造成的潮湿。水沿毛细管上升的现象，对农业生产的影响很大，土壤里有很多毛细管，地下的水分经常沿着这些毛细管上升到地面而蒸发，如果要保存地下的水分，就应当锄松地面的土壤，破坏土壤表层的毛细管，以避免水分的蒸发。

**4）吸附现象**

气相和液相中的吸附质能够在固体表面吸附。这种吸附的本质就是通过范德华力或者剩余化学键力，吸附质附着于固体表面上，使固体表面不饱和力场趋于平衡，降低表面张力。范德华力导致**物理吸附**，而剩余化学键力导致**化学吸附**。

范德华力是普遍存在于物质分子之间的相互作用力，所以物理吸附可以发生在任何固体表面上，物理吸附是多层的，不需要活化能，可以很快达到平衡，吸附过程是可逆的。化学吸附依赖于剩余化学键力，是固体表面的特殊性质。随着化学吸附过程的进行，剩余化学键力逐渐降低；当固体表面被完全覆盖时，剩余化学键力变为零，所以，化学吸附只能是单分子层。化学吸附涉及吸附质分子中旧化学键的断裂及吸附质与固体物质之间新化学键的生成，需要活化能，因此，化学吸附过程缓慢且不可逆。当化学吸附活化能较大时，低温下化学吸附的速率就很小，以至于实际上只能观察到物理吸附。但有时化学吸附活化能会很小，例如氢气在许多金属表面上的化学吸附。

吸附过程是自发进行的，并且吸附的结果是吸附质的混乱度降低，吸附过程是一个熵减过程，所以根据热力学的基本关系式 $\Delta G=\Delta H-T\Delta S$ 可知，等温吸附过程是放热的，$\Delta H<0$。实际情况中存在例外，例如，氢气在铜、银、金和镉上的吸附过程是吸热过程。吸附热可通实验测量得到，测量方法包括直接量热法、吸附等温线法和气相色谱法。实验表明，在固体表面刚开始发生吸附时，吸附热为一个相对较大的值，随着吸附量的增大，吸附热逐渐减小。这说明固体表面上各部位的表面能不尽相同，吸附优先发生在表面能较高的部位。

科学家对吸附过程已经进行了深入的研究。其中最基本的工作是在等温条件下测得吸附量与压力（或浓度）之间的关系曲线，即**吸附等温线**。根据吸附等温线的不同类型，已提出多种吸附理论，如 Langmuir 单分子层吸附理论、Brunauer-Emmett-Teller 多分子层吸附理论。

### 5.6.3　表面活性剂及其应用

#### 1）表面活性剂简介

表面活性剂是指具有表面活性能使溶液体系的界面状态发生明显变化的物质，通常泛指那些能够明显降低液体的表面张力的物质。与固体表面相似，液体表面也存在吸附。对于水溶液来说，无机盐会增大溶液的表面张力，其在表面相的浓度低于体相中的浓度，在液体表面的吸附表现为**负吸附**。与此相反，表面活性剂能够减小溶液的表面张力，其在表面相的浓度高于体相中的浓度，在液体表面的吸附表现为**正吸附**。

表面活性剂的种类很多，从化学结构的观点出发，根据其在使用条件下（水溶液中）是否解离成为离子的特性可将它们分为**离子型表面活性剂**和**非离子型表面活性剂**。离子型表面活性剂中起表面活性作用的可以是阴离子、阳离子或两性离子，它们分别称为阴离子型表面活性剂、阳离子型表面活性剂和两性型表面活性剂，各自对应的实例依次为烷基硫酸盐、季胺盐的卤素盐和含季胺基的烷基硫酸盐（内盐）。非离子型表面活性剂包括极性基较大的非离子型表面活性剂、极性基较小的非离子型表面活性剂，以及氟表面活性剂、硅表面活性剂和冠醚类大环化合物表面活性剂等特殊表面活性剂。

无论是哪一类表面活性剂，其分子结构都是不对称的，可以分成两个部分，即非极性、亲油基部分和极性、亲水基部分。因此，表面活性剂分子是既亲油又亲水的**两亲分子**。具有亲水作用的极性部分易溶于水，而具有疏水作用的非极性部分倾向于逃离水相。二者的作用使得表面活性剂分子可在表（界）面上呈现定向排列的吸附，在溶液内部，表面活性剂分子中的非极性部分引发分子间的缔合而形成胶团，也称为**胶束**。胶束可呈现球形、棒状、层状等不同形状。图 5-10 所示为表面活性剂分子结构及液面吸附示意图。

胶束只有在表面活性剂的表（界）面吸附达到饱和之后才能形成。当表面活性剂的浓度达到或大于某浓度时，亲油基部分相互缔合，亲水基部分留在缔合体的外部，与水相接触，形成界面能较低的胶束。形成胶束所需的最低浓度称为表面活性剂的**临界胶束浓度**，常用 CMC 表示。在 CMC 附近，表面活性剂溶液的界面张力、去污能力、密度、渗透压等性质发生明显的变化，因此，CMC 是表面活性剂的一个重要选择参数。

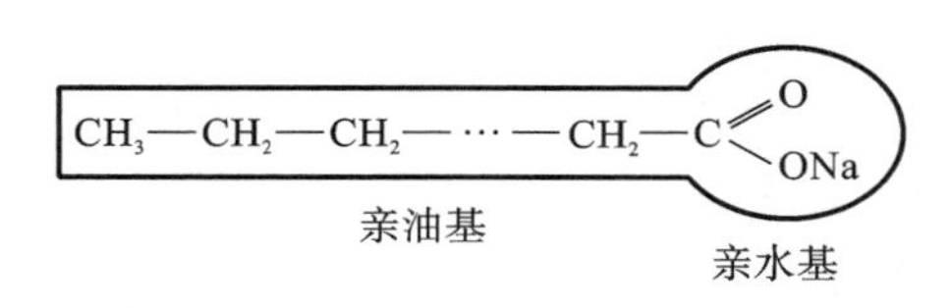


(a) 表面活性剂分子结构示意图

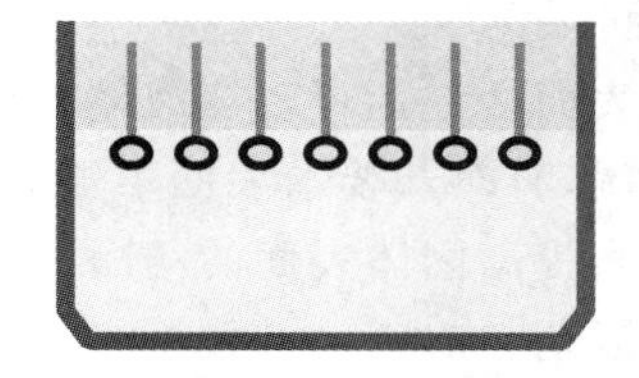

(b) 液面吸附示意图

**图 5-10　表面活性剂分子结构及液面吸附示意图**

表面活性剂的 CMC 主要受两类因素的影响，其一为分子结构因素，其二为环境因素。离子型表面活性剂的 CMC 随其碳氢链的增长而减小，与亲水基数目的增加带来的影响相比，这一影响相对较弱。非离子型表面活性剂也表现出类似的性质，但加入氟元素会明显降低 CMC。对 CMC 产生影响的环境因素主要包括温度、电解质、共存有机物等。通常，加入电解质会降低 CMC。不过，相比之下，温度的影响最为突出，而且这种影响与表面活性剂的种类有关。由于非离子型表面活性剂的亲水功能主要通过其分子中的亲水基与水分子间的氢键结合来实现，随着温度的升高，这种结合的牢固度会下降，从而导致非离子型表面活性剂分子的亲水性和溶解度下降。当温度升高到某一温度时，原来透明的水溶液会突然变得混浊，这一温度称为该非离子型表面活性剂的浊点。只有在浊点温度以下，增大非离子型表面活性剂的浓度才能导致 CMC 形成。与此相反，离子型表面活性剂的溶解度随温度升高而增大，其 CMC 也相应增大。

在选择表面活性剂时，除了 CMC 以外，还有其他选择参数，其中之一就是亲水亲油平衡(HLB)值。由于表面活性剂都是两亲分子，其亲水能力和亲油能力之间存在着一定的平衡关系，这种关系称为**亲水亲油平衡**，可采用 HLB 值来衡量这种平衡。HLB 值是相对值，可定量表示表面活性剂亲水亲油能力。在确定其标度时有不同的标准，一般规定亲油性强的油酸的 HLB 值为 1，而亲水性强的油酸钠的 HLB 值为 18。以此为标准，可以相对地确定每一种表面活性剂的 HLB 值，计算公式为式(5-37)。HLB 值越大代表亲水性越强，HLB 值越小代表亲油性越强，一般而言，HLB 值的范围为 1～20。如图 5-11 所示，根据表面活性剂的 HLB 值，可以估计表面活性剂的适宜用途。

$$\text{HLB}=\frac{\text{亲水基数}}{\text{亲水基数}+\text{亲油基数}}\times 20 \tag{5-37}$$

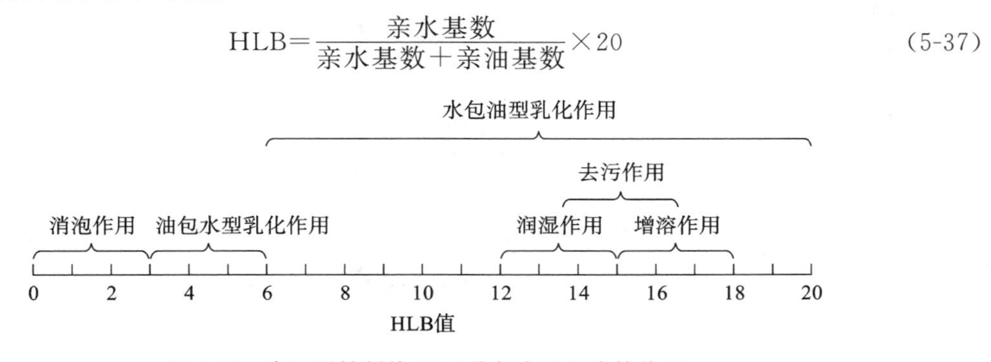


**图 5-11　表面活性剂的 HLB 值与主要用途的关系**

**2）表面活性剂的主要作用**

图 5-11 实际上已经给出了表面活性剂的主要用途，包括润湿(去润湿)作用、起泡(消泡)作用、增溶作用、洗涤作用、乳化与破乳作用。

(1) 润湿作用。

利用表面活性剂可改变液体表面张力,改变接触角的大小。由于实际情况不同,有时需要表面被润湿,有时却要求表面不被润湿,这就需要对润湿性进行调节。一般来说,采用物理或化学方法来提高固体表面的洁净度,能够增大表面的润湿度。但在更多情况下,最有效的方法是添加**润湿剂**。对于具有较低表面自由能的疏液表面($90°<\theta<180°$),加入合适的润湿剂,以降低液体的表面张力,从而改善体系的润湿性质。例如,在带蜡的植物表面(疏水表面)喷洒农药水溶液时,要在农药中添加表面活性剂使农药润湿带蜡的植物表面,这样农药才能停留在植物表面,起到杀虫作用。对于亲液的高能表面($0°<\theta<90°$),表面活性剂往往带有电荷,它能够吸附带反号电荷的离子,如阴离子型表面活性剂和阳离子型表面活性剂。表面活性剂的极性部分吸附在固体表面上,其非极性部分指向外部,使体系的表面自由能降低(变为疏水)。能够降低固体表面自由能的常见表面活性剂有重金属皂类、高级脂肪酸、季胺盐、有机硅化合物和氟化物。例如,制造防水材料时,可以在材料表面加入憎水的表面活性剂,使接触角大于90°,达到防水的目的。防水服装就是利用表面憎水性的实例。

润湿在工业生产中具有广泛的应用。在电镀工业中,电镀液对于待镀工件表面的润湿能力对镀层的性能会产生明显的影响。在矿石浮选、废纸脱墨、废水处理等工业中浮选技术占有十分重要的地位。泡沫浮选是浮选技术中最为重要的一种,其基本原理就是吸附着捕捉剂的固体颗粒附着在气泡上并在气泡浮力作用下浮出浮选槽。这一过程涉及固液界面和气液界面的消失及固气界面的形成。研究结果表明,接触角越大,润湿程度越小,可浮性则越高。实际操作中,加入的捕捉剂多为表面活性剂,其极性部分吸附在亲水的固体颗粒上,非极性部分则露在外面形成一层憎水性膜,降低表面的润湿性,并使颗粒表面具有憎水性,附着在气泡上并随气泡上浮。

(2) 起泡(消泡)作用。

“泡”就是由液体薄膜包围着气体而形成的球状体。有的表面活性剂和水可以形成一定强度的薄膜,亲水基伸向水侧,亲油基伸向气泡,将气泡稳定在水中,如图 5-12 所示。用于浮游选矿、泡沫灭火和洗涤去污等的表面活性剂称为**起泡剂**。但在制糖、制中药过程中泡沫太多可能会导致事故,这时就要加入适当的表面活性剂来降低**薄膜强度**,消除气泡,这种表面活性剂称为**消泡剂**。

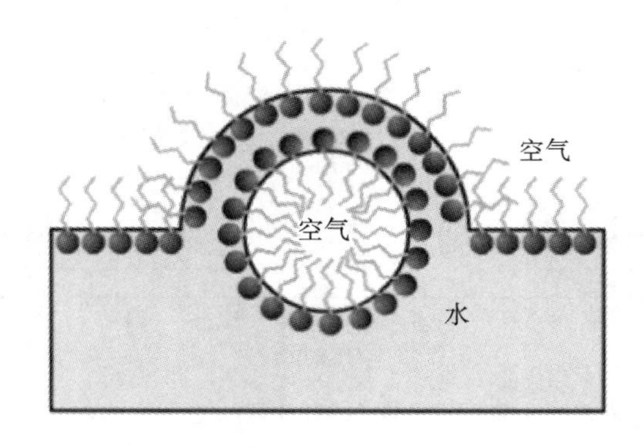


图 5-12　表面活性剂起泡作用示意图

(3) 增溶作用。

**增溶作用**又称为**加溶作用**,指表面活性剂在水溶液中形成胶束后,具有能使不溶或微溶于水的有机化合物的溶解度显著增大的能力，且溶液呈透明状，形成热力学上稳定的均相体系。被增溶的有机物称为**被增溶物**或**增溶溶解质**。例如，非极性有机物（如苯）在水中溶解度很小，加入油酸钠等表面活性剂后，苯在水中的溶解度明显增大，这就是表面活性剂的增溶作用。增溶作用在乳液聚合、胶束驱油、洗涤及某些生理过程中都有重要作用。

增溶能力的大小常以增溶量表示，即每摩尔表面活性剂增溶有机物的量(g)。增溶作用与溶液中表面活性剂胶束的存在有着密切关系。实验证明，当表面活性剂的浓度在 CMC 以下时，表面活性剂不具有增溶作用，当其浓度在 CMC 以上时，才具有增溶作用。增溶溶解质的溶解度在表面活性剂的浓度达到 CMC 之前基本不变，不溶物质还是不溶，微溶物质还是微溶；当表面活性剂浓度超过 CMC 时，增溶溶解质的溶解度在相当大的表面活性剂浓度范围内，基本上呈直线增大。增溶量的测定方法很多，最简单的方法是将液状的增溶溶解质少量均匀地滴入表面活性剂水溶液中，测定溶液由透明变成白色混浊时的滴入量。例如，肉眼不能鉴别产生的白色混浊状态，可用浊度计或分光光度计等仪器测定。增溶溶解质为固体时，同样可测定发生相分离的浓度。

需要注意的是，增溶作用与普通的溶解概念是不同的，增溶作用中的“溶解”是指增溶溶解质呈远比分子大的分子集团被表面活性剂胶束“包围”整体溶于溶剂中。例如，增溶的苯不是均匀分散在水中，而是分散在油酸根分子形成的胶束中。经 X 射线衍射证实，增溶后各种胶束都有不同程度的增大，而整个溶液的依数性变化不大。

（4）洗涤作用。

洗涤剂的主要成分为表面活性剂，除此以外，洗涤剂还包括多种辅助成分，以加强对被清洗物体的润湿作用，同时具有起泡、增白、使清洁表面不被再次污染等功能。其中表面活性剂的去污过程原理示意图如图 5-13 所示，其去污过程包括以下基本过程：亲油基朝向织物表面并吸附在织物表面的污垢上，使污垢逐步脱离织物表面；污垢悬在水中或随泡沫浮到水面后被去除，洁净表面被表面活性剂分子占领，使污垢不会重新回到织物表面。

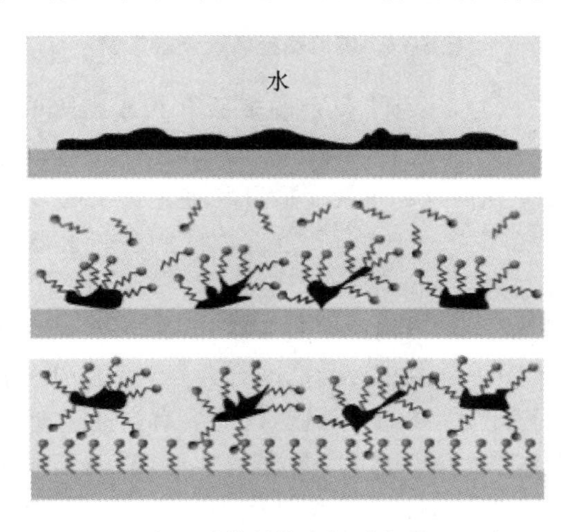


**图 5-13　表面活性剂的去污过程原理示意图**

（5）乳化与破乳作用。

当一种或者多种液体分散于另一种不相溶的液体中时常常形成**乳状液**。在乳状液中分散质的粒子直径一般为 $10^{-7}\sim10^{-5}$ m。乳状液中存在**水相**（水或者溶于水的有机液体相）和**油相**（不溶于水的有机液体相）。习惯上，将分散相称为**外相**，而将以液珠形式存在的被分散相称为**内相**。内相可以是水相，也可以是油相。内相为油而外相为水的乳状液称为**水包油型乳状液**，用 O/W 表示；内相为水而外相为油的乳状液称为**油包水型乳状液**，用 W/O 表示。将两种互不相溶的液体混合并激烈搅拌可得到乳状液，但这种乳状液不稳定，经过不长的时间后会出现分层现象。为了获得足够稳定的乳状液，必须添加能够提高乳状液稳定性的添加剂。这种添加剂就是**乳化剂**，通常都是表面活性剂。

定性地说，在由两种互不相溶的液体构成的液液界面上，表面活性剂分子在界面相内的吸附和定向排列，造成了界面相两侧不同的界面张力。也就是说，在水相一侧表面活性剂分子亲水基与水相分子之间的界面张力不等于油相一侧表面活性剂分子亲油基与油相分子之间的界面张力。对于界面张力较大的一侧，必须减小其表面积，以使界面自由能降到最低，这种收缩会导致界面弯曲。如图 5-14 所示，如果油-亲油基的界面张力更大，在油相侧的表面将收缩，形成 O/W 型乳状液，如图 5-14(a)所示；如果水-亲水基的界面张力更大，在水相侧的表面将收缩，形成 W/O 型乳状液，如图 5-14(b)所示。因此，从表面活性剂的溶解特性来看，水溶性表面活性剂会降低水相的界面张力，趋于形成 O/W 型乳状液，而油溶性表面活性剂则会降低油相的界面张力，容易形成 W/O 型乳状液。换句话说，与乳化剂相溶的相构成乳状液的外相，而与乳化剂不相溶的相构成乳状液的内相，或者说，与乳化剂具有较大接触角的那一相构成乳状液的内相。

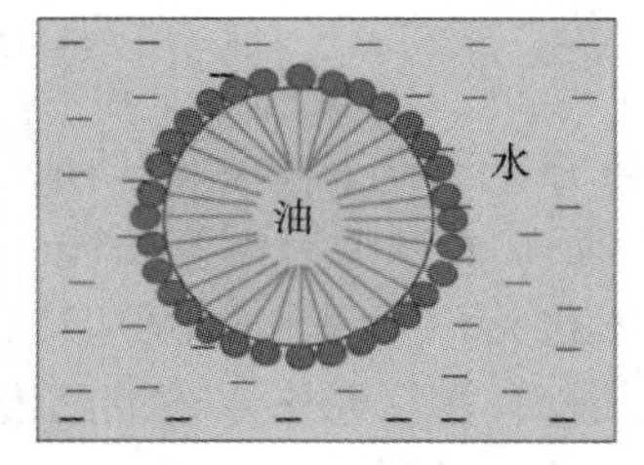


(a) O/W型乳状液

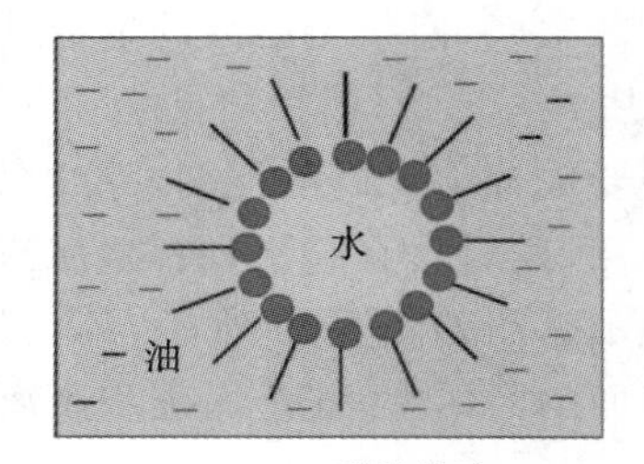


(b) W/O型乳状液

**图 5-14　不同类型乳状液示意图**

除了上述常见的乳状液以外，还有更复杂的**多级乳状液**。所谓的多级乳状液是指乳状液中分散相液滴(粒子)自身就是一种乳状液。多级乳状液具有 W/O/W 和 O/W/O 两种基本类型。另外，近年来**微乳状液**受到格外的重视。微乳状液是透明的多分散体系，它含有两种互不相溶的液体，分散粒子的直径在 10～100 nm 范围内。制备粗乳状液和小颗粒乳状液时需要强烈搅拌，而制备微乳状液时需要缓慢混合。

不同类型的乳状液的形成与界面相的性质紧密相关，所形成乳状液的稳定性必然也与界面相的性质紧密相关。为了防止分散相液滴之间合并，界面相(界面膜)的机械强度必须很大。以定向排列的表面活性剂分子为主体的界面膜，既需要有高的横向分子间作用力，又需要大的弹性。单一的表面活性剂往往难以形成完全封闭的界面膜，而不同类型的表面活性剂之间可能表现出协同效应，因此常常选择由一个水溶性表面活性剂和一个油溶性表面活性剂组合而成的复合体系。例如，油溶性的 Span(失水山梨醇脂肪酸酯)和水溶性的 Tween(聚氧乙烯失水山梨醇脂肪酸酯)的复配型乳化剂具有多种用途。除了界面膜的物理性质以外，外相的黏度、液滴大小的分布范围、相体积比、温度等都会影响乳状液的稳定性。一般而言，外相的黏度越大、液滴大小的分布范围越窄，乳状液越稳定；分散相的体积增大，特别是超过连续相的体积时，乳状液的稳定性降低；温度的影响较为复杂，但通常升温会降低乳状液的稳定性。

为了制备稳定的乳状液,必须恰当地选择乳化剂。乳化剂主要包括表面活性剂类、高分子类、天然产物类和固体粉末类四种类型。选择时主要采用 HLB 法。由于乳化剂的类型和浓度将对乳状液的类型和稳定性产生重大影响,评价时并无特定准则。以下通用的准则具有重要的指导意义。

①油溶性强的乳化剂形成 W/O 型乳状液。

②由一个水溶性和一个油溶性表面活性剂组合而成的复配体系,往往可以产生更稳定的乳状液。

③油相的极性越小,乳化剂应越亲油,而油相的极性越大,乳化剂就应越亲水。

乳状液在实际生活中存在,而且应用很广。在农业中,使用杀虫剂时,要求其使用浓度很小、分散均匀、分散面积大,但多数杀虫剂都不溶于水,因而杀虫剂一般被配制成 O/W 型乳状液,便于喷雾。在医药行业中,有许多药剂也是通过配制成乳状液并进行喷雾来实现给药的。在能源工业中,利用助燃剂的作用,将燃料油与一定量的水配制成 W/O 型乳状液燃料,可明显提高燃烧效率,降低燃料成本。在机械制造工业中,金属的高速切削需要用切削液、轧制需要用轧制油等来润滑和冷却,采用含油高水基的 O/W 型乳状液可节约油料,防止纯油料加工液产生的微生物腐败。

乳化作用也有不利的一面,例如,石油工业中油井产出液可以认为是由石油和水构成的乳状液,乳化作用将不利于石油的分离和石油的分馏,油品中存在的乳化水会促进设备与管道的腐蚀。在这种情形下,需要利用加入破乳剂的方法来破坏有害的乳化体系。由于界面膜的性质决定着乳状液的稳定性,如果外来的添加剂能够在界面上更强烈地吸附并破坏原界面膜的稳定性,那么乳状液就会被破乳。这种添加剂就叫作**破乳剂**,通常是碳链较短的表面活性剂,如异戊醇。较短的碳链使得界面膜中表面活性剂分子间的横向作用力显著降低,界面膜的机械强度大大减小,其保护能力减弱,乳状液失去应有的稳定性。其他影响乳状液的稳定性的因素(如升高温度、加入电解质和机械搅拌等)都可能会导致破乳或者加强破乳剂的破乳效果。

### 5.6.4　胶体

#### 1) 分散体系与胶体的概念

将氯化钠溶于水形成溶液,或者将油与水混合形成乳状液,这些都可以看作将一种物质分散到另一种物质中。一种物质被分散到另一种物质中所构成的体系称为**分散体系**。通常被分散的物质(也称为分散质)构成不连续的相,称为分散相;而承接分散相的物质构成连续相,称为分散介质。在不同的分散体系中,分散相粒子大小可能相差甚远,而这种分散相粒子大小的改变可引起分散体系许多理化性质改变。根据分散相粒子的大小可对分散体系进行分类。分散相粒子直径大于 $10^{-7}$ m 的分散体系叫作**粗分散系**,如黏土分散在水中形成的悬浮液及奶油分散在水中形成的乳状液;分散相粒子直径小于 $10^{-9}$ m 的分散体系叫作**溶液**,溶液是单相的,如氯化钠水溶液;分散相粒子直径介于 $10^{-9}$ m 至 $10^{-7}$ m 之间的分散体系叫作**胶体**,如硅酸胶体。习惯上,溶胶分为**亲液溶胶**和**疏液溶胶**,前者为单相体系,后者为高度分散的多相体系。亲液溶胶实际上是由高分子物质形成的真溶液(聚合物溶液),是热力学稳定的单相体系,只不过作为分散质的聚合物分子的粒径相当大而已。相比之下,疏液溶胶具有高度分散性和明显的相界面,是热力学不稳定的多相体系。通常所说的胶体是指疏液溶胶,下面未做特别说明时，胶体都是指疏液溶胶。

**2）胶体的特性**

（1）胶体具有特有的分散程度。

胶体粒子的直径为 $10^{-9}\sim10^{-7}$ m。由于胶粒很小，胶体在外观上有时与真溶液难以区分。但是，与真溶液不同的是，胶体可表现出**丁达尔现象**，即当一束光通过透明的胶体时，从侧面可以看到光束，这源于胶粒对光的散射。

胶体粒子的直径远大于溶液中离子的直径，胶体形状也多种多样，如球状（$SiO_2$ 溶胶）、棒状、饼状（人类血浆中的 $\gamma$-球蛋白）、薄膜状（水面油膜）、盘丝状等。胶体粒子扩散较慢，不能透过半透膜，渗透压低，但有较高的动力学稳定性（可以较长时间稳定存在）。由于悬浮液和乳状液的分散相粒子直径范围与胶体粒子直径范围有一定的重叠，它们的许多性质与胶体的相似。

（2）胶体具有多相不均匀性。

胶体粒子由许多离子或分子聚结而成，结构复杂，而且粒子大小不一，其分散相与分散介质之间有明显的相界面，因此，属于多相不均匀体系。

（3）胶体具有热力学不稳定性。

正如上面所说，疏液溶胶具有高度分散性和明显的相界面。随着粒径的减小，胶体粒子的比表面积和表面能急剧增大。粒径达到 $10^{-9}$ m 时表面能显得尤为重要。胶体属于热力学不稳定体系，有自发降低表面自由能的趋势，即小粒子会自动聚结成大粒子，胶体发生聚沉。因此，要想胶体长时间稳定，就需要采用胶体保护措施。

**3）胶体粒子的结构**

胶体粒子的结构较为复杂，总体上可从**胶核**、**胶粒**和**胶团**三个层次来认识其结构。

如图 5-15(a)所示，$SiO_2$ 溶胶粒子的胶核表面的 $SiO_2$ 发生水化，优先吸附 $OH^-$，$OH^-$ 又能够吸引溶液中水合或者溶剂化的带异号电荷的离子，如 $Na^+$。一部分水合带异号电荷的离子与胶核紧密接触，形成**吸附层**；另一部分水合带异号电荷的离子稍微远离胶核，形成**扩散层**。由胶核和吸附层构成的部分叫作**胶粒**，胶粒和扩散层构成的部分称为**胶团**。在整体上，胶团呈电中性。胶粒与扩散层中的离子的联系是疏松的，胶粒运动时，扩散层中的离子通常不会紧密地跟随其运动。在 $SiO_2$ 水化层中，可能存在少量的 $SiO_3^{2-}$，图 5-15(a)没有给出。类似地，如图 5-15(b)所示，由硅酸分子脱水缩合而成的大分子构成了硅酸溶胶粒子的胶核，胶核最表面的 $SiO_2$ 可水化并选择性地吸附 $SiO_3^{2-}$（图中以㊀表示），后者再吸引溶液中带异号电荷的离子，在这里主要是 $H^+$。

溶胶粒子所带电荷的种类和溶胶粒子的大小与溶胶的制备方法紧密相关。例如，将稀 $AgNO_3$ 水溶液加入稀 KI 水溶液中所得到的 AgI 溶胶带负电，而将稀 KI 水溶液加入稀 $AgNO_3$ 水溶液中所得到的 AgI 溶胶带正电，两种溶胶中的粒径分布都是多分散的；如果将稀 $AgNO_3$ 水溶液与过量的稀 KI 水溶液混合（加入次序没有影响），得到含 $3\times10^{-5}$ mol · dm$^{-3}$ AgI 和 0.1 mol · dm$^{-3}$ KI 的$[AgI_2]^-$配合物溶液，然后取 3 份体积的配合物溶液，用 7 份体积的蒸馏水稀释，稍等之后即可得到粒径为 0.38～0.40 $\mu$m 的单分散 AgI 溶胶。

**4）胶体的制备方法**

由于胶体粒子尺寸介于真溶液溶质粒子尺寸和粗分散系分散质粒子尺寸之间，因此胶体的制备方法分为两大类。其一是**分散法**，即通过适当途径使大块或大颗粒的物质分散成胶体粒子的方法；其二是**凝聚法**，即使低分子（或原子、离子）凝聚成胶体粒子的方法。

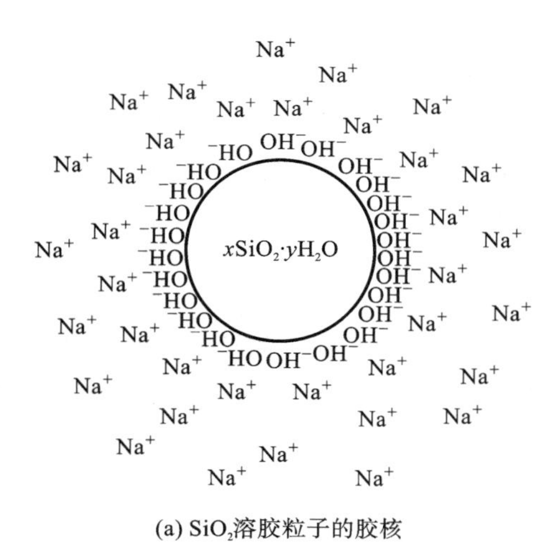


(a) $SiO_2$溶胶粒子的胶核

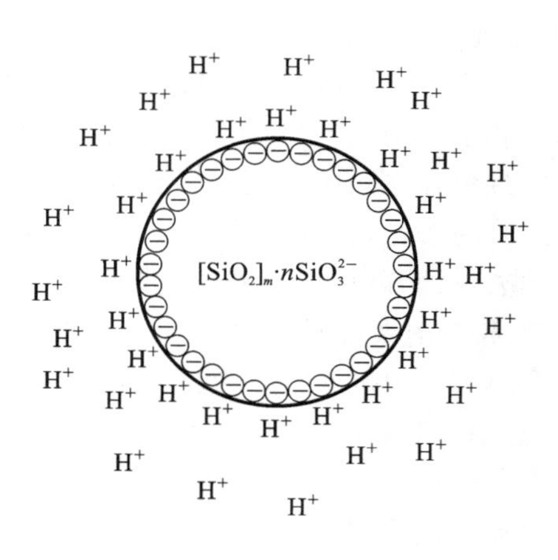


(b) 硅酸溶胶粒子的胶核

图 5-15　溶胶胶粒结构示意图

分散法主要包括机械研磨、超声波作用、电弧粉碎和化学法等。在前几种物理方法的制备过程中，一般需要加入稳定剂，以保证胶体体系的稳定，并提高制备效率。化学法则需要添加胶溶剂，故又称为胶溶法。胶溶剂是电解质，在电解质的作用下，沉淀可重新分散成溶胶，这一过程称为胶溶作用。例如，在制备好新鲜的 $Fe(OH)_3$ 沉淀后，将其洗涤，再加入少量的 $FeCl_3$ 溶液，稍加搅拌，沉淀可分散成红棕色的 $Fe(OH)_3$ 溶胶。

凝聚法主要包括更换溶剂法和化学反应法。更换溶剂法是指利用物质在不同溶剂中溶解度不同的性质，更换溶剂即可简单地使低分子凝聚成胶体粒子。例如，将硫磺的乙醇溶液倒入水中，立刻形成硫磺的水溶胶。化学反应法是指利用各种化学反应生成难溶性产物，控制相关的反应条件使难溶性产物粒子的尺寸介于 1 nm 与 1 $\mu$m 之间。反应过程中，胶体的形成涉及晶体的形核与长大。晶体的形核速率小或者晶体的长大速率大，将导致沉淀粒子的尺寸大于胶体粒子的上限尺寸，长大成为大颗粒而沉降下来，无法得到胶体。因此，所有那些有利于晶核大量生成而使晶体长大速率减小的因素都能促进胶体的形成。通常情况下，较大的过饱和度及较低的反应温度有利于胶体的制备。所涉及的化学反应主要包括氧化还原反应、水解反应、复分解反应及阴阳离子混合而产生简单沉淀的反应。

(1) 利用氧化还原反应制备溶胶。

用甲醛还原金盐可制备红色负电金溶胶，利用硫代硫酸盐在酸性条件下的分解反应可制得硫磺溶胶。二者的反应式分别如下：

$$2KAuO_2 + 3HCHO + K_2CO_3 \longrightarrow 2Au + 3HCOOK + KHCO_3 + H_2O \tag{5-38}$$

$$Na_2S_2O_3 + H_2SO_4 \longrightarrow Na_2SO_4 + SO_2 + S + H_2O \tag{5-39}$$

(2) 利用水解反应制备溶胶。

例如，利用 $FeCl_3$ 的水解反应制备 $Fe(OH)_3$ 溶胶。

(3) 利用复分解反应制备溶胶。

例如，在 $As_2O_3$ 的饱和水溶液中通入 $H_2S$，可得到黄色的硫化砷溶胶，反应式如下：

$$As_2O_3 + 3H_2S \longrightarrow As_2S_3 + 3H_2O \tag{5-40}$$

(4) 利用阴阳离子混合而产生简单沉淀的反应制备溶胶。

例如，将稀 $AgNO_3$ 水溶液（$10^{-3} \sim 10^{-4}$ mol · $dm^{-3}$）加入稀 KI 水溶液（$10^{-3} \sim 10^{-4}$ mol · $dm^{-3}$）

中,可得到带负电的 AgI 溶胶。

采用化学反应法制备溶胶时,通常无须特意地添加稳定剂,作为稳定剂的电解质来源于反应物或者生成物。例如,负电金溶胶的稳定剂是 $AuO_2^-$,硫化砷溶胶的稳定剂是 $HS^-$。反应体系中过量存在的电解质会影响溶胶的稳定性,需要采用渗析、超滤等方法滤除一些电解质,实现溶胶的净化,保证溶胶的稳定性。但是,这种净化不能过分,否则作为稳定剂的电解质也会被除去,反而破坏溶胶的稳定性。

**5) 胶体的聚沉与保护**

在热力学温度 0 K 以上的任何温度下,所有分子都具有或大或小的动能,分子的热运动往往表现为布朗运动。溶胶体系中,分散介质的分子由于以不同速率做着不同方向的运动不停地撞击着胶粒,在某一瞬间,胶粒所受的撞击力的合力可能不为零,从而在这个净余合力的作用下运动。显然这种净余合力的大小和方向是不断变化的,因此,胶体粒子的运动方向和速率也不断变化。这就产生了胶粒的布朗运动。对胶体而言,布朗运动指的是胶粒的布朗运动。随着胶粒的增大,胶粒在同一时刻所受到的撞击次数增多,撞击产生的合力趋于零的可能性增大。因此,胶粒布朗运动的程度随着胶粒的增大而减小。实际上,当胶粒直径超过 $5\times10^{-6}$ m 时,布朗运动消失。胶粒的布朗运动可能导致粒子之间频繁碰撞、紧密接触,并结成较大的粒子而沉降,因此,胶体是热力学不稳定的体系。但实际上许多溶胶可稳定存在数日、数月、数年甚至更长的时间。决定这种稳定性的主要因素是胶粒带有电荷,同种电荷之间的排斥作用可防止胶粒的聚集和长大。

由于胶体粒子具有很大的比表面积和表面能,因而具有很强的吸附能力,能选择性地吸附某种带异号电荷的离子。由于较大的电荷/质量比,胶体粒子之间的库仑排斥作用阻碍了胶体粒子间的紧密接触,保证了溶胶的稳定性。正是出于这一需要,无论是采用物理方法还是采用化学方法,所制备的溶胶中都必须存在一定的电解质作为保护剂,而过多的电解质会或多或少地中和吸附在胶粒上带异号电荷的离子,从而破坏溶胶的稳定性,必须通过净化去除。

除了胶体粒子所带同种电荷产生库仑排斥力而有利于溶胶的稳定性以外,胶粒最外围吸附层的水合或者水化离子好像在胶粒周围形成了具有一定程度定向排列结构的水化层。这层水化层表现出一定的弹性,能缓冲或机械地阻碍胶粒之间的紧密接触、结合和聚沉,也能起到稳定胶体的作用。

要想更为严格地说明胶体的稳定性,就必须更为充分地考虑胶粒之间的相互作用力:范德华力、静电斥力、排斥的水合作用力和空间效应。范德华力是粒子间引力中最主要的相互作用力,而静电斥力是防止粒子接近或促使已经聚沉的粒子重新分散的主要原因。电解质的存在可使得胶粒吸附带异号电荷的离子,从而影响胶粒之间的静电斥力,影响粒子间相互作用的总势能曲线的形状和势垒的高度。加入外来电解质往往造成溶胶的聚沉。粒子表面电荷的存在将提高粒子表面的电势,聚沉势垒随表面电势的提高而增大。当离子的吸附导致胶粒表面电势上升时,溶胶的稳定性将提高;当离子的吸附导致胶粒表面电势下降时,溶胶的稳定性将降低。

要使稳定的胶体发生聚沉,外加电解质浓度必须超过某个最低浓度。这一最低浓度称为该电解质的**聚沉值**或**临界聚沉浓度**,其倒数则称为**聚沉能力**。电解质的聚沉值与电解质的性质、胶粒的含量和性质、分散介质的性质、温度有关,但最主要的影响因素是电解质的性质。电解质中起聚沉作用的是与胶粒所带电荷异号的离子,带异号电荷的离子价数越高,聚沉值越小。大量实验结果表明,一价离子的聚沉值为 50～150,二价离子的聚沉值为 0.5～2,三价离子的聚沉值为 0.05～0.1。多价离子的聚沉能力主要由价数决定，离子大小的影响可以忽略；但一价离子的聚沉能力与其水合离子的半径成反比，这可能是因为半径小的水合离子更容易靠近胶体。某些亲水性或憎水性较强的胶体存在不规则聚沉，即随着电解质的加入，胶体发生聚沉，当电解质的浓度进一步增大时，已发生聚沉的沉淀又重新分散成为溶胶。这被归因于排斥的水合作用力。这种力通常是比范德华力更短程的力。通常，排斥的水合作用力随电解质浓度的增大而增大，并在电解质浓度达到或超过某一数值时才起重要作用。另外，吸附在固体粒子表面的高聚物或者表面活性剂的分子会明显提高分散固体的稳定性，这主要依靠空间位阻效应。

在实际生活中，胶体的实例与应用非常多。如果胶体的形成是有利的，就需要设法保护；如果胶体的形成是不利的，就需要设法破坏。人类血液中含有碳酸钙、磷酸钙等多种难溶电解质，它们的自由沉积是不被允许的，因此需要使它们以胶体的形式稳定存在，实际上它们是依靠血液中蛋白质的保护而以胶体的形式存在的。电解质的存在对胶体的稳定性影响很大，过多的电解质将会破坏胶体的稳定性。肾脏的主要功能就是消除血液中过多的电解质，其作用相当于一张渗析膜。渗析膜允许水分子、小的溶质分子和离子自由通过，但不允许胶体粒子通过。人工透析机就是利用渗析装置来代替病人的肾对病人的血液进行清理的。照相用胶片的感光层主要由极细的溴化银粒子组成，为了防止感光性溴化银粒子之间的结合和长大，采用添加保护剂的方法使之以胶体的形式存在，所加保护剂通常为动物胶。蛋白质、动物胶及其他许多高分子物质可以形成高分子溶液（亲液溶胶），是热力学稳定的单相体系。同时由于它们的高分子量，分子大小与一般溶胶粒子的大小相仿。在适当的条件下，高分子物质在胶体粒子表面发生吸附，形成具有一定弹性和机械强度的吸附层，阻碍胶粒之间的结合与聚沉，提高胶体的稳定性。

【扩展阅读】
凝胶与膜材料

## 本章知识要点

1. 基本概念：理想溶液、非理想溶液、溶解度、溶液浓度的表示方法、稀溶液的通性、溶液的蒸气压下降、沸点升高、凝固点降低、渗透压、范特霍夫系数、反渗透、蒸气压曲线、临界状态、相平衡点、相图、酸碱理论、酸碱平衡、单级不稳定常数、累积不稳定常数、溶度积规则、同离子效应、阻垢、表面与界面、表面张力、物理吸附、化学吸附、润湿、接触角、表面活性剂、临界胶束浓度、乳化与乳化剂、破乳与破乳剂、分散相、分散介质、粗分散系、胶体、亲液溶胶、疏液溶胶、丁达尔现象、胶粒、胶团、聚沉、凝胶。

2. 基本原理与基本计算：

（1）拉乌尔定律（溶液中溶剂的分压与溶液中溶剂的摩尔分数 $x_A$ 和纯溶剂在给定温度下蒸气压的关系）；

（2）溶液的蒸气压下降、沸点升高、凝固点降低、渗透压（范特霍夫方程）公式与相关计算；

（3）弱酸水溶液中 $H^+$ 浓度简化计算；

（4）弱碱水溶液中 $OH^-$ 浓度简化计算；

（5）简单缓冲溶液中的 $H^+$ 浓度计算；

（6）溶度积常数、溶度积规则等相关计算。

## 习　题

1. $x_{苯}=0.300$ 的苯-甲苯溶液（近似为理想溶液）在标准状态下的沸点为 98.6 ℃。

98.6 ℃时，纯甲苯的饱和蒸气压为 533 mmHg，求在该温度下苯的饱和蒸气压。

2. 烟草的有害成分尼古丁的实验式是 $C_5H_7N$，现将 496 mg 尼古丁溶于 10.0 g 水，测得该溶液在 101 kPa 下的沸点是 100.17 ℃。求尼古丁的分子式。

3. 将磷溶于苯配制成饱和溶液，取 3.747 g 该饱和溶液加入 15.401 g 苯中，所得混合溶液的凝固点是 5.155 ℃，而纯苯的凝固点是 5.400 ℃。已知磷在苯中以 $P_4$ 分子形式存在，求磷在苯中的溶解度(g/100 g 苯)。

4. 0.324 g $Hg(NO_3)_2$ 溶于 100 g 水，其凝固点是−0.0588 ℃；0.542 g $HgCl_2$ 溶于 50 g 水，其凝固点是−0.0744 ℃。用计算结果判断这两种盐在水中的电离状况。

5. 将鲜花的茎放入高浓度的 NaCl 水溶液中，花就会枯萎；将新鲜的黄瓜放入相似的溶液中腌泡之后就会变皮软。试解释上述现象。

6. 101 mg 胰岛素溶于 10.0 $cm^3$ 水，所得溶液在 25.0 ℃时的渗透压是 4.34 kPa，求：

(1) 胰岛素的摩尔质量；

(2) 溶液的蒸气压下降 $\Delta p$(已知 25.0 ℃时，水的饱和蒸气压是 3.17 kPa)。

7. 用一定浓度的完全电离的盐溶液[0.92%(质量/体积)NaCl]计算人体温度为 37.0 ℃时血液的渗透压。提示：已知 NaCl 在水中是完全电离的。

8. 在 749.2 mmHg 下，水的沸点为 99.60 ℃。求：在 749.2 mmHg 下，如果要将溶有 $C_{12}H_{22}O_{11}$ 的水溶液的沸点提高到 100.00 ℃，溶液中 $C_{12}H_{22}O_{11}$ 的质量分数。

9. 松柏苷是一种从杉树的松果中发现的配醣衍生物。将 1.205 g 松柏苷的样品灼烧并分析，产物包括 0.698 g $H_2O$ 和 2.479 g $CO_2$；将 2.216 g 样品溶于 48.68 g 水后，所得溶液在标准状态下的沸点为 100.068 ℃。求松柏苷的分子式。

10. 做菜的时候通常在煮沸之前加入一些食盐。有人认为这样做有助于提高烹饪时水的沸点；另一些人则认为加入的食盐量不够，不能引起太大的变化。在 1 atm 下，沸点提高 2 ℃时每升水中大约需要加入多少克食盐？这是你烹饪的时候加入水中的食盐的量吗？

11. 求以下溶质溶解于水中得到浓度为 0.10 $mol \cdot L^{-1}$ 的溶液的近似凝固点：

(1) $CO(NH_2)_2$(尿素)；

(2) $NH_4NO_3$；

(3) HCl；

(4) $CaCl_2$；

(5) $MgSO_4$；

(6) $C_2H_5OH$(乙醇)；

(7) $C_2H_4O_2$(乙酸)。

12. 现有 100 $cm^3$ 浓度为 0.20 $mol \cdot dm^{-3}$ 的氨水，向其中加入 7.0 g 固体 $NH_4Cl$(假设体积不发生变化)，加入 $NH_4Cl$ 后溶液的 pH 值如何变化？

13. 将下列各组水溶液等体积混合，能用作缓冲溶液的组别是哪些？为什么？

(1) HCl(0.300 $mol \cdot dm^{-3}$)和 KOH(0.200 $mol \cdot dm^{-3}$)；

(2) HCl(0.200 $mol \cdot dm^{-3}$)和 KAc(0.400 $mol \cdot dm^{-3}$)；

(3) HCl(0.200 $mol \cdot dm^{-3}$)和 $NaNO_2$(0.100 $mol \cdot dm^{-3}$)；

(4) $HNO_2$(0.300 $mol \cdot dm^{-3}$)和 KOH(0.200 $mol \cdot dm^{-3}$)。

14. 将 10.0 $cm^3$ 0.20 $mol \cdot dm^{-3}$ HCl 溶液与 10.0 $cm^3$ 0.50 $mol \cdot dm^{-3}$ NaAc 溶液混合，

计算：

(1) 溶液的 pH 值；

(2) 在混合溶液中加入 1.0 $cm^3$ 0.50 mol · $dm^{-3}$ NaOH,溶液的 pH 值；

(3) 在混合溶液中加入 1.0 $cm^3$ 0.50 mol · $dm^{-3}$ HCl,溶液的 pH 值；

(4) 将最初的混合溶液用水稀释一倍,溶液的 pH 值。

15. 将 60.0 $cm^3$ 0.20 mol · $dm^{-3}$ 的 $AgNO_3$ 溶液与 100.0 $cm^3$ 0.20 mol · $dm^{-3}$ 的 NaAc 溶液混合,所得溶液达到平衡后,测得溶液中的 $Ag^+$ 浓度为 0.050 mol · $dm^{-3}$,求 AgAc 的溶度积。

16. 往浓度为 0.10 mol · $dm^{-3}$ 的 $MnSO_4$ 溶液中滴加 $Na_2S$ 溶液,试问:是先生成 MnS 沉淀,还是先生成 $Mn(OH)_2$ 沉淀？

17. 分别用 $Na_2CO_3$ 和 $(NH_4)_2S$ 溶液处理 AgI 沉淀,该沉淀能不能转化？为什么？

18. 向 0.250 mol · $dm^{-3}$ NaCl 和 0.0022 mol · $dm^{-3}$ KBr 的混合溶液中慢慢加入 $AgNO_3$ 溶液,问：

(1) 哪种化合物先沉淀出来？

(2) $Cl^-$ 和 $Br^-$ 能否有效分步沉淀从而得到分离？

19. 某溶液中含 0.10 mol · $dm^{-3}$ 游离 $NH_3$,0.10 mol · $dm^{-3}$ $NH_4Cl$ 和 0.15 mol · $dm^{-3}$ $[Cu(NH_3)_4]^{2+}$。用计算说明,有无 $Cu(OH)_2$ 生成的可能性[$(K_{sp})_{Cu(OH)_2}=2.6\times10^{-19}$]。

20. 分别计算 AgBr 在纯水和 1.00 mol · $dm^{-3}$ 的 $Na_2S_2O_3$ 水溶液中的溶解度。

21. 将 20 $cm^3$ 0.025 mol · $dm^{-3}$ 的 $AgNO_3$ 溶液与 2.0 $cm^3$ 1.0 mol · $dm^{-3}$ 的 $NH_3$ 的水溶液混合,求所得溶液中 $Ag(NH_3)_2^+$ 的浓度。在此溶液中再加入 2.0 $cm^3$ 1.0 mol · $dm^{-3}$ 的 KCN 溶液,求所得溶液中 $Ag(NH_3)_2^+$ 的浓度(忽略 $CN^-$ 水解)。配位反应的方向与配合物稳定性关系如何？

22. 在洗涤时往水中添加的洗涤剂的主要作用有哪两种？

23. 将浓度为 $6\times10^{-5}$ mol · $dm^{-3}$ $AgNO_3$ 水溶液与浓度为 0.1 mol · $dm^{-3}$ KI 水溶液等体积混合,然后取 3 份体积的这种混合溶液,用 7 份体积的蒸馏水稀释,等候大约 1 min,即可得到粒径为 0.38～0.40 μm 的单分散 AgI 溶胶。已知不稳定常数为 $1.82\times10^{-12}$,AgI 的溶度积常数为 $8.51\times10^{-17}$,试通过计算来说明溶胶制备过程中溶液混合步骤和混合液稀释步骤的作用。

24. 在 10.0 mL 0.10 mol · $L^{-1}$ $CuSO_4$ 溶液与 10.0 mL 6.0 mol · $L^{-1}$ 氨水混合达到平衡后,计算溶液中 $Cu^{2+}$、$[Cu(NH_3)_4]^{2+}$ 及 $NH_3$ 的浓度。若向此溶液中加入 1.0 mL 0.20 mol · $L^{-1}$ NaOH 溶液,是否有 $Cu(OH)_2$ 沉淀生成[$Cu(OH)_2$ 的 $K_{sp}$ 为 $2.2\times10^{-20}$]？

25. 称取硅酸盐试样 0.1000 g,经熔融分解和沉淀反应得到 $K_2SiF_6$,将其过滤洗净,并使之与水反应得到 HF,用 0.1000 mol · $L^{-1}$ NaOH 溶液滴定所得到的 HF,用酚酞作指示剂,消耗 NaOH 标准溶液 30.00 mL,试计算试样中的 $SiO_2$ 的含量。提示:有关的反应方程式为

$$2K^+ + SiO_3^{2-} + 6F^- + 6H^+ \xlongequal{} K_2SiF_6\downarrow + 3H_2O$$

$$K_2SiF_6 + 3H_2O \xlongequal{} 2KF + H_2SiO_3 + 4HF$$

26. 为了防止汽车散热器中的水结冰,常在水中加入乙二醇 $C_2H_4(OH)_2$,假定要使 1000 g 水的凝固点下降至 −20.0 ℃,需要加入乙二醇的体积是多少(乙二醇的密度是 1.11 g · $mL^{-1}$)？

27. 将 0.8800 g 有机物中的氮转化为 $NH_3$,并通入 20.00 mL 0.2133 mol · $L^{-1}$ 的 HCl

溶液中，滴定过量的酸时消耗 5.50 mL 0.1962 mol · $L^{-1}$的 NaOH 溶液。计算有机物中氮的含量。

28. 在 100 mL 2.0 mol · $L^{-1}$氨水中，加入 13.2 g $(NH_4)_2SO_4$ 固体并稀释至 1000 mL。求所得溶液的 pH 值。

29. 用四苯硼酸钠法测定钾长石中的钾。称取试样 0.5000 g，经处理，烘干得到 0.1834 g 四苯硼酸钾[$KB(C_6H_5)_4$，相对分子质量为 358.33]沉淀，求钾长石中 $K_2O$ 的含量。

30. 配制 pH=4.5，$c_{HAc}$=0.82 mol · $L^{-1}$的缓冲溶液 500 mL，需称取固体 NaAc · $3H_2O$ 多少克？量取 6.0 mol · $L^{-1}$ HAc 溶液多少毫升？

31. 根据 AgCl 和 $Ag_2CrO_4$ 的溶度积计算这两种物质：

(1) 在纯水中的溶解度；

(2) 在 0.10 mol · $L^{-1}$ $AgNO_3$ 溶液中的溶解度。

32. 某混合溶液中同时存在 0.10 mol · $L^{-1}$[$Fe^{3+}$]和 0.50 mol · $L^{-1}$[$Cu^{2+}$]。如果控制溶液的 pH 值为 4.0，能否使这两种离子分离？

33. 欲在 1000 mL NaI 溶液中使 0.010 mol · $L^{-1}$草酸铅($PbC_2O_4$)沉淀完全转化为 $PbI_2$ 沉淀，NaI 溶液的最初浓度至少应是多少？

34. 将 40.0 mL 0.10 mol · $L^{-1}$ $AgNO_3$ 溶液和 20.0 mL 6.0 mol · $L^{-1}$氨水混合并稀释至 100 mL。试计算：

(1) 平衡时溶液中 $Ag^+$、$[Ag(NH_3)_2]^+$ 和 $NH_3$ 的浓度；

(2) 加入 0.010 mol KCl 固体，是否有 AgCl 沉淀产生；

(3) 若要阻止 AgCl 沉淀产生，则应取 12.0 mol · $L^{-1}$氨水的体积。

# 第6章　电化学基础

**【内容提要】** 本章主要介绍了电化学的基本概念(电极系统、电极反应和电极过程)、原电池组成与其中的热力学规律、电极电势的概念与应用、极化与超电势、化学电源、电解过程、电解工业与应用,以及金属腐蚀与防护中的基本概念和原理。

顾名思义,电化学是研究与电相关的化学现象的学科。电化学从研究原电池和电解过程开始,前者实现化学能向电能的转化,而后者实现电能向化学能的转化。那么它们为什么可以实现化学能和电能之间的转化?其中有怎样的规律?传统上电化学就是研究化学能与电能之间相互转化规律的学科。由于电化学体系不同于一般化学体系,在介绍电化学方面的基础知识前,有必要先介绍电化学体系相关的基本概念。

## 6.1　电化学基本概念

### 6.1.1　电化学氧化还原反应

氧化还原反应属于化学反应。在一般的化学氧化还原反应中,氧化剂得电子被还原,还原剂失电子被氧化,电子直接在氧化剂和还原剂之间转移。例如,将 Zn 棒插入 $CuSO_4$ 溶液中,发生以下反应:

$$Zn(s)+Cu^{2+}(aq) = Zn^{2+}(aq)+Cu(s) \tag{6-1a}$$

其中,Zn 失去电子被氧化,发生**氧化反应**:

$$Zn(s) = Zn^{2+}(aq)+2e \tag{6-1b}$$

而 $Cu^{2+}$ 得到电子被还原,发生**还原反应**:

$$Cu^{2+}(aq)+2e = Cu(s) \tag{6-1c}$$

由此可见,一个完整的氧化还原反应可以分解为氧化半反应和还原半反应。

在上述这种类型的氧化还原反应中,氧化剂得电子和还原剂失电子都很明显。但还有一类氧化还原反应,其中的电子得失并不明显。例如:

$$H_2(g)+Cl_2(g) = 2HCl(g) \tag{6-2}$$

在该反应中,没有电子得失,只是氯的电负性大于氢的,它们之间的一对共用电子偏向氯而已,因此,氧化还原反应涉及电子的得失或偏移。氧化剂与还原剂通过直接反应得到氧化还原反应产物和相应的能量变化(如热效应等)。

电化学氧化还原反应与上述一般的化学氧化还原反应有什么不同呢?电化学氧化还原反应是如何将氧化还原反应中的电子转移与电流(电子的流动)联系起来而实现化学能与电能之间的转化的呢?上文已经指出,反应(6-1a)可以分解为一个氧化半反应(失去电子)和一个还原半反应(得到电子)。如果我们将这两个反应分开进行,然后通过电子导体来转移电子,即:Zn 将电子丢失到电子导体上,电子通过该电子导体传送到 $Cu^{2+}$ 反应的位置,而 $Cu^{2+}$ 通过电子导体得到 Zn 丢失的电子。这样,我们同样可以完成反应(6-1a),得到同样的反应产物,但同时在电子导体中又有电子的流动(电流)。这样,电流与氧化还原反应就联系了起来,化学能与电能之间实现了相互转化。实际上，上述过程就是我们熟知的 Cu-Zn 原电池反应(具体介绍见 6.2 节)。

简单来说，氧化剂与还原剂通过直接反应来实现电子转移的氧化还原反应(例如，将 Zn 棒插入 $CuSO_4$ 溶液中发生的反应)就是一般的化学氧化还原反应。若氧化剂与还原剂不直接反应，而通过电子导体来实现电子转移，即还原剂失去的电子流经电子导体转移到氧化剂，电子发生定向流动(例如，Cu-Zn 原电池反应)，这样的氧化还原反应即为**电化学氧化还原反应**。显然，电化学氧化还原反应将整个反应分解成了氧化和还原两个半反应。那么，它们是在怎样的系统中完成的呢？这就要引入电极系统的概念。

### 6.1.2　电极系统与电极反应

电极系统是最基本的电化学反应体系，电化学氧化或还原反应都是在电极系统中完成的。从上文的分析中可以看到，电极系统作为电化学氧化或还原反应发生的场所，首先一定含有电子导体相(如金属、石墨、半导体等)；其次，一定含有离子导体相(如电解质溶液、熔融的盐、固体电解质等)；最后，在电子导体相和离子导体相之间的界面上，存在电荷的转移。因此，如果系统由两个相组成，一个相是电子导体相，另一个相是离子导体相，且有电荷通过它们互相接触的界面在两相之间进行转移，这个系统就称为**电极系统**。

当互相接触的两个相都是电子导体相时，两相之间存在的电荷转移，只不过是电子从一个相穿过界面进入另一个相，界面上不会发生化学变化。而在电极系统中，互相接触的是两种非同类的导体(电子导体和离子导体)，其中的荷电粒子一个是电子，另一个是离子。电荷从一个相穿过界面转移到另一相中，必然要依靠两种不同荷电粒子(电子和离子)之间互相转移电荷来实现，这是物质得到或失去外层电子的过程，而这也正是化学变化的基本特征。因此，**电极系统的主要特征是**：随着电荷在电子导体相和离子导体相之间的转移，两相的界面上不可避免地会同时发生物质的变化(氧化或还原反应)，即化学变化。在电极系统中，随着两个非同类导体相之间的电荷转移，两相的界面上发生的化学反应，称为**电极反应**。

本书讨论的电极系统只限于由电子导体相和电解质溶液组成的系统，这种类型的电极系统通常有以下四种。

(1) 金属-金属离子电极系统(第一类金属电极系统)。

将 Cu 棒插入除氧的 $CuSO_4$ 溶液中，就构成了一个电极系统。其中，电子导体相为 Cu 棒，离子导体相为 $CuSO_4$ 溶液，而在电子导体相和离子导体相之间的界面上发生的电荷转移过程为

$$Cu(M) \rightleftharpoons Cu^{2+}(sol) + 2e(M) \tag{6-3}$$

式中：M 表示金属相；sol 表示溶液离子相。正电荷从电子导体相(Cu 棒)转移到离子导体相($CuSO_4$ 溶液)，在 Cu 棒的表面上 Cu 原子失去两个电子而变成了溶液中的 $Cu^{2+}$，该反应自左向右进行。正电荷从离子导体相转移到电子导体相，则发生相反的过程，该反应自右向左进行。该反应就是这个电极系统中的电极反应。

(2) 金属-金属难溶盐电极系统(第二类金属电极系统)。

一块表面附有 AgCl 晶体的 Ag 片浸在 NaCl 的水溶液中，构成 Ag-AgCl 电极系统。其中，电子导体相为 Ag 片，离子导体相为 NaCl 溶液，电子导体相 Ag 与离子导体相 NaCl 溶液这两相之间有电荷转移时发生如下电极反应：

$$Ag(M) + Cl^-(sol) \rightleftharpoons AgCl(s) + e(M) \tag{6-4}$$

这个电极反应同上一个电极反应的差别仅仅在于电极反应的产物是处于两相界面上的金属难溶盐固体，即 AgCl(s)，其中，s 表示固体相。该反应实际上由下面两个反应组成：

$$Ag(M) \rightleftharpoons Ag^{+}(sol) + e(M)$$

$$Ag^{+}(sol) + Cl^{-}(sol) \rightleftharpoons AgCl(s)$$

(3) 气体电极系统。

一块 Pt 片浸在 $H_2$ 气氛下的 HCl 溶液中，构成氢电极系统，其中，电子导体相为 Pt 片，离子导体相为 HCl 溶液，两相界面上有电荷转移时发生的电极反应为

$$\frac{1}{2}H_2(g) \rightleftharpoons H^{+}(sol) + e(M) \qquad (6\text{-}5)$$

因为电极系统中有气体参与电极反应，所以该系统称为气体电极系统。这里，电子导体相(Pt 片)并没有参与电极反应，只是起到传送电子、提供反应场所及催化该反应的作用。显然，电子导体相对这种电极反应具有重要影响。

(4) 氧化-还原电极系统。

一块 Pt 片浸在含有铁离子($Fe^{3+}$)和亚铁离子($Fe^{2+}$)的水溶液中，在构成的电极系统中发生的电极反应为

$$Fe^{2+}(sol) \rightleftharpoons Fe^{3+}(sol) + e(M) \qquad (6\text{-}6)$$

在该电极系统中，电子导体相(Pt 片)也没有参与电极反应，只是起到传送电子和提供反应场所的作用；而电极反应中的氧化态离子($Fe^{3+}$)和还原态离子($Fe^{2+}$)均处于离子导体相中。

电化学中关于**电极系统**和**电极反应**这两个术语的定义是明确的，但是在电化学中经常用到术语“电极”，其一般具有以下两个不同的含义。

①在多数情况下，电极仅仅指组成电极系统的电子导体相或电子导体材料，如铂电极、汞电极、石墨电极等。“电极表面”通常指电极系统中电子导体相与离子导体相接触的这部分表面。例如，Cu-$CuSO_4$ 电极系统中的“Cu 电极表面”，就是指 Cu 棒与 $CuSO_4$ 溶液接触的那部分 Cu 棒的表面。

②在少数情况下，电极指的是电极反应或整个电极系统而不只是指电子导体材料。例如，“氢电极”通常指整个“氢电极系统”；又如，电化学中常用的术语“参比电极”，指的也是某一特定的电极系统及相应的电极反应，而不仅仅指电子导体材料。所以，使用术语“电极”时，要注意其表示的具体含义。

由上述四种类型的电极系统中的电极反应可知，电极反应具有以下基本特点。

(1) 电极反应也是化学反应，遵循化学反应的基本原理，如当量定律、质量作用定律等。

(2) 发生电极反应时，电极界面上存在电子转移，e(M)作为反应物或产物写入电极反应中。也就是说，电极材料必会失去电子或得到电子，因此，电极反应会受到电极界面层的电学状态的影响，如荷电状态、电位高低等。

(3) 电极反应发生在电极表面上，具有表面反应(属于二维反应)的特点，电极表面的状态对电极反应有很大影响。例如，在上文介绍的氢电极中，反应(6-5)发生在 Pt 电极表面，Pt 电极的表面状态对反应速率影响很大。

(4) 电极反应毫无例外都是氧化还原半反应，即一个电极反应只是整个氧化还原反应中的一半：或是氧化反应，或是还原反应。因此氧化剂和还原剂的概念不能应用于单个电极反应。例如，在 Cu 电极反应(6-3)中，$Cu^{2+}$ 处于氧化态，为“氧化体”，而 Cu 处于还原态，为“还原

体”。

(5) 电极反应遵循法拉第定律：在电极界面上发生化学变化的物质的量与通入的电量成正比。具体公式为

$$Q = nzF \tag{6-7a}$$

式中：$Q$ 为电量(C)；$n$ 为物质的量；$z$ 为电子得失数；$F$ 为法拉第常数(96485 C · $mol^{-1}$)。则电极上发生反应的物质(相对分子质量为 $M$)的质量 $m$ 为

$$m = nM = \frac{Q}{zF}M \tag{6-7b}$$

电极反应如[反应(6-3)至反应(6-6)]一般均可正逆两向进行。当电极反应逆向进行时，例如，反应(6-3)从右向左进行，$Cu^{2+}$ 还原为 Cu，该反应为**阴极反应**，Cu 电极为“阴极”；反之，当电极反应向氧化方向进行时，即反应(6-3)从左向右进行，Cu 氧化为 $Cu^{2+}$，该反应为**阳极反应**，Cu 电极为“阳极”。简而言之，**可以用电极反应的类型来区分该电极是阴极还是阳极**。在电化学中，通常采用阴极和阳极的概念来描述电极反应的方向。

### 6.1.3　电极过程

实际上，电极反应进行的过程可能很复杂。实现电极反应的具体历程或步骤称为**电极过程**。图 6-1 显示了电极系统中，反应物 O 变成产物 R 的整个还原反应的电极过程。可以看到，反应物 O 首先要迁移到电极表面(传质步骤)，然后在电极表面得到电子被还原(电化学步骤)，最后得到产物 R。产物 R 的状态不同，其后续步骤也不同：R 若为气体(如氢电极中的 $H_2$)，将逸出电极表面；R 若为固体(如 Cu 电极中的 Cu)，将沉积于电极表面；R 若为离子[如反应(6-6)中的 $Fe^{3+}$]，将传质离开电极表面(传质步骤)。这些步骤串联进行，最后完成整个电极反应。在电化学反应机理的研究中，我们必须弄清电极过程中的各个步骤。

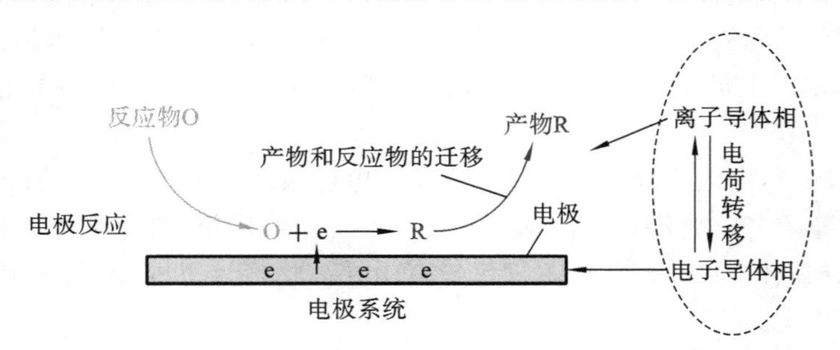


图 6-1　电极过程示意图

例如，$H^+$ 在阴极的放电过程可分为：本体的 $H^+$ 扩散至电极表面；$H^+$ 在阴极得到电子成为 H 原子；两个 H 原子复合为一个 $H_2$ 分子；$H_2$ 分子离开阴极表面而逸出等。对于由几个连续步骤组成的电极过程来说，其中最慢的一步将决定整个电极反应的速率，这个最慢的步骤称为**控制步骤**，整个过程的动力学规律，往往就表现为这一步骤的动力学规律。

**【扩展阅读】**
**电极过程的特征**

电化学反应是电极表面上发生的多相反应，它的反应速率常用单位时间、单位电极面积上电子通过的数量来表示，其单位为 C · $m^{-2}$ · $s^{-1}$ 或 A · $m^{-2}$，即电极上的电流密度。电流密度的大小就代表电极表面上反应速率的大小。了解电极过程，掌握电化学反应速率及其影响因素(即动力学规律)，就能根据需要控制不同情况下的电化学反

应速率。

## 6.2　原电池

原电池是一种将化学能直接转化为电能的装置，包括化学电池与浓差电池。化学电池直接将自发氧化还原反应的化学能转化为电能，浓差电池将在后面介绍。

### 6.2.1　原电池组成

图 6-2 所示为 Cu-Zn 原电池的示意图。Zn 棒插入 $ZnSO_4$ 溶液中，构成一个电极系统（Zn 电极），Cu 棒插入 $CuSO_4$ 溶液中，构成另一个电极系统（Cu 电极），两个电极系统用一个充满电解质溶液的 U 形管（盐桥）连通。这时 Zn 和 $CuSO_4$ 分隔在两个容器中，互不接触，不发生置换反应。但如果用导线将 Zn 棒和 Cu 棒连接，反应立即发生：Zn 棒上 Zn 原子失去电子，氧化成 $Zn^{2+}$ 进入 $ZnSO_4$ 溶液[式(6-1b)]；$CuSO_4$ 溶液中 $Cu^{2+}$ 从 Cu 棒上获得电子，还原成 Cu 原子在 Cu 棒上析出[式(6-1c)]；Zn 棒上的电子流过导线和检流计到达 Cu 棒，形成**外电流**。检流计指针的偏转证明导线中有电流通过，而且根据偏转方向可以断定电流从 Cu 电极流向 Zn 电极（电子从 Zn 电极流向 Cu 电极）。由于电流总是从电势高的位置向电势低的位置流动，因此 Cu 电极的电势较高，为原电池的**正极**，而 Zn 电极的电势较低，为原电池的**负极**。显然，原电池的正极和负极是以电极的电势高低来区分的。在原电池的内部，同样有电流流动，这是原电池的**内电流**。内电流从 Zn 电极流出（Zn 氧化为 $Zn^{2+}$），通过电解质中正负离子的移动来传送，最后流入 Cu 电极（$Cu^{2+}$ 还原为 Cu）。其中的盐桥显然起到了连通两个电极系统中的电解质的作用。这样，整个原电池系统构成了一个完整的闭合电流回路。Cu-Zn 原电池中的总反应为式(6-1a)，当在原电池的正负极之间连接负载时，随着电流流过并驱动负载工作，该反应的化学能转化成了电能。

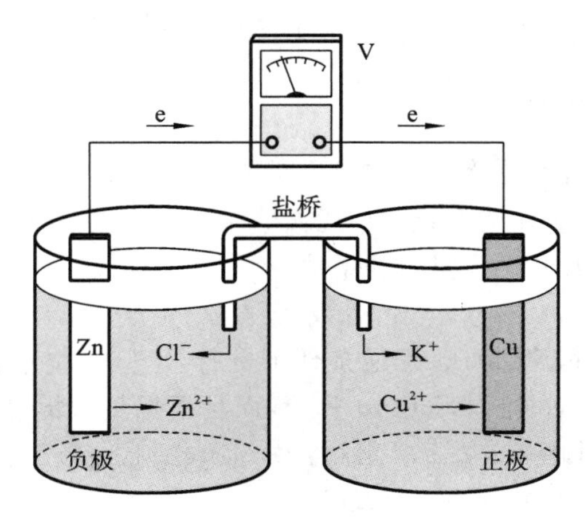


**图 6-2　Cu-Zn 原电池的示意图**

从上面的描述中可以看到，原电池的基本组成包括正极系统、负极系统和盐桥。

正极系统：原电池中电势较高的电极系统（电子导体相＋离子导体相＋电极反应），电极表面发生还原反应，因此也是**阴极**。

负极系统：原电池中电势较低的电极系统，电极表面发生氧化反应，因此也是**阳极**。

盐桥：其基本作用是连通原电池的两个半电池间的内电路，形成离子通路。一般盐桥管内充满了含电解质溶液的琼胶(如饱和 KCl 溶液)。

### 6.2.2 原电池的表示方法

在原电池的基本组成中,原电池的两个电极系统通常也被称为“半电池”,其中各含有一个氧化还原半反应,二者联合起来构成一个完整的氧化还原反应。通常原电池半反应的通式为

$$O + ze \rightleftharpoons R \quad (6\text{-}8)$$

式中:O 为反应中的氧化态物质(如 $Cu^{2+}$、$Zn^{2+}$ 等);R 为反应中的还原态物质(如 Cu、Zn 等);$z$ 为反应的电子得失数。氧化态和相应的还原态物质能用来组成电对,通常称为“氧化还原电对”,如 $Zn^{2+}/Zn$、$Cu^{2+}/Cu$、$Ag^{+}/Ag$、$Fe^{3+}/Fe^{2+}$ 等。

一个完整原电池的基本组成通常采用图示的方法来描述,具体规则如下。

(1) 左边为负极,右边为正极,并用括号标出,如(+)表示正极,(−)表示负极。

(2) “|”表示相界面,有电势差存在,原电池中直接接触的不同相的物质之间必须用“|”分隔,如 Cu|$CuSO_4$、Zn|$ZnSO_4$;若有半透膜,则用“¦”分隔。

(3) “‖”或“¦¦”表示盐桥,有盐桥时必须写出。

(4) 要注明温度,不注明就默认温度为 298.15 K;原电池中所有物质要注明物态,气体要注明压力,溶液要注明浓度,同一相中的物质用“,”分隔。

(5) 气体电极和氧化还原电极要写出导电的惰性电极,如 Pt 电极。

按上述规则,图 6-2 中的 Cu-Zn 原电池的图示为

$$(-)Zn|Zn^{2+}(c_1) \parallel Cu^{2+}(c_2)|Cu(+) \quad (6\text{-}9)$$

其中,$c_1$ 和 $c_2$ 分别表示相应溶液的体积摩尔浓度。对于上文介绍的由“氢电极”与 Cu 电极构成的原电池,其图示为

$$(-)Pt|H_2(p)|H^{+}(c_1) \parallel Cu^{2+}(c_2)|Cu(+) \quad (6\text{-}10)$$

其中,$p$ 为 $H_2$ 的分压。注意书写顺序:电子导体相写在最外面,其他反应物从左到右按电极反应的物质顺序书写,但气体电极中气体紧靠电子导体相书写。

### 6.2.3 原电池热力学

#### 1) 原电池反应的 $\Delta_r G_m$ 与原电池电动势 $E$ 的关系

原电池体系对外输出电能,为系统对环境做电功,电功是系统对环境做的非体积功!根据热力学原理,恒温、恒压下反应自发进行的条件为

$$-\Delta_r G_m > -w' \quad (6\text{-}11)$$

如果一个化学反应在**恒温、恒压、可逆条件下**进行,反应的摩尔吉布斯函数变 $\Delta_r G_m$ 与反应过程中系统能够对环境做的非体积功 $w'$ 相等,而且根据热力学可逆过程的特点,此时系统对环境做最大功($w'_{max}$),因此有

$$-\Delta_r G_m = -w'_{max} \quad (6\text{-}12)$$

对于电池反应,在恒温、恒压、可逆条件下放电时,系统对环境做的非体积功是可逆电功(最大电功)。根据电功的定义,可逆电功等于电池的电动势 $E$ 与电量 $Q$ 的乘积:

$$-w'_{max} = Q \cdot E = zFE \quad (6\text{-}13)$$

式中:$z$ 为电子得失数;$F$ 为法拉第常数。由此可得

$$\Delta_r G_m = -zFE \quad (6\text{-}14)$$

**原电池的电动势**是指在没有外电流流过电极的条件下,**可逆原电池**两个电极间的电势差。

所以，电动势是指可逆电池的电动势。这里的可逆原电池为理想状态下的电池，研究可逆原电池可以揭示原电池将化学能转化为电能的最大限度；也可利用可逆原电池来研究电化学反应的平衡规律。

如果原电池在标准状态下工作，则有

$$\Delta_r G_m^{\ominus} = -zFE^{\ominus} \tag{6-15}$$

式中：$E^{\ominus}$ 为原电池的标准电动势。式(6-14)和式(6-15)将氧化还原反应的热力学参数 $\Delta_r G_m$、$\Delta_r G_m^{\ominus}$ 与电化学参数 $E^{\ominus}$、$E$ 联系了起来，所以，这两个公式又被形象地称为热力学与电化学之间的**桥梁公式**。

根据式(6-14)，对于一个氧化还原反应，可用电动势 $E$ 代替摩尔吉布斯函数变 $\Delta_r G_m$ 对化学反应自发性进行判断：

(1) $\Delta_r G_m < 0$ 时，$E > 0$，正反应可自发进行；

(2) $\Delta_r G_m = 0$ 时，$E = 0$，系统处于平衡状态；

(3) $\Delta_r G_m > 0$ 时，$E < 0$，逆反应可自发进行。

**2) 原电池电动势的能斯特方程**

将桥梁公式代入热力学等温方程 $\Delta_r G_m = \Delta_r G_m^{\ominus} + RT\ln Q$，可得

$$E = E^{\ominus} - \frac{RT}{zF}\ln Q \tag{6-16}$$

根据式(6-16)，我们可以用标准电动势来计算一般状态下原电池的电动势。电动势的计算在后面介绍。

**3) 电池反应的 $K^{\ominus}$ 与 $E^{\ominus}$ 关系**

根据式 $\lg K^{\ominus} = -\dfrac{\Delta_r G_m^{\ominus}}{2.303RT}$，对于氧化还原反应，将式(6-15)代入，可得

$$\lg K^{\ominus} = \frac{zFE^{\ominus}}{2.303RT} \tag{6-17}$$

由此可见，通过测量原电池的标准电动势 $E^{\ominus}$，就可以计算电池反应在任何温度 $T$ 下的标准平衡常数 $K^{\ominus}$。反之，根据电池氧化还原反应，用热力学数据计算出 $\Delta_r G_m^{\ominus}$，就可以得到原电池的 $E^{\ominus}$。

## 6.3　电极电势

### 6.3.1　电极电势的定义

**1) 电极电势的形成与本质**

在图 6-2 所示的 Cu-Zn 原电池中，当用导线连接两个电极时，导线中会有电流流过，这说明两个电极间存在电势差，而且，Cu 电极的电势较高，Zn 电极的电势较低。电极电势是如何产生的呢？为什么不同电极的电势不相等呢？要回答以上问题，就必须了解金属的原子与晶体结构。以 Zn 棒浸入 $ZnSO_4$ 溶液为例说明电极电势的产生。

(1) 金属 Zn 的特点：金属是由金属离子和自由电子按一定晶格形式排列组成的晶体。锌离子要脱离晶格就必须克服晶格间的结合力，即金属键力。金属表面的锌离子由于金属键力不饱和，有吸引其他锌离子以保持与内部锌离子相同的平衡状态的趋势，同时，又比内部锌离

子更易于脱离晶格。

(2) $ZnSO_4$ 水溶液的特点：溶液中存在极性很强的水分子、被水化的锌离子、被水化的硫酸根离子，这些分子和离子不停地进行着热运动。

(3) 当 Zn 棒浸入 $ZnSO_4$ 溶液后，便打破了各自的平衡状态，表现为：定向排列，极性水分子和金属锌离子相互吸引而定向排列在金属表面；水化作用，金属 Zn 中锌离子在水分子的吸引和不停热运动的冲击下，脱离晶格的趋势增大了。

因此，在金属与溶液之间的界面上，对锌离子来说，存在相互矛盾的两个作用。

(1) 金属晶格中自由电子对锌离子的静电引力。它既起着阻止金属表面的锌离子脱离晶格而溶解到溶液中的作用，又促使界面附近溶液中的水化锌离子脱水而沉积到金属表面上。

(2) 极性水分子对锌离子的水化作用。它既促使金属表面的锌离子进入溶液，又起着阻止界面附近溶液中的水化锌离子脱水而沉积的作用。

金属与溶液之间的界面上发生的是锌离子的沉积还是锌离子的溶解，就看上述两个作用中谁占主导。实验表明，对 $Zn/ZnSO_4$ 体系来说，水化作用占主导。

本来金属 Zn 和 $ZnSO_4$ 溶液均是电中性的，但锌离子从金属表面溶解进入溶液后，在金属上留下的电子使金属带负电，溶液则因锌离子增多而带正电。由于金属表面剩余负电荷的吸引和溶液中正电荷的排斥，锌离子继续溶解变得困难，并最终达到平衡：

$$[Zn^{2+}\cdot 2e]+nH_2O\underset{\text{沉积}}{\overset{\text{溶解}}{\rightleftharpoons}}[Zn(H_2O)_n]^{2+}+2e \tag{6-18}$$

这样，在 $Zn/ZnSO_4$ 界面上形成了一层类似于平板电容器的双电层结构，如图 6-3(a)所示，Zn 表面带负电荷，$ZnSO_4$ 溶液表面带等量正电荷，整个界面仍然保持电中性。由于界面这种双电层结构的形成，界面两边必然产生电势差，此电势差就是 $Zn/ZnSO_4$ 电极系统的绝对电极电势。

金属越活泼，盐溶液越稀，金属表面上的金属离子受到极性水分子的吸引而溶解到溶液中形成水合离子的倾向越大。金属越不活泼，盐溶液越浓，溶液中的水合离子在金属表面获得电子而沉积到金属上的倾向越大。如果溶解的倾向大于沉积的倾向，金属带负电，溶液带正电；反之，金属带正电，溶液带负电，如图 6-3(b)所示，Cu 棒浸入 $CuSO_4$ 溶液即属此种情况。

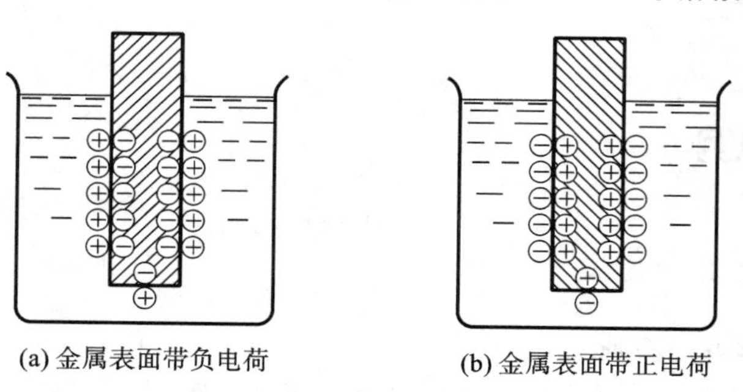
(a) 金属表面带负电荷　　(b) 金属表面带正电荷

**图 6-3　金属/溶液界面形成的双电层结构**

不论何种情况，由于电极系统中金属/溶液界面形成的双电层结构，在金属与溶液间便存在一个电势差，这个电势差称为电极系统的**绝对电极电势**，以符号 $\varphi$ 表示，如 $\varphi(Zn^{2+}/Zn)$、$\varphi(Cu^{2+}/Cu)$等。电极不同，溶解和沉积的平衡状态也不同，因此不同的电极有不同的电极电势。

**2）相对电极电势**

目前，还无法测定或通过理论计算得到电极系统的绝对电极电势，但可以人为选定一个相对标准来测定它的相对值。这就像把海平面的高度定为零，来测定各山峰相对高度一样。国际上规定：任意温度下**标准氢电极**的电极电势为零。可以此为标准来测定其他电极系统的相对电极电势。

标准氢电极（SHE），即标准状态下的氢电极，如图6-4所示。该电极系统图示为

$$Pt|H_2(p=100\ kPa)|H^+(c=1\ mol\cdot dm^{-3})$$

氢电极反应为

$$2H^+(aq)+2e = H_2(g)$$

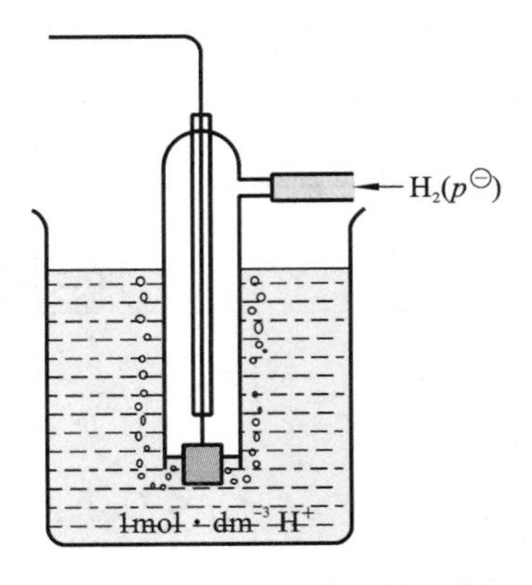


图 6-4　标准氢电极的结构示意图

实际电极系统中，铂片表面镀上一层疏松的铂（称铂黑），一方面增大了反应面积，另一方面其具有很强的吸附 $H_2$ 的能力，对氢电极反应具有很好的催化性能，利于该反应达到平衡。$H^+$ 浓度为标准浓度（$1\ mol\cdot dm^{-3}$），在指定温度下氢气的分压为标准压力（100 kPa），同时要求溶液和氢气都非常纯净，否则，会使铂黑中毒，因而失去催化活性。

让待测电势的电极（简称待测电极）与标准氢电极一起构成原电池，如图 6-5 所示，标准氢电极为负极，待测电极为正极，测量该原电池的电动势（或开路电位）就可得到待测电极的（相对）电极电势，即

$$E=\varphi_{待测}-\varphi_{SHE} \tag{6-19}$$

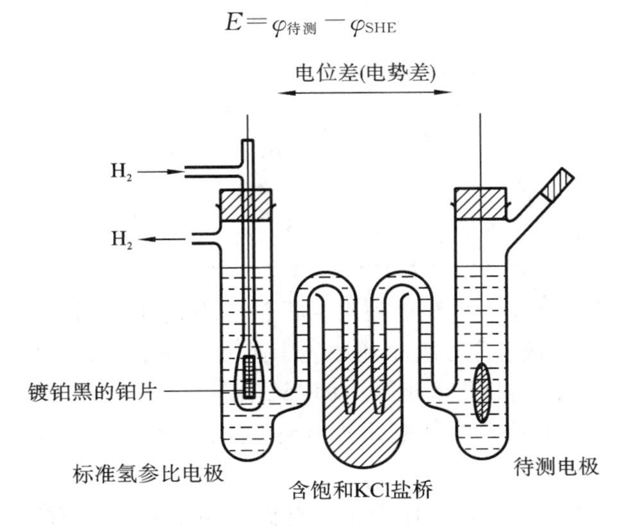


图 6-5　相对电极电势测量原理示意图

因为 $\varphi_{SHE}=0$，所以，$E=\varphi_{待测}$，这样就得到了待测电极的（相对）电极电势。显然，若待测电极上实际进行的反应是还原反应（作正极），待测电极的电势比标准氢电极电势高，则电极电势为正值，如 $\varphi(Cu^{2+}/Cu)$。反之，待测电极的电势比标准氢电极电势低，则电极电势为负值，如 $\varphi(Zn^{2+}/Zn)$。后面在提到电极电势时，若不做特别说明，都指的是相对电极电势。

需要注意的是，电动势与开路电位的区别在于原电池的状态，若原电池为可逆电池，则二者相等；若原电池不处于可逆状态（实际的原电池往往不处于可逆状态），则原电池电动势大于

开路电位。

标准电极电势是指标准状态下电极系统的平衡电极电势，常用符号 $\varphi^{\ominus}$ 表示。298.15 K 下常见电极系统的标准电极电势可通过查询电化学数据手册得到，其测量原理与上面介绍的一样。表 6-1 列出了 298.15 K 时部分电极反应及其标准电极电势值。这里需要注意的是，我们通常采用的是“还原电势标”，电极反应的通式要写成还原式形式，表 6-1 中电极反应也均写为还原式。另外，我们在写标准电极电势时，要注意按还原顺序写，即 $\varphi^{\ominus}$（氧化态/还原态）。例如，标准 Zn 电极电势 $\varphi^{\ominus}(Zn^{2+}/Zn)=-0.763$ V，标准氢电极电势 $\varphi^{\ominus}(H^+/H_2)=0$ V。

**表 6-1　298.15 K 时部分电极反应及其标准电极电势值**

| | 电极反应（氧化态＋电子数⇌还原态） | | $\varphi^{\ominus}$/V |
|---|---|---|---|
| 弱氧化剂 | $Li^+ + e \rightleftharpoons Li$ | 强还原剂 | −3.045 |
| ↓ | $Zn^{2+} + 2e \rightleftharpoons Zn$ | ↑ | −0.763 |
| 氧化能力依次增强 | $Fe^{2+} + 2e \rightleftharpoons Fe$ | 还原能力依次增强 | −0.440 |
| | $Sn^{2+} + 2e \rightleftharpoons Sn$ | | −0.136 |
| | $Pb^{2+} + 2e \rightleftharpoons Pb$ | | −0.126 |
| | $2H^+ + 2e \rightleftharpoons H_2$ | | 0.000 |
| | $Sn^{4+} + 2e \rightleftharpoons Sn^{2+}$ | | 0.154 |
| | $Cu^{2+} + 2e \rightleftharpoons Cu$ | | 0.3419 |
| | $I_2 + 2e \rightleftharpoons 2I^-$ | | 0.5345 |
| | $Fe^{3+} + e \rightleftharpoons Fe^{2+}$ | | 0.771 |
| | $Br_2(l) + 2e \rightleftharpoons 2Br^-$ | | 1.065 |
| | $Cr_2O_7^{2-} + 14H^+ + 6e \rightleftharpoons 2Cr^{3+} + 7H_2O$ | | 1.33 |
| | $Cl_2 + 2e \rightleftharpoons 2Cl^-$ | | 1.36 |
| | $MnO_4^- + 8H^+ + 5e \rightleftharpoons Mn^{2+} + 4H_2O$ | | 1.51 |
| 强氧化剂 | $F_2 + 2e \rightleftharpoons 2F^-$ | 弱还原剂 | 2.87 |

表 6-1 中 $\varphi^{\ominus}$ 代数值按从小到大顺序列出。$\varphi^{\ominus}$ 值越小，表明氧化还原电对的还原态越易给出电子，即该还原态就是还原能力越强的还原剂；$\varphi^{\ominus}$ 值越大，表明氧化还原电对的氧化态越易得到电子，即该氧化态就是氧化能力越强的氧化剂。因此，表 6-1 中氧化态物质的氧化能力从上到下逐渐增强；还原态物质的还原能力从下到上逐渐增强。

**【扩展阅读】常用参比电极与电极电势的测量**

尽管我们选择了标准氢电极电势作为相对电极电势的零点，但建立标准氢电极系统的要求很苛刻，使用不方便，我们在实际应用中，往往选择其他的电极系统作为二级参比电极来测量电极电势。例如，常用甘汞电极代替标准氢电极。甘汞电极电势稳定，便于保管，使用方便。饱和甘汞电极（SCE）在 298.15 K 下的电极电势为 0.2412 V，是最常用的参比电极。因此，我们在给出任何电极系统的电极电势时，务必同时给出相应的参比电极，若不给出就默认是标准氢电极（SHE）。

### 6.3.2　平衡电极电势与能斯特方程

当电极处于非标准状态时，其电极电势将随浓度(压力)、温度等因素变化。电极反应处于平衡状态时的电极电势为**平衡电极电势**。对于任意给定的电极反应：

$$a\,\text{氧化态} + z\text{e} \rightleftharpoons b\,\text{还原态}$$

能斯特(Nernst)给出了一个计算其平衡电极电势的公式，即**能斯特方程**：

$$\varphi^{平} = \varphi^{\ominus} - \frac{RT}{zF}\ln\frac{(c_{还原态}/c^{\ominus})^b}{(c_{氧化态}/c^{\ominus})^a} \tag{6-20}$$

式中：$\varphi^{平}$ 为电极的平衡电极电势(V)；$\varphi^{\ominus}$ 为电极的标准电极电势(V)；$z$ 为电极反应中转移的电子数；$R$ 为气体常数(8.314 J·mol$^{-1}$·K$^{-1}$)；$F$ 为法拉第常数(96485 C·mol$^{-1}$)；$T$ 为温度(K)；$c_{氧化态}$ 和 $c_{还原态}$ 为电极反应中氧化态和还原态物质的浓度(mol·dm$^{-3}$)；$c^{\ominus}$ 为标准体积摩尔浓度(1.0 mol·dm$^{-3}$)。

在能斯特方程中：各物质浓度的指数等于电极反应中各物质的化学计量数绝对值；如果电极反应方程中有 $H^+$、$OH^-$，需配平方程，并将所有参与反应的物质的浓度代入计算；若有固体、纯液体参与反应，它们的浓度不列入方程中；若有气体参与反应，则以气体的分压 $p/p^{\ominus}$ 代替浓度进行计算。

当温度为 298.15 K 时，将 $F$、$R$ 值代入式(6-20)，则能斯特方程可简化为

$$\varphi^{平} = \varphi^{\ominus} - \frac{0.0592}{z}\lg\frac{(c_{还原态}/c^{\ominus})^b}{(c_{氧化态}/c^{\ominus})^a} \tag{6-21}$$

**例 6-1**　在 298.15 K 时，计算 $Cd|Cd^{2+}$(0.10 mol·L$^{-1}$)和 $Pt|Sn^{4+}$(0.1 mol·L$^{-1}$)，$Sn^{2+}$(0.001 mol·L$^{-1}$)两个电极系统的平衡电极电势。如果二者组成原电池，写出原电池图示和电池反应。

**解**：查标准电极电势表(附表 10)，得到两个电极的 $\varphi^{\ominus}$：

$$Cd^{2+} + 2e \rightleftharpoons Cd,\quad \varphi^{\ominus}(Cd^{2+}/Cd) = -0.403\ \text{V}$$

$$Sn^{4+} + 2e \rightleftharpoons Sn^{2+},\quad \varphi^{\ominus}(Sn^{4+}/Sn^{2+}) = 0.154\ \text{V}$$

将各物质相应的浓度代入能斯特方程：

$$\begin{aligned}\varphi(Cd^{2+}/Cd) &= \varphi^{\ominus}(Cd^{2+}/Cd) - \frac{0.0592}{2}\lg\frac{1}{c(Cd^{2+})/c^{\ominus}}\\ &= -0.403 - \frac{0.0592}{2}\lg\left(\frac{1}{0.10/1.0}\right) = -0.433(\text{V})\end{aligned}$$

$$\begin{aligned}\varphi(Sn^{4+}/Sn^{2+}) &= \varphi^{\ominus}(Sn^{4+}/Sn^{2+}) - \frac{0.0592}{2}\lg\frac{c(Sn^{2+})/c^{\ominus}}{c(Sn^{4+})/c^{\ominus}}\\ &= 0.154 - \frac{0.0592}{2}\lg\frac{0.001/1.0}{0.1/1.0} = 0.213(\text{V})\end{aligned}$$

由于 $\varphi(Sn^{4+}/Sn^{2+})$ 大于 $\varphi(Cd^{2+}/Cd)$，所以 $Sn^{4+}/Sn^{2+}$ 电对为正极，$Cd^{2+}/Cd$ 电对为负极。该原电池图示为

(−)$Cd|Cd^{2+}$(0.10 mol·L$^{-1}$) ‖ $Sn^{4+}$(0.1 mol·L$^{-1}$)，$Sn^{2+}$(0.001 mol·L$^{-1}$)|Pt(+)

正极发生还原反应：$Sn^{4+} + 2e \longrightarrow Sn^{2+}$；

负极发生氧化反应：$Cd \longrightarrow Cd^{2+} + 2e$；

电池总反应为：$Sn^{4+} + Cd \longrightarrow Sn^{2+} + Cd^{2+}$。

**例 6-2**　当 $T$=298.15 K，$p(O_2)$=100 kPa，pH=7 时，计算平衡电极电势 $\varphi(O_2/OH^-)$。

**解**:查附表10得,$\varphi^\ominus(O_2/OH^-)=0.401\ V$,电极反应为:$O_2+2H_2O+4e$ ══ $4OH^-$。当pH=7时,$c(OH^-)=10^{-7}\ mol\cdot L^{-1}$。所以,根据能斯特方程,有

$$\varphi(O_2/OH^-)=\varphi^\ominus(O_2/OH^-)-\frac{0.0592}{4}\lg\frac{[c(OH^-)/c^\ominus]^4}{p(O_2)/p^\ominus}$$

$$=0.401-\frac{0.0592}{4}\lg\frac{(10^{-7})^4}{1}=0.815(V)$$

注意,当$H^+$或$OH^-$直接参与电极反应时,或者当某种反应物或产物的稳定性受到溶液的酸碱度影响时,电解质溶液的pH值会明显影响电极电势。

**例6-3**　在酸性介质中用高锰酸钾($KMnO_4$)作氧化剂,其电极反应为:$MnO_4^-+8H^++5e$ ══ $Mn^{2+}+4H_2O$。当$c(MnO_4^-)=c(Mn^{2+})=1\ mol\cdot L^{-1}$,pH=5时,$\varphi(MnO_4^-/Mn^{2+})$为多少?

**解**:查附表10得,$\varphi^\ominus(MnO_4^-/Mn^{2+})=1.507\ V$。

根据能斯特方程,有

$$\varphi(MnO_4^-/Mn^{2+})=\varphi^\ominus(MnO_4^-/Mn^{2+})-\frac{RT}{zF}\ln\frac{c(Mn^{2+})/c^\ominus}{[c(MnO_4^-)/c^\ominus][c(H^+)/c^\ominus]^8}$$

$$=1.507-\frac{0.0592}{5}\lg\frac{1}{1\times(10^{-5})^8}=1.03(V)$$

从以上两例可以看出,电极反应中有$H^+$或者$OH^-$参与时,介质的酸碱性对氧化还原电对的电极电势影响较大。例6-3中,当$c(H^+)$从$1.0\ mol\cdot L^{-1}$降至$10^{-5}\ mol\cdot L^{-1}$时,$\varphi(MnO_4^-/Mn^{2+})$从1.507 V降到1.03 V,使$MnO_4^-$的氧化能力减弱。可见,$KMnO_4$在酸性介质中氧化能力较强。

### 6.3.3　电极电势的应用

**1)计算原电池的电动势**

根据原电池电动势的定义,当没有电流流过,原电池正极、负极都处于平衡态时,其正极和负极平衡电极电势的差就等于原电池的电动势。因此,应用标准电极电势$\varphi^\ominus$和能斯特方程分别计算出正极、负极的平衡电极电势($\varphi_+^{平}$和$\varphi_-^{平}$),二者之差即为原电池的电动势:

$$E=\varphi_+^{平}-\varphi_-^{平} \tag{6-22}$$

另外,也可以利用原电池电动势的能斯特方程来计算,即式(6-16)。先查表计算原电池标准电动势$E^\ominus$,再根据原电池总反应计算原电池电动势$E$。

**例6-4**　计算Cu-Zn原电池的标准电动势$E^\ominus$和$\Delta_rG_m^\ominus$。

**解**:$Cu^{2+}/Cu$为正极:$Cu^{2+}+2e$ ══ $Cu$,查表$\varphi^\ominus=0.3419\ V$;

$Zn^{2+}/Zn$为负极:$Zn$ ══ $Zn^{2+}+2e$,查表$\varphi^\ominus=-0.7618\ V$;

总反应为:$Cu^{2+}+Zn$ ══ $Cu+Zn^{2+}$。

$$E^\ominus=\varphi^\ominus(+)-\varphi^\ominus(-)=0.3419-(-0.7618)=1.1037(V)$$

$$\Delta_rG_m^\ominus=-zFE^\ominus=-2\times96485\times1.1037\times10^{-3}=-212.981(kJ\cdot mol^{-1})$$

**例6-5**　某电池中的一个半电池是:$Pt|Cl_2(p=100\ kPa)|Cl^-(1.0\ mol\cdot L^{-1})$,另一个半电池是:$Co|Co^{2+}(1.0\ mol\cdot L^{-1})$。$T=25$ ℃时,测得电池的电动势为1.63 V;钴电极为负极,$\varphi^\ominus(Cl_2/Cl^-)=1.36\ V$。

(1) 写出原电池图示和反应方程;

(2) 计算$\varphi^\ominus(Co^{2+}/Co)$;

(3) $Cl_2$ 的分压增大时，电池的电动势如何变化；

(4) 当 $Co^{2+}$ 浓度为 0.010 mol · L$^{-1}$时，电池的电动势是多少？

**解：**(1) 钴电极为负极，发生氧化反应：$Co(s) = Co^{2+}(aq) + 2e$；

氯电极为正极，发生还原反应：$Cl_2(g) + 2e = 2Cl^-(aq)$；

电池总反应为：$Co(s) + Cl_2(g) = Co^{2+}(aq) + 2Cl^-(aq)$。

原电池图示为

$$(-)Co|Co^{2+}(1.0\ mol \cdot L^{-1}) \| Cl^-(1.0\ mol \cdot L^{-1})|Cl_2(p=100\ kPa)|Pt(+)$$

(2) 因为 $E^\ominus = \varphi^\ominus(+) - \varphi^\ominus(-) = \varphi^\ominus(Cl_2/Cl^-) - \varphi^\ominus(Co^{2+}/Co) = 1.36 - \varphi^\ominus(Co^{2+}/Co) = 1.63(V)$，所以

$$\varphi^\ominus(Co^{2+}/Co) = 1.36 - 1.63 = -0.27(V)$$

(3) 根据能斯特方程，有

$$\varphi(Cl_2/Cl^-) = \varphi^\ominus(Cl_2/Cl^-) - \frac{0.0592}{2}\lg\frac{[c(Cl^-)/c^\ominus]^2}{p(Cl_2)/p^\ominus}$$

当 $c(Cl^-) = 1.0$ mol · L$^{-1}$时，$Cl_2$ 分压增大，$\varphi(Cl_2/Cl^-)$增大，则电动势增大。

也可用原电池电动势的能斯特方程进行判断。

(4) $c(Co^{2+}) = 0.010$ mol · L$^{-1}$时，根据能斯特方程，有

$$\varphi(Co^{2+}/Co) = \varphi^\ominus(Co^{2+}/Co) - \frac{0.0592}{2}\lg\frac{1}{c(Co^{2+})/c^\ominus} = -0.33\ V$$

$$E = \varphi(Cl_2/Cl^-) - \varphi(Co^{2+}/Co)$$

**例 6-6**　判断 $Zn|Zn^{2+}(0.001\ mol \cdot L^{-1})$和 $Zn|Zn^{2+}(1.0\ mol \cdot L^{-1})$两个电极所组成的原电池的正负极，并计算此电池在 298.15 K 时的电动势。

**解：**根据能斯特方程，有

$$\varphi_1(Zn^{2+}/Zn) = \varphi^\ominus(Zn^{2+}/Zn) - \frac{0.0592}{2}\lg\frac{1}{c(Zn^{2+})/c^\ominus}$$

$$= -0.7618 - \frac{0.0592}{2}\lg\frac{1}{0.001}$$

$$= -0.8506(V)$$

$$\varphi_2(Zn^{2+}/Zn) = \varphi^\ominus(Zn^{2+}/Zn) = -0.7618\ V$$

显然，$Zn|Zn^{2+}(0.001\ mol \cdot L^{-1})$为负极，$Zn|Zn^{2+}(1.0\ mol \cdot L^{-1})$为正极。

其电动势为

$$E = \varphi_2(Zn^{2+}/Zn) - \varphi_1(Zn^{2+}/Zn) = (-0.7618) - (-0.8506) = 0.089(V)$$

该原电池总反应实际上为 $Zn^{2+}$ 由高浓度向低浓度的转化过程。这种由相同电极组成，仅因离子浓度不同而产生电流的电池称为**浓差电池**。浓差电池的电动势甚小，不能作电源用。

一般在使用能斯特方程时，可以进行简化，不写出 $c^\ominus$项，但需注意，在涉及气体参与的反应时，不要忘记使用 $p/p^\ominus$(100 kPa)。

**2）比较氧化剂与还原极的相对强弱**

电极电势的大小反映了电极反应中氧化态物质和还原态物质在水溶液中氧化还原能力的相对大小。某电极的电极电势的代数值越小，其构成原电池时越容易作负极，发生氧化反应，其还原态物质越容易失去电子，还原能力越强，其相应的氧化态物质的氧化能力越弱；某电极的电极电势的代数值越大，其构成原电池时越容易作正极，发生还原反应，其氧化态物质越容易得到电子，氧化能力越强，其相应的还原态物质的还原能力越弱。总体而言，**电极电势值越**

**大，电对中氧化态物质的氧化能力越强；电极电势值越小，电对中还原态物质的还原能力越强。**

例如，比较下列三个电对。

(1) 电对 $I_2/I^-$：电极反应为 $I_2+2e=\!=\!=2I^-$，已知 $\varphi^\ominus=0.5355\ V$。

(2) 电对 $Fe^{3+}/Fe^{2+}$：电极反应为 $Fe^{3+}+e=\!=\!=Fe^{2+}$，已知 $\varphi^\ominus=0.771\ V$。

(3) 电对 $Br_2/Br^-$：电极反应为 $Br_2+2e=\!=\!=2Br^-$，已知 $\varphi^\ominus=1.066\ V$。

从它们的标准电极电势可以看出，在离子浓度均为 $1.0\ mol\cdot L^{-1}$ 的条件下，$I^-$ 是其中还原能力最强的还原剂，$Br_2$ 是其中还原能力最强的氧化剂。各氧化态物质的氧化能力的强弱顺序为 $Br_2>Fe^{3+}>I_2$。各还原态物质的还原能力的强弱顺序为 $I^->Fe^{2+}>Br^-$。

注意，一般可以直接用 $\varphi^\ominus$ 来进行判断，但当实际状态偏离标准状态较远，或还有其他离子（如 $H^+$ 或 $OH^-$）参与电极反应时，必须用能斯特方程计算的实际状态下的 $\varphi$ 来进行比较！

**3）判断氧化还原反应的方向**

原电池的总反应通常为氧化还原反应，在 6.2.3 节中，我们已经给出了用原电池电动势 $E$ 来判断氧化还原反应方向的判据。因此，我们可以假设一个原电池，使其电池反应正好是所需判断的氧化还原反应，然后根据上述计算原电池电动势的方法，计算原电池电动势，最后用原电池电动势 $E$ 来判断氧化还原反应方向。

一般情况下，可用标准电极电势 $\varphi^\ominus$ 进行判断，对于反应：

$$Sn^{2+}+2Fe^{3+}=\!=\!=Sn^{4+}+2Fe^{2+}$$

若为原电池，则 $Fe^{3+}/Fe^{2+}$ 电极为正极，$Sn^{4+}/Sn^{2+}$ 电极为负极。查表得到：$\varphi^\ominus(Sn^{4+}/Sn^{2+})=0.154\ V$，$\varphi^\ominus(Fe^{3+}/Fe^{2+})=0.771\ V$，$E^\ominus=\varphi^\ominus(Fe^{3+}/Fe^{2+})-\varphi^\ominus(Sn^{4+}/Sn^{2+})=0.617\ V>0$。所以，上述氧化还原反应在标准状态下可以正向自发进行。从另一个角度来看，$\varphi^\ominus$ 代数值较大的电对中的氧化态物质 $Fe^{3+}$ 是氧化能力较强的氧化剂，而 $\varphi^\ominus$ 代数值较小的电对中的还原态物质 $Sn^{2+}$ 是还原能力较强的还原剂。所以 $Fe^{3+}$ 可以氧化 $Sn^{2+}$，即上述反应将向正方向自发进行。

注意，当原电池两个电极的标准电极电势代数值较为接近时，就要考虑浓度对电极电势的影响，需应用能斯特方程进行判断。

**例 6-7**　在 298.15 K 下，当 $c(Pb^{2+})=0.1\ mol\cdot L^{-1}$，$c(Sn^{2+})=1.0\ mol\cdot L^{-1}$ 时，判断反应 $Pb^{2+}+Sn \rightleftharpoons Pb+Sn^{2+}$ 进行的方向。

**解**：据题给浓度条件，按能斯特方程进行计算：

$$\varphi(Pb^{2+}/Pb)=\varphi^\ominus(Pb^{2+}/Pb)-\frac{0.0592}{2}\lg\frac{1}{c(Pb^{2+})}$$

$$=-0.1262-\frac{0.0592}{2}\lg\frac{1}{0.1}=-0.1558(V)$$

$$\varphi(Sn^{2+}/Sn)=\varphi^\ominus(Sn^{2+}/Sn)=-0.1375\ V$$

因为 $\varphi(Pb^{2+}/Pb)<\varphi(Sn^{2+}/Sn)$，所以 $Sn^{2+}$ 可以氧化 Pb，反应自右向左进行。此例中，若 $c(Pb^{2+})=1.0\ mol\cdot L^{-1}$，根据标准电极电势可以判断：反应自左向右进行。由此可见，当标准电极电势代数值十分接近（如相差小于 0.2 V）时，离子浓度的较大变化有可能导致氧化还原反应方向逆转。另外，如果有 $H^+$、$OH^-$ 参与反应，则 pH 值对电极电势的影响很大，故需要用能斯特方程计算 $\varphi$ 值，再进行判断。

**4）判断氧化还原反应进行的程度**

氧化还原反应进行的程度可用该反应的平衡常数来描述，6.2.3 节给出了平衡常数 $K^\ominus$ 与

原电池标准电动势 $E^\ominus$ 之间的关系，即式(6-17)。若得到原电池氧化还原反应的标准电动势 $E^\ominus$，就可计算该反应的平衡常数 $K^\ominus$，从而了解反应进行的程度。

**例 6-8** $T=298.15$ K 时，计算反应 $Cu+2Ag^+ \rightleftharpoons Cu^{2+}+2Ag$ 的平衡常数。

**解**：根据此反应组成的原电池，其两极反应分别如下。

正极反应：$2Ag^+ + 2e = 2Ag$，　$\varphi^\ominus(Ag^+/Ag)=0.7990$ V；

负极反应：$Cu = Cu^{2+}+2e$，　$\varphi^\ominus(Cu^{2+}/Cu)=0.3419$ V。

所以，$E^\ominus=0.7990-0.3419=0.4571$(V)。

根据式(6-17)，有

$$\lg K^\ominus=\frac{zFE^\ominus}{2.303RT}=15.45$$

$$K^\ominus=10^{15.45}=2.82\times10^{15}$$

计算结果表明，$K^\ominus$ 很大，此反应向正方向进行得很彻底。

但是，必须指出的是，上述对氧化还原反应方向和程度的判断方法都是以热力学为基础的电化学方法，它们并未涉及反应速率，因此，对于被电化学方法认定可以自发进行的反应，甚至可以进行到底的反应，实际上我们可能完全察觉不到该反应发生。例如，氢气与氧气合成水的反应：

$$\frac{1}{2}O_2(g)+H_2(g) = H_2O(l)$$

$E^\ominus=1.229$ V，298.15 K 时，$K^\ominus\approx3.3\times10^{41}$，反应可以进行得很彻底。但是，我们察觉不到它的发生。这是因为该反应的活化能很大，反应速率很小。

**例 6-9** 已知 $AgCl+e = Ag+Cl^-$，$\varphi^\ominus=0.2223$ V；$Ag^+ + e = Ag$，$\varphi^\ominus=0.7990$ V。求 AgCl 的 $K_{sp}^\ominus$。

**解**：把以上两电极反应组成原电池，则 $Ag^+/Ag$ 电极为正极，AgCl/Ag 电极为负极。

电池反应为

$$Ag^+ + Cl^- = AgCl$$

因为

$$K^\ominus=\frac{1}{[c(Ag^+)/c^\ominus]\cdot[c(Cl^-)/c^\ominus]}=\frac{1}{K_{sp}^\ominus}$$

$$\lg K^\ominus=\frac{zE^\ominus}{0.0592}=\frac{1\times(0.7990-0.2223)}{0.0592}=9.74$$

所以

$$\lg K_{sp}^\ominus=-9.74,\quad K_{sp}^\ominus=1.8\times10^{-10}$$

## 6.4 极化与超电势

### 6.4.1 电极的极化现象

在原电池或电解池中，当没有电流在两极之间流动时，电极上无电流通过，电极处于平衡状态，其电极电势为平衡电极电势。但是，当电流流过电极时，电极反应将向一定的方向(氧化或还原方向)进行，电极系统发生物质和能量的变化，电极系统的化学平衡被破坏，同时其电极电势也会偏离平衡电极电势。电流通过电极时，电极电势偏离平衡电极电势的现象称为电极的**极化现象**,此时的电极电势称为**不可逆电极电势**或**极化电极电势**。

### 6.4.2 超电势(过电位)

为了描述电极极化的程度,可采用超电势(也称过电位)的概念。在一定的电流密度下,电极的极化电极电势 $\varphi_{极化}$ 与其平衡电极电势 $\varphi_{平衡}$ 之差称为**超电势**或**过电位** $\eta$,即 $\eta=\varphi_{极化}-\varphi_{平衡}$。需要注意的是,习惯上,超电势或过电位总为正值!

电极发生氧化反应时,电极为阳极,发生阳极极化,其电极电势变得比其平衡电极电势更大。此时,$\varphi_{极化}>\varphi_{平衡}$,阳极超电势 $\eta_a=\varphi_{极化}-\varphi_{平衡}>0$。

电极发生还原反应时,电极为阴极,发生阴极极化,其电极电势变得比其平衡电极电势更小。此时,$\varphi_{极化}<\varphi_{平衡}$,阴极超电势 $\eta_c=\varphi_{平衡}-\varphi_{极化}>0$。

关于超电势的概念,需要注意以下两点:

(1) 一定的电流密度(也就是电极反应速率)是前提条件,撇开此前提条件谈电极的超电势是没有意义的;

(2) 超电势为正值,需要根据具体电极反应类型按上述方法计算其值。

超电势代表电极反应的推动力。当超电势 $\eta$ 为零时,电极反应的推动力为零,电极处于平衡状态,电极上没有净电流通过。超电势 $\eta$ 越大,电极偏离其平衡状态越远,电极反应往某一方向进行的速率会越大。电极的电流密度与其超电势 $\eta$ 之间的数学关系是电极过程动力学研究中的重要内容。

### 6.4.3 电极发生极化的原因

理论上,只要有电流流过电极,其平衡就会被破坏,电极发生极化。在连续进行的电极过程中不同步骤为控制步骤时,电极发生极化的原因是不同的,其动力学规律也不一样。下面简单介绍两种常见的极化原因。

**1) 浓差极化**

电极发生反应时,电极附近反应物的浓度和本体溶液浓度存在差别,产生浓度梯度(浓差),反应物传质速率小导致电极反应缓慢,电极电势偏离平衡电极电势的现象,称为**浓差极化**。

例如,金属银插到浓度为 $c^0$ 的 $AgNO_3$ 溶液中。电解时,若该电极作阴极,则发生的反应为 $Ag^+ + e \longrightarrow Ag$。由于阴极附近的 $Ag^+$ 沉积到电极上,阴极表面的 $Ag^+$ 浓度不断下降,若本体溶液中 $Ag^+$ 扩散到阴极附近的速率赶不上 $Ag^+$ 沉积的速率,则阴极表面 $Ag^+$ 浓度 $c^s$ 必定小于本体溶液浓度 $c^0$,这就好像把电极浸入浓度为 $c^s$ 的溶液中一样。根据能斯特方程,有

$$\varphi_{阴}^{平衡}=\varphi^{\ominus}(Ag^+/Ag)+\frac{RT}{F}\ln c^0$$

$$\varphi_{阴}^{极化}=\varphi^{\ominus}(Ag^+/Ag)+\frac{RT}{F}\ln c^s$$

由于 $c^s<c^0$,因此 $\varphi_{阴}^{极化}<\varphi_{阴}^{平衡}$,该电极发生阴极极化。同理可证明,阳极上浓差极化的结果是阳极极化电极电势大于其平衡电极电势。由浓差极化的成因可知,用搅拌的方法可以加速传质过程,减小浓差极化。

**2) 电化学极化**

当有限电流通过电极时,由于电极反应过程的电子转移步骤(电化学步骤)进行迟缓,电极

表面带电程度与平衡状态时的不同，电极电势偏离其平衡电极电势，这种现象称为**电化学极化**，又称为“活化极化”。此时，电极表面的电化学步骤的平衡被打破。

例如，金属 M 电极表面发生阴极析氢反应（$2H^{+}+2e═H_2$）时，大量的电子传送到 M 电极表面，但该反应的反应速率太小，无法将传送过来的电子消耗掉，导致 M 电极表面的负电荷密度增大，使电极发生阴极极化。

电化学极化主要由电极反应的本性决定，与外界条件基本无关，因此搅拌难以消除电化学极化。

### 6.4.4　原电池中的极化现象

电极电势与电流密度之间的关系曲线称为**极化曲线**，极化曲线的形状和变化规律反映了电化学过程的动力学特征。原电池中两个电极的极化曲线示意图如图 6-6 所示，图中 $\varphi_c$ 为正极（阴极）平衡电位，$\varphi_a$ 为负极（阳极）平衡电位。原电池中没有电流流过时，原电池两极处于平衡状态，此时原电池两极之间的电势差为其电动势 $E(\varphi_c-\varphi_a)$。原电池中有电流流过时，原电池正极发生还原反应，产生阴极极化，正极电势 $\varphi_c^{极化}$ 变小（$\varphi_c^{极化}<\varphi_K$）；同时原电池负极发生氧化反应，产生阳极极化，负极电势 $\varphi_a^{极化}$ 变大（$\varphi_a^{极化}>\varphi_a$）。此时原电池两极之间的电势差为其“工作电压”（$\varphi_c^{极化}-\varphi_a^{极化}$）。显然，原电池两个电极发生极化会导致其工作电压小于电动势。随着原电池中电流的增大，电极极化越来越严重，其工作电压越来越小，这是我们不希望看到的结果。因此，在原电池中我们要尽可能减弱电极的极化，以增大原电池的工作电压。

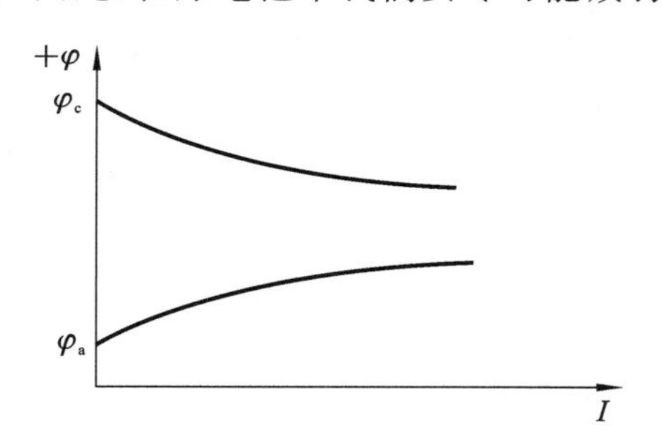


**图 6-6　原电池中两个电极的极化曲线示意图**

**【扩展阅读】　极化曲线的测量**

## 6.5　化学电源

化学电源又称为电池，是将氧化还原反应的化学能直接转化为电能的装置，如锌锰电池、镍氢电池、锂电池、燃料电池等。化学电源具有使用方便、产生的环境污染小、能量转换不受卡诺循环的限制、转换效率高等优点。化学电源的种类繁多，形式多样，在国民经济、国防建设和人们的日常生活中发挥着重要的作用。

化学电源的基本组成包括电极、电解质、隔膜和外壳。

（1）电极：包括正极和负极，由活性物质、导电材料和添加剂等组成，其主要作用是参加电极反应和导电，决定电池的电性能。电池活性物质指参与电池氧化还原反应的物质，电极导电材料若不参与电极反应则不属于活性物质。在电池设计中，原则上要求正极与负极的电势相差越大越好，因此，通常采用电势很低的活泼金属作为负极材料，如 Zn、Pb、Li 等，而采用电势较高的氧化物作为正极材料，如 $MnO_2$、$PbO_2$ 等。另外，电池活性物质的电化当量（一库伦电量所产出的电解产物量)越小越好,这样用很少的活性物质就可得到较多的电量。除此之外,还需考虑活性物质的稳定性及材料来源。

(2) 电解质:主要起保证正、负极之间离子导电的作用,有的还参与电极反应(如铅酸电池中浓硫酸)。电解质通常是水溶液,也可是凝胶、有机溶液、熔融盐或固体电解质。化学电源要求电解质的化学性质稳定,并且电导率高。

(3) 隔膜:又称为隔离物,用于防止正、负极短路,但必须允许离子顺利通过。常用的隔膜材料包括石棉纸、微孔橡胶、微孔塑料、尼龙、玻璃纤维等。

(4) 外壳:起保护电池的作用。除了酸性锌锰电池用锌筒(负极)兼作容器以外,其他电池都不用活性物质作容器。化学电源要求外壳具有良好的机械强度和抗冲击强度,并且要求其耐腐蚀、耐振动。

化学电源根据其工作原理可以大致分为一次电池(原电池)、二次电池(蓄电池)和连续电池(燃料电池)三类。下面简单介绍一些常见的化学电源。

### 6.5.1　一次电池

放电后不能再充电使其复原的电池为**一次电池**,这种电池中的活性物质只能利用一次。一次电池的特点是外形小巧、携带方便,但放电电流不大,一般用于仪器及各种电子器件中。下面简单介绍酸性锌锰电池、碱性锌锰电池和锂电池。

**1) 酸性锌锰电池**

酸性锌锰电池俗称锌锰干电池。最早的酸性锌锰电池以金属锌筒作为负极,正极为天然二氧化锰和炭粉的混合物,导电材料是石墨棒,电解质是 $NH_4Cl$(20%)、$ZnCl_2$(10%)的水溶液,并用淀粉糊作电解液保持层,即糊式电池。

锌锰干电池(糊式)的图示为

$$(-)Zn|ZnCl_2(aq,10\%),NH_4Cl(aq,20\%)(\text{糊状})|MnO_2|C(+)$$

负极反应为

$$Zn(s) = Zn^{2+}(aq)+2e$$

正极反应为

$$2MnO_2(s)+2NH_4^+(aq)+2e = Mn_2O_3(s)+2NH_3(aq)+H_2O(l)$$

电池总反应为

$$Zn(s)+2MnO_2(s)+2NH_4^+(aq) = Zn^{2+}(aq)+Mn_2O_3(s)+2NH_3(aq)+H_2O(l)$$

该电池开路电压为 1.5 V,放电电压稳定。其由于采用液体电解质,并有游离水产生,因此低温性能差,防漏性能欠佳。正极产生的 $NH_3$ 易被石墨吸附,引起阴极极化,导致电池电压降低。

改用人工精制的化学二氧化锰或电解二氧化锰,可使电池在较高电压、较大电流下工作。同时采用 $ZnCl_2$(20%~35%)作电解质,将浆层纸(厚 0.10~0.20 mm 的牛皮纸上涂以合成糊等物质)夹在正、负极之间,防止它们互相接触,以此代替淀粉糊。这种电池称为纸板电池或氯化锌电池。

锌锰干电池(纸板式)的图示为

$$(-)Zn|ZnCl_2(aq,20\%\sim35\%)|MnO_2|C(+)$$

负极反应为

$$4Zn(s)+ZnCl_2(aq)+8OH^-(aq) = ZnCl_2\cdot 4Zn(OH)_2+8e$$

正极反应为

$$8MnO_2(s)+8H_2O(aq)+8e = 8MnOOH(aq)+8OH^-(aq)$$

电池总反应为

$$4Zn(s)+ZnCl_2(aq)+8MnO_2(s)+8H_2O = ZnCl_2 \cdot 4Zn(OH)_2+8MnOOH(aq)$$

纸板式锌锰干电池的开路电压为 1.5 V，放电电压稳定。水作为反应物被消耗，并转化为结晶水，大大提高了电池的防漏性能。目前，糊式电池逐渐为纸板式电池所取代，成为使用最普遍的干电池。

常用的锌锰干电池结构有圆筒式(见图 6-7)和叠层式(见图 6-8)两种。叠层式锌锰干电池单体电池的正、负极都是片状，中间放置含有电解质的隔板，组成单体电池。一般 6 个单体电池通过导电石墨片叠合串联起来封装成一体，即成叠层电池，所以其额定电压为 9.0 V。

在高温、潮湿环境中贮存干电池时，其自放电较为严重，主要是锌负极腐蚀。在低温下贮存时其自放电较小，所以，最好在低温、干燥环境中贮存干电池。

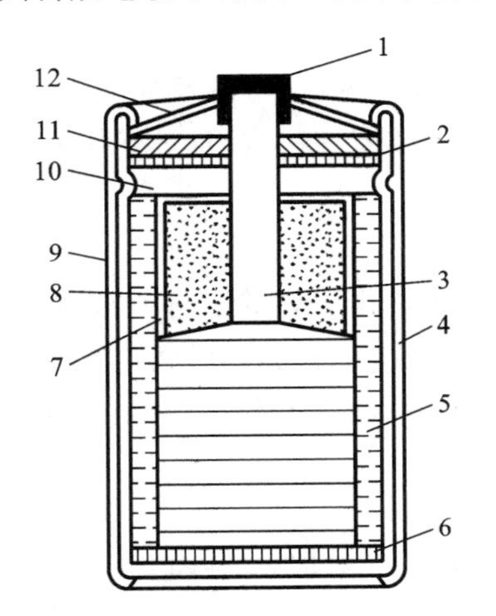


**图 6-7　圆筒式锌锰干电池的结构示意图**

1—铜帽；2—垫圈；3—炭棒；4—锌筒；
5—电解液＋淀粉糊；6—垫片；7—棉纸；
8—正极炭包；9—硬壳纸；10—空气室；
11—封口剂；12—胶纸盖

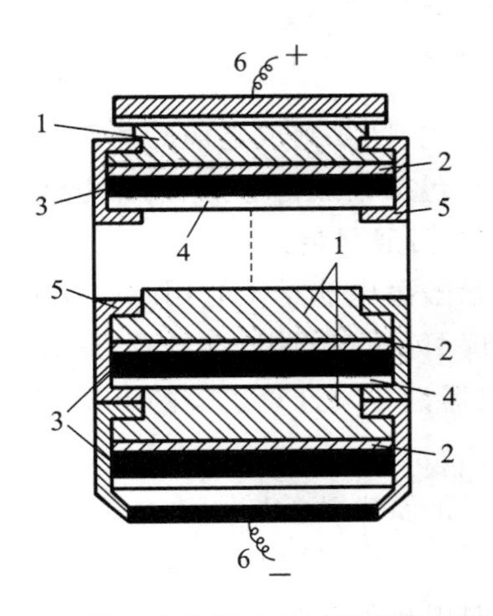


**图 6-8　叠层式锌锰干电池的结构示意图**

1—炭饼；2—浆层纸；3—锌片；
4—导电膜；5—塑料套；6—导线

**2）碱性锌锰电池**

自 20 世纪 60 年代以来，碱性锌锰电池得到迅速发展，并且已大量生产。其放电性能和贮存性能明显优于传统锌锰干电池的。碱性锌锰电池所用的电极活性物质与普通锌锰干电池的相同，但其电解质是 KOH 溶液。KOH 溶液具有很强的导电能力，电池反应机理也与干电池的不同。其原电池图示和电极反应如下。

碱性锌锰电池图示为

$$(-)Zn|KOH(aq)|MnO_2|C(+)$$

负极反应为

$$Zn(s)+2OH^-(aq) = ZnO(s)+H_2O(l)+2e$$

正极反应为

$$2MnO_2(s)+2H_2O(l)+2e = 2MnOOH(aq)+2OH^-(aq)$$

电池总反应为

$$2MnO_2(s)+Zn(s)+H_2O(l)=ZnO(s)+2MnOOH(aq)$$

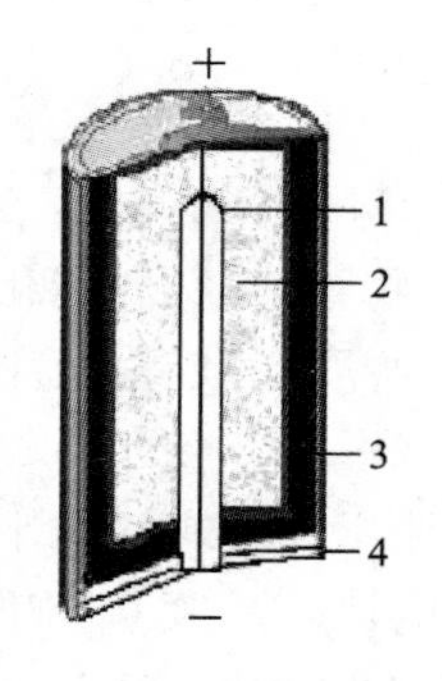


**图 6-9 碱性锌锰电池的结构示意图**

1—铜钉；2—锌粉和 KOH 的混合物；3—$MnO_2$ + C；4—钢外壳

由于锌箔在碱液中极易钝化，因此不能像干电池那样采用锌筒作负极。锌粉有足够大的比表面积，在碱液中也不易钝化，是碱性锌锰电池负极较为合适的材料。负极这一差别使碱性锌锰电池的结构与干电池的大不相同，如图 6-9 所示。

**3）锂电池**

锂电池是金属锂作为负极的电池，是非常重要的化学电源，应用于航天、国防及其他科技领域。金属锂由于密度小（0.534 $g\cdot cm^{-3}$），电化当量低，同时具有最小的标准电极电势（−3.04 V），是高能电池理想的负极活性物质。由于金属锂遇水会发生剧烈反应而易引起爆炸，因此选用非水溶液作为锂电池的电解质。

### 6.5.2 二次电池

二次电池又称为蓄电池，二次电池放电后，可以反向充电，使活性物质再生，恢复到放电前的状态，故可以重复使用，是一种电能储存器。日常生活中常见的二次电池包括铅酸蓄电池、镉镍电池、镍氢电池、锂离子电池等。

**1）铅酸蓄电池**

铅酸蓄电池是工业用蓄电池的一种，已有 160 多年的历史。由于它的原材料来源丰富，价格低廉，可循环使用，且具有成熟的回收工艺，因此应用十分广泛。目前，铅酸蓄电池主要用途为：仪器设备及计算机等的电源、开关电源、储能电源、启动电源、动力电源、照明电源及应急电源等。

铅酸蓄电池的图示为

$$(-)Pb(s)\,|\,Pb(\text{海绵状})\,|\,H_2SO_4(1.25\sim1.30\ g\cdot cm^{-3})\,|\,PbO_2\,|\,Pb(+)$$

放电时电极反应如下。

负极反应为

$$Pb(s)+SO_4^{2-}(aq)=PbSO_4(s)+2e$$

正极反应为

$$PbO_2(s)+4H^+(aq)+SO_4^{2-}(aq)+2e=PbSO_4(s)+2H_2O(l)$$

电池总反应为

$$Pb(s)+PbO_2(s)+2H_2SO_4(aq)=2PbSO_4(s)+2H_2O(l)$$

充电时电极反应为上述反应的逆反应，但还存在副反应。

负极副反应为

$$2H^+(aq)+2e=H_2(g)\text{（充电到 90\%时开始）}$$

正极副反应为

$$H_2O(l)=\frac{1}{2}O_2(g)+2H^+(aq)+2e\text{（充电到 70\%时开始）}$$

总反应为

$$H_2O(l)=H_2(g)+\frac{1}{2}O_2(g)$$

从上述反应可见，铅酸蓄电池在充放循环过程中，会导致 $H_2SO_4$ 消耗和 $H_2O$ 分解，因此，早期铅酸蓄电池在使用过程中需要补充硫酸和水。

常用铅酸蓄电池的构造如图 6-10 所示，其主要由正极板组、负极板组、隔膜、电解液和容器等组成。正、负极板由板栅和活性物质构成，板栅一般使用铅合金（如铅锑、铅钙合金），主要起支持活性物质和导电作用。铅酸蓄电池在放电状态时，负极活性物质为涂覆在板栅上的海绵状铅，正极活性物质为涂覆在板栅上的二氧化铅；充电时，正、负极活性物质都是硫酸铅。电解质溶液是浓硫酸（密度为 1.25～1.3 $g \cdot cm^{-3}$）。正、负极板之间用隔膜分隔，以避免二者短路。隔膜通常采用具有化学稳定性、电阻小、多孔的绝缘材料，如塑料微孔板（聚苯乙烯、聚氯乙烯、聚丙烯、聚乙烯）、微孔硬橡胶板、玻璃纤维棉等。铅酸蓄电池的容器一般选用耐硫酸腐蚀、具有适合强度的材料，如塑料、硬橡胶等。

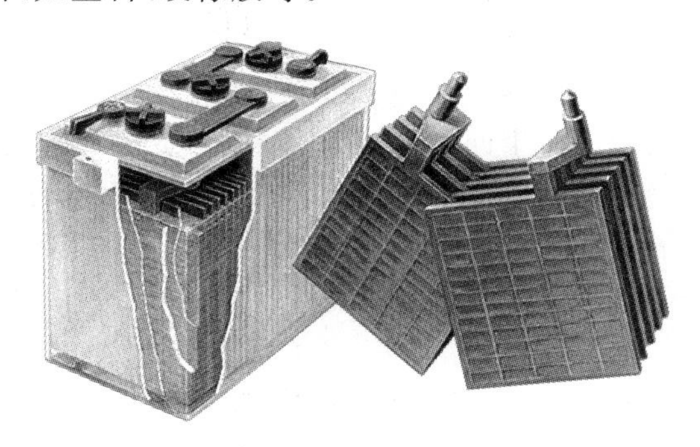

图 6-10　常用铅酸蓄电池的构造

铅酸蓄电池的电动势为 2.045 V，规定其额定电压为 2.0 V。循环寿命为 200～400 次，使用期限为 3～10 年。无论工作与否，都有自放电现象。使用一定时间后需要维护，并定期彻底充放。

【扩展阅读】阀控式铅酸蓄电池、超级铅酸电池简介

铅酸蓄电池的充放电可逆性能好、稳定可靠、温度及电流密度适应能力强、价格低，因此是二次电池中使用最广泛、技术最成熟的电池。其缺点是十分笨重，铅对环境有污染，对人体健康有危害，使用中必须注意维护，以避免热失控和浓硫酸泄漏。自 20 世纪 80 年代以来，铅酸蓄电池在轻量高能化、免维护密闭化等方面有了很大的进步。目前主要使用阀控式铅酸蓄电池，基本可以实现免维护。另外，新开发的超级铅酸电池和铅炭电池在电性能方面有了很大的提高。

**2）镉镍电池**

镉镍电池是第一代手机电池，其图示为

$$(-)Cd|KOH(6\ mol \cdot L^{-1})|NiOOH|C(+)$$

放电时电极反应如下。

负极反应为

$$Cd(s)+2OH^-(aq)=\!=\!=Cd(OH)_2(s)+2e$$

正极反应为

$$2NiOOH(s)+2H_2O(l)+2e=\!=\!=2Ni(OH)_2(s)+2OH^-(aq)$$

电池总反应为

$$Cd(s)+2NiOOH(s)+2H_2O(l)=\!=\!=2NiOH_2(s)+Cd(OH)_2(s)$$

充电时电极反应为上述反应的逆反应。从电极反应可知，放电时负极活性物质是金属 Cd，正极活性物质是半导体 NiOOH，都能导电。$OH^-$ 并没有被消耗，故电解液变化不大。但

放电后的负极产物 $Cd(OH)_2$ 和正极产物 $Ni(OH)_2$ 都是绝缘体，导电性能极差，因此在电极中必须混合导电物质来提高其导电性，否则电池不能正常工作。

镉镍电池开路电压为 1.38 V，工作电压为 1.25 V 左右，充电到 1.40～1.45 V。镉镍电池易于维护，携带方便，放电电压平稳，在常温下循环次数可达 1000～2000 次。使用寿命长，且能在低温环境下工作。其主要缺点是电压较低，具有强烈的“记忆效应”，必须定期地、彻底地充放电。另外，Cd 属于重金属，对环境和人体健康都有危害，必须注意电池回收。

不同结构的镉镍电池具有不同的用途，例如，大型袋式和开口式镉镍电池主要应用于铁路机车、装甲车辆、飞机发动机等中；圆柱密封式镉镍电池主要应用于电动工具、剃须器等小型便携式电器中；小型扣式镉镍电池主要应用于无绳电话、电动玩具等中。废弃镉镍电池会对环境造成污染，后来又开发了性能更好的镍氢电池。

**3）镍氢电池**

鉴于镉镍电池存在严重的镉污染问题，采用由贮氢合金制成的电极（吸氢电极，M. H）取代金属 Cd 作负极，采用与一般镉镍电池相同的结构组装成镍氢电池，镍氢电池又称为金属氢化物镍电池。能用作负极的贮氢合金有多种，目前已用于生产的有稀土系和钛系，如钛镍合金或镧镍合金、混合稀土镍合金等。

镍氢电池的图示为

$$(-)\mathrm{M.\,H}|\mathrm{KOH}(c)|\mathrm{NiOOH}|\mathrm{C}(+)$$

放电时电极反应（负极以镧镍合金为例）如下。

负极反应为

$$\mathrm{LaNi_5H_6+6OH^-=\!=\!=LaNi_5+6H_2O+6e}$$

正极反应为

$$\mathrm{6NiOOH+6H_2O+6e=\!=\!=6Ni(OH)_2+6OH^-}$$

电池总反应为

$$\mathrm{LaNi_5H_6+6NiOOH=\!=\!=LaNi_5+6Ni(OH)_2}$$

充电时电极反应为上述反应的逆反应。

镍氢电池电动势约为 1.20 V，无毒、不污染环境，被称为绿色环保电池。其突出优点是循环使用寿命很长，广泛应用于航天、电子、通信和混合动力汽车领域。

**4）锂离子电池**

锂离子嵌入碳中形成锂离子电池的负极，取代了传统锂电池的金属锂或锂合金负极，解决了传统锂电池的安全问题。为了与传统的锂电池区别，把这种电池叫作**锂离子电池**。需要注意的是，这是与锂电池完全不同的电池，二者不能混淆。锂离子电池作为目前移动和消费电子产品最理想的电源，在手机、笔记本、数码相机、便携摄像机、移动视听等小型电子产品上得到了广泛应用。近年来，在电动自行车和电动汽车的动力电池市场，其市场份额也越来越大。

最早锂离子电池正极采用钴酸锂（$LiCoO_2$），负极材料碳（C）采用无毒且资源充足的石油焦炭和石墨，电解质为溶解了 $LiPF_6$ 的有机体。充电时，$Li^+$ 的一部分会从正极中脱出，嵌入负极碳的层间，形成层间化合物；放电时，过程相反，如图 6-11 所示。$Li^+$ 的嵌入和脱嵌的两个过程是锂离子电池的工作原理，故锂离子电池又称为“摇椅电池”。

锂离子电池放电时的电极反应可简略表示如下。

正极反应为

$$\mathrm{Li_{1-\mathit{x}}CoO_2+\mathit{x}Li^++\mathit{x}e=\!=\!=LiCoO_2}$$

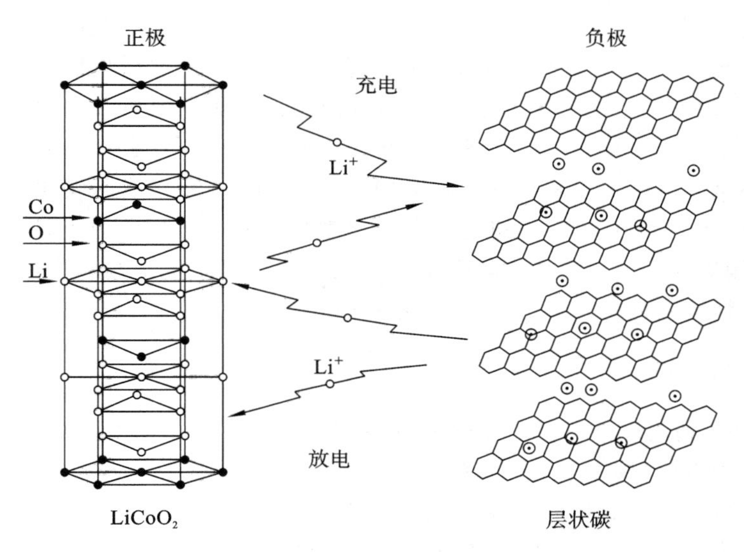


图 6-11　锂离子电池工作原理示意图

负极反应为

$$Li_xC_6 \longrightarrow 6C + xLi^+ + xe$$

电池总反应为

$$Li_{1-x}CoO_2 + Li_xC_6 \longrightarrow LiCoO_2 + 6C$$

充电时电极反应为上述反应的逆反应。锂离子电池内部为卷绕式螺旋形结构，正极与负极薄膜之间由一层具有许多细微小孔的薄膜纸隔开，卷绕后放入容器中，再注入有机电解质。正极集流体是铝箔，负极集流体是铜箔，如图 6-12 所示。

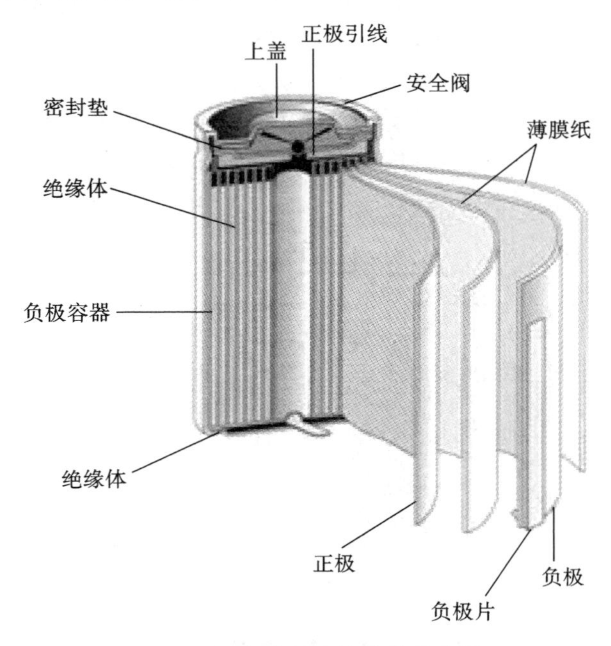


图 6-12　锂离子电池结构示意图

锂离子电池的主要优点是：开路电压高（市售电池多为 3.6 V）；比容量大（是镍镉电池的

2.5 倍，是镍氢电池的 1.5 倍）；自放电率低（<8%/月，远低于镍镉电池的 30%/月和镍氢电池的 40%/月）；循环使用寿命长（通常可以达到千次以上）；没有记忆效应。

目前，第一类锂离子电池采用液态电解质，为液态锂离子电池（LIB）。第二类锂离子电池为聚合物锂离子电池（PLIB），其将液态有机电解质吸附在一种聚合物基质（胶体电解质）上，这种电解质既不是游离电解质，也不是固体电解质。PLIB 由于没有自由电解液，不会出现漏液现象，可以采用轻的塑料包装，并将电池做成全塑料结构。这样电池更易于装配，甚至可做成超薄电池，应用更加广泛。采用固体电解质的全固态锂离子电池是未来的发展方向。有关锂离子电池更为详细的内容可参考第 10 章相关内容。

### 6.5.3　连续电池

燃料电池（FC）利用燃料（氢气、烃类等）和氧化剂（氧气、空气等）之间的氧化还原反应，将化学能直接转化为电能，其本质为燃料的燃烧（氧化）反应。燃料电池与一般电池不同，它所需的电极活性物质（还原剂、氧化剂）并不存在于电池内部，而是全部由电池外部供给。原则上，只要在放电过程中不断输入活性物质，同时将电极反应产物不断排出电池，燃料电池就可以连续不间断地工作，所以又称为“连续电池”。

1839 年，威廉 · 格罗夫（William Grove）首次制成氢氧燃料电池。20 世纪 60 年代美国成功地把燃料电池应用于双子星座号飞船和阿波罗号飞船中。20 世纪 80 年代日本引进美国技术，建立了燃料电池发电厂，大大提高了燃料的综合利用效率。许多发达国家将燃料电池的开发作为重点研究项目，相关企业也纷纷斥以巨资，燃料电池技术得到了迅速发展，特别是在发电和电动汽车领域这些企业取得了许多重要成果。随着燃料电池技术的进一步发展，燃料电池发电有可能成为在 21 世纪继火电、水电、核电后的第四代发电方式。

燃料电池的原理与一般原电池的相同，电池由电极、电解质和电极隔膜组成。负极活性物质是各种还原剂，即燃料（如氢气、肼、烃类、甲醇、煤气、天然气等），正极活性物质是各种氧化剂（如氧气、空气等）。不同的是其电极只起催化剂和传输电子的作用，不参与电池反应。为了使燃料便于进行电极反应，电极必须是多孔气体电极，同时要求电极材料具有催化剂特征。多孔碳、多孔镍，以及铂、银等贵金属是常用电极材料。电解质则有碱性溶液、酸性溶液、熔融盐、固体电解质及聚合物质子交换膜等。图 6-13 所示为氢氧燃料电池结构示意图。

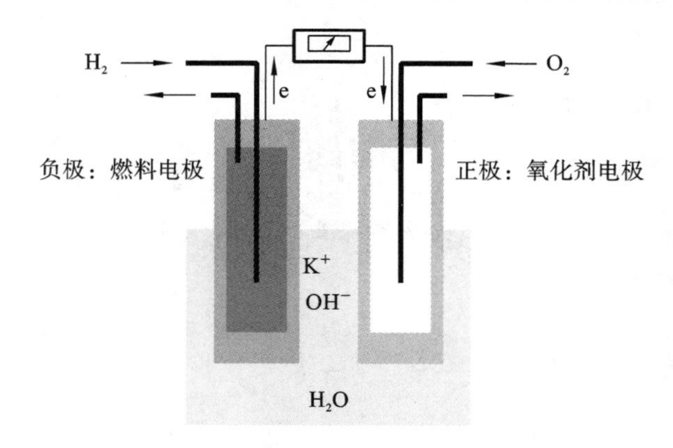


**图 6-13　氢氧燃料电池结构示意图**

图 6-13 所示的氢氧燃料电池的电极反应如下。

负极反应为

$$2H_2(g)+4OH^-(aq)=\!=\!=4H_2O(l)+4e$$

正极反应为

$$O_2(g)+2H_2O(l)+4e=\!=\!=4OH^-(aq)$$

电池总反应为

$$2H_2(g)+O_2(g)=\!=\!=2H_2O(l)$$

由此可见，氢氧燃料电池中电化学反应的实质是氢气的燃烧反应。氢氧燃料电池常用30%～50%的KOH溶液为电解液，因此又叫作碱性燃料电池。当$H_2$和$O_2$的分压为100 kPa，KOH溶液的质量分数为30%时，电池的理论电动势为1.23 V。氢氧燃料电池的电化学反应产物为水，因此对环境无污染。

燃料电池具有以下优点。

(1) 能量转换效率高。热力发电要经过化学能→热能→机械能→电能的过程，各转化步骤都有能量损失，效率要比卡诺循环效率低得多。目前热电厂的效率是：核能为30%～40%，天然气为30%～40%，煤为33%～38%，油为34%～40%；而燃料电池的效率可达60%～70%，其理论能量转换效率可达90%。其他物理电池，如温差电池效率为10%，太阳能电池效率为20%，均无法与燃料电池的相比。

(2) 环境污染小、噪声低。燃料电池可作为大、中型发电装置，使用时其突出的优点是污染物排放少。另外，燃料电池由于无机械传动设备，无噪声污染。

(3) 可在较大温度范围内工作。系统能回收中温(650 ℃)和高温(900～1050 ℃)燃料电池的废热，提高能源综合利用率。

(4) 高度可靠性。燃料电池发电装置由单个电池堆叠至所需规模的电池组构成。由于这种电池组是模块结构，因此维修十分方便。另外，当燃料电池的负载有变动时，它会很快响应并能承受，且效率变化不大。这种优良性能使燃料电池可作为电站储能电池，在电站用电高峰时起调节作用。

(5) 适应能力强。燃料电池可以使用多种初级燃料，如天然气、煤气、甲醇、乙醇、汽油；也可以使用发电厂不宜使用的低质燃料，如褐煤、废木、废纸，甚至城市垃圾，但需经专门装置将它们重整制取。

燃料电池的主要缺点是：成本较高，使用寿命较短，需要辅助系统。

根据电解质不同，燃料电池一般可分为碱性燃料电池(AFC)、磷酸燃料电池(PAFC)、熔融碳酸盐燃料电池(MCFC)、固体氧化物燃料电池(SOFC)和质子交换膜燃料电池(PEMFC)。详细内容可参考第10章相关介绍。

## 6.6　电解

### 6.6.1　电解池

**电解过程**是利用外加电能的方法使反应进行的过程，从能量变化的角度来看，是电能向化学能转化的过程。

$$H_2O(l)=\!=\!=H_2(g)+1/2O_2(g),\quad \Delta_r G_m^{\ominus}(298.15\ K)=237.19\ kJ\cdot mol^{-1}\gg 0$$

$$Cl^-(l)+Na^+(l)=\!=\!=1/2Cl_2(g)+Na(s),\quad \Delta_r G_m^{\ominus}(298.15\ K)=393.15\ kJ\cdot mol^{-1}\gg 0$$

上述两个反应都不能自发正向进行，可利用外加电能的方法迫使反应发生，将电能转化成化学能。前者就是我们通常说的水电解过程，后者是熔盐电解过程（电解熔融的 NaCl 得到碱金属 Na）。

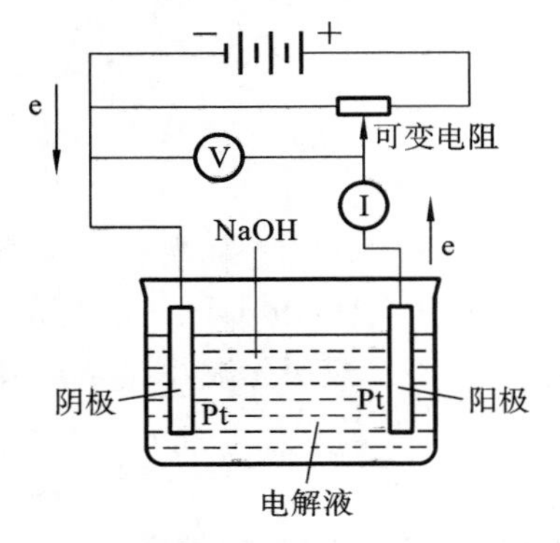


**图 6-14　电解 0.1 mol·L⁻¹ NaOH 溶液的装置示意图**

实现电解过程的装置称为**电解池**。在电解池中，与直流电源正极相连的电极是阳极（发生氧化反应），与负极相连的电极是阴极（发生还原反应）。在电解池内部，由于阳极带正电、阴极带负电，电解液中正离子向阴极移动，负离子向阳极移动，实现电流传递。离子到达电极时分别发生氧化反应和还原反应，称为离子放电，从而构成闭合的电解电流回路。

图 6-14 所示为电解 0.1 $mol \cdot L^{-1}$ NaOH 溶液的装置示意图，其中阳极和阴极均采用 Pt 电极，通电后 $Na^+$、$H^+$ 向阴极移动，$OH^-$ 向阳极移动。电极反应如下。

阴极反应为

$$4H_2O(l)+4e \xlongequal{} 2H_2(g)+4OH^-(aq)$$

阳极反应为

$$4OH^-(aq) \xlongequal{} 2H_2O(l)+O_2(g)+4e$$

总反应为

$$2H_2O(l) \xlongequal{} 2H_2(g)+O_2(g)$$

因此，上述过程实际上是电解水过程，NaOH 的作用是提高溶液的导电性。

### 6.6.2　分解电压

使电解过程能顺利进行所需的最低电压称为**分解电压**。理论上使某电解质能连续不断发生电解所必须外加的最小电压称为**理论分解电压**，其在数值上等于该电解过程作为可逆电池时的电动势。

例如，图 6-14 中电解 NaOH 溶液时，Pt 电极上析出的 $H_2$ 和 $O_2$ 会分别被吸附在铂片上，形成氢电极和氧电极，从而组成原电池，其图示为

$$(-)Pt|H_2(g),p(H_2)|NaOH(0.1\ mol\cdot L^{-1})|O_2(g),p(O_2)|Pt(+)$$

在 298.15 K，$c(NaOH)=0.1\ mol\cdot L^{-1}$，当 $p(H_2)=p(O_2)=p^\ominus$ 时，根据能斯特方程可计算出 $\varphi(O_2/OH^-)=0.815$ V，$\varphi(H^+/H_2)=-0.414$ V，则该原电池的电动势 $E=1.229$ V。这个原电池的电动势与施加的电解电压的方向是相反的，因此，要使电解顺利进行，外加电压必须至少克服这一反向的电动势，这就是理论分解电压的本质。

实际分解电压通常只能通过实验测量得到，例如，电解 NaOH 溶液时（见图 6-14），用可变电阻调节外加电压 $E$，用电流计测量流经电解池的电流 $I$，所测得的电流-电压曲线如图 6-15 所示。由图 6-15 可知，外加电压很小时，几乎无电流通过，阴极和阳极上无氢气和氧气逸出。随着 $E$ 的增大，电极表面产生少量氢气和氧气，但其压力低于大气压，无法逸出。**所产生的氢气和氧气构成了原电池**，外加电压必须克服这一反向的电动势，继续增大 $E$，$I$ 有少许增大，如图中 1—2 段所示。在 2—3 段，氢气和氧气的压力等于大气压力，氢气和氧气呈气泡逸出，反电动势达极大值 $E_{b,max}$。再增大 $E$，$I$ 迅速增大。将直线外延至$I=0$处，得到 $E_{分解}$ 值，这是使电

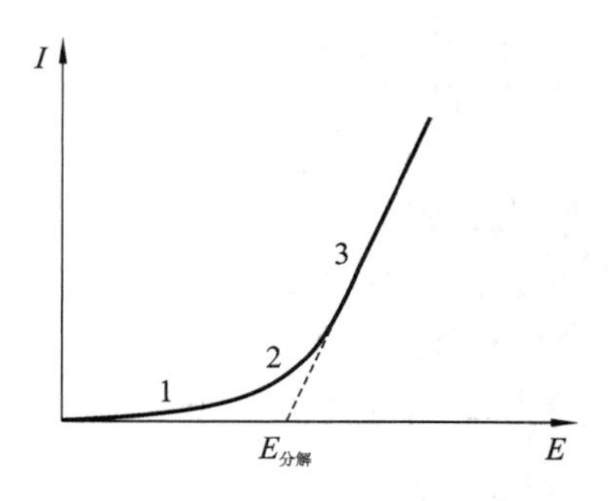

图 6-15　测定分解电压时的电流-电压曲线

解池不断工作所必须外加的最小电压，称为**实际分解电压**。

显然，实际分解电压大于理论分解电压。电解池要想顺利地进行连续反应（电流为 $I$），除了要克服作为原电池时的可逆电动势 $E_{可逆}$ 外，还要克服因极化作用而在阴极和阳极上产生的超电势 $\eta_{阴}$ 和 $\eta_{阳}$，以及电解池电阻 $R$ 所产生的电位降 $IR$。这三者的加和就是实际分解电压，如下式所示：

$$E_{分解}=E_{可逆}+(\eta_{阳}+\eta_{阴})+IR \tag{6-23}$$

由于 $E_{可逆}=\varphi_a-\varphi_c$（$\varphi_a$ 和 $\varphi_c$ 分别为阳极和阴极平衡电位），所以有

$$E_{分解}=(\varphi_a+\eta_{阳})-(\varphi_c-\eta_{阴})+IR \tag{6-24}$$

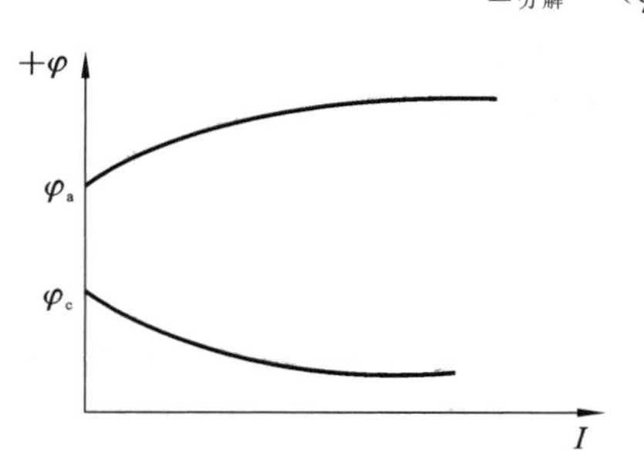

图 6-16　电解池中的两个电极的极化曲线示意图

式中：$\varphi_a+\eta_{阳}$ 是电解池通过电流 $I$ 时阳极的极化电位（发生阳极极化，电位正移）；$\varphi_c-\eta_{阴}$ 是阴极的极化电位（发生阴极极化，电位负移）。

图 6-16 所示为电解池中两个电极的极化曲线示意图。由图 6-16 可知，随着 $I$ 的增大，阳极电位增大，阴极电位减小，二者之差即为电解池的槽压（忽略电位降）。电解时我们希望 $I$ 越大越好，这样生产效率更高。但 $I$ 越大，电极极化也越大，导致电解池的槽压升高，从而使电解的能耗急剧增加。所以，在电解池中我们同样要采取各种措施来尽可能减小电极极化。

### 6.6.3　电解产物

电极电势的大小反映了电极反应中氧化态物质和还原态物质在水溶液中氧化还原能力的相对强弱，其可以直接用平衡电极电势进行判断，但当电极有电流通过时，需要用**考虑超电势后的实际电极电势（析出电势）进行判断**。析出电势是平衡电极电势和超电势的代数和。平衡电极电势可以查表计算求得，超电势只能通过实验测得。

在电解池中，特别是在电解质溶液中电解时，可能会有多种物质在电极上发生反应，这就涉及一个反应先后顺序的问题，此时必须用析出电势来判断物质的析出顺序。判别依据如下：在阳极上进行的氧化反应，首先析出的是析出电势较小（越负）的还原态物质；在阴极上进行的还原反应，首先析出的是析出电势较大（越正）的氧化态物质。下面给出了几个简单的例子。

**1）阴极反应**

阴极析出电势为

$$\varphi_{阴,析}=\varphi_{阴,平}-\eta_{阴} \tag{6-25}$$

阴极析出电势越大（正），相应的氧化态物质越先在阴极上析出。例如，298.15 K 时，用惰性电极电解中性 $AgNO_3$（1 mol·L$^{-1}$）水溶液，阴极上可能发生 $Ag^+$ 和水中 $H^+$ 的还原反应，在阴极上析出金属银或氢气。$Ag^+(aq)+e = Ag(s)$，Ag 的析出电势（金属的超电势较小，可忽略）$\varphi(Ag^+/Ag)=\varphi^{\ominus}(Ag^+/Ag)-0=0.799$ V。$2H^+(aq)+e = H_2(g,p^{\ominus})$，$H_2$ 的析出

电势(超电势为 $\eta$)$\varphi(H^+/H_2)=0.0591\lg(1\times10^{-7})-\eta=(-0.414-\eta)$ V。

显然，银的析出电势比氢气的大许多，其氧化态 $Ag^+$ 将先被还原。即使析氢时不存在超电势，银的析出也比较容易。实际上析氢时存在超电势，所以氢气的析出就更困难了。随着 Ag 的析出，阴极的电极电势逐渐变低(发生阴极极化)，当其等于氢气的析出电势时，氢气也会析出。因此在阴极上，各种物质是按其析出电势由高到低的顺序先后析出的。

**2）阳极反应**

阳极析出电势为

$$\varphi_{阳,析}=\varphi_{阳,平}+\eta_{阳} \tag{6-26}$$

阳极析出电势越小(负)，相应的还原态物质越先在阳极上析出。电解时，各种物质按析出电势由低到高的顺序先后析出。

当阳极的电极材料是金属时，一般情况下，金属阳极首先被氧化成离子而溶解。以 Pt 等惰性材料作电极，溶液中含有 $S^{2-}$、$Cl^-$、$Br^-$ 等时，优先析出的是 S、$Cl_2$ 和 $Br_2$，$O_2$ 的析出电势较高，所以一般不会析出 $O_2$($OH^-$ 放电析出 $O_2$ 的电势可以大于 1.7 V)。但是，当溶液中含有 $SO_4^{2-}$、$PO_4^{3-}$、$NO_3^-$ 等含氧酸根离子时，这些离子的析出电势很高，例如 $\varphi^{\ominus}(S_2O_8^{2-}/SO_4^{2-})=2.01$ V，此时 $OH^-$ 首先被氧化而析出氧气。

### 6.6.4　电解的应用

电解的应用很广，除了传统的电解应用以外，如电解食盐水、电解铝、金属精炼等，还包括电镀、电刷镀、阳极氧化、电化学抛光、有机电化学合成、电解加工等应用。

**1）电解工业的特点**

电解工业的特点如下。

(1) 用更强力的手段促使氧化还原反应发生，通常能使反应在室温下进行。通过调节电极电势，可改变电极反应速率。根据计算，电极电势变化 1 V，电极反应活化能将降低 40 kJ，可使反应速率增大 $10^7$ 倍，相当于温度升高 300 ℃。因此，电合成反应一般在常温常压下进行，不需要特别的加热、加压设备，可节约能源，降低设备投资成本。

(2) 可得到收率和纯度都较高的产品。利用控制电极电势和选择适当的电极、溶剂等方法，使反应按人们所希望的方向进行，故反应选择性高，副反应较少。

(3) 电化学反应产物容易分离和收集，环境污染小。电子是最干净的化学试剂，在反应体系中除了原料和生成物以外通常不含其他反应试剂。

(4) 便于自动控制，并且可连续运转。电化学过程的电参数(电流、电压)易于实现数据采集、过程自动化与控制。

电解工业的主要缺点是：需要使用大量的电能，在目前能源较紧张的条件下，较难大规模地发展。另外，电化学反应是发生在电极表面的二维空间反应，物质传递过程较复杂，反应速率受到限制。

**2）电镀**

电镀是一种常用的表面处理技术，是指通过电解的方法，在镀件表面生成另一种金属或合金，以实现表面腐蚀防护、装饰等目的。电镀的本质就是让金属离子($M^{n+}$)在另外一个金属表面得电子还原而沉积出来，因此属于阴极还原过程。电镀原理示意图如图 6-17 所示，下面以电镀锌为例简单说明电镀的原理。

电镀锌时，在电解池中将待镀的零件(镀件)作为阴极，待镀金属锌作为阳极，以锌盐溶液作为电解质，通电进行电解。电解池中两极主要反应如下。

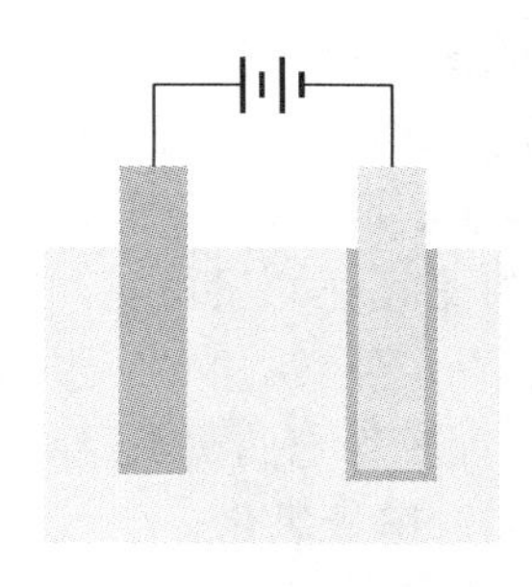

图 6-17　电镀原理示意图

阳极反应为

$$Zn(s) = Zn^{2+}(aq) + 2e$$

阴极反应为

$$Zn^{2+}(aq) + 2e = Zn(s)$$

阳极为待镀金属锌，在电解时不断产生 $Zn^{2+}$，以补充阴极阳离子的消耗。在实际电镀工艺中，不能直接用简单含锌离子的盐溶液作电解质，往往需要添加各种添加剂来控制 $Zn^{2+}$ 的沉积速度。例如，若只用硫酸锌作为电镀液，则锌离子浓度较大，会使镀层粗糙、厚薄不均匀，镀层与基体金属结合力差。若采用碱性锌酸盐镀锌，则镀层较细致光滑。这种电镀液是由氧化锌（ZnO）、氢氧化钠（NaOH）和添加剂等配制而成的。氧化锌与氢氧化钠在溶液中形成 $Na_2[Zn(OH)_4]$，$[Zn(OH)_4]^{2-}$ 配离子存在如下解离平衡：

$$[Zn(OH)_4]^{2-} \rightleftharpoons Zn^{2+} + 4OH^-$$

电镀液中 NaOH 一方面作为配位剂，另一方面可提高溶液导电性。由于$[Zn(OH)_4]^{2-}$ 配离子的形成，$Zn^{2+}$ 的浓度降低了，使金属 Zn 在镀件上析出的过程中有一个适宜的晶核生成速率，可得到细致光滑的镀层。随着电解的进行，Zn 不断放电，同时$[Zn(OH)_4]^{2-}$ 不断解离，以保证电镀液中 $Zn^{2+}$ 的浓度的稳定性。

若不采用电解的方法，而直接使用合适的还原剂，使镀液中的金属离子还原为金属而沉积在镀件表面上的镀覆工艺，叫作**化学镀**。采用化学镀，使非金属表面变为金属表面，这样非金属表面也可以进行电镀，这种工艺叫作**非金属电镀**。显然，非金属电镀需要事先将非金属表面转化为金属表面，其原理与传统电镀的原理相同。

**3）电刷镀**

电刷镀是一种局部电镀技术，其原理与上述电镀的原理一致。图 6-18 所示为电刷镀原理示意图。阴极是经过清洁处理的工件（受损机械零部件），阳极用石墨（或铂铱合金、不锈钢），外面包以棉花包套。镀笔由阳极和手柄组成。镀笔的棉花包套浸满金属电镀液，工件在操作过程中不断旋转，与镀笔保持相对运动。在把直流电源的输出电压调到一定的工作电压后，使镀笔的棉花包套部分与工件接触，电镀液刷于工件表面，就可将金属镀到工件上。

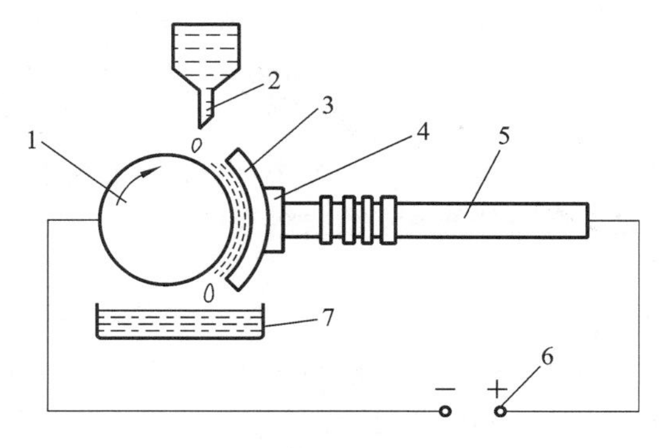


图 6-18　电刷镀原理示意图

1—工件（阴极）；2—电镀液加入管；3—棉花包套；
4—石墨（阳极）；5—镀笔；6—直流电源；7—电镀液回收盘

电刷镀的电镀液不是存放在电镀槽中，而是在电刷镀过程上不断滴加的，使之浸湿棉花包套，在直流电的作用下不断刷镀到工件表面上。这样就把固定的电镀槽改变为不固定的棉花包套，从而摆脱了庞大的电镀槽，使设备简单且操作方便。

电刷镀可以根据需要对工件进行修补，也可以采用不同的电镀液，镀上铜、锌、镍等。例如，对某远洋轮发电机的曲轴进行修复时，可先镀镍打底，再依次镀锌、镀镍、镀铬，以满足性能上的一定要求。从上述描述可见，电刷镀能以很小的代价，修复价值较高的局部损坏的机械，是一种较理想的机械维修技术。

**4）阳极氧化**

阳极氧化就是在电解过程中将金属作为阳极，使之氧化而得到厚度为 5～300 μm 的氧化膜的过程，也叫作**电化学氧化**。阳极氧化原理示意图如图 6-19 所示，其中待氧化金属作阳极，惰性金属作阴极。下面以铝合金的阳极氧化为例简单介绍其原理。

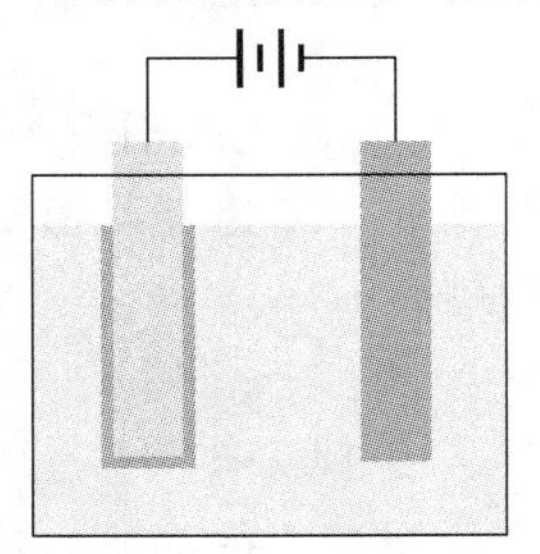

图 6-19　阳极氧化原理示意图

金属铝与空气接触后形成一层均匀而致密的氧化膜（$Al_2O_3$），该氧化膜可起到保护作用，使基底金属在一般情况下免遭腐蚀。但是这种自然形成的氧化膜厚度仅为 0.02～1 μm，保护能力不强。另外，为使铝具有较大的机械强度，常在铝中加入少量的其他元素而形成合金。但一般铝合金的耐蚀性不如纯铝的，因此常用阳极氧化的方法使其表面形成氧化膜以达到防腐蚀的目的。

将经过表面抛光、除油等处理的铝及铝合金工件作为电解池的阳极，铅板作为阴极，稀硫酸（或铬酸、草酸）溶液作为电解液。通电后，适当控制电流和电压条件，阳极的铝制工件就能被氧化生成一层氧化铝膜。主要电极反应如下。

阳极反应为

$$2Al(s)+6OH^-(aq) = Al_2O_3(s)+3H_2O(l)+6e\text{（主要）}$$

$$4OH^-(aq) = 2H_2O(l)+O_2(g)+4e\text{（次要）}$$

阴极反应为

$$2H^+(aq)+2e = H_2(g)$$

阳极氧化所得氧化膜能与金属结合得很牢固，因而大大提高了铝及其合金的耐蚀性和耐磨性，并可提高表面的电阻和热绝缘性。经过氧化处理的铝导线可作电机和变压器的绕组线圈。除此以外，氧化物保护膜还具有多孔性和很强的吸附能力，能吸附各种染料，可将各种不同颜色的染料吸附于其表面孔隙中，以使工件表面美观或用于使用时的区别标记。例如，光学仪器和仪表中有些需要降低反光性的铝合金制件的表面往往用黑色染料填封。对于不需要染色的表面孔隙，需进行封闭处理，使膜层的疏孔缩小，以改善膜层的弹性、耐磨性和耐蚀性。所谓封闭处理通常是将工件浸在重铬酸盐或铬酸盐溶液中。此时重铬酸盐或铬酸根离子能为氧化膜所吸收而形成碱式盐[$Al(OH)Cr_2O_7$ 或 $Al(OH)CrO_4$]。

**5）化学抛光与电抛光**

化学抛光与电抛光都是一种依靠优先溶解材料表面微小凹凸中的凸出部位的作用，使材料表面平滑和光泽化的加工方法。不同的是，化学抛光是依靠纯化学作用与微电池的腐蚀作用，而电抛光是借助外电源的电解作用。电抛光通过控制电压、电流等易控制的量，对抛光进行质量控制，所得产品质量一般较高。电抛光的缺点是需要用电，设备较复杂，且对于复杂零件，因电流分布不易均匀而难以抛匀。下面以电抛光为例简述其抛光原理。

将金属工件作阳极，选择在溶液中不溶解且电阻小的材料（如铅、铜、石墨、不锈钢等）作阴极。电抛光溶液视工件材料不同而异，无统一配方。用得最多的为磷酸、硫酸、铬酸，常称“三酸”抛光液。钢铁件电抛光的两个电极的主要反应如下。

阳极反应为

$$Fe(s) = Fe^{2+}(aq) + 2e$$

阴极反应为

$$Cr_2O_7^{2-}(aq) + 14H^+(aq) + 6e = 2Cr^{3+}(aq) + 7H_2O(l)$$

$$2H^+(aq) + 2e = H_2(g)$$

为什么金属工件表面的突起部分能优先溶解呢？解释不尽相同，至今没有一个公认的理论。不过，最早的也是多数人赞同的假说是黏性薄膜理论。该理论认为：当通电流时，随着金属的溶解，阳极附近生成一种黏性薄膜（见图6-20），其反应为

$$6Fe^{2+} + Cr_2O_7^{2+} + 14H^+ \longrightarrow 6Fe^{3+} + 2Cr^{3+} + 7H_2O$$

$Fe^{3+}$ 进而与溶液中的 $HPO_4^{2-}$、$SO_4^{2-}$ 等生成 $Fe_2(HPO_4)_3$、$Fe_2(SO_4)_3$ 等。这层盐膜导电不良使金属表面处于钝化状态。

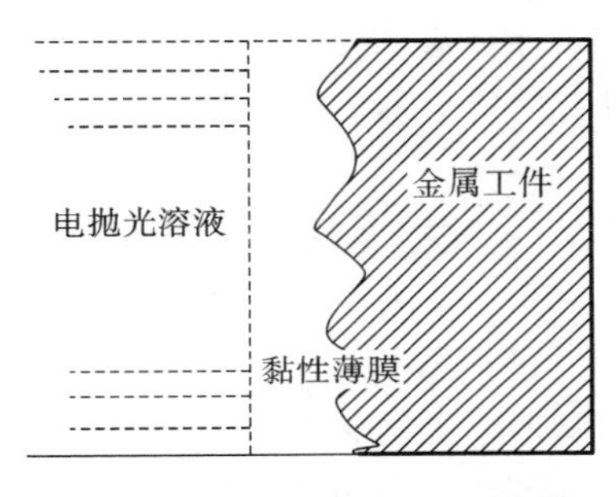


图6-20　电抛光薄膜形成示意图

凸处的薄膜较薄，凹处的薄膜较厚，因此凸处的电阻较凹处的小；同时凸处与抛光中心的金属离子浓度差较大，凸处的金属离子向中心处的扩散速率比凹处的大。这样，阳极在通电的情况下就发生了选择性溶解。显然，阳极凸处的溶解速率将大于凹处的，从而起到平整工件表面的作用。与机械抛光相比，化学抛光与电抛光最大的优越性是抛光面不发生变质、变形，且生成的耐腐蚀的钝化膜可使金属光泽持久，适用于形状复杂与细小的零件。

**6）电解加工**

电解加工是利用金属在电解液中可以发生阳极溶解的原理，将工件加工成型的一种技术，图6-21所示为电解加工原理示意图。电解加工时，将工件作阳极，模件（工具）作阴极。两极间保持很小的间隙（0.1～1 mm），使高速流动的电解液从中通过，以输送电解液和及时带走电解产物。加工开始时，由于工件与模件具有不同的形状，因此，工件的不同部位有着不同的电流密度。在阴极和阳极之间距离最近的地方，电阻最小，电流密度最大，所以在此处工件金属溶解最快。随着溶解的进行，阴极不断向阳极自动推进，阴极和阳极各部位之间的距离差逐渐缩小，直到间隙相等，电流密度均匀，此时工件表面与模件表面完全吻合。

电解加工中所用的电解液不能使阳极钝化。此外，由于电解加工使用的电流密度一般为 $25 \sim 100\ A \cdot cm^{-2}$，比电镀和电抛光的要大10～100倍，因此要求电解液具有良好的导电性能。常用的电解液是质量分数为14%～18%的NaCl溶液，其适用于大多数黑色金属和合金的电解加工。钢电解加工的电极反应如下。

阳极反应为

$$Fe(s) = Fe^{2+}(aq) + 2e$$

阴极反应为

$$2H_2O(l) + 2e = H_2(g) + 2OH^-(aq)$$

阳极溶解产物 $Fe^{2+}$ 与溶液中 $OH^-$ 结合生成 $Fe(OH)_2$，$Fe(OH)_2$ 被溶解于电解液中的氧气氧化而生成 $Fe(OH)_3$ 沉淀，$Fe(OH)_3$ 沉淀被高速流动的电解液带走。

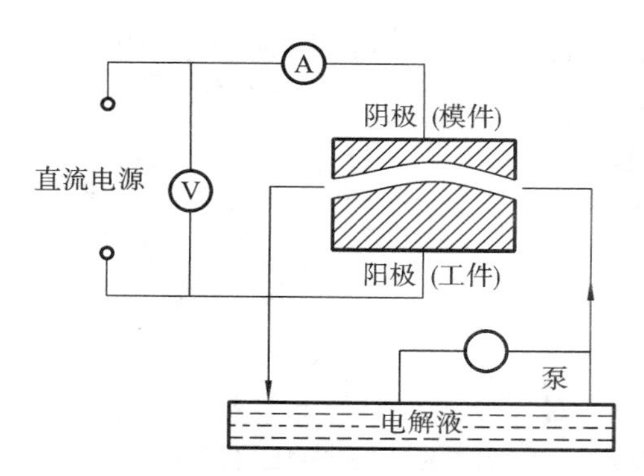


图 6-21　电解加工原理示意图

电解加工应用范围很广，可应用于特硬、特脆、特韧的金属或合金，以及复杂形面的工件，加工表面的光洁度较好，阴极几乎没有消耗。但这种方法的精度只能满足一般要求，加工后的零件有磁性，需经退磁处理。阴极必须根据工件需要设计成专门形状。

## 6.7　金属腐蚀与防护

金属和周围介质接触时，因受到化学或电化学作用而被破坏或出现性能下降现象，称为金属的腐蚀。随着工业的发展，金属腐蚀造成的危害越来越严重。据报道，我国因金属腐蚀造成的直接经济损失占国民生产总值的2%～4%，比水灾、火灾、风暴和地震等自然灾害造成的损失的总和还大。采用适当的腐蚀防护技术后，可以减小约三分之一的直接损失。因金属腐蚀造成的人员伤亡等间接经济损失更为严重，无法估计。因此，掌握金属腐蚀的规律，采用有效的防护方法，尽可能减少腐蚀造成的破坏，对国民经济建设具有重要的意义。

### 6.7.1　金属腐蚀的热力学本质

我们知道多数金属在自然界中都是以化合物的形式存在的，处于稳定的低能量状态。通过金属的冶炼，获得单质金属或合金，实际上就是施加能量，提升能量的过程，因此，单质金属处于高能量状态。金属在使用过程中发生腐蚀，变成各种金属化合物，就是高能量状态的金属单质向低能量状态的金属化合物转化的过程。从热力学观点看，金属的腐蚀就是一个能量降低的自发过程，是普遍存在的自然现象。金属在大气、土壤、水等自然环境和化学介质中都可能发生腐蚀。

### 6.7.2　化学腐蚀与电化学腐蚀

按照腐蚀机理，金属腐蚀可分为化学腐蚀和电化学腐蚀。化学腐蚀指的是金属与介质（非电解质）发生纯化学作用而引起的金属损耗，如金属的高温氧化和有机物腐蚀。电化学腐蚀是指金属和电解质发生电化学反应而引起的金属损耗，例如金属在海水、土壤和潮湿空气中发生的腐蚀。

**1）化学腐蚀**

金属表面直接与无导电性的非电解质溶液或干燥气体的某些氧化性组分发生氧化还原反应而引起的金属腐蚀称为化学腐蚀，腐蚀过程中无电化学反应发生。例如干燥空气中的 $O_2$、$H_2S$、$SO_2$、$Cl_2$ 等物质与金属接触时，在金属表面生成相应的氧化物、硫化物、氯化物等，属于

化学腐蚀。温度对化学腐蚀的速率影响很大，例如，轧钢过程中高温水蒸气对钢铁的腐蚀特别严重，具体反应为

$$Fe+H_2O \rightleftharpoons FeO+H_2$$

$$2Fe+3H_2O \rightleftharpoons Fe_2O_3+3H_2$$

$$3Fe+4H_2O \rightleftharpoons Fe_3O_4+4H_2$$

在生成由 FeO、$Fe_2O_3$、$Fe_3O_4$ 组成的氧化膜的同时，温度高于 700 ℃时，钢铁还会发生脱碳。这是因为钢铁中的渗碳体（$Fe_3C$）与高温气体发生了反应：

$$Fe_3C+O_2 \rightleftharpoons 3Fe+CO_2$$

$$Fe_3C+CO_2 \rightleftharpoons 3Fe+2CO$$

$$Fe_3C+H_2O \rightleftharpoons 3Fe+CO+H_2$$

这些反应都是可逆的。无论是在常温下还是高温下，$\Delta G$ 都是负值，因此平衡常数都很大。尤其是在高温下，腐蚀速率很可观。

脱碳反应的发生导致碳不断从邻近的尚未反应的金属内部扩散到反应区，于是金属内部的碳逐渐减少，形成脱碳层。钢铁表面的硬度和强度因脱碳层的存在而降低。此外，在电绝缘油、润滑油及含有机硫化物的原油中金属的腐蚀也都属于化学腐蚀。

**2）电化学腐蚀**

电化学腐蚀是指金属和电解质发生电化学反应而引起的金属损耗。根据电极系统的概念，可知金属与电解质接触就会构成电极系统。电化学腐蚀过程更为复杂，其主要特点是在腐蚀金属表面形成了宏观或微观的**腐蚀原电池**，即一种只能导致金属腐蚀而不能对外输出电能的**短路原电池**。

腐蚀原电池涉及以下 3 个基本过程，如图 6-22 所示。

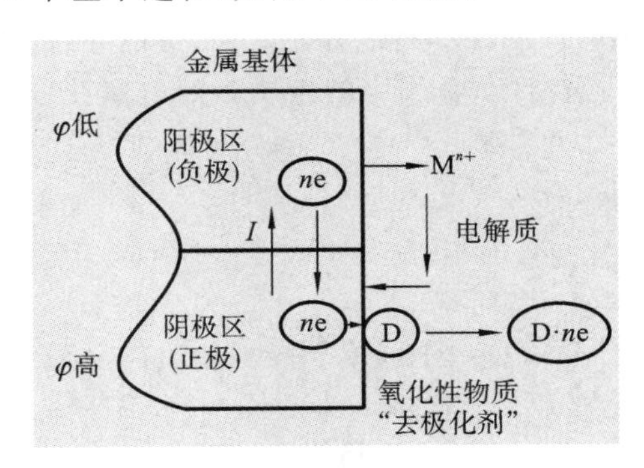


**图 6-22　腐蚀原电池结构示意图**

（1）负极发生氧化反应。金属 M 电势低作负极，失去电子被氧化，以离子形式进入溶液，被腐蚀。反应通式如下：

$$M = M^{n+}+ne$$

（2）正极发生还原反应。金属中一些杂质（如 C）或电势较大的合金作正极，溶液中的一些氧化性物质 O（如酸性溶液中的 $H^+$ 或中性和碱性溶液中溶解的 $O_2$ 等）在这些区域获得电子被还原。反应通式如下：

$$O+ne = R$$

总腐蚀反应是金属 M 被溶液中的氧化性物质 O 氧化为金属离子 $M^{n+}$ 的氧化还原反应。

（3）正负极之间电流的流动。正负极之间被金属基体短路，电子在金属导体上由阳极流

向阴极,同时离子在溶液中发生电迁移来传递电流,从而构成完整的电流回路。

显然,腐蚀原电池是以最大的不可逆方式工作的,会导致金属被持续地溶解(腐蚀)。在电解质中金属的腐蚀机制都是电化学机制。由于腐蚀原电池涉及的3个过程是串联进行的,因此,其中任何一个或几个过程被抑制,整个腐蚀过程就会被抑制。

### 6.7.3 常见的两种电化学腐蚀

电化学腐蚀中阳极反应均为金属阳极的溶解,但阴极反应可能不同。根据阴极反应的差别,最常见的电化学腐蚀有析氢腐蚀和吸氧腐蚀。

**1) 析氢腐蚀**

在酸性介质中,金属受到腐蚀的同时要析出 $H_2$,这种腐蚀称为析氢腐蚀。例如,Fe 浸在无氧的酸性介质中(如钢铁酸洗),Fe 作为阳极而被腐蚀,Fe 中的碳或其他比铁不活泼的杂质作为阴极,构成腐蚀原电池,为 $H^+$ 的还原提供反应界面,该腐蚀反应如下。

阳极(Fe)反应为

$$Fe \rightleftharpoons Fe^{2+} + 2e$$

阴极(杂质)反应为

$$2H^+ + 2e \rightleftharpoons H_2$$

总反应为

$$Fe + 2H^+ \rightleftharpoons Fe^{2+} + H_2$$

**2) 吸氧腐蚀**

在中性和碱性电解质溶液中,$H^+$ 浓度很小,由于析氢超电势的影响,难以发生析氢腐蚀。此时,溶液中的溶解氧($O_2$)会作为氧化剂而被还原,这种腐蚀称为"吸氧腐蚀"。尽管溶液中的溶解氧浓度很小,但大气中 $O_2$ 源源不断地补充,仍然可以导致金属被持续地腐蚀。

此时,金属仍作为阳极而被溶解,金属中的杂质为溶解氧获取电子提供反应界面,该腐蚀反应如下。

阳极(Fe)反应为

$$2Fe \rightleftharpoons 2Fe^{2+} + 4e$$

阴极(杂质)反应为

$$O_2 + 2H_2O + 4e \rightleftharpoons 4OH^-$$

总反应为

$$2Fe + O_2 + 2H_2O \rightleftharpoons 2Fe(OH)_2(s)$$

一般条件下,$\varphi(O_2/OH^-) > \varphi(H^+/H_2)$。大多数金属电极电势低于 $\varphi(O_2/OH^-)$,很多金属都可能发生吸氧腐蚀。甚至在酸性介质中,金属发生析氢腐蚀的同时,有氧存在时也会发生吸氧腐蚀。只是这时析氢腐蚀速率远远大于吸氧腐蚀速率,所以可以不考虑后者。

### 6.7.4 金属腐蚀的抑制方法

防止金属腐蚀的方法很多。例如,可以根据不同目的选用由不同的金属或非金属组成的耐蚀合金以防止金属腐蚀;也可以采用油漆、电镀、喷涂或表面钝化等方法防止金属腐蚀,这类方法的原理是:形成各种覆盖层而使金属与介质隔离。金属腐蚀的抑制方法概括如下。

**1) 合理选用耐蚀金属材料**

正确选用对环境介质具有耐蚀性的金属材料,是金属腐蚀防护中最积极的措施。材料选择不当，常常是造成腐蚀破坏的主要原因，而且后续再采用防护技术往往代价很大，而且效果可能不理想。所以，对于任何系统的腐蚀防护问题，优先要考虑的就是在经济成本允许的条件下合理选择耐蚀金属材料。

耐蚀合金的开发是提高金属材料耐蚀性的重要途径。例如，在炼钢时加入 Mn、Cr 等元素制成不锈钢以提高钢材的耐蚀性。然而，任何金属材料只有在一定介质和工作条件下才具有较高的耐蚀性。在一切介质和任何条件下都具有耐蚀性的材料是不存在的。目前可用于设备的材料，除了以钢铁为代表的各种金属材料以外，还包括复合材料和非金属材料。

**2）介质处理**

由腐蚀理论可知，腐蚀介质的成分、浓度、温度、流速、pH 值等均会影响金属材料的腐蚀形态和腐蚀速率。合理地调整、控制这些因素就能有效地改善腐蚀环境，达到减缓腐蚀的目的。例如，加碱调整酸性介质的 pH 值以减缓析氢腐蚀，减小亚硫酸钠溶液中的氧浓度以减缓吸氧腐蚀等。但必须注意的是，介质处理需要非常慎重，在减缓腐蚀的同时不能引起其他的不良影响。例如，增大介质 pH 值可有效减缓碳钢在中性介质中的腐蚀，但可能会出现因金属离子沉积而结垢的现象。

**3）覆盖防护层**

在金属表面覆盖油漆、搪瓷、塑料、沥青等，将金属与腐蚀介质隔开。在需保护的金属表面用电镀或化学镀的方法镀上 Au、Ag、Ni、Cr、Zn、Sn 等金属，以保护内层。

**4）缓蚀剂法**

在腐蚀介质中，加入少量能减小腐蚀速率的物质以防止腐蚀的方法叫作缓蚀剂法。所加的物质叫作缓蚀剂。在石油工业中，对于 $H_2S$ 气体和 NaCl 溶液对管道和容器的腐蚀、酸洗除锈工艺中酸对被洗金属的腐蚀、工业用水中水对容器的腐蚀、金属切削工业中切削液对金属工件的腐蚀及锅炉的腐蚀等，常使用缓蚀剂来防腐。

缓蚀剂按其组分可分为无机缓蚀剂和有机缓蚀剂两大类。

（1）无机缓蚀剂。

在中性或碱性介质中主要采用无机缓蚀剂，如铬酸盐、钼酸盐、重铬酸盐、磷酸盐、碳酸氢盐等。它们主要在金属的表面形成氧化膜或沉淀物。例如，铬酸钠（$Na_2CrO_4$）在中性水溶液中，可使铁氧化成氧化铁（$Fe_2O_3$），并与铬酸钠的还原产物（$Cr_2O_3$）形成复合氧化物保护膜，具体反应为

$$2Fe+2Na_2CrO_4+2H_2O \rightleftharpoons Fe_2O_3+Cr_2O_3+4NaOH$$

又如，在含有氧的近中性水溶液中，硫酸锌对铁有缓蚀作用。这是因为锌离子能与阴极上经 $O_2+2H_2O+4e = 4OH^-$ 反应生成的 $OH^-$ 反应生成难溶的氢氧化锌沉淀保护膜：

$$Zn^{2+}+2OH^- \rightleftharpoons Zn(OH)_2$$

碳酸氢钙[$Ca(HCO_3)_2$]也能与阴极上生成的 $OH^-$ 反应生成碳酸钙沉淀保护膜：

$$Ca^{2+}+HCO_3^-+OH^- \rightleftharpoons CaCO_3+H_2O$$

聚磷酸盐，如六偏磷酸钠[$Na_6(PO_3)_6$]的保护作用源于能形成带正电荷的胶体粒子。例如，六偏磷酸钠能与 $Ca^{2+}$ 形成$[Na_5CaP_6O_{18}]_n^{n+}$ 配离子，向金属阴极部分迁移，生成保护膜。因而对于含有一定钙盐的水，聚磷酸盐是一种有效的缓蚀剂。

（2）有机缓蚀剂。

在酸性介质中，无机缓蚀剂的效率较低，因而常采用有机缓蚀剂。它们一般是含有 N、S、O 的有机化合物。常用的缓蚀剂有乌洛托品[又称为六亚甲基四胺，$(CH_2)_6N_4$]、若丁（其主要

组分为二邻苯甲基硫脲）等。

在有机缓蚀剂中还有一类气相缓蚀剂，它们是一类挥发速率适中的物质，其蒸气能溶于金属表面的水膜中。金属制品吸附缓蚀剂后，生成的薄膜将金属包起来，就可以达到缓蚀的目的。常用的气相缓蚀剂有亚硝酸二环己烷基胺、碳酸环己烷基胺和亚硝酸二异丙基胺等。

缓蚀剂按作用原理分为氧化膜型、沉淀膜型和吸附膜型三种类型。氧化膜型缓蚀剂可使金属表面生成具有保护性的氧化膜，沉淀膜型缓蚀剂则是使金属表面形成具有保护性的沉淀膜。许多有机缓蚀剂能形成吸附膜，它的极性基团（如 $RNH_2$ 中的—$NH_2$）是亲水的，而非极性基团（如 $RNH_2$ 中的—R）是亲油的。在吸附时，它的极性基团吸附于金属表面，而非极性基团则背向金属表面。

对于缓蚀剂分子的吸附机理，主要有两种理论，即物理吸附理论和化学吸附理论。物理吸附主要依靠静电引力。含有氮、硫等元素的有机缓蚀剂在酸性水溶液中能与 $H^+$ 或其他正离子结合。这些离子能以单分子层吸附在金属表面，使酸性介质中的 $H^+$ 难以接近金属表面，从而阻碍了金属的腐蚀。

化学吸附是由缓蚀剂分子中的极性基团中心原子（如硫、氮等）的未共用电子对与金属原子形成配位键而引起的。例如，烷基胺（$RNH_2$）在铁表面上的吸附是烷基胺中的氮原子（有未共用电子对）与铁原子以配价键相结合的结果。

**5）电化学保护**

顾名思义，电化学保护是将被腐蚀金属通以极化电流，被腐蚀金属发生极化以减缓腐蚀的保护技术。电化学保护可分为**阳极保护**和**阴极保护**。

阳极保护法是用外电源，将被保护金属接电源正极，在一定的介质和外电压作用下，使金属发生阳极极化，以使其表面生成具有保护性的钝化膜，从而减缓金属的腐蚀。需要特别指出的是，一般情况下，阳极极化时，金属的溶解速率加快，因此，阳极保护法只能用于可钝化体系中金属的保护，如较浓硫酸介质中碳钢的保护。

阴极保护法是将被保护金属通以电流，使金属发生阴极极化，从而达到减缓金属腐蚀的目的。根据使金属发生阴极极化的电流的来源不同，阴极保护法又分为**牺牲阳极的阴极保护法**和**外加电流的阴极保护法**。

（1）牺牲阳极的阴极保护法。

牺牲阳极的阴极保护法是将较活泼金属或其合金连在被保护的金属上，从而形成原电池的方法。较活泼金属作为原电池的阳极而被腐蚀，被保护的金属作为阴极得到电子而达到保护的目的。一般常用的牺牲阳极材料有纯锌及锌合金、纯镁及镁合金、铝合金等。牺牲阳极的阴极保护法常用于保护海轮外壳、锅炉和海底设备。

**【扩展阅读】常用的牺牲阳极材料**

（2）外加电流的阴极保护法。

外加电流的阴极保护法是在外加直流电的作用下，用高硅铸铁或石墨等难溶性导电物质作为电解池的阳极，将被保护的金属作为电解池的阴极而进行保护的方法。

我国海轮外壳、海湾建筑物（如防波堤、闸门、浮标）、地下建筑物（如长输油管、天然气管线、水管、煤气管、电缆、铁塔脚）等大多数已采用外加电流的阴极保护法来保护，防腐效果十分明显。需要注意的是，外加电流的阴极保护法通常与防护层联合使用，这样可以降低使用的保护电流，同时增强保护效果。

应当指出的是，工程上制造金属制品时，除了选用合适的金属材料以外，还应从金属防腐的角度对结构进行合理的设计，以避免因机械应力、热应力、流体的停滞和聚集等而加速金属的腐蚀。由于金属的缝隙、拐角等应力集中部分容易成为腐蚀原电池的阳极而受到腐蚀，因此合理设计金属构件的结构是十分重要的。还应该注意的是，避免使电极电势相差很大的金属材料相互接触，例如不应该使用杜拉铝铆钉来铆接铜板。当必须把不同的金属装配在一起时，最好使用橡皮、塑料及陶瓷等不导电的材料把金属隔开。

## 本章知识要点

1. 基本概念：氧化还原反应、氧化还原电对、电极系统、电极反应、电极过程、原电池、电动势、电极电势、标准电极电势、标准氢电极、极化与超电势、化学电源、一次电池、二次电池、连续电池、燃料电池、电解、分解电压、析出电势、腐蚀原电池、析氢腐蚀，吸氧腐蚀、缓蚀剂、阳极保护、阴极保护。

2. 基本原理与基本计算：

(1) 电极反应能斯特方程，计算平衡电极电势；

(2) 原电池电动势的能斯特方程，计算原电池电动势；

(3) 桥梁公式，氧化还原反应的 $\Delta_r G_m$、$\Delta_r G_m^{\ominus}$ 与电动势 $E$、$E^{\ominus}$ 的关系，以及相关计算；

(4) 标准平衡常数 $K^{\ominus}$ 与 $\Delta_r G_m^{\ominus}$、$E^{\ominus}$ 关系，以及相关计算；

(5) 原电池电动势的不同计算方法；

(6) 实际分解电压计算；

(7) 阴极析出电势、阳极析出电势计算，电解产物判断方法。

## 习　　题

1. 当 pH＝4.0，其他离子的浓度皆为 1.0 mol·L$^{-1}$ 时，计算说明 $Cr_2O_7^{2-} + 14H^+ + 6Br^- \longrightarrow 3Br_2 + 2Cr^{3+} + 7H_2O$ 在 25 ℃下是否能自发进行。

2. 计算原电池(－)Cu|$Cu^{2+}$(1.0 mol·L$^{-1}$) ‖ Ag(1.0 mol·L$^{-1}$)|Ag(＋)在下列情况下的电动势：

(1) $c(Cu^{2+})$降至 $1.0\times10^{-3}$ mol·L$^{-1}$；

(2) 加入足量 $Cl^-$ 使 AgCl 沉淀，设 $c(Cl^-)=1.56$ mol·L$^{-1}$。

3. 对照电极电势表：

(1) 选择一种合适的氧化剂，它能使 $Sn^{2+}$ 变成 $Sn^{4+}$，$Fe^{2+}$ 变成 $Fe^{2+}$，而不能使 $Cl^-$ 变成 $Cl_2$；

(2) 选择一种合适的还原剂，它能使 $Cu^{2+}$ 变成 Cu，$Ag^+$ 变成 Ag，而不能使 $Fe^{2+}$ 变成 Fe。

4. 铜丝插入盛有 $CuSO_4$ 溶液的烧杯中，银丝插入盛有 $AgNO_3$ 溶液的烧杯中，两杯溶液用盐桥连通，若将铜丝和银丝相接，则有电流产生而形成原电池。

(1) 写出该原电池的电池符号。

(2) 在正、负极上各发生什么反应，用化学反应方程表示。

(3) 电池反应是什么？用化学反应方程表示。

(4) 原电池的标准电动势是多少？

(5) 把氨水加到 $CuSO_4$ 溶液中，电动势如何改变？如果把氨水加到 $AgNO_3$ 溶液中，则电动势又如何改变？

5. 根据电极电势表，下列金属或金属离子中，哪些会与水发生氧化还原反应？

(1) $Sn$　(2) $Mn$　(3) $Sr$　(4) $V^{2+}$　(5) $Co^{3+}$　(6) $Mn^{3+}$

6. 根据电极电势表，计算下列反应在 298.15 K 下的 $\Delta_r G^\ominus$。

(1) $Cl_2 + 2Br^- = 2Cl^- + Br_2$。

(2) $I_2 + Sn^{2+} = 2I^- + Sn^{4+}$。

(3) $MnO_2 + 4H^+ + 2Cl^- = Mn^{2+} + Cl_2 + 2H_2O$。

7. 过量的铁屑置于 0.050 mol·L$^{-1}$ $Cd^{2+}$ 溶液中，平衡后，$Cd^{2+}$ 的浓度是多少？

8. 如果下列原电池的电动势为 0.500 V(298.15 K)，则溶液的 $H^+$ 浓度应是多少？

$$Pt, H_2(100\ kPa)\,|\,H^+(?\ mol \cdot L^{-1})\,\|\,Cu^{2+}(1.0\ mol \cdot L^{-1})\,|\,Cu$$

9. 已知：$PbSO_4 + 2e = Pb + SO_4^{2-}$，$\varphi^\ominus = -0.359$ V，$Pb^{2+} + 2e = Pb$，$\varphi^\ominus = -0.126$ V。求 $PbSO_4$ 的溶度积。

10. 用两极反应表示下列物质的主要电解产物。

(1) 电解 $NiSO_4$ 溶液，阳极用镍，阴极用铁；

(2) 电解熔融 $MgCl_2$，阳极用石墨，阴极用铁；

(3) 电解 KOH 溶液，两极都用铂。

11. 电解镍盐溶液，其中 $c(Ni^{2+}) = 0.10$ mol·L$^{-1}$。如果在阴极上只要镍析出，而不析出氢气，计算溶液的最小 pH 值(设氢气在镍上的超电势为 0.21 V)。

12. 分别写出铁在微酸性水膜中和完全浸没在稀硫酸(1 mol·L$^{-1}$)溶液中发生腐蚀的两极反应。

13. 已知下列两个电对的标准电极电势如下：$Ag^+(aq) + e = Ag(s)$；$\varphi^\ominus(Ag^+/Ag) = 0.7990$ V；$AgBr(s) + e = Ag(s) + Br^-(aq)$，$\varphi^\ominus(AgBr/Ag) = 0.0730$ V。试利用 $\varphi$ 值及能斯特方程计算 AgBr 的溶度积。

14. 银不能溶于 1.0 mol·L$^{-1}$ 的 HCl 溶液，却可以溶于 1.0 mol·L$^{-1}$ 的 HI 溶液，试通过计算说明。提示：溶解反应为：$2Ag(s) + 2H^+(aq) + 2I^-(aq) = 2AgI(s) + H_2(g)$，可根据 $\varphi^\ominus(Ag^+/Ag)$ 及 $K_{sp}^\ominus(AgI)$，求出 $\varphi^\ominus(AgI/Ag)$，再进行判断。

15. 氢气($H_2$)在锌电极上的超电势 $\eta$(单位为 V)与电极上通过的电流密度 $i$(单位为 A·cm$^{-2}$)的关系为 $\eta = 0.72 + 0.116\lg i$。在 298.15 K，用 Zn 作阴极，惰性物质作阳极，电解液是浓度为 0.1 mol·L$^{-1}$ 的 $ZnSO_4$ 溶液，设 pH 为 7.0。若要使 $H_2$ 不与 Zn 同时析出，应将电流密度控制在什么范围内？提示：注意超电势对氢电极电势的影响(是增大还是减小)。

# 第7章　有机化学基础

**【内容提要】** 本章介绍了有机化合物的分类、命名方法、同分异构现象，以及主要的反应类型。通过学习，了解和掌握有机化合物的类型、命名方法、结构特征，以及常见的有机化学反应。

## 7.1　有机化合物与有机化学

在自然界中，人们经常接触到各种类型的化学物质，如生命过程中必不可少的脂肪、氨基酸、蛋白质、糖、血红素、叶绿素、酶、激素等，以及日常生活中使用的鲜花、香料、染料、棉花、石油与天然气等。尽管这些物质的结构、形态与性质差别很大，但组成这些物质的基本元素主要是碳元素和氢元素。这类物质与生命过程密切相关，因此被称为有机化合物。

有机化合物是生命过程的物质基础，所有的生物体都离不开有机化合物，生物体内的新陈代谢过程和生物的遗传现象，都涉及有机化合物的转变。这种密切关系使得人们一开始误认为有机化合物是在“生命力”的影响下产生的，即“生命力论”。1828年，德国化学家维勒(Wöhler)用氰酸铵制备了尿素，打破了从无机化合物不能得到有机化合物这个人为制造的“神话”。

后来，人们在实验室中合成了一些有用的有机化合物。例如，1845年，柯尔伯(Kolbe)合成了醋酸，1854年，柏赛罗(Berthelot)合成了油脂。此后化学工作者又陆续合成了成千上万种有机化合物。如今，蛋白质、核酸和激素等生命分子都可以成功地在实验室中合成出来。

**有机化合物一般是指含碳氢键的化合物**，因此不包括一氧化碳、二氧化碳、碳酸、碳酸盐、氰化物、硫氰化物、氰酸盐、金属碳化物等物质。但是，部分不包含碳氢键的化合物，如四氯化碳等全卤代烃，可以看作氢原子被卤素取代的产物，仍属于有机化合物。按照该定义，一些人工合成的化合物，如制冷剂氟利昂、塑料及其助剂、洗涤剂、合成药物等均属于有机化合物。

**研究有机化合物的化学称为有机化学**。有机化学是研究有机化合物的组成、结构、性质、合成、应用，以及彼此间的相互转变和内在联系规律的一门学科。

## 7.2　有机化合物的分类与命名

当前，许多有机化合物源于石油化工产品，如甲烷、乙烯、丙烯、1,3-丁二烯等。因此，国际上通用的有机化合物的分类是以纯粹的碳氢化合物，即烃的结构为基础的。烃分子中的氢原子被其他杂原子取代后，形成的化合物称为**官能团化合物**，这类化合物一般是根据官能团的结构进行分类的。

### 7.2.1　有机化合物的分类

**1) 烃类**

仅由碳原子和氢原子组成的有机化合物，称为烃。烃类化合物按照其结构的不同分为**烷**

烃、环烷烃、烯烃、炔烃和芳香烃。

不含 $\pi$ 键的烃称为**饱和烃**。饱和烃分为**开链烷烃**和**环烷烃**。开链烷烃是一类分子式为 $C_nH_{2n+2}$ 的饱和烃，单环烷烃的分子式为 $C_nH_{2n}$。最简单的开链烷烃是甲烷($CH_4$)，最简单的环烷烃是环丙烷($C_3H_6$)。

含有 $\pi$ 键的烃称为**不饱和烃**。不饱和烃分为**烯烃**、**炔烃**和**芳香烃**。烯烃是指含有简单 C=C 的不饱和烃，单烯烃的分子式为 $C_nH_{2n}$，最简单的烯烃是乙烯。炔烃是指含有简单C≡C 的不饱和烃，单炔烃的分子式为 $C_nH_{2n-2}$，最简单的炔烃是乙炔。芳香烃是一类具有特殊热稳定性和化学稳定性的不饱和烃，最简单的芳香烃是苯，苯的同系物的分子式为 $C_nH_{2n-6}$，其中 $n$ 为大于 6 的整数。

烃分子中一个及一个以上氢原子被卤素取代后形成的化合物称为**卤代烃**，包括氟代烃、氯代烃、溴代烃和碘代烃。

**2）含氧有机化合物**

烃分子中引入氧原子后形成的有机化合物称为**含氧有机化合物**。醇、酚、醚、醛、酮、羧酸及其衍生物都是含氧有机化合物。

饱和烃分子中一个及一个以上氢原子被羟基(—OH)取代后形成的化合物称为**醇**，包括一元醇、二元醇和多元醇；烯键上的氢被羟基取代后形成的化合物称为**烯醇**，苯环上的氢被羟基取代后形成的化合物称为**酚**。醇分子间发生脱水反应后形成的化合物(ROR，R 表示烷基)称为**醚**。

含有碳氧双键(C=O)的化合物称为**羰基化合物**。羰基上连有氢原子的称为醛(RCHO)，连有两个烃基的称为酮(RCOR)。羰基上连有羟基、烷氧基、卤素的分别称为羧酸(RCOOH)、酯(RCOOR)和酰卤(RCOX)。两个羧酸脱水形成酸酐[$(RCO)_2O$]。

**3）含氮有机化合物**

烃分子中引入氮原子后形成的有机化合物称为**含氮有机化合物**。胺、硝基化合物、酰胺、腈、肼等都是含氮有机化合物。

烃分子中一个及一个以上氢原子被氨基(—$NH_2$)取代后形成的化合物称为**胺**，包括伯胺、仲胺和叔胺(氮上分别连有一个烃基、两个烃基和三个烃基)。氮与烷基相连的，称为**脂肪胺**($RNH_2$)；与芳基相连的，称为**芳香胺**($ArNH_2$，Ar 表示芳香基)。

烃分子中一个及一个以上氢原子被硝基(—$NO_2$)或亚硝基(—NO)取代后形成的化合物称为**硝基化合物**或**亚硝基化合物**。

羰基上连有氨基的化合物称为**酰胺**。含有氰基(—CN)的有机化合物称为**腈**。两个氨基相连的化合物称为**肼**，又称为**联胺**。

在生物分子中，糖与脂属于含氧有机化合物，氨基酸、多肽、蛋白质及核酸属于含氮有机化合物。蛋白质和核酸分子还可以含有硫或磷原子。

### 7.2.2 有机化合物的命名

烃类化合物结构复杂，同分异构现象非常普遍。对数量庞大的有机化合物进行命名是有机化学课程的一项基本内容，也是有机化学课程的基础内容。有机化合物的命名法主要有普通命名法和 IUPAC(international union of pure and applied chemistry，国际纯粹与应用化学联合会)命名法(又称为系统命名法)。IUPAC 命名法是一种系统命名有机化合物的方法，由国际纯粹与应用化学联合会规定。中文的系统命名法是中国化学会在英文 IUPAC 命名法的基础上，结合汉字的特点制定的。最理想的情况是，具有结构式的每一种有机化合物都可以用一个确定的名称来描述它。

**1）普通命名法**

结构简单的有机化合物常采用普通命名法，结构复杂的有机化合物则要采用系统命名法，某些有机化合物又可根据其来源和性质采用俗称来命名。

在普通命名法中，烃类化合物是按分子中的碳原子的数目来命名的。例如，烃分子一般按其所含碳原子的数目命名为某烃。用正、异、新等字区别同分异构体，用“正”表示不含支链的结构，用“异”表示在链端的第二位碳原子上有一个—$CH_3$ 支链的特定结构，用“新”表示在链端的第二位碳原子上有两个—$CH_3$ 支链的特定结构。这种命名法只适用于十个碳原子以内化合物的命名。碳原子数在十以内的，分别用甲、乙、丙、丁、戊、己、庚、辛、壬、癸表示，碳原子数在十以上的，分别用汉字十一、十二……表示。

以含五个碳原子的烃为例，其链状烃分子按其分子内部饱和度的不同，可以称为戊烷、戊烯或戊炔。例如：

简单的卤代烃和醇是按烷基的名称来命名的。例如：

$CH_3CH_2CH_2CH_2Cl$ 正丁基氯　$CH_3CH(CH_3)CH_2Cl$ 异丁基氯　$CH_3CHClCH_2CH_3$ 仲丁基氯　$CH_3CCl(CH_3)CH_3$ 叔丁基氯　$C_6H_5CH_2Cl$ 苄基氯

$CH_3C(CH_3)_2CH_2OH$ 新戊醇　$HOCH_2CH_2OH$ 乙二醇　$HOCH_2CH(OH)CH_2OH$ 丙三醇　$C(CH_2OH)_4$ 季戊四醇

醚可以按分子中氧原子所连的两个烃基来命名。若两个烃基不相同，将较小的烃基写在前面；若两个烃基中有一个是不饱和的，则将不饱和烃基写在后面；若两个烃基中有一个是芳香基，则将芳香基写在前面。例如：

| $CH_3CH_2OCH_2CH_3$ | $(CH_3)_3COCH_3$ | $CH_3CH_2OCH=CH_2$ | $C_6H_5OCH_3$ | $C_6H_5OC_6H_5$ |
|---|---|---|---|---|
| 乙醚 | 甲基叔丁基醚 | 乙烯基乙醚 | 苯甲醚 | 二苯醚 |

简单的胺，可用氨基作为官能团，把它所含烃基的名称和数目写在前面，按简单到复杂先后列出，后面加上胺字。例如：

| $CH_3CH_2NH_2$ | $(CH_3CH_2)_2NH$ | $(CH_3CH_2)_3N$ | $H_2NCH_2CH_2NH_2$ | $(CH_3)_3CNH_2$ |
|---|---|---|---|---|
| 乙胺 | 二乙胺 | 三乙胺 | 乙二胺 | 叔丁胺 |

| $C_6H_5NH_2$ | $C_6H_5NHC_6H_5$ | $C_6H_5CH_2NH_2$ | $C_6H_5CH_2CH_2NH_2$ |
| --- | --- | --- | --- |
| 苯胺 | 二苯胺 | 苄（基）胺 | 苯乙胺 |

简单的醛和酮可以用普通命名法来命名，醛按氧化后所生成的羧酸的名称，将相应的“酸”改成“醛”字来命名，碳链可以从与醛基相邻的碳原子开始，用 α、β、γ…编号。酮通常按羰基所连接的两个烃基的名称来命名，简单在前，复杂在后，然后加“甲酮”，有时“基”字或“甲”字可以省去，但对于比较复杂的基团的“基”字则不能省去。例如：

| $CH_3COCH_2CH_3$ | $CH_3COCH=CH_2$ | $C_6H_5COCH_3$ | $C_6H_5COC_6H_5$ | $CH_2=CHCHO$ |
| --- | --- | --- | --- | --- |
| 甲乙酮 | 甲基乙烯基酮 | 苯甲酮 | 二苯甲酮 | 丙烯醛 |

| $CH_3CH_2CH_2CHO$ | $CH_3CH(CH_3)CHO$ | $C_6H_5CHO$ |
| --- | --- | --- |
| 正丁醛 | 异丁醛 | 苯甲醛 |

普通命名法不适用于结构复杂的有机化合物的命名。下面介绍适用于结构复杂的有机化合物的命名的系统命名法。

**2）系统命名法**

（1）烷烃的命名。

系统命名法的主要规则如下。

①选择一个最长的碳链作为主链，按这个链所含的碳原子数称为某烷，以此作为母体。例如：

$$\overset{8}{C}H_3CH_2CH_2CH_2CH_2CH_2CH_2\overset{1}{C}H_3$$

辛烷

$$\overset{12}{C}H_3CH_2CH_2CH_2CH_2CH_2CH_2CH_2CH_2CH_2CH_2\overset{1}{C}H_3$$

十二烷

②主链的碳原子编号从靠近支链的一端开始依次用阿拉伯数字标出，使支链序号最小。支链又称为**取代基**。依次列出取代基的序号、名称及母体名称。注意，在取代基的序号和名称之间加一短横线，但其与母体之间不需用横线隔开。例如：

$$\underset{8}{C}H_3CH_2CH_2CH_2CH_2CH_2CH(CH_3)\underset{1}{C}H_3$$

2-甲基辛烷

$$\underset{8}{C}H_3CH_2CH(Cl)CH_2CH_2CH_2CH(CH_3)\underset{1}{C}H_3$$

2-甲基-6-氯辛烷

③如果分子内含有几个相同的取代基，则在名称中合并列出。取代基前加上二、三、四、五、六等中文数字来表明取代基的数目，表示取代基位置的几个阿拉伯数字之间应加一逗号。如果有几个不同的取代基，它们的排列顺序依据中国化学会“有机化合物命名原则”的规定，按顺序规则中序号较小的取代基列在前，序号较大的取代基列在后。例如：

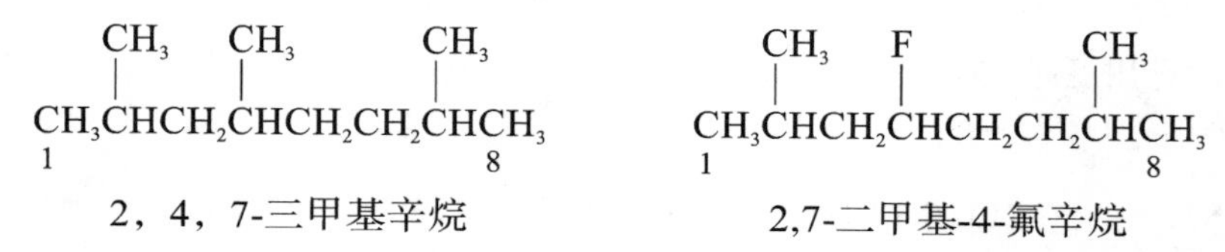

$$\underset{1}{C}H_3CH(CH_3)CH_2CH(CH_3)CH_2CH_2CH(CH_3)\underset{8}{C}H_3$$

2，4，7-三甲基辛烷

$$\underset{1}{C}H_3CH(CH_3)CH_2CH(F)CH_2CH_2CH(CH_3)\underset{8}{C}H_3$$

2,7-二甲基-4-氟辛烷

④如果两个不同取代基所在的位置从两端编号均相同时，中文命名法按顺序规则从顺序

较小的基团一端开始编号，对于此种情况，英文命名法则按取代基名称的第一个英文字母的顺序较前的先编号。例如：

$$CH_3\underset{\displaystyle Cl}{CH}CH_2CH_2CH_2CH_2\underset{\displaystyle CH_3}{CH}CH_3$$

2-甲基-7-氯辛烷
2-chloro-7-methyloctane

⑤如果支链上还有次级取代基，则从主链相连的碳原子开始，将支链的碳原子依次按1′,2′,3′…编号，支链上取代基的位置就用这个编号表示。把次级取代基的编号和名称用括号括起来写在支链序号的后面和主链名称的前面，其编号和名称用短横线隔开。例如：

11　1　1′

2，7，9–三甲基–6–(2′–甲基丙基)十一烷
或
2，7，9–三甲基–6–异丁基十一烷

⑥对于具有两个或两个以上相同长度碳链的复杂分子，应优先选取代基数目最多的碳链为主链。例如：

7　1

3-甲基-5-乙基-4-丙基庚烷
5-ethyl-3-methyl-4-propylheptane

若两条相同长度碳链上连接的取代基数目相同时，应优先选择取代基编号较小的为主链。例如：

7　1

2，5-二甲基-4-(2′-甲基丙基)庚烷
2，5-dimethyl-4-(2′-methylpropyl)heptane

在介绍上述命名法的过程中，我们提到了顺序规则，具体内容详见 7.3.2 节。

(2) 单官能团开链化合物的命名。

①主链的选择：对于分子内只含有一个官能团的有机化合物，一般选择包含官能团在内的最长碳链作为主链，但—$NO_2$、—NO 和卤素原子只作为取代基而不作为官能团。根据官能团的名称叫作某类化合物。例如：

$CH_3CH_2CH_2\underset{\displaystyle}{\overset{\displaystyle CH_3}{CH}}CH_2OH$　2–甲基–1–戊醇

$CH_3CH_2CH_2CH_2\overset{\displaystyle CH_3}{CH}OH$　2–己醇

$CH_3\overset{\displaystyle CH_3}{CH}CH_2COCH_2CH_3$　5–甲基–3–己酮

$CH_3CH_2CH_2COOCH_3$　丁酸甲酯

$CH_3CH_2CH_2CONH_2$　丁酰胺

$CH_3CH_2CH_2CH_2\overset{\displaystyle CH_2CH_3}{CH}CH_2Cl$　3-氯甲基庚烷

$CH_3NO_2$　硝基甲烷

一般而言，分子内含有羟基、羰基和羧基等官能团时，这些基团应该包含在主链中。而氨基和烷氧基在简单的化合物中作为官能团，在较复杂分子内可以作为取代基考虑。例如：

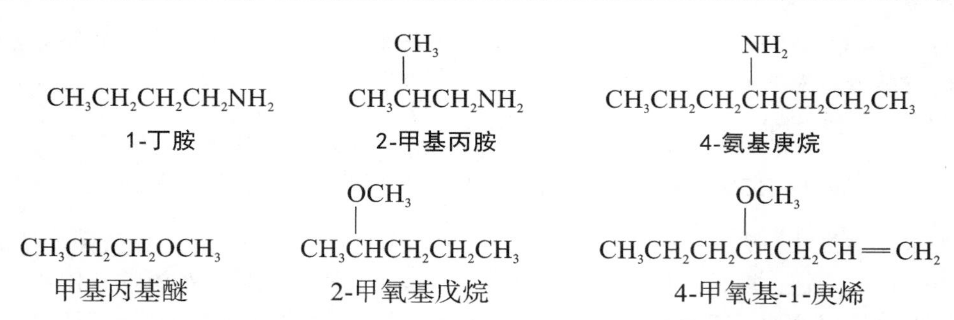


1-丁胺　2-甲基丙胺　4-氨基庚烷

甲基丙基醚　2-甲氧基戊烷　4-甲氧基-1-庚烯

②序号编写：把主链碳原子从靠近母体官能团的一端依次用阿拉伯数字编号；对于主链中连有含碳原子的官能团，如—COOH、$\rangle C{=}O$、—CHO、—C≡N 等，官能团中的碳原子应计在主链碳原子数内。若该碳原子作为碳链的第一号原子编号时，命名时不需要标出。例如：

$CH_3CH_2CH_2CH_2CH(CH_2CH_3)CH_2OH$　2-乙基-1-己醇

$CH_3CH_2CH_2CH_2CH(CH_2CH_3)COOH$　2-乙基己酸

$CH_3CH_2CH_2CH_2CH(CH_2CH_3)CH_2CN$　3-乙基庚腈

$CH_3CH_2CH_2CH_2CH(CH_2CH_3)CH{=}CH_2$　3-乙基-1-庚烯

$CH_3CH_2CH_2CH_2CH(CH_2CH_3)COCH_3$　3-乙基-2-庚酮

$CH_3CH_2CH_2CH_2CH(CH_2CH_3)CHO$　2-乙基己醛

③写出全名：写名称时，要在某烃或母体名称前写上取代基的名称及位次，阿拉伯数字与汉字之间用半字线隔开。如果主链上有几个相同的取代基或官能团，则要合并写出，并用二、三……表示其数目，位次仍用阿拉伯数字表示，阿拉伯数字之间要用“，”隔开。例如：

$CH_3CH(CH_3)CH_2CH_2CH(CH_3)CH_2OH$　2，5-二甲基-1-己醇

$CH_3CH(CH_3)CH_2CH(CH_3)CH_2CH_2COOH$　4，6-二甲基庚酸

$CH_3CH(CH_3)CH_2CH(OH)CH_2CH_3$　5-甲基-3-己醇

其他情况可以参照烷烃的命名规则进行命名。

（3）单环化合物的命名。

①当脂环或芳环上连有简单烷基或硝基、亚硝基、卤素等取代基时，以环为母体。例如：

$CH_3$　$NO_2$　$CH_3$　Br　$NO_2$　Cl　$CH_3$

甲基环戊烷　2-甲基-2-硝基环己烷　溴代环己烷　硝基苯　2-氯甲苯

②连有复杂烷基或—CH═CH—、—C≡C—、—$NH_2$、—OH、—CHO、—$SO_3H$、—COOH 等官能团时，以环为取代基，复杂烷基或官能团为母体。例如：

COOH　OH　$CH_3$　CHO

环丙基甲酸　2-甲基环己醇　环己基甲醛　2-甲基-5-环丙基庚烷

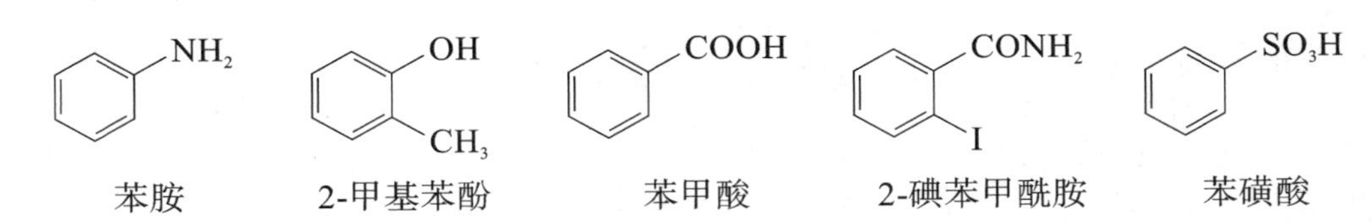


苯胺　　2-甲基苯酚　　苯甲酸　　2-碘苯甲酰胺　　苯磺酸

③杂环化合物的命名一般采用音译法命名，编号从杂原子开始。对于含两个或多个杂原子的杂环，编号时应使杂原子位次尽可能小，并按 O、S、NH、N 的顺序决定优先编号的杂原子，具体如下：

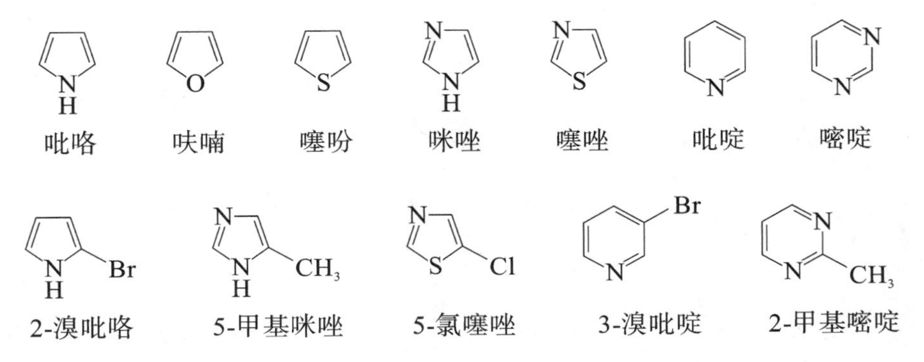


2-溴吡咯　　5-甲基咪唑　　5-氯噻唑　　3-溴吡啶　　2-甲基嘧啶

（4）多环化合物的命名。

①螺环化合物是指两个环共享一个碳原子所构成的环状化合物。根据环上碳原子的总数，螺环烃的命名为螺某烃。对于螺环，从螺原子邻位的碳原子开始，沿小环顺序编号，由第一个环顺序编到第二个环。命名时先写词头螺，再在方括弧内按编号顺序写出除了螺原子以外的环碳原子数，数字之间在右下角用圆点隔开，最后写出包括螺原子在内的碳原子数的烷烃名称。如果有取代基，在编号时应使取代基序号最小，取代基序号及名称列在整个名称的最前面。例如：

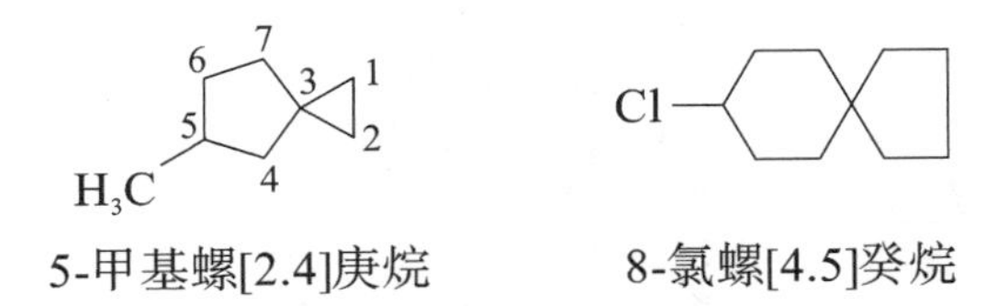


5-甲基螺[2.4]庚烷　　8-氯螺[4.5]癸烷

桥环烃的命名，以环数为词头，如二环、三环等，然后将桥头碳之间的碳原子数（不包括桥头碳）按由多到少的顺序列在方括弧内，数字之间在右下角用圆点隔开，最后写上包括桥头碳在内的桥环烃碳原子总数的烷烃名称。例如：

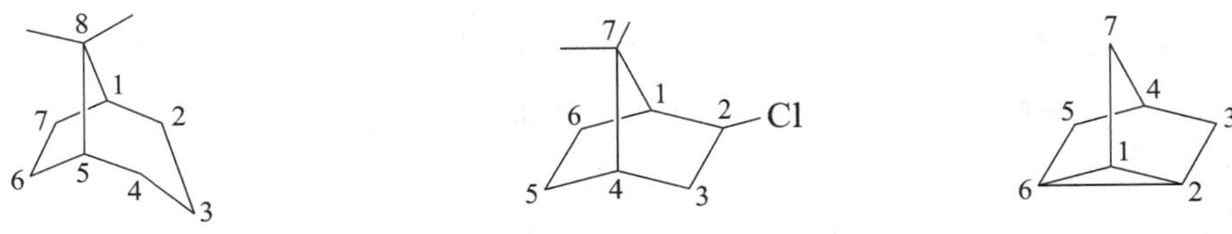


8，8-二甲基二环[3.2.1]辛烷　　2-氯-7，7-二甲基二环[2.2.1]庚烷　　三环[2.2.1.0]庚烷

2，3，7-三氯二环[4.1.0]庚烷　　3-溴-7-氟二环[4.2.0]辛烷　　2-甲基-6-氯十氢萘

②稠环芳烃的环编号有特殊的规则。对于苯并杂环的稠杂环化合物，其编号方式与稠环芳烃的相同，但一般从杂原子开始编号，然后编杂环。少数稠杂环化合物有另外的编号顺序。例如：

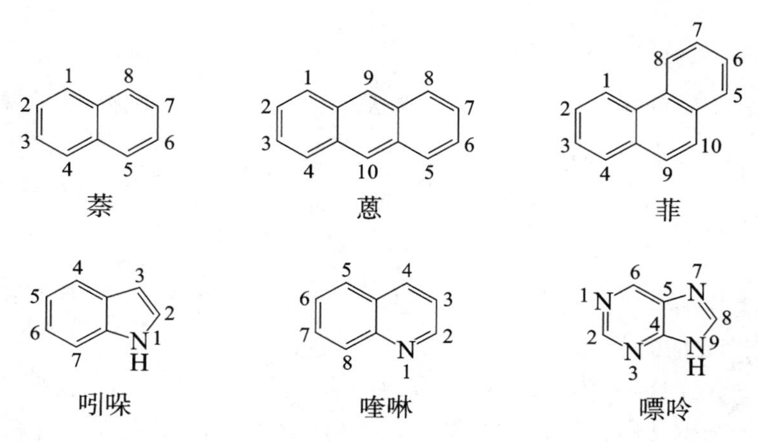

萘　　蒽　　菲

吲哚　　喹啉　　嘌呤

（5）多官能团化合物的命名。

许多有机化合物分子常含有一个以上的官能团。对这类化合物进行命名时，关键是要正确选定作为母体的官能团，并以选定的官能团作为母体来决定化合物的类别名称，其他基团都作为取代基处理。同样地，$—NO_2$、—NO、卤素只能作为取代基而不能作为母体。下面给出了主要有机基团在命名时的优先顺序：

$—COOH > —SO_3H > —SO_2NH_2 > —COOCO— > —COOR > —COX > —CONH > —CN > —CHO > —CO— > —OH > —NH_2 > —O— > —S— > \rangle C{=}C\langle > —C{\equiv}C— > —R > —X > —NO_2$

对多官能团化合物的命名的其他规则，可以参照烷烃的系统命名法。

分子内同时含有烯基和炔基的化合物，一般称为烯炔。编号时要注意，编号相同时烯优先，编号不同时，编号小的优先。例如：

$H_2C{=}CHCH_2{-}C{\equiv}CH$　　$H_2C{=}CH{-}C{\equiv}C{-}CH_3$　　$CH_3CH{=}CH{-}C{\equiv}CH$

戊-1-烯-4-炔　　戊-1-烯-3-炔　　戊-3-烯-1-炔

苯基与烯基或炔基相连时，可以将苯基看作取代基，也可以将烯基或炔基看作取代基。例如：

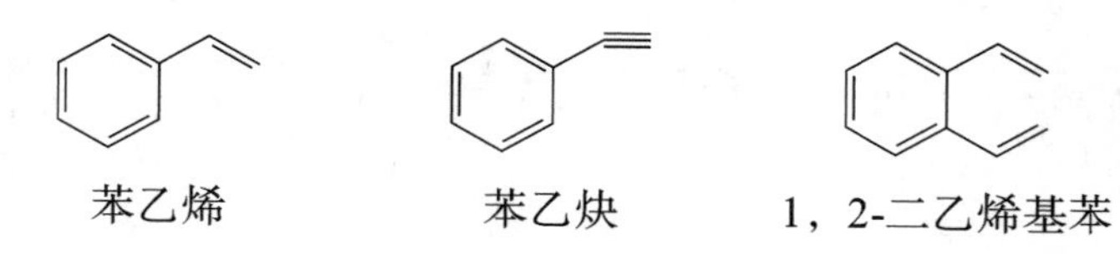

苯乙烯　　苯乙炔　　1，2-二乙烯基苯

多官能团分子在选定母体基团后，一般从端基官能团的碳原子开始编号，如羧酸、羧酸衍生物、醛等；而酮化合物的编号则从主链的一端开始，原则上要使羰基的碳原子序数最小。例如：

3-羟基丁酸　　3-酮基丁醛　　6-乙基-3-氨基-庚-6-烯酰胺　　4-环丙基-5-羟基-1-氯-2-戊酮

对多取代环状化合物，可以按上述优先顺序选择一个基团作为母体，从连接母体基团的环上碳原子开始编号。例如：

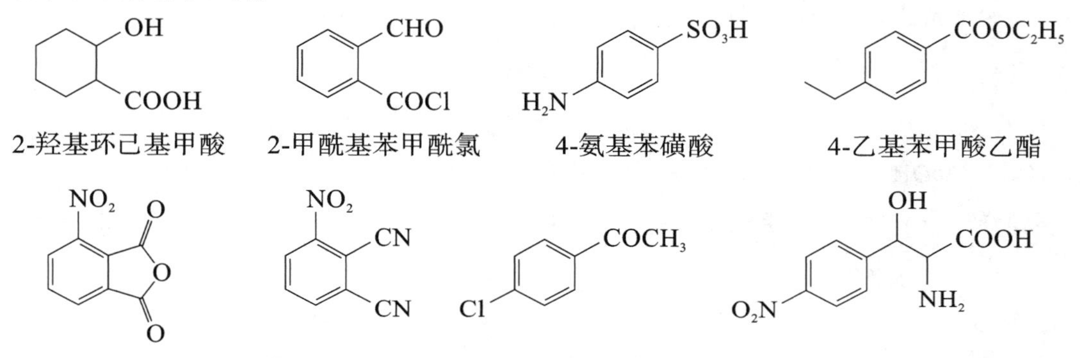

2-羟基环己基甲酸　　2-甲酰基苯甲酰氯　　4-氨基苯磺酸　　4-乙基苯甲酸乙酯

3-硝基邻苯二甲酸酐　　3-硝基邻苯二腈　　4-氯苯乙酮　　2-氨基-3-(4′-硝基苯基)-3-羟基丙酸

多取代杂环化合物的命名与苯环的有所不同，通常从环上某个杂原子开始编号。例如：

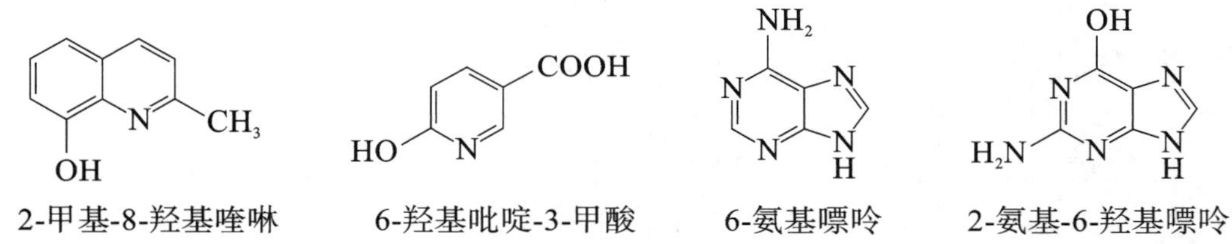

2-甲基-8-羟基喹啉　　6-羟基吡啶-3-甲酸　　6-氨基嘌呤　　2-氨基-6-羟基嘌呤

**3）俗名**

对于一些特定的化合物，化学工作者常根据这个化合物的来源、制法、性质等加以命名，简称为俗名。下面列举出了一些常见化合物的俗名，以便在学习中参考。例如：

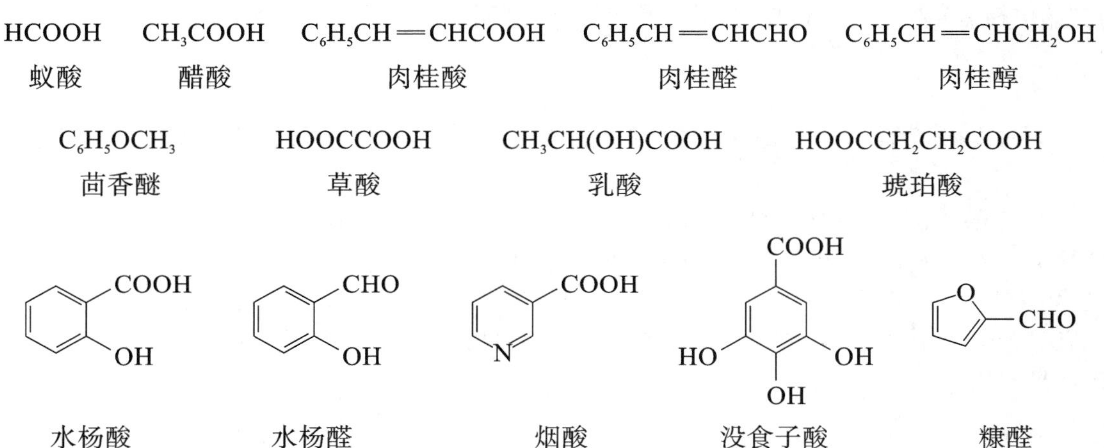

| $HCOOH$ | $CH_3COOH$ | $C_6H_5CH{=}CHCOOH$ | $C_6H_5CH{=}CHCHO$ | $C_6H_5CH{=}CHCH_2OH$ |
|---|---|---|---|---|
| 蚁酸 | 醋酸 | 肉桂酸 | 肉桂醛 | 肉桂醇 |

| $C_6H_5OCH_3$ | $HOOCCOOH$ | $CH_3CH(OH)COOH$ | $HOOCCH_2CH_2COOH$ |
|---|---|---|---|
| 茴香醚 | 草酸 | 乳酸 | 琥珀酸 |

水杨酸　　水杨醛　　烟酸　　没食子酸　　糠醛

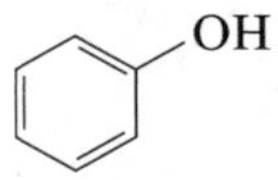

OH；$NO_2$，OH，$O_2N$，$NO_2$；$CH_2COOH$ / HOCHCOOH；HO—CHCOOH / HO—CHCOOH；$CH_2COOH$ / HO—C—COOH / $CH_2COOH$

石炭酸 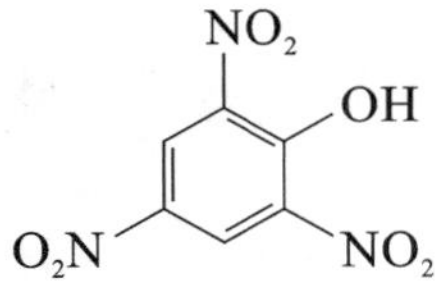　苦味酸 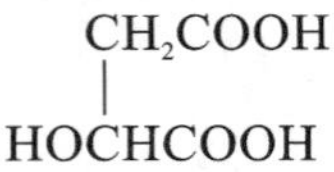　苹果酸 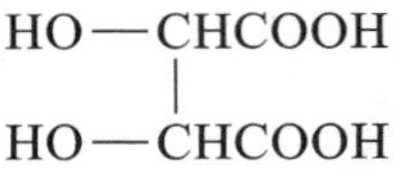　酒石酸 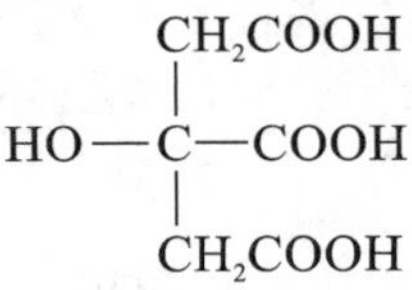　柠檬酸

$CH_3(CH_2)_{16}COOH$　H H / $H_3C(H_2C)_7$ $(CH_2)_7COOH$　H H H H / $H_3C(H_2C)_4$ $(CH_2)_7COOH$

硬脂酸　油酸(顺-$\Delta^9$-十八碳烯酸) 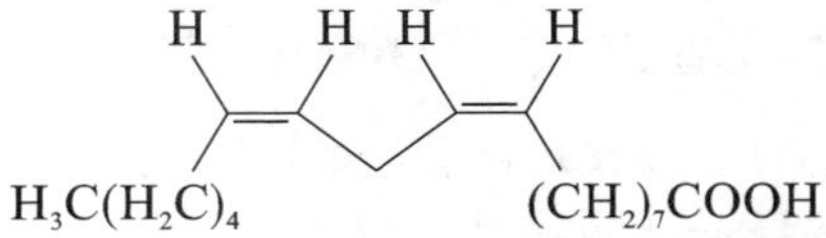　亚油酸(顺，顺-$\Delta^{9,12}$-十八碳二烯酸)

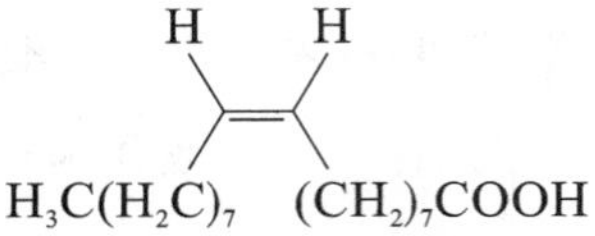

$CH_3(CH_2)_{14}COOH$　$CH_3(CH_2)_{10}COOH$　$CH_3CH_2CH_2COOH$　HOOC COOH　COOH / HOOC

软脂酸　月桂酸　酪酸　马来酸 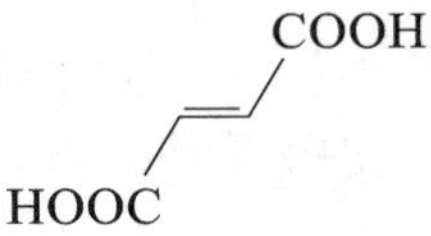　延胡索酸(富马酸)

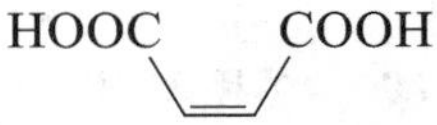

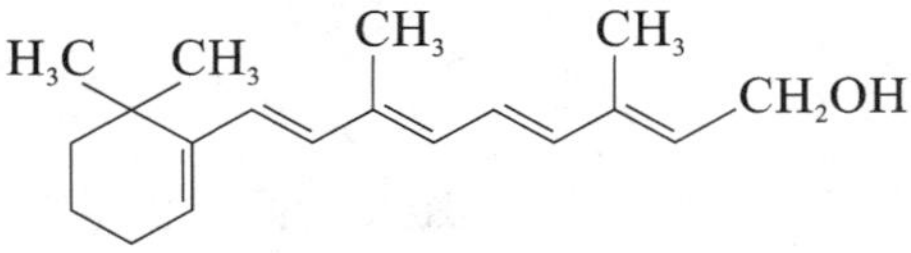

$H_3C$ $CH_3$ $CH_3$ $CH_3$ $CH_2OH$

维生素A

## 7.3 有机化合物结构中的同分异构现象

分子式相同而结构不同的有机化合物，称为**同分异构体**，这种现象称为**同分异构现象**。同分异构体可以是同一类型的化合物，即官能团相同；也可以是不同类型的化合物，即官能团不同。

根据引起异构的情况，同分异构可分成两大类：**构造异构**和**立体异构**。构造异构可以细分为碳链异构、位置异构、官能团异构和互变异构；立体异构可以进一步分为构型异构和构象异构，其中构型异构包括几何异构、对映异构和非对映异构。

### 7.3.1 构造异构体

分子式相同，而分子中原子或基团连接的顺序不同，称为构造异构。构造异构还可以细分。

**碳链异构**是构造异构中最重要的一类。碳链异构是指异构体的分子式相同而碳骨架不同的异构现象。例如，对于含有四个碳原子的烷烃，碳链可以是直链（如正丁烷），也可以含有支链（如异丁烷）。碳原子数大于或等于 4 的直链烷烃开始有碳链异构体，含有五个碳原子的戊烷有三个碳链异构体。随着分子中碳原子的增加，异构体快速增加。下面列出了己烷的五个碳链异构体：

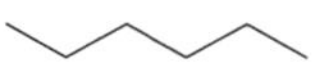

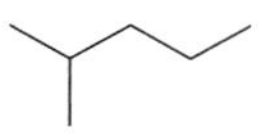

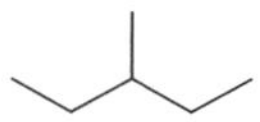

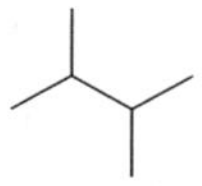

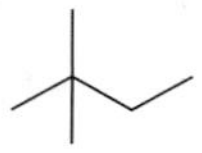

己烷　2-甲基戊烷　3-甲基戊烷　2，3-二甲基丁烷　2，2-二甲基丁烷

**位置异构**是构造异构中的第二种情况。位置异构是指因取代基或官能团在碳链上或碳环上的位置不同而产生的异构现象。例如：

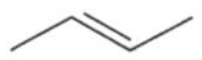

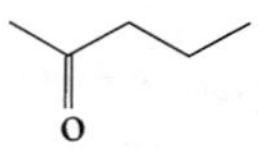

2-丁烯　和　1-丁烯　　3-戊酮　和　2-戊酮

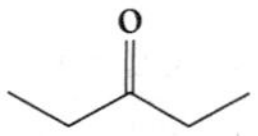

**官能团异构**是构造异构的第三种情况。官能团异构是指因分子中官能团的不同而产生的异构现象。不饱和烃、含氧化合物、含氮化合物都存在官能团异构现象。具有相同分子式的不饱和烃和环烷烃是官能团异构中的一种典型情况，例如：

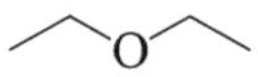

O　和　OH　　$NO_2$　和　$H_2N$ OH O

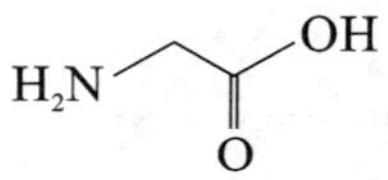

乙醚　1-丁醇　硝基乙烷　氨基乙酸

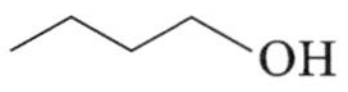

**互变异构**是构造异构的第四种情况。互变异构是指因分子中某一原子在两个位置间迅速移动而产生的异构现象。互变异构体可以互相转变，在某一状态下达到平衡。例如，酮式-烯醇式互变异构：

O　O　⇌　O H O

此外，分子内醛与半缩醛互变异构在糖化学中十分普遍。

### 7.3.2　立体异构体

分子内所有原子的结合顺序相同，而原子或原子团在空间的相对位置不同，称为**立体异构**。立体异构主要包括几何异构、对映异构和非对映异构三大类，还包括构象异构。

**1）几何异构**

几何异构又称为顺反异构。以2-丁烯为例，2-丁烯存在两种不同的结构，区别在于双键碳原子上两个甲基在空间中位置不同，两个甲基在双键同侧的称为顺-2-丁烯，两个甲基在双键异侧的称为反-2-丁烯。

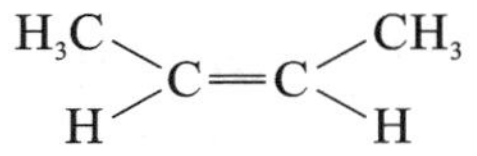

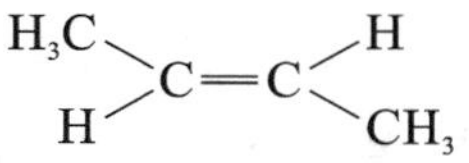

$H_3C$ C=C $CH_3$ H H　　$H_3C$ C=C H H $CH_3$

顺-2-丁烯　反-2-丁烯

若单环化合物上有两个取代基，则可以用顺/反命名法命名，取代基在环平面同侧的称为顺式，在异侧的称为反式，如1,2-二甲基环丙烷。

顺-1，2-二甲基环丙烷 　　反-1，2-二甲基环丙烷

对连有两个或两个以上不同基团的双键化合物，可以用 E/Z 构型标记法进行标记。采用原子序数的优先次序排列方法，即比较顺反异构体中双键原子上所连接的基团，如果两个位次较大的基团位于双键同侧，称为 Z 式（Z 是德文 zusammen 的字首，意即在一起）；如果两个位次较大的基团位于双键异侧，称为 E 式（E 是德文 entgegen 的字首，意即相反的）。例如：

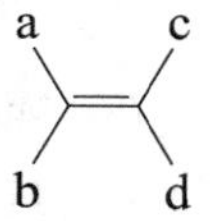

Z:a>b，c>d
E:a>b，c<d

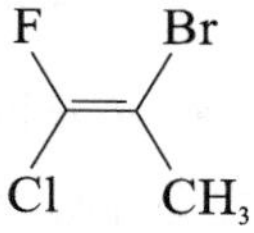

E

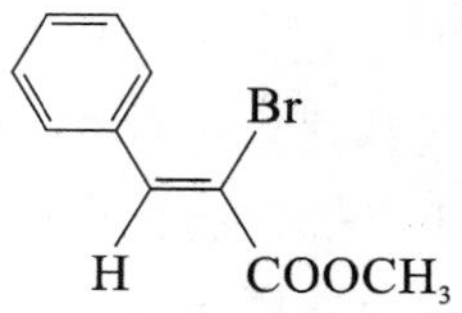

Z

**2）对映异构**

对映异构是指分子式、构造式相同，构型不同，互呈镜像对映的立体异构现象。对映异构体之间的物理性质和化学性质基本相同，只是对平面偏振光的旋转方向（旋光性）不同。例如，丙氨酸的两种对映异构体：

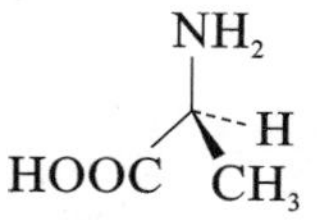

L-丙氨酸 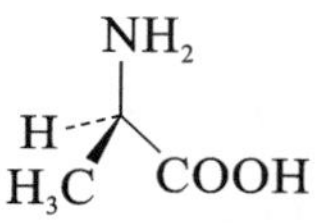　　D-丙氨酸

丙氨酸分子内含有一个连有四个不同基团的碳原子，它是产生对映异构的内在因素，该碳原子称为**手性碳原子**。对映异构体的构型可采用 D/L 法或 R/S 法进行标记。

D/L 法是以甘油醛为基准物质进行构型标记的一种方法，主要用于单糖和氨基酸的构型标记。

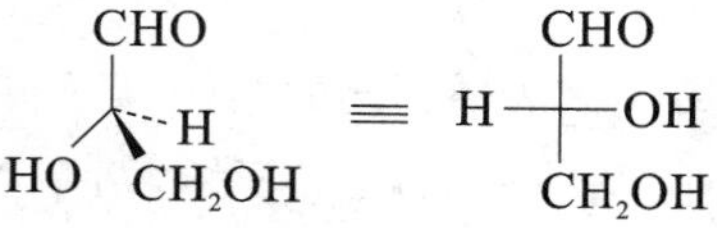

D-甘油醛 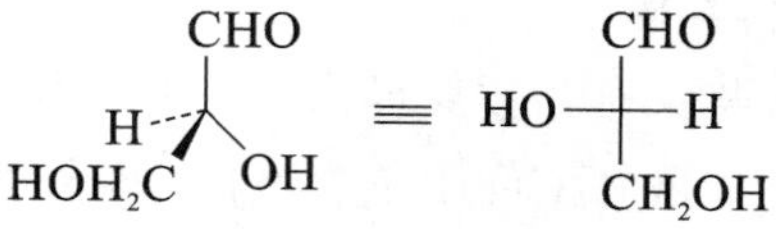　　L-甘油醛

糖分子的构型由费歇尔投影式中序号最大的手性碳原子的构型来决定。若单糖的手性碳原子与 D-甘油醛的相同，羟基位于右端，则标记为 D-型；若其与 L-甘油醛的相同，羟基位于左端，则标记为 L-型。

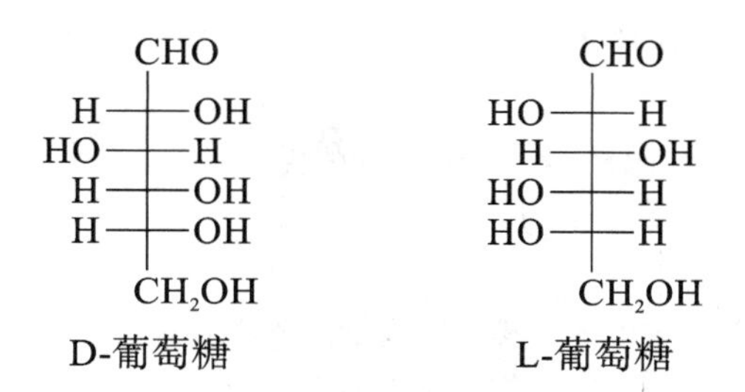

D-葡萄糖　　L-葡萄糖

R/S 法是根据“顺序规则”，用符号 R、S 表示的一种方法，R、S 分别是拉丁文 rectus（右）、sinister（左）的第一个字母。该方法是目前用于标记各种立体构型最广泛的方法。

标明手性中心的构型方法为：若手性中心连接的四个不同的基团按顺序规则排列的先后次序为 a＞b＞c＞d，则把 d 作为手性中心四面体的最远端。再看四面体中 a→b→c 的排列顺序，若顺时针排列，称为 R 构型；若逆时针排列，称为 S 构型。

顺序规则是为确定连接在手性中心上的各个基团的先后次序而制定的一个规则。顺序规则主要内容如下。

（1）单原子取代基按原子序数大小排列，原子序数大的序号大，同位素中质量高的序号大。有机化合物中常见原子由大到小的顺序为

$$I>Br>Cl>S>P>F>O>N>C>D>H$$

（2）多原子基团按逐级比较的原则排列，若第一个原子相同，则比较与它相连的其他原子，比较时按原子序数排列，先比较最大的，再按顺序比较居中的、最小的。例如，$—CH_2Cl$ 与 $—CHF_2$ 的第一个原子均为碳原子，再按顺序比较与碳相连的其他原子，在 $—CH_2Cl$ 中为 —C（Cl、H、H），在 $—CHF_2$ 中为 —C（F、F、H），Cl 比 F 大，故 $—CH_2Cl$ 次序大。如果有些基团仍相同，则沿取代链逐次相比。

（3）含有双键或三键的基团可看作连有两个或三个相同原子的基团。例如，下列基团排列顺序为

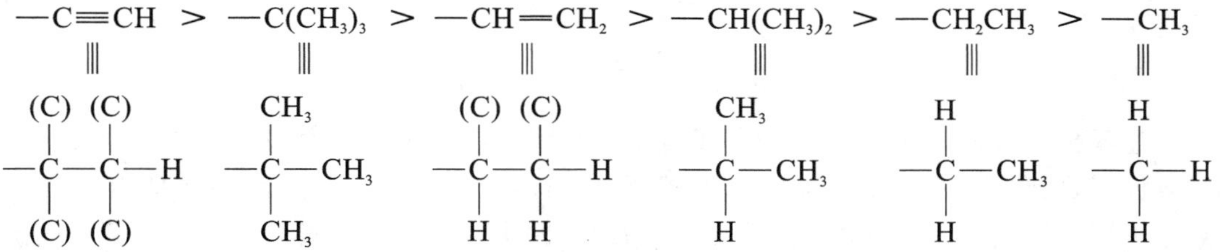

$$—C\equiv CH > —C(CH_3)_3 > —CH=CH_2 > —CH(CH_3)_2 > —CH_2CH_3 > —CH_3$$

（4）对于立体异构基团，规定顺式（cis）优先于反式（trans）；Z 式优先于 E 式；R 构型优先于 S 构型。

**3）非对映异构**

含有两个或两个以上手性中心的分子，存在两个以上的立体异构体。例如，酒石酸分子存在三个立体异构体：

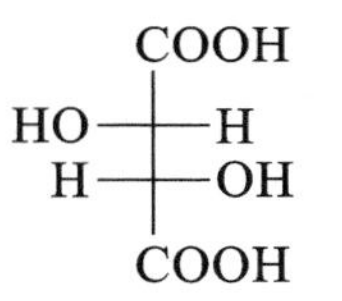

A(2S，3S) 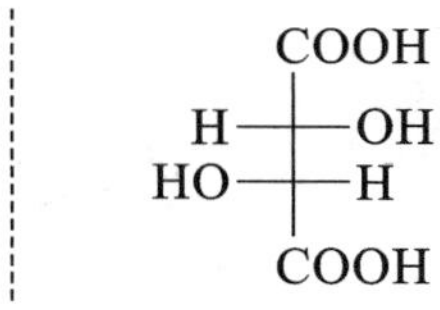　　B(2R，3R) 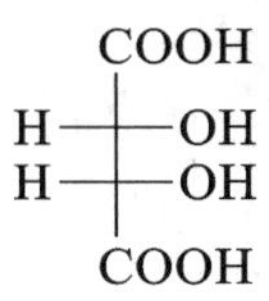　　C(2R，3S)

其中 A 与 B 属于对映异构体，但 A、B 与 C 属于非对映异构体，彼此不成实物与镜像的关系。

非对映异构体的旋光性不同，熔点、沸点、溶解度、密度、折射率等物理性质也有很大不同。其化学性质虽然相似，但并不完全相同。

**4）构象异构**

有机分子中，碳碳 σ 单键的电子云是沿键轴呈圆筒形对称分布的，因而形成 σ 键的两个原子可以绕 σ 键轴发生自由旋转。这种旋转既不改变电子云形状，又不改变电子云重叠程度，对 σ 键的强度和键角没有影响。但 σ 键的旋转导致分子中的原子或者原子团在空间的位置或者取向不同，称为**构象**，由此得到的不同空间结构叫作**构象异构体**。值得一提的是，构象异构体是同一种分子的不同存在形态，而不是严格意义上的立体异构体。

以乙烷分子为例，两个甲基可以绕 σ 键轴相互旋转，可以使甲基上的氢原子处在不同的空间位置，理论上可以出现无数个构象异构体，但我们一般只对最稳定的构象和最不稳定的构象感兴趣，这两种构象分别是交叉式和重叠式构象。它们用锯架式表示如下：

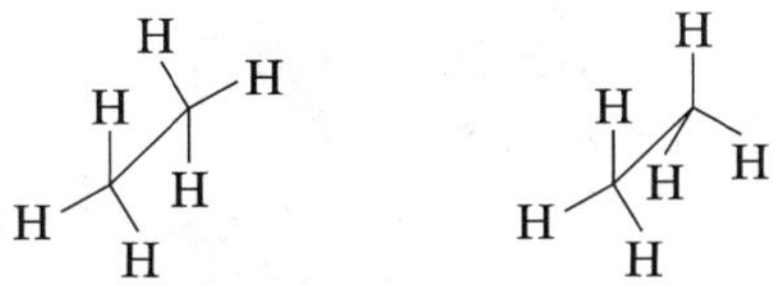

交叉式　　重叠式

有时为了更加清楚地表示出原子和原子团之间交叉和重叠的情况，常用纽曼（Newman）投影式来表示：

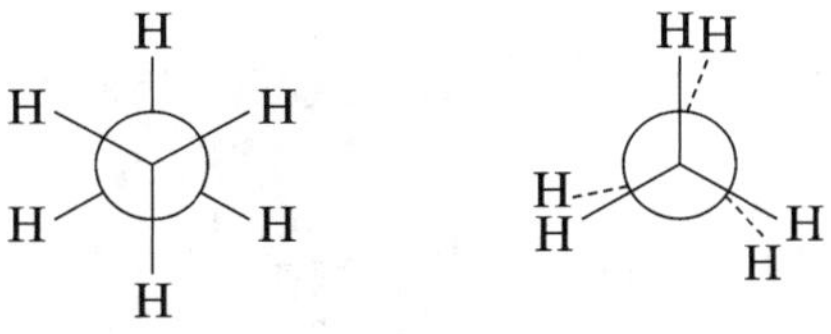

交叉式　　重叠式

在纽曼投影式中，旋转的碳碳单键垂直于纸平面，用三个碳氢键的交叉点表示在纸平面上面的碳原子，用圆圈表示在纸平面下面的碳原子，连接在碳上的氢原子随着碳碳单键的旋转可以处于不同位置。交叉式构象是乙烷最稳定的构象，这是因为两个碳原子上的氢原子间的排斥力最小，能量最低。重叠式构象是乙烷最不稳定的构象，这是因为两个碳原子上的氢原子间的排斥力最大，能量最高，如图 7-1 所示。这种因单键的旋转使分子呈不稳定构象而产生的张力，叫作**扭转张力**。

丁烷比乙烷多两个碳碳单键，其构象异构体更多、更复杂。从丁烷中间的碳碳单键旋转来看，丁烷相当于乙烷的每个碳上有一个氢被甲基取代，有如下四种典型的构象异构体：

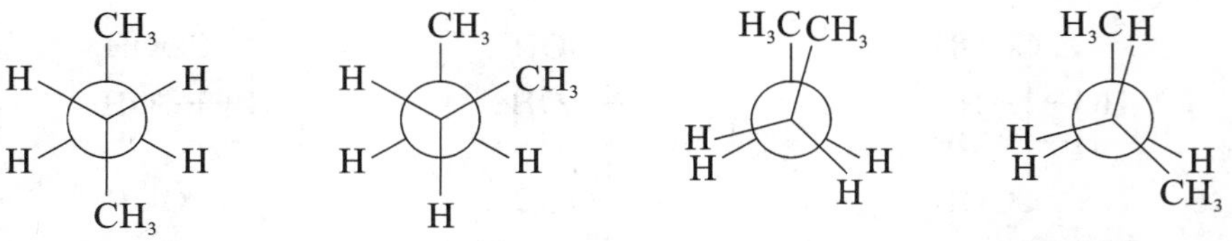

对位交叉式　　邻位交叉式　　全重叠式　　部分重叠式

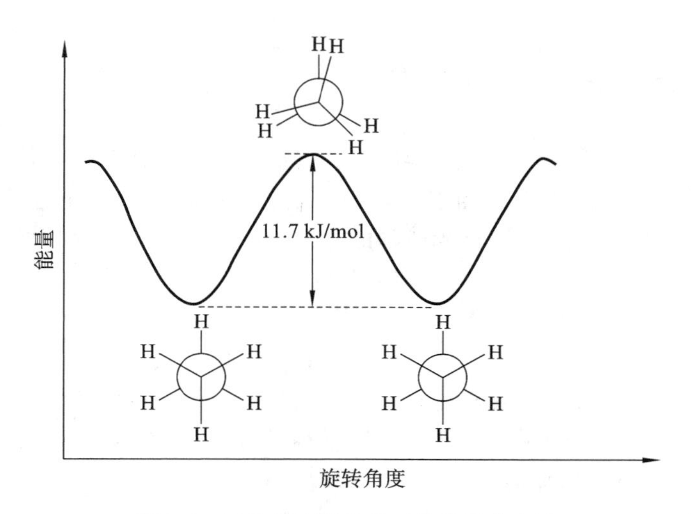


图 7-1　乙烷呈不同构象时的能量大小图

如图 7-2 所示，全重叠式的两个甲基距离最小，空间排斥力最大，位能最高。旋转 180°后，成为对位交叉式。对位交叉式的两个甲基相距最远，空间排斥力最小，位能最低，比全重叠式的低 18.8 kJ/mol。在常温下，丁烷主要以对位交叉式（63%）和邻位交叉式（37%）构象存在，其他构象所占比例极小。

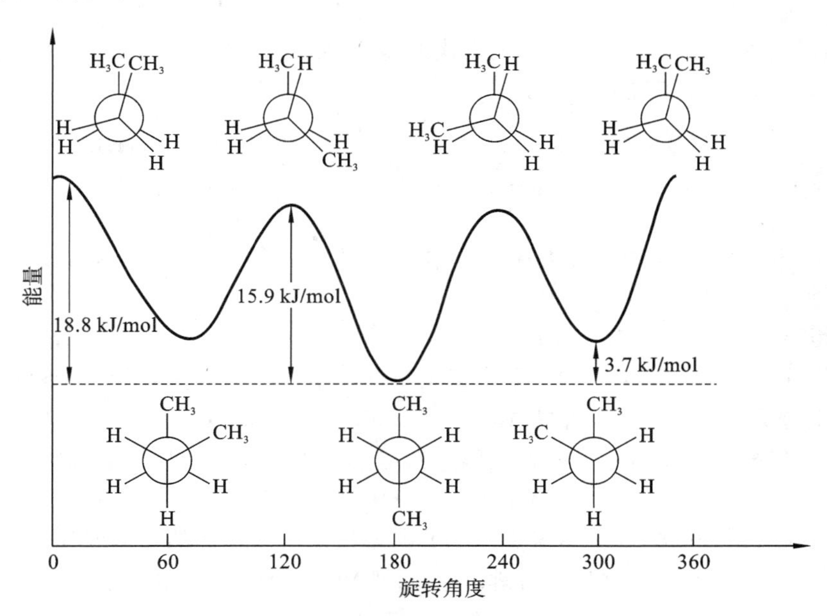


图 7-2　丁烷呈不同构象时的能量大小图

尽管丁烷的构象异构体之间比乙烷的构象异构体之间的位能差要大一些，但在常温下单键的旋转仍然是很快的，不能分离出纯的构象异构体。如果单键旋转的阻力很大，则可以分离出纯的构象异构体。

构象异构对化合物的性能影响很大，例如，蛋白质的三级结构实际上是一个构象异构体，如果三级结构被破坏，则蛋白质的活性就会发生变化甚至消失。

## 7.4 重要有机化学反应类型

有机反应是指有机化合物参与的化学反应。有机反应一般涉及旧共价键的断裂和新共价键的生成。根据共价键的断裂方式的不同，可以把有机反应分为自由基型、离子型和协同反应。有机反应也可以根据反应物转化成产物的过程，细分为取代反应、加成反应、消除反应、重排反应、周环反应等。

### 7.4.1 取代反应

取代反应是指在反应过程中有机化合物分子内某些原子或原子团被其他的原子或原子团代替的反应。依据反应过程中引发反应的活泼物种的性质，取代反应可以分为自由基取代反应、亲核取代反应和亲电取代反应等。

**1）自由基取代反应**

共价键断裂时，组成该键的一对电子由键合的两个原子各自保留一个，这种断裂方式称为**均裂**。均裂产生的带有单电子的原子（或基团）叫作**自由基**。自由基取代反应是指自由基物种与分子间的自由基转移反应，反应过程如下式所示：

$$\text{A-B}+\text{X}\cdot \longrightarrow \text{A}\cdot +\text{B-X}$$

X 主要包括卤素、过氧自由基、烷氧基、烷基、硅基等，B 主要为氢原子、卤素（不包括氟原子）。烷烃的卤代反应通常是一类典型的自由基链式取代反应，反应经过链引发、链增长和链终止三个过程。例如，异丁烷的溴代反应：

$$(CH_3)_2CHCH_3+Br_2 \xrightarrow{(PhCOO)_2} (CH_3)_2CBrCH_3+HBr$$

卤代烃与三丁基氢化锡间的脱卤反应是一类卤原子取代反应。例如：

$$\text{(7-bromo-7-chlorobicyclo[4.1.0]heptane)} + \text{n-}Bu_3SnH \xrightarrow{(PhCOO)_2} \text{(7-chlorobicyclo[4.1.0]heptane)} + \text{n-}Bu_3SnBr$$

**2）饱和碳原子上的亲核取代反应**

亲核取代反应是指有机化合物分子内某电负性原子或基团被富电子的亲核试剂取代的反应。参与进攻的反应物 Nu 称为**亲核试剂**。在反应过程中，亲核试剂提供一对电子形成新的共价键，而被取代的基团则带着原共价键的一对电子离去。反应过程如下式所示：

$$\text{R-X}+\text{Nu}^- \longrightarrow \text{R-Nu}+\text{X}^-$$

卤代烃与亲核试剂间的反应是这类反应的典型情况。卤代烃的亲核取代反应通常按两种反应机理进行：双分子亲核取代反应机理（$S_N2$ 机理）和单分子亲核取代反应机理（$S_N1$ 机理）。因此，卤代烃的亲核取代反应可以分为 $S_N2$ 反应和 $S_N1$ 反应。亲核试剂可以是带负电荷的离子，也可以是拥有孤对电子的中性分子，如 $RO^-$、$CN^-$、$RNH_2$ 等。

$S_N2$ 反应是指亲核试剂直接从背面进攻卤代烃的中心碳原子，随后卤素负离子离去，完成取代反应。由于中心碳原子周围的基团会产生空间位阻，不利于 $S_N2$ 反应的发生，因此，伯卤代烃一般较容易发生 $S_N2$ 反应。例如，酚的甲基化反应：

$$C_6H_5OH + NaOH + CH_3Br \longrightarrow C_6H_5OCH_3 + H_2O + NaBr$$

$S_N1$ 反应是指卤代烃先解离生成碳正离子和卤素负离子，然后碳正离子与亲核试剂结合的反应，第一步是决速步。例如：

$$(CH_3)_3C—Br + C_2H_5OH + AgNO_3 \longrightarrow (CH_3)_3C—OC_2H_5 + AgBr + HNO_3$$

**3）不饱和碳上的亲核取代反应**

一些多卤代芳烃可以与亲核试剂发生取代反应。缺电子卤代芳烃与亲核试剂可以发生 $S_NAr$ 反应，例如：

Cl　$O_2N$　Cl　+ NaOH ⟶ OH　$O_2N$　Cl　+ NaCl

对氯甲苯与氨基钠在液氨中可以按照苯炔机理发生亲核取代反应，形成苯胺：

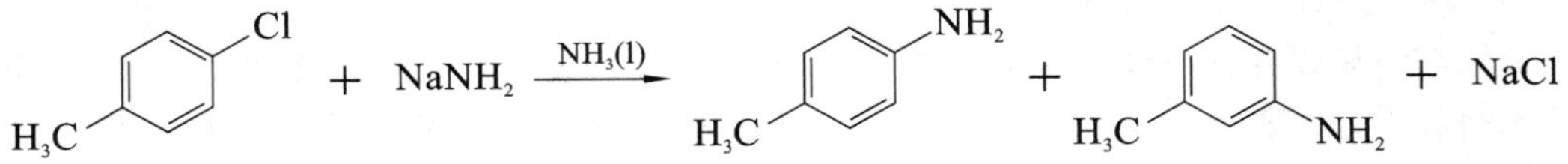

Cl　$H_3C$　+ $NaNH_2$ $\xrightarrow{NH_3(l)}$ $NH_2$　$H_3C$　+　$H_3C$　$NH_2$　+ NaCl

**4）芳香族亲电取代反应**

因亲电试剂的进攻而发生的取代反应，叫作亲电取代反应。亲电试剂是缺电子试剂，通常是正离子或含有空轨道的分子。富电子芳烃与亲电试剂可以发生亲电取代反应，即芳环上的一种基团（如氢原子、卤素、烃基）被亲电试剂所取代。亲电取代反应是芳香族化合物常见反应之一，是一种向芳香环中引入官能团的重要方法。

常见的亲电试剂包括卤素正离子、硝基正离子、三氧化硫、烷基正离子和酰基正离子。例如，工业上氯苯就是通过苯与氯气在铁粉催化下的亲电取代反应制得的：

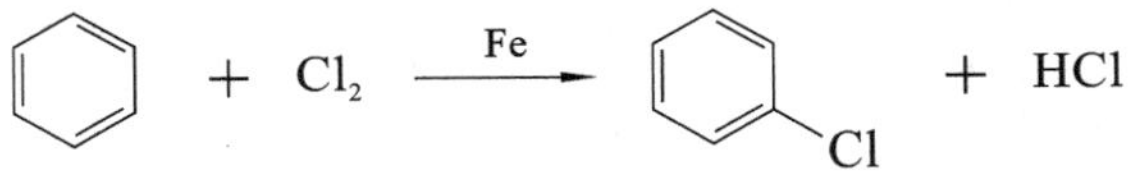

+ $Cl_2$ $\xrightarrow{Fe}$　Cl　+ HCl

苯乙酮可以通过苯与乙酰氯在无水三氯化铝催化下的亲电取代反应来制备：

+ $CH_3COCl$ $\xrightarrow{AlCl_3}$　$COCH_3$　+ HCl

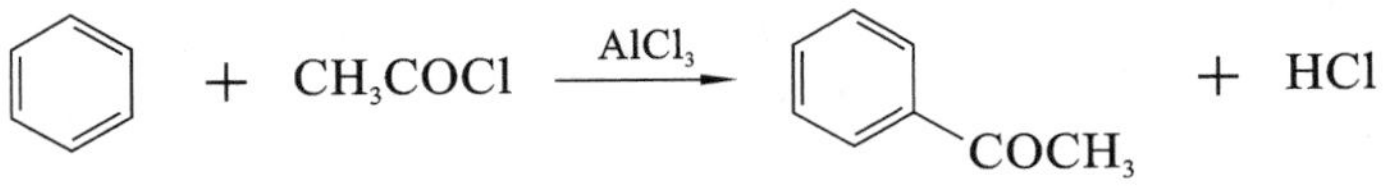

偶氮染料，如甲基橙，也可以通过芳香胺或酚的亲电取代反应来制备，其中重氮盐是亲电试剂：

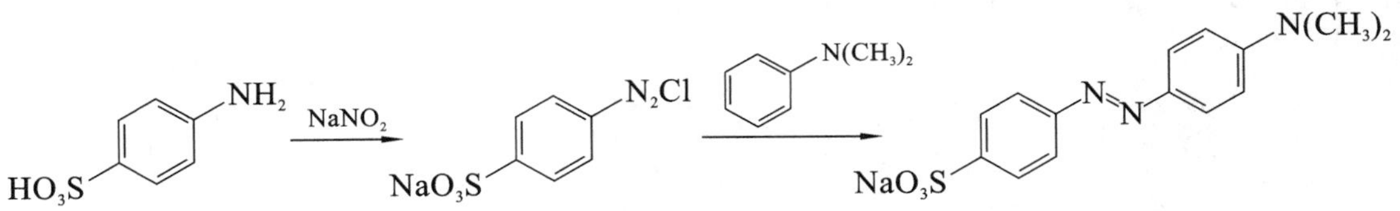

$NH_2$　$HO_3S$ $\xrightarrow{NaNO_2}$ $N_2Cl$　$NaO_3S$ $\xrightarrow{N(CH_3)_2}$ $N(CH_3)_2$　N=N　$NaO_3S$

**5）羰基上的亲核取代反应**

羧酸及其衍生物在酸或碱催化下与亲核试剂反应，可以生成取代反应产物。一般反应过程为

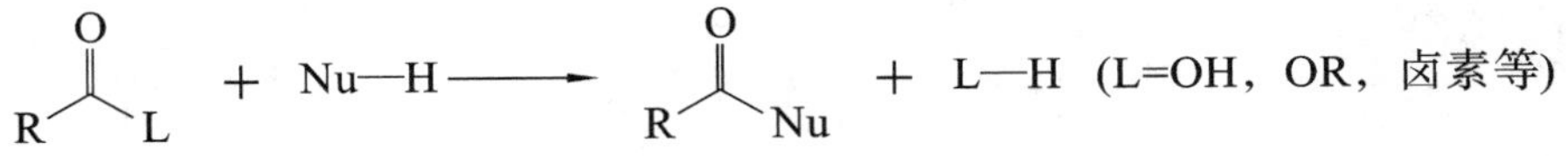

R(C=O)L + Nu—H ⟶ R(C=O)Nu + L—H（L=OH，OR，卤素等）

常见的反应有羧酸与醇在酸催化下发生的酯化反应、酰氯与胺形成酰胺的反应、酯交换反应等。格氏试剂与羧酸酯在低温下发生亲核取代反应，形成酮化合物，例如：

$$F_3C\text{–}CO\text{–}OC_2H_5 + PhMgBr \xrightarrow{\text{乙醚，}-78\ ℃} F_3C\text{–}CO\text{–}Ph + C_2H_5OMgBr$$

## 7.4.2　加成反应

加成反应一般是指不饱和有机化合物分子与特定化学试剂在不饱和键上发生加合而生成新化合物的反应。不饱和有机化合物分子主要包括烯、炔、芳烃、羰基和其他不饱和含氮化合物。

**1）烯烃与炔烃的亲电加成反应**

烯烃与炔烃因含有富电子的 π 体系，易与缺电子的亲电试剂发生加成反应。常见的亲电试剂包括质子、卤素（主要是氯和溴）、特定金属离子（如银离子和汞离子）、酰基正离子、硼烷等。

苯乙烯可以与氢溴酸发生亲电加成反应，区域选择性地生成 1-溴-1-苯乙烷：

$$PhCH{=}CH_2 + HBr \longrightarrow [Ph\overset{\oplus}{C}H\text{–}CH_2\text{–}H] \longrightarrow PhCHBrCH_3$$

环己烯与溴气反应可以立体专一性地生成反式加成产物，溴鎓离子是反应中间体：

$$\text{环己烯} + Br_2 \longrightarrow \text{环状溴鎓离子}\ \overset{\oplus}{Br}\ Br^- \longrightarrow \text{反式-1,2-二溴环己烷}$$

烯烃与硼烷的反应是一个高区域选择性、立体专一性的加成反应：

$$\text{1-甲基环己烯} + B_2H_6 \longrightarrow [\text{四元环过渡态 }CH_3, H, BH_2] \longrightarrow \text{(CH}_3\text{, H 与 BH}_2\text{ 顺式)} \xrightarrow[NaOH]{H_2O_2} \text{(CH}_3\text{, H, OH)}$$

炔烃可以与亲电试剂发生与烯烃类似的亲电加成反应，反应活性稍低。炔烃的水合反应只有在硫酸汞或氯化金等路易斯酸催化下才能顺利进行，并生成酮。例如：

$$Ph\text{–}C{\equiv}C\text{–}CH_3 \xrightarrow{H_2O,H_2SO_4,HgSO_4} Ph\text{–}CO\text{–}CH_2\text{–}CH_3$$

炔烃与硼烷的反应可以立体专一性地生成顺式加成产物，再经冰醋酸处理，可得到顺式烯烃：

$$H_3C\text{–}C{\equiv}C\text{–}CH_3 \xrightarrow{B_2H_6,THF} \underset{H\quad\ BH_2}{\overset{H_3C\quad CH_3}{C{=}C}} \xrightarrow{AcOH} \underset{H\quad\ H}{\overset{H_3C\quad CH_3}{C{=}C}}$$

**2）烯键上与炔键上的亲核加成反应**

普通烯烃由于存在富电子的π体系，不易与富电子的亲核试剂发生加成反应。但是，烯键上引入强吸电子取代基后，烯键上的电子云密度显著降低，可以与亲核试剂发生加成反应。常见的吸电子取代基包括羰基、酯基、硝基、氰基等。例如：

$$CH_2{=}CHCOOCH_3 + PhSH \longrightarrow PhSCH_2CH_2COOCH_3$$

与此不同的是，炔烃可以与强亲核试剂发生加成反应。例如，乙炔与乙醇钠在乙醇中反应生成乙烯基乙醚：

$$H{-}{\equiv}{-}H + C_2H_5ONa \xrightarrow{C_2H_5OH} CH_2{=}CHOC_2H_5$$

炔键上引入吸电子取代基后，亲核加成反应更易发生。

**3）烯烃的自由基加成反应**

丙烯与溴化氢在过氧化物存在下可以发生自由基加成反应，形成1-溴丙烷，其机理可表示为

$$(PhCOO)_2 \longrightarrow 2\,PhCOO\cdot \longrightarrow Ph\cdot$$

$$Ph\cdot + HBr \longrightarrow PhH + Br\cdot$$

$$Br\cdot + CH_2{=}CHCH_3 \longrightarrow BrCH_2\dot{C}HCH_3 \xrightarrow{HBr} BrCH_2CH_2CH_3 + Br\cdot$$

**4）醛与酮的亲核加成反应**

羰基作为一种不饱和基团，可以发生的主要化学反应是亲核加成反应。由于碳氧双键上电子云偏向氧原子，羰基碳具有较强的电正性，因此醛、酮易与氢氰酸、格氏试剂、胺、亚硫酸氢钠、亚磷酸酯等富电子的亲核试剂发生加成反应。首先富电子的亲核试剂进攻羰基上的碳原子，然后正性基团加到氧上，完成亲核加成反应。醛的亲核加成反应如图 7-3 所示。

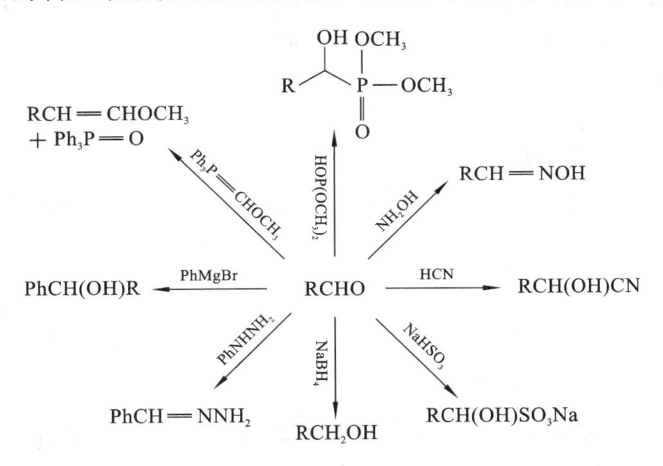


图 7-3　醛的亲核加成反应

**5）卤代芳烃的氧化加成反应**

溴苯与零价金属钯配合物在加热条件下可以发生钯的插入反应，零价钯转变成二价钯，该

过程在有机金属化学中称为氧化加成反应：

$$C_6H_5Br + Pd(PPh_3)_4 \longrightarrow C_6H_5\text{—}Pd(Br)(PPh_3)_4$$

目前，氧化加成反应是指低价金属配合物与某些氧化性分子结合，导致中心金属的氧化态和配位数同时增加的过程。

### 7.4.3 消除反应

消除反应是指有机化合物分子在适当的条件下脱去一个小分子(如 $H_2O$、HX 等)生成含双键或三键的不饱和化合物的反应。消除反应主要按 E2 机理进行，有时也按 E1 和 E1cb 机理进行。E2 消除反应是一个基元反应，而 E1 和 E1cb 消除反应是分别经过碳正离子和碳负离子中间体的分步反应。

**1）卤代烃的 1,2-消除反应**

卤代烃在碱作用下可以发生 1,2-消除反应，形成烯烃。例如，2-溴丁烷在强碱作用下主要生成 Hofmann 烯烃：

$$CH_3CH(Br)CH_2CH_3 \xrightarrow{NaOEt} \underset{81\%}{CH_3CH{=}CHCH_3} + \underset{19\%}{CH_2{=}CHCH_2CH_3}$$

卤代烃的 E2 消除反应一般采取反式消除方式进行。

**2）醇与酯的 1,2-消除反应**

普通的醇在酸催化下，可以发生脱水反应生成烯烃。如果存在两种及以上 β-氢，消除产物以 Hofmann 烯烃为主。

在实际合成反应中，醇可以事先转化成羧酸酯或黄原酸酯，后者在加热下发生顺式消除反应。该反应的特点是通过形成较为稳定的五元或六元环状过渡态，离去基与 β-氢以顺式方式消除得到烯烃。该反应的最大优点是无须加入酸或碱就可得到烯烃，尤其适用于制备对酸或碱不稳定或活性高的烯烃。例如：

$$R^1R^3C(H)\text{—}C(R^2)(R^4)OC(O)R \xrightarrow{加热} R^1R^3C{=}CR^2R^4 + RCOOH$$

$$NC\text{—}C_6H_4\text{—}CH(OCCH_3)CH_3 \ (\text{OCCH}_3 = \text{O—C(=O)CH}_3) \xrightarrow{575\sim600\ ℃} NC\text{—}C_6H_4\text{—}CH{=}CH_2$$

**3）还原消除反应**

1,2-二卤代烃在还原剂作用下会发生同时消去两个卤素生成烯烃的反应，这种反应称为还原消除反应。与其结构类似的化合物也可以发生还原消除反应，生成烯烃。

在有机金属化学中，氧化加成反应中的产物可以发生还原消除反应，恢复为低价态的中心金属。它们是过渡金属催化反应中两个重要的基元反应。例如，一价铜离子参与的反应过程：

$$\mathrm{R{-}X} + \mathrm{R'{-}Cu(I){-}R'} \xrightarrow{\text{氧化加成}} \mathrm{R'{-}\underset{X}{\overset{R}{Cu(III)}}{-}R'} \xrightarrow{\text{还原消除}} \mathrm{R{-}R'} + \mathrm{R'{-}Cu(I){-}X}$$

Suzuki 偶联反应是典型的氧化加成-还原消除反应，是合成联苯型化合物的有效方法。例如：

$$\mathrm{H_3C{-}C_6H_4{-}B(OH)_2} + \mathrm{Br{-}C_6H_4{-}CN} \xrightarrow{\mathrm{Pd(0)}} \mathrm{H_3C{-}C_6H_4{-}C_6H_4{-}CN}$$

### 7.4.4　重排反应

重排反应是分子的碳骨架发生重排生成异构体的化学反应，是有机化学反应中的一大类。重排反应通常涉及取代基由一个原子转移到同一个分子中另一个原子上的过程。

重排反应依据反应过程中形成的中间体的性质，可以细分为碳正离子重排反应、自由基重排反应和碳负离子重排反应。其中碳正离子重排反应最为普遍，最典型的碳正离子重排反应是片呐醇(pinacol)在酸性条件下发生的反应。其反应机理如下式所示：

$$\mathrm{-\underset{OH}{C}-\underset{OH}{C}-} \underset{}{\overset{H^+}{\rightleftharpoons}} \mathrm{-\underset{OH}{C}-\underset{OH_2^+}{C}-} \rightleftharpoons \mathrm{-\underset{OH}{C}-\overset{+}{C}-}$$

$$\longrightarrow \mathrm{-\underset{OH}{\overset{+}{C}}-C-} \longleftrightarrow \mathrm{-\underset{{}^{+}OH}{C}-C-} \overset{-H^+}{\rightleftharpoons} \mathrm{-\underset{O}{C}-C-}$$

### 7.4.5　周环反应

20 世纪 60 年代，伍德沃德(Woodward)和霍夫曼(Hoffmann)提出了分子轨道的对称守恒原理：当反应物与产物的分子轨道的对称性一致时，反应易于发生(对称性允许)；当其不一致时，反应难以发生(对称性禁阻)。周环反应理论的中心原则是轨道对称守恒原理，根据此原理，周环反应可分为两类：热允许的反应和光允许的反应。周环反应主要包括环加成反应、电环化反应和 $\sigma$-迁移反应。

**1) 环加成反应**

环加成反应是在加热或光照条件下，两个或两个以上的烯烃或其他 $\pi$ 体系之间，经双键相互作用，通过环状过渡态，生成由两个新的 $\sigma$ 键连成的环状化合物的反应。环加成反应只涉及 $\pi$ 键的断裂和 $\sigma$ 键的形成。

Diels-Alder 反应就是典型的[4+2]环加成反应。例如：

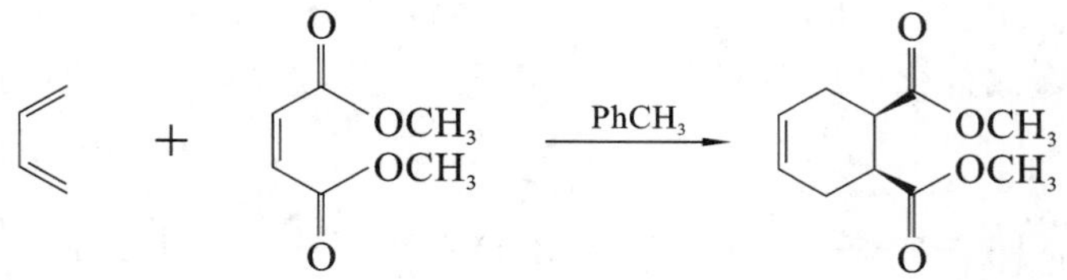

$$\text{丁二烯} + \text{顺丁烯二酸二甲酯} \xrightarrow{PhCH_3} \text{顺-4-环己烯-1,2-二甲酸二甲酯}$$

**2）电环化反应**

链状的共轭多烯在加热或光照条件下，通过分子内的环化，在共轭体系两端形成σ键而关环，同时减少一个双键而生成环烯烃的反应及其逆反应都称为电环化反应。2,4,6-辛三烯与顺-5,6-二甲基-1,3-环己二烯之间相互转化的反应就属于电环化反应：

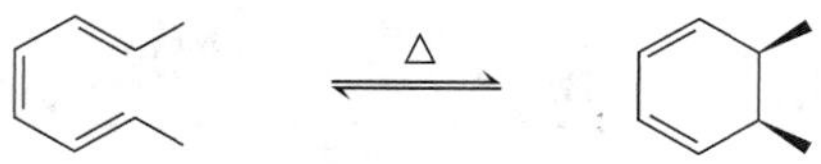

$$\text{2,4,6-辛三烯} \underset{}{\overset{\triangle}{\rightleftharpoons}} \text{顺-5,6-二甲基-1,3-环己二烯}$$

根据轨道对称守恒原理，这类反应是立体专一性反应。

**3）σ-迁移反应**

在加热条件下，对于用氘(D)标记的戊二烯C5上的一个氢原子迁移到C1上，π键也随着移动：

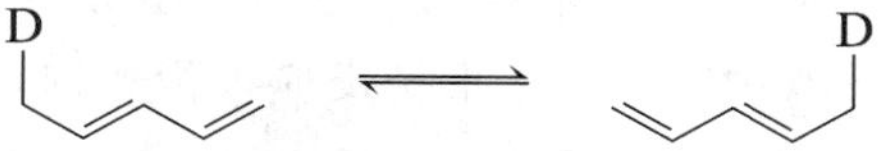

[1,5]迁移反应

在这类反应中，一个σ键迁移到了新的位置，故称为σ-迁移反应。碳碳或碳氧之间的σ键也可以发生迁移，例如：

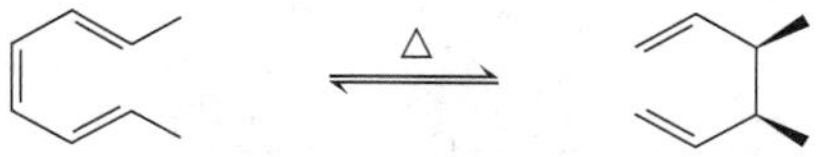

Cope重排

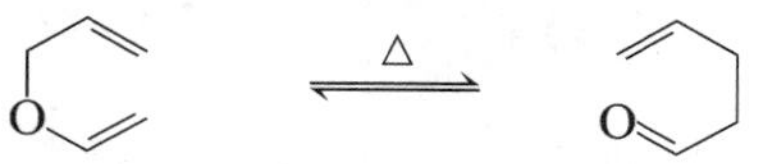

Claisen重排

## 本章知识要点

1. 基本概念：碳氢化合物、衍生物、开链化合物、环状化合物、脂肪族、芳香族、官能团、系统命名法、习惯命名法、Lewis结构、Kekulé结构、异构现象、构造异构、立体异构、构型异构、构象异构、顺反异构、对映异构、旋光异构、对映体、旋光度、手性、手性分子、对称因素。

2. 有机化合物的分类与命名方法：普通命名法、系统命名法、俗名。

3. 有机化合物的结构特点：构造异构、立体异构。

4. 重要有机化学反应类型：取代反应、加成反应、消除反应、重排反应、周环反应。

# 习　　题

1. 指出下列化合物中碳原子的杂化方式。

(1) 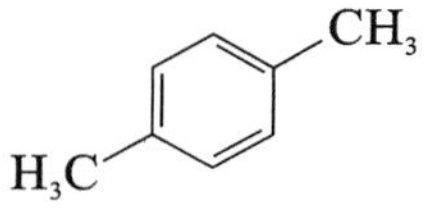　(2) 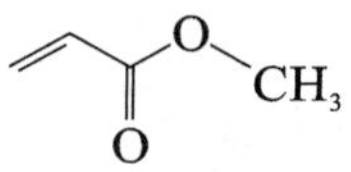　(3) 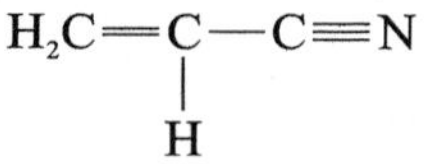 $H_2C=\underset{\mathrm{H}}{C}-C\equiv N$　(4)

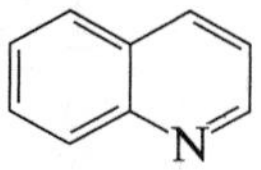

2. 指出下列化合物中氮原子的杂化方式和成键情况。

(1) 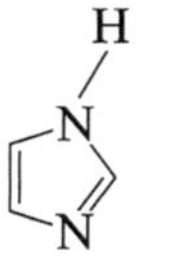　(2) 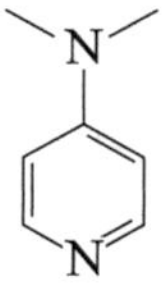　(3) 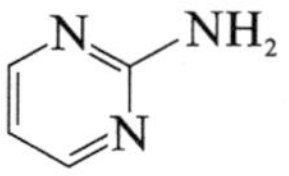　(4)

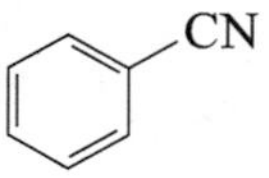

3. 用普通命名法命名下列化合物。

(1) 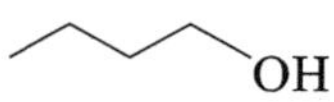　(2) 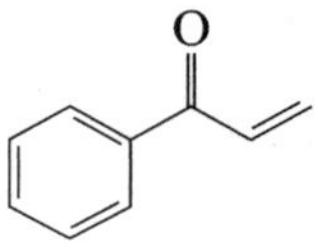　(3) 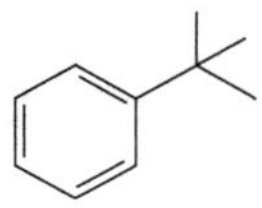　(4)

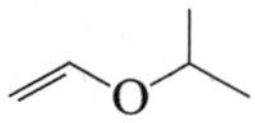

4. 用系统命名法命名下列化合物。

(1) 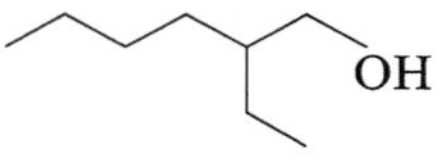　(2) $HOH_2C-C\equiv C-CH_2OH$

(3) 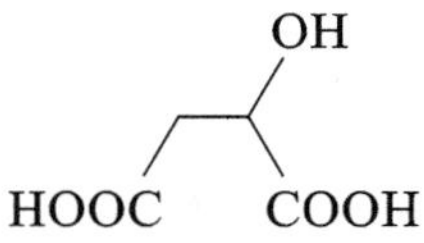　(4)

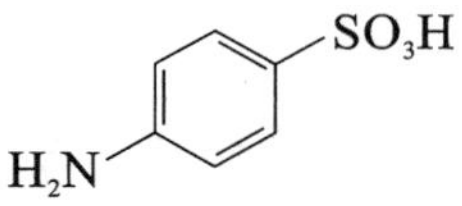

(5)

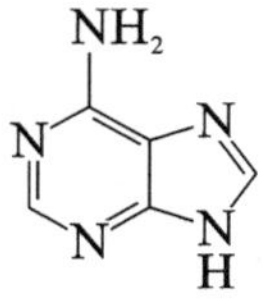

5. 用系统命名法命名下列化合物，并标明立体构型。

(1) 　(2) 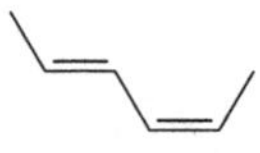　(3)

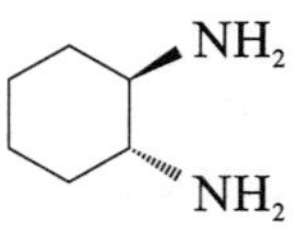

(4) 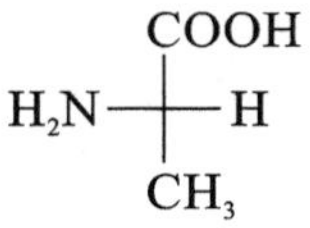　(5)

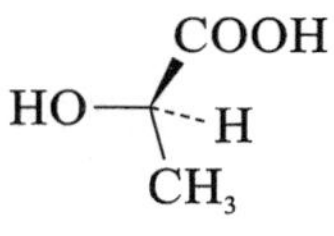

6. 写出分子式为 $C_4H_{10}O$ 的所有同分异构体，包括立体异构体。

7. 写出环己烷的典型构象异构体，并指出哪个最稳定。

8. 写出下列烯烃经硼氢化/氧化生成醇的结构式(包括立体化学)。

(1) 4-甲基-1-戊烯　　(2) (E)-3-甲基-2-戊烯　　(3) 1,2-二氘代环己烯

9. 写出下列反应的主要产物。

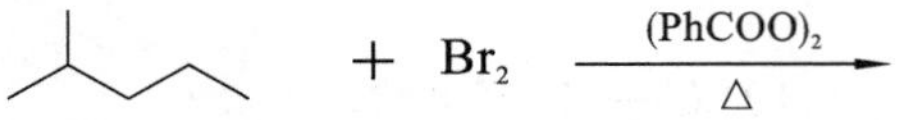

10. 写出下列反应的主要产物。

11. 写出下列反应的产物,并标明立体构型。

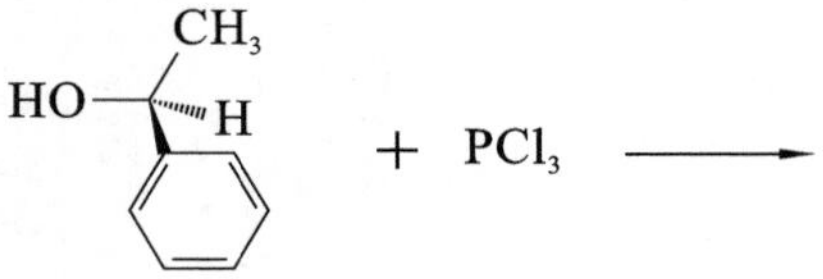

12. 判断1-丁胺与下列羧酸衍生物反应的活性大小,并简要说明理由。

(1) $CH_3COOCH_3$　　(2) $CH_3COCl$　　(3) $(CH_3CO)_2O$　　(4) $CH_3CONH_2$

13. 写出下列反应的主要产物。

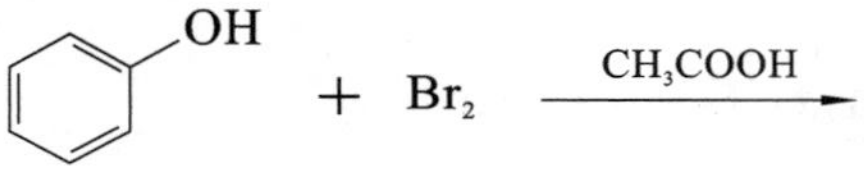

14. 以丙酮作为起始原料,合成下列化合物。

(1) 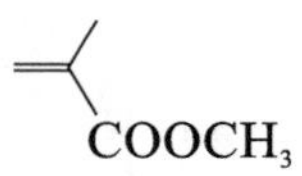　　(2) 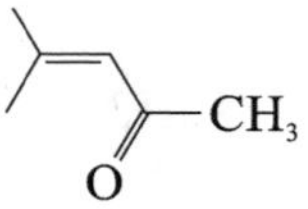

15. 写出下列反应产物的形成过程。

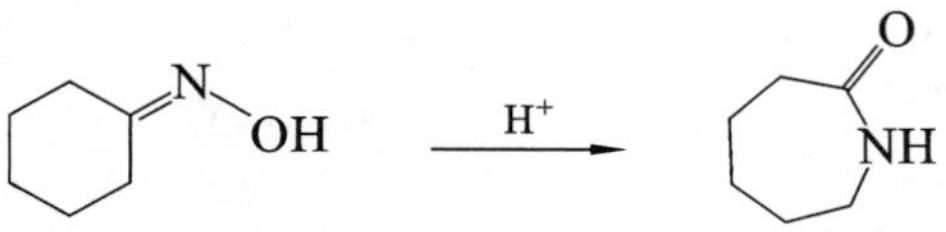

16. 比较环戊二烯与下列烯烃的反应活性。

(1) 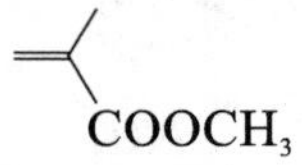　　(2) 　　(3) 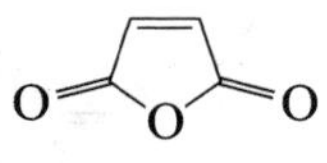　　(4) 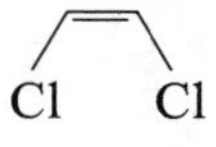

17. 下面列出的 Wittig 反应是合成烯烃的重要方法,请指出该反应涉及哪些基元反应。

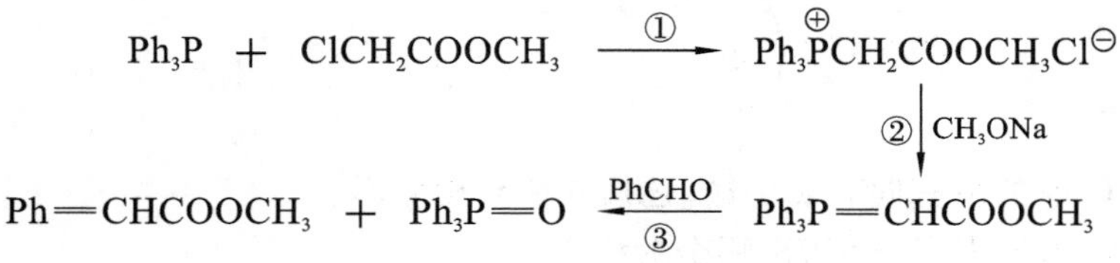

18. 硼烷与烯烃在温和条件下易发生加成反应，形成同面加成产物，请解释这一反应结果。

$\xrightarrow[\text{THF}]{B_2H_6}$ H　$BH_2$

19. 写出下列重排反应产物的形成过程。

OH　OH
$H_3C$—C—C—$CH_3$　$\xrightarrow{H^+}$　$H_3C$—CO—C($CH_3$)$_3$　+　$H_2O$
$CH_3$　$CH_3$

20. 写出下列反应的产物。

Ph—$CH_2$—CH($NH_2$)—COOH　+　$CH_3OH$　$\xrightarrow{HCl}$　$\xrightarrow{(CH_3CO)_2O}$

21. Ziegler-Natta 催化剂是乙烯和丙烯聚合反应的有效催化剂，请写出它的结构组成。

22. Suzuki 偶联反应是合成联苯化合物的重要方法，请列举一个实例说明该反应过程。

# 第8章　金属材料基础

**【内容提要】** 本章简单介绍了金属材料相关的基础知识。首先，从金属的电子结构入手，介绍了金属键理论，然后介绍了金属的晶体结构及缺陷特征，最后，简述了工程上典型的金属材料及其最新进展。

在所有应用材料中，凡是以金属元素为主的，具有一般金属特性（金属光泽、延展性、导电、导热等性质）的材料统称为**金属材料**。人类文明的进步和社会的发展同金属材料的关系十分密切。继石器时代之后，铜器时代、铁器时代均以金属材料的应用为时代的显著标志。现代，种类繁多的金属材料已成为人类社会发展的重要物质基础。金属材料的微观结构可决定其物理化学性能，因此，需深入研究金属材料的微观结构，研究微观结构与宏观性质之间的关系。

## 8.1　金属键

在一百多种元素中，金属元素的占比达到80%以上。常温下，除了汞为液体以外，其他金属都是晶状固体。金属都具有金属光泽、良好的导电性和导热性，以及良好的机械加工性能。金属的通性表明它们具有类似的内部结构。按照价键理论，原子在彼此结合时共用电子，以成为稳定的电子构型（大都具有稀有气体的构型）。非金属原子通过共用电子的方式达到稳定状态。金属原子的结构特点是其最外层的电子数很少，一般仅为1～3个。那么，金属原子之间究竟靠什么相连呢？对此，目前已经发展出了两种理论。

### 8.1.1　自由电子气模型

一些元素的外层电子与原子核的结合力小，很容易脱离原子核而变成自由电子，此时原子变为正离子，因此，常将这些元素称为正电性元素。根据近代物理和化学的观点，处于聚集状态的金属原子，将它们全部或大部分价电子贡献出来，为其整个原子集体所公有，称为**电子气**。这些价电子或自由电子，已不再只“围绕”自己的原子核运动，而是与所有的价电子一起在所有原子核周围按量子力学规律运动着，而贡献出价电子的原子变成正离子，沉浸在电子气中。金属原子依靠运动于其间的公有的自由电子的静电作用而结合，这种结合方式叫作**金属键**。图8-1所示为金属自由电子气模型示意图。

金属自由电子气模型能很好地说明金属的通性。金属键没有方向性，当金属的两部分发生相对位移时，金属的正离子始终被包围在电子气中，始终依靠金属键而结合。这样，金属就能经受变形而不发生断裂，从而具有延展性。同样，金属正离子被另外一种金属正离子取代也不会破坏金属键，这种金属之间溶解的能力（称为固溶）也是金属的重要特性。在外加电场作用下，金属中的自由电子能够沿着电场方向定向运动从而形成电流，显示出良好的导电性。自由电子的运动和正离子的振动使金属具有良好的导热性。随着温度的升高，金属正离子或原子本身振动的幅度增大，可阻碍电子通过，使电阻升高，因而金属一般具有正的电阻温度系数。自由电子很容易吸收可见光的能量，被激发到较高的能级，当它回到原来的能级时，就会把吸收的可见光能量辐射出来，使金属不透明而具有金属光泽。图8-2所示为利用自由电子气模

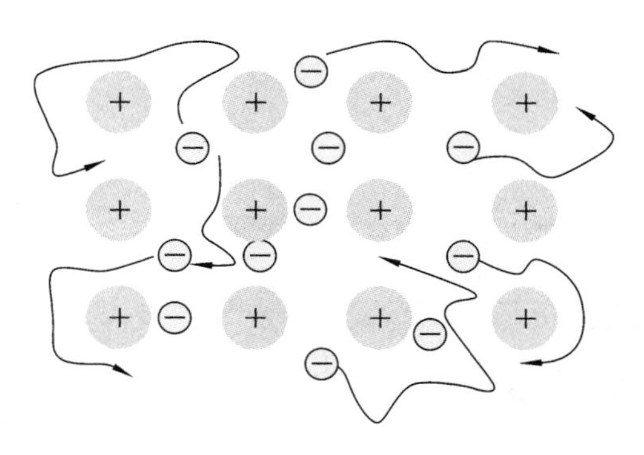

图 8-1　金属自由电子气模型示意图

型解释金属性质示意图。

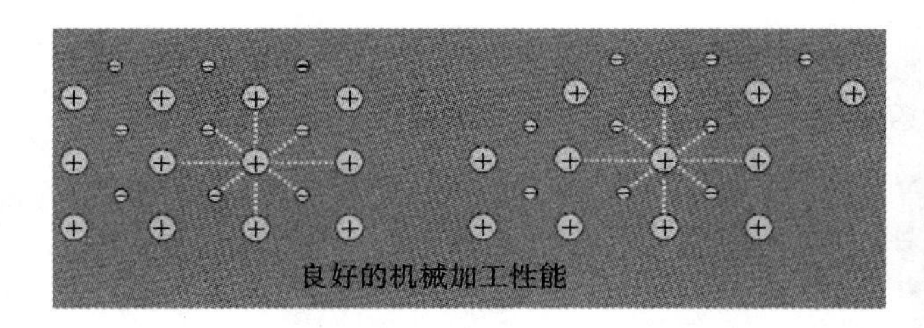


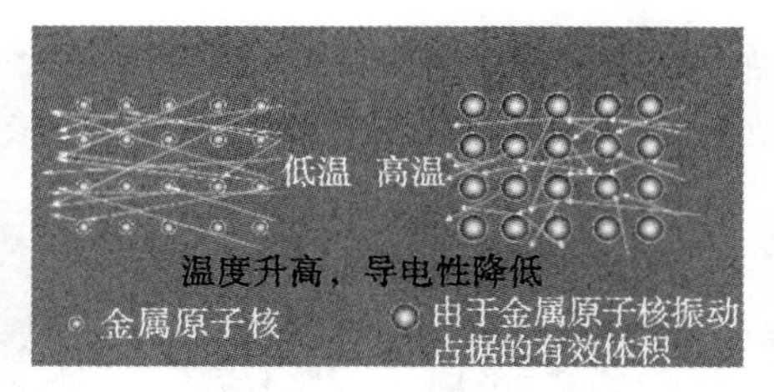


图 8-2　利用自由电子气模型解释金属性质示意图

金属自由电子气模型表明金属键没有饱和性和方向性，因此金属原子力求采用密堆积的方式，通过最紧密的堆积形成最稳定的结构。如果把金属原子看成“半径相等的球”，则密堆积的方式很多，因此金属晶格结构也很多。

金属自由电子气模型能定性地解释金属的许多性质，但是该模型没有考虑到电子的波动性质，得不到好的定量结果。将分子轨道法的概念引入金属晶体后，该模型发展成了金属的能带模型。

### 8.1.2　能带理论

能带理论是讨论晶体（包括金属、绝缘体和半导体晶体）中电子的状态及其运动的一种重要的近似理论。当原子间距较大而孤立存在时，其电子都处在特定的原子能级上；而对于具有紧密堆积结构的固体，其原子间距缩小，原子之间的相互影响较大。当原子紧密堆积在一起时，可设想它们的原子轨道都能够按图 8-3 所示的方式相互叠加，形成分子轨道。参与叠加的原子轨道越多，相应的分子轨道越多（有多少个原子轨道参与叠加，就能形成多少个分子轨道），分子轨道的能量差越小，最终合并成一个连续的分子能级区间，这就是固体的能带。对于基态金属，当原子核外价层轨道上的电子填入金属的能带时，系统的总体能量降低，因此形成了稳定的化学结合力。固体能带的形成实际上是共价键的高度“离域”，所以金属键是一种“改性共价键”。

按照电子填充情况，能带可分为四类：排满电子的能带称为**满带**；排了电子但未排满的能带称为价带；未排电子的能带称为空带；两个能带之间不能排电子的能带称为**禁带**。价带中高于基态能量的电子可能（越过禁带）进入能级较低的空带，与满带中的电子不同，空带中的电子是可以“自由”运动的，因此可以传导电流，空带又称为**导带**。若空带中填入电子，其能级也可

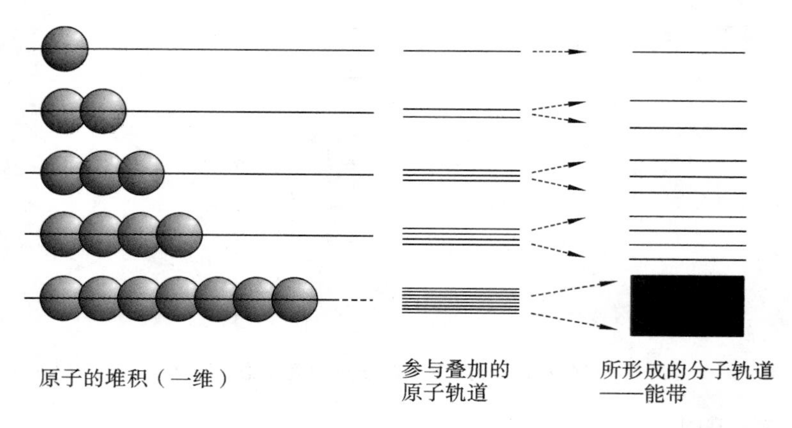


图 8-3　固体能带形成示意图

下降而与满带连接在一起，从而导致禁带消失，这就更有利于满带中的电子进入空带。图 8-4 所示为金属锂、铍、钠、镁的能带结构示意图。

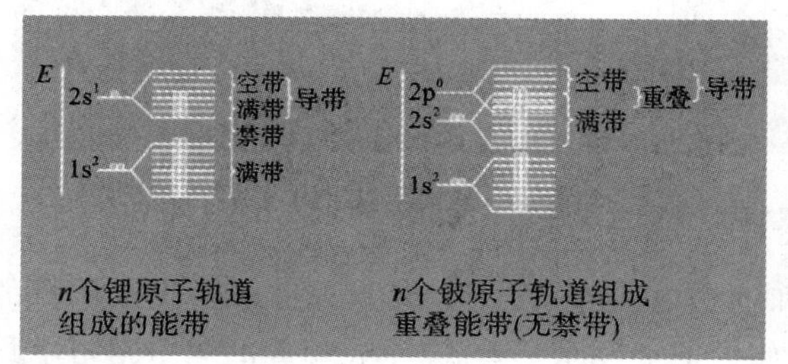


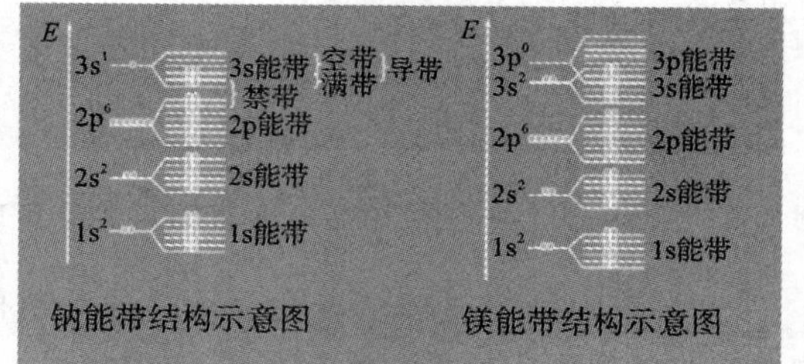


图 8-4　金属锂、铍、钠、镁的能带结构示意图

在绝对 0 K 条件下，具有紧密堆积结构的金属等固体处于基态，所有电子占有不相容原理所允许的最低可能能级，而电子占有的最高能级被称为**费米能级**。当温度升高时，电子跃迁最有可能发生在费米能级附近，因此，费米能级通常作为电子跃迁的一个参考能级。

固体能带理论获得成功的重要原因之一在于其能对固体显著不同的电学性质进行简单而又有效的解释。固体按导电性能的高低可以分为导体、半导体和绝缘体。它们的导电性能不同是因为它们的能带结构不同。导体、半导体、绝缘体的能带中电子分布情况具有明显的特征（见图 8-5）。导体中存在未排满电子的价带。绝缘体的特征是价电子所处的能带都是满带，且满带与相邻空带之间存在一个较宽的禁带（约 3～6 eV）。半导体的能带与绝缘体的能带相似，但半导体的禁带要狭窄得多（约 0.1～2 eV）。能级较低的能带为满带，能级较高的能带为空带，两者之间隔着较小的禁带，是半导体的能带的典型特征。金属的导电主要是通过价带中的电子来实现的。温度上升时，由于金属中原子和离子的热振动加剧，电子与它们碰撞的频率增大，电子穿越晶格的运动受阻，导电能力降低，因此，金属电导率随温度升高而有所下降。绝缘体不导电主要是因为禁带较大，在一般温度下电子难以借助热运动而跃过禁带。半导体的禁带较小，虽然在很低温度下半导体不能导电，但当温度升高到适当温度时，少数电子借助热激发，跃过禁带而导电。因此，能带理论可以说明导体、半导体和绝缘体导电性的区别。目前能带理论虽然具有一定的局限性，但对于新型半导体材料、固体功能材料等的研究开发仍具有重要的理论指导意义。

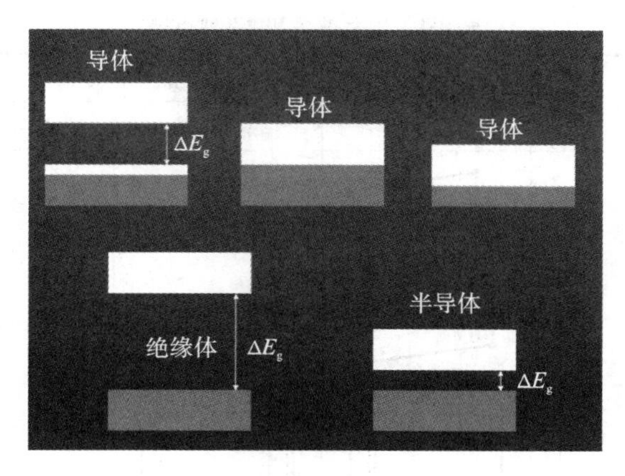


图 8-5　导体、半导体和绝缘体典型的能带结构示意图

## 8.2　晶体结构

在自然界中，固态物质可分为晶体和非晶体两大类，固态的金属与合金大都是晶体。晶体与非晶体的本质区别在于组成晶体的质点是规则排列的（长程序），而非晶体中质点基本上是无规则地堆积在一起的（短程序）。金属及合金在大多数情况下都以结晶状态被使用。晶体结构是决定金属物理、化学性质的基本因素之一。

### 8.2.1　点阵与晶胞

晶体规整的几何外形是晶体内部微粒（原子、分子、离子等）有规则排列的结果。若把晶体内部的微粒抽象成几何学上的点，则它们在空间中规则排列所形成的点群叫作**点阵**，也叫作**晶格**。自然界中的晶体有成千上万种，它们的晶体结构各不相同，因此，一般选用晶胞参数对其进行描述。晶胞参数主要包括：与基本向量对应的三个互不平行的棱长，分别用 $a$、$b$、$c$ 表示；三个基本向量的夹角，分别用 $\alpha$、$\beta$、$\gamma$ 表示。根据晶胞的三个晶格常数（$a$、$b$、$c$）和三个轴间夹角（$\alpha$、$\beta$、$\gamma$）的相互关系对所有晶体进行分析，发现空间点阵只有 14 种类型。这里需要注意的是，在这 14 种空间点阵中，每个点阵既可以是单原子、单离子，又可以是分子、原子群。图 8-6(a)至图 8-6(c)所示的三种不同的晶体结构同属图 8-6(d)所示的点阵。根据晶体的对称程度和对称特征，这 14 种空间点阵可归属于 7 大晶系，如表 8-1 所示。

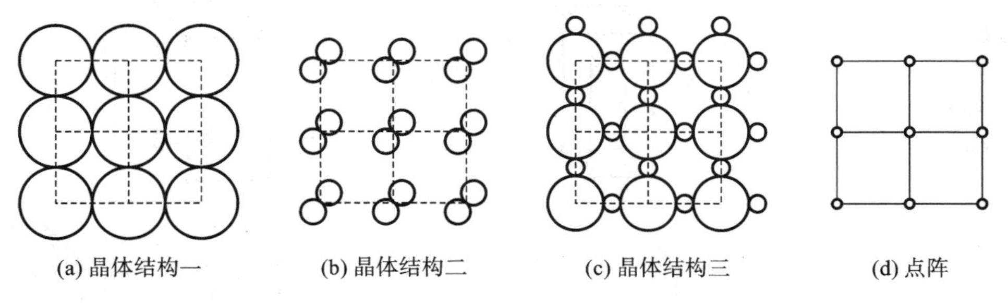


图 8-6　三种不同的晶体结构同属一个点阵

表 8-1　7 大晶系和 14 种点阵

| 晶系和实例 | 点阵类型 | | | |
|---|---|---|---|---|
| | 简　单 | 底　心 | 体　心 | 面　心 |
| 三斜晶系<br>$a \neq b \neq c$<br>$\alpha \neq \beta \neq \gamma \neq 90°$<br>$K_2CrO_7$ | 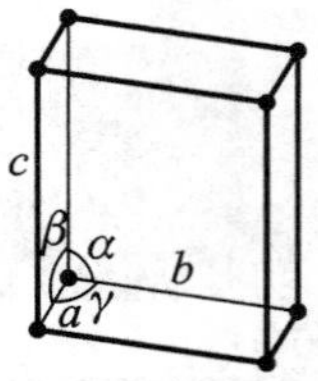 c, β, α, b, a, γ | | | |
| 单斜晶系<br>$a \neq b \neq c$<br>$\alpha = \gamma = 90° \neq \beta$<br>β-S | 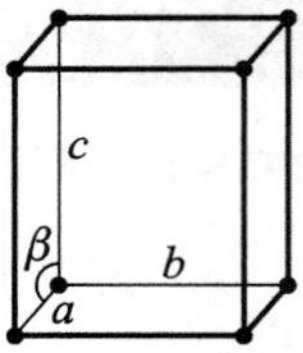 c, β, b, a | 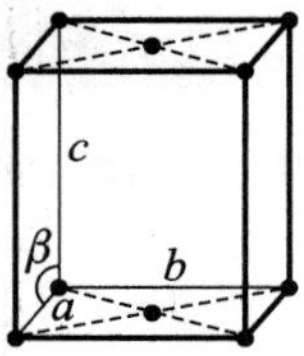 c, β, b, a | | |
| 正交晶系<br>$a \neq b \neq c$<br>$\alpha = \beta = \gamma = 90°$<br>α-S，$Fe_3C$ | 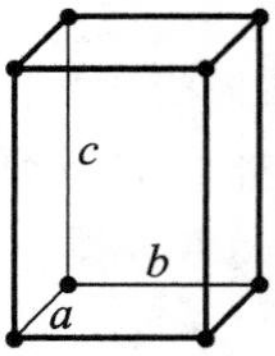 c, b, a | 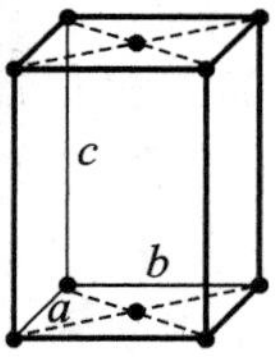 c, b, a | 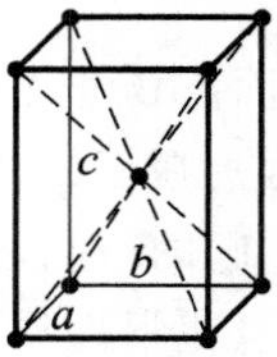 c, b, a | 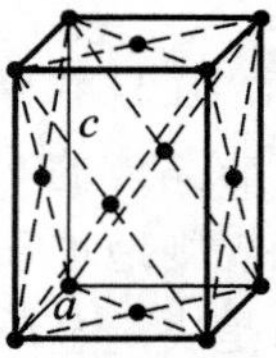 c, a |
| 六方晶系<br>$a_1 = a_2 = a_3 \neq c$<br>$\alpha = \beta = 90°, \gamma = 120°$<br>Zn、Cd、Mg | 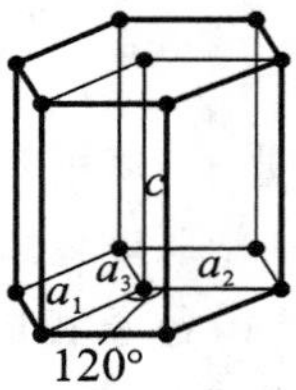 c, $a_1$, $a_3$, $a_2$, 120° | | | |
| 菱方晶系<br>$a = b = c$<br>$\alpha = \beta = \gamma \neq 90°$<br>As、Sb、Bi | 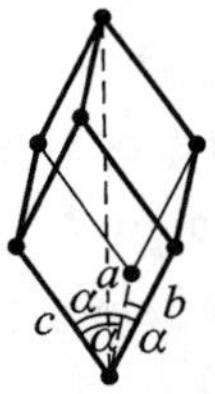 a, α, b, c, α, α | | | |
| 四方晶系<br>$a = b \neq c$<br>$\alpha = \beta = \gamma = 90°$<br>β-Sa、$TiO_2$ | 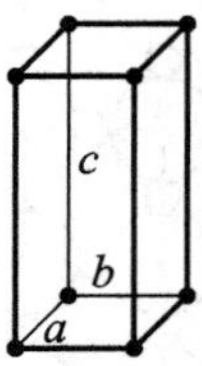 c, b, a | | 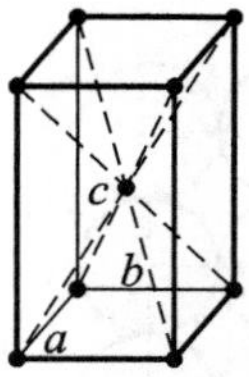 c, b, a | |
| 立方晶系<br>$a = b = c$<br>$\alpha = \beta = \gamma = 90°$<br>Fe、Cr、Ca、Ag | 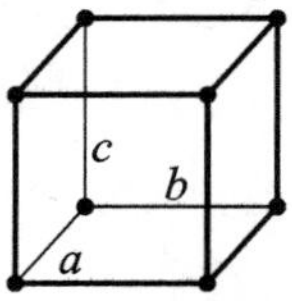 c, b, a | | 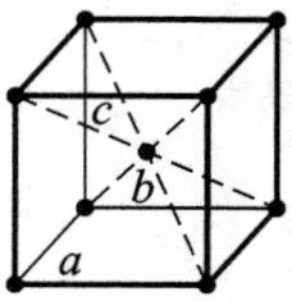 c, b, a | 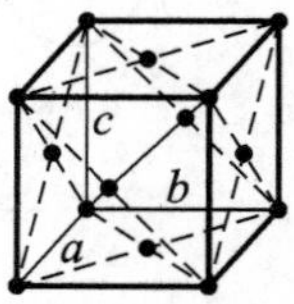 c, b, a |

在每一个点阵中，能表现出其结构一切特征的最小重复单位称为**晶胞**。由此可见，晶格是由晶胞在三维空间无限重复而形成的。根据晶胞的定义，晶胞选取应满足下列条件：晶胞几何形状充分反映点阵对称性；平行六面体内相等的棱和角数目最多；当棱间呈直角时，直角数目应最多；满足上述条件时，晶胞体积应最小。

### 8.2.2　晶向指数与晶面指数

在晶体中，由一系列原子所组成的平面称为**晶面**，任意两个原子之间连线所指的方向称为**晶向**。空间点阵的结点可以从各个方向被划分为许多组平行且等距的平面点阵。这些平面点阵所处的平面称为晶面。晶面具有两个特点：晶面族一经划定，所有结点都包含在晶面族中而无一遗漏；一族晶面平行且两两等距，这是空间点阵周期性的必然结果。为了便于研究和表述不同晶面和晶向的原子的排列情况及其在空间的位向，需要用到**晶面指数和晶向指数**。立方晶系中一些典型的晶面指数如图 8-7 所示。

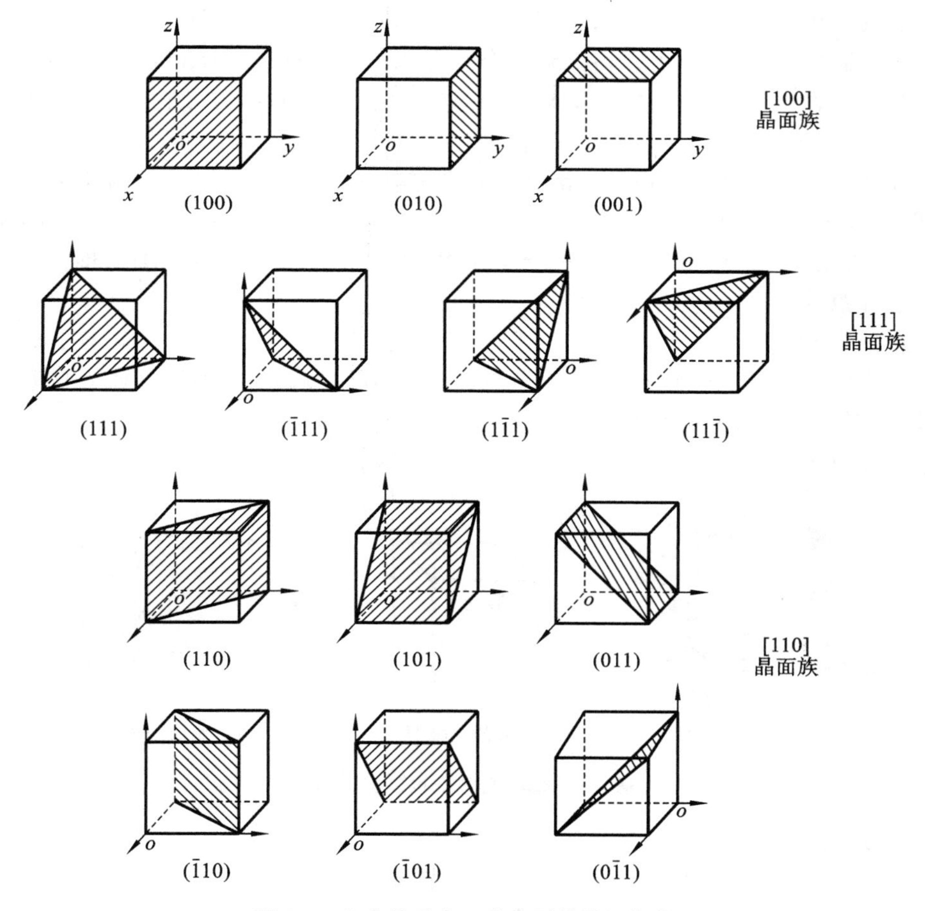


图 8-7　立方晶系中一些典型的晶面指数

晶向指数具体标定方法如下。

(1) 以晶格中某结点为原点，取点阵常数为三坐标轴的单位长度，建立右旋坐标系，确定待求晶向上任意两个点的坐标$(u_1, v_2, w_1)$、$(u_2, v_2, w_2)$。

(2) “末”点坐标减去“始”点坐标，得到沿该轴方向移动的点阵参数的数目 $u_2-u_1$、$v_2-$

$v_1$、$w_2-w_1$。

(3) 将这三个值化成一组互质整数，加上一个方括号即为晶向指数[$u\ v\ w$]，若有负值，则将负号标注在该数字上方。

晶面指数可以用一组米勒指数($h\ k\ l$)来表示，其具体标定方法如下。

(1) 因为所有的结点都在所考虑的晶面族上，所以必然有一个晶面通过原点，其他晶面相互等距，将均匀切割各坐标轴。

(2) 选择一个不过原点的晶面，找出这个晶面在各坐标轴上的截距 $x$、$y$、$z$。

(3) 将截距的倒数化成互质的整数 $h$、$k$、$l$；如果晶面族与某一轴平行，则截距为无穷大，相应的米勒指数就为0；如果 $h$、$k$、$l$ 中某一个或几个的值为负数，则将负号标注在该数字的上方。

### 8.2.3 金属单质的晶体结构

金属键不具有饱和性和方向性，使得金属原子趋向于紧密排列，即金属原子趋向于最大限度地填满空间。衡量堆垛程度的是致密度。正因为如此，在工业上使用的金属中，除了少数金属具有复杂的晶体结构以外，绝大多数金属都具有比较简单的晶体结构，其中最典型、最常见的晶体结构有三种类型，即体心立方结构、面心立方结构和密排六方结构，前两种属于立方晶系，后一种属于六方晶系。

因为晶体结构是由其晶胞在三维空间周期重复堆垛而成的，所以讨论晶体结构时只讨论其单胞就够了，我们将用原子刚球模型讨论每个单胞所含的原子数及这些原子在晶体坐标中的点阵坐标，讨论晶体结构的配位数、原子半径和点阵常数关系、致密度、原子堆垛方式及晶体结构中的间隙数等。

(1) 体心立方结构。

体心立方(body-centered cubic，BCC)结构的晶胞模型如图 8-8 所示。体心立方晶胞的三个棱边长度相等，三个轴间夹角均为 90°，体心立方晶胞的 8 个角上各有一个原子，其中心还有一个原子。具有体心立方结构的金属有 α-Fe、Cr、V、Nb 等。

(a) 刚球模型

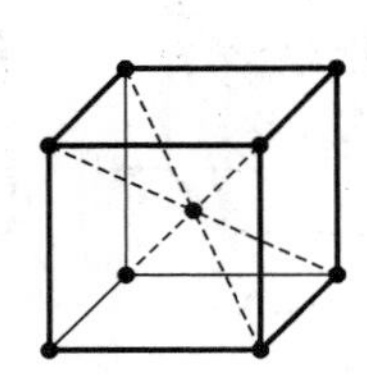

(b) 质点模型

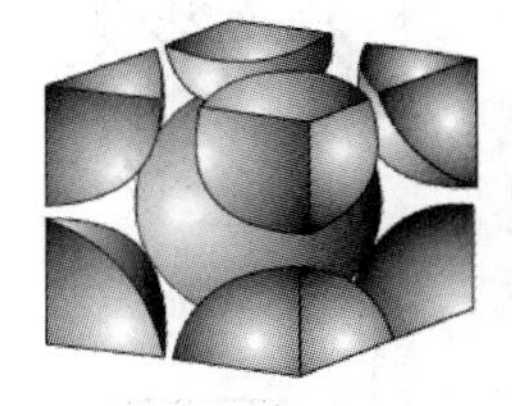

(c) 晶胞原子数

图 8-8 体心立方结构的晶胞模型

(2) 面心立方结构。

面心立方(face-centered cubic，FCC)结构的晶胞模型如图 8-9 所示。面心立方晶胞的 8 个角上各有一个原子，其 6 个面的中心各有一个原子。γ-Fe、Cu、Ni、Al、Ag 等约 20 种金属具有这种晶体结构。

(3) 密排六方结构。

密排六方(hexagonal close-packed，HCP)结构的晶胞模型如图 8-10 所示。密排六方晶胞的 12 个角上各有一个原子，上底面和下底面的中心各有一个原子，其内还有三个原子。具有密排六方结构的金属有 Zn、Mg、Be、α-Ti、α-Co、Cd 等。

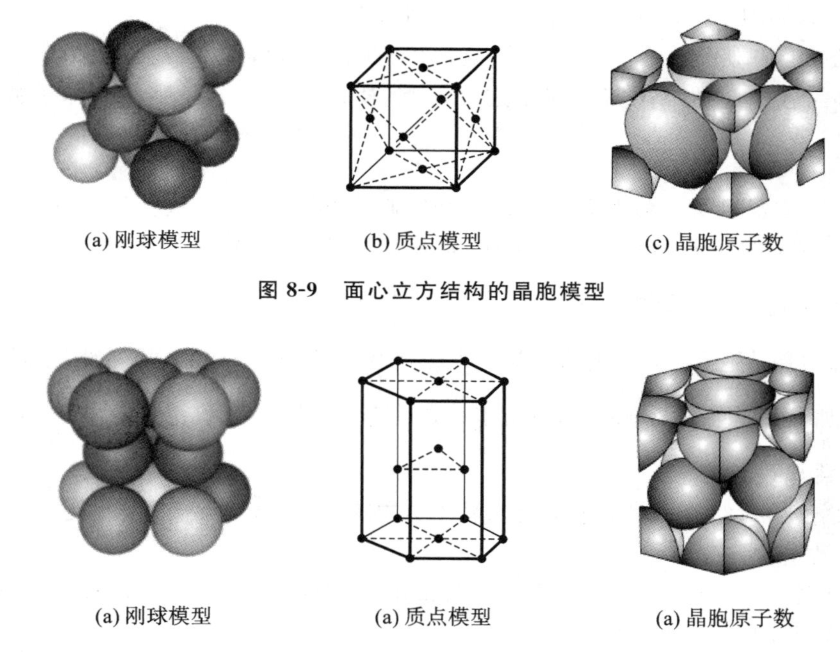

(a) 刚球模型　(b) 质点模型　(c) 晶胞原子数

图 8-9　面心立方结构的晶胞模型

(a) 刚球模型　(a) 质点模型　(a) 晶胞原子数

图 8-10　密排六方结构的晶胞模型

### 8.2.4　重要的晶胞参数

**1）原子半径**

假设相同的原子是等径刚球，最密排方向上原子彼此相切，两球心间距离的一半便是原子半径。对于体心立方、面心立方和密排六方结构的晶胞，其最密排方向上原子排布如图 8-11 所示。

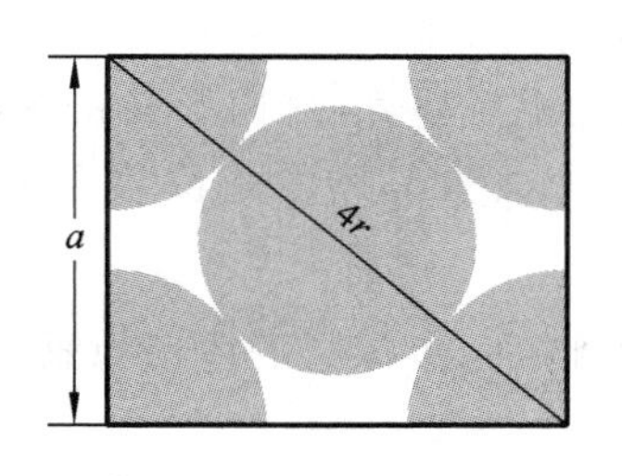


(a) 体心立方晶胞对角线剖视图

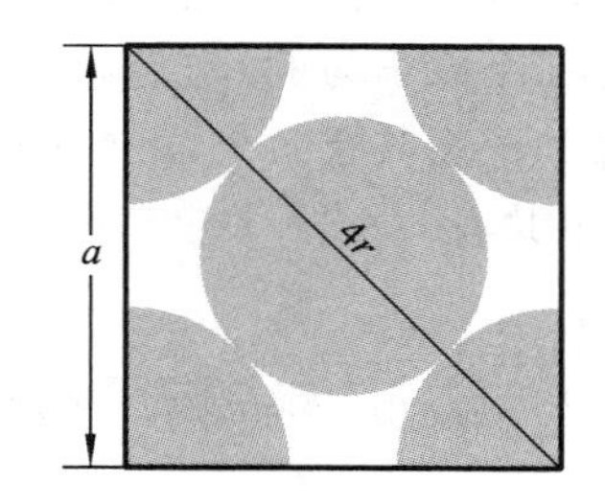


(b) 面心立方晶胞左视图

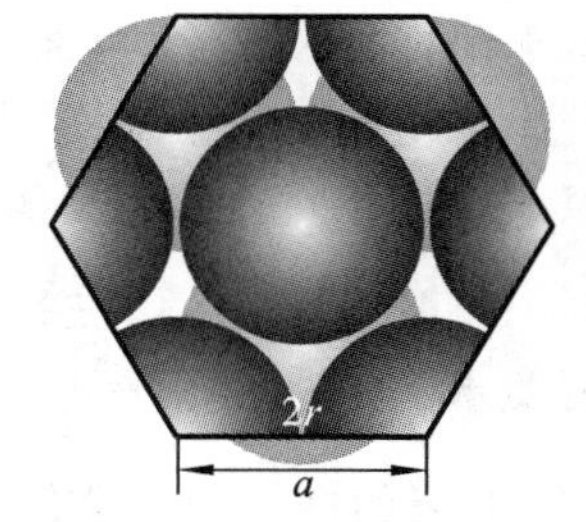


(c) 密排六方晶胞俯视图

图 8-11　最密排方向上原子排布

在体对角线方向上体心立方晶胞原子彼此相切，原子半径 $r$ 与晶格常数 $a$ 的关系为 $r=\sqrt{3}a/4$；在面对角线方向上面心立方晶胞原子彼此相切，原子半径 $r$ 与晶格常数 $a$ 的关系为 $r=\sqrt{2}a/4$；在上、下底面上密排六方晶胞原子彼此相切，原子半径 $r$ 与晶格常数 $a$ 的关系为 $r=a/2$。

**2）晶胞中原子数**

由于晶体由大量晶胞堆垛而成，因此处于晶胞顶角或周面上的原子就不会为一个晶胞所独占，只有晶胞内的原子才为晶胞所独有。若用 $n$ 表示晶胞占有的原子数，则体心立方、面心立方和密排六方晶胞中的原子数的计算过程分别如下。

（1）体心立方晶胞每个角上的原子为与其相邻的 8 个晶胞所共有，故只有 1/8 个原子属于这个晶胞；晶胞中心的原子完全属于这个晶胞，所以体心立方晶胞中的原子数为 $n=8\times\frac{1}{8}+1=2$。

（2）面心立方晶胞每个角上的原子为 8 个晶胞所共有，每个晶胞实际占有该原子的 1/8，而位于 6 个面中心的原子同时为相邻的两个晶胞所共有，每个晶胞只分到面中心原子的 1/2，因此面心立方晶胞中的原子数为 $n=8\times\frac{1}{8}+6\times\frac{1}{2}=4$。

（3）密排六方晶胞每个角上的原子为 6 个晶胞所共有，上、下底面中心的原子同时为两个晶胞所共有，再加上晶胞内的 3 个原子，故密排六方晶胞中的原子数为 $n=12\times\frac{1}{6}+2\times\frac{1}{2}+3=6$。

**3）配位数与致密度**

晶胞中原子排列的紧密程度也可反映晶体结构特征，通常用两个参数来表征，一个是配位数，另一个是致密度。

配位数是指晶体结构中，与任一原子最近邻并且等距离的原子数。而致密度 $K$ 是晶胞中原子所占的体积分数，可用下式表示：

$$K=\frac{nv}{V}$$

式中：$n$ 为晶胞中的原子数；$v$ 为一个原子的体积；$V$ 为晶胞体积。

对于体心立方晶胞，以立方体中心的原子来看，与其最近邻并且等距离的原子数有 8 个，所以体心立方晶胞的配位数为 8。而其致密度 $K=\frac{nv}{V}=\frac{2\times\frac{4\pi}{3}\left(\frac{\sqrt{3}}{4}a\right)^3}{a^3}\approx 0.68$，即在体心立方晶胞中，有 68%的体积为原子所占据，其余 32%的体积为间隙体积。

对于面心立方晶胞，以面中心那个原子为例，与之最近邻的是它周围顶角上的 4 个原子，这 5 个原子构成了一个平面，这样的平面共有 3 个，3 个面彼此相互垂直，结构形式相同，所以与该原子最近邻并且等距离的原子共有 4×3＝12 个，因此面心立方晶胞的配位数为 12。而其致密度 $K=\frac{nv}{V}=\frac{4\times\frac{4\pi}{3}\left(\frac{\sqrt{2}}{4}a\right)^3}{a^3}\approx 0.74$，即在面心立方晶胞中，有 74%的体积为原子所占据，其余 26%的体积为间隙体积。

在理想的密排六方晶胞（轴比 $c/a=1.633$）中，以晶胞底面中心的原子为例，它不仅与周围 6 个角上的原子相接触，而且与其下面的 3 个位于晶胞之内的原子及与其上相邻晶胞内的 3 个原子相接触，故密排六方晶胞的配位数为 12。然而，对于实际的密排六方晶胞，其轴比在 1.57～1.64 范围内波动。而其致密度 $K=\frac{nv}{V}=\frac{6\times\frac{4\pi}{3}\left(\frac{1}{2}a\right)^3}{\frac{3\sqrt{3}}{2}a^2\cdot\sqrt{\frac{8}{3}}a}\approx 0.74$，密排六方晶胞的配位数和致密度均与面心立方晶胞的相同，这说明两种晶胞中原子排列的紧密程度相同。

**4）晶体中原子的堆垛方式**

虽然面心立方晶胞与密排六方晶胞的结构不同，但两者的配位数与致密度相同。如图 8-

12 所示，密排六方结构按 ABAB 的顺序堆垛。面心立方结构按 ABCABC 的顺序堆垛。

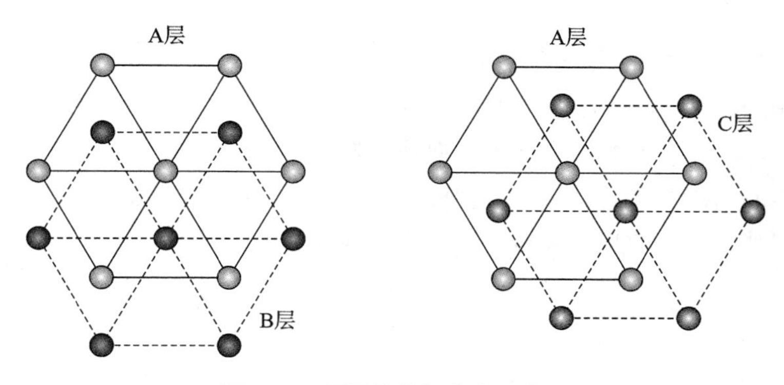


图 8-12　原子的堆垛方式示意图

**5）间隙**

由上述致密度数值可知，即使对于最密排的晶体结构，其致密度也仅为 0.74，这表明晶体中存在着间隙，一般根据形状的不同，间隙分为八面体间隙和四面体间隙两类。这些晶体中的间隙可容纳半径较小的溶质原子或杂质原子，为金属单质的合金化提供了便利条件。

如图 8-13 所示，在面心立方结构中，八面体间隙是由 6 个原子组成的八面体所围的间隙，在每个晶胞内有 4 个八面体间隙，它们的中心位置是(1/2，1/2，1/2)及其等效位置（即晶胞各个棱的中点），八面体间隙中心到最近邻原子中心的距离定义为原子半径和间隙半径之和。八面体间隙中心到最近邻原子中心的方向是〈100〉方向，在 $a$〈100〉长度内包含 1 个原子直径和 1 个八面体间隙直径，所以，八面体间隙半径为

$$r_{八面} = \frac{1}{2}(a-2r) = \frac{1}{2}\left(a-\frac{\sqrt{2}}{2}a\right) = 0.146a$$

或

$$r_{八面} = \frac{1}{2}(a-2r) = \frac{1}{2}(2\sqrt{2}r-2r) = 0.414r$$

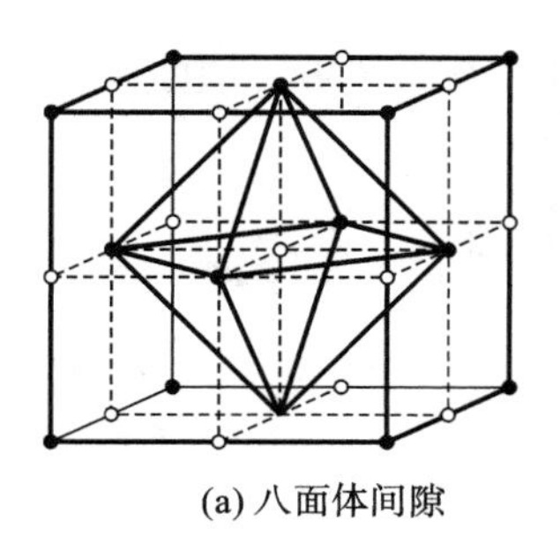

(a) 八面体间隙

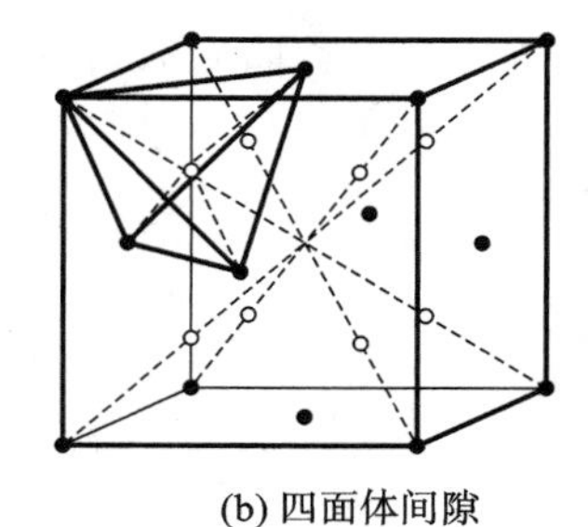

(b) 四面体间隙

图 8-13　面心立方结构中的间隙

四面体间隙是由 4 个原子组成的四面体所围的间隙。在每个晶胞内有 8 个四面体间隙，它们的中心位置是(1/4，1/4，1/4)及其等效位置。四面体间隙中心到最近邻原子中心的方向是〈111〉方向，在 $a/4$〈111〉长度内包含 1 个原子半径和 1 个四面体间隙半径，所以，四面体间隙半径为

$$r_{四面} = \frac{\sqrt{3}}{4}a - r = \frac{\sqrt{3}}{4}a - \frac{\sqrt{2}}{4}a = 0.0795a$$

或

$$r_{四面} = \frac{\sqrt{3}}{4}a - r = \frac{\sqrt{3}}{4} \times 2\sqrt{2}r - r = 0.2247r$$

如图 8-14 所示，在体心立方结构中，八面体间隙的中心为晶胞立方体棱边的中心及立方体 6 个面的中心。在每个晶胞内有 6 个八面体间隙。这种间隙虽由 6 个原子围成，但间隙中心与 4 个原子中心的距离为 $a\sqrt{2}/2$，而另外两个原子中心的距离为 $a/2$，所以它不是正八面体而是在一个方向略受压缩的扁八面体。八面体间隙半径为

$$r_{八面} = \frac{1}{2}(a - 2r) = \frac{1}{2}\left(a - \frac{\sqrt{3}}{2}a\right) = 0.0670a$$

或

$$r_{八面} = \frac{1}{2}(a - 2r) = \frac{1}{2}\left(\frac{4}{\sqrt{3}}r - 2r\right) = 0.1547r$$

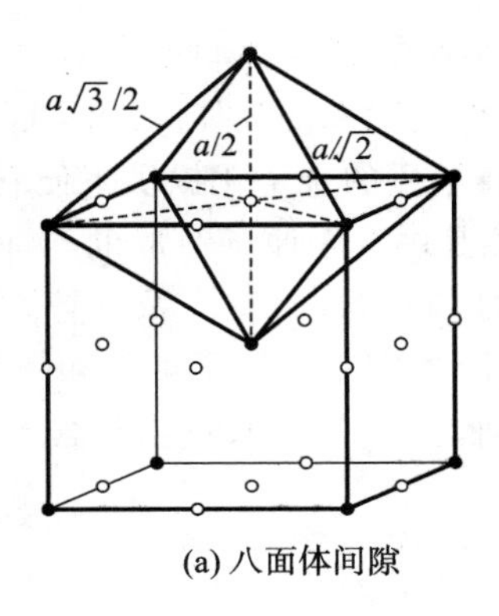

(a) 八面体间隙

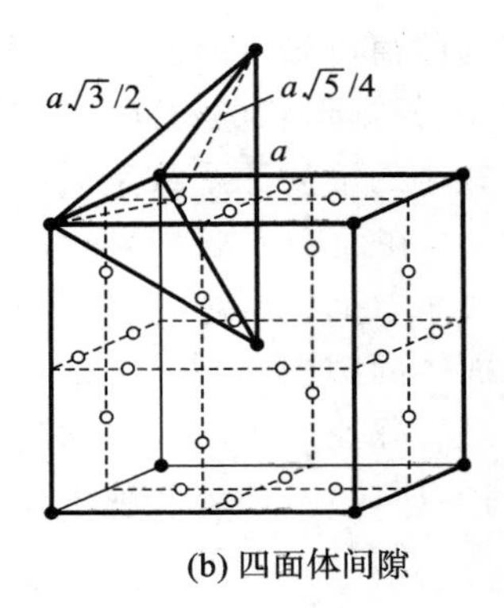

(b) 四面体间隙

**图 8-14 体心立方结构中的间隙**

四面体间隙由 4 个原子围成，在每个晶胞内有 12 个四面体间隙。它们的中心位置是(1/2,1/4,0)及其等效位置。这个四面体也不是正四面体，四面体的 6 个棱中有 2 个棱的长度为 $a$，4 个棱的长度为 $a\sqrt{3}/2$。四面体间隙中心与其 4 个原子中心的间距为$\sqrt{5}a/4$，所以四面体间隙半径为

$$r_{四面} = \frac{a\sqrt{5}}{4} - r = \frac{a\sqrt{5}}{4} - \frac{\sqrt{3}}{4}a = 0.126a$$

或

$$r_{四面} = \frac{a\sqrt{5}}{4} - r = \frac{\sqrt{5}}{4} \times \frac{4}{\sqrt{3}}r - r = 0.291r$$

由此可以看出，虽然体心立方结构的致密度比面心立方结构的低，但每个间隙的相对体积比较小，因此体心立方结构中可填入的杂质原子或溶质原子比面心立方结构中的少。

如图 8-15 所示，在密排六方结构中，八面体间隙中心位置是(2/3,1/3,3/4)。在每个晶胞内有两个八面体间隙。如果是理想紧密堆垛，则八面体间隙半径 $r_{八面}=0.414r$。四面体间隙中心位置是(2/3,1/3,7/8)及其等效位置，在每个晶胞内有 4 个四面体间隙。如果是理想紧密堆垛，则四面体间隙半径为 $r_{四面}=0.2247r$。理想密排六方结构的间隙半径和原子半径间的关系和面心立方结构的完全一样。

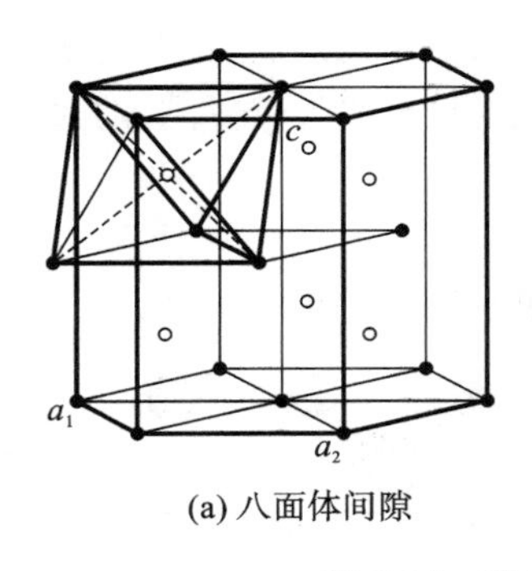

(a) 八面体间隙

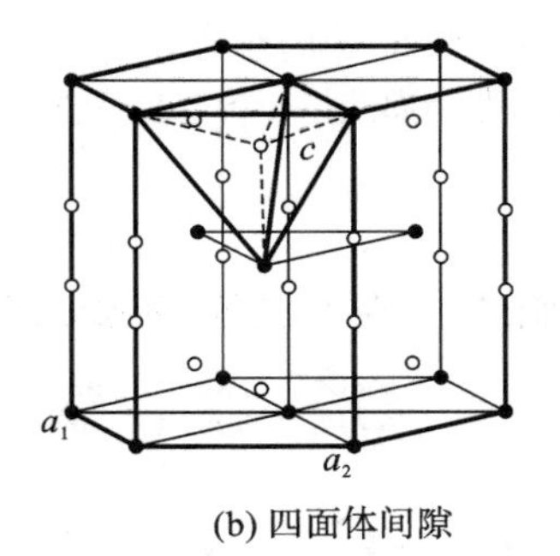

(b) 四面体间隙

图 8-15　密排六方结构中的间隙

根据以上讨论，我们对典型金属单质晶体的晶体结构类型与特征进行总结，如表 8-2 所示。

表 8-2　典型金属单质晶体的晶体结构类型与特征

| 晶体结构特征 | | 晶体结构类型 | | |
|---|---|---|---|---|
| | | 面心立方晶体 ($A_1$/FCC) | 体心立方晶体 ($A_2$/BCC) | 密排六方晶体 ($A_3$/HCP) |
| 点阵常数 | | $a$ | $a$ | $a,c(c/a=1.633)$ |
| 原子半径 $r$ | | $\frac{\sqrt{2}}{4}a$ | $\frac{\sqrt{3}}{4}a$ | $\frac{a}{2}\left(\frac{1}{2}\sqrt{\frac{a^2}{3}+\frac{c^2}{4}}\right)$ |
| 晶胞内原子个数 | | 4 | 2 | 6 |
| 配位数 | | 12 | 8 | 12(6+6) |
| 致密度 | | 0.74 | 0.68 | 0.74 |
| 间隙 | 四面体间隙数量、大小 | 8、0.2247$r$ | 12、0.291$r$ | 4、0.2247$r$ |
| | 八面体间隙数量、大小 | 4、0.414$r$ | 6、0.1547$r$ | 2、0.414$r$ |

### 8.2.5　晶体缺陷

在实际的金属晶体中，原子的排列不可能像理想晶体那样规整，总是不可避免地存在一些原子偏离规则排列的非理想区域，这就是晶体缺陷。

一般说来，晶体中这些偏离其规定位置的原子很少，即使在最严重的情况下，发生严重偏离的原子数至多占总原子数的千分之一。因此，从整体上看，其结构还是接近完整的。尽管如此，晶体缺陷的产生和发展、运动与交互作用、合并和消失，在晶体的强度和塑性、扩散及其他的结构敏感的问题中扮演了主要的角色，晶体的完整部分反而是默默无闻的。由此可见，研究晶体缺陷具有重要的实际意义。

根据晶体缺陷的几何形态特征，晶体缺陷可分为以下三类。

(1) 点缺陷。其特征是三个方向上的尺寸都很小，相当于原子尺寸，如空位、间隙原子、置换原子等。

(2) 线缺陷。其特征是两个方向上的尺寸很小,另一个方向上的尺寸相对很大,如位错。

(3) 面缺陷。其特征是一个方向上的尺寸很小,另外两个方向上的尺寸相对很大,如晶界、亚晶界等。

**1) 点缺陷**

常见的点缺陷有三种,即**空位**、**间隙原子**和**置换原子**,如图 8-16 所示。

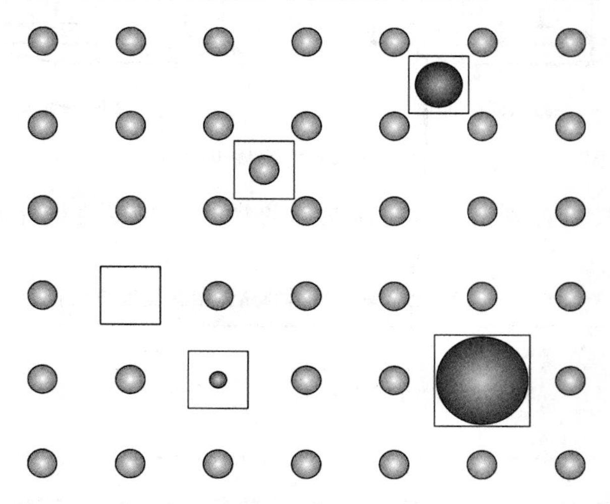

**图 8-16　常见的三种点缺陷:空位、间隙原子和置换原子**

(1) 空位。

在任何温度下,金属晶体中的原子都是以其平衡位置为中心不间断地进行着热振动的。原子的振幅大小与温度有关,温度越高,振幅越大。在一定的温度下,每个原子的振动能量并不完全相同。在某一瞬间,某些原子的能量可能高些,其振幅就大些;而另一些原子的能量可能低些,振幅就小些。对一个原子来说,这一瞬间能量可能高些,另一瞬间能量可能低些,这种现象称为**能量起伏**。根据统计规律,在某一温度下的某一瞬间,总有一些原子具有足够高的能量,可克服周围原子对它的约束,脱离原来的平衡位置迁移到别处,即在原位置上出现了空结点,这就是空位的形成过程。

空位是一种热平衡缺陷,空位的平衡浓度是极小的。例如,当铜的温度接近其熔点时,空位的平衡浓度约为 $10^{-5}$ 数量级,即在 10 万个原子中才出现一个空位。尽管空位的浓度很小,但它在固态金属的扩散过程中起着极为重要的作用。空位周围的原子由于一个近邻原子丢失,相互间的作用失去平衡,它们朝空位方向稍有移动,偏离其平衡位置,空位的周围出现一个涉及几个原子间距范围的弹性畸变区,简称**晶格畸变**。

某些处理,如高能粒子辐照、高温淬火及冷加工等,可使晶体中的空位浓度高于平衡浓度,空位处于过饱和状态。这种过饱和空位是不稳定的,例如,由于温度升高,原子获得较高的能量,空位浓度便会大大下降。

(2) 间隙原子。

处于晶格间隙中的原子即为间隙原子。从图 8-15 中可以看出,在形成弗兰克尔空位的同时,也形成一个间隙原子。原子硬挤入很小的晶格间隙中,会造成严重的晶格畸变。异类原子大多是原子半径很小的原子,如钢中的氢、氮、碳、硼等,尽管原子半径很小,但仍比晶格中的间隙大得多,造成的晶格畸变远比空位严重。间隙原子也是一种热平衡缺陷,在一定温度下有一定的平衡浓度。对于异类间隙原子来说,这一平衡浓度称为固溶度或溶解度。

(3) 置换原子。

占据在原来基体原子平衡位置上的异类原子称为置换原子。由于置换原子的大小与基体原子的不可能完全相同,因此其周围近邻原子也将偏离其平衡位置,造成晶格畸变。置换原子在一定温度下也有一个平衡浓度,该平衡浓度一般称为固溶度或溶解度。

综上所述,无论是哪类点缺陷,都会造成晶格畸变,这将对金属的性能产生影响,如屈服强度升高、电阻增大、体积膨胀等。此外,点缺陷的存在将加速金属中的扩散过程,因而凡与扩散有关的相变、化学热处理、高温下的塑性变形和断裂等,都与空位和间隙原子有着密切的关系。

**2) 线缺陷**

晶体中的线缺陷就是各种类型的位错,它是指在晶体中某处有一列或若干列原子发生了有规律的错排,使长达几百至几万个原子间距、宽约几个原子间距范围内的原子离开其平衡位置,发生有规律的错动。虽然位错有多种类型,但其中最简单、最基本的类型有两种:一种是刃型位错;另一种是螺型位错。位错是一种极为重要的晶体缺陷。位错的存在对金属材料的力学性能、扩散及相变等过程有着重要的影响。这里主要介绍位错的基本类型和一些基本概念。

(1) 刃型位错。

刃型位错的模型如图 8-17 所示。设有一简单立方晶体,某一原子面在晶体内部中断,这个原子平面中断处的边缘就是一个刃型位错,犹如用一把锋利的钢刀将晶体上半部分切开,沿切口硬插入额外半原子面一样,刃口处的原子列称为刃型位错线。因此,刃型位错线实际上是已滑移区和未滑移区在滑移面上的交线。

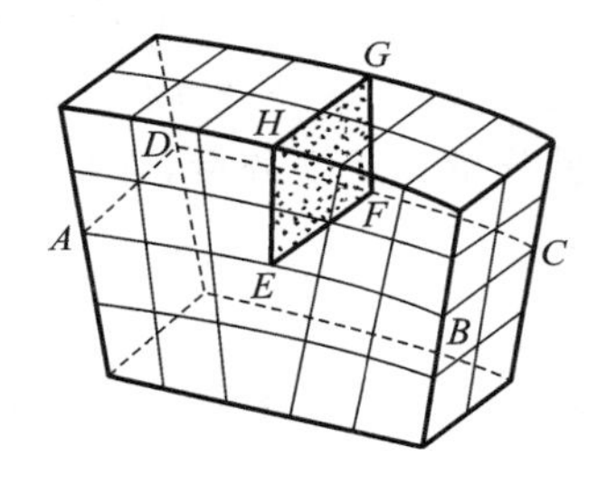

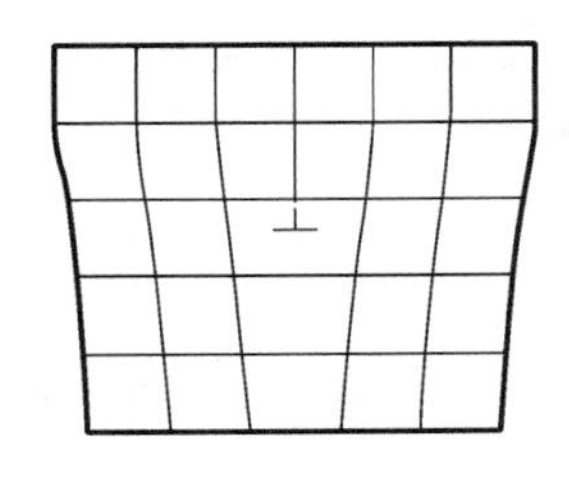

**图 8-17　刃型位错的模型**

刃型位错有正负之分,若额外半原子面位于晶体的上半部,则此处的位错称为正刃型位错,以符号“⊥”表示。反之,若额外半原子面位于晶体的下半部,则此处的位错称为负刃型位错,以符号“⊤”表示。实际上这种正负之分并无本质上的区别,只是为了表示两者的相对位置,便于以后讨论而已。

(2) 螺型位错。

如图 8-18 所示,设想在立方晶体右端施加一切应力,使右端上下两部分沿滑移面 $ABCD$ 发生一个原子间距的相对切变,已滑移区和未滑移面的边界 $BC$ 因此出现,它就是螺型位错线。从滑移面上下相邻两层晶面上原子排列的情况可以看出,晶体的上下两部分相对错动了一个原子间距,但在 $BC$ 和 $AD$ 之间,上下两层相邻原子发生了错排且对不齐,这一地带称为过渡地带。此过渡地带的原子被扭曲成了螺旋型。由于位错线附近的原子是按螺旋型排列的,因此这种位错叫作螺型位错。

根据位错线附近呈螺旋型排列的原子的旋转方向,螺型位错可分为左螺型位错和右螺型位错两种。通常用拇指代表螺旋的前进方向,用其余四指代表螺旋的旋转方向。凡符合右手

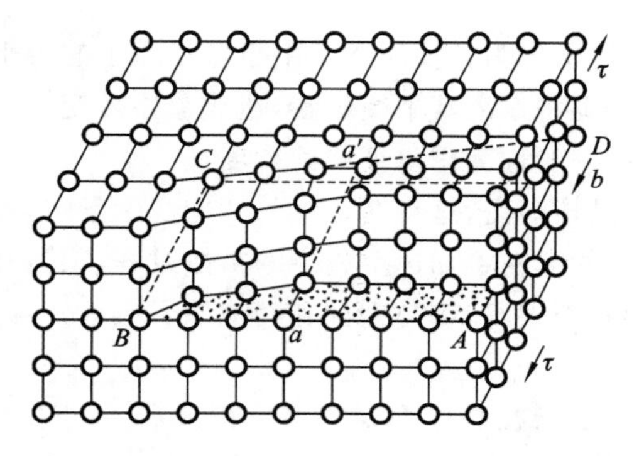


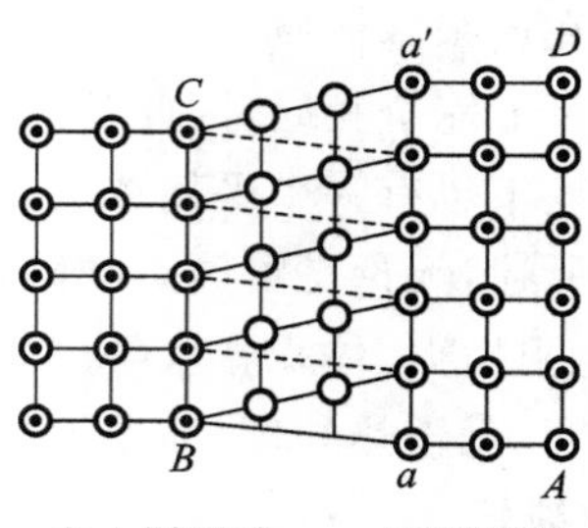


图 8-18　螺型位错的模型

法则的称为右螺型位错，符合左手法则的称为左螺型位错。

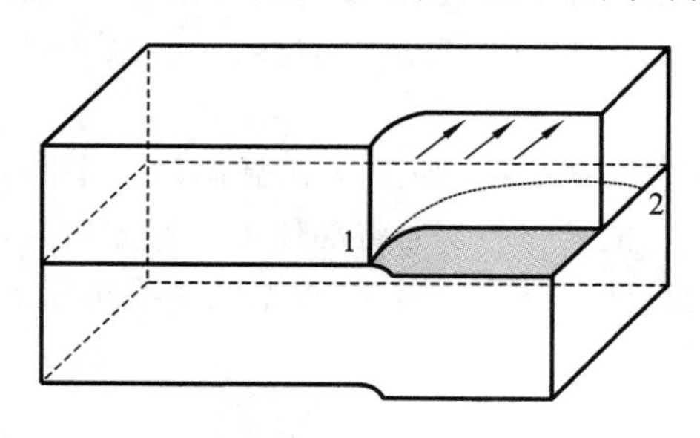


图 8-19　典型混合位错模型

1—螺型位错；2—刃型位错

(3) 混合位错。

上文所描述的刃型位错线和螺型位错线都是一条直线，这是一种特殊情况。在实际晶体中，位错线一般是弯曲的，具有各种各样的形状，除了上述两种位错以外，还有一种更常见的位错，它的柏氏矢量既不与位错线平行，又不与位错线垂直，而是与位错线成任意角度，这种位错称为混合位错(见图 8-19)。混合位错线可分解为刃型分量和螺型分量，它是晶体中较常见的一种位错线。

**3) 面缺陷**

晶体的面缺陷包括晶体表面(自由界面)缺陷和内界面缺陷两类，其中内界面缺陷又分为晶界、孪晶界、堆垛层错和相界等。

(1) 晶体表面缺陷。

晶体表面是指金属与真空或气体、液体等外部介质相接触的界面。处于晶体表面的原子同时受到晶体内部原子和外部原子或分子的作用力，这两种作用力并不平衡，从而造成表面层的晶格畸变。表面层产生了晶格畸变，其能量就会升高。这种单位面积上升高的能量称为**比表面能**，简称**表面能**($J/m^2$)。表面能也可以用单位长度上的表面张力(N/m)表示。

(2) 晶界。

在多晶体金属中，结构、成分相当，但位向不同的相邻晶粒之间的界面称为**晶粒间界**，简称**晶界**(见图 8-20)。相邻晶粒的位向差小于 10°时，称为**小角度晶界**；相邻晶粒的位向差大于 10°时，称为**大角度晶界**。晶粒的位向差不同，晶界的结构和性质也不同。一般认为小角度晶界基本上由位错构成，而大角度晶界的结构十分复杂，目前还不是十分清楚。多晶体金属材料中的晶界大多属于大角度晶界。

(3) 孪晶界。

孪晶关系是指相邻两晶粒或一个晶粒内部相邻两部分沿一个公共晶面(孪晶界)构成镜面对称的位向关系(见图 8-21)。

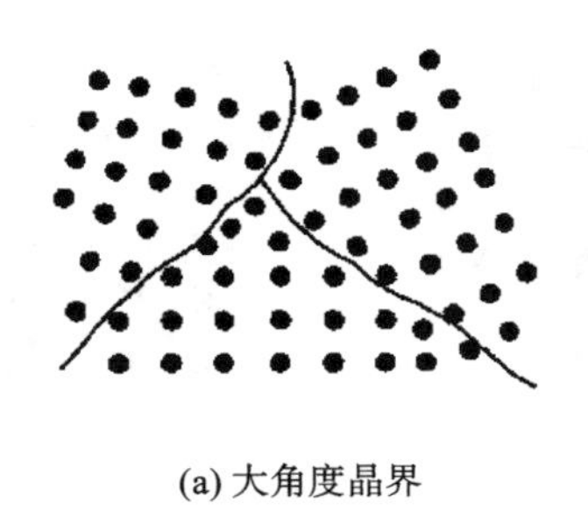

(a) 大角度晶界

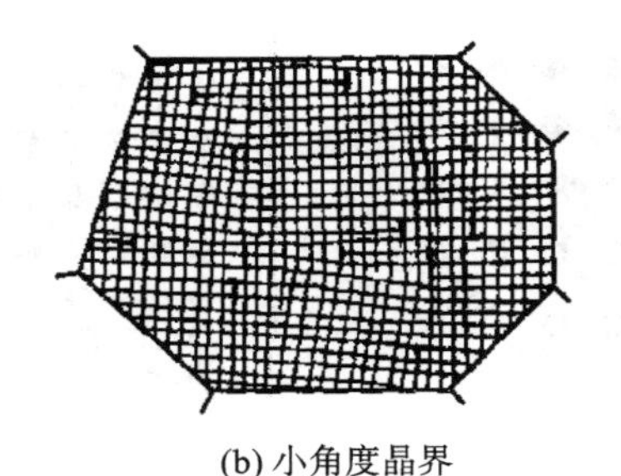

(b) 小角度晶界

**图 8-20　晶界**

(4) 堆垛层错。

在实际晶体中，晶面堆垛顺序发生局部差错而产生的一种晶体缺陷称为**堆垛层错**，简称**层错**，它也是一种面缺陷。晶体结构层正常的周期性重复堆垛顺序在某两层间出现了错误，导致该层间平面(称为**层错面**)两侧附近原子错误排布。例如，在立方紧密堆积结构中，其固有的正常堆垛顺序为三层重复的…$ABCABCABC$…，如果局部出现诸如…$ABC\ A\backslash C\ ABC$…或…$ABC\ AB\backslash A\backslash C\ ABC$…的堆垛顺序，则划线处便是堆垛层错的所在位置。它们在形式上也可看成由一个完整的晶格沿层错面，其两侧晶格间发生非重复周期平移所导致的结果。

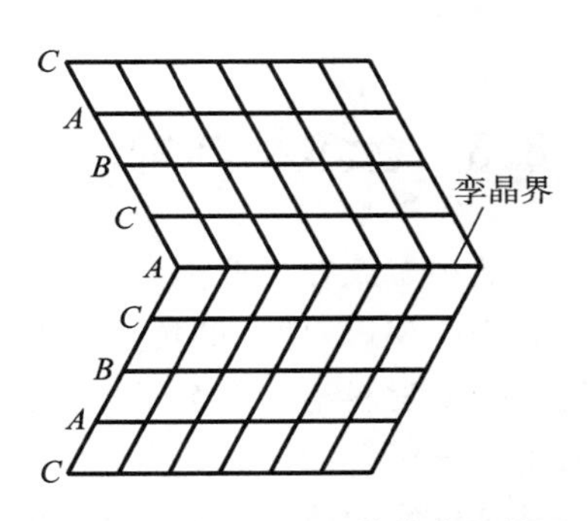


**图 8-21　面向立方晶体的孪晶关系**

堆垛层错的存在破坏了晶体的周期性、完整性，引起能量升高。产生单位面积层错所需的能量通常称为**层错能**。表 8-3 列举了典型金属及合金的层错能。金属的层错能越小，层错出现的概率越大，例如，在奥氏体不锈钢和黄铜中，可以看到大量的层错，而在铝中根本看不到层错。

**表 8-3　典型金属及合金的层错能**

| 金　属 | Ni | Al | Cu | Au | Ag | 黄铜($x_{Zn}$10%) | 不　锈　钢 |
|---|---|---|---|---|---|---|---|
| 层错能/($10^{-7}$ J · $cm^3$) | 400 | 200 | 70 | 60 | 20 | 35 | 15 |

(5) 相界。

具有不同晶体结构的两相之间的分界面称为**相界**。按照结构的不同，相界可分为共格相界、半共格相界和非共格相界。所谓共格相界是指界面上的原子同时位于两相晶格的结点上，为两种晶格所共有，如图 8-22(a)所示。界面上原子的排列规律既符合这个相晶粒内原子排列的规律，又符合另一个相晶粒内原子排列的规律。当相界的畸变能高至不能维持共格关系时，共格关系被破坏，变成**非共格相界**，如图 8-22(c)所示。介于共格相界与非共格相界之间的是**半共格相界**，如图 8-22(b)所示，界面上的两相原子部分地保持着对应关系，其特征是在相界面上每隔一定距离就存在一个刃型位错。

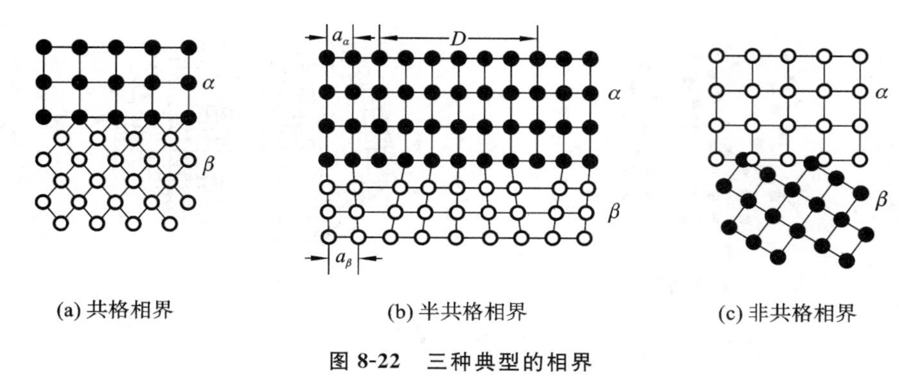


(a) 共格相界　　(b) 半共格相界　　(c) 非共格相界

图 8-22　三种典型的相界

## 8.3　合金相结构

虽然纯金属在工业上获得了一定的应用，但纯金属的强度一般都很低，例如，铁的抗拉强度约为 200 MPa，而铝的抗拉强度还不到 100 MPa，显然都不适合用作结构材料。因此，目前应用的金属材料绝大多数是合金。由两种或两种以上的金属，或金属与非金属，经熔炼、烧结或其他方法组合而成并具有金属特性的物质称为**合金**。例如，常见的碳钢和铸铁就是主要由铁元素和碳元素所组成的合金，黄铜是由铜元素和锌元素所组成的合金等。

组成合金最基本的、独立的物质称为**组元**，简称元。一般说来，组元就是组成合金的元素，也可以是稳定的化合物；当不同的组元经熔炼或烧结组成合金时，这些组元间由于物理的或化学的相互作用，形成具有一定晶体结构和一定成分的相。**相**是指合金中结构相同、成分和性能均一并以界面相互分开的组成部分。由一种相组成的合金称为**单相合金**，由几种不同相组成的合金称为**多相合金**，例如，碳钢在平衡状态下是由铁素体和渗碳体两相所组成的。碳钢的含碳量和加工、处理状态不同，这两相的数量、形态、大小和分布情况也不同，从而构成了碳钢的不同组织，使碳钢表现出不同的性能。不同的相中晶体结构不同，虽然相的种类极为繁多，但根据相中晶体结构特点，合金相结构可以分为**固溶体**和**金属化合物**两大类。金属在固态下也可以溶解其他元素，从而形成一种成分和性质均匀的固态合金，其中占主要地位的称为溶剂，而被溶的称为溶质。

### 8.3.1　固溶体

根据固溶体的不同特点，可以对其进行分类。

(1) 按照溶质原子在晶格中位置的不同，固溶体可分为置换固溶体和间隙固溶体，如图 8-23所示。

①置换固溶体。

溶质原子占据溶剂晶格中的结点位置而形成的固溶体称为置换固溶体。当溶剂和溶质原子直径相差不大，一般在 15%以内时，易形成置换固溶体。铜镍二元合金即为置换固溶体，镍原子可在铜晶格的任意位置替代铜原子。金属元素彼此之间一般都能形成置换固溶体，但溶解度因不同元素而异。影响固溶体溶解度的因素很多，主要取决于组元的晶体结构、原子尺寸、化学亲和力(电负性)、电子浓度。

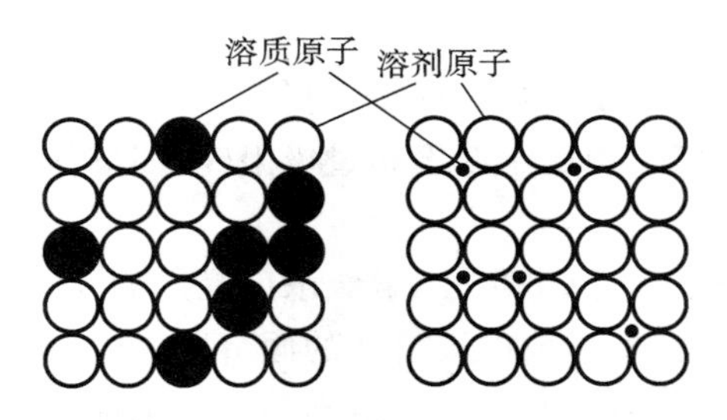


图 8-23　置换固溶体和间隙固溶体

a. 组元的晶体结构。

若溶质与溶剂的晶体结构相同，则固溶度较大，反之，则固溶度较小。溶质与溶剂的晶体结构相同，是无限固溶体形成的必要条件。只有晶体结构相同，溶质原子才能不断地置换溶剂晶格中的原子，直到溶剂原子完全被溶质原子置换完为止。如果组元的晶体结构不同，则组元间的固溶度是有限的，只能形成有限固溶体。即使晶体结构相同的组元间不能形成无限固溶体，但其固溶度也将大于晶体结构不同的组元间的固溶度。

b. 原子尺寸。

溶剂原子半径 $R_A$ 与溶质原子半径 $R_B$ 的相对差 $(R_A-R_B)/R_A$ 不超过 14%，差越大，点阵产生的畸变越大，畸变能越高，限制溶质原子的进一步溶入。当 $(R_A-R_B)/R_A$ 大于 15%时，其固溶度非常有限。

原子尺寸对固溶度的影响可以做如下定性说明。溶质原子溶入溶剂晶格后，会引起晶格畸变，即与溶质原子相邻的溶剂原子要偏离其平衡位置，如图 8-24 所示。若溶质原子比溶剂原子大，则溶质原子将排挤它周围的溶剂原子；若溶质原子比溶剂原子小，则周围的溶剂原子将向溶质原子靠拢。不难理解，形成这样的状态必然引起能量的升高，这种升高的能量称为**晶格畸变能**。组元间的原子半径相差越大，晶格畸变能越高，晶格越不稳定。同样，溶质原子溶入越多，单位体积的晶格畸变能也越高，当溶剂晶格不能再维持时，固溶体的固溶度便达到了极限。此时继续加入溶质原子，溶质原子将不再溶入固溶体中，只能形成其他新相。

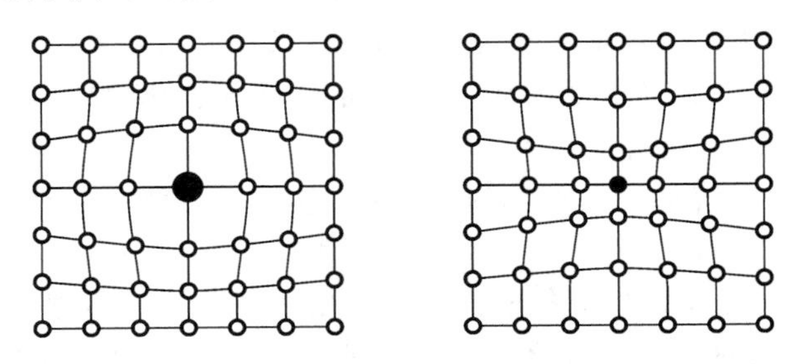

图 8-24　固溶体中溶质原子尺寸所引起的晶格畸变示意图

c. 电负性

电负性是指组成合金的组元原子，吸引电子形成负离子的倾向。当组元间的电负性之差较小时，其固溶度较大，如果溶质原子与溶剂原子的电负性之差很大，即两者之间的化学亲和力很大，则它们往往倾向形成比较稳定的金属化合物，即使形成固溶体，其固溶度往往也较小。

在元素周期表中，同一周期中，元素的电负性自左至右依次递增；同一族中，元素的电负性自下而上依次递增。若两元素的电负性相差越大，即在元素周期表中的位置相距越远，则越不易形成固溶体。若两元素的电负性相差越小，则越易形成固溶体，其形成的固溶体的固溶度也越大。

d. 电子浓度

电子浓度定义为合金中价电子数目与原子数目的比值。晶体结构稳定时的电子浓度称为**临界电子浓度**或**极限电子浓度**。当电子浓度超过极限时，固溶体就不稳定了，合金系中将产生新相。

综上所述，晶体结构、原子尺寸、电负性、电子浓度是影响固溶体固溶度大小的四个主要因素。当以上四个因素都有利时，所形成的固溶体的固溶度可能较大，甚至形成无限固溶体。但上述四个因素只是形成无限固溶体的必要条件，不是充分条件，无限固溶体的形成规律仍有待进一步研究。一般情况下，所有金属在固态下均能溶解一些溶质原子。固溶体的固溶度除了与以上因素有关以外，还与温度有关。温度越高，固溶度越大。

②间隙固溶体。

一些原子半径小于 0.1 nm 的非金属元素（如 H、O、N、C、B 等）受原子尺寸因素的影响，不能与过渡族金属元素形成置换固溶体，却可处于溶剂晶格中的某些间隙位置，形成间隙固溶体。它保持着溶剂元素的晶体结构，碳钢中的铁素体、奥氏体均为间隙固溶体。晶体中的间隙是有限的，因而溶质原子的溶解度也是有限的，其溶解度与溶质原子半径、溶剂晶格类型有关。例如，C 在 γ-Fe（FCC 结构）中的最大溶解度为 2.11%，而在 α-Fe（BCC 结构）中的最大溶解度仅为 0.0218%。

溶质原子（间隙原子）溶入溶剂后，将使溶剂的晶格常数增大，并使晶格发生畸变，溶入的溶质原子越多，引起的晶格畸变越大，当畸变量达到一定数值时，溶剂晶格将变得不稳定。当溶质原子较小时，引起的晶格畸变也较小，因此可以溶入更多的溶质原子，固溶度也较大。由于溶剂晶格中的间隙是有限的，因此间隙固溶体只能是有限固溶体。

（2）按照固溶度的不同，固溶体可分为有限固溶体和无限固溶体。

①有限固溶体：在一定条件下，溶质原子在固溶体中的浓度有一定的限度，超过这个限度就不再溶解了。这一限度称为**溶解度**或**固溶度**，这种固溶体就称为**有限固溶体**。大部分固溶体属于这一类。

②无限固溶体：溶质能以任意比例溶入溶剂，固溶体的溶解度可达 100%，这种固溶体就称为**无限固溶体**。事实上此时很难区分溶剂与溶质，二者可以互换，通常以浓度大于 50%的组元为溶剂，浓度小于 50%的组元为溶质。一般而言，无限固溶体均为置换固溶体，如 Cu-Ni 合金、Bi-Sb 合金和 Fe-Cr 合金等。

（3）按照溶质原子与溶剂原子的相对分布的不同，固溶体可分为无序固溶体和有序固溶体。

①无序固溶体：溶质原子随机地分布于溶剂晶格中，无论它是占据与溶剂原子等同的一些位置，还是在溶剂原子的间隙中，均看不出次序性或规律性，这类固溶体叫作**无序固溶体**。

②有序固溶体：当溶质原子以适当比例并按一定顺序和一定方向，围绕着溶剂原子分布时，这种固溶体就叫作**有序固溶体**。它可以是置换式的有序，也可以是间隙式的有序。但是应当指出，有的固溶体由于有序化的结果，会引起其结构类型的变化，所以也可以将这种有序固溶体看作金属化合物。在 Au-Cu 合金中，Au、Cu 原子的无序固溶结构与短程有序化后的有序固溶结构如图 8-25 所示。

除了上述分类方法以外，还有一些分类方法，例如，以纯金属为基的固溶体称为**一次固溶体**或**端际固溶体**，以化合物为基的固溶体称为**二次固溶体**等。

在固溶体中，一般而言，随着溶质浓度的增大，固溶体的强度、硬度提高，而塑性、韧性有所

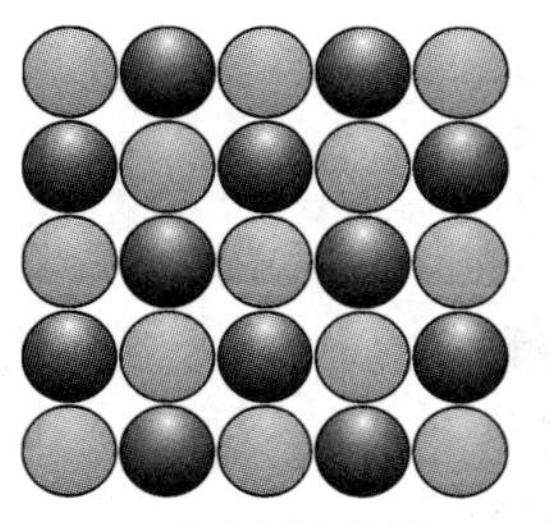

(a) 有序固溶结构

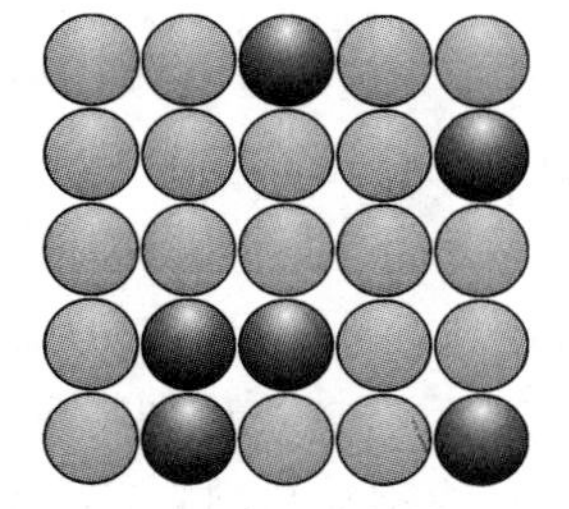

(b) 无序固溶结构

图 8-25　Au-Cu 合金中的 Au、Cu 原子分布

下降，这种现象称为**固溶强化**。溶质原子与溶剂原子的尺寸相差越大，所引起的晶格畸变也越大，强化效果越好。由于间隙原子造成的晶格畸变比置换原子造成的晶格畸变大得多，因此其强化效果也好得多，同时固溶体的塑性和韧性，如延伸率、断面收缩率和冲击功等，虽比组成它的纯金属的平均值低，但比一般的化合物高得多。因此，各种金属材料总是以固溶体为其基体相。在物理性能方面，随着溶质原子浓度的增大，固溶体的电阻率增大，电阻温度系数减小。因此固溶体广泛应用于精密电阻和电热材料等中。

### 8.3.2　金属化合物

金属化合物是合金组元间发生相互作用而形成的一种新相，又称为**中间相**，其晶格类型和性能均不同于任一组元的，一般可以用分子式大致表示其组成。在金属化合物中，除了离子键、共价键以外，金属键也参与作用，因而它具有一定的金属性质。

(1) 正常价化合物：金属与元素周期表中一些元素形成的化合物称为正常价化合物，符合化学中的原子价规律，所以正常价化合物包括以离子键、共价键和金属键为主的一系列化合物。正常价化合物一般具有较大硬度和较高脆性，在合金中弥散分布在基体上，常可起弥散强化作用。

(2) 电子化合物：贵金属 Cu、Ag、Au 与 Zn、Al、Sn 所形成的合金称为电子化合物。在电子化合物中，随成分变化所形成的一系列中间相具有共同规律，即晶体结构取决于电子浓度，称为休姆-罗塞里定律。决定电子化合物结构的主要因素是电子浓度，但其并非唯一因素。其他因素，特别是原子尺寸因素仍起一定作用。电子化合物的结合键为金属键，因此其熔点一般较高，硬度大，脆性高，是贵金属中的重要强化相。

(3) 间隙化合物：过渡族金属与 H、B、C、N 等原子半径小的非金属元素形成的化合物称为间隙化合物。具有简单晶体结构的相称为**间隙相**，具有复杂晶体结构的相通常称为**间隙化合物**，可进一步分为以下三类。

①间隙相：间隙相可用简单化学式表示，并且一定化学式对应一定晶体结构，间隙相具有极高硬度和熔点。虽然间隙相中非金属原子占的比例很高，但多数间隙相具有明显的金属性，是合金工具钢及硬质合金的主要强化相。

②间隙化合物：间隙化合物种类较多，具有复杂的晶体结构。一般合金钢中常出现的间隙化合物为 Cr、Mn、Mo、Fe 的碳化物或它们的合金碳化物，主要类型有 $M_3C$、$M_7C_3$、$M_{23}C_6$ 等。在钢中，只有元素周期表中位于铁左方的过渡族元素可形成间隙相或间隙化合物。间隙化合物晶体结构十分复杂，例如，$Cr_{23}C_6$ 具有复杂立方结构，包含 92 个金属原子和 24 个碳原子。

③拓扑密堆相：拓扑密堆相是由大小不同的原子适当配合，得到全部或主要是四面体间隙

的复杂结构。其空间利用率及配位数均很大。

## 8.4 金属材料

目前世界上金属及其合金的种类已达3000多种，金属材料是当前使用最广泛的材料。金属材料通常分为黑色金属、有色金属和特种金属材料。

(1) 黑色金属：又称为钢铁材料，包括杂质总含量小于0.2%和含碳量不超过0.0218%的工业纯铁、含碳量为0.0218%～2.11%的钢、含碳量大于2.11%的铸铁。广义上，黑色金属还包括铬、锰及其合金。

(2) 有色金属：是指除了铁、铬、锰以外的所有金属及其合金，通常分为轻金属、重金属、贵金属、半金属、稀有金属和稀土金属等。有色合金的强度和硬度一般比纯金属的高，并且其电阻大、电阻温度系数小。

(3) 特种金属材料：包括不同用途的结构金属材料和功能金属材料。其中有通过快速冷凝工艺获得的**非晶态金属材料**，以及准晶、微晶、纳米晶金属材料等；还有隐身、抗氢、超导、形状记忆、耐磨、减振阻尼等特殊功能合金及金属基复合材料等。

### 8.4.1 常用工程金属材料

**1) 钢铁材料**

钢铁是Fe与C、Si、Mn、P、S及少量的其他元素所组成的合金。其中，除了Fe以外，C的含量对钢铁的力学性能起着主要作用，故其统称为**铁碳合金**。它是工程中最重要、用量最大的金属材料。

铁碳合金分为钢与生铁两大类，钢是含碳量为0.03%～2%的铁碳合金。碳钢是最常用的普通钢，冶炼方便、加工容易、价格低廉，而且在多数情况下能满足使用要求，所以应用十分普遍。按照含碳量的不同，碳钢又分为**低碳钢**、**中碳钢**和**高碳钢**。随着含碳量的增大，碳钢的硬度增大、韧性下降。

合金钢又叫**特种钢**，在碳钢的基础上加入一种或多种合金元素，使钢的组织结构和性能发生变化，从而具有一些特殊性能，如高硬度、高耐磨性、高韧性、耐蚀性等。经常加入钢中的合金元素有Si、W、Mn、Cr、Ni、Mo、V、Ti及稀土元素等。根据用途，合金钢可分为合金结构钢、合金工具钢、高速钢、滚动轴承钢、不锈钢、耐热钢等。

由于材料的废弃物的再生循环很困难，在钢铁领域，可再生循环已成为钢铁材料设计的一个重要原则，因此出现了通用合金和简单合金的概念。**通用合金**又称为**泛用性合金**。这种通用合金能满足通用性能，合金在具体用途中的性能要求则可以通过不同的热处理等方法来满足。例如，Fe-Cr-Ni钢、Fe-Cr-Mn钢、Cr-Mo钢、耐热钢等，均可通过改变Fe、Cr、Ni(Mn)的相对含量，在很大范围内使其组织结构和性能发生变化。而组元组成简单的合金系就叫作**简单合金**。简单合金在成分设计上不仅满足合金组元简单，再生循环过程中容易分选的要求，同时原则上不加入目前还不能用精炼方法除去的元素，且不使用环境协调性不好的合金元素，以便于钢材的再生利用。

当前，超高强度钢为钢铁材料的最新发展方向之一。一般而言，室温条件下抗拉强度大于1400 MPa、屈服强度大于1200 MPa的钢称为超高强度钢，通常还要求其具有优异的疲劳性能、断裂韧性和抗应力腐蚀性能。

**2）铝合金**

铝合金是工业中应用最广泛的一类有色金属结构材料。可通过加入 Cu、Zn、Mg、Si、Mn 等常见的合金元素，提升其力学性能、加工性能、耐蚀性等。在航空、航天、汽车、机械制造、化学等工业中，铝合金已得到大量应用。随着工业对铝合金焊接结构件的需求的增大，人们对铝合金的焊接性的研究越来越深入。

铝合金按加工方法可以分为**形变铝合金**和**铸造铝合金**两大类。形变铝合金能承受压力加工，可加工成各种形态、规格的铝合金材，主要用于制造航空器材、建筑用门窗等。形变铝合金又可分为不可热处理强化型铝合金和可热处理强化型铝合金。不可热处理强化型铝合金不能通过热处理来提高力学性能，只能通过冷加工变形来实现强化，它主要包括高纯铝、工业纯铝及防锈铝等。可热处理强化型铝合金可以通过淬火和时效等热处理来提高力学性能，它主要包括硬铝、锻铝、超硬铝和特殊铝合金等。铸造铝合金按化学成分可分为铝硅合金、铝铜合金、铝镁合金、铝锌合金和铝稀土合金，通常在铸态下使用。

【扩展阅读】航空铝合金

当前，铝合金发展的新趋势是进一步提升其比强度和比刚度等综合性能。例如，将锂（Li）元素掺入铝中，可生成 Al-Li 合金，主要用于飞机结构件的制造。锂是自然界中最轻的金属元素，其密度为 0.543 $g/cm^3$。据统计，在铝合金中每添加 1%（质量分数）的 Li，合金密度可以减小 3%，弹性模量可增大 6%；用 Al-Li 合金代替传统的铝合金，飞行设备结构的重量可减轻 10%～15%，刚度可提高 15%～20%，这显著提高了飞机的燃油效率。另外，Al-Li 合金相较于传统铝合金、钛合金及复合材料，具有更好的加工成形性和更低的维修成本等优势。

**3）镁合金**

镁资源十分丰富，镁在地壳中的含量约为 2.35%。镁及镁合金广泛应用于各个领域。镁合金具有优良的导热性、可回收性、抗电磁干扰性等特点，被誉为新型“绿色工程材料”。镁合金是继钢铁和铝合金之后发展起来的第三类金属结构材料。

镁合金具有高比强度、高比刚度和较低的弹性模量，受力时应力分布均匀，适用于制造承受猛烈撞击的零件。同时，镁合金具有良好的减振性。在相同载荷下，减振性是铝合金的 100 倍，钛合金的 300～500 倍，且其切削加工性和铸造性优良，便于加工成形。目前使用最广的镁合金是镁铝合金，其次是镁锰合金和镁锌锆合金，主要应用于航空、航天、化工等领域。

【扩展阅读】生物医用镁合金

当前，镁及镁合金由于具有可降解性，在生物医药领域具有广阔的应用前景。早在 1878 年，有医生用镁线作为止血的结扎线，但当时由于镁的腐蚀速率过快的问题不能解决，没有做更进一步的研究。现在，镁合金作为生物医用材料重新受到人们的关注，如何提高镁及镁合金的耐蚀性及生物相容性，成为金属植入材料领域的研究热点。

**4）钛合金**

钛（Ti）是 20 世纪 50 年代发展起来的一种重要的结构金属，钛合金因具有强度高、耐蚀性高、耐热性高等特点而广泛应用于各个领域。Al、V、Cr、Mo、Mn 和 Fe 等合金元素，能与 Ti 形成置换固溶体或金属化合物。此外，Al 能改善合金的抗氧化能力，Mo 可显著提高合金对盐酸的耐蚀性。

第一个实用的钛合金是 1954 年美国研制成功的 Ti-6Al-4V 合金，它因良好的耐热性、塑性、韧性、成形性、可焊性、耐蚀性和生物相容性而成为钛合金工业中的王牌合金，该合金使用量已占全部钛合金使用量的75%～85%。许多钛合金都可以看作Ti-6Al-4V合金的改型。当前，世界上已研制出的钛合金有数百种，除了Ti-6Al-4V以外，Ti-5Al-2.5Sn、Ti-2Al-2.5Zr、Ti-32Mo、Ti-Mo-Ni、Ti-Pd、SP-700、Ti-6242、Ti-10-5-3、Ti-1023、BT9、BT20、IMI829、IMI834等也在不同领域中得到广泛应用

【扩展阅读】
生物医用
钛合金

钛合金具有密度小、强度高、无磁性、耐高温、耐腐蚀等优点，是制造飞机、火箭发动机、人造卫星外壳等的重要结构材料。钛合金不仅能用作航空航天材料，还可用于制造深海潜艇。钛的抗磁性使其不会遭到磁性水雷的攻击。钛合金由于具有优异的耐蚀性，可用作海底石油设备的结构材料。钛及其合金由于具有合适的力学性能及良好的生物兼容性，可用作人体植入材料。

**5）铜合金**

铜因优良的性能和美丽的色泽而广泛用作电缆、电气和电子设备的导电材料，各种热交换器的传热材料，建筑材料及装饰品等。随着科技的发展，其使用范围不断扩大，在大规模集成电路、超导电线、超导电磁体、形状记忆合金等方面都有应用。铜合金是以纯铜为基体加入一种或几种其他元素所构成的合金。

舰船和海洋工程中所用的关键部件，需要具备优良的耐海水腐蚀性能，而铜及铜合金恰恰具有优良的耐海水腐蚀性能及防止海生物生长和附着性能，加之铜合金还具有其他优良的性能，使它们成为这类工程中不可或缺，甚至不可替代的材料。目前，舰船和海洋运输船中使用铜及铜合金制备的主要部件有各类导线、海水管路和阀门、热交换器、冷凝器、加热器、螺旋桨等。

### 8.4.2　特种工程金属材料

**1）高温合金**

高温合金是指以铁、镍、钴为基，能在600 ℃以上的高温及一定应力作用下长期工作的一类金属材料，具有高温强度和疲劳强度、良好的抗氧化和抗热腐蚀性能、良好的断裂韧性等。按照基体元素的不同，高温合金可分为铁基、镍基、钴基等高温合金。

【扩展阅读】
高温合金

基于上述性能特点，且高温合金的合金化程度较高，因此高温合金又称为“超合金”，主要应用于航空、航天、能源等领域，已成为燃气涡轮发动机热端部件不可替代的关键材料，被誉为“先进发动机的基石”（见图8-26）。

**2）非晶合金**

非晶合金通过超急冷凝固得到。由于凝固时原子来不及有序排列结晶，所得到的固态合金呈长程无序结构，没有晶态合金的晶粒、晶界存在（见图8-27）。非晶合金一般具有以下特点。

（1）强韧性。其抗拉强度可达到3000 MPa以上，而超高强度钢（晶态）的抗拉强度仅为1800～2000 MPa。另外，许多淬火态的非晶合金薄带可反复弯曲，即使弯曲180°也不会断裂。

【扩展阅读】
非晶合金

（2）优异的耐蚀性。非晶合金具有优异的耐蚀性，这主要是因为其凝固时能迅速形成致密、均匀、稳定的高纯度钝化膜。

（3）优良的磁性。与传统的金属磁性材料相比，非晶合金没有晶体的各

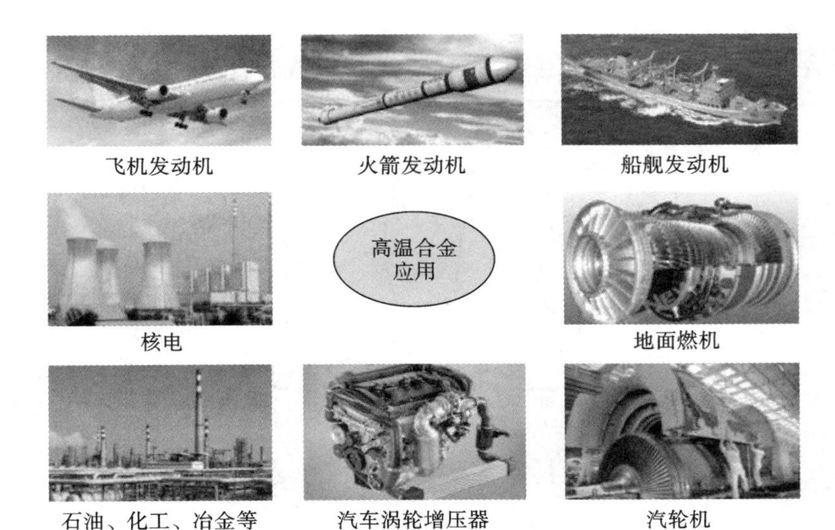


图 8-26　高温合金应用

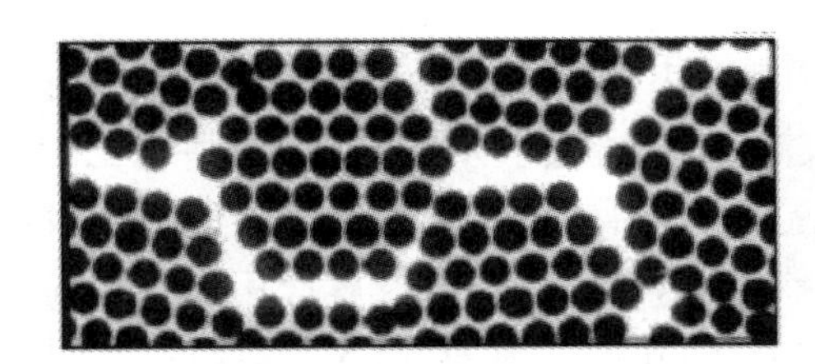

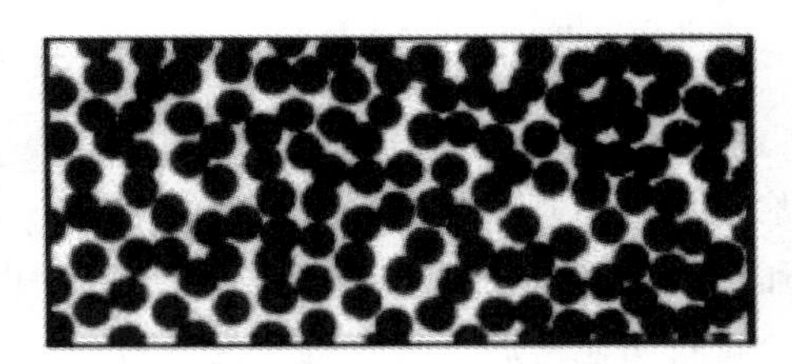

图 8-27　固态物质的晶态与非晶态的粒子排布对比

向异性，而且电阻率高，具有高的磁导率和低的损耗，是优良的软磁材料。

(4) 工艺简单、节能、环保。在炼钢之后直接喷带，只需一步就完成非晶合金薄带成品的制造，工艺简单、节能环保。

非晶合金在生物医用、汽车、航空、航天及微机电器件等领域均有广阔的应用前景。

**3) 金属基复合材料**

金属基复合材料是以金属或合金为基体，以颗粒、晶须或纤维(连续的或短切的)为增强体复合而成的材料(见图 8-28)。

【扩展阅读】金属基复合材料

通过合理的设计和良好的复合效应，使基体合金与增强体材料之间取长补短，发挥出各自的性能及工艺优势。与传统的金属材料相比，金属基复合材料往往具有更高的比强度、比模量，更好的耐热性能，更小的线胀系数，更高的尺寸稳定性等。而与通常被用作增强体的陶瓷材料相比，金属基复合材料的塑性、韧性、可加工性要优越得多。金属基复合材料的研制始于 20 世纪 60 年代，研究重点在钨丝或钢丝增强铜、硼纤维增强铝等连续纤维复合材料体系上，但因制备技术与成本的限制，当时未引起充分的重视。自 20 世纪 80 年代以来，高新技术的迅猛发展对轻质高强、耐热等先进材料的要求越来越高，从而促进了金属基复合材料的研究与开发。

与聚合物基复合材料相比，金属基复合材料还能耐受 300～1200 ℃的高温。此外，在力学性能方面，金属基复合材料的横向及剪切强度较高，韧性较好，同时还具有不燃、不吸潮、高导

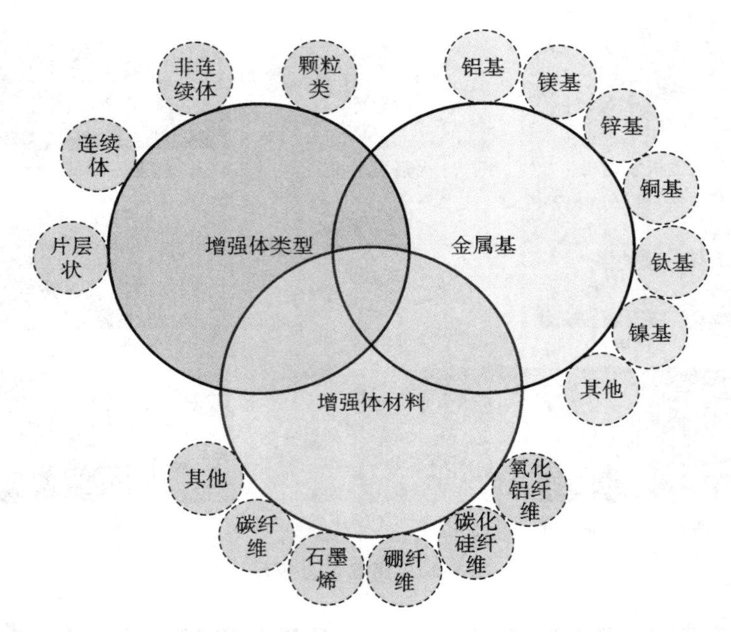


**图 8-28　金属基复合材料的组成示意图**

热、高导电、无真空放气污染、不易老化、抗辐射及耐磨损等优点，并且相对容易进行二次加工，这些都是聚合物基复合材料难以相比的。金属基复合材料的不足之处是其工艺成本较高，制备及加工工艺较复杂，还不够成熟等。在技术成熟程度、研发规模及技术应用水平方面，金属基复合材料明显落后于聚合物基复合材料。尽管如此，在涉及高温、高真空、高的散热要求等工况下，金属基复合材料仍具有很强的竞争力，有时甚至是不可替代的材料。

**4）高熵合金**

和目前大部分合金材料不同，高熵合金（high-entropy alloys，HEAs）至少由 5 种（一般不会超过 13 种）主要元素（金属或金属与非金属）组成，每种主要元素的原子分数要大于 5%且不能超过 35%。

高熵合金因其具有较高的熵而得名。在热力学中，熵代表一个系统的混乱度，系统越混乱，熵值越大。忽略一些对系统熵值影响较小的因素，计算高熵合金混合熵时以原子排列产生的混合熵为主。根据玻尔兹曼关于熵变与系统混乱度关系的假设，$n$ 种等物质的量的元素混合形成的固溶体产生的摩尔熵变为 $S=R\ln n$，其中 $R$ 为气体常数。因此由 2 种和 5 种等物质的量的元素形成的固溶体所产生的熵变分别为 $0.693R$ 和 $1.61R$，以 $0.693R$ 和 $1.61R$ 为大约界限，可将合金分为 1 种主元素的低熵合金、2～4 种主元素的中熵合金和 5 种及以上主元素的高熵合金。

**【扩展阅读】**
**高熵合金**

高熵合金特殊的组织结构决定了其独一无二的性能。高熵合金具有高强度、高硬度、较高的耐磨性、优异的耐蚀性和电磁特性，因此具有广阔的应用前景。

**5）形状记忆合金**

形状记忆合金（shape memory alloy，SMA）因热弹性与马氏体相变及其逆变而具有形状记忆效应（shape memory effect，SME），是由 2 种以上金属元素构成的材料。一般而言，在某一温度（处于马氏体状态稳定温度 Mf）下

**【扩展阅读】**
**形状记忆合金**

进行一定限度的塑性变形后，通过加热到某一温度（通常是该材料马氏体完全消失温度 Af）时，材料可恢复到变形前的初始状态。形状记忆效应示意图如图 8-29 所示。

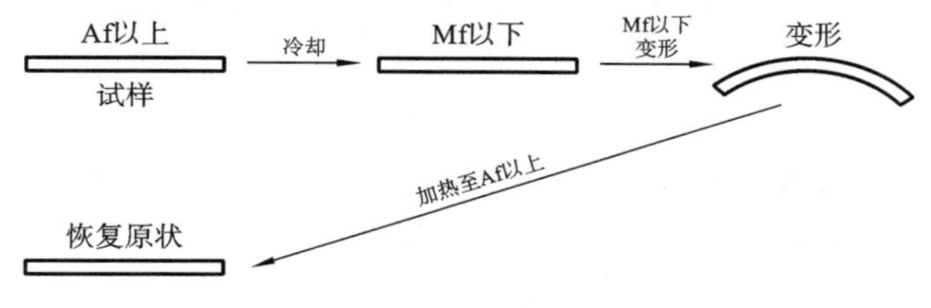


图 8-29　形状记忆效应示意图

形状记忆合金是目前形状记忆材料中形状记忆性能最好的材料。目前，人们发现具有形状记忆效应的合金有 50 多种，主要包括 Ni-Ti 基合金、Cu 基合金和 Fe 基合金。

## 本章知识要点

1. 金属键理论：自由电子气理论、能带理论。
2. 金属晶体结构：常见金属晶体结构特征、典型参数及晶体缺陷种类。
3. 合金相结构：固溶体分类与特征。
4. 常用工程金属材料种类与应用。
5. 特种工程金属材料种类与应用。

## 习　　题

1. 简述金属键及其特点。
2. 简述晶面指数及晶向指数的求法。
3. 解释并计算典型金属晶体的配位数、致密度、原子半径。
4. 解释置换、间隙及有序固溶体。
5. 试述置换固溶体与间隙固溶体的形成条件、影响固溶度的主要因素及性能特点。
6. 阐述晶体缺陷主要类型及典型例子。
7. 列举常用工程金属材料，并简述其用途。
8. 列举特种工程金属材料，并简述其用途。

# 第9章　聚合物与材料

**【内容提要】** 本章主要介绍聚合物的基础内容，包括：聚合物的基本概念、命名和分类；聚合物的合成反应；聚合物的多级结构；聚合物的物理性能与分子结构间的关系；聚合物材料的重要应用等。通过学习初步掌握有关聚合物材料的基础知识。

## 9.1　聚合物概述

### 9.1.1　聚合物的基本概念

聚合物又称为高分子化合物（简称高分子）或高聚物。高分子化合物有时可指一个大分子，而聚合物是指许多大分子的聚集体。高分子化合物的相对分子质量远大于小分子化合物的相对分子质量。一般高分子化合物的相对分子质量在10000以上，而小分子化合物的相对分子质量在1000以下。

高分子化合物是由许多结构和组成相同的单元以共价键连接而成的长链分子。例如，聚丙烯由丙烯结构单元重复连接而成：

【扩展阅读】聚合物分子量及分布

$$\left[\underset{\substack{|\\ CH_3}}{CH}-CH_2\right]_n$$

对于聚丙烯一类的加聚物，括号内是结构单元，也就是重复单元，括号表示重复连接，$n$ 表示重复单元数，有时定义为**聚合度**（degree of polymerization，DP）。许多结构单元连接成线形大分子，类似一条链子，因此结构单元又称为**链节**。

通过化学反应生成聚合物的小分子化合物称为**单体**。单体通过聚合反应转变成高分子化合物。例如，聚丙烯由丙烯通过配位聚合反应制备得到，因此丙烯为聚丙烯的单体：

$$n\,H_3C-CH=CH_2 \longrightarrow \left[\underset{\substack{|\\ CH_3}}{CH}-CH_2\right]_n$$

聚丙烯的结构单元与单体的元素组成相同，只是电子结构有所改变，因此结构单元可称为**单体单元**。

### 9.1.2　聚合物的分类

聚合物可按来源、合成方法、用途、结构等分类。按分子主链结构及组成分类，聚合物可分为碳链聚合物、杂链聚合物和元素有机聚合物。

(1) 碳链聚合物　大分子主链完全由碳原子组成，如聚乙烯、聚丙烯、聚异丁烯、聚苯乙烯、聚氯乙烯、聚氟乙烯、聚四氟乙烯等，详见表9-1。

**表 9-1　常见碳链聚合物**

| 碳链聚合物名称 | 缩写符号 | 结构单元 | 单体 |
|---|---|---|---|
| 聚乙烯 | PE | $—CH_2—CH_2—$ | $CH_2═CH_2$ |
| 聚丙烯 | PP | $—CH_2—CH(CH_3)—$ | $CH_2═CH(CH_3)$ |
| 聚异丁烯 | PIB | $—CH_2—C(CH_3)_2—$ | $CH_2═C(CH_3)_2$ |
| 聚苯乙烯 | PS | 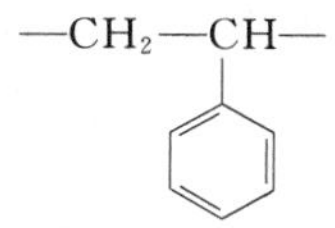 $—CH_2—CH(C_6H_5)—$ | 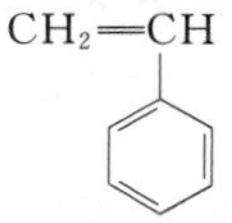 $CH_2═CH(C_6H_5)$ |
| 聚氯乙烯 | PVC | $—CH_2—CH(Cl)—$ | $CH_2═CH(Cl)$ |
| 聚氟乙烯 | PVF | $—CH_2—CH(F)—$ | $CH_2═CH(F)$ |
| 聚四氟乙烯 | PTFE | $—CF_2—CF_2—$ | $CF_2═CF_2$ |

(2) 杂链聚合物　大分子主链中除了碳原子以外，还有氧、氮、硫等杂原子，如聚甲醚、聚环氧乙烷、涤纶树脂、聚碳酸酯、尼龙-66、双酚 A 聚砜等，详见表 9-2。这类聚合物都有特征基团，如醚键（—O—）、酯键（—OCO—）、酰胺键（—NHCO—）等。

**表 9-2　常见杂链聚合物**

| 杂链聚合物名称 | 结构单元 | 单体 |
|---|---|---|
| 聚甲醚 | $—OCH_2—$ | $H_2CO$ |
| 聚环氧乙烷 | $—OCH_2CH_2—$ | 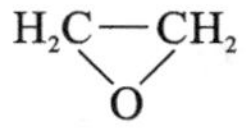 环氧乙烷（$H_2C—CH_2$，经 O 成环） |
| 涤纶树脂 | 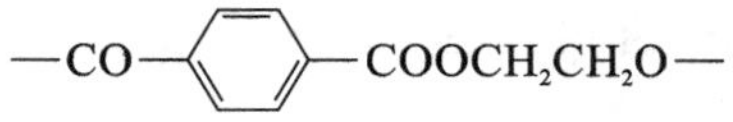 $—CO—C_6H_4—COOCH_2CH_2O—$ |  $HOOC—C_6H_4—COOH + HOCH_2CH_2OH$ |
| 聚碳酸酯 | 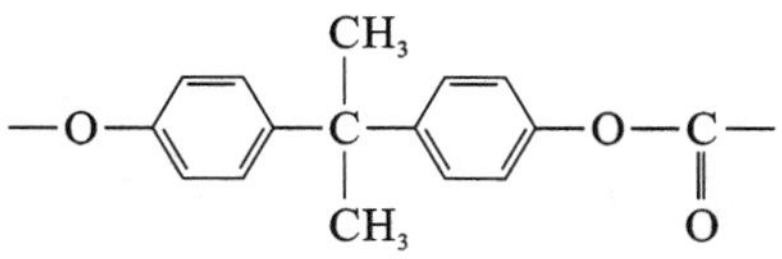 $—O—C_6H_4—C(CH_3)_2—C_6H_4—O—C(═O)—$ | 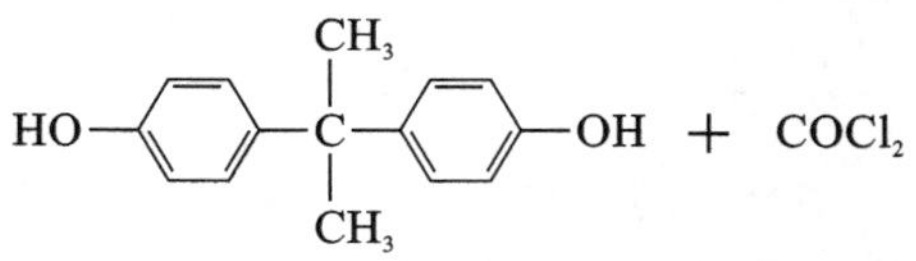 $HO—C_6H_4—C(CH_3)_2—C_6H_4—OH + COCl_2$ |
| 尼龙-66 | $—HN(CH_2)_6NHOC(CH_2)_4CO—$ | $H_2N(CH_2)_6NH_2 + HOOC(CH_2)_4COOH$ |
| 双酚 A 聚砜 | 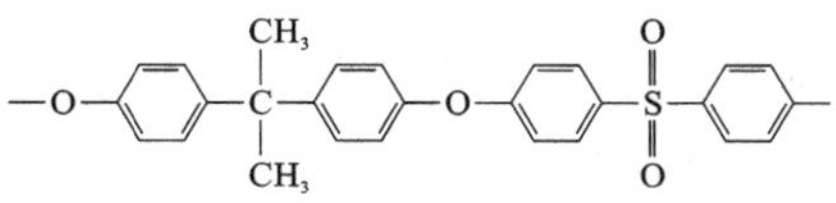 $—O—C_6H_4—C(CH_3)_2—C_6H_4—O—C_6H_4—SO_2—C_6H_4—$ | 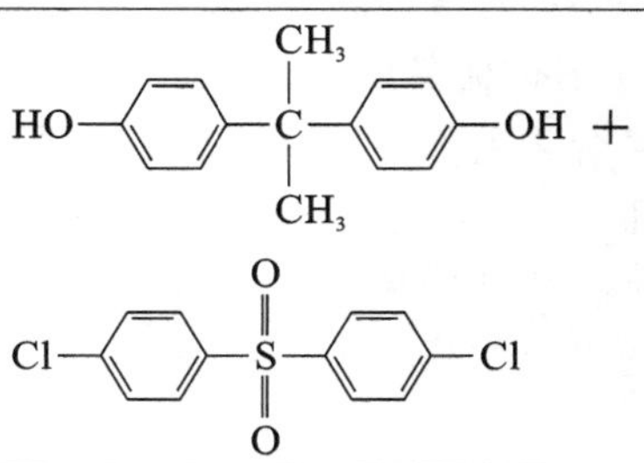 $HO—C_6H_4—C(CH_3)_2—C_6H_4—OH +$ $Cl—C_6H_4—SO_2—C_6H_4—Cl$ |

(3) 元素有机聚合物　其又称为元素有机高分子，大分子主链中没有碳原子，主要由硅、硼、铝和氧、氮、硫、磷等原子组成，但侧基或侧链可以是含碳的有机基团，如甲基、乙基、乙烯基、苯基等。例如，聚硅氧烷(有机硅橡胶)：

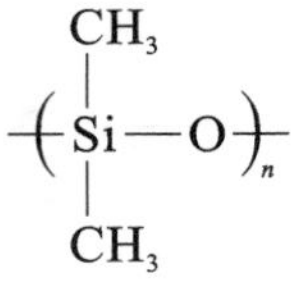

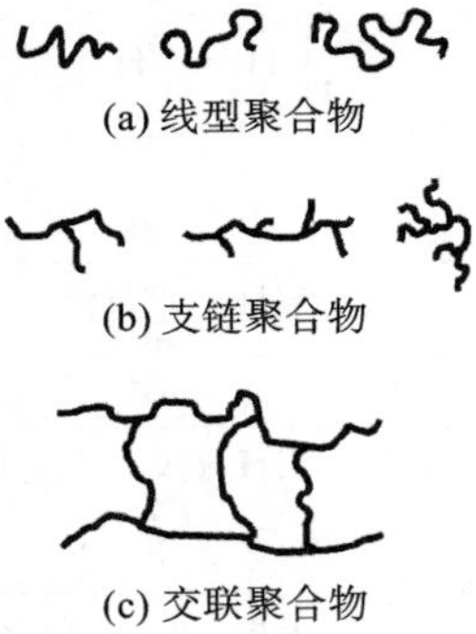

$$\left[\begin{array}{c} CH_3 \\ | \\ Si - O \\ | \\ CH_3 \end{array}\right]_n$$

(a) 线型聚合物

(b) 支链聚合物

(c) 交联聚合物

**图 9-1　聚合物按物理结构的分类**

按物理结构分类，聚合物可分为线型聚合物、支链聚合物和交联聚合物。线型聚合物，又称为线型高分子，是指分子链中重复的结构单元以共价键按线型结构连接而成的链状聚合物，如图 9-1(a)所示。分子主链旁可以有侧基，但不能有支链。骨架原子都是碳原子的线型聚合物，称为线型碳链聚合物。分子主链上骨架原子除了碳原子以外还有氧原子和氮原子的线型聚合物，称为线型杂链聚合物。它们可溶解于适当溶剂中，加热时可熔融，属于热塑性聚合物。

支链聚合物，又称为支链高分子，是指分子主链上带有长短不一的、结构单元与主链相同的支链的聚合物，如图 9-1(b)所示。

交联聚合物，又称为交联高分子，是指高分子链间以化学键形式相互结合生成交联或网状结构的聚合物，如图 9-1(c)所示。交联聚合物可由线型高分子或低聚物在交联剂的作用下通过交联反应来合成，也可由单体直接聚合得到。随着交联程度的升高，可得到可溶胀或有弹性但不溶解、不熔融的交联高分子，甚至不能溶胀的刚性交联高分子。

总体来说，考虑的角度不同，聚合物的分类也不同。例如，按来源分类，聚合物可分为天然高分子、合成高分子、改性高分子。按用途分类，聚合物可粗分为塑料、合成橡胶、合成纤维(俗称三大合成材料)。按热性能分类，聚合物可分为热塑性聚合物和热固性聚合物。按聚集态分类，聚合物可分为橡胶态、玻璃态、部分结晶态聚合物。还可以按功能分类，聚合物可分为光电高分子、生物医用高分子、导电高分子和离子交换树脂等。

### 9.1.3　聚合物的命名

聚合物的命名方法主要有习惯命名法、商品名称命名法和系统命名法。聚合物常按单体或聚合物结构来命名，即习惯命名法，有时也会用商品名称来命名，即商品名称命名法。1972年，IUPAC 对线型聚合物提出了系统命名法。

**1) 习惯命名法**

聚合物名称常以单体名为基础，前面冠以“聚”字。烯类聚合物以烯类单体名前冠以“聚”字来命名，例如，乙烯、氯乙烯的聚合物分别称为聚乙烯、聚氯乙烯。线型杂链聚合物可以进一步按其特征结构来命名，例如，把主链中含有酰胺基团的聚合物统称为聚酰胺，把主链中含有酯基的聚合物统称为聚酯等。

### 2）商品名称命名法

用后缀"树脂"来命名塑料，例如，苯酚和甲醛的缩聚物称为酚醛树脂。用后缀"橡胶"来命名合成橡胶，合成橡胶常从共聚单体中各取一字，并后缀"橡胶"二字来命名，如丁（二烯）苯（乙烯）橡胶、乙（烯）丙（烯）橡胶等。用后缀"纶"来命名合成纤维，如涤纶（聚酯纤维）、丙纶（聚丙烯纤维）、维尼纶（聚乙烯醇缩甲醛）等。一些聚合物的名称、商品名称、缩写符号及单体的名称和结构式如表 9-3 所示。

**表 9-3　一些聚合物的名称、商品名称、缩写符号及单体的名称和结构式**

| 聚合物 | | | 单体 | |
|---|---|---|---|---|
| 名称 | 商品名称 | 缩写符号 | 名称 | 结构式 |
| 聚氯乙烯 | 氯纶 * | PVC | 氯乙烯 | $CH_2=CHCl$ |
| 聚丙烯 | 丙纶 * | PP | 丙烯 | $CH_2=CH-CH_3$ |
| 聚丙烯腈 | 腈纶 * | PAN | 丙烯腈 | $CH_2=CHCN$ |
| 聚己内酰胺 | 锦纶 6 *<br>（尼龙-6） | PA6 | 己内酰胺 | O<br>NH |
| 聚己二酰己二胺 | 锦纶 66 *<br>（尼龙-66） | PA66 | 己二酸和己二胺 | $HOOC(CH_2)_4COOH$ 和 $H_2N(CH_2)_6NH_2$ |
| 聚对苯二甲酸乙二醇酯 | 涤纶 * | PET | 对苯二甲酸和乙二醇 | $HOOC-C_6H_4-COOH$ 和<br>$HOCH_2CH_2OH$ |
| 聚苯乙烯 | 聚苯乙烯树脂 | PS | 苯乙烯 | $C_6H_5-CH=CH_2$ |
| 聚甲基丙烯酸甲酯 | 有机玻璃 | PMMA | 甲基丙烯酸甲酯 | $H_2C=\underset{\underset{CH_3}{\mid}}{C}COOCH_3$ |
| 丙烯腈-丁二烯-苯乙烯树脂 | ABS 树脂 | ABS | 丙烯腈、丁二烯和苯乙烯 | $CH_2=CHCN$、<br>$CH_2=CHCH=CH_2$ 和<br>$C_6H_5-CH=CH_2$ |

注：* 均指相应的聚合物为原料纺制成的纤维名称。

### 3）系统命名法

IUPAC 对线型聚合物提出了下列命名原则：首先确定重复单元，然后排好其中次级单元次序，给重复单元命名，最后冠以"聚"字。写次级单元时，先写侧基最少的元素，再写有取代的亚甲基，最后写无取代的亚甲基。例如：

$$\left[ \underset{\underset{Cl}{\mid}}{CH}-CH_2 \right]_n \qquad\qquad \left[ CH=CH-CH_2-CH_2 \right]_n$$

系统命名：聚1-氯代亚乙基　　　　系统命名：聚1-亚丁烯基

习惯命名：聚氯乙烯

系统命名法比较严谨，但是太过烦琐，尤其对结构比较复杂的高分子化合物很少使用。为方便起见，许多聚合物都有缩写符号，例如，聚氯乙烯用 PVC 表示。

## 9.2 聚合物的合成

聚合物的合成属于高分子化学的重要内容。由小分子单体合成高分子的反应称为**聚合反应**。以下将简单介绍聚合物的重要合成方法及特点。

### 9.2.1 聚合反应分类

聚合反应主要有两种分类方案：按单体结构和反应类型分类、按聚合反应机理分类。

(1) 根据单体结构和反应类型，聚合反应可分成三大类：加成聚合反应、缩合聚合反应和开环聚合反应。

①**加成聚合反应**，简称**加聚反应**，是指烯类单体 π 键断裂发生加成而聚合起来的反应，产物称为**加聚物**。加聚物的化学组成与其单体的相同，在加聚反应中没有其他副产物，加聚物相对分子质量是单体相对分子质量的整数倍，例如，丙烯通过加聚反应生成聚丙烯：

$$n\,\underset{\displaystyle CH_3}{\underset{|}{CH}}{=}CH_2 \longrightarrow \left[\underset{\displaystyle CH_3}{\underset{|}{CH}}-CH_2\right]_n$$

由一种单体经加聚反应生成的聚合物称为**均聚物**。其分子链中只包含由一种单体构成的链节，这种聚合反应称为**均聚反应**。聚乙烯、聚氯乙烯、聚苯乙烯、聚异戊二烯等聚合物都是通过均聚反应制得的。其中单烯类聚合物（如聚苯乙烯）为饱和聚合物，而双烯类聚合物（如聚异戊二烯）大分子中留有双键，可进一步发生反应。

由两种或两种以上单体经加聚反应生成的聚合物包含由多种单体构成的链节，这种聚合反应称为**共聚反应**，生成的高分子称为**共聚物**，如 ABS 树脂，它是由丙烯腈（acrylonitrile，以 A 表示）、丁二烯（butadiene，以 B 表示）、苯乙烯（styrene，以 S 表示）三种不同单体共聚而成的。

$$nxCH_2{=}CH-CN + nyCH_2{=}CH-CH{=}CH_2 + nzCH_2{=}\underset{\displaystyle C_6H_5}{\underset{|}{CH}}$$

$$\longrightarrow \left[\left(CH_2-\underset{\displaystyle CN}{\underset{|}{CH}}\right)_x\left(CH_2-CH{=}CH-CH_2\right)_y\left(CH_2-\underset{\displaystyle C_6H_5}{\underset{|}{CH}}\right)_z\right]_n$$

②**缩合聚合反应**，简称**缩聚反应**，是指由一种或多种单体相互缩合而生成高分子的反应，其主产物称为**缩聚物**。缩聚反应往往是官能团间的反应，除了生成缩聚物以外，还会生成水、醇、氨或氯化氢等低分子副产物。缩聚物的结构单元要比单体少若干个原子，己二胺和己二酸反应生成聚己二酰己二胺（尼龙-66）的反应就是缩聚反应的典型例子。

$$nH_2N\text{-}(CH_2)_6\text{-}NH_2 + nHOOC\text{-}(CH_2)_4\text{-}COOH \longrightarrow H\text{-}[NH(CH_2)_6NHOC(CH_2)_4CO]_n\text{-}OH + (2n-1)H_2O$$

【扩展阅读】PET 的合成方法

缩聚反应所用的单体必须具有两个或两个以上官能团。一般含两个官能团的单体缩聚时，生成链型聚合物，含两个以上官能团的单体缩聚时可生成交联的体型聚合物。缩聚物结构单元要比单体少若干个原子。因为在缩聚反应中有副产物生成，缩聚物相对分子质量不再是单体相对分子质量的整数倍。

大部分缩聚物是含有杂链的聚合物，分子链具有原单体的官能团结构特征，如酰胺键—NHCO—、酯键—OCO—、醚键—O—等。因此，缩聚物容易被水、醇、酸等化合物水解、醇解和酸解。尼龙、涤纶、环氧树脂等都是通过缩聚反应合成的。

③**开环聚合反应**，是指环状单体 σ 键断裂后发生加成聚合而生成聚合物的反应。杂环开环聚合物是杂链聚合物，其结构类似于缩聚物的结构，但在这类反应中无低分子副产物生成。例如，环氧乙烷经开环聚合反应生成聚氧乙烯，己内酰胺经开环聚合反应生成聚酰胺-6（尼龙-6）：

$$nH_2C{-}CH_2\ (\text{环中 O 桥连}) \longrightarrow \text{-}[OCH_2CH_2]_n\text{-}$$

环氧乙烷　　　　聚氧乙烯

$$n\,HN(CH_2)_5CO\ (\text{环状}) \longrightarrow \text{-}[HN(CH_2)_5CO]_n\text{-}$$

己内酰胺　　　　聚酰胺-6

（2）根据聚合反应机理，聚合反应可分成逐步聚合反应和连锁聚合反应两大类。这两类聚合反应的转化率和聚合物分子量随时间的变化均有很大的差别。

①**逐步聚合反应**，特征为低分子在反应过程中逐步转变成高分子，每步反应的速率和活化能大致相同。在反应早期，单体很快聚合成二聚体、三聚体、四聚体等低聚物，这些低聚物常称为**齐聚物**。短期内单体转化率很高，反应基团的转化率却很低。随后，低聚物之间相互缩聚，分子量缓慢增大，当反应基团的转化率很高（>98%）时，分子量达到较大的数值。绝大多数缩聚反应属于逐步聚合反应。

②**连锁聚合反应**，又称为**链式聚合**，聚合过程由链引发、链增长、链终止等基元反应组成。各基元反应的速率和活化能差别很大。链引发是形成活性中心的反应。随后，活性中心与单体加成，使链迅速增长。活性中心被破坏就是链终止。随着聚合时间的延长，单体的转化率升高，高分子的相对分子质量逐渐增大。连锁聚合反应的活性中心可以是自由基、阴离子或阳离子，因此连锁聚合反应包括自由基聚合、阴离子聚合和阳离子聚合等反应。多数烯类单体的加聚反应属于连锁聚合反应。

### 9.2.2　聚合反应机理

#### 1）自由基聚合

自由基聚合，也叫作**游离基聚合**，全称为自由基加成聚合反应，是指烯类单体进行自由基链式加成聚合生成高聚物的反应。自由基聚合属于链式聚合反应。按此反应机理,自由基聚合可以分为链引发、链增长、链终止及链转移四个阶段。

(1) **链引发**(引发反应):是链反应的开始,包括两步。第一步是自由基引发剂分解产生自由基(即初级自由基),第二步是它打开单体的双键使单体末端形成新的反应活性中心自由基,也称为**活性链**。接着新的反应活性中心自由基引发单体聚合反应,进入链增长阶段。因此引发反应又称为增长自由基的生成反应。

(2) **链增长**(增长反应):是单体分子与末端为自由基的活性链发生的加成反应。每经一步加成反应,链末端产生新的反应活性中心自由基,因此每一个单体分子与活性链发生加成反应而使链不断增长。

(3) **链终止**(终止反应):是活性链失去反应活性中心自由基的反应,生成没有反应活性的“死”高聚物。

(4) **链转移**(链转移反应):通过增长反应的活性链将其活性中心自由基转移到其他的分子(如单体、溶剂等),这样增长的活性链失去活性而成为“死”高聚物,同时伴随新的自由基的生成。

自由基加成聚合反应可表示如下:

$$I \longrightarrow 2R\cdot$$

$$2R\cdot + H_2C{=}CH_2 \longrightarrow R{-}CH_2{-}\underset{H}{\overset{H}{C}}\cdot$$

$$R{-}CH_2{-}\underset{H}{\overset{H}{C}}\cdot + H_2C{=}CH_2 \longrightarrow R{-}CH_2{-}CH_2{-}CH_2{-}\underset{H}{\overset{H}{C}}\cdot$$

$$\vdots$$

**2) 离子型聚合**

离子型聚合与自由基聚合类似,属于链式聚合反应,其活性中心是离子。根据活性中心离子所带电荷不同,离子型聚合可分为阳离子聚合和阴离子聚合。

离子型聚合对单体有高度的选择性,不同单体进行离子型聚合的活性不同。离子型聚合常见单体见表 9-4。

**表 9-4 离子型聚合常见单体**

| 阴离子聚合 | 阴、阳离子聚合 | 阳离子聚合 |
|---|---|---|
| 丙烯腈<br>$CH_2{=}CH{-}CN$ | 苯乙烯<br>$CH_2{=}CH{-}C_6H_5$ | 异丁烯<br>$CH_2{=}C(CH_3)_2$ |
| 甲基丙烯酸甲酯<br>$CH_2{=}C(CH_3)COOCH_3$ | α-甲基苯乙烯<br>$CH_2{=}C(CH_3)C_6H_5$ | 3-甲基-1-丁烯<br>$CH_2{=}CHCH(CH_3)_2$ |
| 亚甲基丙二酸酯<br>$CH_2{=}C(COOR)_2$ | 丁二烯<br>$CH_2{=}CHCH{=}CH_2$ | 4-甲基-1-戊烯<br>$CH_2{=}CHCH_2CH(CH_3)_2$ |

续表

| 阴离子聚合 | 阴、阳离子聚合 | 阳离子聚合 |
|---|---|---|
| α-氰基丙烯酸酯<br>$CH_2$═C(CN)COOR | 异戊二烯<br>$CH_2$═C($CH_3$)CH═$CH_2$ | 烷基乙烯基醚<br>$CH_2$═CH—OR |
| ε-己内酰胺<br>$(H_2C)_5$—NH<br>＼╱<br>C<br>‖<br>O | 甲醛<br>$CH_2$═O | 氧杂环丁烷衍生物<br>O — $CH_2$<br>│　　│<br>$H_2C$ — C$(CH_2Cl)_2$ |
| | 环氧烷烃<br>$H_2C$ — CH — R<br>＼╱<br>O | 四氢呋喃<br>（五元环，含O） |
| | 硫化乙烯<br>$H_2C$ — $CH_2$<br>＼╱<br>S | 三氧六环<br>（六元环，含3个O） |

能进行阳离子聚合的单体有烯类、醛类、环醚及环酰胺等。具有给电子取代基的烯类单体原则上都可进行阳离子聚合。给电子取代基使碳碳双键电子云密度增大，有利于阳离子活性物种(缺电子的原子或基团)的进攻；另一方面使生成的碳阳离子电荷分散而稳定。

阴离子聚合只适用于那些含强吸电子基团如硝基、腈基、酯基和苯基等的烯类单体，如丙烯腈 $CH_2$ ═CH—CN、甲基丙烯酸甲酯 $CH_2$ ═C($CH_3$)$COOCH_3$、硝基乙烯 $CH_2$ ═$CHNO_3$等。阴离子聚合的活性中心带负电荷，具有亲核性，吸电子取代基能使双键上电子云密度降低，使双键具有一定的正电性，有利于亲核的阴离子进攻。

**3）配位型聚合**

采用金属有机络合催化剂(如 Ziegler-Natta 催化剂)进行的聚合反应，称为配位聚合反应。配位型聚合机理为：单体进行聚合时，首先在金属有机络合催化剂的空位上配位，形成单体与催化剂的络合物(通常称为 σ-π 络合物)，然后单体再插入催化剂的金属-碳键之间。络合与插入不断重复进行，从而生成高相对分子质量的聚合产物。

目前用量最大和用途最广泛的通用聚烯烃树脂，均是采用配位聚合方法合成的。

### 9.2.3　聚合反应方法

**1）本体聚合**

本体聚合体系仅由单体和少量(或无)引发剂组成。本体聚合产物纯净，后处理简单，是比较经济的聚合方法。苯乙烯、甲基丙烯酸甲酯、氯乙烯、乙烯等气、液态单体均可进行本体聚合。

【扩展阅读】聚乙烯本体聚合

本体聚合也存在一定的缺陷，例如，在聚合后期，体系黏度增大，容易产生凝胶效应，导致热量聚集，反应加速。若不及时散热，轻则造成局部过热，使分子量分布变宽，最后影响到聚合物的机械强度；重则温度失控，引起爆聚。

**2）乳液聚合**

单体在水中分散成乳液的聚合称为乳液聚合。

乳液聚合有许多优点：

（1）以水作介质，环保安全，胶乳黏度较低，便于混合传热、管道输送和连续生产；

（2）聚合速率大，同时产物分子量大，可在较低的温度下进行；

（3）胶乳可直接使用，如水乳漆、黏结剂、纸张、皮革、织物处理剂等。

**【扩展阅读】乳液聚合的应用**

乳液聚合也有缺点：

（1）需要固体产品时，乳液需经凝聚、洗涤、脱水、干燥等工序，成本较高；

（2）产品中留有乳化剂等杂质，难以除净，有损电性能等。

**3）溶液聚合**

单体和引发剂溶于适当溶剂中的聚合称为溶液聚合。下面简单介绍自由基溶液聚合和离子型溶液聚合。

（1）自由基溶液聚合。

自由基溶液聚合体系黏度较低，较易混合和传热，容易控制温度，减弱凝胶效应，可避免局部过热。但是自由基溶液聚合也有缺点：单体浓度较低，聚合速率较小，设备生产能力较低；单体浓度低和向溶剂链转移的双重结果是聚合物分子量降低；溶剂分离回收费用高，难以除净聚合物中残留的溶剂。因此，工业上自由基溶液聚合多用于聚合物溶液直接使用的场合，如涂料、胶黏剂、合成纤维纺丝液等。

（2）离子型溶液聚合。

离子型聚合和配位型聚合的引发剂容易被水、醇、二氧化碳等含氧化合物破坏，因此不能用水作介质，而采用有机溶剂进行溶液聚合或本体聚合。

离子型聚合选用溶剂的原则为：首先应该考虑溶剂化能力，这对聚合速率、分子量及其分布、聚合物微结构都有深远的影响；其次应该考虑溶剂的链转移反应。在离子型聚合中，溶剂与引发剂处于同等重要的地位。

**4）悬浮聚合**

悬浮聚合是单体以小液滴状悬浮在水中的聚合方法。单体中溶有引发剂，一个小液滴就相当于一个本体聚合单元。从单体液滴转变为聚合物固体粒子，经过聚合物-单体黏性粒子阶段，为了防止粒子黏并，需加分散剂，以在粒子表面形成保护膜。因此，悬浮聚合体系一般由单体、油溶性引发剂、水、分散剂构成。

悬浮聚合的反应机理与本体聚合的相同。不同体系有均相聚合和沉淀聚合之分。苯乙烯和甲基丙烯酸甲酯的悬浮聚合的总体系属于非均相体系，其中液滴小单元属于均相体系，但最后形成透明小珠粒，故称为珠状（悬浮）聚合。在氯乙烯悬浮聚合中，聚氯乙烯将从单体液滴中沉析出来，生成不透明粉状产物，故称为沉淀聚合或粉状（悬浮）聚合。

悬浮聚合物的粒径约为 0.05～2 mm，主要受搅拌和分散剂控制。聚合结束后，回收未聚合的单体，聚合物经分离、洗涤、干燥，即得粒状或粉状树脂产品。

悬浮聚合有下列优点：

（1）体系黏度低，容易控制传热和温度，产品分子量及其分布比较稳定；

（2）产品分子量比溶液聚合的大，杂质含量比乳液聚合的小；

(3) 后处理工序比乳液聚合和溶液聚合的简单,生产成本低,粒状树脂可直接成型。

悬浮聚合的主要缺点是产物中带有少量分散剂残留物。要想生产出透明的和绝缘性能好的产品,就必须除净这些残留物。

## 9.3　聚合物的结构与性能

聚合物的性能与其分子结构和聚集态结构密切相关。了解聚合物的结构特征,认识结构与性能的关系,对于聚合物材料的设计与合成具有重要的作用。

### 9.3.1　聚合物的结构

聚合物的结构非常复杂,可分为链结构、聚集态结构和织态结构。

聚合物的链结构是指单个高分子的结构与形态,分为近程结构和远程结构。近程结构属于化学结构,又称为一级结构。远程结构包括分子的大小与形态、链的柔顺性及分子在各种环境中所采取的构象,又称为二级结构。

聚集态结构是指聚合物材料整体的内部结构,包括非晶态结构、晶态结构、液晶态结构、取向态结构。聚集态结构描述高分子聚集体中的分子之间是如何堆砌的,又称为三级结构。

织态结构属于更高级的结构,是聚合物材料在应用过程中的实际结构。聚合物的织态结构由聚集态结构决定,而聚集态结构取决于聚合物的链结构。

### 9.3.2　聚合物的聚集态结构

聚合物的性能不仅与其分子组成、分子结构和相对分子质量等有关,还与其链之间的堆砌结构有关。聚合物的链结构是决定聚合物基本性质的内在因素,而聚集态结构是直接决定聚合物本体性质的关键因素。例如,天然橡胶具有很好的弹性,聚苯乙烯几乎没有弹性而显得很坚硬,这种差别主要是聚集态结构不同导致的。

**1) 非晶态结构**

聚合物的非晶态结构,又称为**无定形态结构**,目前有两种代表性的模型:无规线团模型和两相球粒模型,分别如图 9-2 和图 9-3 所示。

**图 9-2　无规线团模型**

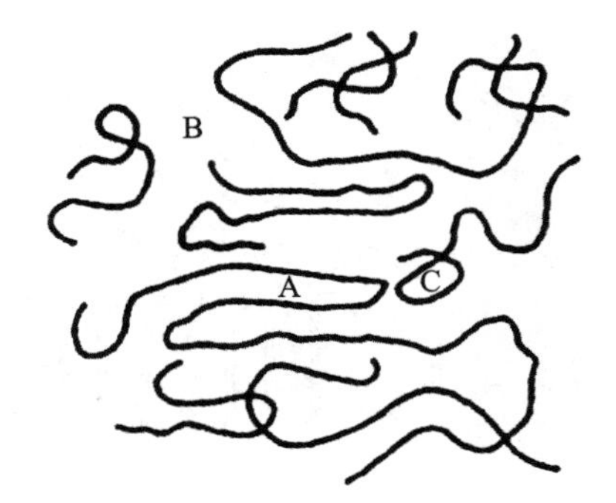


**图 9-3　两相球粒模型**

A—有序区;B—粒界区;C—粒间区

无规线团模型认为:在非晶态聚合物的本体中,分子链的构象与在溶液中的一样,呈无规线团状,线团分子之间是任意相互贯穿和无规缠结的,链段的堆砌不存在任何有序的结构,因而非晶态聚合物在凝聚态结构上是均相的。

两相球粒模型认为：非晶态聚合物局部有序，包含粒子相和粒间区两个部分，而粒子相又可分为有序区和粒界区两个部分。在有序区中，分子链是互相平行排列的，其有序程度与链结构、分子间力和热历史等因素有关。有序区的尺寸为 2～4 nm。有序区周围有 1～2 nm 大小的粒界区，由折叠链的弯曲部分、链端、缠结点和连接链组成。粒间区由无规线团、低分子物、分子链末端和连接链组成，尺寸为 1～5 nm。该模型认为一根分子链可以通过几个粒子相和粒间区。

**2）晶态结构**

聚合物结晶需要两个条件：聚合物链的构象要处于能量最低的状态，例如，聚乙烯链的反式结构的能量是最低的，因此其经常呈平面锯齿形；链与链之间要平行排列且紧密堆砌。因此，聚合物能否结晶，主要由聚合物链的结构决定。由于聚合物的分子链很长，要使分子链每一部分都有序规则排列是很困难的，因此聚合物的结晶度一般不能达到 100%。结晶性聚合物中仍然存在许多无序排列的区域，即分子链为无定形态的区域。人们把聚合物中结晶性的区域称为**结晶区**，无序排列的区域称为**非晶区**，如图 9-4 所示。

通过实验观察到，聚合物单晶通常为几何形状规则的薄片晶体（如图 9-5 所示的聚乙烯单晶），晶片厚度只有 10 nm 左右，而聚合物的分子链的长度有几百纳米，远远大于晶片厚度，因此一般认为分子链在结晶区内部是折叠排列的，如图 9-6 所示。

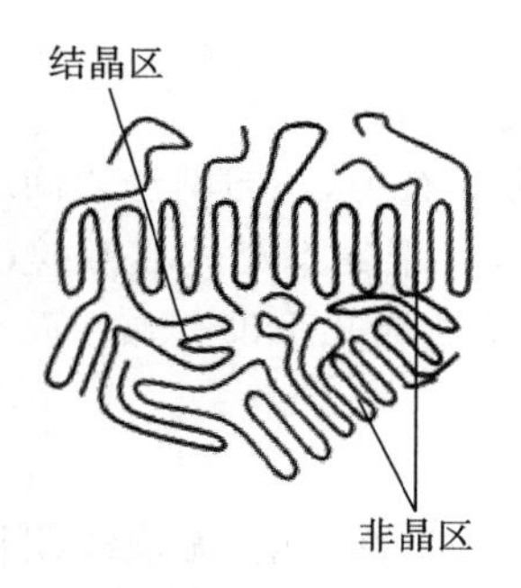


**图 9-4　结晶性聚合物结构示意图**

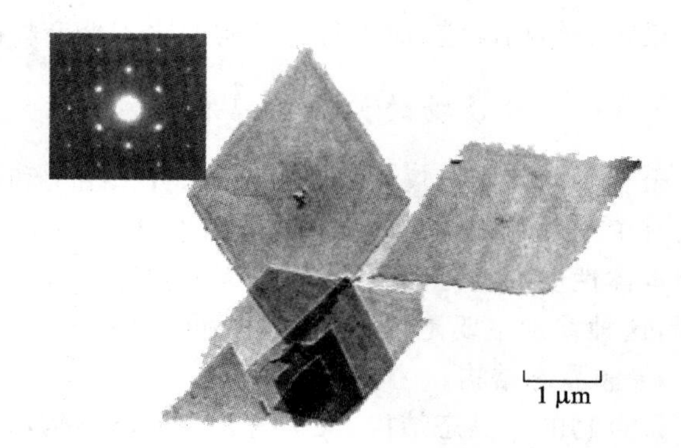


**图 9-5　聚乙烯单晶电子显微镜照片（左上角为电子衍射图）**

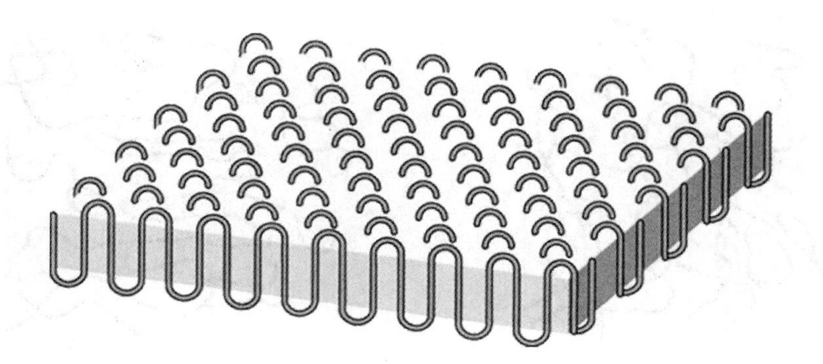

**图 9-6　聚合物链在结晶区内部的折叠示意图**

如图 9-6 所示，沿着分子链方向，原子间由共价键相连，而在其他方向只有分子间作用力，导致聚合物晶体中分子链的排列存在各向异性。聚合物结晶时可以形成几种不同的晶形，由链结构和结晶条件决定，这种现象称为聚合物的**同质多晶现象**。例如，在不同条件下，聚乙烯可以形成正交、三斜或单斜晶形。

**3）液晶态结构**

某些物质的晶体在受热熔融或被溶剂溶解后，虽然失去固态物质的刚性，获得液态物质的流动性，但是仍然部分地保持着晶态物质分子的有序排列，从而在物理性质上呈现各向异性，处于一种兼有晶体和液体部分性质的过渡状态，这种过渡状态称为液晶态，处在这种状态下的物质称为**液晶**。

液晶包括高分子液晶和小分子液晶。无论是高分子还是小分子，形成有序流体都必须具备一定条件。在分子结构中能够促使分子形成液晶态的结构单元，称为**液晶基元**。液晶基元通常是具有刚性结构的分子，呈棒状、近似棒状或盘状。

根据液晶形成条件，液晶可以分为**热致型液晶**和**溶致型液晶**，其中热致型是指升高温度而在某一温度范围内形成液晶态，而溶致型是指溶解于某种溶剂中而在一定浓度范围内形成液晶态。根据液晶基元在分子链中的位置，高分子液晶又可分为主链液晶和侧链液晶，其中主链液晶由液晶基元和柔性链节组成，侧链液晶的主链是柔性的，液晶基元位于侧链，如图 9-7 所示。

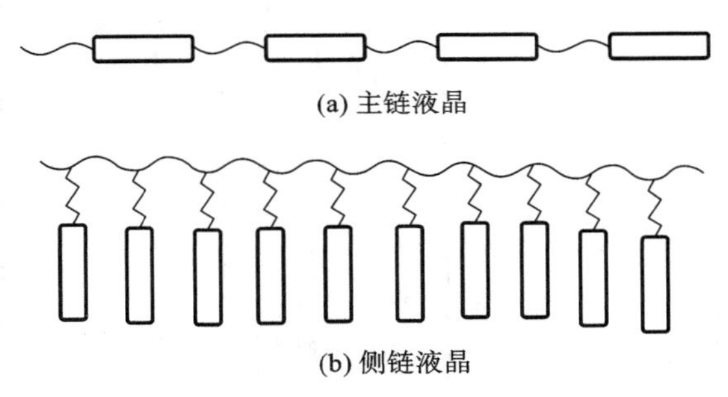


**图 9-7　高分子液晶分子结构示意图**

**4）取向态结构**

聚合物的取向态结构是指聚合物的分子链、链段及结晶性聚合物的晶片等沿某一特定方向择优排列的聚集态结构。对于无定形态的聚合物，分子链和链段是随机取向的，是各向同性的。而对于取向态的聚合物，其分子链和链段在某些方向上择优排列，是各向异性的。取向态的有序程度比结晶态的低，结晶态是分子链和链段在三维空间中的有序排列，而取向态是分子链和链段在一维或二维空间中一定程度的有序排列。

### 9.3.3　聚合物的玻璃化温度和熔点

无定形和结晶热塑性聚合物低温时都呈玻璃态，受热至某一较窄（2～5 ℃）温度时，则呈橡胶态或柔韧的可塑状态，转变温度称为**玻璃化温度** $T_g$，其表示链段能够运动或主链中价键能扭转的温度。晶态聚合物继续受热，则出现另一热转变温度即熔点 $T_m$，其表示整个大分子容易分离的温度。

分子量是表征大分子的重要参数，$T_g$ 和 $T_m$ 则是表征聚合物聚集态的重要参数。

玻璃化温度可在膨胀计内由聚合物比体积-温度曲线的斜率变化求得，如图 9-8 所示。在 $T_g$ 以下，聚合物处于玻璃态，性脆，黏度大，链段（运动单元）运动受到限制，比体积随温度的变化小，即曲线起始斜率较小。在 $T_g$ 以上，聚合物呈高弹态，链段可以比较自由地运动，比体积随温度的变化大。在曲线转折处或两直线延长线的交点，可求得 $T_g$。

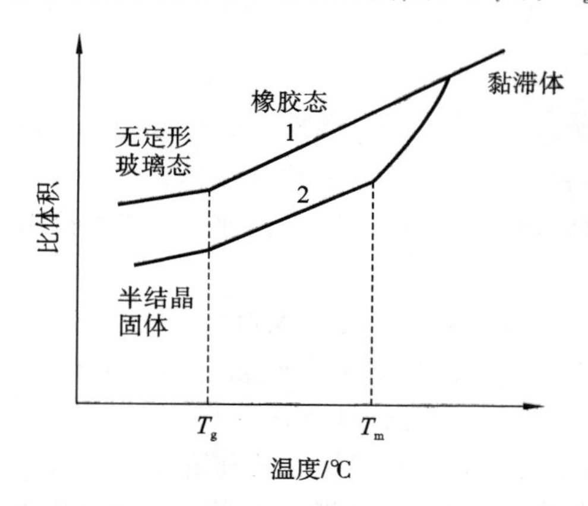


图 9-8　无定形和结晶热塑性聚合物比体积与温度的关系

无定形、结晶性和液晶聚合物受热变化的行为有所不同，如图 9-9 所示。

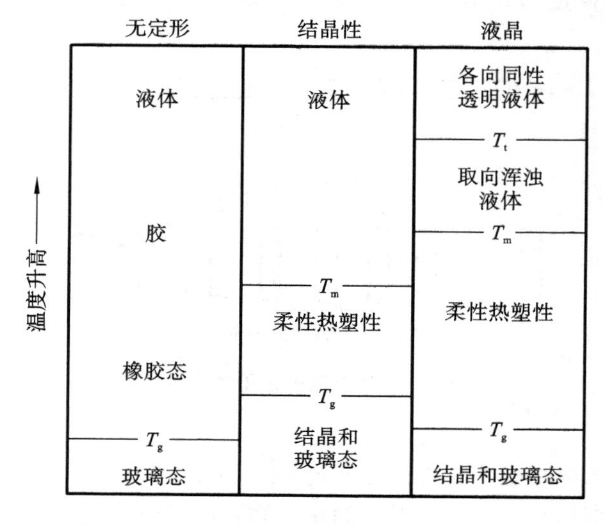


图 9-9　无定形、结晶性和液晶聚合物的比较

在玻璃化温度以上，无定形聚合物先从硬的橡胶体慢慢转变成软的、可拉伸的弹性体，再转变成胶状体，最后成为液体，每一转变过程都是渐变过程，并无突变。而结晶性聚合物的行为有所不同，在玻璃化温度以上及熔点以下，结晶性聚合物一直保持着橡胶高弹态或柔韧状态，在熔点以上，直接液化。液晶聚合物往往结晶不完全，存在缺陷，分子量分布不稳定，因此其熔融温度在一定范围内变化，并没有确定的熔点。

玻璃化温度和熔点可用来评价聚合物的耐热性。塑料处于玻璃态或部分晶态，玻璃化温度是非晶态聚合物的使用上限温度，熔点则是晶态聚合物的使用上限温度。实际使用时，对于非晶态塑料，一般要求 $T_g$ 比室温高 50～75 ℃；对于晶态塑料，$T_g$ 可以低于室温，而 $T_m$ 要高于室温。橡胶处于高弹态，玻璃化温度为其使用下限温度，一般其 $T_g$ 需比室温低 75 ℃。合成纤维大部分是结晶性聚合物，如尼龙、涤纶、维尼纶、丙纶等；小部分是非晶态纤维，如腈纶、氯纶等，但其分子排列或多或少地有一定规整和取向。

### 9.3.4　聚合物的重要物理性质

**1）力学性质**

合成树脂和塑料、合成纤维、合成橡胶均为合成（高分子）材料，涂料和胶黏剂不过是合成树脂的某种应用形式。从用途上考虑，可将合成材料分为**结构材料**和**功能材料**两大类。力学性质固然是结构材料的必要条件，对于功能材料，除了突出功能以外，对机械强度也有一定的要求。

聚合物力学性质可以用拉伸试验的应力-应变曲线（见图 9-10）中四个重要参数来表征：弹性模量，代表物质的刚性、对变形的阻力，以起始应力除以相对伸长率来表示，即应力-应变曲线的起始斜率；拉伸强度，使试样破坏的应力（$N \cdot cm^{-2}$）；断裂伸长率；高弹伸长率，以可逆转伸长程度来表示。

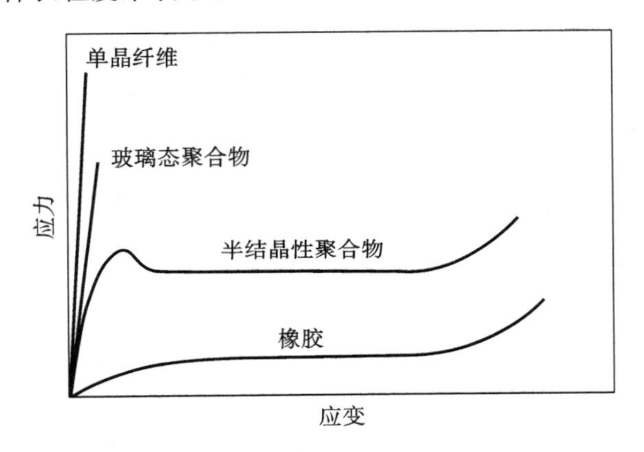


图 9-10　拉伸试验的应力-应变曲线

【扩展阅读】　橡胶、纤维、塑料的力学性质

分子量、热转变温度（玻璃化温度和熔点）、微结构、结晶度往往是聚合物合成时所需的表征参数，力学性质则是聚合物成型制品的质量指标，与上述参数密切相关。一般极性、结晶度、玻璃化温度愈高，机械强度愈大，而伸长率较小。

**2）电性质**

聚合物一般不存在自由电子和离子，具有非常高的电阻，因此聚合物通常用作电绝缘材料。聚合物的绝缘性能与分子的极性有关。通常聚合物的极性越小，其绝缘性能越好。例如，聚乙烯、聚四氟乙烯都是分子链节结构对称的非极性聚合物，它们都是很好的绝缘材料，广泛用作电缆、电线的绝缘层。图 9-11 所示为交联聚乙烯电缆结构示意图。

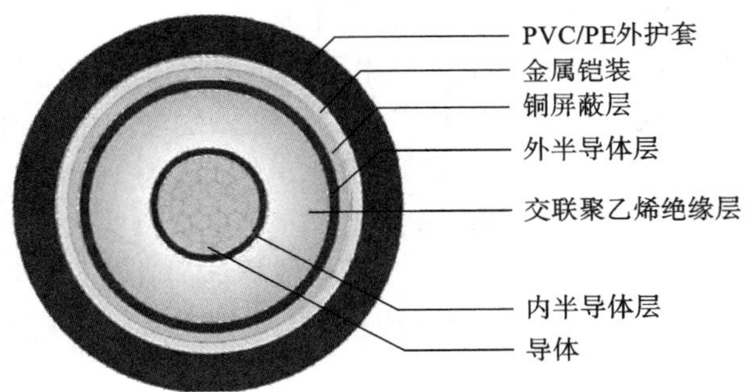


图 9-11　交联聚乙烯电缆结构示意图

聚合物除了用作绝缘材料以外，还广泛用作电容器中的电介质。这主要是因为聚合物具有介电性。聚合物的介电性是指聚合物在外电场作用下，表现出对静电能的储存和损耗的性质，通常用**介电常数**和**介电损耗**来表示。

聚合物在电场中会发生极化。聚合物的极化程度用介电常数 $\varepsilon$ 表示。它定义为介质电容器的电容与真空电容器的电容之比。介电常数的大小反映介质储存电能的能力。通常介电常数越大，介电性能越好，电容器存储的电荷越多。常见聚合物的介电常数见表 9-5。

**表 9-5　常见聚合物的介电常数**

| 聚　合　物 | $\varepsilon$ |
|---|---|
| 聚四氟乙烯 | 2.0 |
| 聚丙烯 | 2.2 |
| 聚乙烯 | 2.3～2.4 |
| 聚苯乙烯 | 2.5～3.1 |
| 聚碳酸酯 | 3.0～3.1 |
| 聚对苯二甲酸乙二醇酯 | 3.0～4.4 |
| 聚氯乙烯 | 3.2～3.6 |
| 聚甲基丙烯酸甲酯 | 3.3～3.9 |
| 尼龙 | 3.8～4.0 |
| 酚醛树脂 | 5.0～6.5 |

聚合物在交变电场中取向极化时，因能量的损耗而使本身发热的现象称为聚合物的介电损耗。通常用介电损耗角正切 $\tan\delta$ 来表示介电损耗。当聚合物用作绝缘材料或电容器材料时，希望介电常数大而介电损耗小，以免因发热而消耗电能和引发老化。

聚合物在生产、加工和使用过程中，会与其他材料、器件接触或摩擦。在接触或摩擦的过程中聚合物会带上电荷，这种现象叫作**聚合物的静电现象**。例如，在日常生活中，脱去由合成纤维制成的衣服时，经常会听到放电的响声，在暗处还可以看到放电的辉光。合成纤维在纺丝过程中也会带电，吸水性很低的(＜0.5%)聚丙烯腈纤维因摩擦而产生的静电可达 1500 V 以上。

由于一般聚合物的电绝缘性能很好，它们一旦带有静电荷，这些静电荷的消除就会变得很慢。例如，聚乙烯、聚丙烯、聚四氟乙烯、聚苯乙烯和聚甲基丙烯酸甲酯等塑料产品得到静电荷后可保持几个月。

**【扩展阅读】防护口罩中的静电吸附效应**

一般来说，静电在聚合物加工和使用过程中是个不利因素。静电妨碍正常的加工工艺，尤其是在合成纤维工业中特别突出。摩擦生电产生吸引力或排斥力，不利于合成纤维的纺丝、牵伸、织布、打包等各道工序的顺利进行。静电引起的火花放电，在易燃易爆物质存在的场合中，会造成巨大的灾祸。

近年来，研究发现，一些特殊聚合物具有半导体或导体的性质，因此，聚合物在电子工业中的应用，已不再仅用作绝缘体和电介质，也可用作半导体和导体。导电聚合物是目前的研究热点之一。

**3）光学性质**

非晶态均聚物具有良好的光学透明性能，如聚甲基丙烯酸甲酯（有机玻璃）、聚苯乙烯等。

然而，大多数结晶性聚合物和共混物不具有光学透明性能。其主要原因为：结晶性聚合物存在晶区与非晶区，两者的密度和折射率差别较大，两相界面处光线发生强烈的折射和反射，因而它们通常是不透明或半透明的。例如，ABS树脂中，连续相ABS共聚物是透明的，分散相丁苯橡胶也是透明的，但ABS树脂是乳白色的，这也是两相的密度和折射率不同导致的。

聚合物具有良好的线性光学性能，可用于光学器件，如聚合物光纤、光学透镜等。聚合物光纤具有柔韧性高、端面易加工易修复、价格低廉等优点，同时也有耐热性差、损耗大等缺点。高透明性的聚苯乙烯（PS）、聚甲基丙烯酸甲酯（PMMA）、聚碳酸酯（PC）等均可作为光纤的芯层，采用折射率更低的聚合物材料作为皮层，可有效地实现光线在光纤内的全反射。

**4）溶解性**

线型聚合物可在适当的溶剂中溶解。其溶解一般要经历两个阶段，即**溶胀**和**溶解**。所谓溶胀是指低分子溶剂渗入高分子链间的空隙中，使聚合物膨胀，通过溶剂化使聚合物呈凝胶状，然后溶剂分子继续渗入，从而使聚合物分子间距增大，最后聚合物完全溶解于溶剂中。

体型聚合物有的只能溶胀而不能溶解，如硫化交联的橡胶等。交联程度高的体型聚合物具有刚硬的空间网络，溶剂分子不能渗入，既不能溶胀，又不能溶解。

晶态聚合物分子链堆砌紧密，比非晶态聚合物溶解困难，一般需加热至熔点附近，其转化为非晶态聚合物，才能逐渐溶解。例如，聚乙烯需加热至135 ℃才能溶于二甲苯中。但极性的晶态聚合物却可以在常温下溶于极性溶剂中，例如，尼龙在常温下可溶于甲酸中。

聚合物的溶解性还与相对分子质量有关，显然对于相对分子质量大的聚合物，其因分子间作用力大而不易溶解。

选择溶剂的规则仍然是“相似者相溶”，即极性聚合物溶于极性溶剂中，非极性聚合物溶于非极性溶剂中。例如，聚苯乙烯是弱极性聚合物，可溶于苯、乙苯等非极性或弱极性溶剂中；而聚甲基丙烯酸甲酯是极性聚合物，可溶于丙酮等极性溶剂中；极性很大的聚合物（如聚乙烯醇）可溶于水、乙醇等极性溶剂中。

**5）化学稳定性及老化性能**

高分子化合物一般主要由C—C、C—H、C—O等牢固的共价键连接而成，所含的活泼基团较少，且分子链呈卷曲状，一些基团难以参加反应，所以其化学稳定性能较好。许多高分子化合物可制成耐热、耐酸碱、耐其他化学试剂的优良器材。例如，聚四氟乙烯不仅耐酸碱，还能经受在王水中煮沸的考验，被称为“塑料王”。在短期耐高温方面，聚合物优于金属，例如，航天飞船飞行时头锥部在几秒甚至几分钟之内要经受10000 ℃以上的高温，任何金属都会熔化，但在高温下聚合物材料外层熔融或发生分解，因其绝热性高可保护航天飞船内部完好无损。

但很多高分子化合物在某些物理因素（如光、热、高能射线等）、化学因素（如水、氧、酸、碱等）及生物因素（如霉菌等）的作用下，也会发生化学变化（如裂解或交联）。在加工、贮存和使用过程中，由于受到环境的影响，这种高分子材料逐渐失去弹性，变硬、变脆、发生龟裂、失去刚性、变软、变黏等而使其使用性能变差，这种现象称为**高分子的老化**。

高分子的老化是高分子链发生裂解或交联导致的。裂解又称为降解，是指大分子链断裂变为小分子，聚合物的聚合度降低，导致高分子材料变软、变黏，失去机械强度，例如，聚酰胺与水的反应：

$$-\overset{\overset{O}{\|}}{C}-\!\left(CH_2\right)_n\!-\overset{\overset{O}{\|}}{C}-NH(CH_2)_mNH- \quad + \quad H_2O \longrightarrow$$

$$-HN(CH_2)_mNH_2 \quad + \quad HOOC(CH_2)_n-\overset{\overset{O}{\|}}{C}-$$

又如，天然橡胶被氧化降解，从而变黏，失去弹性。交联可使链型高分子变成体型高分子，聚合度升高，高分子材料从而变硬、变脆，例如，丁苯橡胶的老化就是交联的结果。高分子材料老化的主要因素是氧化降解，而光、热又促进了氧化作用。一般含有双键、羟基、醛基的聚合物易被氧化，如天然橡胶的氧化。聚合物也可发生热降解，例如，聚氯乙烯在 100～120 ℃下可发生热分解，放出 HCl 气体，其机械强度从而降低。

## 9.4 聚合物材料的应用

### 9.4.1 塑料

塑料根据应用类型可分为通用塑料、工程塑料和特殊塑料。通用塑料是指产量大、价格低、日常生活中应用范围广的塑料，如聚乙烯、聚氯乙烯、聚丙烯和聚苯乙烯等。工程塑料是指力学性能好、能用于制作各种机械零件的塑料，主要有聚碳酸酯、聚酰胺、聚甲醛、聚砜、酚醛树脂和 ABS 树脂等。特殊塑料是指具有特殊功能和特殊用途的塑料，主要有氟塑料、硅塑料、环氧树脂等。表 9-6 列出了几种常见塑料的主要性能及用途。

**表 9-6 几种常见塑料的主要性能及用途**

| 名 称 | 结 构 式 | 主要性能 | 用 途 |
|---|---|---|---|
| 聚氯乙烯 | $-\!\left(CH_2-\underset{\underset{Cl}{\vert}}{CH}\right)_n\!-$ | 强极性，绝缘性能好，耐酸碱，难燃，具有自熄性。缺点是介电性能差，在 100～120 ℃即可分解出氯化氢，热稳定性能差 | 制作水槽、下水管；箱、包、沙发、桌布、雨伞、包装袋；凉鞋、拖鞋及布鞋的塑料底等 |
| 聚乙烯 | $-\!\left(CH_2-CH_2\right)_n\!-$ | 化学性质非常稳定，耐酸碱，耐溶剂性能好，吸水性低，无毒，受热易老化 | 制作食品包装袋、各种饮水瓶、容器、玩具等；各种管材、电线绝缘层等 |

续表

| 名　称 | 结 构 式 | 主要性能 | 用　途 |
| --- | --- | --- | --- |
| 聚酰胺（尼龙） | $\left[ NH \left( CH_2 \right)_x NH - \underset{\underset{O}{\Vert}}{C} \left( CH_2 \right)_y \underset{\underset{O}{\Vert}}{C} \right]_n$ | 具有韧性，耐磨，耐热，具有吸湿性，无毒，拉伸强度大 | 制作尼龙布、尼龙袜子、尼龙绳等；医用消毒容器等；机械零件、仪表、仪器 |
| 聚四氟乙烯（塑料王） | $\left( CF_2 - CF_2 \right)_n$ | 耐酸碱，耐腐蚀，化学稳定性能好，耐寒，绝缘性能好，耐磨。缺点是刚性低 | 制作高温环境中化工设备的密封零件；无油润滑条件下轴承、活塞等；电容器、电缆绝缘材料 |
| 酚醛树脂（电木） | 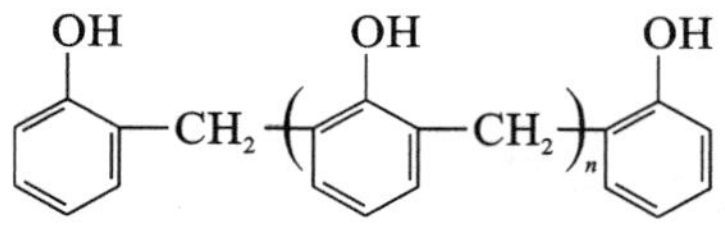 $C_6H_4(OH) - CH_2 \left( C_6H_3(OH) - CH_2 \right)_n C_6H_4(OH)$ | 难溶，难熔，耐热，机械强度大，刚性高，抗冲击性能好 | 制作线路板、插座、插头、电话机、行李车轮、工具手柄、贴面板、三合板、刨花板等 |
| ABS 树脂 | 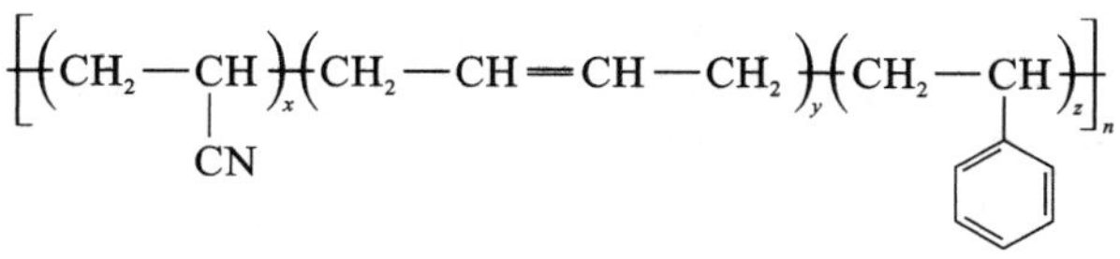 $\left[ \left( CH_2 - \underset{\underset{CN}{\vert}}{CH} \right)_x \left( CH_2 - CH = CH - CH_2 \right)_y \left( CH_2 - \underset{\underset{C_6H_5}{\vert}}{CH} \right)_z \right]_n$ | 无毒、无味，易溶于酮、醛、酯等有机溶剂。耐磨，抗冲击性能好 | 制作家用电器、箱包、装饰板材，以及汽车用零部件等 |
| 聚甲基丙烯酸甲酯（有机玻璃） | $\left( CH_2 - \overset{\overset{CH_3}{\vert}}{\underset{\underset{COOCH_3}{\vert}}{C}} \right)_n$ | 其透明性在现有聚合物中最高。缺点是耐磨性能差，硬度较低，易溶于有机溶剂 | 广泛应用于航空、医疗、仪器等领域 |

### 9.4.2　纤维

纤维可分为两大类：一类是**天然纤维**，如棉花、羊毛、蚕丝、麻等；另一类是**化学纤维**。化学纤维又可分为两大类：一类是**再生人造纤维**，即以天然高分子化合物为原料，经化学处理和机械加工制得的纤维，主要产品有再生纤维素纤维和纤维素酯纤维；另一类是**合成纤维**，它是指用低分子化合物为原料，通过化学合成和机械加工制得的均匀线条或丝状聚合物。合成纤维具有优良的性能，如强度大、弹性高、耐磨、耐腐蚀、不怕虫蛀等，因而广泛地应用于工农业生产和人们日常生活中。在合成纤维中"六大纶"是锦纶（尼龙）、涤纶、腈纶、维纶、丙纶和氯纶，其中前三纶的产量占合成纤维总产量的90%以上。表9-7列出了常见合成纤维的性能及用途。

**表 9-7 常见合成纤维的性能及用途**

| 类别 | 名称 | 结构式 | 性能 | 用途 |
|---|---|---|---|---|
| 聚酯纤维（涤纶） | 聚对苯二甲酸乙二醇酯纤维（俗名"的确良"） | $\left[ O-\underset{\underset{O}{\Vert}}{C}-C_6H_4-\underset{\underset{O}{\Vert}}{C}-O-(CH_2)_2-O \right]_n$ | 是产量最大的合成纤维。显著优点是：抗皱、保型、挺括、美观；对热、光稳定性能好；润湿时强度不降低，经洗耐穿，可与其他纤维混纺；年久不会变黄。缺点是不吸汗，而且需要高温染色 | 大约产量的90%用于制作衣料（纺织品为75%，编织物为15%）。用于工业生产的只占产量的6%左右 |
| 聚酰胺纤维（锦纶或尼龙） | 聚己内酰胺纤维（锦纶6，尼龙-6） | $\left[ NH-(CH_2)_5-CO \right]_n$ | 强韧、耐磨、弹性高、质量小、染色性能好、较不易起皱、抗疲劳性能好。吸湿率为3.5%～5.0%，在合成纤维中是较大的，吸汗性适当，但容易走样 | 约一半用于制作衣料，一半用于工业生产。在工业生产中，约1/3用于制作轮胎帘子线。尼龙-66的耐热性比尼龙-6的高 |
| | 聚己二酰己二胺纤维（锦纶66，尼龙-66） | $\left[ NH-(CH_2)_6-NH-CO-(CH_2)_4-CO \right]_n$ | | |
| 聚烯腈纤维 | 聚丙烯腈纤维（腈纶，俗名人造羊毛） | $\left[ CH_2-\underset{\underset{CN}{\vert}}{CH} \right]_n$ | 具有与羊毛相似的特性，质轻，保温性能和体积膨大性能优良；强韧（与棉花相同）而富有弹性，软化温度高；吸水率低，不宜制作贴身内衣。缺点是强度不如尼龙和涤纶的强度 | 大约产量的70%作衣料用（编织物占60%左右），用于工业生产的只占产量的5%左右 |

续表

| 类别 | 名称 | 结构式 | 性能 | 用途 |
|---|---|---|---|---|
| 聚烯烃纤维 | 聚丙烯纤维（丙纶） | $\left[CH_2-\underset{\substack{\vert\\ CH_3}}{CH}\right]_n$ | 是纤维中最轻的，强度高，润湿时强度不会下降。耐热性能较差，不吸湿 | 产量的30%左右用于室内装饰，30%左右用于制作被褥，用于医疗的小于10%，其余用于工业生产，且大多数用于制作绳索 |

9.4.3 橡胶

橡胶可分为**天然橡胶**和**合成橡胶**。

天然橡胶主要取自热带的橡胶树，其化学组分是聚异戊二烯，聚异戊二烯有顺式与反式两种构型，它们的结构简式分别为

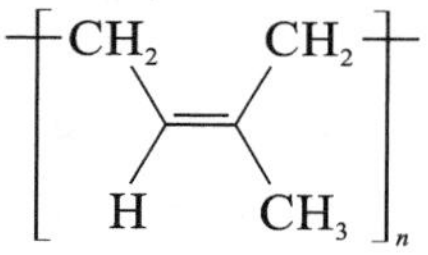

$$\left[\begin{matrix} CH_2 & & CH_2 \\ & C=C & \\ H & & CH_3 \end{matrix}\right]_n \qquad \left[\begin{matrix} CH_2 & & H \\ & C=C & \\ H_3C & & H_2C \end{matrix}\right]_n$$

顺式-1，4-聚异戊二烯 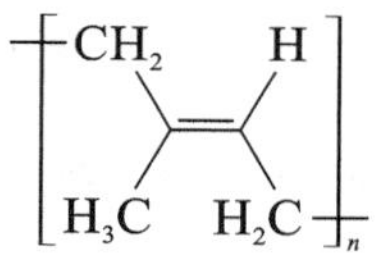　　　反式-1，4-聚异戊二烯

顺式是指连在双键两个碳原子上的—$CH_2$—基团位于双键的同一侧。反式是指连在双键两个碳原子上的—$CH_2$—基团位于双键的两侧。天然橡胶中约含98%的顺式-1,4-聚异戊二烯，这是因为分子链中只含有一种链节结构，其空间排列比较规整。

天然橡胶弹性虽好，但在数量上和质量上都满足不了现代工业对橡胶制品的需求。因此，人们仿造天然橡胶的结构，以低分子有机化合物为原料合成了各种合成橡胶。表9-8列出了几种常见合成橡胶的性能及用途。

**表9-8 几种常见合成橡胶的性能及用途**

| 名称 | 结构式 | 性能 | 用途 |
|---|---|---|---|
| 丁苯橡胶 | 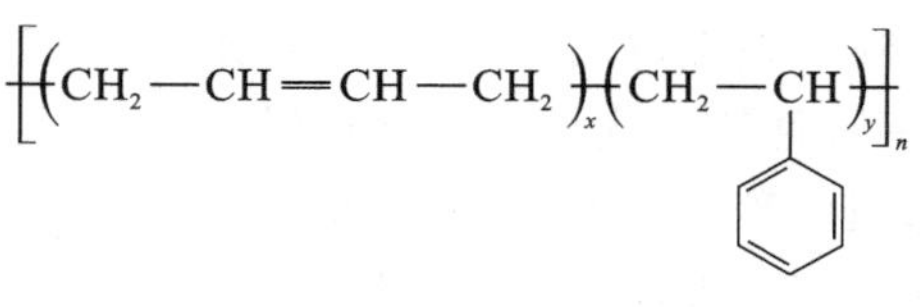 $\left[\left(CH_2-CH=CH-CH_2\right)_x\left(CH_2-\underset{\substack{\vert\\ C_6H_5}}{CH}\right)_y\right]_n$ | 耐水、耐老化，特别是耐磨性能和气密性能好。缺点是不耐油和有机溶剂，抗撕强度低 | 为合成橡胶中最大的品种（约占50%），广泛用于制作汽车轮胎、皮带等；与天然橡胶共混可用于制作密封材料和电绝缘材料 |

续表

| 名　称 | 结 构 式 | 性　能 | 用　途 |
| --- | --- | --- | --- |
| 氯丁橡胶（万能橡胶） | $\mathrm{+CH_2-\underset{\underset{Cl}{\vert}}{C}=CH-CH_2+_n}$ | 耐油、耐氧化、耐燃、耐酸碱、耐老化、耐曲挠性能好。缺点是密度较大，耐寒性能较差和弹性低 | 制作运输带、防毒面具、电缆外皮、轮胎等 |
| 顺丁橡胶 | $\mathrm{+CH_2(H)C=C(H)CH_2+_n}$ | 有弹性，耐老化、耐低温、耐磨，这些性能都超过天然橡胶的。缺点是抗撕强度低，易出现裂纹 | 为合成橡胶中第二大品种（约占15%），大约产量的60%以上用于制作轮胎 |
| 丁腈橡胶 | $\mathrm{[(CH_2-CH=CH-CH_2)_x(CH_2-\underset{\underset{CN}{\vert}}{CH})_y]_n}$ | 耐油性能好，拉伸强度大，耐热性能好。缺点是电绝缘性能、耐寒性能差，塑性低、难加工 | 用于制作机械上的垫圈及飞机和汽车等需要耐油的零件 |
| 乙丙橡胶 | $\mathrm{+CH_2-CH_2-CH_2-\underset{\underset{CH_3}{\vert}}{CH}+_n}$ | 分子中无双键，故耐热、耐氧化、耐老化，使用温度高 | 制作耐热胶管、垫片、三角胶带、输送带、人力车胎等 |
| 硅橡胶 | $\mathrm{+\underset{\underset{CH_3}{\vert}}{\overset{\overset{CH_3}{\vert}}{Si}}-O+_n}$ | 既耐高温，又耐低温，弹性高，耐油，耐老化，防水，其制品柔软光滑，无毒，加工性能好。缺点是力学性能差，较脆，易撕裂 | 制作医用材料，如导管、引流管、静脉插管、人造器官等；飞机、导弹上的一些零部件及电绝缘材料 |

### 9.4.4 聚合物基复合材料

合成高分子材料、金属材料和无机非金属材料通过复合工艺组合成的新材料称为**聚合物基复合材料**。它能改善或克服各种单一材料的缺点，如金属材料易腐蚀，合成高分子材料易老化、不耐高温，陶瓷材料易碎裂等缺点，是一种性能更优异的新型材料。

最常见的聚合物基复合材料为纤维增强的聚合物材料。例如，将碳纤维包埋在环氧树脂中使复合材料强度增加，以用于制作网球拍、高尔夫球棍和滑雪橇等。玻璃纤维复合材料为玻璃纤维与聚酯的复合体，可用作结构材料，如汽车和飞机中的某些部件、桥体的结构材料等，其强度可与钢材的相比。增强的聚酰亚胺树脂可用于制作汽车的“塑料发动机”，使发动机质量减小，节约燃料。

聚酰胺本身的强度比一般通用塑料的强度高，耐磨性能好，但它的吸水率大，影响尺寸稳定性，另外耐热性也较低。采用玻璃纤维增强的聚酰胺，会大大改善这些性能。一般来讲，在玻璃纤维聚酰胺复合材料中，玻璃纤维的含量达到30%～35%时，其增强效果最为理想，拉伸强度可提高2～3倍，抗压强度提高1.5倍，最突出的是耐热性提高很多。例如，尼龙-6的使用温度为120 ℃，而玻璃纤维尼龙-6的使用温度可达170～180 ℃。玻璃纤维聚酰胺复合材料的唯一缺点是耐磨性能差。

玻璃钢是玻璃纤维增强塑料，它是由玻璃纤维和聚酯类树脂复合而成的，是第一代复合材料的杰出代表。玻璃性脆，极易破碎，但如果将玻璃熔化并以极快的速度拉成细丝，形成的玻璃纤维则异常柔软，并可纺织。玻璃纤维的强度很高，比天然纤维、化学纤维的高5～30倍。在制造玻璃钢时，可将直径为5～10 μm的玻璃纤维切成短纤维加入基体（环氧树脂）中。玻璃钢具有优良的性能，它的强度高、质量小、耐腐蚀、抗冲击、绝缘性能好。在20世纪50年代末用于制造飞机，使飞机的油耗明显降低、灵活性提高。玻璃钢的生产技术成熟，早已广泛应用于飞机、汽车、船舶、建筑等领域。增强材料除了使用普通玻璃的纤维以外，还可以根据具体用途调整玻璃的成分，制作耐化学腐蚀、耐高温、高强度的玻璃纤维。

### 9.4.5　功能聚合物材料

在合成高分子的主链或支链上接上带有某种功能的基团，使高分子具有特殊的功能性，满足光、电、磁、化学、生物、医学等方面的功能要求，这类高分子统称为**功能高分子**。按照性质和功能的不同，功能高分子可分为以下六种类型。

(1) 反应型高分子，包括高分子试剂和高分子催化剂。

(2) 光敏型高分子，包括各种光稳定剂、光刻胶、感光材料和光致变色材料等。

(3) 电活性高分子，包括导电聚合物、能量转换型聚合物和其他电敏材料。

(4) 高分子膜，包括各种分离膜、缓释膜和其他半透性膜材料。

(5) 吸附性高分子，包括高分子吸附性树脂、高分子絮凝剂和吸水性高分子等。

(6) 其他未能包括在上述各类中的功能高分子。

下面简要介绍光功能高分子材料和电功能高分子材料。

**1) 光功能高分子材料**

所谓光功能高分子材料，是指能够对光进行透射吸收储存、转换的一类高分子材料。目前这类材料已有很多，主要包括光导材料、光记录材料、光加工材料、光学用塑料（如塑料透镜等）、光转换系统材料、光显示用材料、光导电用材料、光合作用材料等。光功能高分子材料在整个社会的经济生活中正发挥着越来越大的作用。

(1) 光能转换材料及太阳能的储存。

光能转换材料是用于光能与化学能或电能转换的能量转换材料。在光照条件下某些小分子可以发生化学变化，生成化学能态较高的分子，在特定高分子催化剂存在下，这些分子可以可逆地转回到原来状态，并释放出能量。还有一种情况是，在特定高分子催化剂作用和光照条件下，溶液中的质子可转化成用作燃料的氢气。以上两种过程均称为光能-化学能转换过程。此外，由某些光敏型高分子材料制成的多层表面修饰电极在光照下可以直接产生光电流，完成光能与电能的转换，如图9-12所示。

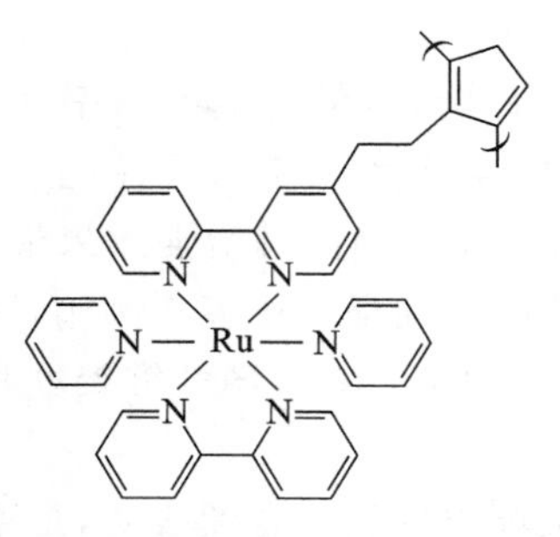


图 9-12　用于光能与电能转换的功能高分子

【扩展阅读】　感光高分子

(2) 光致变色高分子材料。

光致变色现象一般可分成两类:一类是在光照条件下,材料的颜色由无色或浅色转变成深色,称为**正性光致变色**;另一类是在光照条件下材料的颜色由深色转变成无色或浅色,称为**逆性光致变色**。这种划分方法是相对而言的。在光致变色过程中,光致变色现象大多与聚合物吸收光后的结构变化有关系,如聚合物发生互变异构、发生开环反应、生成离子、解离成自由基或者发生氧化还原反应等。可逆的光致变色化合物可用作可擦式激光光盘染料,它作为信息存贮介质具有可提高读写速度、增加信息存贮空间、降低生产成本等优点。

**2) 电功能高分子材料**

电功能高分子材料在特定条件下表现出各种电学性质,如热电、压电、铁电、光电、介电和导电等性质。根据功能,其主要包括导电高分子材料、电绝缘性高分子材料、高分子介电材料、高分子驻极体、高分子光导材料、高分子电活性材料等。

(1) 光导电高分子材料。

光导电高分子材料是指这种材料在无光照条件下是绝缘体,而在有光照条件下其电导值可以增大几个数量级而变为导体,这种光控导体在实际应用中具有非常重要的意义。较早开发的无机光导材料中硒和硫化锌-硫化镉的光导作用最显著,应用也最广泛,例如在复印机中就得到了广泛应用。虽然大多数有机高分子材料是绝缘的,但是也有个别高分子材料表现出光导电性质。高分子材料的固有性质,如价格低廉和容易加工,使其在新一代光导材料中占有极其重要的地位。光导电高分子材料的主要应用是静电复印。其主要原理是:在静电复印过程中光导电体在光的控制下收集及释放电荷,通过静电作用吸附带相反电荷的油墨,从而实现复印的过程。

(2) 压电高分子材料。

在高分子薄膜的双面接上电极,增大薄膜伸长率,在开路电极之间会产生电位差,这一现象叫作高分子材料的**压电性**。目前具有实用价值的压电高分子材料是聚偏二氟乙烯(PVDF)。PVDF 是一种半结晶性聚合物,由重复单元为 $CH_2CF_2$ 的长链分子构成。同压电陶瓷相比,PVDF 压电薄膜的压电应变系数较小,机电耦合系数也较小,但压电电压很好,因而更适合用作传感元件。另外,由于 PVDF 压电薄膜的柔韧性高,可以制成任意形状,因此 PVDF 压电薄膜可以用于任何复杂形状构件的监测,而压电陶瓷往往很难做到。

(3) 电致发光聚合物材料。

聚合物电致发光是指聚合物分子在电场作用下从激发态回到基态产生辐射跃迁的现象。电致发光聚合物材料在信息显示、光信息处理、光通信及其他光电子领域有着广泛而重要的应用价值,是当今前沿研究课题之一。

目前研究较广并且常用的电致发光聚合物材料主要有以下几种：聚对苯乙炔类、聚对苯类(PPP)、聚芴类、聚噻吩类和聚咔唑类。其中聚噻吩及其衍生物由于在掺杂前后具有良好的稳定性能，容易进行结构修饰，电化学性质可控，是目前应用最为广泛的发光共轭聚合物材料之一。

电致发光聚合物材料相较于电致发光无机材料，具有价廉、器件制作工艺简单、驱动电压低、亮度效率较高、发光颜色可调制（可获得三原色），以及力学性能、加工性能、热稳定性能良好的优点，使得电致发光聚合物材料成为电致发光领域中一个新的研究热点。

(4) 导电高分子材料。

高分子材料通常被认为是一种绝缘体。但在1977年，美国科学家黑格(Heeger)、麦克迪尔米德(MacDiarmid)和日本科学家白川英树(Shirakawa)发现了掺杂聚乙炔具有金属导电性能，高分子材料不能作为导电材料的观念从此被彻底打破，他们也因此在2000年获得了诺贝尔化学奖。

导电高分子材料按照结构和导电原理的不同可以分为**结构型导电高分子材料**和**复合型导电高分子材料**。

结构型导电高分子材料又称为**本征型导电高分子材料**，其分子中含有共轭的长链，双键上离域的π电子可以在分子链上迁移形成电流，使得其本身具有导电性。在这类共轭高分子中，分子链越长，π电子越多，电子活化能越低，即电子更容易离域，高分子的导电性能越好。常见的导电高分子材料有聚乙炔、聚吡咯、聚噻吩等共轭高分子材料，其中聚乙炔的电导率与金属材料的相当，密度却只有铜的十二分之一，是目前应用最为广泛的结构型导电高分子材料。

复合型导电高分子材料是将各种导电性物质以不同的加工工艺填充在聚合物基体中构成的材料。其中，填充材料提供了材料的导电性能，而聚合物基体将导电填料黏合在一起并提供材料的加工性能。作为基体的聚合物材料的性能对于复合型导电高分子材料的机械强度、耐热性、耐老化性都有十分重要的影响。因此，在实际应用中，需要根据使用要求、制备工艺、来源、价格等因素选择合适的聚合物基体材料，常用的基体材料有聚乙烯、聚丙烯、聚苯乙烯、环氧树脂、酚醛树脂等。复合型导电高分子材料具有制备简单、方便的特点，是市场上应用最广泛的导电高分子材料。

## 本章知识要点

1. 聚合物的基本概念。
2. 聚合物的分类与命名。
3. 聚合物的合成。
4. 聚合物的结构与性能。
5. 聚合物的热转变温度。
6. 聚合物的物理性质与分子结构之间的关系。
7. 主要的聚合物材料及其重要应用。

## 习　　题

1. 举例说明单体、单体单元、结构单元、重复单元、链节等名词的含义，以及它们之间的相互关系和区别。

2. 写出聚氯乙烯、聚苯乙烯、涤纶、尼龙-66、聚丁二烯和天然橡胶的结构式(重复单元)。

3. 请将聚合物按照不同方式分类并举例。

4. 聚合反应的方法有哪些，并说出它们的特点。

5. 聚合物有哪些重要的性质，这些性质和分子量有什么关联。

6. 什么叫玻璃化温度？橡胶和塑料的玻璃化温度有何区别？聚合物的熔点有什么特征？

7. 求下列混合物的数均分子量、重均分子量和分子量分布指数。

(1) 组分 A：质量＝10 g，分子量＝30000。

(2) 组分 B：质量＝5 g，分子量＝70000。

(3) 组分 C：质量＝1 g，分子量＝100000。

8. 等质量的聚合物 A 和聚合物 B 共混，计算共混物的$\overline{M_n}$和$\overline{M_w}$。

(1) 聚合物 A：$\overline{M_n}=35000$，$\overline{M_w}=90000$。

(2) 聚合物 $B$：$\overline{M_n}=15000$，$\overline{M_w}=300000$。

9. 下列烯类单体适用于自由基聚合、阳离子聚合还是阴离子聚合？

(1) $CH_2=CHCl$ (2) $CH_2=CCl_2$ (3) $CH_2=CHCN$ (4) $CH_2=C(CN)_2$

(5) $CH_2=CHCH_3$ (6) $CH_2=C(CH_3)_2$ (7) $CH_2=CHC_6H_5$ (8) $CF_2=CF_2$

(9) $CH_2=C(CN)COOR$ (10) $CH_2=C(CH_3)-CH=CH_2$

10. 简述传统乳液聚合中单体、乳化剂和引发剂的所在场所，链引发、链增长和链终止的场所和特征，胶束、胶粒、单体液滴和速率的变化规律。

# 第 10 章　化学与能源

**【内容提要】** 能源是人类赖以生存与发展的重要物质基础，人类文明的进步离不开优质能源的发现及先进能源技术的使用。在能源的开发及利用的过程中均需要化学与化工技术的支撑，能源的转化利用与化学过程密不可分。本章主要介绍能源的概念、各种形式的能源及其由来和利用方式，重点介绍了传统能源的清洁生产和新能源的开发和利用。

## 10.1　概述

### 10.1.1　能量与能量转化

能量是物质运动的量化转换，简称“能”。世间万物是不断运动的，在物质的一切属性中，运动是最基本的属性，其他属性都是运动属性的具体表现。而不同的物质运动形式对应不同的能量形式。例如，宏观物体的机械运动对应的能量形式是动能；分子运动对应的能量形式是热能；原子运动对应的能量形式是化学能；带电粒子的定向移动对应的能量形式是电能；光子运动对应的能量形式是光能。当运动形式不同时，两个物质的运动特性可以相互描述和比较的唯一物理量就是能量，即能量特性是一切运动着的物质的共同特性，能量尺度是衡量一切运动形式的通用尺度。

任何形式的能量都可以转化为另一种形式。例如，当物体在力场中自由移动到不同的位置时，位能可以转化为动能。当非热能形式的能量发生转化时，它的转化效率可以很高。然而对于热能的转化，就如同热力学第二定律所描述的那样，总会有转换效率的限制。但在所用能量转换的过程中，总能量保持不变。换言之，总系统的能量在各系统间做能量的转移，当某个系统损失能量时，必定会有另一个系统得到这部分损失的能量。这个能量守恒定律已被科学界公认为自然界的规律，并应用于任何一个孤立系统。

### 10.1.2　能源的概念和分类

要想了解能源，我们首先得从能源的定义入手。不同的资料对能源的表述略有不同，例如，《科学技术百科全书》将其定义为“可以从其中获得热、光和动力之类能量的资源”，《大英百科全书》称其为“一个包括所有燃料、流水、阳光和风的术语，人类采取适当的转换手段，便可让它为自己提供所需的能量”，而《现代汉语词典》中说到“能源是能产生能量的物质，如燃料、水力、风力等”。总之，不同文字所想表达的内涵相差无几，即能源是为自然界提供能量转化的资源的统称，其中包括矿物质能源、核物理能源、大气环流能源及地理性能源等。

随着各种各样的新能源的开发和利用，人们对各种能源进行分类，但分类方式并没有统一的标准。我们既可以从能源的产生方式和能否再生来分类，又可以从成熟程度和环保程度来分类，下面介绍几种常见的分类方法。

若按能源的产生方式分类，我们可以将其分为**一次能源**和**二次能源**。一次能源即天然能源，是未经人为加工或转换的、可直接利用的能源，包括煤炭、石油、天然气、水力、风能、太阳能、生物质能与核能等。二次能源即人工能源，由一次能源直接或间接转换而来，如蒸气、焦炭、柴油、煤气、沼气、氢能等，其品质更好，使用更加方便。

若按能源能否再生分类，我们可以将一次能源进一步分为**可再生能源**与**不可再生能源**。可再生能源，顾名思义，是可以不断补充或短周期内再生的能源，如水力、风能、太阳能、地热能、生物质能等。不可再生能源则会因使用而逐渐减少，如煤、石油、天然气、核能等。

若按现阶段的成熟程度分类，我们可以将能源分为**常规能源**和**新型能源**。前者包括煤、石油、天然气、柴油、蒸气、电力等，后者则是指利用新技术开发得到的如太阳能、风能、地热能等应用规模较前者小的能源。此外，我们还可以将能源分为**污染型能源**与**清洁型能源**、**燃料能源**与**非燃料能源**等。

### 10.1.3 能源利用的发展历程

在人类文明的发展历程中，有过两次能源利用上的重大转变，同时我们也正在经历着第三次巨变。

可以说，人类的文明是从火开始的。从人工火的利用开始，人类迎来了柴薪时代。在这个阶段，人们利用柴薪、秸秆等生物质作为燃料，用于烹饪和取暖。当时人们的生产活动主要依靠人力、畜力和简单的风力、水力装置。在这一时期，社会发展相当缓慢，生产生活水平极其低下。

第一次重大的能源转变发生在18世纪60年代。第一次工业革命以蒸汽机作为动力机被广泛使用为标志，推动了人们对能源利用的转变。煤炭勘探、开采和运输在当时也得到迅速发展。在第二次工业革命中，电动机取代了蒸汽机，电灯取代了油灯、蜡烛等传统照明工具。电力也逐渐成为工业生产的主要动力，而当时的电力生产主要依靠煤炭的燃烧。1920年，煤炭在世界能源结构中的比重已经达到了87%。

随着石油和天然气的开采与利用，油气被广泛使用，取代煤炭成为世界第一大能源，这是第二次重大的能源转变。从20世纪20年代开始，石油与天然气的消耗量逐渐上升。在此后的数十年中，随着技术的进步，石油成本逐渐下降，供应量逐渐增大。20世纪60年代初，石油和天然气在世界能源结构中的比重已经由40年前的11%上升至50%，排名第一，人类社会以前所未有的高速向前发展。

然而，这种繁荣发展是以牺牲环境为代价的。随着环境污染、温室效应、能源枯竭、物种濒危等的加剧，人类不得不正视发展所带来的副产物，也不得不开始重视开发以太阳能、地热能、海洋能、风能、核能为主的新能源。随着新能源的开发和利用，人类踏上了第三次能源革命的漫漫旅途。

## 10.2 化石燃料的有效利用和清洁生产

### 10.2.1 化石燃料的定义、分类和组成

化石燃料也称为矿石燃料，是一种烃或烃的衍生物的混合物，其包括的天然资源为煤炭、石油和天然气等。化石燃料是由古代生物的遗骸经过一系列复杂变化而形成的，是不可再生资源。化石燃料按埋藏的能量的数量顺序可分为煤炭类、石油、油页岩、天然气、油砂及海下的可燃冰等。

化石能源作为一种高品质的能源，一直受到人们的高度重视。其利用方便、能量密度高等特点使得其占据能源供给的绝对主导地位。

### 10.2.2 煤化工

#### 1. 煤化工概述

煤化工主要是指以煤炭为原料，经过化学加工，将煤炭转化为固体、液体和气体燃料及化学品的工业，包括煤的一次加工、二次加工和深度化学加工。虽然近年来石油化工发展较快且占据主导地位，但全球石油储量并不乐观，特别是中国的油气资源相对贫乏。《中国油气产业发展分析与展望报告蓝皮书(2018—2019)》指出，2018 年中国全年进口原油为 4.62 亿吨，同比增长 10.1%，原油加工量和石油表观消费量双破 6 亿吨，双双创造了史上年度新高，使中国原油的对外依存度上升到了 70.8%。因而越来越多的人把目光又重新投到煤炭上。煤化工在中国化学工业中占有重要地位，依靠新型煤化工，我们可以实现石油和天然气资源的补充和部分替代。煤化工是中国化工的重要组成部分，我们应当在发展新型煤化工的同时，注意其对环境、资源等方面带来的负面效应，尽量减小其带来的风险。

#### 2. 煤的气化、液化和干馏

**1) 煤的气化**

煤炭直接燃烧会生成二氧化硫、一氧化氮等有害气体，以至于大量有害气体在高空聚集，形成酸雨，对建筑物、农作物及人类造成危害，对环境造成严重污染。直接燃烧时，煤炭的利用率低、炉渣燃烧不充分及炉烟带走大量热量的问题难以解决。人们考虑将煤炭转化为洁净的气体或液体燃料再加以利用，因此煤的气化技术得到发展。

煤的气化以煤炭为原料，在高温、高压条件下，煤炭中的有机物和气化剂在气化炉内进行一系列化学反应，从而使固体煤炭转化为可燃气体。其中气化剂一般为氧气、蒸汽或氢气，生成的可燃气体主要成分为**一氧化碳**、**氢气**及**甲烷**。气化过程包括高温使煤炭干燥脱水、加热使挥发物析出、挥发物与剩余的煤炭进行气化反应。煤气化后生成的可燃气体在燃烧后的产物是水和二氧化碳。可以说煤的气化是未来煤炭清洁利用的技术基础。同时煤的气化只生成少量的二氧化碳和水，大部分碳都转化成了可燃气体，故煤炭的利用率大大提升。煤炭的气化产物煤气在城市供暖、电力生产、化工原料合成等方面应用广泛，使煤炭资源得到充分利用。

**2) 煤的液化**

煤的液化也称为煤制油，是煤炭的绿色深加工技术。通过煤的液化，煤中的有机物可以转化为各种液态碳氢化合物。这些液态碳氢化合物可以部分替代石油，并转化为汽油、柴油等燃料及部分石油化学品。按照技术路线的不同，煤的液化可以分为**直接液化**和**间接液化**。

煤的直接液化是指将煤磨碎成粉，和溶剂制成煤浆，然后在高温、高压和催化剂存在的条件下，通过加氢裂化，煤中化学结构复杂的有机高分子直接转化为低分子液体燃料的过程。含碳量低于 85%的煤几乎都能直接液化，其中烟煤和褐煤最适合液化。煤的直接液化如图 10-1 所示。

煤的间接液化是指将煤转化为一氧化碳和氢气合成气，然后在一定压力下，通过催化定向合成液态烃等产品。与煤的直接液化不同，只要适合气化的煤，如高硫煤、高灰煤等，均可进行间接液化。煤的间接液化如图 10-2 所示。

除了对煤质要求不同以外，两种不同液化工艺的产品也略有不同。煤直接液化得到的主要产品是柴油和汽油，柴油收率在 70%左右，液化石油气(LPG)和汽油的收率约为 20%，煤直

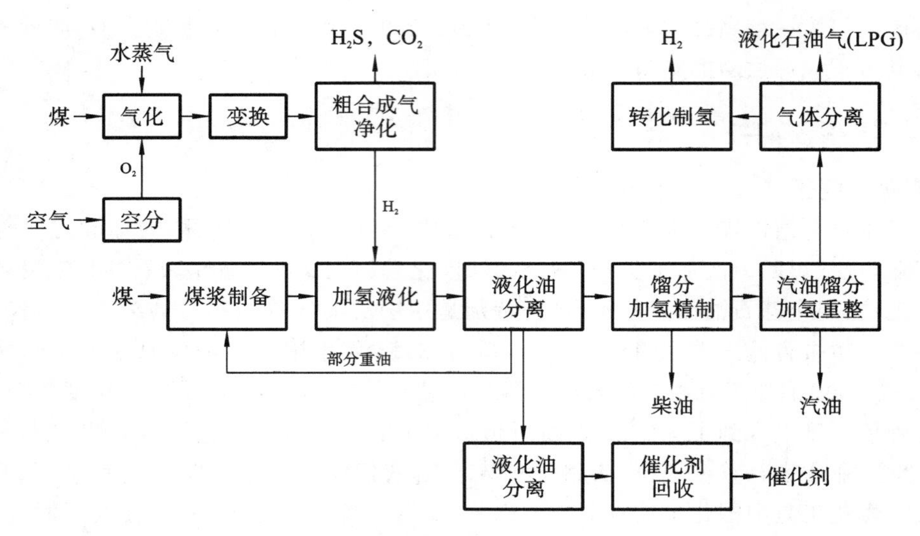


图 10-1　煤的直接液化

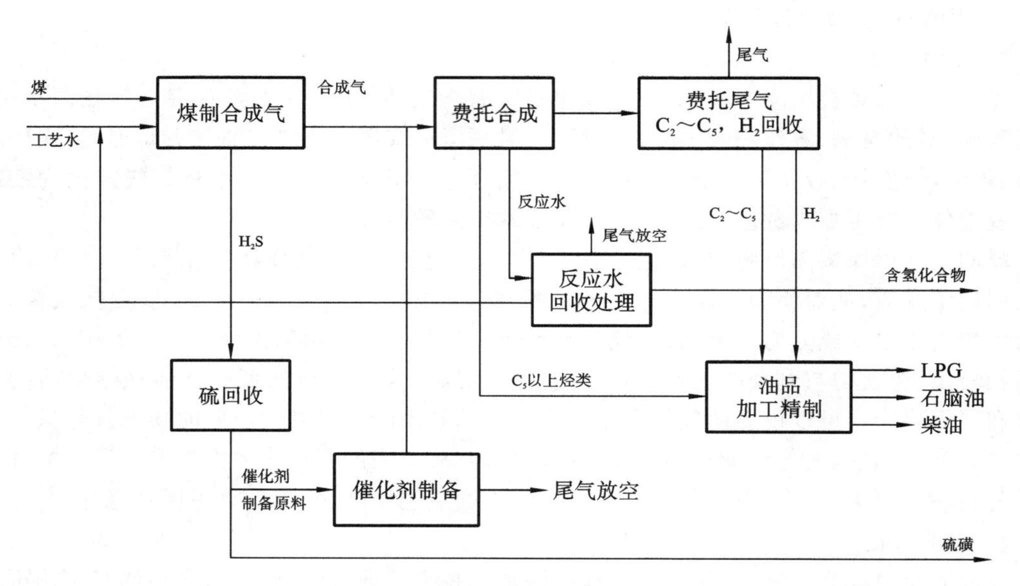


图 10-2　煤的间接液化

接液化产物富含烷烃，经过后续提质等操作可以得到汽油及航空煤油等高质量的产品。煤间接液化也是生产芳烃化合物的重要步骤之一。煤间接液化产物分布广，可得汽油、重制柴油和烯烃等产品。

**3）煤的干馏**

煤的干馏是煤化工的重要过程之一，是指煤在隔绝空气、加热的条件下分解，生成焦炭（或半焦）、煤焦油、粗苯、煤气等产物的过程。煤干馏产物的收率和组成取决于原料的煤质、炉结构及加工条件（以温度和时间为主）。低温（600 ℃左右）条件下，干馏产物中煤气收率低，焦油收率高，固体产物为结构疏松的黑色半焦；高温（1000 ℃左右）条件下，煤气收率高而焦油收率低，固体产物则为细致浓密的银灰色焦炭；而中温（800 ℃左右）条件下，干馏产物的收率则介于低温干馏产物的收率和高温干馏产物的收率之间。

煤干馏过程中煤气的主要成分是甲烷和氢气，它们可作为燃料或化工原料。高温干馏主要用于生产冶金焦炭，所得的焦油为芳香烃、杂环化合物的混合物，是工业中芳香烃的重要来源。低温干馏主要用于获得具有更多烷烃的煤焦油，为人造石油提供重要来源。煤的干馏产品及其用途如表10-1所示。

**表10-1　煤的干馏产品及其用途**

| 干馏产品 | | 主要成分 | 用途 |
|---|---|---|---|
| 出炉煤气 | 焦炉气 | 一氧化碳、氢气、甲烷、乙烯 | 气体燃料、化工燃料、化工原料 |
| | 粗氨水 | 氨、铵盐 | 化肥、炸药、染料、医药、农药、合成材料 |
| | 粗苯 | 苯、甲苯、二甲苯 | 化肥、炸药、染料、医药、农药、合成材料 |
| 煤焦油 | | 苯、甲苯、二甲苯 | 化肥、炸药、染料、医药、农药、合成材料 |
| | | 酚类、萘 | 染料、医药、农药、合成材料 |
| | | 沥青 | 筑路材料、制碳素电极 |
| 焦炭 | | 碳 | 冶金、合成氨造气、电石、燃料 |

### 3. 煤基醇醚燃料

煤基醇醚燃料就是由原煤、煤层气、焦炉煤气等通过气化合成的低碳含氧燃料，即甲醇、二甲醚(合称为醇醚燃料)等车用清洁燃料，可替代汽油、柴油。煤基醇醚燃料最大的优点在于较为清洁环保，煤基甲醇燃料燃烧后的产物主要是水和二氧化碳，与汽油和柴油相比，其释放的氮化合物含量很低，常规排放的尾气中一氧化碳、碳化氢含量均比汽油和柴油燃烧后排放的低30%以上，是典型的“清洁替代燃料”。二甲醚燃料燃烧后尾气中的一氧化碳、碳化氢含量比汽油的分别低55%和86%，是国际上公认的“超清洁替代燃料”。以下具体介绍煤制甲醇、煤制二甲醚的具体特征和制法。

#### 1) 煤制甲醇

甲醇是一种重要的工业原料及液体燃料，其含氢量高。甲醇最初由木材干馏得到，它可用于合成汽油、二甲醚和聚甲醚等，也可用于合成简单烯烃，并在一定程度上替代石油。

煤制甲醇的工艺路线最早是由德国BASF公司于1923年提出的，高压合成法要求300多摄氏度的高温和20多兆帕的高压；低压合成法可以用高活性铜来催化脱硫处理后的合成气，可以在5 MPa和230～280 ℃下反应。此外还有可在约10 MPa下反应的中压合成法。主要的化学反应方程为

$$CO+2H_2 \longrightarrow CH_3OH$$

#### 2) 煤制二甲醚

二甲醚是一种无色的易燃气体，由于组分单一、碳链短、含氧量达30%，具有燃烧性能好、热效率高、无残液残渣的优点。二甲醚具有良好的混溶性，易溶于汽油、四氯化碳、丙酮、乙酸乙酯等有机溶剂，可掺入石油液化气、煤气、天然气，混合燃烧产生的热量可增大近一倍。二甲醚可以代替液化石油气作为一种理想的清洁燃料。此外，二甲醚还可用于制造喷雾油漆、杀虫剂、防锈剂和润滑剂等。

最早生产二甲醚的方法是采用甲醇在浓硫酸中液相脱水，反应方程为

$$2CH_3OH \longrightarrow CH_3OCH_3+H_2O$$

此法由于介质腐蚀性高、污染严重、产品后处理较困难，现已逐步淘汰。此后出现了液相

法新工艺,该工艺采用液体复合酸作为脱水催化剂,解决了单一酸脱水催化的共沸问题,使水分能稳定均衡地连续脱出,既避免了介质腐蚀和环境污染,又降低了投资成本,得到纯度更高的产品。之后逐渐成熟的气固相法由于其工艺流程简单、装置投资较小、产品纯度较高,突破了气液相合成法的限制,成为国内外合成二甲醚的重要方法。该方法采用活性氧化铝或ZSM-5分子筛等为催化剂,通过催化剂床层将甲醇脱水而得到二甲醚。另一种方法为合成气一步法,即将合成甲醇和甲醇脱水两个反应组合在一个反应器内完成,反应条件为250～300℃、4～10 MPa,反应方程如下:

$$CO+2H_2 \longrightarrow CH_3OH$$

$$2CH_3OH \longrightarrow CH_3OCH_3+H_2O$$

$$CO+H_2O \longrightarrow CO_2+H_2$$

与二步法相比,一步法具有流程短、投资小、能耗低的特点,且打破了二步法合成中的平衡转化率,大大提高了单程转化率。一步法会成为未来煤制二甲醚的主要方法。

### 10.2.3　石油化工

**1. 石油化工概述**

石油是一种黏稠的、深褐色(有时带有绿色)的液体,储存于地壳上层的部分地区。它由不同的碳氢化合物混合组成,主要成分是烷烃。石油中还含有硫、氧、氮、磷、钒等元素。而石油化工一般是指以石油和天然气为原料的化学工业。原油经过裂解(裂化)、重整和分离,提供基础原料,如低级烯烃、苯及其同系物等。利用这些基础原料又可以制得各种基本有机原料,如低级醇、低级醛、苯酚等。

**2. 石油的蒸馏**

由于原油是多种烃的混合物,直接使用会造成大量资源浪费,因此需要把原油中各组分用蒸馏的方法分离出来,以使得各组分得到充分利用。与一般蒸馏一样,原油蒸馏也是利用各组分相对挥发度不同的原理来分离组分的,但原油中烃类化合物复杂多样,沸点由低到高几乎是连续的,因此通过简单蒸馏很难分离出纯化合物,得到的馏分一般是不同沸点范围内的组分。石油的蒸馏一般有三道工序:原油预处理、常压蒸馏、减压蒸馏。

(1) 原油预处理。

在石油蒸馏前需要对水、盐及固体杂质进行预处理,采用电化学分离或加热沉降的方法,目的是要避免钠、钙、镁的氯化物等盐类离解产生氯化氢导致设备被腐蚀和盐垢在管式炉炉管内沉积。

(2) 常压蒸馏。

对原油进行预处理后加热送入常压蒸馏装置的初馏塔中,蒸馏出大部分轻汽油。初馏塔底的原油被加热至360～370 ℃后,送入常压蒸馏塔,在塔顶得到汽油馏分。汽油馏分与初馏塔顶的轻汽油一起可作为催化重整原料、石油化工原料或汽油调和组分。

(3) 减压蒸馏。

减压蒸馏也称为真空蒸馏。由于原油中重馏分沸点为370～535 ℃,若在常压下加热至这么高的温度,重馏分会发生一定程度的裂化,因此通常常压蒸馏后在2～8 kPa的绝对压力下进行减压蒸馏,使得在重馏分不发生明显裂化的温度下蒸馏出重馏分。经过常压蒸馏后的渣油经减压加热炉加热到380～400 ℃,然后送入减压蒸馏塔,得到润滑油型和燃料油型两类产物。

**3. 石油加工炼制**

石油加工炼制是以原油为原料，通过常减压蒸馏、催化裂化、催化加氢、催化重整和延迟焦化等过程，将石油转变为包括汽煤柴油在内的各种产品的工艺过程。简单来说，石油加工炼制可分为三大阶段，即一次加工、二次加工和三次加工。

(1) 一次加工。

原油的一次加工主要是指在预处理(脱盐脱水)后，通过常减压蒸馏等物理手段将原油分为沸点、密度不同的多重馏分的过程。沸点低(95～130 ℃)的汽油首先被馏出，紧随其后的是煤油(130～240 ℃)和柴油(240～300 ℃)，最后留下重油。重油经减压蒸馏又可获得一定量的润滑油的基础油或半成品。一次加工获得的轻质油(汽煤柴油等)还需要进一步精制、调配，之后才能被投入市场。

(2) 二次加工。

原油的二次加工是指一次加工过程产物的再加工过程，此过程将重质馏分油经过各种裂化过程来生产轻质油，包括催化裂化、催化重整、热裂化、石油焦化和加氢裂化等过程。

(3) 三次加工。

原油的三次加工主要是指将二次加工产生的各种气体(炼厂气)进行进一步加工，生产高辛烷值汽油和各种石油化工品的过程。通过将原油一次加工的减压蜡油、二次加工的中间产品进行催化裂化，产生的裂化气经过吸收、气体分离，再通过烷基化、叠合可以得到烷基化汽油和叠合汽油等高辛烷值汽油。而将炼厂气吸收、分离，可以得到低级烷烃、烯烃等，其中丙烯可用于生产低级醇、丙烯腈和腈纶等，碳四馏分可用于生产顺酐、顺丁橡胶，苯及其同系物可用于生产苯酐、聚酯、腈纶等。

**4. 石油产品**

在石油产品中，燃料产量最大，约占总产量的90%，而润滑油产量约占5%。根据社会生产和使用的要求，每种产品都有生产和使用标准，下面介绍几种重要的石油产品。

**汽油**是消耗量最大的燃料，密度为0.70～0.78 $g/cm^3$。汽油又可按照汽油在气缸中燃烧时的抗爆震燃烧性能对其进行优劣划分，用辛烷值标记，其中辛烷值取决于各碳氢化合物的成分比例，辛烷值越大代表汽油性能越好。汽油主要作为汽车、摩托车、直升机、快艇等的燃料，一般还需要添加抗爆剂等添加剂，以改善汽油的使用性能和储存性能。

**柴油**分为轻柴油和重柴油。商品柴油按照凝固点分级，不同牌号代表的是柴油的不同使用温度范围。柴油广泛应用于大型车辆、船舰中。由于高速柴油机(汽车用)比汽油机省油，因此柴油需求量增长速度大于汽油的，一些小型汽车也改用柴油。柴油的质量取决于其燃烧性能和流动性。

从石油中制得的润滑油的产量约占总润滑剂产量的95%。除了具有润滑性能以外，润滑油还具有冷却、密封、防腐、绝缘、清洁、传递能量的作用。商品润滑油按照黏度分级，负荷大、速度低的机械用高黏度油，负荷小、速度高的机械用低黏度油。润滑油在人们生活与生产中是不可或缺的。

### 10.2.4 天然气

**1. 天然气的成分**

天然气是指自然界中天然存在的一切气体，包括大气圈、水圈和岩石圈中各种自然过程形成的气体(包括油田气、气田气、泥火山气、煤层气和生物气等)。而人们长期以来通用的“天然气”的定义，是从能量角度出发的狭义定义，即天然蕴藏于地层中的烃类和非烃类气体的混合物。在石油地质学中，天然气通常指油田气和气田气。其组成以烃类为主，并含有非烃类气体。天然气主要由甲烷(85%左右)和少量乙烷、丙烷、丁烷、氮气组成。天然气主要用作燃料，并且燃烧产生的二氧化碳比煤和石油的要少得多。同样地，天然气也可以用作碳源来生产各种化学品，如低级烃类、醇类、醛类、合成气等。

**2. 天然气的开采和利用**

自然界中的天然气通常混有各种杂质，其中固体杂质会导致仪表损坏，水汽会在管道中析出形成液态水或冰，酸性组分会腐蚀管道，重金属会使催化剂中毒，因此我们需要对天然气进行分离和净化，其过程如图 10-3 所示。

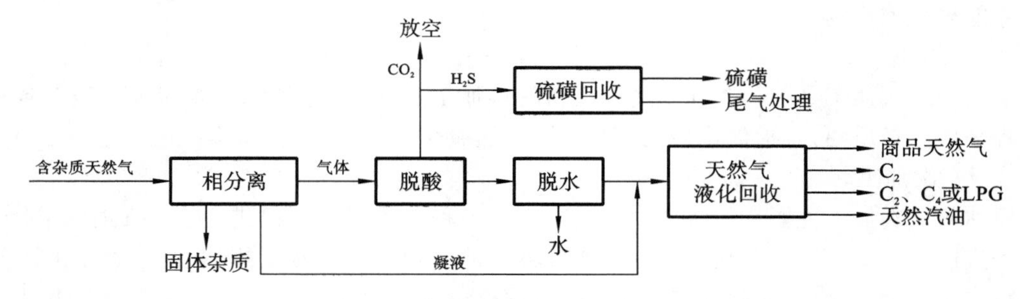


图 10-3　天然气的分离和净化过程

目前在利用天然气生产化学品的方法中，通常先将天然气转化为合成气，再用合成气生产合成氨、甲醇、乙二醇和低碳烯烃等化工原料，最后生产高级化工品。天然气主要有以下几种利用途径。

(1) 转化为合成气(一氧化碳与氢气)，再进一步加工。

(2) 在 930～1230 ℃下，裂解生成乙炔和炭黑，再以乙炔为原料生产氯乙烯、乙醛等，而炭黑是橡胶补强剂、油墨、涂料、炸药的重要生产原料。

(3) 通过氯化、氧化、硫化、氨氧化或芳构化等反应转化为氯甲烷、甲醇、甲醛等产品。

(4) 将湿天然气热裂解，进行氧化、氧化脱氢或异构化脱氢等反应，生产乙烯、丙烯、丙烯酸等产品。

**3. 瓦斯爆炸及天然气的安全使用**

瓦斯是古代植物在堆积成煤的初期，纤维素和有机质经厌氧菌的作用分解而成的气体，一般是人们对气体燃料的统称，包括天然气、液化石油气、煤气三类。瓦斯的主要成分为烷烃，其中甲烷占大多数，还有少量乙烷、丙烷、丁烷，此外一般还含有硫化氢、二氧化碳、氮气、水蒸气和微量惰性气体(如氦气、氩气)等。瓦斯爆炸实际上是甲烷燃烧的放热反应，即

$$CH_4+2O_2 \longrightarrow CO_2+2H_2O$$

瓦斯爆炸需要满足一定的条件，包括瓦斯浓度、氧的浓度、引火温度。其中瓦斯爆炸的浓度范围为 5%～16%，浓度为 9.5%时爆炸威力最大，因为氧气与瓦斯反应最充分。但瓦斯爆炸界限并不是定值，还受温度、压力、瓦斯具体成分等因素的影响。氧的浓度也需要高于12%，否则瓦斯和氧气的混合气体将失去爆炸性，这就是在密闭的井下瓦斯大量聚集且有火源存在也不发生爆炸的原因。另外，引燃瓦斯爆炸需要一个最低引火温度，一般为 650～750 ℃，混合气体压力越高，所需引火温度越低。若引火温度相同，则火源面积越大、点火时间越长，爆炸越易发生。因此井下抽烟、违章放炮、明火作业等行为都易引起瓦斯爆炸，我们必须严格遵

照相关规定避免灾难的发生。

天然气俗称天然瓦斯，现在已经走进了千家万户，使用的过程中操作失误可能会有爆炸的危险。我们应该掌握一些关于天然气使用的安全知识以避免火灾的发生或在火灾发生后及时补救。以下是一些使用天然气时要注意的安全知识。

(1) 在使用天然气时要保持室内空气流通，因为如果氧气不充足，天然气燃烧不完全，会产生有毒气体一氧化碳。

(2) 使用完毕后及时关闭阀门，避免燃气泄漏，也应经常检查管道等设施是否漏气，因为泄漏的燃气会与空气混合，达到爆炸极限后发生爆炸。一旦发现燃气泄漏，应立即关闭表前阀，开门窗通风换气，严禁使用电气设备，及时撤离。

(3) 厨房内不应有其他火源或其他可燃气体。

(4) 当室内燃气泄漏发生火灾时，应首先保证人身安全，再拨打消防报警电话和燃气公司抢修电话。

**4. 天然气水合物——可燃冰**

在适宜条件下，天然气和水会形成类似冰状的笼型结晶化合物，晶体外貌类似冰雪，而且可以被点燃，故称为“可燃冰”。在标准状况下，1单位体积的甲烷水合物分解最多可以产生164单位体积的甲烷，能量密度较高，属于清洁能源。世界上绝大多数的可燃冰分布在海洋里，其资源量是陆地上的100倍以上。可燃冰的试开采一直是一项世界性难题，因为绝大部分可燃冰埋藏于海底，开采难度十分大。稍有不慎，就会使海底可燃冰中的甲烷气体逃逸到大气中，同时会改变沉积物的物理性质，极大地改变海底沉积物的工程力学特性，引发大规模的海底滑坡。今后可燃冰的开采将会对未来国际能源结构带来深刻影响。

## 10.3 新能源的开发和利用

### 10.3.1 核能

**1. 核能的来源**

核能是利用可控核反应获取的能量，用以产生动力、热量和电能。核裂变和核聚变反应是核技术的基础。当$^{235}U$原子核受到外来中子轰击时，原子核会吸收一个中子而分裂成两个质量较小的原子核，再释放出2～3个中子，裂变产生的中子又会去轰击其他的原子核，引发新的裂变，这就是裂变的链式反应。核聚变则是将两个或两个以上的氢原子核在超高温等特定条件下猛烈碰撞，聚合成较重原子核，因质量亏损而释放巨大能量。

**2. 核能的开发和高效利用**

随着世界能源需求和环保压力的增大，越来越多的国家开始发展核能应用技术。相对于传统化石能源，核能有一些显著的优点：第一是核电比火电安全，如今核反应堆已经从原始的石墨水冷反应堆发展到了轻水堆、重水堆、沸水堆等，核电的事故率远远低于火电的；第二是核电比火电经济，核电虽然一次性投入较大、建设周期比较长，但相对于不可再生的化石能源，从长远看还是比较经济的；第三是核电比火电清洁，可以有效减少环境污染，减轻温室效应。

目前核能的运用主要集中在核电技术和核热技术。产生核电的工厂叫作核电站，将核能转化为电能的装置包括反应堆和汽轮发电机。核能在反应堆中转化为热能，热能将水变为蒸汽推动汽轮发电机组发电。近年来，发展了一种利用核反应堆单纯供热的技术——低温核供热，这种技术安全性高、污染小、供热效率高，既可以满足室内供暖需求，又可以提高反应堆安全性，正常运行时放射性辐照量甚至低于传统燃煤热电厂的。若以功率为 200 MW 的供热堆代替同等规模的煤锅炉房，每年可以减小 25 万吨煤炭的消耗量，以及 38.5 万吨 $CO_2$、0.6 万吨 $SO_2$、0.16 万吨 $NO_x$ 的排放量。

### 10.3.2　太阳能

**1. 太阳能的开发**

构成太阳的气体中，氢气约占 71%，氦气约占 27%。在太阳中心，富含氢元素的太阳气体通过核反应将质子变为 α 粒子，释放出巨大的能量来维持太阳的平衡。同时，太阳向宇宙不断地发射电磁波和粒子流，地球所接收到的太阳辐射能量仅为太阳向宇宙放射的总辐射能量的二十亿分之一。其中，又有大约 34%的能量经大气散射和地球表面反射等返回宇宙。

据记载，人类早在 3000 年前就开始利用太阳能，而将太阳能作为一种能源和动力，只有 300 多年的历史。近年来，我们才真正认识到太阳能是人类急需的补充能源和未来能源结构的重要基础。1615 年，法国工程师所罗门·德·考克斯发明了世界上第一台太阳能驱动的发动机，这可以算作近代太阳能利用的起源。此后，人们又研制成功多台太阳能动力装置和一些其他太阳能装置，但这些装置存在着许多缺陷，它们采用聚光方式采光，发动机功率不大，工质主要是水蒸气，价格昂贵且实用性不高，多为太阳能爱好者个人研究制造。当前，太阳能科技突飞猛进，人们对太阳能的认识越来越深入，利用越来越广泛。

**2. 太阳能的高效利用**

太阳能最直接的利用方式分为对可见光的利用、对红外线的利用和对紫外线的利用。

对可见光的利用主要是依靠光电转换，将太阳能直接转化为电能。太阳能电池是光电转换的基本装置。太阳能电池主要是以半导体材料为基础，利用光照产生电子空穴对，PN 结上产生光电流和光电压，从而实现光电转换。新一代太阳能电池的研究主要以提高转化效率、降低制作成本及难度为目标。太阳能发电站则是用太阳能进行发电的电站。太阳能发电有光发电和热发电两种形式。光发电又可分为光伏发电、光化学发电、光感应发电及光生物发电。其中光伏发电是利用太阳能电池将太阳能直接转化为电能的发电方式。

对红外线的利用主要是光热转换，即依靠各种集热器把太阳能收集起来，将太阳能直接转化为热能。太阳能热利用包括低温热利用、中温热利用和高温热利用。其中低温热利用的应用包括太阳房、温室、干燥器、太阳能热水器等，中温热利用的应用包括空调制冷、制盐和其他工业用热，高温热利用的应用则包括太阳灶、焊接机和高温炉等。

对紫外线的利用主要是杀菌。紫外线可导致 DNA 键和链的断裂、股间交联和形成光化产物等，改变 DNA 的生物活性，使微生物自身不能复制，从而达到杀菌的目的。目前对紫外线的利用没有上文提到的对可见光和对红外线的利用成熟。

### 10.3.3　生物质能

生物质能是以生物质为载体，将太阳能以化学能的形式储存起来的能量形式。生物质能是人类赖以生存的重要能源之一，其分布广、可再生、成本低，在我国能源结构与社会经济中占有相当重要的地位。

生物质具有密度小、发热量低、含碳量较低而含氧量高、硫和灰分含量低、挥发分含量高、灰分中碱金属含量高等特性。总的来说，生物质在空气中完全燃烧时可用下式表示：

$$C_{x_1}H_{x_2}O_{x_3}N_{x_4}S_{x_5}+n_1H_2O+n_2(O_2+3.76N_2)=n_3CO_2+n_4H_2O+n_5N_2+n_6NO_x+n_7SO_2$$

生物质燃烧过程可粗略分为挥发分析出燃烧和焦炭燃烧两个阶段，前者约占燃烧时间的10%，后者占90%。生物质的灰分含量和硫含量都较低，和煤炭相比属于比较清洁的固体燃料，其直接燃烧主要分为炉灶燃烧和锅炉燃烧。传统炉灶燃烧的效率极低，热效率只有10%至18%，而锅炉燃烧的效率相对较高，适用于生物质资源比较集中、可大规模利用的地区。

除了简单的直接燃烧以外，生物质能的利用方式主要还有加工利用或者转化为其他形态再进行利用。

**1. 生物质能的加工利用**

**1）燃料乙醇**

工业上生产乙醇的方法主要有化学合成法和生物发酵法两大类，化学合成法用乙烯来合成乙醇。目前，生物发酵法主要有甜菜、甘蔗等糖质作物和玉米、土豆等淀粉质作物的直接发酵，以及秸秆等纤维质原料的水解-发酵这两种工艺。

化学合成法包括直接水合法和间接水合法。直接水合法是指在涂有磷酸的固体二氧化硅催化下乙烯与蒸汽发生水合反应生成乙醇，反应方程如下：

$$C_2H_4(g)+H_2O(g)\longrightarrow CH_3CH_2OH(g)$$

间接水合法以硫酸作催化剂，经两步反应，由水和乙烯合成乙醇，反应方程如下：

$$2C_2H_4+H_2SO_4\longrightarrow (CH_3CHO)_2SO_2$$

$$(CH_3CHO)_2SO_2+H_2O\longrightarrow 2CH_3CH_2OH+H_2SO_4$$

生物发酵法是目前工业上生产酒精的最主要方法。发酵过程就是酵母等微生物将糖类物质作为养分，通过体内的酶，经过复杂的新陈代谢，生成酒精等产物的过程。单糖通过微生物代谢可以很方便地转化为乙醇，但目前用于生产燃料乙醇的原料多为木质纤维素，转化木质纤维素的技术大致有两种：一是基于糖平台的生化转化，二是基于合成气平台的热化学转化。生产燃料乙醇的基本途径如图10-4所示。

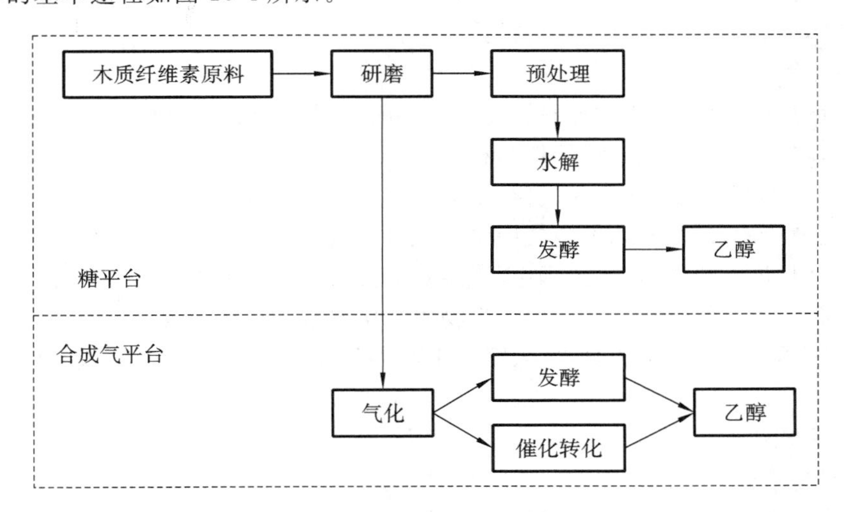


**图 10-4　生产燃料乙醇的基本途径**

**2）生物柴油**

生物柴油是用未加工过或使用过的植物油及动物脂肪通过不同的化学反应制备出来的一种环保的生物质燃料。它是含氧量极高的具有复杂有机成分的混合物，这些混合物主要是一些大分子有机物，其中几乎包括所有种类的含氧有机物，如醚、醛、酯、醇、酮等。生物柴油是油脂与甲醇等低碳醇在酸、碱或酶等催化剂的作用下进行酯交换反应生成的。其相对分子质量接近柴油的相对分子质量，性能与柴油性能相似，可以像柴油一样使用，是化石能源良好的替代品。目前生物柴油的制备方法主要分为直接混合法、微乳化法、高温裂解法和转酯化法四种。

直接混合法是将植物油和柴油按不同比例直接混合；微乳化法是加入乳化剂将植物油分散到溶剂中；高温裂解法是在热和催化剂的作用下，使动植物油分子断裂为短链分子，减少碳化和氧化，从而获得更多燃料油；转酯化法生成相应的脂肪酸甲酯（或乙酯），同时副产甘油。

**2. 生物油改质技术及应用**

生物油作为运输燃料已展现出巨大的应用潜力，但是由于生物油性能难与传统燃料的相比，生物油的相关规格标准尚未形成，因此其商业化应用受到了严重的限制。生物油的精制一直以来面临着经济和技术方面的挑战，改质提升将是生物油未来的研究重点之一。目前常用的改质方法有催化加氢、催化裂解和催化酯化。

催化加氢通常是在高压、有氢气及催化剂存在的条件下，对生物油进行加氢处理。这种方法能显著降低生物油中的含氧量，提高热值。但所使用的催化剂多为稀有金属配合物，而且需消耗大量氧气，反应条件苛刻，故还需对此方法继续进行催化剂的研究和相关技术改进。

催化裂解其实是一种传统的石油炼制技术，把含氧原料转化为较轻的、与汽油沸点相近的烃类，而氧以 $H_2O$、$CO_2$、CO 的形式被除去。与催化加氢相比，催化裂解可在常压下进行，且不需要还原性气体。但催化剂的选择同样至关重要。催化裂解最常用的催化剂是 ZSM-5 分子筛。

催化酯化是在固体酸或碱的作用下，生物油与醇类溶剂进行酯化反应。通过减少生物油中反应基团的数目，达到降低生物油的酸性，提高生物油稳定性的目的。目前对此方法的研究主要集中在酯化合成并分析催化剂的酯化活性等方面。后有研究人员开发了加氢、裂解、酯化相结合的工艺，生物油的品质有了巨大提升。

**3. 生物质气化技术**

气化过程可以使固体生物质原料转化为气态燃料，基本原理是在供给有限氧（即不完全燃烧）的条件下，将生物质原料加热，使较高相对分子质量的有机碳氢化合物裂解，裂解产物在气化剂作用下进一步发生均相或异相反应，变成较低相对分子质量的 CO、$H_2$、$CH_4$ 等可燃气体。

空气是最廉价的气化介质，但空气中含有大量氮气，其会稀释产出的燃气，降低燃气热值和利用价值，并且增大压缩、运输过程中的能耗。此外还可以使用氧气、富氧空气、水蒸气、空气/水蒸气、氧气/水蒸气等作为气化剂。生物质气化技术能量转换效率高，应用不受地区和气候等限制，产物燃料可广泛用于炊事、采暖和生产热源，同时也可作为内燃机、热气机等动力装置的燃料。

**4. 生物质制沼气**

沼气一般是指粪便、杂草、作物等有机物质在适宜温度、湿度、酸碱度和厌氧条件下，经过微生物发酵分解作用产生的一种可燃气体。沼气的成分大部分为甲烷和二氧化碳，还含有少量氮气、氢气、硫化氢和氨气等。沼气的发酵过程可分为水解、酸化、产氢产乙酸、甲烷化四个阶段。在水解阶段，不溶性的大分子有机物分解为水溶性的小分子低脂肪酸；在酸化阶段，发酵细菌将低脂肪酸转化为 $H_2$、甲酸、乙醇等，料液 pH 值迅速下降；在产氢产乙酸阶段，特异性的产氢产乙酸菌把第一个阶段产生的中间产物转化为 $H_2$、乙酸等；在甲烷化阶段，产甲烷菌将之前得到的酸、醇转化为甲烷和二氧化碳。一定量的添加剂和抑制剂能使沼气的质量得到很好的改善，例如向发酵液中加入少量硫酸锌、磷矿粉可提高产气率和甲烷含量，少量重金属对甲烷的消耗会产生抑制。

我国对沼气的利用最初体现在农村的沼气池，沼气的应用从农村家庭的炊事发展到照明和取暖，直至现在户用沼气在我国农村仍使用广泛。后来，大中型废水、养殖业污水、村镇生物质废弃物、城市垃圾沼气等工程的建立拓宽了沼气的生产和使用范围。几十年前，沼气燃烧发电又随着大型沼气池建设和沼气综合利用的不断发展而成为一项创效、节能、安全环保的沼气利用技术，它将厌氧发酵处理产生的沼气用于发动机，并装有综合发电装置，以产生电能和热能。沼气燃料电池是新出现的一种清洁、高效、低噪声的电装置，与沼气发电机相比，其不仅出电效率和能量利用率高，而且振动和噪声小，排出的氮氧化物和硫化物浓度低，因此很有发展前途。将沼气用于燃料电池发电，是有效利用沼气资源的一条重要途径。

### 10.3.4　氢能

**1. 氢能的发展概况**

氢能是以氢气为能量载体的二次能源，是由氢氧反应产生的能量。氢气既可以由化石能源制得，又可以由太阳能、风能、生物质能等其他形式的新能源转化而来。氢气的燃烧热值非常高，单位质量的氢气燃烧产生的能量为 121061 kJ，是甲烷(50054 kJ)的 2.4 倍、汽油(44467 kJ)的 2.7 倍、乙醇(27006 kJ)的 4.5 倍。氢气本身无色无味无毒，且在空气中常规燃烧的产物为水，可谓是最清洁的新能源之一。但是目前世界上 90％的氢气是由石油、天然气和煤制取的，而且如何安全可靠地运输与储存氢也是不小的难题，人类离真正的清洁能源还有一段不小的距离。

**2. 氢的制取**

**1）化石燃料制氢**

化石燃料制氢包括天然气、煤气化和其他化石燃料制氢的工艺，下面将对其进行简单的介绍。

天然气制氢一般通过天然气重整技术，其过程主要涉及以下几个反应。

甲烷蒸汽重整反应：

$$CH_4 + H_2O \rightleftharpoons CO + 3H_2$$

水-气转化反应：

$$CO + H_2O \rightleftharpoons CO_2 + H_2$$

在天然气和液化气中高级烃与水的反应：

$$C_nH_m + nH_2O \rightleftharpoons nCO + (n + m/2)H_2$$

随着反应的进行，蒸汽有可能被 $CO_2$ 取代：

$$CH_4 + CO_2 \rightleftharpoons 2CO + 2H_2$$

煤气化制氢是另一种廉价的制氢方式，主要包括造气反应、水-气转化反应和氢气的纯化与压缩。其中造气反应方程为

$$C(g) + H_2O(g) \longrightarrow CO(g) + H_2(g)$$

其他化石燃料制氢主要是指通过部分氧化法、水蒸气-铁法和天然气热解法制氢。部分氧化法主要以重油为原料，原料与氧气和水反应生成一氧化碳和氢气，一氧化碳与水反应生成氢气与二氧化碳。水蒸气-铁法以煤气化为基础，合成气将氧化铁还原为单质铁，铁单质再与水

蒸气反应生成氢气与氧化铁，如此循环。天然气热解法将甲烷直接裂解生成高纯碳与氢气。

**2）电解水制氢**

电解水制氢的产品纯度高、操作简便且无污染，具有比较好的应用前景。目前电解水的方法包括碱性水溶液电解、固体聚合物电解质电解和高温水蒸气电解这三种方法。

碱性水溶液电解方法通常采用镀镍铁板作为电极，KOH 溶液作为电解质（有时会加入微量重铬酸钾或五氧化二钒，使电极表面杂质氧化以提高电极活性），石棉布作为隔膜，以防止电极反应产物混合。

由于采用水溶液作为电解质的制氢效率低且使用不便，人们研发出了固体聚合物电解质。在固体聚合物电解质中，水合氢离子的迁移使得离子具有导电性，这些离子从一个磺酸基团向另一个磺酸基团移动，并通过固体聚合物电解质薄膜。在这种方法中，水是唯一需要的液体，既可用于电解，又可作为冷却剂。

此外，人们还用稳定的 $ZrO_2$ 作为传导 $O^{2-}$ 的电解质，在 900 ℃以上对水蒸气进行电解。

**3）其他方法制氢**

除了上述方法以外，人们还利用光合生物和发酵细菌进行生物制氢。生物制氢具有清洁、节能、不消耗矿产资源、可再生等优点。但目前生物制氢仍处于不成熟的阶段，仍需克服反应器扩大带来的各种困难。

目前我们也可以通过太阳能使用催化剂光解制氢、热化学分解水制氢，但效率低和成本高使得其很难大规模使用，很多研究人员尝试在这些技术上寻找突破口。

**3. 氢的储存**

氢的储存与运输是氢能利用的前提。目前储氢技术可分为物理法和化学法两大类。物理法包括液化储氢、压缩氢气存储、活性炭吸附存储、碳纤维和碳纳米管存储等。化学法包括金属氢化物储氢、配位氢化物储氢和有机化合物储氢等，下面将对化学法进行简单介绍。

金属氢化物合金在一定温度和压力下可以吸收大量氢气，生成金属氢化物；生成的金属氢化物在加热后又能释放出氢气。这种方法安全性高、存储容量高。表 10-2 列出了一些金属氢化物的储氢能力，可以看出金属氢化物的储氢相对密度很高，但成本限制使得金属氢化物无法大规模应用。

**表 10-2　部分金属氢化物的储氢能力**

| 储氢介质 | 氢原子密度/($\times10^{22}/cm^3$) | 储氢相对密度 | 含氢量(质量分数)/(%) |
|---|---|---|---|
| 标准状态下的氢气 | 0.0054 | 1 | 100 |
| 氢气钢瓶(15 MPa) | 0.81 | 150 | 100 |
| −235 ℃液氢 | 4.2 | 778 | 100 |
| $LaNi_5H_6$ | 6.2 | 1148 | 1.37 |
| $FeTiH_{1.95}$ | 5.7 | 1056 | 1.85 |
| $MgNiH_4$ | 5.6 | 1037 | 3.6 |
| $MgH_2$ | 6.6 | 1222 | 7.65 |

此外，碱金属、碱土金属、ⅢA 族元素可与氢形成配位氢化物，也可以作为优良的储氢介质，表 10-3 给出了一些碱金属与碱土金属配位氢化物及其储氢容量。

表 10-3　碱金属与碱土金属配位氢化物及其储氢容量

| 配位氢化物 | 储氢容量(理论质量分数)/(%) | 配位氢化物 | 储氢容量(理论质量分数)/(%) |
|---|---|---|---|
| $LiH$ | 13 | $Mg(BH_4)_2$ | 14.9 |
| $KAlH_4$ | 5.8 | $Ca(AlH_4)_2$ | 7.9 |
| $LiAlH_4$ | 10.6 | $NaAlH_4$ | 7.5 |
| $LiBH_4$ | 18.5 | $NaBH_4$ | 10.6 |
| $Al(BH_4)_3$ | 16.9 | $Ti(BH_4)_3$ | 13.1 |
| $LiAlH_2(BH_4)_2$ | 15.3 | $Zr(BH_4)_3$ | 8.9 |
| $Mg(AlH_4)_2$ | 9.3 | | |

有机液体氢化物储氢则是利用不饱和有机物与氢的可逆反应来实现的，如环己烷与苯、甲基环己烷与甲苯等。这种技术适用于大规模、季节性存储，目前遇到的困难主要是脱氢温度偏高，释放氢的效率比较低。

**4. 氢能的运用**

目前氢气的主要用途是在石油化工、冶金等工业中充当原料，镍氢电池在小型便携式电子设备和电动车上也得到了广泛的应用。此外，氢能还有一些重要的应用，如燃料电池、燃气轮机、内燃机和火箭发动机等，有兴趣的读者可以参考相应的书籍了解。

### 10.3.5　其他可再生能源

**1. 风能**

与其他很多新能源一样，风能受天气、季节等因素影响较大，稳定性和持续性较差，且能量密度小。风能来源于空气的流动，而空气密度又很小，因此风能能量密度也很小，只有水力的1/816。地形对风速影响也很大，例如山顶的风速就比谷底或者山的背风面的大很多，树木和建筑物同样对风速有极大的影响。但风能也有清洁无公害、总量丰富等优点，全球可利用的风能总量约为 $2\times10^7$ MW，比水能的高出 10 倍。此外，风能还有基建周期短、装机规模灵活的优点，适合应用于缺水、缺燃料和交通不便的沿海岛屿、草原牧区、山区和高原地带。

从根源上来说，风是由太阳辐射引起的。太阳辐射使得地球表面各处受热不同，因而产生温差，引起大气对流产生风。风力发电是将风的动能转变为机械能，再把机械能转化为电能。

**2. 水能**

水能是利用水体的动能、势能和压力能等能量的资源，广义的水能包括河流水能、潮汐能、波浪能、海流能等，狭义的水能指的是河流的水能。利用水能的主要方式有三种：一是利用潮汐发电，二是利用洋流发电，三是利用水库发电。水力发电的优点在于如果发电机完好，则能够源源不断地产生能量，而且不会有污染物产生，同时生产能源比较稳定、维修成本也较低。但同时水力发电需要大规模适宜的土地，还需要考虑其对周围生态的影响。

**3. 海洋能**

海洋能是指依附在海水中的可再生能源，海洋以潮汐、波浪、温度差、盐度梯度、海流等形式接受、储存和散发能量，其中潮汐能与潮流能来源于月球引力，而其他的海洋能来源于太阳辐射。海洋能的特点有蕴藏量大、分布不均、密度低、可再生、清洁等。目前人类对海洋能的开发利用程度仍然非常低，大部分能量蕴藏于远离用电中心区的海域，只有一小部分能量得以利用。

## 10.4 新型能量存储与转化系统

### 10.4.1 锂离子电池

**1. 锂离子电池工作原理及结构**

锂离子电池是继氢镍电池之后的新一代可充电电池。锂离子电池广泛应用于手机、笔记本电脑、照相机等便携式电子设备中。锂离子电池是一种通过锂离子在正、负极之间往返移动来工作的可充电电池，主要包括正极、负极、隔膜和电解质等。

电极材料对锂离子电池的能量密度、功率密度及使用寿命有着至关重要的影响，一般为能够可逆地嵌入和脱嵌锂离子的化合物。目前商业化的锂离子电池常以含锂的过渡金属化合物作为正极材料，以碳素材料作为负极材料。

隔膜是一种聚合物材质的薄膜材料，具有较高的抗穿刺强度，通常是聚烯微孔膜，如聚乙烯(PE)、聚丙烯(PP)或它们的复合材料。隔膜置于两极之间，主要作用是防止两极因接触而造成短路，并且可以使电解质离子自由通过。

电解质可分为固体电解质、液体电解质和凝胶电解质。使用较广泛的是液体电解质，其一般由电解质锂盐和有机溶剂按照一定的比例配制而成。常用的有机溶剂主要有碳酸乙烯酯、碳酸二甲酯、碳酸二乙酯等，电解质主要有高氯酸锂、六氟磷酸锂等。

锂离子电池被形象地称为“摇椅电池”，因为在充放电过程中锂离子在正、负极之间往返嵌入/脱嵌。锂离子电池工作原理示意图如图 10-5 所示。

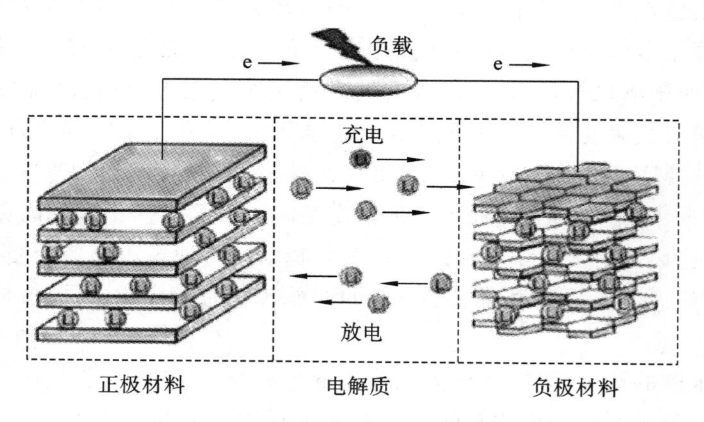


**图 10-5　锂离子电池工作原理示意图**

充电时，锂离子从正极材料中脱嵌，在电解质溶液中和外加电场的作用下，通过隔膜向负极迁移，嵌入负极材料的晶格中。充电过程是储存能量的过程。而放电时，负极材料晶格中的锂离子自发脱嵌，以相反的途径向正极迁移，回到正极材料中。放电过程是释放能量的过程。为了保持电荷平衡，在锂离子迁移的过程中，外电路中同时会有相同数量的电子在两极间传递，这也对应于两极发生的氧化还原反应。如果含锂金属氧化物 $LiMO_2$ 为正极材料，石墨为负极材料，则充放电过程中正极发生的反应为

$$LiMO_2 \rightleftharpoons Li_{1-x}MO_2 + xLi^+ + xe$$

负极发生的反应为

$$6C + xLi^+ + xe \rightleftharpoons Li_xC_6$$

总反应为

$$LiMO_2 + 6C \rightleftharpoons Li_xC_6 + Li_{1-x}MO_2$$

**2. 锂离子电池正极材料**

正极材料是锂离子电池中锂离子的提供者，一般应具备以下性能。

(1) 具有较高的锂离子嵌入/脱嵌电位，以得到较高的电池输出电压。

(2) 具有较好的结构稳定性和化学稳定性，即在锂离子嵌入/脱嵌过程中结构变化不大，且在电解液中不与电解质等发生化学反应。

(3) 具有较大的电子电导率和离子电导率。

(4) 对环境友好、来源广泛，能产业化制造。

目前，研究人员发现比较合适的锂离子电池正极材料主要是一些含锂的过渡金属氧化物，如层状钴酸锂、尖晶石型锰酸锂、橄榄石型磷酸铁锂。

层状钴酸锂($LiCoO_2$)是最早商业化的锂离子电池正极材料。其制备方法简单，且具有放电电压平台较高、放电平稳及理论比容量较高的优势。然而，层状钴酸锂中能够可逆脱嵌的锂离子并不多，且过充过程中其会发生结构相变、晶格失氧，少量的过充就会使其循环稳定性降低，甚至发生爆炸。另外，由于 $LiCoO_2$ 资源有限、价格昂贵，Co 元素对环境具有一定程度的毒性，因此其在锂离子电池中的应用受限。如今，人们针对这些缺陷对 $LiCoO_2$ 进行了大量的研究，试图用体相掺杂、表面包覆等方法对其进行改性。

【扩展阅读】新型三元锂电池正极材料

尖晶石型锰酸锂($LiMn_2O_4$)原料较为丰富、毒性小、制备成本低，被认为是很有发展前途的正极材料之一。充放电过程中锂离子可在 $LiMn_2O_4$ 的三维网状结构中自由地嵌入和脱嵌。但在一定的充电电压平台下，锰价态发生变化会导致内部结构不稳定，严重时甚至会引起尖晶石离子破裂，晶格畸变，导致电池循环稳定性降低。经过不断的探索和试验，研究人员发现，在 $LiMn_2O_4$ 中掺杂 Al、F、Mn 等元素可有效地克服晶格畸变导致的稳定性较差的问题。

橄榄石型磷酸铁锂($LiFePO_4$)在自然界中一般以磷铁锂矿的形式存在，同样具有原材料丰富、价格低廉、环境友好的特点。$LiFePO_4$ 具有相对较高的理论容量，电压平台稳定，保证了其使用过程中的安全。遗憾的是，$LiFePO_4$ 的导电性和锂离子扩散系数较低，极大地限制了其在实际中的应用。因此近年来，研究人员都在用碳包覆、掺杂和材料纳米化等方法来提高 $LiFePO_4$ 的导电性，或通过缩短锂离子和电子的传输路径来提高其电化学性。

**3. 锂离子电池负极材料**

负极材料是锂离子电池中另一个至关重要的组成部分，目前应用广泛的主要是碳素材料，如石墨、硬碳、软碳等。一些负极材料如硅基、锡基氧化物，锡合金及过渡金属氧化物还处在实验室研制阶段。与正极材料类似，理想的负极材料应具有锂离子扩散速率快、电导率高、物理和化学性能稳定、嵌入/脱嵌反应高度可逆的特点。按照负极材料的储锂机理的不同，负极材料可分为嵌入/脱嵌型、合金/去合金型和转化型负极材料。

嵌入/脱嵌型负极材料主要通过锂离子的嵌入/脱嵌来完成充放电的过程。此类材料一般都具有较好的循环稳定性能，这是因为在锂离子嵌入/脱嵌过程中，材料的晶胞体积和主体结构几乎不会发生变化。其中，在常见的嵌入/脱嵌型负极材料中，石墨、钛酸锂和二氧化钛比较典型。它们都具有很好的嵌锂结构和嵌锂性能及相对较高的稳定性，因而得到广泛应用或被用来作为改进的基础材料。

大部分合金/去合金型负极材料都具有较高的比容量，如硅材料、氧化锡和金属锗，但存在因充放电过程中体积变化较大而导致的循环稳定性差的问题。由于锂和硅能形成二元化合物，如 $Li_{12}Si_7$、$Li_7Si_3$ 等，硅材料是具有最高质量比容量的一种负极材料。针对硅材料体积变化大的问题，提出了几种解决方法。例如，引入镁、锰、钙等金属元素或金属化合物使其形成硅-金属间合金，与惰性金属或金属化合物形成金属间化合物(如 NiSi、Si/TiN)；将硅材料和金属间化合物纳米化、薄膜化或多孔化；与碳材料复合。

转化型负极材料主要为过渡金属氧化物、过渡金属氮化物和金属磷化物，它们在充放电过程中发生的反应实质上是置换反应。就过渡金属氧化物来说，在锂化过程中，过渡金属氧化物会转化为嵌入锂化合物基质的金属团簇，脱锂过程中金属团簇和锂化合物又可逆地转化为过渡金属氧化物，其中过渡金属氧化物的结构在储锂前后发生了变化。因此，基于转换反应机制的电极材料在充放电过程中，锂离子进出的反应路径可能受到充放电倍率、活性物质晶粒大小及比表面积等因素的影响。但是，这类负极材料由于理论比容量较高，受到了锂离子电池研究人员的关注。

**4. 其他新型锂离子电池**

传统锂离子电池由于较低的能量密度已不能满足人们对新兴电子设备日益增长的需求，因此具有较高理论能量密度的一些新型锂离子电池，如锂硫电池、锂空气电池，都是极具发展潜力的二次电池。

锂硫电池以硫作为正极材料，以金属锂作为负极材料。其中，硫资源丰富、价格低廉，因此锂硫电池是一种非常有前景的新型锂离子电池。电池放电时，负极的锂失去电子转化为锂离子，锂离子转移到正极后与硫和电子反应生成硫化物，而此时正、负极间的电势差即为锂硫电池所提供的放电电压。充电过程则是在外加电压作用下的上述过程的逆向过程。然而锂硫电池研究的难点就在于硫正极材料，因为硫电极发生的电极反应复杂，较难明确在反应中产生的中间产物，而且硫的不导电性大大限制了锂硫电池的电化学性能。因此为了早日实现锂硫电池的实际应用，一方面要提高正极材料的电导率，以提高活性物质的利用率，改善电池的倍率性能；另一方面还要减小容量的不可逆损失，来提高电池的循环稳定性。近年来，对于上述问题，研究人员主要是从改良电解液和正极材料两方面入手：使用醚类电解液或加入一些添加剂，可有效解决多硫化合物的溶解问题；将硫和碳材料或有机物复合，以改善正极材料的导电性和结构稳定性。

锂空气电池以锂金属作为负极材料，以空气中的氧气作为正极反应物。放电过程中，负极中的锂释放电子后成为锂离子，然后锂离子穿过电解质，在正极与氧气和外电路流入的电子反应生成氧化锂($Li_2O$)或过氧化锂($Li_2O_2$)。充电过程是与上述过程完全相反的过程。锂离子空气电池的能量密度较高，主要是因为正极材料以重量很轻的多孔碳为主，且从环境中获取的氧气不保存在电池中。因此，由于氧气反应量不受限，锂空气电池的容量仅取决于锂电极。然而锂空气电池还在开发中，存在许多问题，如氧气扩散溶解慢、$Li_2O_2$ 不溶于液态电解质而易堵塞基底、充电时过电位大、电解液和碳基底易分解等。为解决上述问题，国内外学者对基底、催化剂和电解质进行了大量研究。锂空气电池中电解液溶剂一般选用在富氧条件下较稳定的二甲基亚砜和四乙二醇二甲醚，还会加入能够提高氧气溶解度、调节过电位的添加剂，如甲基九氟丁醚。另外，碳基底的改良和反应催化剂的加入，有利于提高能量转化效率和自稳定性，改善倍率性能。但是,锂空气电池仍处于起步阶段,它的循环寿命和容量远远达不到实际要求。图 10-6 所示为锂空气电池工作示意图。

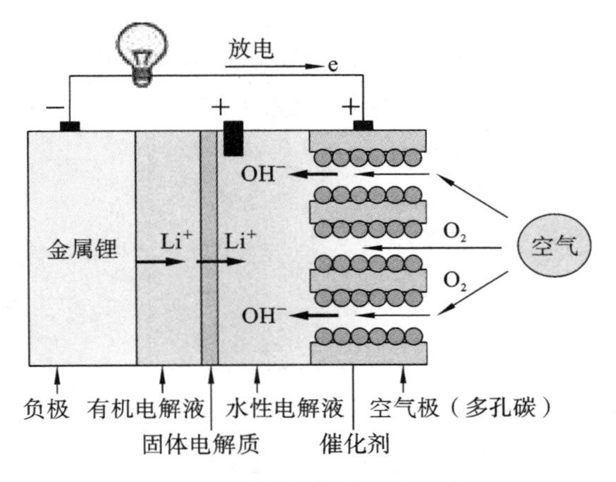


**图 10-6 锂空气电池工作示意图**

**5. 锂离子电池的应用**

随着新材料的不断涌现和电池设计技术的不断改良,锂离子电池的应用范围也在不断扩大。锂离子电池的应用范围从各类电子产品逐渐拓展到能源交通领域。而如今在航空、航天等领域,锂离子电池也得到越来越多的应用,这主要得益于其循环寿命较长、比能量高、无记忆效应等优点。

应用于各类电子产品(如手机、笔记本电脑)中的锂离子电池一般为便携式电器电池,这类锂离子电池具有较小的质量和体积、较高的能量密度,顺应了小型电器更新快、恒功率,对倍率性能、工作温度、循环性能要求不高的发展趋势。但是如今人们对电子产品的要求也越来越高,电子产品的更新换代也推动着锂离子电池的发展。

**【扩展阅读】锂离子动力电池的发展**

锂离子电池是未来电动汽车较为理想的动力源。这是因为锂离子电池拥有高比能量,且自放电率低;其工作电压较高,锂离子电池单体的平均工作电压可达 3.7 V,这相当于三个串联的镉镍或氢镍电池;不含镉、铅、汞等有毒物质,可以做到绿色无污染。

### 10.4.2 燃料电池

**1. 燃料电池概述**

燃料电池主要包括燃料电极(负极)、氧化剂电极(正极)及电解质等。燃料电池的正、负极本身不包含活性物质,只是个催化转换元件。电池工作时,原则上只要燃料和氧化剂由外部不断供给,反应就能不断进行。另外,电池的正、负极除了可传导电子以外,也可作为氧化还原反应的催化剂。电解质不仅可以传递离子,还可以起到分离燃料气、氧化气的作用,因此通常为致密的结构。

燃料气和氧化气分别由燃料电池的负极和正极通入。燃料气在负极上放出电子,电子经外电路传导到阴极,与氧化气结合生成离子。离子又在电场作用下,通过电解质迁移到阳极,与燃料气反应,构成回路从而产生电流。同时,由于本身的电化学反应及电池的内阻,燃料电池还会产生一定的热量。

燃料电池按照电解质的不同可以分为碱性燃料电池、磷酸燃料电池、熔融碳酸盐燃料电池、固体氧化物燃料电池、质子交换膜燃料电池等。不同类型的燃料电池的对比如表 10-4 所示。

表 10-4　不同类型的燃料电池的对比

| 类　型 | 电解质 | 导电离子 | 工作温度/℃ | 燃　料 | 氧化剂 |
|---|---|---|---|---|---|
| 碱性燃料电池 | KOH | $OH^-$ | 80 | 纯氢 | 纯氧 |
| 磷酸燃料电池 | $H_3PO_4$ | $H^+$ | 200 | 重整气 | 空气 |
| 熔融碳酸盐燃料电池 | $Na_2CO_3$ | $CO_3^{2-}$ | 650 | 净化煤气、天然气、重整气 | 空气 |
| 固体氧化物燃料电池 | $ZrO_2$-$Y_2O_3$ | $O^{2-}$ | 1000 | 净化煤气、天然气 | 空气 |
| 质子交换膜燃料电池 | 质子交换膜 | $H^+$ | 80～100 | 氢气、重整氢 | 空气 |

**2. 碱性氢氧燃料电池**

碱性氢氧燃料电池(AFC)阳极采用多孔质石墨(含 Pt 催化剂),阴极采用 Pt/Ag,以氢氧化钾为电解质,以氢气和氧气为燃料。其工作温度为 50～200 ℃,效率很高(可达 60%～90%),无污染,少维护,使用贵金属为催化剂,制造费用很高,对影响纯度的杂质,如二氧化碳很敏感,实际使用寿命有限,不适合工业应用。

AFC 的电池反应如下。

负极反应为

$$H_2(g)+2OH^-(aq) \longrightarrow 2H_2O(l)+2e$$

正极反应为

$$O_2(g)+2H_2O(l)+4e \longrightarrow 4OH^-(aq)$$

总反应为

$$2H_2(g)+O_2(g) \longrightarrow 2H_2O(l)$$

**3. 磷酸燃料电池**

磷酸燃料电池(PAFC)使用液体磷酸作为电解质,阴极、阳极均采用多孔质石墨(Pt 催化剂),工作温度为 150～220 ℃。除了以氢气为原料以外,它还能以甲醇、天然气、城市煤气等为燃料。磷酸燃料电池工作温度比质子交换膜燃料电池和碱性氢氧燃料电池的高,依然需要 Pt 催化剂来使反应加速。其正、负极反应与质子交换膜燃料电池的相同,但反应速度更快。其特点是:磷酸易得,反应温和;系统发电效率为 37%～42%,排热利用率约为 40%,适合应用于分散式的热电联产系统。由于电极中使用了昂贵的 Pt 催化剂,其易被 CO 毒化,对燃料气的净化处理要求高,且寿命有限,因此使用成本仍然较高,这在一定程度上限制了该电池的应用。目前,磷酸燃料电池是技术最成熟的燃料电池,具有构造简单、电解质挥发度低、工作状态稳定等优势,应用于一些医院、学校和小型电站中,也可为公共汽车提供动力。

**4. 熔融碳酸盐燃料电池**

熔融碳酸盐燃料电池(MCFC)是以多孔陶瓷为阴极,多孔金属为阳极,$LiAlO_2$ 为电解质隔膜的燃料电池,其电解质为熔融碳酸盐,一般为碱金属 Li、K、Na、Cs 的碳酸盐混合物,如 $KLiCO_3$ 熔融盐。MCFC 的阳极材料主要为镍铬合金或镍铝合金,成本较低,可防止镍的蠕变现象。MCFC 的阴极材料有 NiO、$LiCOO_2$、$LiMnO_2$、CuO 和 $CeO_2$ 等。熔融碳酸盐燃料电池工作原理示意图如图 10-7 所示,工作温度为 650～700 ℃,采用甲醇、天然气、煤气等廉价燃料,对燃料的纯度要求相对较低(可以对燃料进行电池内重整),还可以用 CO 作燃料。

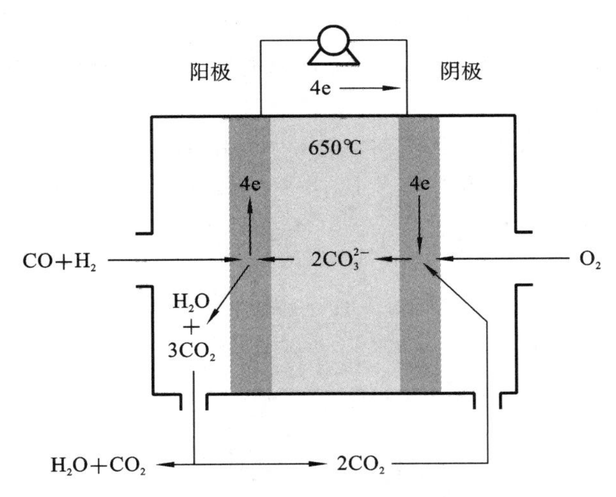


图 10-7　熔融碳酸盐燃料电池工作原理示意图

MCFC 的优点是：工作温度较高，反应速度快；有效利用能源效率很高（>50%），热电联产可达 80%；对燃料的纯度要求不高；不需要昂贵的白金作催化剂；采用液体电解质，操作简单；总体结构简单，制造成本低。主要缺点是：高温条件下腐蚀性电解质管理较困难，对材料的要求高，长期操作过程中，材料腐蚀和电解质渗漏现象严重，缩短了电池的寿命。MCFC 在建立高效、环境友好的分散式电站方面具有显著优势，它可以天然气、煤气和其他碳氢化合物为燃料，在减少 $CO_2$ 排放的同时，显著提高燃料的有效利用率。

MCFC 的电池反应如下。

阴极反应为

$$O_2+2CO_2+4e \longrightarrow 2CO_3^{2-}$$

阳极反应为

$$2H_2+2CO_3^{2-} \longrightarrow 2CO_2+2H_2O+4e$$

总反应为

$$2H_2+O_2 \longrightarrow 2H_2O$$

**5. 固体氧化物燃料电池**

固体氧化物燃料电池（SOFC）是一种新型发电装置，具有高效率、无污染、全固态结构及多种燃料气体适用性的优点，因此有非常好的应用前景。固体氧化物燃料电池工作原理示意图如图 10-8 所示。SOFC 单体主要由固体氧化物的电解质、陶瓷材料的燃料极、空气极、连接体或双极板组成。例如，采用固态离子导体作电解质，如 $ZrO_2$-$Y_2O_3$（8YSZ），阳极采用 Ni-$ZrO_2$ 金属陶瓷（不需要 Pt 催化剂），阴极采用掺镧锰酸盐。SOFC 工作温度为 900～1050 ℃，属于高温燃料电池，可以使用多种燃料，如天然气、煤气、甲烷等，对燃料的适应性强。

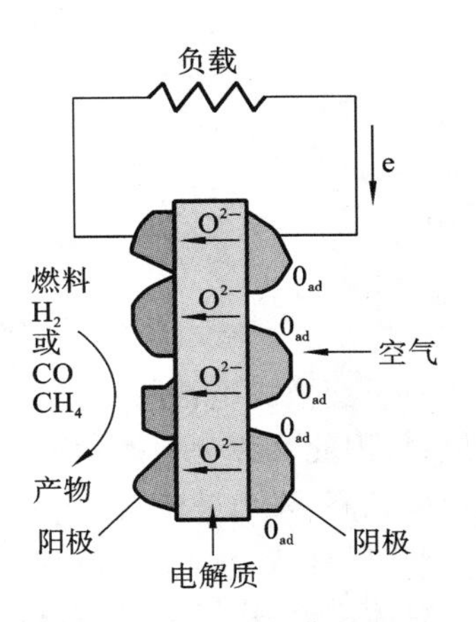


图 10-8　固体氧化物燃料电池工作原理示意图

SOFC 的工作原理与其他燃料电池的相同，相当于水电解的逆过程。它的工作温度是所有燃料电池中最高的，故排气温度也较高，可提供天然气重整所需热量，也可用来生产蒸汽，或和燃气轮机组成联合循环。SOFC 可有效利用能源，效率达 50%～65%。电池本体的构成材料全部是固体，避免了使用液态电解质带来的腐蚀和电解液流失，抗硫性高。另外，燃料极、空气极也不会被腐蚀。

固体氧化物燃料电池属于新一代燃料电池，可应用于固定电站、家庭电源、船舶动力、汽车动力、航空航天等领域中，是未来比较有前景的一种燃料电池，被称为“21 世纪的绿色能源”。

SOFC 的电池反应如下。

阴极反应为

$$O_2 + 4e \longrightarrow 2O^{2-}$$

阳极反应为

$$2H_2 + 2O^{2-} \longrightarrow 2H_2O + 4e$$

总反应为

$$2H_2 + O_2 \longrightarrow 2H_2O$$

**6. 质子交换膜燃料电池**

质子交换膜燃料电池（PEMFC）又称为固态聚合物燃料电池（SPFC），其工作原理示意图如图 10-9 所示。PEMFC 采用含有铂或者铂合金催化剂的多孔碳作为电极，固体聚合物质子交换膜作为电解质。这种质子交换膜的离子导电性高，但对电子不导通，同时其化学稳定性高，可抗氧化、还原和水解。质子交换膜为质子的迁移和输送提供通道，从而质子通过交换膜从阳极到达阴极，与外电路的电子转移构成回路，向外界提供电流，故质子交换膜的性能对电池的性能有着非常重要的影响。

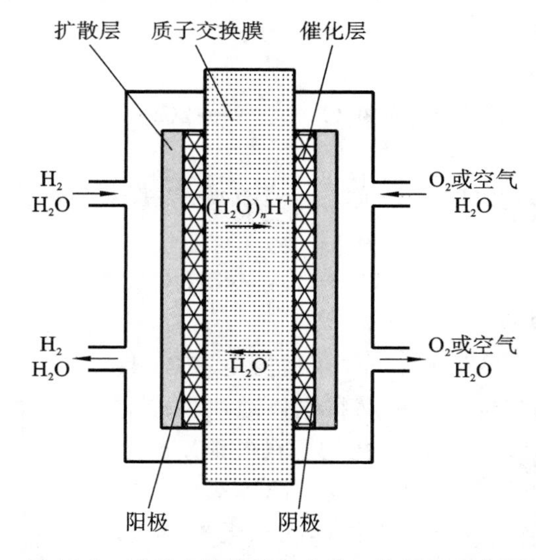


**图 10-9 质子交换膜燃料电池工作原理示意图**

质子交换膜电池具有以下优点：工作温度为 60～80 ℃，属于低温燃料电池；采用纯氢气作为燃料，因此又称为氢燃料电池；发电过程中不涉及氢氧燃烧，因此不受卡诺循环的限制，能量转化率较高，发电效率为 43%～58%；无污染，无噪声，组装和维修方便；固体电解质适合大规模生产，但制造、维护与工业应用的费用非常高。

总体来看，质子交换膜燃料电池是一种清洁、高效的绿色环保电池。经过不断地研究和应用开发，质子交换膜燃料电池作为汽车动力源的技术逐渐成熟，是目前燃料电池汽车的主流动力源，并已有多种商用车型进入市场。微小型质子交换膜燃料电池的移动电源可产品化，中大功率的质子交换膜燃料电池在发电系统中的应用也取得了不错的进展。但由于铂贵金属催化剂用量大和质子交换膜成本高，生产成本居高不下，其地位受到固体氧化物燃料电池的挑战。

PEMFC 的电池反应如下。

阴极反应为

$$O_2 + 2H_2O + 4e \longrightarrow 4OH^-$$

阳极反应为

$$2H_2 \longrightarrow 4H^+ + 4e$$

总反应为

$$2H_2 + O_2 \longrightarrow 2H_2O$$

**7. 其他燃料电池**

直接甲醇燃料电池（DMFC）属于质子交换膜燃料电池，其直接以甲醇水溶液或甲醇蒸气为燃料，并不需要通过甲醇、汽油及天然气重整制氢再发电。工作时，甲醇在阳极转化为二氧化碳、质子和电子，然后质子通过质子交换膜在阴极与氧反应，同时电子通过外电路到达阴极形成电流。直接甲醇燃料电池具有低温可快速启动、燃料环保、结构简单等优势。DMFC 还处于发展的早期，但已显示出可用作移动电话和笔记本电脑的电源的潜力，将来也会有更大的潜力。

直接碳燃料电池（DCFC）因直接以碳作为燃料而得名，是将碳的化学能直接通过电化学氧化过程转化为电能的装置。DCFC 需要到达较高的温度才能有不错的能量效率，因此一般选用熔融碳酸盐电解质或固体氧化物电解质。由于碳基能源不燃烧也能达到传统煤电站两倍左右的效率，因此 DCFC 技术被认为是解决能源危机和减少化石类燃料环境污染较有效的技术之一。

生物燃料电池（BC）是以生物质为燃料，以酶或微生物组织为催化剂，将燃料的化学能转化为电能的发电装置。BC 可分为间接型和直接型。在间接型生物燃料电池中，水通过厌氧酵解或光合作用产生氢气等活性成分，然后这些活性成分作为还原剂在阳极发生氧化反应。在直接型生物燃料电池中，具有氧化还原作用的酶由基质转移到电极反应物中，例如，甲醇脱氢酶和甲酸脱氢酶可将甲醇完全氧化，从而产生电流。生物燃料电池还处于试验阶段，虽已能提供较稳定的电流，但工业化技术还不成熟。

**8. 燃料电池的应用**

（1）汽车工业。

车用燃料电池因具有效率高、启动快、环保、响应速度快等优点，而成为 21 世纪汽车动力源的最佳选择，其发展迅猛，有望在 21 世纪中叶取代汽车内燃机。车用燃料电池主要可分为氢气燃料电池、甲醇燃料电池、乙醇燃料电池、汽油燃料电池。燃料电池汽车最大的亮点就是清洁、无污染，所产生的唯一废物是水。因此在全球环境问题日益突出的今天，燃料电池正是汽车行业所急需的，它顺应了时代的发展。世界各大汽车制造厂商对燃料电池汽车越来越重视，并普遍认为燃料电池汽车将会进入批量生产阶段，燃料电池汽车才是汽车工业的未来。

（2）能源发电。

燃料电池发电是未来最具吸引力的发电方式之一，因为其能量转化率高、燃料使用的场址的选择较灵活、污染排放量很少。有人曾指出："燃料电池将结束火力发电时代"。目前，磷酸盐燃料电池、熔融碳酸盐燃料电池、质子交换膜燃料电池及固体氧化物燃料电池已用于能源发电。上海交通大学结合我国在21世纪能源发展的多元化优势，借鉴国内外宝贵经验，率先在国内成功开展了1～115 kW的熔融碳酸盐燃料电池发电实验。在该实验中，电池组可连续工作300 h，最大输出功率在1060 W以上，电池组平均电池密度可达14818 $mA \cdot cm^{-2}$。

(3) 航天工业。

燃料电池早在20世纪60年代就成功应用于阿波罗号飞船中，自此以后，广泛应用于航天领域。美国波音公司与设在西班牙马德里的波音技术研究开发中心联合研制了一种使用环保燃料电池的电动飞机，但燃料电池并不是取代飞机的引擎，而只是取代飞机引擎的辅助动力系统。相较于燃油辅助动力系统，燃料电池系统噪声更低，更清洁、高效，它使用同样的燃料却能产生双倍电力，故可以大大减少航空运输对环境的污染。波音公司飞机新产品开发部的首席工程师迈克·弗兰德说过，燃料电池是一种潜力巨大的新技术，它在未来民航飞机的应用前景广阔。

(4) 移动通信。

【扩展阅读】
氢燃料电池汽车的发展

微型燃料电池未来将成为许多便携式设备的新动力之源，它将带来电池能源的革命，在手机、笔记本电脑等电子产品上将会出现它小巧的身影。2001年，日本电器公司试制了一种新型高分子型燃料电池，它看上去就像是一块饼干。其工作原理是：从注油口注入燃料补充电力，以供长期使用。将其安装在手机上后，手机可以使用1个月以上，笔记本电脑则可连续使用数天。以色列密迪斯技术公司(Medis Technologies)采用液态电解质的燃料电池，它与法国手机制造商签订协议，兴建一座蓄电池厂，每年能生产5000万微型燃料电池。该电池以乙醇作燃料，对旅行者尤为适用。

(5) 机器人。

美国南佛罗里达大学科学家已研制出一种靠"吃肉"给体内补充电能的机器人。这种机器人看上去像一列小火车，有12只轮子，体内装有一块微生物燃料电池，为机器人运动和工作提供动力。这种微生物燃料电池可以通过细菌产生酶，消化肉类食物，然后把获取的能量再转化为电能，供给机器人使用。

### 10.4.3　超级电容器

#### 1. 超级电容器的发展历史及分类

近年来，新型电化学储能器件的研发是一个热点，世界各国都投入了大量的科研精力，也取得了许多成果。目前研究最多的储能器件除了锂离子电池、锂空气电池、锂硫电池、燃料电池等以外，还有超级电容器(又称为电化学电容器)。超级电容器是后来才发展起来的新型电化学储能器件。

1957年，关于超级电容器最早的专利，是美国通用电气公司申请的，那时超级电容器其实是一种双电层电容器。1971年，日本NEC公司成功开发出来第一款可商业化的水系超级电容器，这一应用可以说是超级电容器商业化的起点。之后就是超级电容器发展的初期，但是在一段时间内其性能提升一直比较慢。直到20世纪90年代，混合电动汽车的快速发展使得超级电容器得到了前所未有的关注。相较于传统的电容器，超级电容器具有较高功率密度、超长使用寿命和快速充放电能力，故超级电容器有潜力成为混合电动汽车理想的能源装置。在过去的20年里，研究人员对超级电容器的储能机理进行了深入研究，并对新型电极材料进行了开发，使得超级电容器的性能大大提升。

根据电荷存储机理的不同,超级电容器可分为两类:**双电层电容器**和**赝电容电容器**。其中双电层电容器的电荷的存储是通过游离离子在电极/电解质界面形成双电层来实现的,充电和放电过程分别对应着电解液离子的物理吸附和脱附过程,故其充放电速率较快,比电容与电极材料的孔径分布和有效比面积密切相关。虽然双电层电容器有较高的功率密度和良好的充放电循环稳定性能,但双电层电容器的电极材料的比电容普遍较低,导致其能量密度较低。

赝电容电容器通过电解液离子在电极表面发生化学吸附和脱附,可获得更高的能量密度。当离子嵌入氧化还原活性物质的晶格隧道或层间时,法拉第电荷转移但晶相不转变,嵌入式赝电容就会产生。在电极材料体积或表面积相同的情况下,赝电容电极材料的比电容是双电层电极材料的 10 倍以上。这是因为赝电容电极材料的法拉第氧化还原反应可发生在电极表面,也可发生在电极表面之下几十纳米范围的体相中。然而,大多数赝电容电极材料的倍率性能较差,循环稳定性能也不好,使得赝电容电容器的发展受到限制。

**2. 超级电容器的组成及特点**

超级电容器主要包括电极材料、电解液、隔膜和集流体四个部分,如图 10-10 所示。

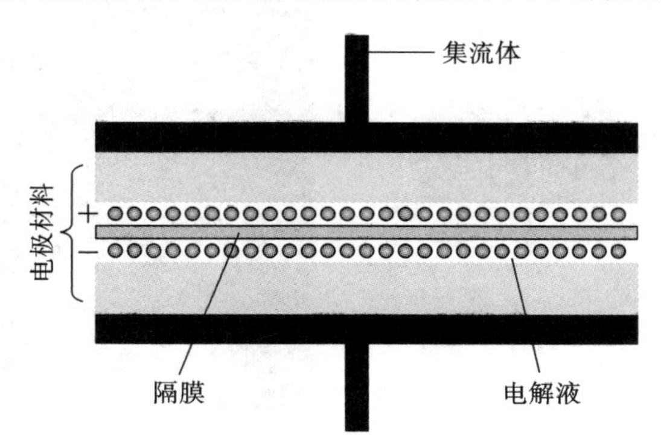


**图 10-10　超级电容器的组成结构**

电极材料是影响超级电容器性能的关键因素,因为超级电容器能量存储来自电极材料/电解液界面的电荷转移过程。为获得优异的电化学性能,理想的电极材料应具有以下特点。

(1) 高比面积。具有高比面积的电极材料可与电解液充分接触,有利于离子的扩散和迁移。

(2) 高电导率。高电导率可以降低电荷转移电阻,加快电子运输,以提高功率密度和提升倍率性能。

(3) 高的热稳定性和化学稳定性。

(4) 良好润湿性,可与电解液良好接触。

(5) 低生产成本。

电解液为整个储能体系提供离子导电性和电荷补偿,并直接决定了超级电容器的工作电压范围,是超级电容器非常重要的组成部分。理想的电解液应该具有宽电压窗口、高化学稳定性、高离子浓度、低溶剂化离子半径、低黏度、低挥发性、低毒性、低成本等特点。

隔膜的作用是将两极隔开,防止两极因接触而短路。另外隔膜还可为电解液离子提供扩散和传输的通道。因此,隔膜一般是具有微孔结构的绝缘薄膜材料。

集流体在超级电容器中的作用是承载电极材料,并与外电路形成电接触,因此集流体一般选用耐蚀性较高的高电导率材料。常用的集流体有金属箔、泡沫金属材料、导电碳布等。

### 3. 超级电容器的电极材料

#### 1）双电层电极材料

双电层电极材料主要以碳材料为主，包括活性炭、炭气凝胶、碳纳米管、碳纤维和石墨烯等。一般碳材料都具有比表面积较大、导电性能良好、成本低的优点。

碳纳米管具有良好的导电性能、较高的比表面积、独特的孔隙结构及良好的热稳定性能和力学性能，广泛应用于电池、储氢、化学传感器等领域。碳纳米管有单壁碳纳米管（SWCNT）和多壁碳纳米管（MWCNT）两种类型，如图 10-11(a)所示。碳纳米管具有独特的延伸石墨层和开放网状结构，这种形态有利于提高电容器的比容量和能量密度。有研究人员将多壁碳纳米管与 $Co_3O_4$ 纳米材料复合，得到的电极材料在电流密度为 100 $A \cdot g^{-1}$ 时，比容量可以达到 510 $F \cdot g^{-1}$，并且经过 2000 次循环后，比容量几乎不发生变化，显示出优异的循环和倍率性能。

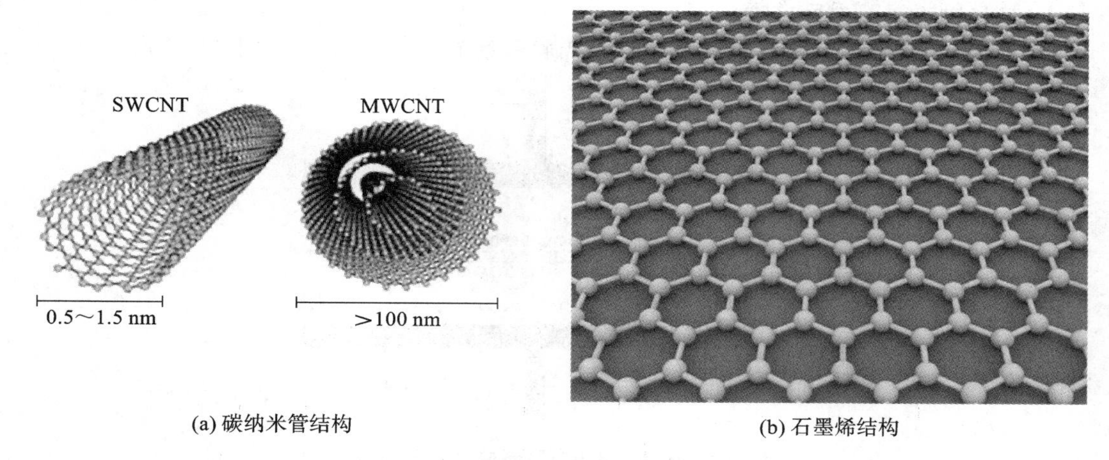


(a) 碳纳米管结构　　(b) 石墨烯结构

图 10-11　碳纳米管结构和石墨烯结构

石墨烯具有周期性蜂窝状结构，如图 10-11(b)所示。石墨烯具有非常优异的导电性能、力学性能和热性能等。石墨烯在超级电容器电极材料中的应用非常广泛，并显示出优异的电化学性能。主要原因是：一方面，石墨烯本身导电性能好，可以省去导电剂，因此制得的石墨烯基电极材料具有较高的能量密度；另一方面，采用 Hummer 法制备出来的石墨烯基电极材料的表面具有丰富的官能团和缺口，这有利于电解液的浸润，以及电极材料的比容量的提高。

活性炭的孔结构复杂，比表面积大。有研究表明，在碱性条件下，对活性炭做进一步扩孔处理，可得到比表面积高达 2869 $m^2 \cdot g^{-1}$ 的电极材料，其也具有优异的电化学性能。

#### 2）赝电容电极材料

赝电容电极材料主要以金属氧化物、金属氧化物/碳复合材料和导电聚合物为主。这类电极材料能量储存来自电解液离子在电极表面快速可逆的氧化还原反应，以及电极材料表面的双电层电荷存储过程，因此赝电容电极材料具有更高的比电容。赝电容电极材料的循环伏安（CV）曲线的形状与双电层电极材料的类似，呈矩形，恒流充放电（GCD）曲线也与其类似，呈等腰三角形，故称为“赝电容”电极材料。

二氧化钌（$RuO_2$）是用作赝电容电极材料的代表性金属氧化物，具有较高的理论比容量、高的电导率、宽的电压窗口、良好的稳定性能等优点，非常适合作为赝电容电极材料。而在高结晶度的 $RuO_2$ 材料中，离子的嵌入和脱嵌非常困难，这导致电化学阻抗增加和赝电容性能下降，实际比电容值小于理论比电容值。因此，大量的研究集中于非晶态的 $RuO_2$。不过，$RuO_2$ 的高成本和毒性也限制了它的商业应用。

二氧化锰（$MnO_2$）也具有较高的理论比容量，且具有储量丰富、成本低、环境友好等优势。其赝电容效应来源于在可逆氧化还原反应过程中，其本身与电解液中质子或阳离子的电荷交换，Mn 元素可以在不同价态间自由转变，如 Mn(Ⅲ)/Mn(Ⅱ)、Mn(Ⅳ)/Mn(Ⅲ)、Mn(Ⅵ)/Mn(Ⅳ)。$MnO_2$ 也有多种晶相，包括 α 相、β 相、γ 相、δ 相和 λ 相，每种晶相的晶格隧道尺寸对离子的嵌入和脱嵌都有不同的限制，故决定了不同的电化学性能。

研究人员通常将金属氧化物与碳纤维、石墨烯等碳材料复合，这样不仅能够提升某些金属氧化物的导电性能，提升电极的比电容和倍率性能，还能赋予电极材料一定的柔性。

导电聚合物也是一种常见的赝电容电极材料，包括聚苯胺、聚吡咯和聚(3,4-乙二氧基噻吩)等。这类材料的特点是导电性能优异，因为电子沿共轭聚合物主干的离域可以更容易地在掺杂态中传输。在这类材料中，聚苯胺最具有发展潜力，其合成简单、单体成本低、理论电导率高、工作点位范围广，并且比其他材料的稳定性高。因此，聚苯胺受到更多的关注，已广泛应用于超级电容器、燃料电池等中。

**3）电池型电极材料**

为了获得既具有高能量密度又具有高功率密度的超级电容器，研究人员已经开发出一种新的超级电容器电极配置方法，即一极为超级电容器电极材料，另一极为电池型电极材料。这种配置方法能够缩小传统超级电容器和锂离子电池之间的差距，把超级电容器电极和电池型电极的优点结合起来。电池型电极材料通常具有高比容量、良好的倍率性能及长循环寿命。电池型电极材料的储能机理和赝电容电极材料的类似，但不同的是，电池型电极材料的 CV 曲线一般具有氧化还原峰，且在 GCD 曲线中会出现类似于电池材料的平台或拐点，电压与时间成非线性关系。

过渡金属 Co、Ni、Sn、Fe 等的氧化物和氢氧化物均属于电池型电极材料。$Co_3O_4$ 具有良好的氧化还原特性，且电化学可逆性高、循环性能好，在超级电容器中应用较广泛。NiO 是碱性电解液中非常理想的电池型电极材料，其合成方法简单、理论比容量高、环境友好且成本较低。$SnO_2$ 具有优良的循环性能，但导电性能较差，比容量和能量密度较低。一般通过将它与碳纳米管、石墨烯复合来提高其导电性，改善电化学性能。$Fe_2O_3$ 具有成本低、机械强度高、比容量高等优点，是非常有前景的超级电容器电极材料。但采用不同的制备方法，在不同的退火温度和时间下制备出的 $Fe_2O_3$ 材料的晶体结构、尺寸完全不同，电化学性能也差异较大，因此需要通过条件调控和性能测试来确定最佳的制备条件。

**4. 超级电容器的应用**

超级电容器以充放电寿命长、功率密度高、环境友好等特点，在后备电源、可再生能源发电系统、轨道交通、军事装备、航空航天等领域中应用广泛。其中目前被看好的超级电容器还是双电层电容器和混合型电容器。

双电层电容器在可再生能源领域中的应用包括风力发电和光伏发电。日照和风速的变化都会导致可再生能源发电设备输出功率波动，具有不稳定性和不可预测性。而双电层电容器由于具有长寿命、高功率等特性，可以适应风能和太阳能的大电流波动，在风力强劲和阳光充足时吸收能量充电，在风力较弱和无光时释放能量放电。双电层电容器很好地提高了供电的稳定性和可靠性。

双电层电容器在工业领域可以应用在叉车、起重机、电梯、各种后备能源等中。利用大容量的双电层电容器，在重器械启动时可以实现瞬间大功率供电，下降时迅速完成大功率充电，势能转化为电能，在节能环保的同时也大大降低了油耗。另外，在一些对供电可靠性要求较高的场合，如重要的数据中心、通信中心、网络系统、医疗系统，双电层电容器储能装置可以在数分钟内充满电，其高功率输出特性使其在某些特殊情况下成为良好的应急电源。例如，对于炼钢厂的高炉冷却水应急水泵电源，一旦停电，双电层电容器可以立即实现高功率输出，启动柴油发电机组，向高炉和水泵供电。

【扩展阅读】超级电容器在汽车中的应用

双电层电容器在轨道交通领域的应用包括有轨电车、地铁制动能量回收装置、内燃机车组的启动，以及重型运输车在寒冷地区的低温启动。轨道交通具有运量大、速度快、安全、准点、清洁节能等特点，传统的电池很难适配，超级电容器的使用对地铁运行的意义重大。

混合型电容器由于具有能量密度高、循环寿命长等特点，在航天航空、汽车、通信、电力等领域，有着非常广阔的应用前景。混合型电容器主要用作主电源、备用电源及储能系统等。

## 本章知识要点

1. 能量、能源的概念，能源利用的发展历程。

2. 各类化石燃料，包括煤、石油、天然气的来源、组成和加工利用方式。

3. 新能源的开发和利用。

4. 锂离子电池、燃料电池、超级电容器的组成和工作原理，及其在各个领域的应用。重点掌握锂离子电池的正、负极材料，不同类型超级电容器的电极材料，以及不同种类的燃料电池特点。

## 习　　题

1. 煤干馏可以得到哪些产品，都有什么用途？

2. 简述石油加工炼制的三个阶段。

3. 如何安全地使用天然气，要注意哪些问题？

4. 生物质能有哪些加工利用途径？

5. 氢气有哪些制取方法？

6. 对锂离子电池的正、负极材料有什么要求，试列举几种常用的正、负极材料。

7. 试将各类燃料电池在电解质、工作温度、燃料气等方面做比较。

8. 燃料电池的优点是什么，有哪些应用？

9. 超级电容器按照储能机理怎么分类，工作原理分别是什么？

10. 超级电容器有什么优势，可应用于哪些领域？

# 第11章　环境化学基础

**【内容提要】** 目前世界面临的环境问题日益严峻，已威胁到人类的可持续发展。本章概述了环境化学这门学科的基本情况，并对大气、水体、土壤这三大自然环境的污染与治理的化学原理，进行了简单而系统的介绍，还介绍了一些经典的环境污染事件及其造成的危害。

## 11.1　环境化学概述

### 11.1.1　环境问题与环境化学

人类赖以生存的环境由自然环境和社会环境（人工环境）组成。自然环境是人类生活和生产所必需的自然条件和自然资源的总称，即阳光、温度、气候、地磁、空气、水、岩石、土壤、动植物、微生物及地壳的稳定性等自然因素的总和。通常我们所说的环境问题，主要指自然环境中的问题，即因人类不合理地开发、利用自然资源而造成的自然环境的破坏，以及工农业生产和人类活动过程中直接或间接地向环境排放超过其自净能力的物质或能量，而造成的环境质量下降的现象，又称为**环境污染**。

造成环境污染的因素有三类：物理因素、化学因素及生物因素，其中，由化学物质引起的污染占80%～90%。1930年，比利时的马斯河谷烟雾事件是20世纪最早记录的由工业生产导致的环境公害事件。美国洛杉矶的光化学烟雾事件、伦敦的烟雾事件、日本熊本县的水俣病事件、瑞士剧毒物污染莱茵河事件等均是由化学物质引起的环境污染事件。20世纪70年代初期，有许多不同领域的科学工作者投入环境污染防治领域，经过较长时间的孕育和发展，在原有各相关学科的基础上产生了一门以研究环境质量及其控制为目的的综合性新学科——**环境科学**。环境科学为跨学科领域专业，是一门运用物理、化学、生物、地理、地质等多学科知识研究人类和其他有机体的周边环境的学科。其中，从化学的角度出发，探讨因人类活动而引起的环境质量的变化规律及保护和治理环境的方法原理，就是**环境化学**。

环境化学是在化学的传统理论和方法的基础上发展起来的，是以环境中化学物质引起的环境问题为研究对象，以解决环境问题为目标的一门新兴学科。环境化学主要研究有毒有害化学物质在环境介质中的存在形态、迁移转化规律、生态效应，以及减少或消除其导致的污染的化学原理和方法，是环境科学的核心组成和化学科学的重要分支。环境化学在掌握污染来源、消除和控制污染、确定环境保护决策，以及提供科学依据等诸多方面都起着重要作用。

### 11.1.2　环境化学发展简史与发展趋势

环境化学的发展大致经历了孕育、形成和发展完善三个阶段。20世纪60年代，有机氯农药污染的发现表明学者已经开始研究农药在环境中的残留行为，这是环境化学的孕育阶段。20世纪70年代是环境化学的形成阶段。1972年，联合国在瑞典斯德哥尔摩举办了人类环境会议，成立了联合国环境规划署，相继建立了全球环境监测系统和国际潜在有毒化学品登记中心，推动了国际环境化学的研究和发展。20世纪80年代以后是环境化学的发展完善阶段。

科学家陆续开展了元素的生命地球化学循环的研究，以及酸雨、臭氧层破坏、温室效应等环境问题的研究。1995 年，罗兰（Rowland）、莫利纳（Molina）和克拉兹（Crutzen）三位环境化学家因研究氯氟烃损耗平流层臭氧的化学机制而获得诺贝尔化学奖，这标志着环境化学在直面和解决人类面临的各种严峻环境问题，并与众多传统和新兴学科的相互融合渗透中，已经进入全面发展的阶段。1992 年 6 月，联合国环境与发展会议在巴西里约热内卢召开，人类对环境与发展的认识上升到一个新高度。2002 年 9 月，联合国在南非约翰内斯堡召开了地球峰会，大会通过的“可持续发展问题世界首脑会议执行计划”为全球环境和发展指明了方向。

【扩展阅读】
世界环境问题

近 30 年来，我国的环境化学研究和环境保护事业也在解决环境污染问题的实践过程中获得了长足发展。《国家中长期科学和技术发展规划纲要（2006—2020 年）》将改善生态环境列入重点领域和优先主题，明确指出“改善生态和环境是事关经济社会可持续发展和人民生活质量提高的重大问题”，这表明了国家对环境保护事业的高度重视，也极大促进了我国环境化学研究的深入和水平的提高。2002 年，环境化学成为国家自然科学基金委员会化学科学部的独立学科；在 1996 年我国第一个环境化学学科发展战略研究报告的基础上，2004 年的报告将原有的环境分析化学、各圈层环境化学、环境生态化学与污染控制化学（环境工程化学）等分支学科增设为环境分析化学、环境污染化学、污染生态化学、污染控制化学和环境理论化学。我国环境化学学科基础理论体系日趋完善。

### 11.1.3　环境化学的学科分支与研究内容

近年来，环境化学发展迅速，研究内容从微观机理到宏观规律不断拓展，研究领域不断拓宽。按照环境介质的不同，环境化学可分为大气环境化学、水环境化学和土壤环境化学。按照研究内容的不同，环境化学可分为环境分析化学、各圈层环境化学、污染（环境）生态化学、环境理论化学和污染控制化学。其中，环境分析化学运用现代分析技术对环境中化学污染物进行定性分析和定量分析；各圈层环境化学研究化学污染物在大气、水和土壤中的形成、迁移、转化和归趋过程中的化学行为和生态效应；污染（环境）生态化学主要研究化学污染物的生态毒理学基础和作用机制、环境污染对陆地生态系统和水生生态系统的影响，以及化学物质的生态风险评价问题；环境理论化学主要研究化学污染物在环境界面吸附的热力学和动力学、化学污染物的结构与活性之间的定量关系（quantitative structure-activity relationship，QSAR）及环境污染预测模型等；污染控制化学主要运用化学的原理与技术控制污染源，减少污染物排放，进行污染预防。

从学科研究任务来说，环境化学的特点是在微观的原子、分子水平研究宏观的环境现象与变化的化学机制及防治途径，其核心是研究化学污染物在环境介质中的化学转化和效应。与基础化学研究的环境不同，环境化学所研究的环境本身是一个多因素的开放性体系，变量多、条件较复杂。例如，在水环境方面，一些流域的持久性有机污染物、抗生素、微塑料、内分泌干扰物等的数量增长较快；在土壤环境方面，重金属、酞酸酯、抗生素、放射性核素、病原菌等以多形态、多方式、多途径进入土壤环境，土壤环境问题呈现出多样性和复合性的特点。另外，化学污染物在环境中的含量很低，一般为毫克每千克、微克每千克水平，甚至更低。环境样品一般组成比较复杂，化学污染物在环境介质中还会发生存在形态的变化。

## 11.2　大气污染与治理

### 11.2.1　大气污染类型

大气是由空气、少量水汽、粉尘和其他微量杂质组成的混合物。大气的主要成分为氮气和氧气，此外还有氩气、氦气、氖气、氪气、氙气等稀有气体，以及二氧化碳、甲烷、氮的氧化物、硫的氧化物、氨气、臭氧等。大气中含有的一些对人体有害的物质被叫作“大气污染物”，目前能监测到的大气污染物有近百种。

根据存在状态，大气污染物可分为**气溶胶态污染物**和**气态污染物**。有些大气污染物是直接从污染源排放的，称为**一次污染物**，如 $SO_2$、$NO_2$、CO 和一次颗粒物。其中，有些一次污染物不稳定，常在大气环境中经化学反应或光化学反应生成与前体污染物理化性质截然不同的新污染物，即**二次污染物**，其毒性甚至比前体污染物的还强。常见的二次污染物有硫酸及硫酸盐气溶胶、硝酸及硝酸盐气溶胶、臭氧、光化学氧化剂，以及寿命很短的活性自由基(如羟基自由基等)。

### 11.2.2　典型的大气污染问题

燃料的燃烧是造成大气污染的主要原因。人类生产生活的需要，使燃料用量大幅度上升，导致大气污染日趋严重。随着交通运输业的发展，城市中汽车尾气的排放也对环境造成了严重污染。另外，大气中还有来自工业生产的其他污染物，石油工业和化学工业大规模地发展也增加了空气中污染物的种类和数量。在农业方面，因各种农药的喷洒而造成的大气污染也是不可忽视的。大气污染对建筑、树木、道路、桥梁和工业设备等都有极大危害，对人体健康的危害也日益明显，更大的威胁是通过呼吸道削弱人的体质，引起心脏及其他器官的机能阻碍，甚至导致死亡。综合性大气污染存在多种形式。

**1）煤烟型烟雾**

煤烟型烟雾又叫伦敦型烟雾，主要产生原因是煤大量燃烧，产生的煤烟和二氧化硫被排放到空气中。它的一次污染物是煤烟和二氧化硫，二次污染物是硫酸雾和硫酸盐。由于其最早在伦敦出现，因此后来人们把这种化学烟雾称为伦敦型烟雾。尽管硫酸具有氧化性，但是其浓度远小于具有还原性的二氧化硫的浓度，所以总体上看，伦敦型烟雾是一种还原性烟雾。它严重刺激人的呼吸道，还危害植物，腐蚀建筑物。

从 1873 年到 1962 年，伦敦历史上多次发生烟雾污染事件，其中 1952 年 12 月 5 日至 8 日的烟雾污染事件最为严重。伦敦多次发生烟雾污染事件的原因是大量烧煤。在 1962 年以后，伦敦没有再发生烟雾污染事件，主要是因为改变了燃料结构，从以煤为主变为以煤气和电为主。

中国的大气污染以煤烟型烟雾为主，主要污染物为总悬浮颗粒物、二氧化硫和氮氧化物，这是因为我国的一次能源主要是煤，这种状况在今后相当长一段时间内不会改变。煤炭使用效率不高、适合国情的脱硫技术开发落后、污染治理缺乏力度等，导致我国二氧化硫年排放量居高不下。

**2）光化学烟雾**

汽车、工厂等污染源排入大气的碳氢化合物和氮氧化物等一次污染物在阳光下会发生光化学反应生成二次污染物。参与光化学反应的一次污染物和二次污染物的混合物(有气体污染物,也有气溶胶)所形成的烟雾,称为光化学烟雾。20 世纪 40 年代,光化学烟雾首次出现在美国洛杉矶,所以又叫洛杉矶型烟雾,以区别于煤烟型烟雾(伦敦型烟雾)。光化学烟雾的表现是棕黄色或淡蓝色的烟雾弥漫,大气能见度降低。光化学烟雾一般发生在大气相对湿度较低,气温为 24～32 ℃的夏、秋季晴天,污染高峰出现在中午或稍后。光化学烟雾的生成与消失是循环的,白天生成,傍晚消失。光化学烟雾成分复杂,主要有害物质是臭氧、过氧乙酰硝酸酯(PAN)、醛、酮等二次污染物。人和动物受到的主要伤害是眼睛和黏膜受到刺激、头痛、呼吸障碍、慢性呼吸道疾病恶化、儿童肺功能异常等。

通过对光化学烟雾形成的模拟试验,初步明确,碳氢化合物和氮氧化物的相互作用主要涉及以下过程:污染空气中二氧化氮光解(形成光化学烟雾的起始反应);碳氢化合物被氢氧自由基、原子氧和臭氧氧化,导致醛、酮等产物及重要的中间产物(烃基过氧自由基 $RO_2\cdot$、氢过氧自由基 $HO_2\cdot$、酰基自由基 $RCO\cdot$ 等自由基)的生成;过氧自由基引起一氧化氮向二氧化氮转化,并导致臭氧和过氧乙酰硝酸酯的生成;此外,污染空气中的二氧化硫会被氢氧自由基、氢过氧自由基和臭氧等氧化而生成硫酸和硫酸盐,成为光化学烟雾中气溶胶的重要成分;碳氢化合物中挥发性小的氧化产物也会凝结成气溶胶液滴而使能见度降低。

自 1974 年以来,我国兰州西固地区常出现光化学烟雾污染。近年来,一些乡村地区也有光化学烟雾污染的迹象。目前,世界卫生组织(WHO)已经把臭氧或光化学氧化剂(臭氧、二氧化氮和其他能使碘化钾氧化为碘的氧化剂)的水平作为判断大气环境质量的指标之一,并据以发布光化学烟雾的警报。

**3）酸雨**

一般情况下,雨水中溶有二氧化碳,天然降水都偏酸性。如果认为大气与纯水达到平衡,按照理论计算 pH=5.60。微弱的酸性有利于土壤中养分的溶解,对生物有益。如果降水的 pH<5.6,则表明大气受到污染,此时雨水称为酸雨。“酸雨”不仅仅来自雨水,范围较广的描述是“酸性降水”,包括所有 pH<5.6 的从空中降落到地面的液态水(雨)和固态水(雪、雹、霰),通常近地层中水汽直接凝结于物体表面的露和霜也包括在内。更全面的描述是“酸沉降”,酸沉降不仅包括酸性的湿沉降,还包括酸性的干沉降,例如,酸性气体被地表吸收和发生反应,酸性颗粒物通过重力沉降、碰撞和扩散沉降于地表。

酸雨中的酸主要是 $H_2SO_4$ 和 $HNO_3$,它们占总酸量的 90%以上。这两种酸的比例取决于燃料的构成。在一次能源以煤为主的地区,酸雨属于煤烟型酸雨,其中 $H_2SO_4$ 占绝大多数,其含量一般是 $HNO_3$ 含量的 5～10 倍。在一次能源以石油为主的地区,$H_2SO_4$ 与 $HNO_3$ 的含量之比要小得多。然而,酸雨中的这两种酸主要是二次污染物,它们由一次污染物转化而来。$H_2SO_4$ 的前体物是 $SO_2$,$HNO_3$ 的前体物是 $NO_x$。

酸雨的形成是一种复杂的过程。大气中的 $SO_2$ 通过气相、液相或固相氧化反应生成 $H_2SO_4$,经过了复杂的化学过程。NO 排入大气后大部分转化成 $NO_2$,遇 $H_2O$ 生成 $HNO_3$ 和 $HNO_2$。还有许多其他进入大气的气态或固态物质,对酸雨的形成产生影响。大气颗粒物中的 Fe、Cu、Mn、V 是成酸反应的催化剂。通过大气光化学反应生成的 $O_3$ 和 $H_2O_2$ 等又是使 $SO_2$ 氧化的氧化剂。飞灰中的 CaO、土壤中的 $CaCO_3$、天然和人为来源的 $NH_3$,以及其他碱性物质可以与酸反应而使酸中和。酸雨的形成取决于降水中酸性物质和碱性物质的相对比例,而不是绝对浓度。

酸雨对环境有多方面的危害:使水域和土壤酸化,损害农作物和林木生长,危害渔业生产,腐蚀建筑物、工厂设备和文化古迹。酸雨会破坏生态平衡，造成很大经济损失。此外，酸雨可随风飘移而降落于几千里外，导致大范围的公害，因此，酸雨是公认的全球性的重大环境问题之一。

**4）温室效应**

地球大气层中的 $CO_2$ 和水蒸气等允许部分太阳辐射(短波辐射)透过并到达地面，使地球表面温度升高；同时，大气又能吸收太阳和地球表面发出的长波辐射，仅让很少的一部分热辐射散失到宇宙。由于大气吸收的辐射热量多于散失的，导致地球保持相对稳定的气温，这种现象称为温室效应。温室效应是地球上的生命赖以生存的必要条件(即保护作用)。但是人口激增、人类活动频繁、化石燃料的燃烧量猛增、森林因滥砍滥伐而急剧减少，导致大气中 $CO_2$ 和各种气体微粒含量不断增大，$CO_2$ 吸收及反射回地面的长波辐射增多，引起地球表面温度上升，使温室效应加剧，气候变暖。因此 $CO_2$ 的增加，被认为是大气污染物对全球气候产生影响的主要原因。但是温室气体并非只有 $CO_2$，还有 $H_2O$、$CH_4$、CFC(氟氯烃，几种氟氯代甲烷和乙烷的总称，商品名是氟利昂)等。

温室效应的加剧导致全球变暖，会对气候、生态环境及人类健康等多方面产生影响。地球表面温度升高会使更多的冰雪融化、反射回宇宙的阳光减少、极地变暖、海平面慢慢上升、降雨量增大。降水量增大会使草原及对水敏感的物种发生变化，很多植物将会在与以往不同的时期内开花与结果，植物的生长周期会缩短。变暖、变湿的气候条件会促进病菌、霉菌的生长，导致食物受污染或变质。因此，气候变暖严重威胁生态系统和人类健康。

**5）臭氧层空洞**

在高层大气(离地面 15～24 km)中，氧气吸收太阳紫外线辐射而生成可观量的臭氧($O_3$)。光子首先将氧气分子分解成氧原子，氧原子与氧气分子反应生成臭氧：

$$O_2 \xrightarrow{h\nu} 2O$$

$$O_2 + O \xrightarrow{h\nu} O_3$$

$O_3$ 和 $O_2$ 属于同素异形体，在常温常压下，两者都是气体。臭氧层主要分布在距离地面 20～25 km 的大气层中，臭氧能吸收波长在 220～330 nm 范围内的紫外线，从而防止这种高能紫外线对地球表面的生物产生伤害。然而，1985 年，发现南极上空出现了面积与美国大陆面积相近的臭氧层空洞，1989 年，又发现北极上空正在形成的另一个臭氧层空洞。此后，发现臭氧层空洞并非固定在一个区域内，而是每年在移动，且面积不断扩大。臭氧层变薄和出现空洞，就意味着有更多的紫外线到达地面。紫外线对生物具有破坏性，对人的皮肤、眼睛，甚至免疫系统都会造成伤害。强烈的紫外线还会影响鱼虾类和其他水生生物的正常生存，会严重阻碍各种农作物和树木的正常生长，会使因 $CO_2$ 增加而导致的温室效应加剧。

人类活动产生的微量气体，如氮氧化物和氟氯烷等，对大气中臭氧的含量有很大的影响，导致臭氧层被破坏的原因有多种，其中公认的原因之一是氟利昂的大量使用。氟利昂被广泛应用于制冷系统、发泡剂、洗净剂、杀虫剂、除臭剂、头发喷雾剂等中。氟利昂的化学性质稳定，易挥发，不溶于水。但进入大气平流层后，受紫外线辐射而分解产生 Cl 原子，Cl 原子则可引发破坏 $O_3$ 的循环反应：

$$O_3 + Cl \longrightarrow ClO + O_2$$

$$O + ClO \longrightarrow Cl + O_2$$

第一个反应消耗掉的 Cl 原子，在第二个反应中又重新生成，因此每个 Cl 原子能参与大量

的破坏 $O_3$ 的反应，这两个反应加起来的总反应为

$$O_3 + O \longrightarrow 2O_2$$

该反应的最后结果是 $O_3$ 转变为 $O_2$，而 Cl 原子本身只作为催化剂，反复起分解 $O_3$ 的作用。$O_3$ 就被来自氟利昂分子释放出的 Cl 原子引发的反应破坏。

另外，大型喷气机的尾气和核爆炸烟尘均能到达平流层，其中含有各种可与 $O_3$ 作用的污染物，如 NO 和某些自由基等。人口的增长和氮肥的大量生产等也可以危害到臭氧层。在氮肥的生产过程中会向大气释放出多种含氮化合物，包括有害的 $N_2O$，它会引发下列反应：

$$N_2O + O \longrightarrow N_2 + O_2$$

$$N_2 + O_2 \longrightarrow 2NO$$

$$NO + O_3 \longrightarrow NO_2 + O_2$$

$$NO_2 + O \longrightarrow NO + O_2$$

$$O + O_3 \longrightarrow 2O_2$$

NO 可循环反应，使 $O_3$ 分解。

尽管有蒙特利尔议定书对氟氯碳化物的管制，但是，臭氧层变薄的速度仍在加快。无论是南极上空，还是北半球的中纬度地区上空，$O_3$ 含量都呈下降趋势。此外，关于臭氧层破坏机制的争论也很激烈。例如，大气的连续运动性质使人们难以确定臭氧含量的变化究竟是由动态涨落引起的，还是由化学物质破坏引起的，这是争论的焦点之一。联合国环境规划署对臭氧消耗所引起的环境效应进行了估算：臭氧每减少 1%，具有生理破坏力的紫外线将增加 1.3%。因此，臭氧减少会对动植物尤其是人类生存产生危害是公认的事实。保护臭氧层须依靠国际合作，并采取各种积极、有效的对策。

**6) $PM_{2.5}$**

灰霾天气连续多日，天空呈现出灰蒙蒙的浑浊现象，已经不再是完全的自然现象，而是大气颗粒物不断增加所引起的严重空气污染。造成大气能见度降低的主要因素是颗粒污染物对光的吸收和散射。大气中总悬浮颗粒物，又称为总悬浮微粒(total suspended particulate，TSP)，是指悬浮在空气中的空气动力学等效直径小于或等于 100 μm 的颗粒物。其中，空气动力学等效直径小于或等于 10 μm 和 2.5 μm 的颗粒物分别称为 $PM_{10}$ 和 $PM_{2.5}$(PM 为 particulate matter 的英文简称)。可见光的波长为 0.40～0.76 μm，其中最大强度在 0.52 μm 左右。当颗粒物的粒径与可见光的波长相近时，其对能见度的影响更大。因此，$PM_{2.5}$ 对大气能见度的影响比 $PM_{10}$ 的更显著，$PM_{2.5}$ 是造成雾霾天气的主要因素，严重影响地面交通和航空客运等。

大气颗粒物对人体健康的危害程度主要取决于自身的粒度大小及化学组成。TSP 中粒径大于 10 μm 的颗粒物可被鼻腔和咽喉捕集，不会进入肺泡；而粒径小于或等于 10 μm 的颗粒物可通过呼吸进入呼吸道，对人体危害较大。其中，$PM_{10}$ 会随气流进入气管和肺部，称为可吸入颗粒物；$PM_{2.5}$ 称为细颗粒物，它可进入肺泡，因此，又称为入肺颗粒物。与 $PM_{10}$ 相比，$PM_{2.5}$ 粒径更小、比表面积更大、更易吸附和富集有毒有害物质，且在大气中停留时间更长、输送距离更远，因而对大气环境质量和人体健康的影响更大。$PM_{2.5}$ 的化学组分主要包括有机碳、炭黑、粉尘、硫酸铵(亚硫酸铵)、硝酸铵五类物质，由于多种污染物共存和相互耦合，其影响更为复杂。许多国家已把 $PM_{2.5}$ 列为国家标准污染物。2016 年 1 月 1 日，我国实施的《环境空气质量标准》(GB 3095—2012)新增了对 $PM_{2.5}$ 的监测要求并规定了

**【扩展阅读】**
**$PM_{10}$ 和 $PM_{2.5}$ 的测定**

浓度限值，$PM_{2.5}$ 日均浓度值小于 75 $\mu g/m^3$，年均浓度值小于 35 $\mu g/m^3$。

### 11.2.3　大气污染防治原理与方法

针对排放源的特征，弄清大气污染排放的影响因素及其治理机制，采取合适的控制途径和措施，从源头防控，是解决当前大气环境污染问题的关键。目前，我国的大气污染以煤烟型烟雾为主。煤烟型烟雾的治理重点是除尘及减少 $SO_2$ 和 $NO_x$ 排放。

**1）除尘**

粉尘，是指悬浮在空气中粒径小于 75 μm 的固体微粒，其中粒径在 1 μm 以下的又称为烟尘。燃烧、冶炼、金属焊接等物理化学过程及固体物料破碎、筛分和运输等机械过程会产生粉尘。除尘就是把这些颗粒物从大气中分离、捕集的过程。按照工作原理的不同，除尘可分为机械式除尘、过滤式除尘、湿式除尘和静电除尘。

机械式除尘器是利用重力、惯性力和离心力作用使粉尘与气流分离沉降的装置，包括重力沉降室、惯性除尘器和旋风除尘器等。静电除尘器是利用高压电场使颗粒荷电，在库仑力作用下使颗粒与气流分离沉降的装置。袋式除尘器是利用多孔过滤介质分离捕集气体中固体或液体粒子的净化装置，分为内部过滤式和外部过滤式。湿式除尘器是利用液滴或液膜洗涤含尘气流使粉尘与气流分离沉降的装置，包括水膜除尘器、喷淋塔、文丘里洗涤器、冲击式除尘器和旋流板塔等。表 11-1 给出了各种除尘器的基本性能，表 11-2 列出了不同粒径颗粒在除尘器中的分级效率。

**表 11-1　各种除尘器的基本性能**

| 类　别 | 型　式 | 阻力/Pa | 效率/(%) | 设备费(比值) |
|---|---|---|---|---|
| 机械式除尘器 | 重力除尘器 | 50～150 | 40～60 | 1.0 |
| | 惯性除尘器 | 100～500 | 50～70 | / |
| | 旋风除尘器 | 400～1300 | 70～92 | 1.0～4.0 |
| | 多管旋风除尘器 | 800～1500 | 80～95 | 2.5～5.0 |
| 湿式除尘器 | 喷淋洗涤器 | 100～300 | 75～95 | 1.0～2.4 |
| | 文丘里除尘器 | 5000～20000 | 90～98 | 1.5～16 |
| | 自激式除尘器 | 800～2000 | 85～98 | 3.0～6.0 |
| | 水膜除尘器 | 500～1500 | 85～98 | 3.0～6.0 |
| 过滤式除尘器 | 袋式除尘器 | 800～2000 | 85～99.9 | 2.5～8 |
| | 颗粒层除尘器 | 800～2000 | 85～99 | / |
| 静电除尘器 | 干式静电除尘器 | 100～200 | 85～99 | 6～25 |
| | 湿式静电除尘器 | 125～500 | 90～98 | / |

**表 11-2　不同粒径颗粒在除尘器中的分级效率**

| 除尘器名称 | 全效率/(%) | 不同粒径(微米)时的分级效率/(%) | | | | |
|---|---|---|---|---|---|---|
| | | 0～5 | 5～10 | 10～20 | 20～44 | >44 |
| 带挡板的沉降室 | 58.6 | 7.5 | 22 | 43 | 80 | 90 |
| 普通旋风除尘器 | 65.3 | 12 | 33 | 57 | 82 | 91 |

续表

| 除尘器名称 | 全效率/(%) | 不同粒径(微米)时的分级效率/(%) | | | | |
|---|---|---|---|---|---|---|
| | | 0～5 | 5～10 | 10～20 | 20～44 | >44 |
| 长锥体旋风除尘器 | 84.2 | 40 | 79 | 92 | 99.5 | 100 |
| 喷淋塔 | 94.5 | 72 | 96 | 98 | 100 | 100 |
| 静电除尘器 | 97.0 | 90 | 94.5 | 97 | 99.5 | 100 |
| 文丘里除尘器 | 99.5 | 99 | 99.5 | 100 | 100 | 100 |
| 袋式除尘器 | 99.5 | 99.5 | 100 | 100 | 100 | 100 |

**2）烟气脱硫**

目前，我国燃煤排放的 $SO_2$ 约占 $SO_2$ 总排放量的90%以上，因此，控制燃煤造成的 $SO_2$ 污染是防止酸雨形成的有效途径之一。燃煤烟气脱硫方法一般有燃烧前、燃烧中和燃烧后脱硫三种，其中燃烧后脱硫即烟气脱硫的效率最高。烟气中的 $SO_2$ 是酸性气体，可用适当的碱性物质与之反应脱除。脱硫剂的种类主要包括五种：钙基脱硫剂[如 $CaCO_3$、$Ca(OH)_2$ 和 $CaO$]、镁基脱硫剂(如 $MgO$、$MgCO_3$)、钠基脱硫剂(如 $NaOH$、$Na_2CO_3$、$NaHCO_3$)、氨基脱硫剂(即 $NH_3$)及有机碱脱硫剂(如醇胺)。其中钙法脱硫具有脱硫效果好、工艺成熟及运行成本低等优势，是世界上普遍使用的商业化技术。

钙法脱硫工艺主要包括湿法、干法及半干法。湿法以碱性石灰石或石灰溶液为脱硫剂进行脱硫，主要为石灰-石灰石/石膏法；干法或半干法则是在完全干燥或气、液、固三相中进行脱硫的方法。其中，湿法脱硫因工艺过程较为成熟、脱硫效率高、操作简单等优点曾在国内被广泛应用。但在实际应用中存在投资运营成本高、易结块堵塞、设备腐蚀严重等问题。干法脱硫因效率较低，在大规模工业生产中难以实现。半干法脱硫则可以克服这些不足，具有投资运营成本低、无废水、占地少、烟气种类适应性强等优势，逐渐受到中小型钢铁或电厂的青睐。钙法脱硫虽然解决了一部分 $SO_2$ 污染的问题，但会产生大量的脱硫副产物——脱硫灰渣。如果只是将它直接抛弃，而不合理利用，既会对可再生资源造成极大浪费，占用大量宝贵的土地资源，又会对环境造成二次污染。

**3）氮氧化物减排**

氮氧化物($NO_x$，如 $NO$ 和 $NO_2$)是大气主要污染物之一。我国氮氧化物的排放量中70%来自煤炭燃烧。实现燃煤 $NO_x$ 减排的技术可分为两类：第一类，改变燃烧条件，抑制 $NO_x$ 的生成，即低 $NO_x$ 燃烧技术。采取的措施主要包括选择合适的炉型结构、分级燃烧降低燃烧区氧气浓度、降低燃烧温度、延期再循环缩短烟气在高温区的停留时间。第二类，脱除已生成的 $NO_x$，即烟气脱硝技术。该技术是指把烟气中的 $NO_x$ 还原为 $N_2$，包括选择性非催化还原法(SNCR)、选择性催化还原法(SCR)和SCR-SNCR混合脱硝等。SNCR又称为热力脱硝，其原理是向炉膛900～1100 ℃的温度区喷入 $NH_3$ 或尿素，用其作为还原剂将 $NO_x$ 还原为 $N_2$ 和 $H_2O$。该法占地面积较小，成本较低，但脱硝效率不高(25%～40%)，一般需配合其他脱硝技术共同使用。SCR的原理是利用 $NH_3$ 或尿素作为还原剂，在催化剂(如 $V_2O_5$)条件下，选择性地将 $NO_x$ 还原为 $N_2$ 和 $H_2O$。使用催化剂不仅降低了反应活化能，使反应温度降至320～420 ℃，还提高了脱硝效率(70%～90%)。因此，SCR是目前商业应用最为广泛的烟气脱硝技术。SCR-SNCR混合脱硝的前端是SNCR，利用SNCR工艺端逸出的氨气随烟气一起进入后端的SCR装置，进一步还原 $NO_x$。SCR-SNCR混合脱硝结合了SCR和SNCR两种工艺的优点，工艺较灵活，是脱硝技术的一个重要发展方向。

## 11.3　水体污染与治理

### 11.3.1　水体污染类型

地球表面上水的覆盖面积约占四分之三。地表和地下的淡水量总和仅占总水量的0.63%。生产和生活用水基本都是淡水。目前，人类年用水量已接近4万亿立方米，地球上有60%的陆地面积淡水供应不足，近20亿人饮用水短缺。据估计，人类对水的需求，每20年将增加一倍。随着工农业的迅速发展和人口的增长，排放的废污水量也急剧增加，许多江、河、湖、水库，甚至地下水都遭受了不同程度的污染，使水质下降。水体污染主要指人类的各种活动产生的污染物进入河流、湖泊、海洋或地下水等水体中，使水和水体的物理、化学性质发生变化而降低水体的使用价值。而水质的优劣直接关系到工农业生产的正常进行，关系到水生生物的生长，更关系到人类的健康。据世界卫生组织报道，全世界75%左右的疾病与水有关：常见的伤寒、霍乱、胃炎、痢疾和传染性肝炎等疾病的发生与传播都和直接饮用污染水有关。因此，水质的优劣极为重要。

天然水体可分为降水、地表水和地下水三大类。所有的天然水体总是要和外界环境密切接触，它在运动过程中，会将接触到的大气、土壤、岩石等，将多种物质挟持或溶入，使自身成为极其复杂的体系。天然水体通常含有三大类物质，即悬浮物质、胶体物质和溶解物质，如表11-3所示。大多数天然水体的pH值为3～9，其中河水pH值为4～7，海水pH值为7.7～8.3。

**表 11-3　天然水体含有的物质**

| 分　类 | 主要物质 |
|---|---|
| 悬浮物质 | 细菌、病毒、藻类及原生动物、泥沙、黏土等颗粒物 |
| 胶体物质 | 硅、铝、铁的氧化物胶体，黏土矿物胶体，腐殖质等有机高分子化合物 |
| 溶解物质 | $O_2$、$CO_2$、$H_2S$、$N_2$ 等溶解性气体，钙、镁、钠、铁、锰等离子的卤化物，碳酸盐、硫酸盐等盐类，其他可溶有机物 |

人类生活和生产活动中产生的废污水包括生活污水、工业废水、农田排水和矿山排水等。此外，废渣和垃圾倾倒在水中或岸边，或堆积在土地上，经降雨淋洗流入水体，都能造成污染。排入水体的污染物种类繁多，分类方法各异。目前，国内外尚无统一的分类方法，一般是将其分为无机污染物和有机污染物两大类，或者是天然化合物和人造化学品两类。无机污染物包括酸、碱、重金属、盐类、放射性元素，以及含砷、硒、氟的化合物等；有机污染物包括有机农药、酚类、氰化物、石油、合成洗涤剂、内分泌干扰物、持久性有机污染物等。表11-4列出了水体中的主要污染物。

**表 11-4　水体中的主要污染物**

| 类　型 | 主要污染物 |
|---|---|
| 无机污染物 | 含氟、氮、磷、砷、硒、硼、汞、镉、铬、锌、铅等化合物 |
| 有机污染物 | 酚、氰、多氯联苯（PCBs）、稠环芳烃（PAHs）、取代苯类化合物、有机氯农药、溴系阻燃剂、全氟化合物等 |

水体污染物中有一类属于耗氧(或需氧)有机物,本身可能无毒性,但在分解时需消耗水中的溶解氧。天然水体中溶解氧含量一般为 5～10 mg · $L^{-1}$。大量耗氧有机物排入水体后,水中溶解氧急剧减少,水体出现恶臭,水生生态系统遭到破坏,对渔业生产的影响甚大。这类物质对水体的污染程度,可间接地用单位体积水中耗氧有机物生化分解过程所消耗的氧量(以 mg · $L^{-1}$为单位),即**生化需氧量**(BOD)来表示。一般用水温为 25 ℃时 5 天的生化需氧量($BOD_5$)作为指标,以反映耗氧有机物的含量与水体污染程度的关系,一般情况下水体中 $BOD_5$ 小于 3 mg · $L^{-1}$时,水质较好。$BOD_5$ 越大,溶解氧消耗得越多,水质就越差。因此,$BOD_5$ 达到 7.5 mg · $L^{-1}$时,水质不好;$BOD_5$ 大于 10 mg · $L^{-1}$时,水质很差,鱼类在此水质下不能存活。

除了含碳有机物以外,污水中还包括含氮、磷的化合物及其他一些物质,它们是植物营养素。过多的植物营养素进入水体也会恶化水质、影响渔业生产和危害人体健康。含氮有机物中最普通的是蛋白质,含磷有机物主要指洗涤剂。

蛋白质在水中的分解过程是:蛋白质→氨基酸→胺及氨。随着蛋白质的分解,氮的有机化合物不断减少,而氮的无机化合物不断增加。此时氨($NH_3$)在微生物作用下,可被氧化成亚硝酸盐,进而被氧化成硝酸盐,具体过程如下。

(1) 氨被氧化成亚硝酸盐:

$$2NH_3 + 3O_2 \xrightarrow{\text{微生物}} 2NO_2^- + 2H_2O + 2H^+$$

(2) 亚硝酸盐被氧化成硝酸盐:

$$2NO_2^{-1} + O_2 \xrightarrow{\text{微生物}} 2NO_3^-$$

大量的硝酸盐会使水体中生物营养元素增多。对流动的水体来说,当生物营养元素多时,因其可随水流而被稀释,一般影响不大。但对于湖泊、水库、内海、海湾、河口等水体,水流缓慢,生物营养元素停留时间长,既适于生物营养元素的积累,又适于水生植物的繁殖,这就导致藻类及其他浮游生物迅速繁殖。这些水体中生物营养元素积累到一定程度后,水体过分肥沃,藻类繁殖特别迅速,水生生态系统遭到破坏,这种现象称为**水体的富营养化**。水体出现富营养化现象时,浮游生物大量繁殖,由于占优势的浮游生物的颜色不同,水面往往呈现蓝色、红色、棕色等不同颜色。这种现象在江河、湖泊中称为**水华**,在海洋中则称为**赤潮**。这些藻类有恶臭,有的还有毒,表面有一层胶质膜,鱼不能食用。藻类聚集在水体上层,一方面发生光合作用,放出大量氧气,使水体表层的溶解氧达到过饱和;另一方面藻类遮蔽了阳光,使底生植物因光合作用受到阻碍而死去。这些在水体底部死亡的藻类和底生植物在厌氧条件下腐烂、分解,又将氮、磷等生物营养元素重新释放到水中,再供藻类利用。这样周而复始,就形成了生物营养元素在水体中的物质循环,使它们可以长期存在于水体中。富营养化水体的上层处于溶解氧过饱和状态,下层处于缺氧状态,底层则处于厌氧状态,显然对鱼类生长不利,在藻类大量繁殖的季节,这种现象会导致大量鱼类死亡。同时,大量鱼类尸体沉积在水体底部,会使水体逐渐变浅,年深月久,这些湖泊、水库等水体会演变成沼泽,引起水体生态系统的变化。

人、畜类排泄物(粪便、尿液)中的含氮化合物也会对水环境,特别是对地下水造成污染。进入水体的排泄物是成分复杂的有机含氮化合物,由于水中微生物的分解作用,逐渐转变成较简单的化合物,即由蛋白质分解成肽、氨基酸等,最后产生氨。在这种降解过程中有机含氮化合物不断减少,无机含氮化合物则不断增加。若环境无氧,则最终产物是氨;若环境有氧,则氨会进一步被氧化成亚硝酸盐和硝酸盐。亚硝胺类化合物已是世界公认的具有危害性的一类环境化学致癌物质。硝酸盐、亚硝酸盐与二级胺(仲胺)是亚硝胺的前体。环境中的氨基化合物可通过微生物的代谢活动产生二级胺。

### 11.3.2 水体中典型污染物

在环境化学发展初期,人们关注的化学污染物包括汞、铬、镉、砷、铅、石棉纤维(具有可纺性的硅酸盐类矿物的总称)、$SO_2$、氮氧化物等无机污染物,以及有机氯农药、有机磷农药、多环芳烃、多氯联苯、氯氟烃、哈龙(卤代烷灭火剂)等有机污染物。这些污染物通常称为**经典的化学污染物**。随着科学的发展,人工合成的化学物质不断增加。在生产和使用化学物质的过程中,进入环境的化学物质也在急剧增加。随着人们对化学污染物认识的深入,根据检出频率及潜在的健康风险的评估,有可能被纳入管制对象的物质,称为**新兴污染物**或**新型污染物**。这类物质不一定是新的化学品,它们通常长期存在环境中,但其潜在危害在近期才被发现。

(1) 优先控制污染物。

环境中的有毒有害化学品种类繁多,不可能对每一种化学品都制定控制标准。20 世纪 70 年代初期,美国提出了优先控制污染物,即若干种在环境中分布广、毒性强、难降解和残留时间长的化学污染物。我国于 1989 年公布了水中优先控制污染物黑名单,包括 14 类 68 种化合物;其中,10 种为无机化合物,包括砷、铍、镉、铬、铜、铅、汞、镍和铊及其化合物;58 种为有机化合物,包括挥发性卤代烃类、苯系物、氯代苯类、多氯联苯、酚类、硝基苯类、苯胺类、多环芳烃类、酞酸酯类、农药类、丙烯腈、亚硝胺类和氰化物。

(2) 有毒无机污染物。

有毒无机污染物主要指汞(Hg)、镉(Cd)、铅(Pb)等重金属和砷(As)的化合物,以及 $CN^-$、$NO_2^-$ 等。它们对人类及生态系统可产生直接损害或长期积累性损害。

重金属化合物由于应用广泛,在局部地区可能导致高浓度污染。另外,重金属污染物一般具有潜在危害性,它们与有机污染物不同,水中的微生物难以使之分解(可称为降解作用),经过“虾吃浮游生物,小鱼吃虾,大鱼吃小鱼”的水中食物链被富集,浓度逐级增大。而人正处于食物链的终端,通过食物或饮水,摄入有毒物。若这些有毒物不易排泄,将会在人体内积蓄,引起慢性中毒。在生物体内的某些重金属又可被微生物转化为毒性更大的有机化合物(如无机汞可转化为有机汞)。例如,众所周知的水俣病就是由所食鱼中含有氧化甲基汞引起的,骨痛病是由镉引起的。重金属污染物的毒性不仅与其摄入机体内的数量有关,还与其存在形态有密切关系,同种重金属不同形态的化合物的毒性可以有很大差异。例如,烷基汞的毒性明显大于二价汞离子的无机盐的毒性;砷的化合物中三氧化二砷($As_2O_3$,砒霜)毒性最大;钡盐中的硫酸钡($BaSO_4$)因其溶解度小而无毒性;$BaCO_3$ 虽难溶于水,但能溶于胃酸(HCl),所以和氯化钡($BaCl_2$)一样有毒。

氰化物的毒性很大,氰化物能以各种形式存在水中。人中毒后,会呼吸困难,因全身细胞缺氧而窒息死亡。氰化物主要来自各种含氰化物的工业废水,如电镀废水、煤气厂废水,以及炼焦厂、炼油厂和有色金属冶炼厂等的废水。

(3) 持久性有机污染物。

持久性有机污染物(persistent organic pollutants,POPs),是指具有高毒性、环境持久性、生物蓄积性和半挥发性,并能够在环境中长距离迁移的有机污染物。POPs 对人体的危害包括致畸、致癌和对生殖系统的影响等。1968 年,发生在日本的“米糠油事件”,就是 POPs 所造成的典型环境污染与食物安全事件。为了保护人类健康和环境免受持久性有机污染物的危害，国际社会于2001年签署了《关于持久性有机污染物的斯德哥尔摩公约》，规定了首批禁用和消除的12种POPs，即艾氏剂、狄氏剂、异狄氏剂、灭蚁灵、毒杀芬、滴滴涕、氯丹、七氯、六氯苯、多氯联苯、二恶英和呋喃，并规定所要控制的POPs清单是开放的，将来可根据公约规定的筛选程序和标准对清单进行修改和补充。我国是首批签署上述公约的国家之一。截至2017年，已新增16种POPs，即α-六氯环己烷、β-六氯环己烷、十氯酮、六溴联苯、六溴环十二烷、六溴联苯醚和七溴联苯醚（含商用八溴联苯醚中的六溴及七溴联苯醚）、六氯丁二烯、林丹、五氯苯、五氯苯酚及其盐和酯类、全氟辛基磺酸及其盐类和全氟辛基磺酰氟、多氯萘、硫丹及其异构体、四溴联苯醚和五溴联苯醚、十溴联苯醚（含商用混合物）、短链氯化石蜡等，公约受控化学品家族扩大至28种/类。

（4）环境内分泌干扰物。

环境内分泌干扰物（endocrine disrupting chemicals，EDCs），又称为环境激素（environmental hormone）、内分泌活性化合物或内分泌干扰化合物，是一种外源性干扰内分泌系统的物质，可通过干扰内分泌激素的合成、释放、结合、代谢等过程破坏内分泌系统，致使神经系统、生殖系统、免疫系统等出现异常。

内分泌干扰物多为有机污染物和重金属。农业生产中使用的农药和除草剂大多属于内分泌干扰物，如滴滴涕、六氯苯、六六六、艾氏剂、狄氏剂等；塑料中部分稳定剂、增塑剂等添加剂也属于内分泌干扰物，如双酚A及其他烷基酚类、邻苯二甲酸盐及酯类、溴系阻燃剂、全氟烷基和多氟烷基物质，以及铅和镉等有毒金属。此外，内分泌干扰物还包括自然界中植物、真菌合成的天然激素和动植物体内排放的类固醇物质，如异黄酮和木酚素等。

（5）微塑料。

通常情况下，微塑料（microplastics）是指粒径小于5 mm的塑料颗粒及纺织纤维。2004年，英国海洋生物学家汤普森等人在*Science*上发表了关于海洋水体和沉积物中塑料碎片的论文，首次提出了“微塑料”的概念。微塑料分为**初生微塑料**和**次生微塑料**两大类，前者是指微塑料粒成品，如日化用品中含有的微塑料和作为工业原料的塑料微珠；后者是指进入自然环境中的体积较大的塑料垃圾经光照、物理、化学及生物降解作用，形成的微塑料。

实际上，微塑料是形状多样、粒径范围从几微米到几毫米的非均匀塑料颗粒的混合体，被称为“海洋中的$PM_{2.5}$”。与“白色污染”塑料相比，微塑料由于体积小、比表面积大，释放及吸附污染物的能力强，对环境的危害程度更大。微塑料不仅会向环境释放其内部的有毒添加剂（如壬基苯酚、双酚A、多溴联苯醚、邻苯二甲酸盐等），还会吸附环境中的疏水性有毒有机污染物（如多氯联苯、氯丹等）及汞、铅等重金属。目前，微塑料几乎无处不在：海平面以下四五千米、北极圈的海冰里、瑞士的高山上、家庭的水龙头里、鱼类体内、餐桌上啤酒和盐罐里，甚至人体内。2017年，据外媒报道，全球自来水的微塑料检出率达83%。

（6）药品和个人护理用品。

药品和个人护理用品（pharmaceuticals and personal care products，PPCPs）与人类的生活密切相关，包括各种日用护理品和化妆品（如香料、防晒剂、洗涤剂、牙齿护理用品）、营养品、处方药和非处方药（如抗生素、消炎药、解热药、镇痛药等），以及用于促进家畜生长或健康目的的类似产品等。全球每年会消耗大量的PPCPs，它们持续不断地进入环境，在环境中普遍存在。表11-5列出了在环境中发现的主要PPCPs。近年来，PPCPs在环境中的残留浓度呈上升趋势，并逐渐显现出生物累积性及生态毒性，因此，PPCPs作为一类新型的环境污染物开始引起人们的广泛关注。

表 11-5　在环境中发现的主要 PPCPs

| 名 | 称 | CAS 编号 | 分子式 | 用途 |
|---|---|---|---|---|
| 加乐麝香 | Galaxolide | 1222-05-5 | $C_{18}H_{26}O$ | 合成麝香 |
| 吐纳麝香 | Tonalide | 21145-77-7 | $C_{18}H_{26}O$ | 合成麝香 |
| 碘普罗胺 | Iopromide | 73334-07-3 | $C_{18}H_{24}I_3N_3O_8$ | X 射线显影剂 |
| 罗红霉素 | Roxithromycin | 80214-83-1 | $C_{41}H_{76}N_2O_{15}$ | 抗生素 |
| 环丙沙星 | Ciprofloxacin | 85721-33-1 | $C_{17}H_{18}FN_3O_3$ | 抗生素 |
| 诺氟沙星 | Norfloxacin | 70458-96-7 | $C_{16}H_{18}FN_3O_3$ | 抗生素 |
| 雌酮 | Estrone | 53-16-7 | $C_{18}H_{22}O_2$ | 天然雌激素 |
| 17β-雌二醇 | 17β-estradiol | 50-28-2 | $C_{18}H_{24}O_2 \cdot 0.5H_2O$ | 天然雌激素 |
| 17α-乙炔雌二醇 | 17α-ethinylestradiol | 57-63-6 | $C_{20}H_{24}O_2$ | 合成雌激素 |
| 布洛芬 | Ibuprofen | 15687-27-1 | $C_{13}H_{18}O_2$ | 消炎止痛药 |
| 萘普生 | Naproxen | 22204-53-1 | $C_{14}H_{14}O_3$ | 消炎止痛药 |
| 双氯芬酸 | Diclofenac | 15307-86-5 | $C_{14}H_{11}Cl_2NO_2$ | 消炎止痛药 |
| 三氯生 | Triclosan | 3380-34-5 | $C_{12}H_7Cl_3O_2$ | 杀菌消毒剂 |

(7) 抗生素抗性基因。

抗生素抗性基因是另一类特殊的“新兴污染物”，是由微生物应对其环境压力产生并携带的基因片段。2011 年，德国爆发了“毒黄瓜”事件，其元凶是一种新型的、具有高传染性的有毒菌株大肠杆菌 O104：H4，该菌株携带一些抗生素的耐药基因，导致抗生素治疗无效。抗生素抗性基因的出现与抗生素的长期滥用直接相关。除了应用于医疗领域以外，抗生素由于具有预防疾病和刺激生长的作用，常以亚治疗剂量添加于饲料中。摄入人体或动物体内的抗生素大多未能被充分吸收和代谢，很可能会诱导体内产生抗性基因，此外，排泄物进入环境后会造成潜在基因污染。与传统的化学污染物不同，抗生素抗性基因由于固有的生物学特性，例如可在不同细菌间转移和传播，甚至自我扩增，可表现出独特的环境行为。“今天不采取行动，明天就无药可用”，世界卫生组织呼吁各国采取切实行动，遏制抗菌药物耐药。

### 11.3.3　水体污染的防治

污染水体的污染物主要来自城市生活污水、工业废水和径流污水。这些污水必须先将其输送于污水处理厂进行处理后排放。污水处理首选方法是尽量减小污水和污物的排放量，包括尽可能采用无毒原料、采用合理的工艺流程和设备、重污染水与其他量大而污染轻的废水分流、循环使用相对清洁的废水。排放到污水处理厂的污水及工业废水，可利用多种分离和转化技术进行无害化处理，其可分为物理法、化学法、物理化学法和生物法。各种方法的简要基本原理和单元技术见表 11-6。

表 11-6　污水处理方法分类

| 基本方法 | 简要基本原理 | 单元技术 |
|---|---|---|
| 物理法 | 物理或机械的分离方法 | 过滤、沉淀、离心分离、上浮等 |
| 化学法 | 化学物质与污水中有害物质发生化学反应的转化过程 | 中和、氧化、还原、分解、混凝、化学沉淀等 |

续表

| 基本方法 | 简要基本原理 | 单元技术 |
| --- | --- | --- |
| 物理化学法 | 物理化学的分离过程 | 气提、吹脱、吸附、萃取、离子交换、电解、电渗析、反渗透等 |
| 生物法 | 微生物在污水中对有机物进行氧化、分解的新陈代谢过程 | 活性污泥、生物滤池、生物转盘、氧化塘、厌气消化等 |

废水按水质和处理后出水的去向确定其处理程度。废水处理程度可分为一级、二级和三级处理。

一级处理由筛滤、重力沉淀和浮选等物理方法串联组成，用以除去废水中大部分粒径在0.1 mm以上的大颗粒物质（固体悬浮物），且降低废水的腐化程度，经一级处理后的废水一般还达不到排放标准，所以通常作为预处理阶段，以减小后续处理工序的负荷和增强处理效果。

二级处理采用**生物处理方法**（又称为**微生物法**）及某些**化学法**，除去水中的可降解有机物和部分胶体污染物。在自然界中，存在大量依靠有机物生存的微生物，它们具有氧化分解有机物的巨大能力。微生物法处理废水就是利用微生物的代谢作用，使废水中的有机污染物氧化降解成无害物质的方法。二级处理中采用的化学法主要是**化学絮凝法**（或称**混凝法**）。废水中的某些污染物常以细小悬浮颗粒或胶体颗粒的形式存在，很难用自然沉降法除去。向废水中投加凝聚剂（混凝剂），使细小悬浮颗粒的胶体颗粒聚集成较粗大的颗粒而沉淀，与水分离。常用的凝聚剂有硫酸铝、明矾、硫酸亚铁、硫酸铁、三氯化铁等无机凝聚剂和多种有机聚合物（高分子）凝聚剂。

经过二级处理后的水一般可达到农灌标准和废水排放标准，但水中还存留一定量的悬浮物、微生物不能分解的有机物、溶解性无机物和氮、磷等藻类增殖营养物，并含有病毒和细菌，因而还不满足较高要求的排放标准，也不能直接用作自来水。要想用作某些工业用水和地下水的补给水，就需要继续对水进行三级处理。

三级处理可采用化学法和物理化学法，除去某些特定污染物，是一种“深度处理”方法。

化学法就是通过化学反应改变废水中污染物的化学性质或物理性质，使之发生化学或物理状态的变化，进而将其从水中除去，主要包括化学沉淀法、化学氧化法和化学还原法。

（1）化学沉淀法。

化学沉淀法就是利用某些化学物质作沉淀剂，与废水中的污染物（主要是重金属离子）进行化学反应，生成难溶于水的物质沉淀析出，从废水中分离出去。例如，可用石灰与废水中$Cd^{2+}$、$Hg^{2+}$等重金属离子形成难溶于水的氢氧化物沉淀。利用沉淀反应除去废水中污染的重金属离子，是水溶液中主要化学反应之一，也是沉淀-溶解平衡的应用。金属硫化物的溶解度一般都比较小，因此用硫化钠或硫化氢作沉淀剂能更有效地处理含重金属离子的废水，特别是对于利用氢氧化物沉淀处理后，尚不能达到排放标准的含$Cd^{2+}$、$Hg^{2+}$的废水，再通过反应生成极难溶于水的硫化物沉淀。这样自然沉降后的出水中，$Hg^{2+}$含量可由起始的400 $mg \cdot L^{-1}$左右降至1 $mg \cdot L^{-1}$以下。

化学沉淀法工艺流程一般涉及投药、混合、反应、沉淀等过程，其工艺流程示意图如图11-1所示。

（2）化学氧化法。

化学氧化法常用于处理工业废水，特别适用于处理难以生物降解的有机物，如大部分农

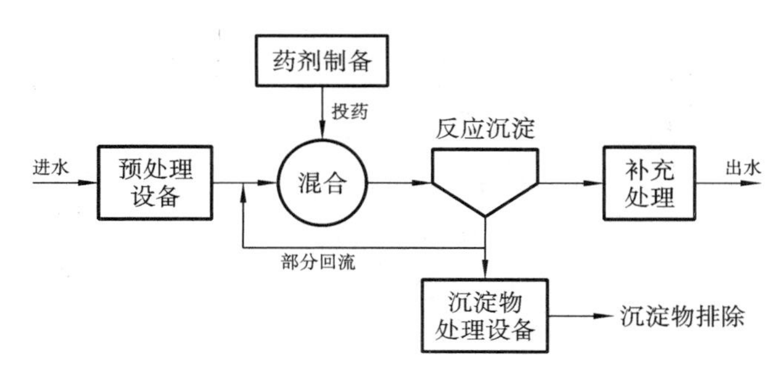


图 11-1　化学沉淀法工艺流程示意图

药、染料、酚、氰化物。常用的氧化剂有氯类（液氯、次氯酸钠、漂白粉等）和氧类（空气、臭氧、过氧化氢、高锰酸钾等）。

液氯、次氯酸钠、漂白粉等可以氧化废水中的有机物、某些还原性无机物，用来杀菌、除臭、脱色等。用氯氧化法处理含氰废水是废水处理的一个典型实例。在碱性条件下（pH＝8.5～11）液氯可以将氰化物氧化成氰酸盐：

$$CN^- + 2OH^- + Cl_2 \longrightarrow CNO^- + 2Cl^- + H_2O$$

氰酸盐的毒性仅为氰化物的千分之一，若投加过量氧化剂，可将氰酸盐进一步氧化为二氧化碳和氮，使水质进一步净化：

$$2CNO^- + 4OH^- + 3Cl_2 \longrightarrow 2CO_2 + N_2 + 6Cl^- + 2H_2O$$

氯化处理多年来广泛应用于饮水消毒、污水处理和造纸工业的制浆漂白等工程。氯化处理会使水中所含的腐殖质（如食物渣滓和浮游生物）等多种有机物发生变化，形成对人体健康有害的卤代烃（如 $CHCl_3$）。这些含氯有机物中很多是有毒的，有的具有致癌、致畸、致突变作用。

氧类氧化法中最廉价的氧化剂是空气中的氧，但氧化能力不够强，只能氧化易于氧化的污染物。臭氧具有高的氧化还原电位，能够有效降解有机物，杀伤细菌、病毒、芽孢等微生物。高锰酸钾也是强氧化剂，主要用于除去锰、铁和某些有机污染物。过氧化氢（$H_2O_2$）具有强氧化能力，可处理多种有毒、有味化合物及有机废水，如含硫、氰、苯酚等的废水。但是，在常温常压下，$H_2O_2$ 自身分解速度较慢。目前，一般通过加入亚铁盐等催化剂或引入紫外光照等外部能量来活化 $H_2O_2$ 以分解产生羟基自由基，即 Fenton 或类 Fenton 体系，进而氧化降解有机物。此外，过硫酸盐（包括过一硫酸盐和过二硫酸盐）也被应用于废水处理体系。类似地，人们还开发了光辐射、热活化、微波辐射和过渡金属催化活化等多种活化过硫酸盐以分解产生羟基自由基、硫酸根自由基和/或单线态氧的方式。以活性氧自由基或单线态氧等为氧化剂的化学氧化法称为**高级氧化技术**。与传统氧化剂相比，羟基自由基等具有更强的氧化能力，能够将大部分有机物氧化降解为低毒或无毒的小分子物质，甚至直接矿化。因此，高级氧化技术备受关注。表 11-7 列出了常见氧化剂的还原反应和标准平衡电位。

表 11-7　常见氧化剂的还原反应和标准平衡电位

| 氧　化　剂 | 还　原　反　应 | $E^\ominus$/V |
|---|---|---|
| $F_2$ | $F_2 + 2H^+ + 2e \longrightarrow 2HF$ | 3.05 |
| $\cdot OH$ | $\cdot OH + H^+ + e \longrightarrow H_2O$ | 2.80 |
| $SO_4^-$ | $SO_4^- + e \longrightarrow SO_4^{2-}$ | 2.60 |

续表

| 氧化剂 | 还原反应 | $E^{\ominus}$/V |
|---|---|---|
| $FeO_4^{2-}$ | $FeO_4^{2-}+8H^{+}+3e \longrightarrow Fe^{3+}+4H_2O$ | 2.20 |
| $S_2O_8^{2-}$ | $S_2O_8^{2-}+2e \longrightarrow 2SO_4^{2-}$ | 2.01 |
| $HSO_5^{-}$ | $HSO_5^{-}+H^{+}+e \longrightarrow SO_4^{-}+H_2O$ | 1.82 |
| $H_2O_2$ | $H_2O_2+2H^{+} \longrightarrow 2H_2O$ | 1.76 |
| $MnO_4^{-}$ | $MnO_4^{-}+4H^{+}+3e \longrightarrow MnO_2+2H_2O$ | 1.67 |
| $\cdot HO_2$ | $\cdot HO_2+3H^{+}+3e \longrightarrow 2H_2O$ | 1.65 |
| $MnO_4^{-}$ | $MnO_4^{-}+8H^{+}+5e \longrightarrow Mn^{2+}+4H_2O$ | 1.51 |
| $\cdot HO_2$ | $\cdot HO_2+H^{+}+e \longrightarrow H_2O_2$ | 1.44 |
| $Cr_2O_7^{2-}$ | $Cr_2O_7^{2-}+14H^{+}+6e \longrightarrow 7H_2O+2Cr^{3+}$ | 1.36 |

(3) 化学还原法。

化学还原法主要用于处理含有汞、铬等重金属离子或有机氯污染物的废水。例如用废铁屑、废铜屑、废锌粒等比汞活泼的金属作还原剂处理含汞废水，将上述金属放在过滤装置中，当废水流过金属滤层时，废水中的 $Hg^{2+}$ 即被还原为金属汞：

$$Fe(Zn,Cu)+Hg^{2+} \longrightarrow Fe^{2+}(Zn^{2+},Cu^{2+})+Hg$$

生成的铁(锌、铜)汞渣经焙烧炉加热，可以回收金属汞。

对于含铬废水，可先用硫酸酸化(pH=3～4)，然后加入 5%～10%的硫酸亚铁，使废水中的六价铬还原为三价铬：

$$6Fe^{2+}+Cr_2O_7^{2-}+14H^{+} \longrightarrow 6Fe^{3+}+2Cr^{3+}+7H_2O$$

然后加入石灰，降低酸度，调整 pH 为 8～9，三价铬离子形成难溶于水的氢氧化铬沉淀，经自然沉降而与水分离：

$$2Cr^{3+}+3Ca(OH)_2 \longrightarrow 2Cr(OH)_3+3Ca^{2+}$$

此外，人们受高级氧化技术的启发，将还原剂与活化技术相结合，发展出了高级还原技术，即利用产生的还原性活性物种，如水合电子、氢原子、亚硫酸根自由基等还原降解目标污染物。表 11-8 列出了几种常见还原剂的标准氧化还原电位。由该表可知，高级还原技术使用的水合电子或氢原子具有较强的还原能力，例如水合电子的标准氧化还原电位低至 −2.9 V，对卤化物、酮类等具有高反应活性和选择性。高级还原技术不仅可处理上述难降解的氯代有机物、无机污染物，而且对新兴污染物，如全氟辛酸、阿替洛尔等，均有良好的处理效果。

**表 11-8　几种常见还原剂的标准氧化还原电位**

| 还原剂 | 标准氧化还原电位/V |
|---|---|
| $e_{aq}$ | −2.9 |
| $Na^{+}/Na$ | −2.71 |
| $H\cdot/H_2O$ | −2.3 |
| $Zn^{2+}/Zn$ | −0.762 |
| $SO_2^{-}\cdot/SO_3^{2-}$ | −0.66 |
| $Fe^{2+}/Fe$ | −0.44 |

续表

| 还 原 剂 | 标准氧化还原电位/V |
| --- | --- |
| $Cu^{2+}/Cu$ | −0.337 |
| $H^+/H_2$ | 0 |
| $SO_3^- \cdot /SO_3^{2-}$ | +0.63～+0.84 |

物理化学处理法是指利用物理和化学的综合作用使废水得到净化的方法，常用的有吹脱、吸附、萃取、离子交换、电解等方法，有时也归类于化学法。应该指出的是，不同的处理方法有与其自身的特点相适应的处理对象，需合理地选择和采用。例如，对于成分复杂的废水，采用化学沉淀法往往难以达到排放或回用的要求，需与其他处理方法联合使用。

## 11.4 土壤污染与治理

### 11.4.1 土壤污染物类型及特点

土壤中的污染物主要分为无机污染物、有机污染物和放射性污染物。其中，无机污染物以重金属为主，如铅、镉、汞、砷、铬、铜、锌、镍等；有机污染物种类繁多，包括三氯乙烯、苯系物等挥发性有机污染物，以及有机农药、多环芳烃、多氯联苯、溴系阻燃剂等半挥发性有机污染物；放射性污染物有$^{137}Cs$、$^{90}Sr$等。土壤中的污染物来源广，如矿山和石油开采、工业废弃物倾倒、农药化肥施用、核原料开采、大气层核爆炸、大气或水体中的污染物质的迁移和转化等。在我国，土壤污染主要包括五种类型：农田耕地土壤污染、矿山开采土壤污染、石油开采土壤污染、工业场地土壤污染和垃圾填埋场土壤污染。

相较于大气和水体污染，土壤中的污染物不仅难被感官察觉，而且不易迁移、扩散和稀释，因此土壤污染具有隐蔽性强、滞后期长和易累积的特点。土壤性质差异较大，而且污染物在土壤中迁移慢，导致污染物空间分布不均、差异大。有机污染物在土壤中的半衰期较长，而重金属污染的土壤可能要上百年，甚至上千年的时间才能够恢复。因此，土壤污染一旦发生，仅仅采用切断污染源的方法很难使其依靠自净能力而恢复。

### 11.4.2 污染土壤的修复技术

土壤修复是去污染、降毒性、化危险、复质量的综合净化过程，可使土壤恢复生产力、场地安全健康、矿区及湿地生态安全和景观美化。污染土壤的修复包括生物修复、物理修复、化学修复及联合修复。

生物修复包括**植物修复**和**微生物修复**两大类。植物修复包括利用植物的积累性吸附提取、利用其代谢功能降解修复、利用其转化功能挥发修复等。可被植物修复的污染物有重金属、农药、石油和持久性有机污染物等。例如十字花科遏蓝菜已被发现是一种对重金属 Cd 和 Zn 具有超积累能力的植物；杂交杨树可吸收三氯乙烯，并将其降解为三氯乙醇、氯代酮，最终转化为 $CO_2$。微生物能以有机污染物为碳源和能源进行代谢而降解有机污染物，例如硫磺蜡蘑、紫晶蜡蘑、漆蜡蘑等菌根真菌，紫羊茅、海滨碱茅、紫车轴草等植物在一定浓度石油存在下能被刺激生长，为菌根生物修复原油污染的土壤提供了可能。微生物虽然不能降解和破坏金属，但可通过胞外络合、沉淀、氧化还原反应或胞内积累等途径使金属在环境中迁移与转化。

生物修复法具有绿色环保、成本低的特点，且修复过程对周边环境的扰动小，其关键是研发高效吸收污染物的植物种类及筛选和驯化特异性高效降解污染物的微生物菌株。

物理修复是指通过各种物理过程将污染物从土壤中除去或分离的技术。目前，研究较多的是**热处理法**，包括**热脱附**和**热固定**。前者是利用加热除去土壤中挥发性金属及有机物，如砷、汞、三氯乙烯等；后者是利用加热将金属固定下来，例如，矿物上的 $Cu(OH)_2$ 可在高温下转化为难溶解的 CuO 而固定在矿物表面。

**【扩展阅读】**
**可持续发展与环境保护**

化学修复是利用化学试剂与污染物之间的化学反应来减少或消除土壤中的污染，包括固定-稳定化、化学淋洗、化学氧化/还原、电动修复等。固定-稳定化主要用于处理重金属污染的土壤，通过向土壤中加入化学试剂或材料，将重金属转化为不溶性或迁移性低、毒性小的物质。常用的固化稳定剂有水泥、石灰、沥青及稳定化药剂(如铁酸盐、硫化钠)等。例如，铬渣清理后的堆场污染土壤多采用水泥固化处理；石灰固化适用于处理酸性废渣；砷渣的处置一般是先加入氧化剂将 $As^{3+}$ 氧化为 $As^{5+}$，再加入稳定剂和/或沉淀剂将砷固定，降低砷的浸出浓度。化学淋洗是将淋洗剂注入土壤中，借助淋洗溶剂或其中的化学试剂提高污染物的迁移性，然后把含有污染物的淋洗剂抽提出来并集中处理，达到清洁土壤的目的。针对重金属污染土壤，常用的化学试剂有乙二胺四乙酸(EDTA)、无机酸、小分子有机酸等，而表面活性剂常用于洗脱土壤中的有机污染物，原因在于大多数有机污染物的土壤-水分配系数较大。化学氧化/还原是通过向土壤中加入氧化剂或还原剂，使其与污染物发生化学反应来减少或消除土壤中的污染。例如，基于过硫酸盐的高级氧化技术可高效降解土壤中有机污染物，甚至多环芳烃和多氯联苯等 POPs；零价铁还原脱氯可用于有机氯农药污染土壤的修复。电动修复是指在电场作用下将土壤中的污染物通过电泳、电渗流或电迁移等方式从土壤中除去的过程，适用于处理重金属及可溶性有机物污染的土壤。

## 本章知识要点

1. 基本概念：环境科学、环境化学、环境污染、光化学烟雾、酸雨、温室效应、臭氧层空洞、$PM_{2.5}$、新兴污染物、持久性有机污染物、环境内分泌干扰物、微塑料。

2. 大气污染、水体污染和土壤污染的异同点。

3. 基本原理：烟气脱硫和烟气脱硝技术；化学沉淀法、化学氧化法、高级氧化技术和高级还原技术；固定-稳定化技术、化学淋洗技术。

## 习　题

1. 观察你生活的环境，分析各种环境污染的来源、这些污染的危害，以及可行的改善方法。

2. 以牺牲环境为代价来发展经济，你认为科学吗？请分析。

3. 大气污染主要有什么类型？

4. “酸雨中的酸性物质越多，酸性就越强”，这种说法对不对？

5. 燃煤烟气脱硫是控制 $SO_2$ 排放的有效途径之一，但会产生大量的脱硫副产物——脱硫灰渣，请提出一种脱硫灰渣资源化利用的方法。

6. 持久性有机污染物的生态毒性和环境半衰期与哪些因素有关？这类物质在化学结构上有什么共同的特点？

7．与白色污染相比，微塑料对环境和生态的危害更大，请分析原因。

8．什么是高级氧化技术？与传统氧化法相比，它有什么特点？

9．砷渣的处置过程一般是先预氧化，再加入稳定剂和/或沉淀剂将砷固定。常用的氧化剂、稳定剂和沉淀剂有哪些？

10．利用超富集植物修复重金属污染土壤是一种极具发展潜力的技术，你觉得应如何处置富集了重金属的植物？

# 第12章　生命化学基础

**【内容提要】** 构成生命的物质很多，其中蛋白质、核酸、糖、脂是四大基本物质。本章介绍了氨基酸、蛋白质、糖、核酸和脂的基本概念、组成和结构。此外，本章还介绍了生物体必需无机元素的主要生理功能及其与人体健康的关系。构成生命的物质都在不停地发生着化学反应，伴随着物质代谢和能量代谢，这些化学过程对生命活动和健康产生重要影响。最后本章介绍了植物的光合作用和生物体内的自由基反应。

生物界是一个多层次的复杂结构体系，历经数亿年的发展变化。从微生物到人类，地球上大约200万种生物呈现出绚丽多彩、姿态万千的生命世界。生命科学以生物体的生命过程为研究对象，是生物学、化学、物理学、数学、医学、环境科学等学科之间相互渗透形成的交叉学科。而研究生命科学对解决粮食、能源、人体健康等人类社会主要问题有重要作用。因此对生命科学，特别是对构成生物体的蛋白质、核酸、糖、脂等基本物质，以及与生命现象有关的化学过程有一个粗略的了解，是十分必要的。

## 12.1　氨基酸、蛋白质与酶

### 12.1.1　氨基酸

蛋白质(protein)是由多种α-氨基酸按一定的序列通过肽键(酰胺键)缩合而成的具有一定功能的生物大分子。生物体内的大部分生命活动，是在蛋白质的参与下完成的。所有的蛋白质都含有C、H、O、N元素，大多数蛋白质还含有S或P元素，有些蛋白质还含有微量的Fe、Cu、Zn等元素。蛋白质完全水解的产物为氨基酸(amino acid)，说明氨基酸是蛋白质的基本组成单位。蛋白质的种类繁多，功能迥异，各种特殊功能是由蛋白质分子中氨基酸的顺序决定的，氨基酸是构成蛋白质的基础。

生物体中用于合成蛋白质的氨基酸有20种，这些氨基酸称为**基本氨基酸或标准氨基酸**。除了脯氨酸以外，其余19种都是氨基($—NH_2$)位于α-碳原子上的α-氨基酸，它们的通式可用$R—CH(NH_2)COOH$来表示。蛋白质中的氨基酸都是L-构型。

氨基酸中的R基是各种氨基酸的特征基团，由于R基在基团大小、形状、电荷、极性、形成氢键的能力及化学活性等方面都有差异，因此不同氨基酸具有不同的物理、化学特性。最简单的氨基酸是甘氨酸，其中R基是一个H原子。按照R基组成的不同，氨基酸可分为脂肪族氨基酸、芳香族氨基酸、杂环氨基酸和杂环亚氨基酸。按照R基极性的不同，氨基酸又可分为非极性R基氨基酸、极性不带电荷的R基氨基酸、极性带正电荷的R基氨基酸和极性带负电荷的R基氨基酸。组成蛋白质的20种氨基酸的分类及结构式如图12-1所示。

此外，根据机体能否自身合成，20种氨基酸还可以分为**必需氨基酸**和**非必需氨基酸**。凡是机体不能自己合成，必须从外界(如食物中)获取的氨基酸称为必需氨基酸。机体不能合成苏氨酸、赖氨酸、甲硫氨酸、色氨酸、苯丙氨酸、缬氨酸、亮氨酸和异亮氨酸，必须由食物供给，此八种氨基酸属于必需氨基酸。而其余机体能自己合成的氨基酸称为非必需氨基酸。

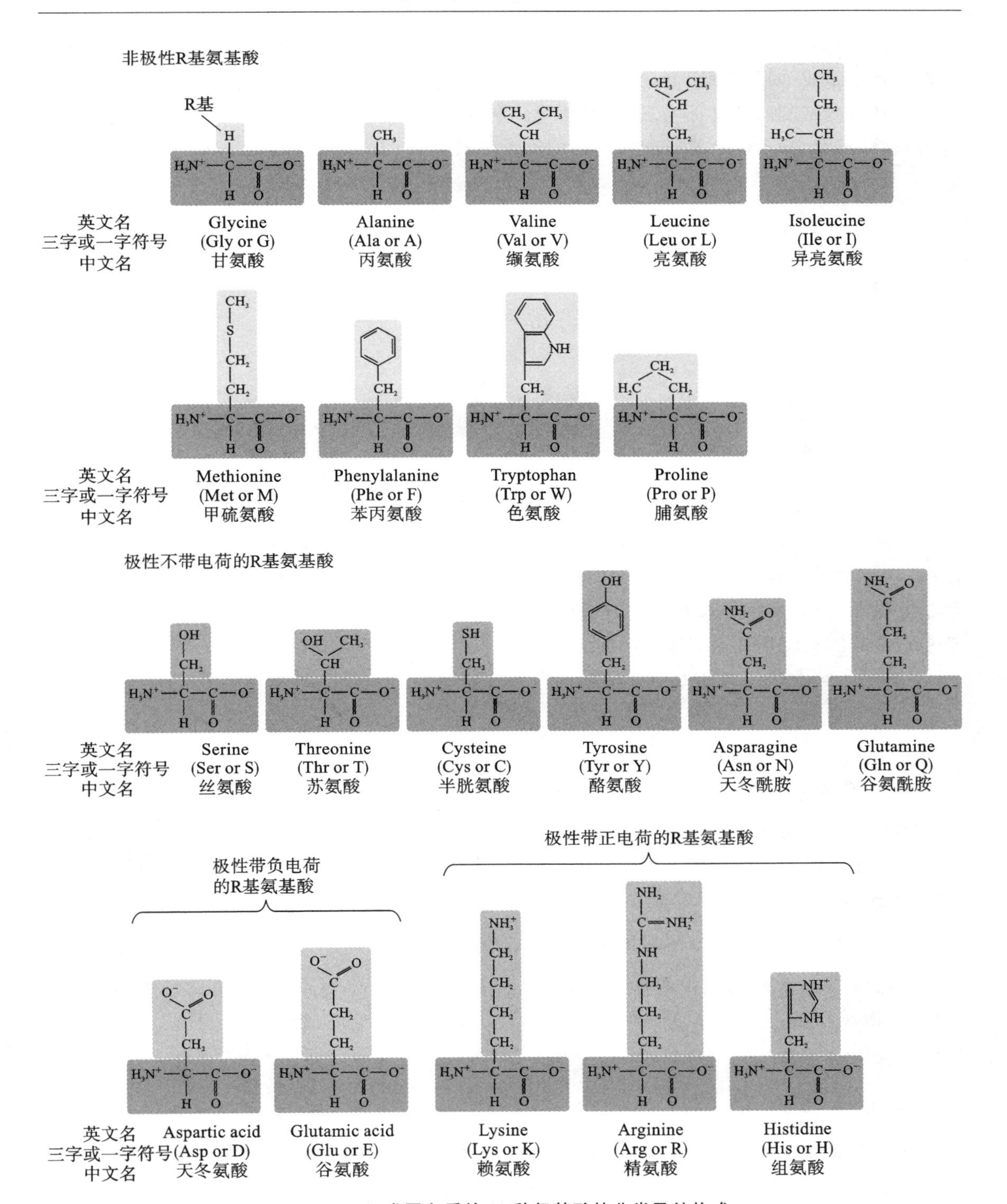


**图 12-1　组成蛋白质的 20 种氨基酸的分类及结构式**

### 12.1.2　肽键和多肽

蛋白质分子中氨基酸连接的基本方式是肽键(酰胺键)。一分子氨基酸的羧基与另一分子氨基酸的氨基，通过脱水缩合反应，形成一个肽键(见图 12-2)，新生成的化合物称为肽

(peptide)。形成肽键后,氨基酸已不是原来的氨基酸,称为**氨基酸残基**。最简单的肽由两个氨基酸残基组成,叫作**二肽**,例如,两个甘氨酸分子缩合成二肽——甘氨酰甘氨酸。具有三个、四个氨基酸残基的肽分别称为**三肽**、**四肽**等。具有超过 12 个而不多于 20 个氨基酸残基的肽称为**寡肽**,具有 20 个以上氨基酸残基的肽称为多肽。

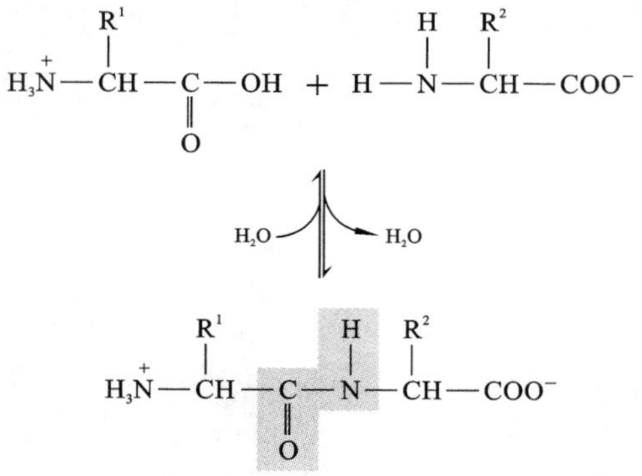

$$H_3\overset{+}{N}-CH(R^1)-C(=O)-OH + H-N(H)-CH(R^2)-COO^- \underset{H_2O}{\overset{H_2O}{\rightleftharpoons}} H_3\overset{+}{N}-CH(R^1)-C(=O)-N(H)-CH(R^2)-COO^-$$

**图 12-2　肽键的形成**

多肽链是一个没有分支的、有规则地重复的结构,但有很多的 R 基,图 12-3 所示为一个五肽(Ser-Gly-Tyr-Ala-Leu)的结构。多肽链具有方向性,因为它的结构单元的两端不同,即一端是 α-氨基,另一端是 α-羧基。按照惯例,氨基端称为多肽的头,羧基端称为多肽的尾,多肽链中氨基酸的顺序是从氨基端写起的。

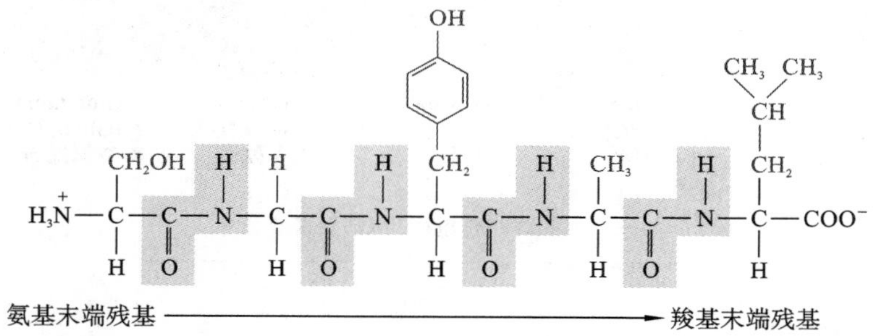

$$H_3\overset{+}{N}-CH(CH_2OH)-C(=O)-NH-CH_2-C(=O)-NH-CH(CH_2C_6H_4OH)-C(=O)-NH-CH(CH_3)-C(=O)-NH-CH(CH_2CH(CH_3)_2)-COO^-$$

氨基末端残基 ——→ 羧基末端残基

**图 12-3　一个五肽(Ser-Gly-Tyr-Ala-Leu)的结构**

**【扩展阅读】**
**生物活性肽**

蛋白质部分水解,可以生成各种大小不一的多肽。此外,生物体内还有很多活性肽(active peptide)游离存在,它们具有各种特殊的生物学功能,有促进免疫、激素调节、抗菌、降血压、降血糖等作用。

## 12.1.3　蛋白质

蛋白质是由各种氨基酸通过肽键连接而成的多肽链、再由一条或一条以上的多肽链按各自特殊方式组合成具有完整生物活性的大分子,其相对分子质量一般为 5000～1000000。蛋白质是生物体内组建生命结构、进行生命活动的最主要的功能分子(见图 12-4),在几乎所有的生命活动中起着关键作用。如果说基因是生命的指导者,则蛋白质就是生命的执行者。没有蛋白质,遗传信息就不能表达为生命的性状,指导生命活动,控制生物体的生长和发育(见图 12-5)。

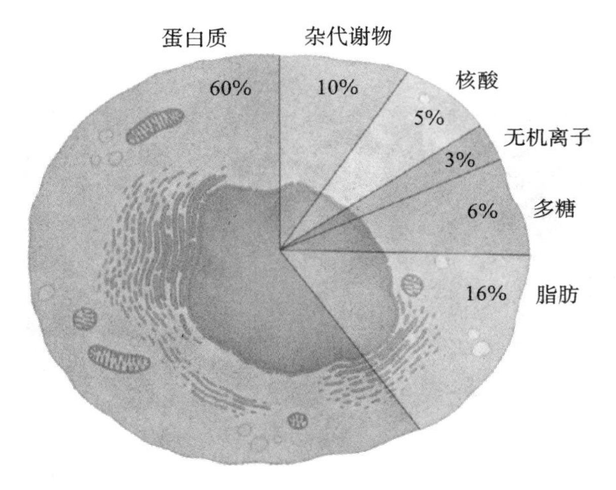


图 12-4 细胞内各种物质所占比例

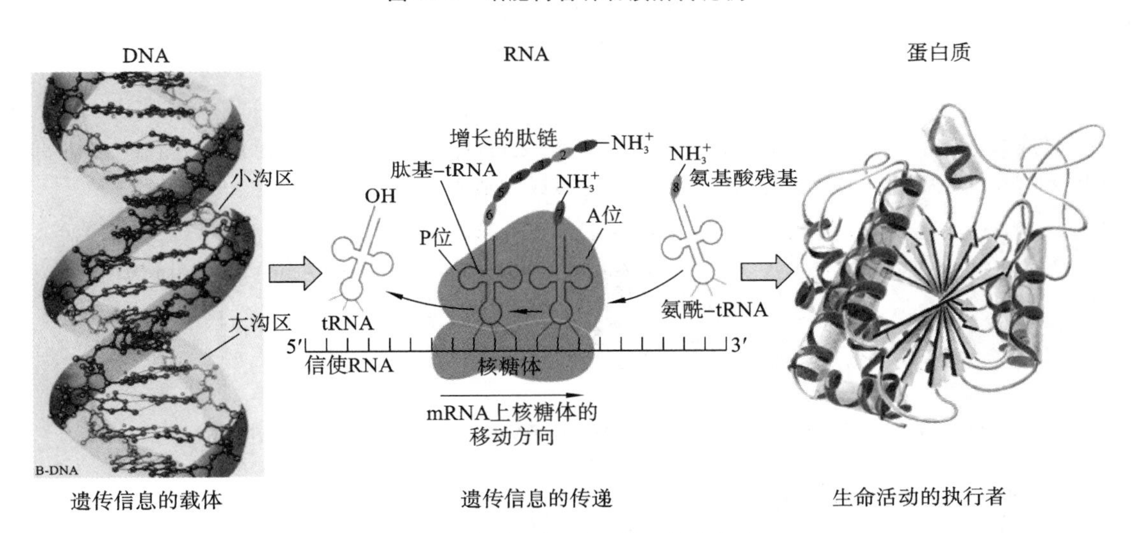


图 12-5 蛋白质是生命活动的执行者

**1）蛋白质的种类**

蛋白质的种类很多，按分子形状来分有**球状蛋白**和**纤维状蛋白**，如图 12-6 所示。球状蛋白溶于水、易破裂，具有活性功能，而纤维状蛋白不溶于水，坚韧，具有结构或保护方面的功能，头发和指甲中的角蛋白就属于纤维状蛋白。按化学组成来分有**简单蛋白**与**复合蛋白**，简单蛋白只由多肽链组成，复合蛋白由多肽链和辅基组成，辅基包括核苷酸、糖、脂、色素（动植物组织中的有色物质）和金属离子等。

**2）蛋白质的结构**

为了表示蛋白质结构的不同层次，经常使用一级结构、二级结构、三级结构和四级结构这样一些专门术语。蛋白质的一级结构是指多肽链中的氨基酸序列，二级、三级和四级结构又称为空间结构（即三维结构）或高级结构。蛋白质的生物功能取决于它的高级结构，如果改变外界环境而破坏了蛋白质的高级结构，则蛋白质的生物功能就会丧失。蛋白质的高级结构又是由一级结构即氨基酸序列决定的，而氨基酸序列是由遗传物质 DNA 的核苷酸序列决定的。因此，蛋白质的一级结构是最重要的，它包含决定蛋白质高级结构的因素。图 12-7 所示为牛

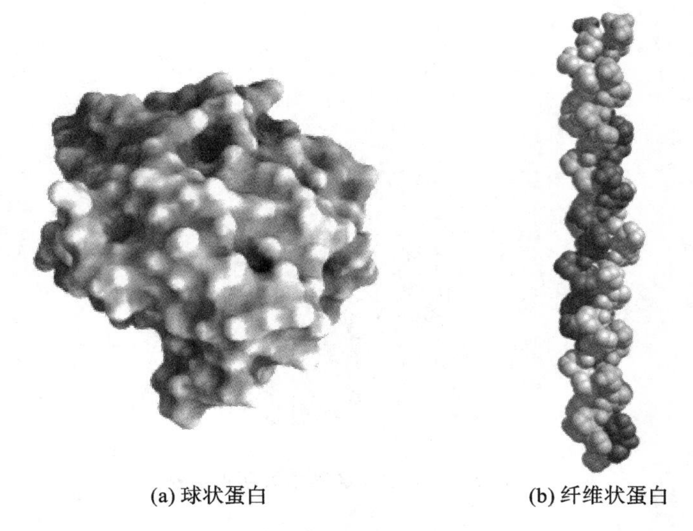

(a) 球状蛋白　　(b) 纤维状蛋白

**图 12-6　球状蛋白和纤维状蛋白**

胰岛素的一级结构。牛胰岛素的相对分子量为 5734，由 A、B 两条肽链组成。A 链由 21 个氨基酸组成，B 链由 30 个氨基酸组成。A 链和 B 链之间通过两个二硫键相连，另外 A 链内部 6 位和 11 位上的两个半胱氨酸通过二硫键相连形成链内小环。

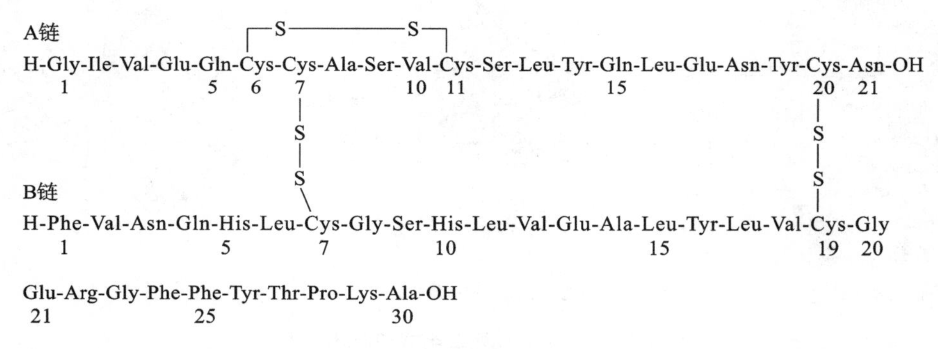


**图 12-7　牛胰岛素的一级结构**

蛋白质的二级结构是指蛋白质分子中多肽链有规则的旋转或折叠方式，包括 α-螺旋、β-折叠片、β-转角等，如图 12-8 所示。其中，α-螺旋是蛋白质中最常见、最典型、最丰富的二级结构元件。在这种结构中，氨基酸形成螺旋圈，肽键中和氮原子相连的氢，与沿链更远处的肽键中和碳原子相连的氧以氢键相结合。例如，毛发中纤维状蛋白的多肽链的结构就是 α-螺旋结构，如图 12-9 所示。

蛋白质的三级结构主要针对球状蛋白质而言，是指多肽链上所有原子（包括主链和侧链）在三维空间的分布和走向。一般来讲，球状蛋白折叠得非常紧密，呈球形，如图 12-10 所示的肌红蛋白的三级结构。肌红蛋白是一条多肽链高度折叠、外圆内空的球状蛋白质，包含 8 段长度为 7～24 个氨基酸残基的 α-螺旋，几乎所有的极性氨基酸侧链均分布在分子表面，大部分疏水氨基酸侧链埋藏在分子内部，形成疏水微区结构。在肌红蛋白靠近表面的疏水微区中存在一个含 $Fe^{2+}$ 的血红素（heme）基团，它是肌红蛋白发挥贮存氧气功能的关键结构，血红素中 $Fe^{2+}$ 与氧气分子通过配位键结合。

某些蛋白由两条或两条以上具有三级结构的多肽链组成，这些肽链按一定的空间形状组

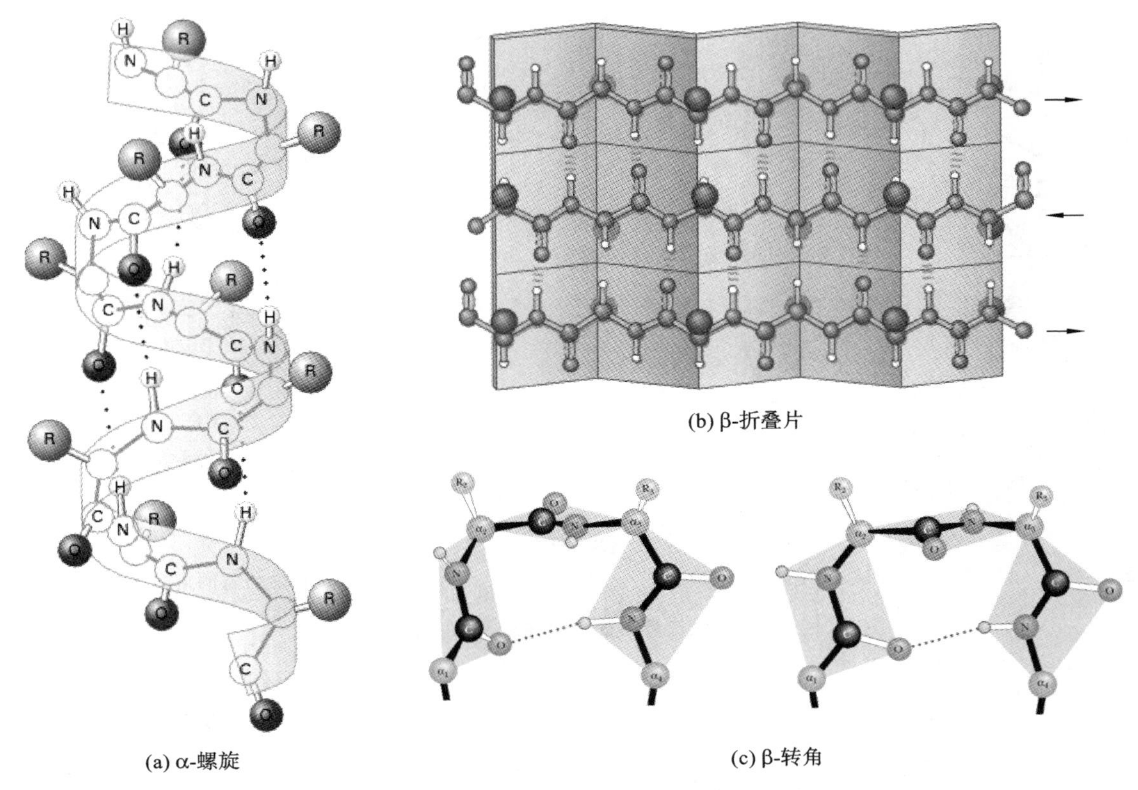


图 12-8　几种常见的蛋白质的二级结构元件(虚线表示氢键)

合到一起所得到的结合物称为蛋白质的四级结构。血红蛋白(hemoglobin)是含有 4 条多肽链的四聚体,每条多肽链都如同肌红蛋白一样含有一个血红素辅因子,血红素是血红蛋白发挥载氧功能的关键结构,如图 12-11 所示。

**3) 蛋白质的功能**

蛋白质是细胞内四大有机物(蛋白质、脂质、糖类、核酸)中含量最高的一类有机化合物,其种类很多,在细胞中具有的功能也很多。

(1) 催化。蛋白质最重要的一种功能是作为生物体新陈代谢的催化剂——酶,大部分酶都是蛋白质。

(2) 结构。蛋白质另一个主要生物功能是作为有机体的结构成分,细胞外的蛋白质参与高等动物结缔组织和骨骼的形成。

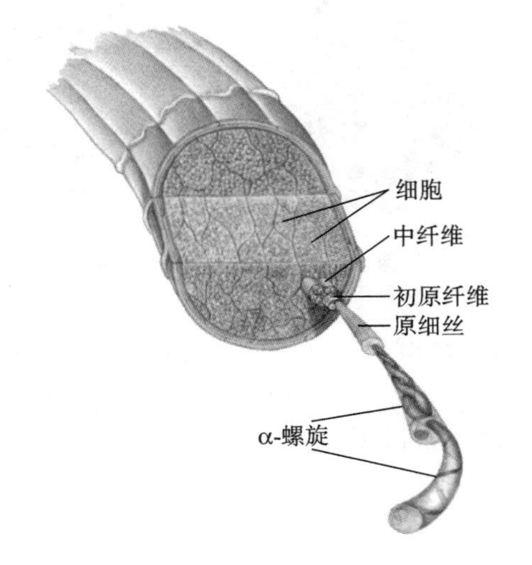


图 12-9　毛发中纤维状蛋白的多肽链的结构

(3) 储藏氨基酸。蛋白质还具有储藏氨基酸的功能,用作有机体及其胚胎或幼体生长发育的原料。

(4) 运输。某些蛋白质还具有运输功能,例如,血红蛋白在呼吸过程中起运送氧气的作用。

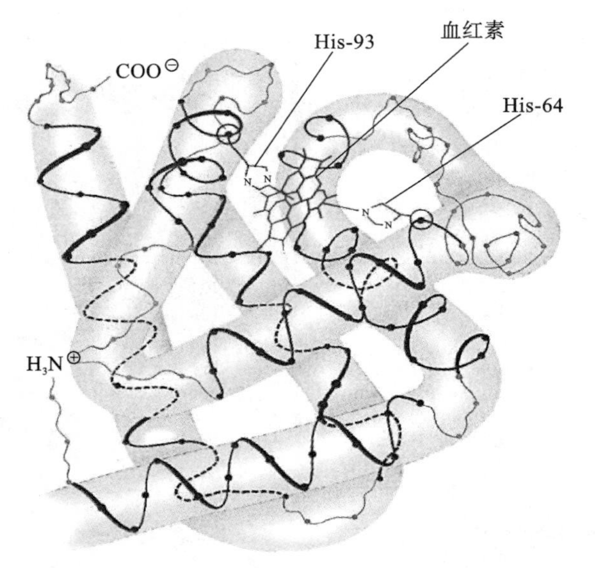


(a) 肌红蛋白的三级结构



(b) 血红素的结构

图 12-10　肌红蛋白的三级结构和血红素的结构

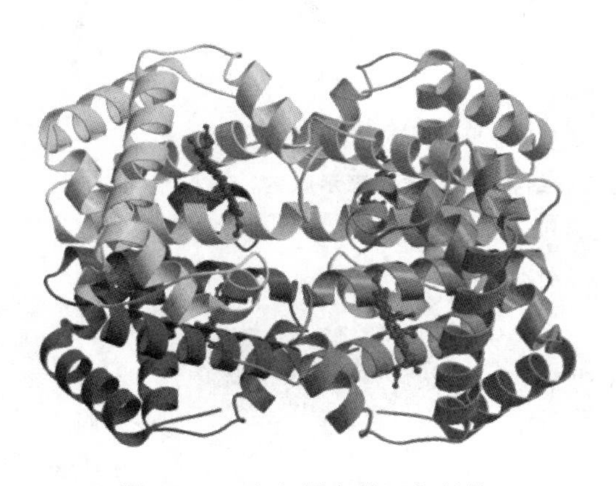

图 12-11　血红蛋白的四级结构

(5) 运动。有些蛋白质还具有运动功能，例如，肌动蛋白可以和腺嘌呤核苷三磷酸(ATP)相互作用而引起机械弹性改变。

(6) 激素。有些蛋白质具有激素功能，对生物体的新陈代谢起调节作用，例如，胰岛素参与血糖的新陈代谢。

(7) 免疫。高等动物的免疫反应是有机体的一种防御机能，免疫球蛋白作为抗体是在外来蛋白质或其他高分子化合物即所谓抗原影响下产生的，并能与相应的抗原结合而排除外来物对有机体的干扰。

(8) 受体。起接受和传递信息作用的受体也是蛋白质，如接受外界刺激的感觉蛋白。

(9) 调控。蛋白质又一个重要功能是调控细胞的生长、分化和遗传信息的表达，如组蛋白、阻遏蛋白等。

### 12.1.4　酶

酶(enzyme)是生物细胞产生的、生物体内进行新陈代谢不可或缺的、受多种因素调节控制的生物催化剂。酶在生物体内无处不在，没有酶，生物就不能存在。人体对食物的消化、吸收，通过食物获取能量，以及生物体内复杂的代谢过程都包含许多化学反应，必须有不同的酶参与反应。这些专一性的酶组成一系列酶的催化体系，保证生物体内各种代谢过程的顺利进行。酶对人类的生产、生活和健康具有重要的意义，利用酶，人们可以酿造美酒、制作美食、生产舒适的衣服，还可以诊断(见表 12-1)和治疗各种疾病。很多药物都是酶抑制剂，酶是药物设计与开发的重要依据。

表 12-1　用于临床疾病诊断的一些血清酶

| 酶 | 主 要 来 源 | 主要临床应用 |
| --- | --- | --- |
| 淀粉酶 | 唾液腺、胰腺、卵巢 | 胰腺疾患 |
| 碱性磷酸酶 | 肝、骨、肠黏膜、肾、胎盘 | 骨病、肝胆疾患 |
| 酸性磷酸酶 | 前列腺、红细胞 | 前列腺癌、骨病 |
| 谷丙转氨酶 | 肝、心、骨骼肌 | 肝实质疾患 |
| 谷草转氨酶 | 肝、骨骼肌、心、肾、红细胞 | 心肌梗死、肝实质疾患、肌肉病 |
| 肌酸激酶 | 骨骼肌、脑、心、平滑肌 | 心肌梗死、肌肉病 |
| 乳酸脱氢酶 | 心、肝、骨骼肌、红细胞、血小板、淋巴结 | 心肌梗死、溶血、肝实质疾患 |
| 胆碱酯酶 | 肝 | 有机磷中毒、肝实质疾患 |

**1）酶是生物催化剂**

酶是生物催化剂，这个概念包含两层含义。

（1）酶是催化剂，具有一般催化剂的共性：能够显著提高化学反应速率，使化学反应很快达到平衡，但酶对反应的平衡常数没有影响；酶参与化学反应过程，但其自身的数量和化学性质在反应前后均保持不变，因此可以反复使用。

（2）酶是生物催化剂，一般的催化剂多为小分子，如金属离子和金属氧化物等，但酶是生物大分子，具有复杂的结构，绝大多数酶是蛋白质，也有一些 RNA 具有催化功能，称为核酶。因此，酶具有不同于一般催化剂的一些特点。

①酶具有高度的专一性，专一性是指酶对其催化反应的类型和反应物有严格的选择性。酶催化的化学反应称为**酶促反应**，反应物通常称为酶的底物。酶与一般的催化剂不同，只能作用于一类甚至是一种底物。例如，氢离子可以催化淀粉、纤维素和蔗糖的水解反应，而淀粉酶只能催化淀粉的水解反应，纤维素酶只能催化纤维素的水解反应，蔗糖酶只能催化蔗糖的水解反应。又如，脲酶只能催化尿素水解生成 $NH_3$ 和 $CO_2$，而对尿素的衍生物和其他物质都不具有催化水解的作用，也不能使尿素发生其他反应。酶的专一性是由酶的结构特别是酶活性部位（即反应发生的位置）的结构特异性决定的。例如，麦芽糖酶是一种只能催化麦芽糖水解为两分子葡萄糖的催化剂，这是因为麦芽糖酶的活性部位能准确地结合一个麦芽糖分子，当两者相遇时，两个单糖单位相连接的糖苷键变弱，产生的结果是水分子进入并发生水解反应。麦芽糖酶不能使蔗糖水解，使蔗糖水解的酶是蔗糖酶。

②酶促反应所需要的活化能低，催化效率非常高。例如，$H_2O_2$ 分解为 $H_2O$ 和 $O_2$ 所需的活化能是 75.3 kJ/mol，用胶态铂作催化剂时活化能降为 49 kJ/mol；用过氧化氢酶催化时活化能为 8 kJ/mol 左右，而且 $H_2O_2$ 的分解效率可提高 $10^9$ 倍。

③酶催化反应都是在比较温和的条件下进行的，例如，人体中的各种酶促反应，一般是在体温（37 ℃）和血液 pH 约为 7 的情况下进行的。

④酶对周围环境的变化比较敏感，若受到高温、强酸、强碱、重金属离子或紫外线照射等因素的影响，酶易失去它的催化活性。

**2）酶的化学组成**

绝大多数的酶是蛋白质。从酶的化学组成来看，酶可分为**单纯酶**和**结合酶**两大类，如图

12-12 所示。单纯酶的分子组成全是蛋白质，不含非蛋白质的小分子物质，例如，核糖核酸酶、脲酶、蛋白酶、淀粉酶、脂肪酶等都属于单纯酶。结合酶的分子组成除了蛋白质以外，还含有对热稳定的非蛋白质的小分子物质，这种非蛋白质部分叫作**辅因子**。酶蛋白与辅因子结合后所形成的复合物称为**"全酶"**，即全酶＝酶蛋白＋辅因子。酶催化时，酶蛋白和辅因子只有同时存在才起作用，二者各自单独存在时，均无催化作用。酶的辅因子可以是金属离子，如 $Cu^{2+}$、$Zn^{2+}$、$Fe^{3+}$、$Mg^{2+}$、$Mn^{2+}$ 等，或金属离子的配合物（如血红素、叶绿素等），也可以是复杂的有机化合物，如 B 族维生素的衍生物（见表 12-2），这也是维生素成为生物生存必需物质的原因之一。

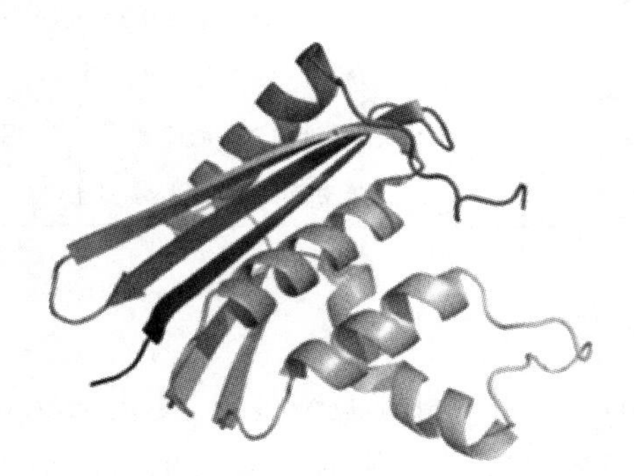

(a) 核糖核酸酶(单纯酶)

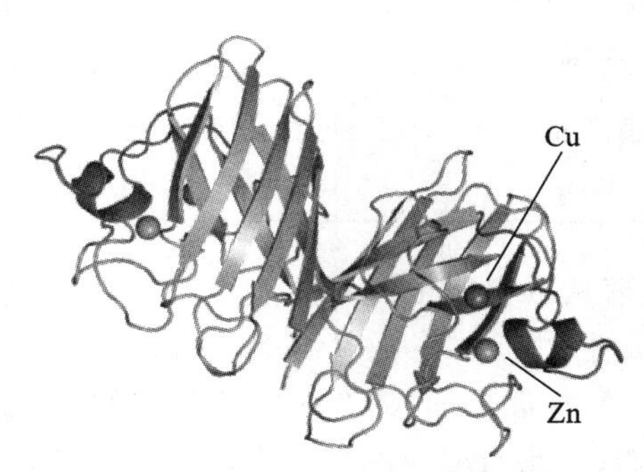


(b) 铜锌超氧化物歧化酶(结合酶)

图 12-12 单纯酶和结合酶示例

表 12-2 B 族维生素的辅酶和辅基形式及其功能

| B族维生素 | 辅酶形式 | 辅基形式 | 功能 |
| --- | --- | --- | --- |
| 维生素 B1 | 硫胺素焦磷酸（TPP） | | 参与 α-酮酸的氧化脱羧 |
| 维生素 B2 | | 黄素单核苷酸（FMN） | 转移氢原子、电子 |
| | | 黄素腺嘌呤二核苷酸（FAD） | 转移氢原子、电子 |
| 维生素 PP | $NAD^+$（辅酶Ⅰ） | | 转移氢原子、电子 |
| | $NADP^+$（辅酶Ⅱ） | | 转移氢原子、电子 |
| 泛酸 | 辅酶 A（CoA） | | 转移酰基 |
| 维生素 B6 | 磷酸吡哆醛 | | 转移氨基 |
| 叶酸 | 四氢叶酸 | | 转移甲基、亚甲基等 |

根据辅因子与酶蛋白结合的松紧程度，辅因子可分为两类，即辅酶和辅基。辅酶通常是与酶蛋白结合比较松弛的小分子有机物，通过透析方法可以从全酶中除去，如辅酶Ⅰ和辅酶Ⅱ等。辅基以共价键与酶蛋白结合，不能通过透析方法除去，需要经过一定的化学处理后才能与酶蛋白分开。细胞色素氧化酶中的血红素、丙酮酸氧化酶中的黄素腺嘌呤二核苷酸（FAD）等都属于辅基。辅酶（辅基）在酶催化作用中通常起着传递电子、原子或某些化学基团的作用。

**3）酶的命名和分类**

酶的命名法有习惯命名法和国际系统命名法。

习惯命名法中，有的根据酶所作用的底物来命名，如淀粉酶、蛋白酶、核糖核酸酶等；有的根据酶所催化的反应的类型命名，如脱氢酶、转移酶等；有的将上述两个原则结合起来命名，如琥珀酸脱氢酶、丙酮酸脱羧酶等；有的在上述基础上加上酶的来源或酶的其他特点命名，例如胃蛋白酶、胰蛋白酶、碱性磷酸酯酶等。

国际系统命名法规定，酶的命名应包括底物名称、反应类型，最后加一“酶”字；两个底物名称间以“:”分隔（底物之一为水，可略去）。由于国际系统命名法比较复杂，国际生物化学与分子生物学联合会命名委员会从酶的习惯名称中选定一个简便实用的作为推荐名，如 L-谷氨酸:$NAD^+$ 氧化还原酶，其推荐名为谷氨酸脱氢酶，催化反应如下：

$$\text{L-谷氨酸} + H_2O + NAD^+ \longrightarrow \alpha\text{-酮戊二酸} + NH_3 + NADH$$

根据酶的作用和功能，酶可分为 6 类：氧化还原酶类（如脱氢酶）、基团转移酶类（如转氨酶）、水解酶类（如淀粉酶）、裂解酶类（如脱羧酶）、异构酶类、连接酶类。

**4）酶工程**

酶工程是指工业上有目的地设置一定的反应器和反应条件，利用酶的催化功能，在一定条件下催化化学反应，生产人类需要的产品或服务于其他目的的一门技术性学科。它包括酶制剂的制备、酶的固定化、酶的修饰与改造及酶反应器等方面的内容。酶工程的应用，主要集中于食品工业、轻工业及医药工业中。酶工程是现代生物工程的重要分支，具有巨大的市场潜力与发展前景。

**【扩展阅读】生物工程、酶工程简介**

## 12.2　糖类

糖类化合物是自然界中分布广泛、数量最多的有机化合物，其是一切生物体维持生命活动所需能量的主要来源，是生物体的结构原料，也是生物体合成其他化合物的基本原料。在化学上，由于糖由碳、氢、氧元素构成，化学式通常以 $C_n(H_2O)_n$ 表示，类似于“碳”与“水”聚合，故又称为碳水化合物。其实糖类化合物是含多羟基的醛类或酮类及其衍生物的化合物。

### 12.2.1　糖的分类

糖类化合物是多羟基醛或多羟基酮及其衍生物，据此可分为醛糖（aldose）和酮糖（ketose）。糖还可以根据结构的复杂性分为单糖、寡糖和多糖。不能再水解的多羟基醛或多羟基酮称为**单糖**。单糖根据碳原子数目可分为丙糖、丁糖、戊糖与己糖。最简单的单糖是丙糖，如甘油醛（醛糖）和二羟丙酮（酮糖），最常见的单糖是己糖，如葡萄糖和果糖，它们的结构式如图 12-13 所示。葡萄糖和果糖分子式都是 $(CH_2O)_6$，差别在于葡萄糖含有一个醛基，称为己醛糖，果糖含有一个酮基，称为己酮糖。常见的单糖还有核糖和脱氧核糖（戊糖），它们的结构式如图 12-14 所示。核糖和脱氧核糖分别是核糖核酸（RNA）和脱氧核糖核酸（DNA）的组成成分。自然界中的戊糖、己糖等都有两种不同的结构，一种是多羟基醛的开链形式结构，另一种是单糖分子中醛基和其他碳原子上羟基经成环反应生成的半缩醛结构。例如，葡萄糖 $C_1$ 与 $C_5$ 上的羟基形成六元环，如图 12-15 所示。

由 2～10 个单糖分子脱水缩合而成的糖称为**寡糖**（又称为低聚糖），在适当条件下寡糖可以水解为单糖。具有营养意义的寡糖是二糖，二糖分布也较为普遍。常见二糖如下。

（1）蔗糖，广泛存在于植物的根、茎、叶、花、果实和种子中，尤以甘蔗和甜菜中含量最高。蔗糖分子是由一个葡萄糖分子和一个果糖分子缩合而成的。

（2）麦芽糖，又称为饴糖，甜度约为蔗糖的一半。麦芽糖分子由两个葡萄糖分子脱水缩合而成。

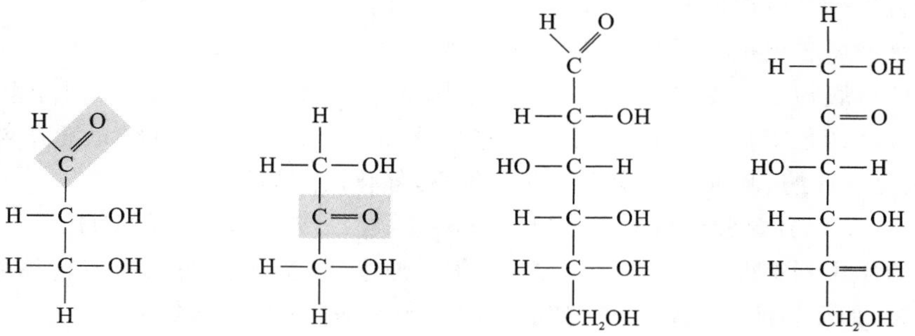

(a) 甘油醛　(b) 二羟丙酮　(c) 葡萄糖　(d) 果糖

图 12-13　甘油醛、二羟丙酮、葡萄糖和果糖的结构式

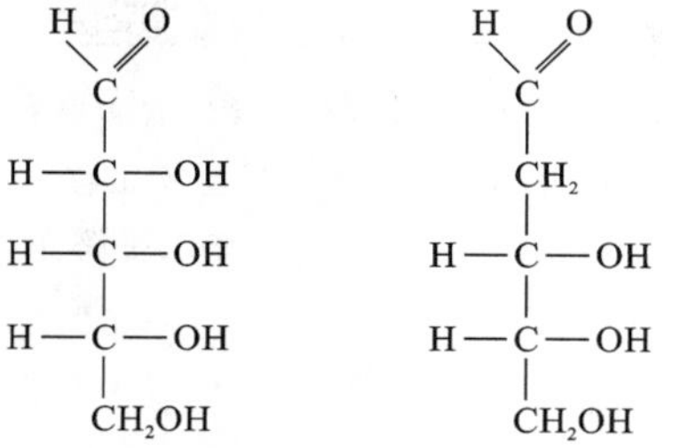

(a) 核糖　(b) 脱氧核糖

图 12-14　核糖和脱氧核糖的结构式

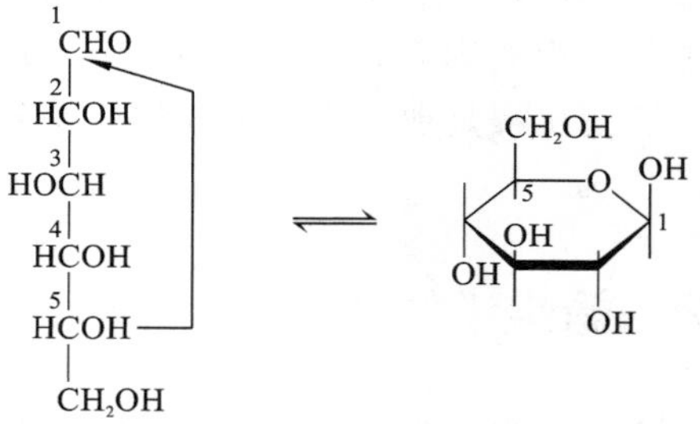

图 12-15　葡萄糖的开链形式结构和环状形式结构的相互转化

(3) 乳糖，因存在于哺乳动物的乳汁中而得名。乳糖分子由一个葡萄糖分子和一个半乳糖分子结合而成。

蔗糖、麦芽糖和乳糖的结构式如图 12-16 所示。

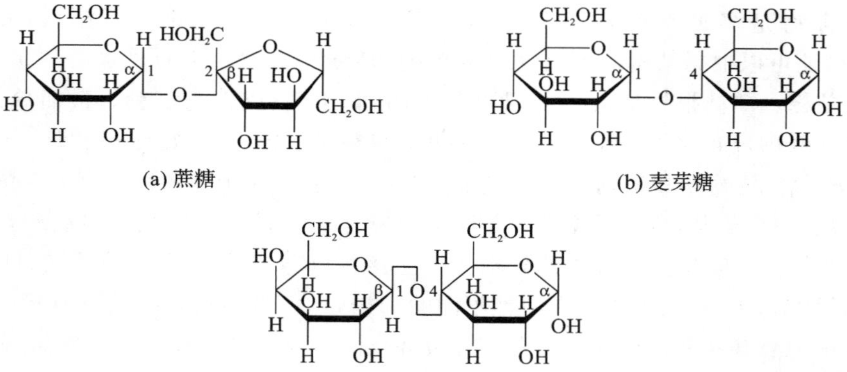

(a) 蔗糖　(b) 麦芽糖

(c) 乳糖

图 12-16　蔗糖、麦芽糖和乳糖的结构式

由几百个甚至几万个单糖分子缩合生成的糖称为**多糖**。多糖广泛存在于自然界中，是一类天然的高分子化合物。多糖在性质上与单糖、寡糖的有很大区别，它没有甜味，一般不溶于水。与生物体关系最密切的多糖是淀粉、糖原和纤维素。

淀粉广泛存在于植物的根、茎、种子中，是贮存多糖，完全水解后得到葡萄糖。天然淀粉一般由直链淀粉和支链淀粉组成。直链淀粉含几百个葡萄糖单位，其分子卷曲成螺旋形结构(见图 12-17)。支链淀粉含几千个葡萄糖单位，每一分支平均含有 20～30 个葡萄糖(见图 12-18)，各分支也都呈螺旋形。天然淀粉多数是直链淀粉与支链淀粉的混合物，但品种不同，两者的比例也不同。例如，糯米、粳米的淀粉几乎全部为支链淀粉，而玉米中约 20% 为直链淀粉，其余为支链淀粉。各类植物的淀粉含量都较高，大米中含淀粉 62%～86%，麦子中含淀粉 57%～75%，玉蜀黍中含淀粉 65%～72%，马铃薯中含淀粉 12%～14%。

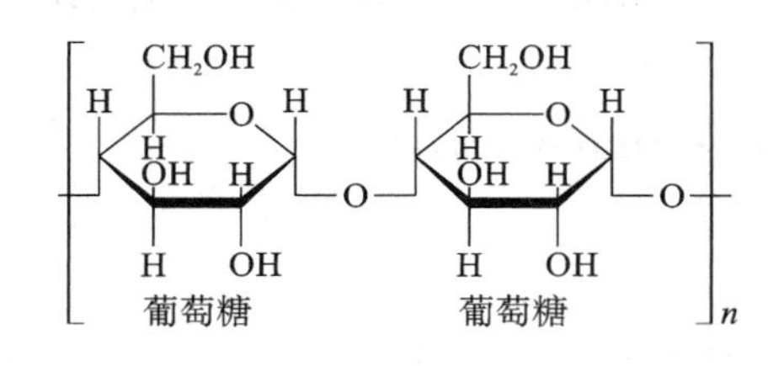


(a) 一级结构

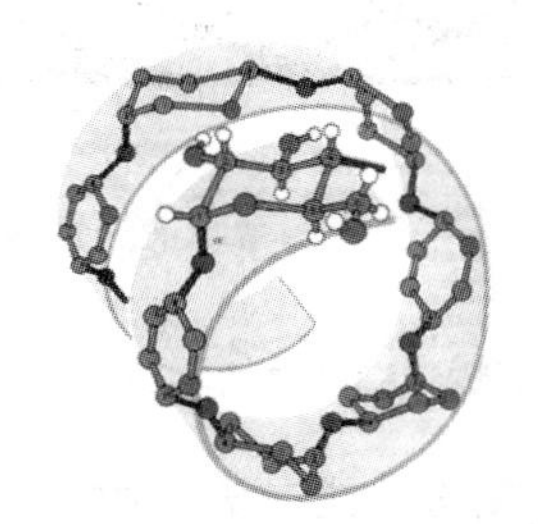

(b) 二级结构（螺旋形结构）

图 12-17　直链淀粉的一级结构和二级结构(螺旋形结构)

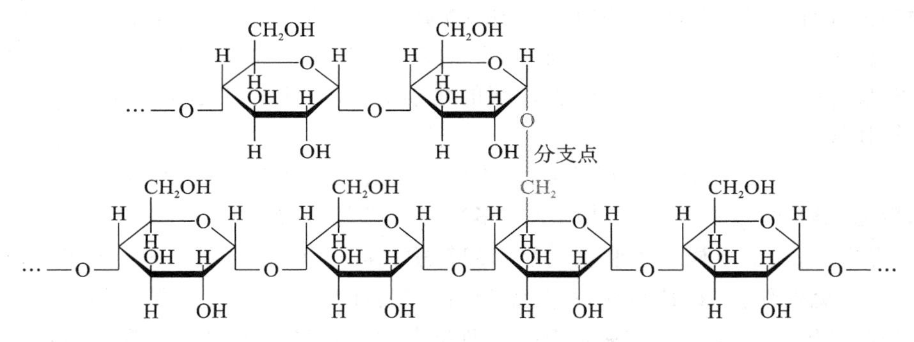


图 12-18　支链淀粉的一级结构

糖原是人和动物体内的贮存多糖，相当于植物体内的淀粉，所以又称为**动物淀粉**，主要存在于动物的肝脏和肌肉中。糖原的结构与支链淀粉的基本相同，只是糖原的分支更多，糖原是无定形无色粉末，较易溶于热水，形成胶体溶液。当动物血液中葡萄糖含量较高时，其就会合成糖原而贮存于动物的肝脏中；当动物血液中葡萄糖含量降低时，糖原就可分解成葡萄糖而供给机体能量。

纤维素是自然界中最丰富的多糖，棉花纤维素含量为 97%～99%，木材中纤维素含量为 41%～53%。纤维素是植物细胞壁的主要组成成分，是植物中的结构多糖，由葡萄糖单位组成，其一级结构是没有分支的链状结构，如图 12-19(a)所示。由于分子间氢键的作用，这些分子链平行排列、紧密结合，形成纤维束，每一束含有 100～200 条分子链，这些纤维束拧在一起形成绳状结构，绳状结构再排列起来就形成了纤维素，如图 12-19(b)所示，纤维素的力学性能和化学稳定性能与这种结构有关。由于人体中缺乏分解纤维素所必需的酶，因此纤维素不能为人体所利用，就不能作为人类的主要食品，但纤维素能促进肠的蠕动而有助于消化，适当食用是有益的。牛、马等动物的胃里含有能使纤维素水解的酶，因此可食用含大量纤维素的饲料。

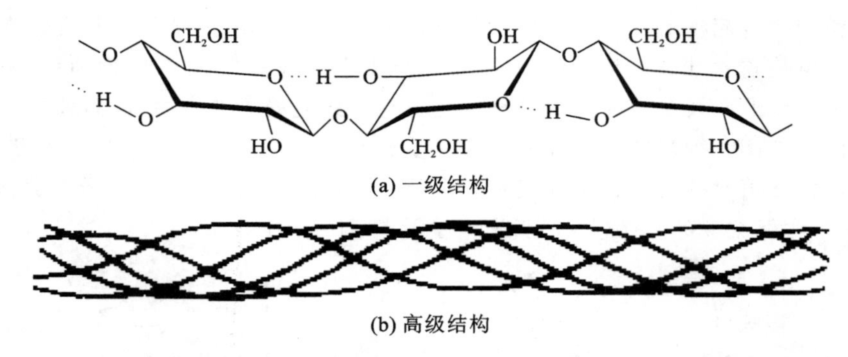


(a) 一级结构

(b) 高级结构

**图 12-19　纤维素的一级结构和高级结构**

### 12.2.2　糖类的生物功能

糖类最主要的功能是为生物体提供能量，其在分解氧化成 $CO_2$ 和 $H_2O$ 时释放出大量能量，以提供生命活动所需的能量。葡萄糖的氧化反应为 $C_6H_{12}O_6+6O_2 \longrightarrow 6H_2O+6CO_2$。

糖类不仅是生物体的能量来源，还在生物体内发挥其他作用。例如，很多低等动物的体外有层硬壳，组成这层硬壳的物质为**壳多糖**（又名甲壳素、几丁质），其是由 N-乙酰氨基葡萄糖缩合而成的多糖。壳多糖的分子结构和纤维素的很相似，具有高度的刚性，能经受极端的化学处理，对生物体起到结构支持和保护作用。

**【扩展阅读】血型物质中的寡糖链结构**

糖类还可以与其他分子形成糖复合物，例如，糖类与蛋白质可组成糖蛋白和蛋白聚糖，糖类可与脂类形成糖脂和脂多糖等。糖复合物在生物体内分布广泛、种类繁多、功能多样。人和动物结缔组织中的胶原蛋白，黏膜组织分泌的黏蛋白，血浆中的转铁蛋白、免疫球蛋白、补体等，都是糖蛋白。细胞的定位、胞饮、识别、迁移、信息传递、肿瘤转移等均与细胞表面的糖蛋白密切相关。糖蛋白中的糖基可能是蛋白质的特殊标记物，是分子间或细胞间特异结合的识别部位。例如，存在于红细胞表面、决定人体血型的物质就是糖蛋白。

## 12.3　核酸和基因

核酸（nucleic acid）是重要的生物大分子，分为脱氧核糖核酸（DNA）和核糖核酸（RNA）两大类。1869 年瑞士青年科学家米歇尔（Miescher）首次从细胞核中提取出核酸。1944 年埃弗里（Avery）通过细菌的转化实验首次证明 DNA 是重要的遗传物质。1953 年沃森（Watson）和克里克（Crick）提出 DNA 分子双螺旋结构模型。当今，核酸研究已成为生命科学研究的核心，其研究结果改变了生命科学的面貌，也促进了生物技术产业的迅速发展。

### 12.3.1　核酸和核苷酸

**1）核酸**

核酸是一种多聚核苷酸，它的基本结构单位是核苷酸。核酸部分水解生成核苷酸，核苷酸部分水解生成核苷和磷酸，核苷还可以进一步水解生成含氮碱基和戊糖。也就是说，核酸是由核苷酸组成的，而核苷酸又是由含氮碱基、戊糖与磷酸组成的，如图 12-20 所示。

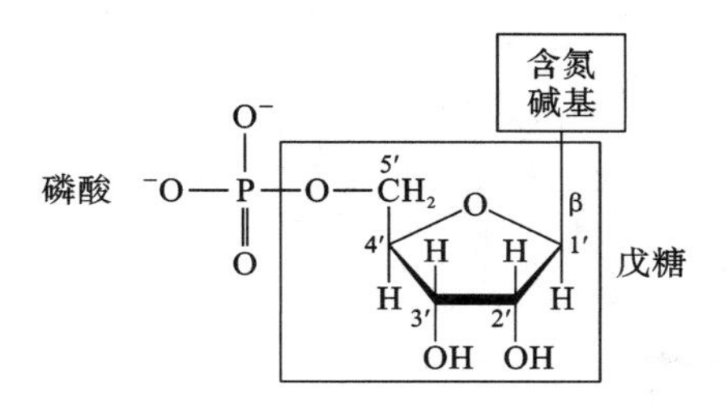


图 12-20　核酸的基本结构单位——核苷酸

含氮碱基分为两大类：嘌呤碱与嘧啶碱。RNA 中的含氮碱基主要有四种：腺嘌呤(A)、鸟嘌呤(G)、胞嘧啶(C)、尿嘧啶(U)。DNA 中的含氮碱基也主要有四种，三种与 RNA 中的相同，只是胸腺嘧啶(T)代替了尿嘧啶(U)。DNA 和 RNA 中常见含氮碱基的结构式如图 12-21 所示。核酸中的戊糖有两类：核糖和 2-脱氧核糖，其环状结构如图 12-22 所示。DNA 和 RNA 的基本化学组成如表 12-3 所示。

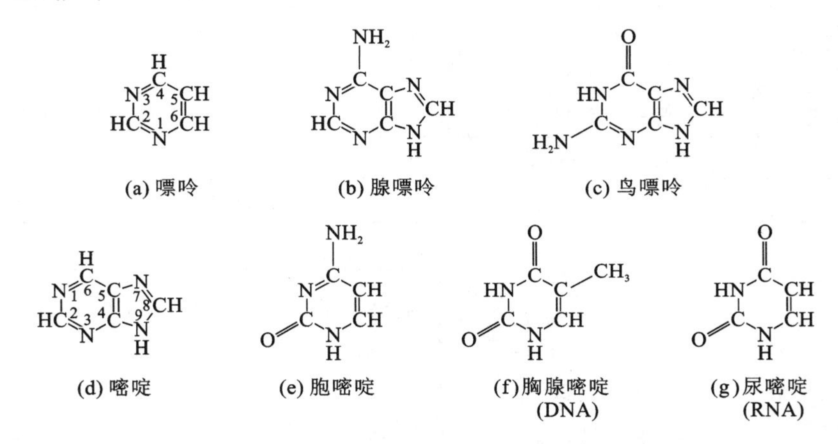


(a) 嘌呤　(b) 腺嘌呤　(c) 鸟嘌呤

(d) 嘧啶　(e) 胞嘧啶　(f) 胸腺嘧啶(DNA)　(g) 尿嘧啶(RNA)

图 12-21　DNA 和 RNA 中常见含氮碱基的结构式

HO—CH₂ O OH / 4 H H 1 / H 3 2 H / OH OH

(a) 核糖

HO—CH₂ O OH / 4 H H 1 / H 3 2 H / OH H

(b) 2-脱氧核糖

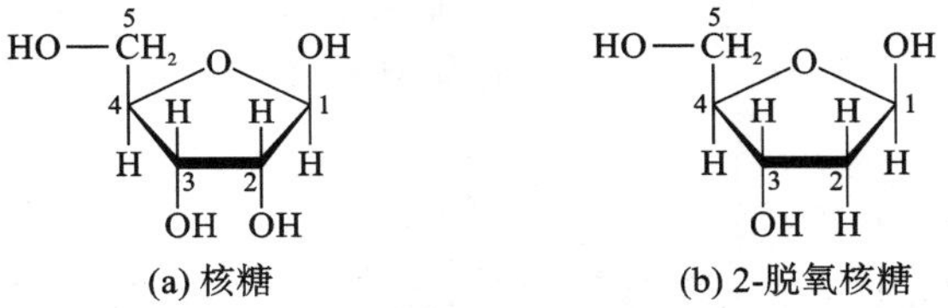

图 12-22　核糖和 2-脱氧核糖的环状结构

表 12-3　DNA 和 RNA 的基本化学组成

| 核　酸 | 酸 | 戊　糖 | 嘌　呤　碱 | 嘧　啶　碱 |
|---|---|---|---|---|
| DNA | 磷酸 | 2-脱氧核糖 | 腺嘌呤、鸟嘌呤 | 胞嘧啶、胸腺嘧啶 |
| RNA | 磷酸 | 核糖 | 腺嘌呤、鸟嘌呤 | 胞嘧啶、尿嘧啶 |

**2）核苷酸**

戊糖和碱基之间通过糖苷键连接形成核苷，核苷中的戊糖羟基被磷酸酯化，形成核苷酸。核苷酸根据戊糖的种类分为核糖核苷酸和脱氧核糖核苷酸，图 12-23 所示为两种核苷酸的结构式。常见的核苷酸如表 12-4 所示。

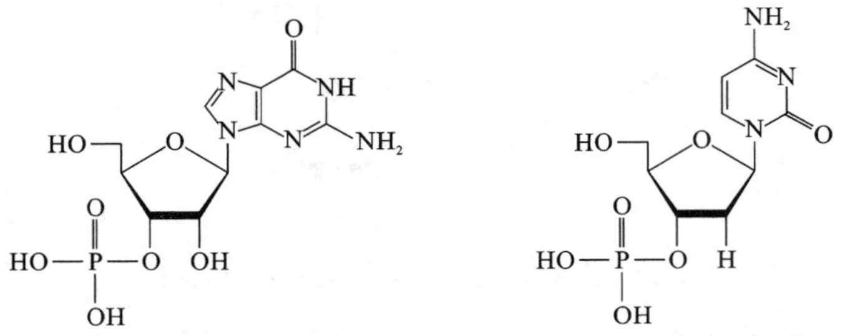

(a) 5′-鸟嘌呤核苷酸　　(b) 5′-胞嘧啶脱氧核苷酸

图 12-23　两种核苷酸的结构式

表 12-4　常见的核苷酸

| 含氮碱基 | 核糖核苷酸 | 脱氧核糖核苷酸 |
| --- | --- | --- |
| 腺嘌呤 | 腺嘌呤核苷酸(AMP) | 腺嘌呤脱氧核苷酸(dAMP) |
| 鸟嘌呤 | 鸟嘌呤核苷酸(GMP) | 鸟嘌呤脱氧核苷酸(dGMP) |
| 胞嘧啶 | 胞嘧啶核苷酸(CMP) | 胞嘧啶脱氧核苷酸(dCMP) |
| 尿嘧啶 | 尿嘧啶核苷酸(UMP) | |
| 胸腺嘧啶 | | 胸腺嘧啶脱氧核苷酸(dTMP) |

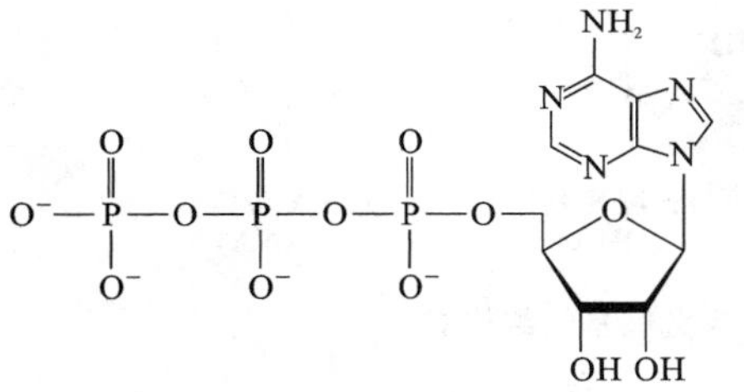

图 12-24　ATP 的结构式

细胞内有一些游离存在的多磷酸核苷酸，它们是核酸合成的原料、重要的辅酶和能量载体。其中，最常见的是腺苷三磷酸(也称为三磷酸腺苷，ATP)，它是由腺嘌呤、核糖和三个磷酸基团连接而成的，如图 12-24 所示。ATP 是一种高能磷酸化合物，其水解时释放的能量高达 30.5 kJ/mol。在细胞中，ATP 与腺苷二磷酸(ADP)的相互转化实现贮能和放能，从而保证细胞各项生命活动的能量供应：

$$\mathrm{ATP} \rightleftharpoons \mathrm{ADP} + \mathrm{Pi}(\text{磷酸根}),\quad \Delta G = -30.5\ \mathrm{kJ/mol}(\mathrm{pH}=7.0, 25\ ^\circ\mathrm{C}\text{条件下})$$

因此，从低等的单细胞生物到高等的人类，能量的释放、贮存和利用都是以 ATP 为中心的。

## 12.3.2　DNA 的结构特点与功能

DNA 是由数量极其庞大的四种脱氧核糖核苷酸(腺嘌呤脱氧核苷酸、鸟嘌呤脱氧核苷酸、胞嘧啶脱氧核苷酸和胸腺嘧啶脱氧核苷酸)组成的链状分子。这四种核苷酸的排列顺序(序列)正是分子生物学家多年来要解决的问题。因为生物的遗传信息贮存于 DNA 的核苷酸序列中，DNA 中四种核苷酸千变万化的排列顺序体现了生物界中物种的多样性。图 12-25 所示为 DNA 多核苷酸链的一个片段。多核苷酸链是由脱氧核糖核苷酸彼此串联形成的，而脱氧核糖核苷酸之间通过一个核苷酸的 3′-羟基与另一个相邻核苷酸的 5′-磷酸基团之间形成的 3′,5′-磷酸二酯键连接。相间排列的脱氧核糖和磷酸构成 DNA 分子的主链，代表其特性的碱基有次序地连接在其主链上。由于 DNA 分子主链上的脱氧核苷酸两端的基团不一样，一端是 5′-磷酸基团，另一端是 3′-羟基，因此，每一条 DNA 都具有方向性。

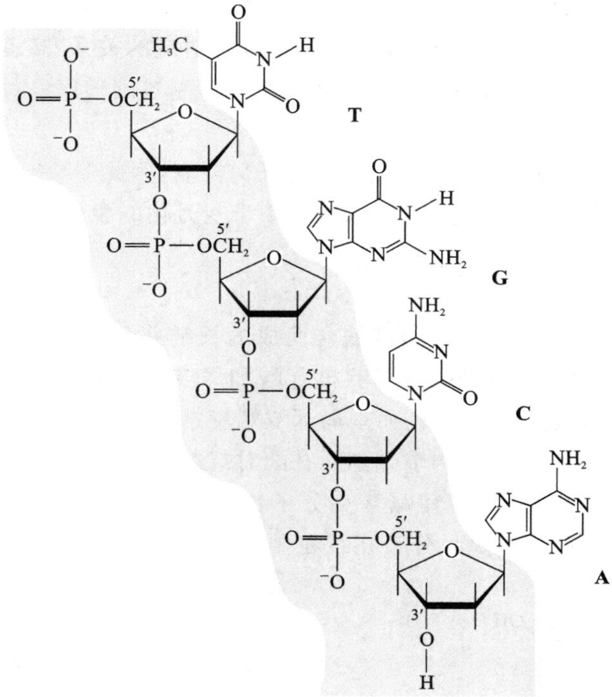

**图 12-25　DNA 多核苷酸链的一个片段**

DNA 在分子组成方面有如下特点。

(1) DNA 是由不同的脱氧核糖核苷酸组成的纤维状分子。

(2) 每一个 DNA 分子上脱氧核糖核苷酸的数目可多可少，但核苷酸或相应的碱基的种类只有四种，即腺嘌呤(A)、鸟嘌呤(G)、胞嘧啶(C)、胸腺嘧啶(T)。

(3) 不同生物的 DNA 的碱基组成不同，有严格的物种特异性。

(4) 尽管不同生物的碱基组成不同，但腺嘌呤(A)的数目等于胸腺嘧啶(T)的数目，鸟嘌呤(G)的数目等于胞嘧啶(C)的数目，嘌呤碱基(A+G)的数目和嘧啶碱基(C+T)的数目也总是相等的。

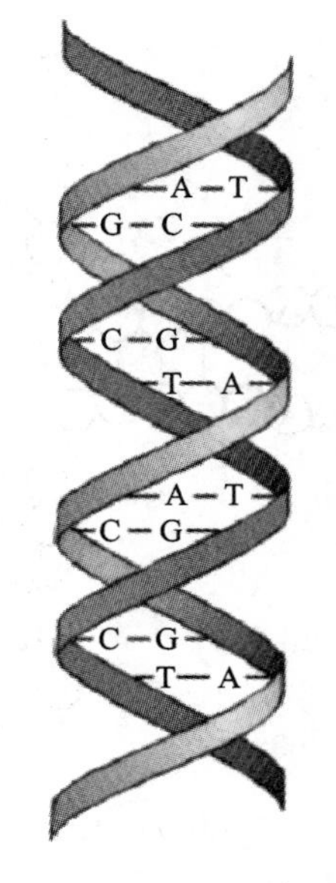


**图 12-26　DNA 双螺旋结构模型**

1953 年，沃森(Watson)和克里克(Crick)提出了著名的 DNA 双螺旋结构模型，这是生命化学乃至生物学中的重大里程碑。这一发现为基因工程的发展奠定了理论基础。DNA 双螺旋结构模型如图 12-26 所示。这一结构的特点如下。

(1) DNA 是一种双链螺旋状分子，由两条反向平行的多核苷酸链沿着一个共同的轴盘相互缠绕而成。

(2) 两条多核苷酸链的方向是相反的，一条为 3′→5′方向，另一条为 5′→3′方向。磷酸基团和脱氧核糖位于双螺旋结构的外侧，组成 DNA 链的骨架。碱基位于内侧，两条链上的碱基相互配对，以氢键相连，使两条多核苷酸链结合在一起。

(3) 四种碱基形成两种特异的配对方式，即 A 和 T 配对，G 和 C 配对。这种碱基间互相配对的情形称为碱基互补。因此，两条链的碱基成互补对应的关系：知道一条多核苷酸链上的碱基排列顺序就能推测出另一条多核苷酸链上对应的碱基排列顺序。每一条链都叫作另一条的互补链。

(4) 多核苷酸链上的脱氧核苷酸排列顺序无任何限制，因此 DNA 中脱氧核苷酸排列方式千变万化。生物的遗传信息就储存于 DNA 分子中千变万化的脱氧核苷酸的排列顺序里。

### 12.3.3 RNA 的结构特点与功能

RNA 是由核糖核苷酸经磷酸二酯键缩合而成的长链状分子，主要由四种核糖核苷酸组成，即腺嘌呤核苷酸、鸟嘌呤核苷酸、胞嘧啶核苷酸和尿嘧啶核苷酸。绝大多数 RNA 为单链分子，单链可自身折叠形成发夹样结构而呈局部双螺旋结构的特征，这是各种 RNA 空间结构的共同特征。RNA 局部双螺旋结构中碱基互补配对规律是：A 对 U 和 G 对 C。由于 RNA 分子内部不能全面形成碱基配对，因其碱基克分子比 A 不等于 U，G 不等于 C。真核生物的 RNA 的 90%分布在细胞质中，少量分布在线粒体、叶绿体和核仁中。原核生物的 RNA 分布在细胞质中。

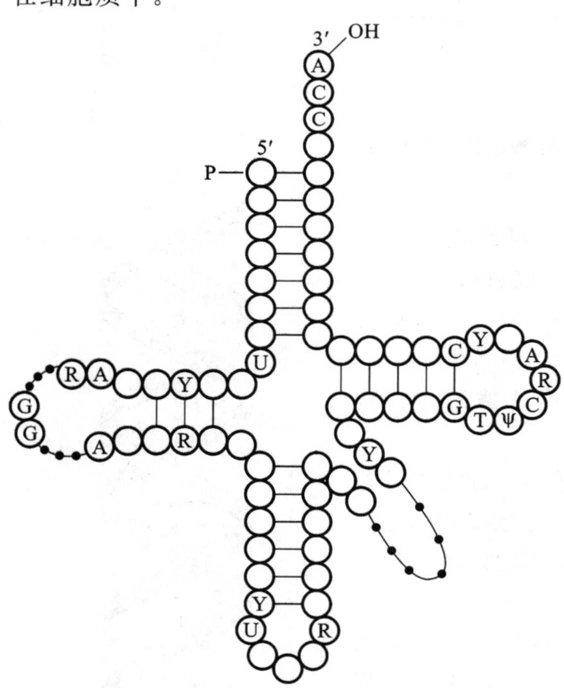


图 12-27　tRNA 的三叶草形结构模型

与 DNA 相比，RNA 分子量较小，种类繁多，结构各不一样。细胞内含量比较丰富的 RNA 有信使 RNA（mRNA）、转运 RNA（tRNA）和核糖体 RNA（rRNA）。

mRNA 在蛋白质合成过程中负责传递遗传信息、直接指导蛋白质合成，具有以下特点。

(1) 含量低，占细胞总 RNA 的 1%～5%。

(2) 种类多，可达 105 种。不同基因表达不同的 mRNA。

(3) 寿命短，不同 mRNA 指导不同的蛋白质合成，完成使命后即被降解。细菌 mRNA 的平均半衰期约为 1.5 min。脊椎动物 mRNA 的半衰期差异极大，平均约为 3 h。

tRNA 在蛋白质合成过程中负责转运氨基酸、解读 mRNA 遗传密码。tRNA 占细胞总 RNA 的 10%～15%，绝大多数位于细胞质中。图 12-27 所示为 tRNA 的三叶草形结构模型。

rRNA 与核糖体蛋白构成一种称为核糖体的核蛋白颗粒，核糖体是蛋白质合成的场所。

### 12.3.4 基因与基因工程

核酸是遗传信息的携带者与传递者。大多数生物的遗传特征是由 DNA 中特定的核苷酸序列决定的，遗传学将 DNA 分子中最小的功能单位称为**基因**，某物种的全套遗传物质称为该物种的**基因组**。DNA 通过自我复制合成出完全相同的分子，从而将遗传信息由亲代传到子代。在后代的生长发育过程中，遗传信息自 DNA 转录给 RNA，然后翻译成特定的蛋白质，以执行各种生命功能，使后代表现出与亲代相似的遗传性状。所以生物的遗传信息实际上是通过 DNA→RNA→蛋白质的过程传递的，如图 12-28 所示，也称为**基因表达**，其是分子生物学(分子遗传学)研究的核心。

**【扩展阅读】基因工程的应用**

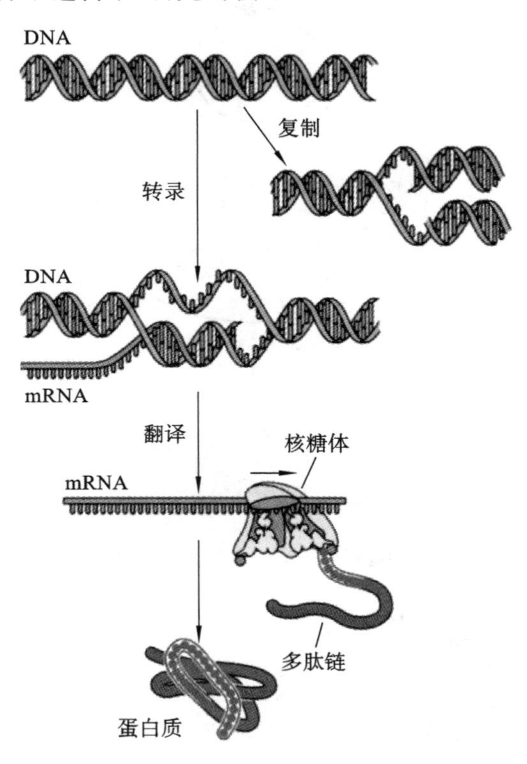


**图 12-28 基因表达**

人体细胞中约有 2.5 万个蛋白编码基因，目前已测定出人类基因组 30 亿个碱基对(遗传密码)的全序列，建立起完整的遗传信息库。因此可以对危害人类健康的 5000 多种遗传病，以及与遗传密切相关的癌症、心血管疾病和精神疾病等，进行预测、预防、早期诊断与治疗。今后必将会发现大量新的重要基因，如控制记忆与行为的基因、控制细胞衰老与程序性死亡的基因、新的癌基因与抑癌基因，以及与大量疾病有关的基因。这些成果将被用来为人类健康服务。

基因工程在狭义上是指 DNA 重组技术，即提取或合成不同生物的遗传物质(DNA)，在体外切割、拼接和重新组合，然后通过载体将重组 DNA 分子引入受体细胞中，使重组 DNA 在受体细胞中得以复制与表达(见图 12-29)。

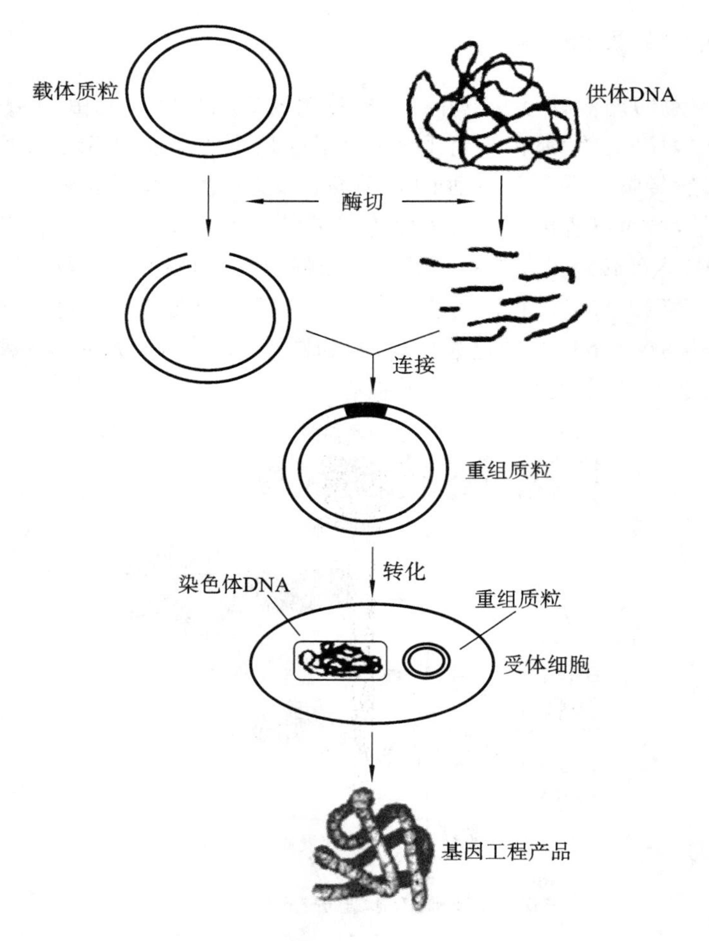


图 12-29 DNA 重组技术示意图

## 12.4 脂质和生物膜

脂质是生物体内一大类不溶于水而易溶于非极性有机溶剂的有机化合物。脂质具有很多重要的生物功能。脂肪是生物体的能量提供者;脂肪酸是生物体的重要代谢燃料;生物体表面的脂质有防止机械损伤和热量散发的作用。磷脂、糖脂、固醇等是构成生物膜的重要物质,它们作为细胞表面的组成成分与细胞的识别、物种的特异性和组织免疫性等有密切的关系。脂质可为人体提供必需脂肪酸、脂溶性维生素及参与代谢调控的类固醇激素。

脂质与人类的日常生活密切相关,人们常用的洗涤剂(肥皂等)和化妆品都是以油脂为主要原料,一些类固醇类激素药物可被广泛用于抗炎、抗过敏等临床治疗中。

### 12.4.1 脂质

生物体内含有的脂质主要有三酰甘油(脂肪)、脂肪酸、磷脂、类固醇等。

动植物油脂的化学本质是三酰甘油,其是由三分子脂肪酸与一分子甘油的醇羟基脱水形成的化合物。其结构通式如下:

$$
\begin{array}{l}
\qquad\qquad\quad\; O \\
\qquad\qquad\quad\; \| \\
CH_2-O-C-R_1 \\
\;|\qquad\qquad\;\; O \\
\;|\qquad\qquad\;\; \| \\
CH-O-C-R_2 \\
\;|\qquad\qquad\;\; O \\
\;|\qquad\qquad\;\; \| \\
CH_2-O-C-R_3
\end{array}
$$

甘油　　脂肪酸

从动物、植物、微生物中分离的脂肪酸有上百种，绝大部分脂肪酸以结合形式存在，但也有少量以游离状态存在。脂肪酸分子为由一条长的烃链（“尾”）和一个末端羧基（“头”）组成的羧酸。根据烃链是否饱和，脂肪酸可分为饱和脂肪酸和不饱和脂肪酸。哺乳动物体内能够合成饱和及单不饱和脂肪酸，但不能合成机体必需的亚油酸、亚麻酸等多不饱和脂肪酸。对于机体而言不可或缺，但自身不能合成、必须由膳食提供的脂肪酸称为**必需脂肪酸**。亚油酸和亚麻酸可直接从食物中获得，亚油酸可以在人体内衍生出二十碳五烯酸（EPA）和二十二碳六烯酸（DHA），EPA 和 DHA 对婴幼儿视力和大脑发育、成人血液循环有重要意义。亚麻酸在体内可转化为花生四烯酸，它是细胞结构和功能所必需的物质。表 12-5 所示为天然脂肪酸主要组成。

**表 12-5　天然脂肪酸主要组成（质量分数）**

| 组　　成 | 分　子　式 | 油脂种类 | | | | |
|---|---|---|---|---|---|---|
| | | 牛油 /（%） | 豆油 /（%） | 花生油 /（%） | 棕榈油 /（%） | 椰子油 /（%） |
| 癸酸（癸烷酸） | $CH_3(CH_2)_8COOH$ | | | | 3～15 | 5～10 |
| 月桂酸（十二烷酸） | $CH_3(CH_2)_{10}COOH$ | | | | 38～52 | 44～51 |
| 肉豆蔻酸（十四烷酸） | $CH_3(CH_2)_{12}COOH$ | 2～8 | 0.1～0.4 | | 7～18 | 17～19 |
| 棕榈酸（十六烷酸） | $CH_3(CH_2)_{14}COOH$ | 24～32 | 7～11 | 6～10 | 2～10 | 7～11 |
| 硬脂酸（十八烷酸） | $CH_3(CH_2)_{16}COOH$ | 14～28 | 2.4～6 | 3～6 | 1～3 | 1～3 |
| 油酸（十八碳-顺-9-烯酸） | $C_{18}H_{34}O_2$ | 39～50 | 22～34 | 40～71 | 11～24 | 5～8 |
| 亚油酸（十八碳-9,12-二烯酸） | $C_{18}H_{32}O_2$ | 1～5 | 50～60 | 13～38 | 1～3 | 2.5 |

磷脂包括甘油磷脂和鞘磷脂，是生物膜的主要成分。甘油磷脂分子中甘油的两个醇羟基与脂肪酸成酯，第三个醇羟基与磷酸成酯或磷酸再与其他含羟基的物质（如胆碱、乙醇胺、丝氨酸等醇类衍生物）结合成酯。甘油磷脂的结构通式和立体结构模型如图 12-30 所示。

甘油磷脂所含的两个长的烃链构成分子的非极性尾部，甘油磷酸基与高极性或带电荷的醇酯化构成分子的极性头基，因此甘油磷脂为两亲性分子。在水中它们的极性头基指向水相，而非极性的烃链因对水的排斥力而聚集在一起形成双分子层的中心疏水区。这种脂质双分子层结构（见图 12-31）在水中处于热力学稳定态，是构成生物膜的基本特征之一。常见的甘油磷脂有磷脂酰胆碱（也称为卵磷脂）、磷脂酰乙醇胺（也称为脑磷脂）、磷脂酰丝氨酸、磷脂酰肌醇等。其中，卵磷脂和脑磷脂是细胞膜中最丰富的脂质，是人体重要的营养素。

鞘磷脂是由鞘氨醇代替甘油磷脂中的甘油形成的磷脂。鞘氨醇是一种长链的氨基醇，其

$H_3C-(CH_2)_m-C(=O)-O-CH_2$

$H_3C-(CH_2)_n-C(=O)-O-CH$

$H_2C-O-P(=O)(O^-)-O-X$

└ 非极性尾部 ┘└ 极性头基 ┘

(a) 结构通式

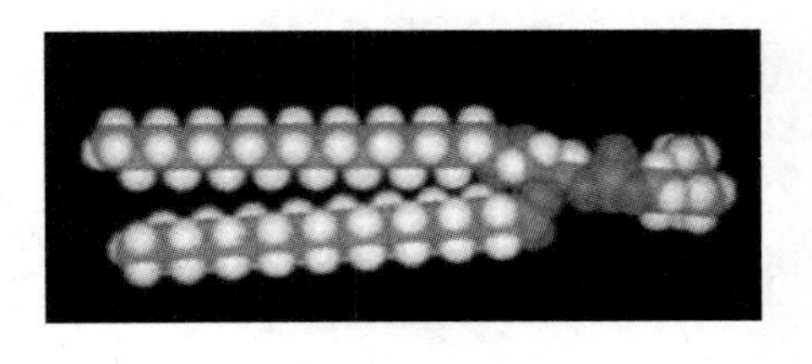

(b) 立体结构模型(以磷脂酰胆碱为例)

**图 12-30　甘油磷脂的结构通式和立体结构模型**

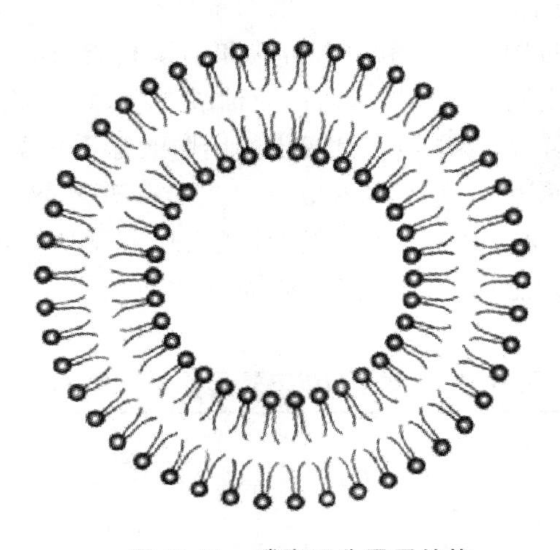

**图 12-31　磷脂双分子层结构**

2-位氨基以酰胺键与脂肪酸连接形成神经酰胺(见图 12-32)。神经酰胺的 1-位羟基被磷脂酰胆碱或磷脂酰乙醇胺酯化形成鞘磷脂,如胆碱鞘磷脂(见图 12-33)。鞘磷脂也和甘油磷脂一样是两亲性分子,具有一个极性头基和一个非极性尾部,在水中能形成双分子层结构。

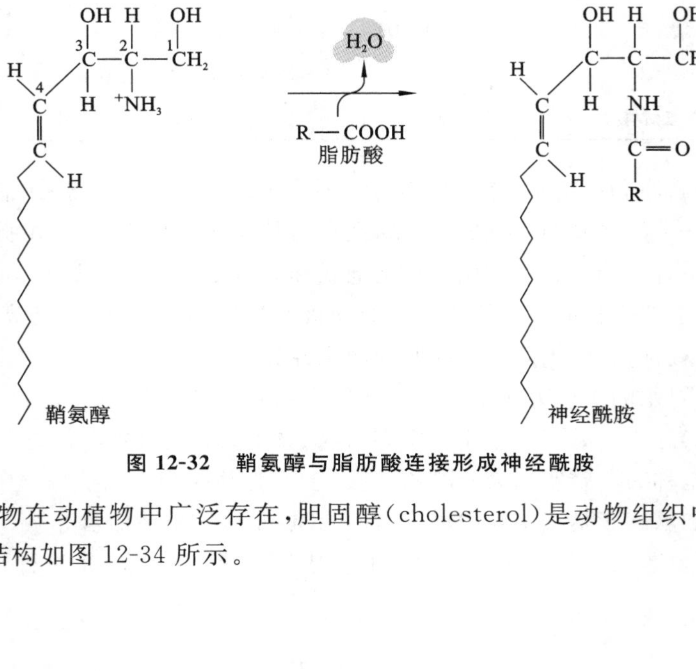

$H_2O$

R—COOH

脂肪酸

鞘氨醇　　神经酰胺

**图 12-32　鞘氨醇与脂肪酸连接形成神经酰胺**

类固醇化合物在动植物中广泛存在,胆固醇(cholesterol)是动物组织中最丰富的固醇类化合物,其分子结构如图 12-34 所示。

(a) 结构式

(b) 立体结构模型

**图 12-33　胆碱鞘磷脂的结构式及其立体结构模型**

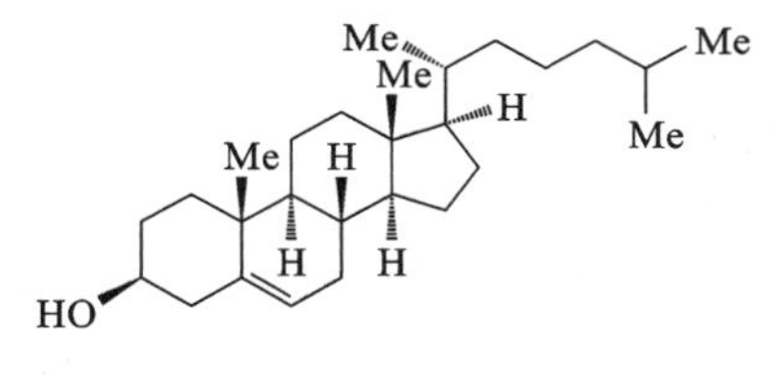


**图 12-34　胆固醇的分子结构**

**【扩展阅读】　卵磷脂的营养功效**

## 12.4.2　生物膜

所有的细胞都以一层薄膜将它的内含物与外界环境分开，这层薄膜称为**细胞膜**。大多数细胞中还含有许多内膜系统，其组成具有各种特定功能的亚细胞结构和细胞器，如细胞核、线粒体、内质网、溶酶体等。细胞膜及各种细胞器的外膜统称为**生物膜**。

对各种生物膜的化学分析表明，生物膜主要由脂质、蛋白质和糖类等物质组成。生物膜结构是一种流动的、嵌有各种蛋白质的脂质双分子层结构，其中蛋白质犹如冰山漂浮在流动脂质的“海洋”中，这就是广为人们接受的流动镶嵌模型（见图 12-35）。

地球上从出现生命物质和它由简单到复杂的长期演化过程中，生物膜的出现是一次飞跃，它使细胞能够独立于环境而存在，细胞通过生物膜与周围环境进行有选择的物质交换而维持生命活动。显然，要想细胞维持正常的生命活动，细胞的内含物不能流失，且其化学组成必须保持相对稳定，这就要求细胞和周围环境之间有某种屏障存在。细胞在不断进行新陈代谢过程中，又需要经常从外界获取氧气和营养物质，排出代谢产物和废物，使细胞保持动态恒定，这对维持细胞的生命活动极为重要。因此生物膜是一个具有特殊结构和功能的半透性膜，它的主要功能有保护、能量转换、物质运输、信息传递、细胞识别等。其中，细胞和周围环境之间的

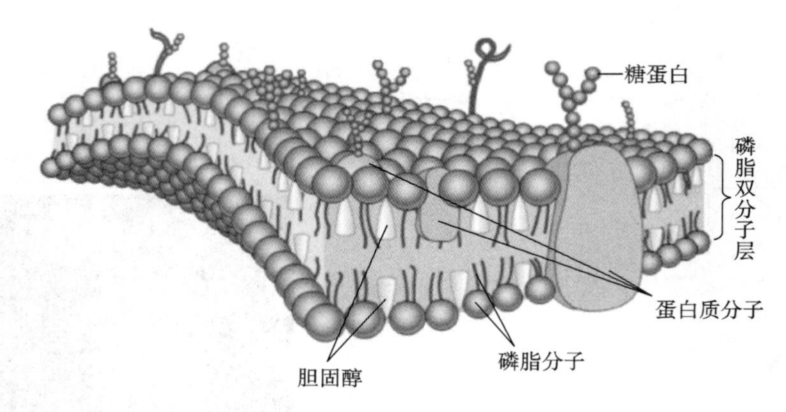


图 12-35 生物膜结构的流动镶嵌模型

物质、能量和信息的交换，大多与细胞膜上的蛋白质有关。

生物膜上的蛋白质的主要功能如下。

(1) 物质运输，细胞与外界进行物质交换，由细胞膜上专一性的传送载体蛋白或通道蛋白实现。

(2) 信息传递，细胞膜上有各种受体，能特异地结合激素等信号分子，将信号跨膜传向细胞内的酶，产生特定的生理效应。

【扩展阅读】生物膜的物质运输功能

(3) 膜蛋白质可以是与免疫功能有关的物质，发挥细胞识别作用。

(4) 生物膜上一大类膜蛋白质属于膜内酶，可以催化各种代谢反应，如线粒体内膜上参与能量转化的酶系。

生物膜是当前分子生物学、细胞生物学中一个十分活跃的研究领域。关于生物膜的结构，生物膜与能量转换、物质运输、信息传递，生物膜与疾病等方面的研究，以及用合成化学的方法制备简单模拟膜和聚合生物膜等方面的研究，不断取得新进展。此外，人们正在研究对物质具有优良识别能力的人造膜，使其应用于医疗诊断。

## 12.5 生命体中的无机元素

长期以来，人们认为与生命有关的化学是有机化学，例如，氨基酸、多肽、蛋白质、核酸、多糖、脂类等是组成生物体的有机化合物。现在，人们已经认识到很多生命过程都与被认为“没有生命”的元素(无机元素)有关。人们把维持生命所需的元素称为生物体必需元素(essential elements)，亦称为生命元素(见图 12-36)。

生物体必需元素要具有如下特征。

(1) 存在于正常的组织中。

(2) 在各组织中有一定的浓度范围。

(3) 如果机体缺乏这种元素，将会引起生理或结构变化——这种变化会伴随特殊的生物化学变化出现；重新引入这种元素之后，上述变化将可以消除。

根据元素在生物体内的含量(见表 12-6)，元素可分为宏量元素与微量元素两类。人体中正常含量超过 0.005%的元素称为**宏量元素**(**常量元素**)，如碳、氢、氧、氮、磷、硫、钙、钾、钠、氯、镁等。人体中正常含量低于 0.005%的元素称为**微量元素**(甚至是**痕量元素**)，如铁、碘、铜、钴、铬、锰、锌、钼、钒、硒、氟、硅等。其中，碳、氢、氧、氮、磷、硫等元素是组成生命大分子的

| | | | | | | | | | | | | | | | | | | |
|---|---|---|---|---|---|---|---|---|---|---|---|---|---|---|---|---|---|---|
| 1 | H | | | | | | | | | | | | | | | | | He |
| 2 | Li | Be | | | | | | | | | | | B | C | N | O | **F** | Ne |
| 3 | Na | Mg | | | | | | | | | | | Al | **Si** | P | S | Cl | Ar |
| 4 | K | Ca | Sc | Ti | **V** | **Cr** | **Mn** | **Fe** | **Co** | Ni | **Cu** | **Zn** | Ga | Ge | As | **Se** | Br | Kr |
| 5 | Rb | Sr | Y | Zr | Nb | **Mo** | Tc | Ru | Rh | Pd | Ag | Cd | In | Sn | Sb | Te | **I** | Xe |
| 6 | Cs | Ba | L | Hf | Ta | W | Re | Os | Ir | Pt | Au | Hg | Tl | Pb | Bi | Po | At | Rn |
| 7 | Fr | Ra | A | | | | | | | | | | | | | | | |

**图 12-36　人体中的必需元素(白底),其中符号加粗的元素为必需微量元素**

必需元素,其余元素是维持和调节生命活动所必需的元素,而钙、铁、镁在有些生物组织中也是组成生命结构物质的必需元素。

**表 12-6　生物体中的元素及其相对含量**

| 必需元素 | 相对含量/(%) | 必需元素 | 相对含量/(%) |
|---|---|---|---|
| 碳 | 18.0 | 铁 | 0.004 |
| 氢 | 10.0 | 碘 | 0.0004 |
| 氧 | 65.0 | 铜 | 痕量 |
| 氮 | 3.0 | 钴 | 痕量 |
| 磷 | 1.1 | 铬 | 痕量 |
| 硫 | 0.25 | 锰 | 痕量 |
| 钙 | 2.0 | 锌 | 痕量 |
| 钾 | 0.35 | 钼 | 痕量 |
| 钠 | 0.15 | 钒 | 痕量 |
| 氯 | 0.15 | 硒 | 痕量 |
| 镁 | 0.05 | 氟 | 痕量 |
| | | 硅 | 痕量 |

需要强调的是,必需元素的生物学作用与其浓度密切相关,适宜浓度时是有益的,高浓度时则可能是有害的。例如,补充过量钙可严重影响铁、锌、镁、磷的生物利用率,会使孕妇尿路结石、出现高钙血症、碱中毒等。此外,某些元素对生物体是有益还是有害的与其氧化数有关。例如,$Cr^{3+}$是有益的,参与糖的代谢;而$Cr^{6+}$是有害的,可以致癌。

## 12.5.1　常量必需元素在人体内的作用

### 1. 钠、钾、氯

钠、钾、氯是人体内的宏量元素,分别占体重的 0.15%、0.35%、0.15%,钾主要存在于细胞内液中,钠存在于细胞外液中,氯存在于细胞内、外体液中。这三种物质能使体液维持接近中性;决定组织中水分多寡;$Na^+$在体内起钠泵的作用,调节渗透压,给全身输送水分,使养分从肠中进入血液,再由血液进入细胞中。它们对于内分泌也非常重要,钾有助于神经系统传达信息,氯用于形成胃酸。这三种物质每天均会随尿液、汗液排出体外,健康人每天的摄取量与排出量大致相同,保证了这三种物质在体内的含量基本不变。钾主要由蔬菜、水果、粮食、肉类供给,钠和氯则由食盐供给。人体内的钾和钠必须彼此均衡,过多的钠会使钾随尿液流失,过多的钾也会使钠严重流失。钠会促使血压升高,因此摄入过量的钠会使人患上高血压症,高血压症具有遗传性。钾可激活多种酶,对肌肉的收缩非常重要。没有钾,糖无法转化为能量或肝糖原,肌肉无法伸缩,就会导致麻痹或瘫痪。此外细胞内的钾与细胞外的钠,在正常情况下处于均衡状态,当钾不足时,钠会带着水分进入细胞内使细胞胀裂,导致水肿。此外缺钾还会导致血糖降低。

**2. 钙、镁**

钙占人体体重的2.0%左右,其99%以羟基磷酸钙的形式存在于骨骼和牙齿中,0.1%存在于血液中。离子态的钙可促进凝血酶原转变为凝血酶,使伤口处的血液凝固。钙在很多生理过程中都有重要作用,例如,在肌肉的伸缩运动中,它能活化 ATP 酶,保持机体正常运动。如果缺钙,少儿会患软骨病,中老年人会出现骨质疏松症,受伤易流血不止。钙还是很好的镇静剂,它有助于神经刺激的传达、神经的放松,可以代替安眠药使人容易入眠;缺钙时神经就会变得紧张,脾气暴躁,易失眠。钙还能降低细胞膜的渗透性,防止有害细菌、病毒或过敏原等进入细胞中。钙还是良好的镇痛剂,能缓解疲劳,加速体力的恢复。成人对钙的日需求量推荐值为 1.0 克/日以上。适量的维生素 D3 及磷有利于钙的吸收。

镁在人体中含量约为体重的 0.05%,人体中 50%的镁沉积于骨骼中,其次在细胞内部,血液中只占 2%。镁和钙一样具有保护神经的作用,是很好的镇静剂,严重缺镁时,人会思维混乱,丧失方向感,产生幻觉,甚至精神错乱。镁是降低血液中胆固醇的主要催化剂,而且能防止动脉粥样硬化,所以摄入足量的镁,可以预防心脏病。镁又是哺乳动物体内多种酶的活化剂,它对于蛋白质的合成、脂肪和糖类的利用及数百组酶系统都有重要作用。但是,镁过量也会导致镁、钙、磷从粪便、尿液中大量流失,而使人肌肉无力、眩晕、丧失方向感、反胃、心跳变慢、呕吐甚至失去知觉。

### 12.5.2　微量或痕量必需元素在人体内的作用

铁在人体中含量约为 4～5 g。铁在人体中的功能主要是参与血红蛋白的形成而促进造血,在血红蛋白中的含量约为 72%。

正常成人体内含铜 100～200 mg,其主要功能是参与造血过程、增强抗病能力、参与色素的形成。

**【扩展阅读】富含微量或痕量必需元素的食物**

锌对人体多种生理功能起着重要作用,参与多种酶的合成、促进生长发育、提高创伤组织再生能力、增强抵抗力、促进性机能。

氟是骨骼和牙齿的正常成分,可预防龋齿,防止老年人的骨质疏松。但是,吃过多氟元素,又会发生氟中毒,得“牙斑病”。体内氟含量过大时,还可产生氟骨病,引起自发性骨折。

硒具有抗氧化、保护红细胞的作用,还有预防癌症的作用。成年人每天约需 60 μg。

碘通过甲状腺激素发挥生理作用,如促进蛋白质合成、活化 100 多种酶、调节能量转换、促进生长发育、维持中枢神经系统结构等。

# 12.6　生命体内的化学过程

## 12.6.1　光合作用

绿色植物(包括藻类)的叶绿素吸收光能,利用二氧化碳($CO_2$)和水($H_2O$)合成糖类等有机化合物,同时释放氧气的过程,称为**光合作用**。光合作用被称为地球上最重要的化学反应(没有之一),绝大多数生物(包括人类)都直接或间接依靠光合作用所提供的物质和能量而生存。

光合作用总化学反应方程如下:

$$6CO_2+6H_2O+能量(太阳光)\xrightarrow{叶绿体}C_6H_{12}O_6+6O_2$$

在光合作用中,$CO_2$ 被还原为糖,而 $H_2O$ 被氧化成 $O_2$:

$$6CO_2+24H^++24e \longrightarrow C_6H_{12}O_6+6H_2O$$

$$12H_2O \longrightarrow 6O_2+24H^++24e$$

**1) 光合作用过程**

光合作用过程包括很多复杂的反应,一般分为**光反应**和**暗反应**两个阶段。光合作用过程中的光反应和暗反应是一个连续的互相配合过程,最终有效地将光能转化为化学能(见图 12-37)。

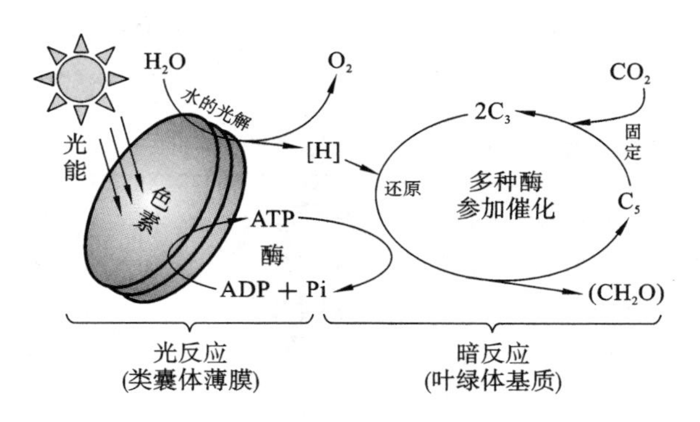


**图 12-37　光合作用机制**

[H]—NADPH;$C_3$—某些三碳化合物;$C_5$—某些五碳化合物

光反应是在叶绿体的类囊体薄膜上进行的,叶绿素等光合色素分子吸收、传递光能,水光解放出氧气,光能转化为活跃的化学能,形成 ATP 和 NADPH(俗称“还原氢”,用符号[H]表示)。光反应包括光能吸收、电子传递、光合磷酸化过程。

暗反应是在叶绿体基质中进行的,在基质中多种酶的催化作用下,叶绿体利用光反应产生的 NADPH 和 ATP,使 $CO_2$ 还原成糖。由于 $CO_2$ 还原成糖的反应不需要光,因此这一过程称为暗反应。

光合作用过程中涉及的化学反应方程如下:

$$H_2O \longrightarrow 2H^++2e+1/2O_2(水的光解)$$

$$NADP^++2e+H^+ \longrightarrow NADPH(递氢)$$

$$ADP+Pi+能量 \longrightarrow ATP(递能)$$

$$CO_2+C_5化合物 \longrightarrow 2C_3化合物(CO_2的固定)$$

$$2C_3\text{化合物}+4NADPH \longrightarrow C_5\text{糖(有机物的生成或}C_3\text{的还原)}$$

$$C_3\text{化合物(一部分)}\longrightarrow C_5\text{化合物(}C_3\text{再生}C_5\text{)}$$

$$C_3\text{化合物(一部分)}\longrightarrow\text{储能物质(如葡萄糖、蔗糖、淀粉,有的还生成脂肪)}$$

$$ATP \longrightarrow ADP+Pi+\text{能量(耗能)}$$

由此可见，光合作用能量转化过程为：光能→活跃的化学能（能量储存在 ATP 的高能磷酸键中）→稳定的化学能（淀粉等糖类的合成）。

光反应和暗反应的区别与联系如表 12-7 所示。

**表 12-7　光反应和暗反应的区别与联系**

| | | 光　反　应 | 暗反应（碳反应） |
|---|---|---|---|
| 区别 | 反应速率 | 短促，以微秒计 | 较缓慢 |
| | 反应条件 | 需要色素、光、ADP、酶和水 | 不需要色素和光，需要多种酶、ATP、NADPH 和 $CO_2$ |
| | 反应场所 | 在叶绿体的类囊体薄膜上进行 | 在叶绿体基质中进行 |
| 区别 | 化学反应过程 | 水的光解：$2H_2O \longrightarrow 4[H]+O_2\uparrow$<br>（在光和叶绿体中的色素的催化下）<br>ATP 的合成：$ADP+Pi \longrightarrow ATP$<br>（在酶的催化下） | $CO_2$ 的固定：$CO_2+C_5 \longrightarrow 2C_3$<br>（在酶的催化下）<br>$C_3$ 的还原：$2C_3+[H] \longrightarrow (CH_2O)+C_5$<br>（在 ATP 供能和酶的催化下） |
| | 能量转化过程 | 光能→活跃的化学能 | 活跃的化学能→稳定的化学能 |
| | 反应实质 | 光能转化为化学能，合成 ATP 和 NADPH，并生成氧气 | 利用 NADPH、ATP 和 $CO_2$ 形成 $(CH_2O)$ |
| 联系 | | 光反应将光能转化为活跃的化学能，储存在 ATP 中，为碳反应提供能量；<br>光反应利用水光解的产物（氢离子）合成 NADPH，为碳反应提供还原剂 NADPH；<br>暗反应为光反应提供 ADP、Pi、$NADP^+$ | 光反应为暗反应提供 NADPH、ATP |

**2）光合作用的意义**

光合作用过程是地球上规模最大的把太阳能转化成可储存的化学能的过程，煤、木材、天然气等都是通过光合作用由太阳能转化而来的。该过程也是规模最大的将无机物转化为有机物和从水中释放氧气的过程，直接或间接地为人类和动物提供食物，维持大气中二氧化碳和氧气的平衡。

### 12.6.2　脂质过氧化作用

脂质过氧化（lipid peroxidation，LPO）一般定义为多不饱和脂肪酸或脂质的氧化变质。多不饱和脂肪酸广泛地参与磷脂合成过程，磷脂是生物膜的主要组成成分。生物膜的许多性质和功能与磷脂有关，脂质过氧化将直接干扰和破坏生物膜的生物功能。人类的许多疾病如癌症、动脉粥样硬化，以及衰老现象都涉及脂质过氧化作用，因此，探讨脂质过氧化机制和防止脂质过氧化作用是生物科学和医学中的重要研究方向。

**1. 自由基、活性氧物种和自由基链反应**

研究表明，生物体内的脂质过氧化作用是典型的活性氧物种（reactive oxygen species，ROS）参与的自由基链反应。因此，在讨论脂质过氧化作用之前，先学习几个有关概念是必要的。

**1）自由基**

自由基是指那些最外层电子轨道上含有未成对电子（单电子）的原子、离子或分子。它们性质极不稳定，具有抢夺其他物质电子以使自己原本不成对的电子变得成对（较稳定）的特性。自由基的生成途径很多，但一般是通过分子或离子的均裂获得的：

$$A:B \xrightarrow{\text{均裂}} A\cdot + B\cdot$$

式中：A：B 是 A 和 B 原子或原子团通过一个共价键（：）形成的分子；A· 和 B· 是各带一个未成对电子的自由基。通常在自由基结构中，在带有未成对电子的原子符号上角或近旁标上一个小圆点，以表示自由基。按照未成对电子所在的原子，自由基分为碳中心自由基、硫中心自由基、氧中心自由基等。

**2）活性氧物种**

分子氧可以通过单电子接受反应，依次转变为超氧阴离子（$O_2^- \cdot$）、过氧化氢（$H_2O_2$）、羟基自由基（·OH）等，而且分子氧还可通过吸收一定能量被激发而转变为单线态氧（$^1O_2$）。这些物质由于都是直接或间接地由分子氧转化而来的，而且具有较分子氧活泼的化学反应性，因此统称为**活性氧物种**。氧对一切生物是必不可少的生存条件，但是高浓度的氧（特别是氧分压大于 $0.6\times10^2$ kPa）对生物体是有害的，会导致氧中毒。实验证明，氧中毒是指氧在生物体内大量地转化为活性氧，后者可以进攻和损害细胞膜（磷脂）、蛋白质、酶和 DNA，从而引起组织病变、器官功能失常。因此，了解活性氧的性质、反应特性及如何清除活性氧，对生命健康非常重要。

下面介绍几种重要的活性氧。

(1) 超氧阴离子（$O_2^- \cdot$） 普通分子氧（基态氧）得到一个电子后，$O_2$ 转化为 $O_2^- \cdot$。生物体内产生 $O_2^- \cdot$ 的途径很多。例如，在黄嘌呤氧化酶催化下，黄嘌呤通过将单电子给予 $O_2$ 的方式氧化为尿酸，而 $O_2$ 还原为 $O_2^- \cdot$：

$$\text{黄嘌呤} + 2O_2 + H_2O \xrightarrow{\text{黄嘌呤氧化酶}} \text{尿酸} + 2O_2^- \cdot + 2H^+$$

又如，血红蛋白自动氧化时，先与氧结合生成氧合血红蛋白（$HbFe^{2+}O_2$），后者将一个电子从 $Fe^{2+}$ 转移到 $O_2$，低铁血红蛋白（$HbFe^{2+}$）转化为高铁血红蛋白（$HbFe^{3+}$），$O_2$ 还原为 $O_2^- \cdot$：

$$HbFe^{2+} + O_2 \longrightarrow HbFe^{2+}O_2 \longrightarrow HbFe^{3+} + O_2^- \cdot$$

$O_2^- \cdot$ 能自发地发生歧化反应，即反应中它既是氧化剂又是还原剂，一个分子被氧化，另一个分子被还原，产物是 $H_2O_2$ 和单线态氧（$^1O_2$）：

$$2O_2^- \cdot + 2H^+ \longrightarrow H_2O_2 + {}^1O_2$$

$O_2^- \cdot$ 还能与许多化合物发生氧化还原反应；它的寿命长，在水中约为 1 s，在脂溶性介质中长达 1 h，它是生物体内生成的第一个氧自由基，是其他活性氧的前体，因此具有重要的生物学意义。

(2) 过氧化氢（$H_2O_2$） 纯的过氧化氢是一种淡蓝色液体，与水互溶；它可看作 $O_2$ 的二电子还原产物，分子中的过氧键(—O—O—)键能较小，不稳定，见光易均裂成羟基自由基：

$$H_2O_2 \xrightarrow{\text{光照}} 2 \cdot OH$$

因此具有杀菌作用。

生物体内 $H_2O_2$ 的重要来源是上文所述的 $O_2^- \cdot$ 的歧化反应。$H_2O_2$ 能穿透细胞膜，这是 $O_2^- \cdot$ 所不及的，进入细胞后，$H_2O_2$ 通过 Fenton 反应生成反应性极强的 $\cdot OH$，严重损伤生物体。此外，还有几种酶(如葡萄糖氧化酶、黄嘌呤氧化酶)催化反应不经由 $O_2^- \cdot$ 直接产生 $H_2O_2$。例如，在黄嘌呤氧化酶催化下，黄嘌呤可通过将双电子(而不是单电子)给予 $O_2$ 的方式氧化为尿酸，$O_2$ 还原为 $H_2O_2$：

$$\text{黄嘌呤} + O_2 + H_2O \xrightarrow{\text{黄嘌呤氧化酶}} \text{尿酸} + H_2O_2$$

(3) 羟基自由基($\cdot OH$)　这是已知的最强氧化剂，其反应特点是无专一性。几乎与生物体内所有物质，如糖、蛋白质、DNA、碱基、磷脂和有机酸等都能反应，且反应速率快，可以使非自由基反应物变成自白基。例如，$\cdot OH$ 与细胞膜及细胞内含物中的生物大分子(用 LH 表示)可发生如下反应：

$$LH + \cdot OH \longrightarrow L \cdot + H_2O$$

通过过渡金属离子催化的 Haber-Weiss 反应，$O_2^- \cdot$ 和 $H_2O_2$ 反应生成 $\cdot OH$。例如，生物体内的铁离子催化 $\cdot OH$ 生成的具体反应如下：

$$O_2^- \cdot + Fe^{3+} \longrightarrow Fe^{2+} + O_2$$

$$Fe^{2+} + H_2O_2 \longrightarrow Fe^{3+} + \cdot OH + OH^- \text{(Fenton 反应)}$$

$$O_2^- \cdot + H_2O_2 \longrightarrow \cdot OH + O_2 + OH^- \text{(Haber-Weiss 反应)}$$

其中，$Fe^{2+}$ 和 $H_2O_2$ 反应生成 $\cdot OH$ 的反应是著名的 Fenton 反应。这些过渡金属离子的存在，使原来反应活性不强的 $O_2^- \cdot$ 和 $H_2O_2$ 转化为活性最强的 $\cdot OH$，造成生物体严重的氧化损伤，因此过渡金属离子(如铁离子和铜离子)过量是一些疾病如心血管疾病、阿尔茨海默病的产生原因之一。

(4) 单线态氧($^1O_2$)　单线态氧是普通氧(也称为三线态氧，$^3O_2$)的激发态，它虽不是自由基，但反应活性远比普通氧的高。$^1O_2$ 在许多自由基反应中可以形成，如超氧阴离子的歧化反应。两个脂质过氧自由基(LOO·)化合时也可产生 $^1O_2$：

$$2LOO \cdot \longrightarrow LOOL + {}^1O_2$$

除了上述几种活性氧以外，脂质过氧化物中间体(LO·、LOO·和 LOOH)、臭氧及一氧化氮(活性氮)也属于活性氧。

**3) 自由基链反应**

自由基化学性质活泼，能发生抽氢、歧化、化合、取代、加成等多种反应，但是自由基反应的最大特点是倾向于进行链(式)反应，自由基链反应一般包括 3 个阶段：链引发、链放大、链终止。

(1) 链引发　所有的活性氧都可以直接或间接地引发脂质过氧化的链反应，LH 被抽去一个氢原子生成起始脂质自由基 L·：

$$LH + \cdot OH \longrightarrow L \cdot + H_2O$$

(2) 链放大　自由基链反应所需的引发剂是很少的，因为自由基链反应一经引发，所生成的新自由基(如 L·)就可通过加成、抽氢、断裂等一种或几种方式使链反应放大：

$$L\cdot + O_2 \xrightarrow{\text{加成}} LOO\cdot$$

$$LOO\cdot + LH \xrightarrow{\text{抽氢}} LOOH + L\cdot$$

$$LOOH \xrightarrow{\text{断裂}} LO\cdot + \cdot OH$$

链引发和链放大可以反复进行，使整个过程成为链式反应，如图 12-38 所示。

（3）链终止　自由基链反应中两个自由基之间可以发生偶联或歧化反应，生成稳定的非自由基产物，例如：

$$L\cdot + L\cdot \longrightarrow L{-}L$$

如果这些反应占优势，自由基反应过程就会终止。然而在任何一个给定时刻，反应中的自由基浓度都是很小的，两个自由基相互碰撞的概率极小，因此这样的链终止反应很少发生。但是，只要有少量的能捕捉和清除自由基的抗氧化剂，就可以有效地使自由基链反应减慢或终止。

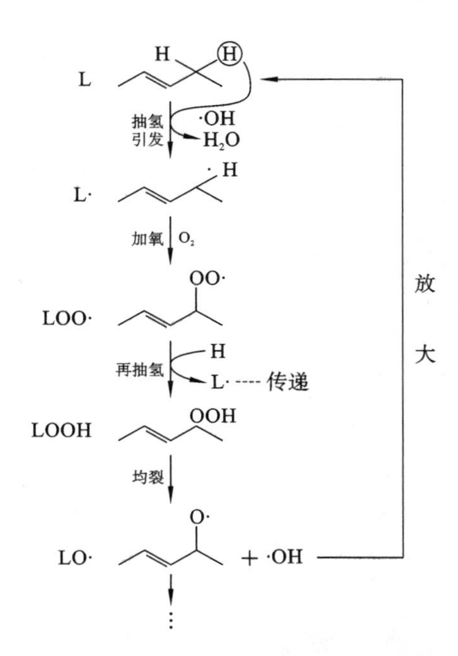


图 12-38　自由基链反应的链引发和链放大

**2. 脂质过氧化的化学过程**

脂质过氧化作用是典型的活性氧参与的自由基链反应，现以花生四烯酸为例，展示脂质过氧化的化学过程，如图 12-39 所示。

生物膜是生命系统中最容易发生脂质过氧化的场所，因为它具备脂质过氧化的两个必要条件：一是氧气；二是多不饱和脂肪酸（PUFA）。氧气为非极性物质，在膜脂中氧气浓度很高。很多 PUFA 如花生四烯酸是磷脂的组成成分，PUFA 比饱和脂肪酸和单不饱和脂肪酸更容易被氧化。PUFA 分子中与两个双键相连的亚甲基（$—CH_2—$）上的氢比较活泼，这是因为双键弱化了与之相连的碳原子与氢原子之间的 C—H 键，使氢容易被抽去。能因抽氢而引发脂质过氧化的因子很多，但最有效的是 ·OH。·OH 从两个双键之间的$—CH_2—$（如图 12-39 中 LH 的 13 位碳）抽去一个氢原子后，在该碳原子上留下一个未成对电子，形成脂质自由基（L·）。后者经分子重排、双键共轭化，形成较稳定的共轭二烯形式的自由基（L·）。在有氧条件下，该自由基与分子氧结合生成脂质过氧自由基（LOO·）。LOO· 能从附近另一个脂质分子（LH）中抽氢生成新的脂质自由基（L·），反应由此形成循环，这就是脂质过氧化的链放大阶段。链放大的结果是脂质分子的不断消耗和脂质过氧化物如 LOOH 等的大量生成。

LOOH 可通过类 Fenton 反应、光解或其他反应生成脂质氧自由基（LO·）：

$$LOOH + Fe^{2+} \longrightarrow LO\cdot + OH^- + Fe^{3+}$$

$$LOOH \longrightarrow LO\cdot + \cdot OH$$

脂质过氧化过程中生成的 LO·、LOO· 等活性氧自由基也参与链引发和链放大反应。LOO· 还可以通过分子内双键加成，形成环过氧自由基和环内过氧自由基，最后断裂生成醛类，如丙二醛（MDA），以及短链的酮、羧酸和烃类。因此，在临床检测和科研工作中，丙二醛的量常被用来测定脂质过氧化的程度。

【扩展阅读】
脂质过氧化作用对机体的损伤

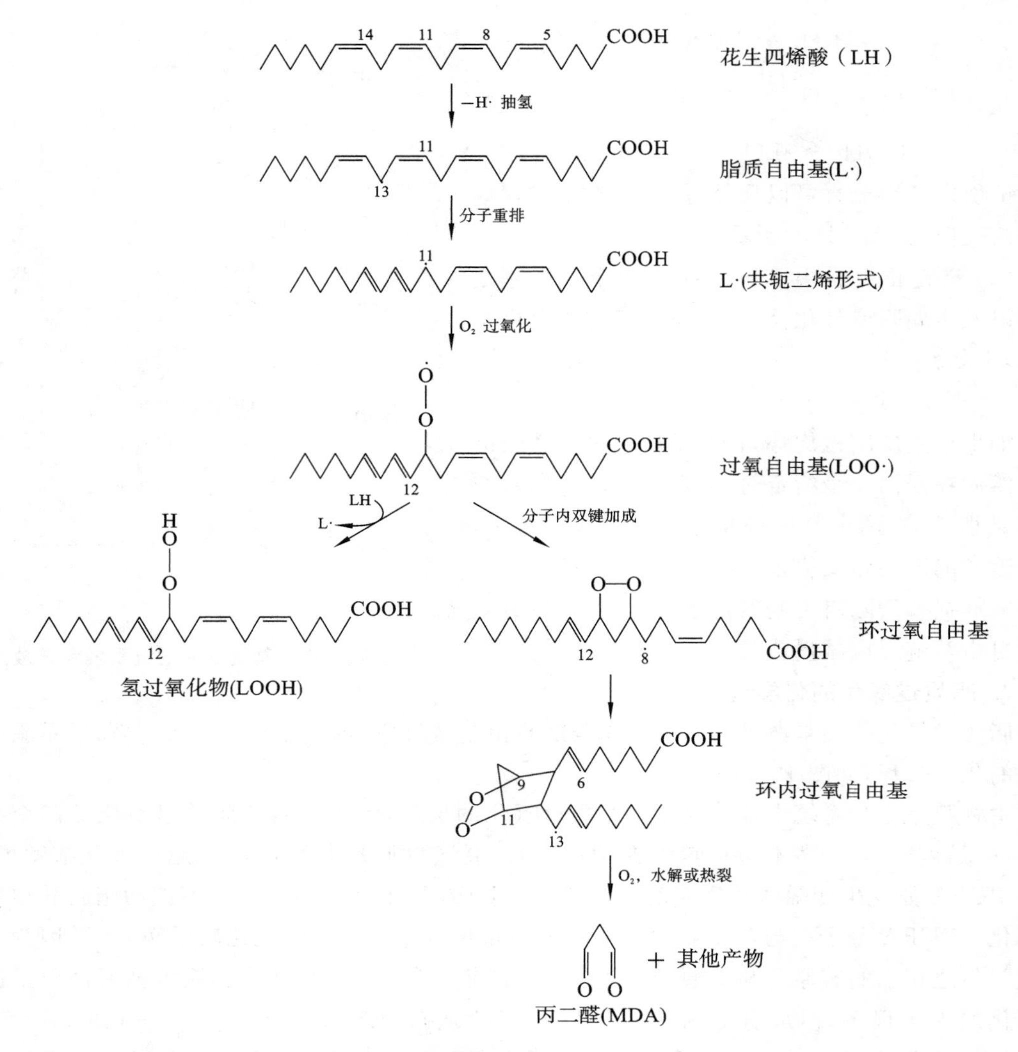


图 12-39　脂质过氧化的化学过程

# 本章知识要点

1. 与生命现象有关的基本物质(蛋白质、核酸、糖、脂、无机元素)与基本化学过程。
2. 氨基酸的种类与结构。
3. 蛋白质的一级结构、二级结构、三级结构和四级结构。
4. 酶的结构特点与作用。
5. 糖的种类、结构与生物作用。
6. 核酸的种类、结构与生物作用。
7. 脂质与生物膜的结构与生物作用。
8. 维持生命所需的宏量元素与微量元素的种类与作用。
9. 光合作用与脂质过氧化作用。

# 习　　题

1. 构成生命的基本物质是哪几类有机化合物?
2. 组成蛋白质的氨基酸有多少种,请按极性将这些氨基酸进行分类。
3. 什么是必需氨基酸? 成人有多少种必需氨基酸,分别是什么?
4. 画出肽键的结构并说明肽键在蛋白质中的作用。
5. 什么是蛋白质一级结构? 它与蛋白质的空间结构有什么关系?
6. 蛋白质常见的二级结构主要有几种? α-螺旋结构是靠什么形成的?
7. 作为生物催化剂的酶与一般的催化剂有什么不同?
8. 举例说明酶在疾病诊断中的作用。
9. 说明 RNA 和 DNA 在化学组成上的主要区别。
10. DNA 双螺旋结构的特点是什么? DNA 在生物体内的功能是什么?
11. 什么是基因和基因表达?
12. 用化学式表示出一种单糖的组成,并指出它的组成特点。
13. 简述你对糖原、淀粉、纤维素的认识。
14. 简述糖类的生物功能。
15. 什么是必需脂肪酸? 请列举几种常见的必需脂肪酸。
16. 组成生物膜的化学物质有哪些? 简述生物膜的主要功能。
17. 什么是生物体必需元素? 必需元素的特征是什么?
18. 常见的微量元素有哪些? 并简要介绍它们的生物功能。
19. 什么是光合作用? 简述光合作用的过程和意义。
20. 常见的活性氧物种有哪些? 它们是如何形成的?
21. 什么是脂质过氧化作用? 简述脂质过氧化的化学过程。

# 附　　录

**附表 1　国际单位制(简称 SI)基本单位**

| 量 的 名 称 | 单 位 名 称 | 单 位 符 号 |
| --- | --- | --- |
| 长度 | 米 | m |
| 质量 | 千克[公斤] | kg |
| 时间 | 秒 | s |
| 电流 | 安[培] | A |
| 热力学温度 | 开[尔文] | K |
| 物质的量 | 摩[尔] | mol |
| 发光强度 | 坎[德拉] | cd |

**附表 2　国际单位制辅助单位**

| 量 的 名 称 | 单 位 名 称 | 单 位 符 号 |
| --- | --- | --- |
| [平面]角 | 弧度 | rad |
| 立体角 | 球面度 | sr |

**附表 3　国际单位制中具有专门名称的导出单位**

| 量 的 名 称 | 单 位 名 称 | 单 位 符 号 | 其他表示式 |
| --- | --- | --- | --- |
| 频率 | 赫[兹] | Hz | $s^{-1}$ |
| 力 | 牛[顿] | N | $kg \cdot m/s^2$ |
| 压力,压强,应力 | 帕[斯卡] | Pa | $N/m^2$ |
| 能[量],功,热 | 焦[耳] | J | $N \cdot m$ |
| 功率,辐[射能]通量 | 瓦[特] | W | J/s |
| 电荷[量] | 库[仑] | C | $A \cdot s$ |
| 电位,电压,电动势 | 伏[特] | V | W/A |
| 电容 | 法[拉] | F | C/V |
| 电阻 | 欧[姆] | Ω | V/A |
| 电导 | 西[门子] | S | $\Omega^{-1}$ |
| 摄氏温度 | 摄氏度 | ℃ | K |

**附表 4　国家选定的非国际单位制单位(摘录)**

| 量的名称 | 单位名称 | 单位符号 | 换算关系和说明 |
| --- | --- | --- | --- |
| 时间 | 分 | min | 1 min=60 s |
| | [小]时 | h | 1 h=60 min=3600 s |
| | 日(天) | d | 1 d=24 h=86400 s |
| [平面]角 | [角]秒 | ″ | 1″=(1/60)′=(π/648000)rad |
| | [角]分 | ′ | 1′=(1/60)°=(π/10800)rad |
| | 度 | ° | 1°=(π/180)rad |
| 质量 | 吨 | t | 1 t=$10^3$ kg |
| | 原子质量单位 | u | 1 u≈1.660540×$10^{-27}$ kg |
| 体积 | 升 | L(l) | 1 L=1 $dm^3$=$10^{-3}$ $m^3$ |
| 能 | 电子伏 | eV | 1 eV≈1.602177×$10^{-19}$ J |

**附表 5　用于构成十进倍数和分数单位的词头**

| 所表示的因数 | 词头名称 | 词头符号 |
| --- | --- | --- |
| $10^{24}$ | 尧[它] | Y |
| $10^{21}$ | 泽[它] | Z |
| $10^{18}$ | 艾[可萨] | E |
| $10^{15}$ | 拍[它] | P |
| $10^{12}$ | 太[拉] | T |
| $10^{9}$ | 吉[咖] | G |
| $10^{6}$ | 兆 | M |
| $10^{3}$ | 千 | k |
| $10^{2}$ | 百 | h |
| $10^{1}$ | 十 | da |
| $10^{-1}$ | 分 | d |
| $10^{-2}$ | 厘 | c |
| $10^{-3}$ | 毫 | m |
| $10^{-6}$ | 微 | μ |
| $10^{-9}$ | 纳[诺] | n |
| $10^{-12}$ | 皮[可] | p |
| $10^{-15}$ | 飞[母托] | f |
| $10^{-18}$ | 阿[托] | a |
| $10^{-21}$ | 仄[普托] | z |
| $10^{-24}$ | 幺[科托] | y |

### 附表 6 一些基本物理常数

| 物 理 量 | 符 号 | 数 值 |
|---|---|---|
| 真空中的光速 | $c$ | $2.99792458\times10^{8}$ m · s$^{-1}$ |
| 元电荷 | $e$ | $1.60217733\times10^{-19}$ C |
| 摩尔气体常数 | $R$ | 8.314510 J · mol$^{-1}$ · K$^{-1}$ |
| 阿伏加德罗常数 | $N_A$ | $6.0221367\times10^{23}$ mol$^{-1}$ |
| 里德伯常量 | $R_\infty$ | $1.0973731534\times10^{7}$ m$^{-1}$ |
| 普朗克常量 | $h$ | $6.6260755\times10^{-34}$ J · s |
| 法拉第常数 | $F$ | $9.6485309\times10^{4}$ C · mol$^{-1}$ |
| 玻耳兹曼常数 | $k$ | $1.380658\times10^{-23}$ J · K$^{-1}$ |
| 原子质量单位 | $u$ | $1.6605402\times10^{-27}$ kg |

### 附表 7 一些弱电解质在水溶液中的解离常数

| 酸 | 温度 $t$/℃ | $K_a$ | p$K_a$ |
|---|---|---|---|
| 亚硫酸($H_2SO_3$) | 18 | ($K_{a1}$)$1.54\times10^{-2}$ | 1.81 |
| | 18 | ($K_{a2}$)$1.02\times10^{-7}$ | 6.91 |
| 磷酸($H_3PO_4$) | 25 | ($K_{a1}$)$7.52\times10^{-3}$ | 2.12 |
| | 25 | ($K_{a2}$)$6.25\times10^{-8}$ | 7.21 |
| | 18 | ($K_{a3}$)$2.2\times10^{-13}$ | 12.67 |
| 亚硝酸($HNO_2$) | 12.5 | $4.6\times10^{-4}$ | 3.37 |
| 氢氟酸(HF) | 25 | $3.53\times10^{-4}$ | 3.45 |
| 甲酸(HCOOH) | 20 | $1.77\times10^{-4}$ | 3.75 |
| 醋酸($CH_3COOH$) | 25 | $1.76\times10^{-5}$ | 4.75 |
| 碳酸($H_2CO_3$) | 25 | ($K_{a1}$)$4.30\times10^{-7}$ | 6.37 |
| | 25 | ($K_{a2}$)$5.61\times10^{-11}$ | 10.25 |
| 氢硫酸($H_2S$) | 18 | ($K_{a1}$)$9.1\times10^{-8}$ | 7.04 |
| | 18 | ($K_{a2}$)$1.1\times10^{-12}$ | 11.96 |
| 次氯酸(HClO) | 18 | $2.95\times10^{-8}$ | 7.53 |
| 硼酸($H_3BO_3$) | 20 | ($K_{a1}$)$7.3\times10^{-10}$ | 9.14 |
| 氢氰酸(HCN) | 25 | $4.93\times10^{-10}$ | 9.31 |
| 碱 | | $K_b$ | p$K_b$ |
| 氨($NH_3$) | 25 | $1.77\times10^{-5}$ | 4.75 |

### 附表 8 一些配离子的稳定常数 $K_f$ 和不稳定常数 $K_i$

| 配 离 子 | $K_f$ | lg$K_f$ | $K_i$ | lg$K_i$ |
|---|---|---|---|---|
| $[AgBr_2]^-$ | $2.14\times10^{7}$ | 7.33 | $4.67\times10^{-8}$ | −7.33 |
| $[Ag(CN)_2]^-$ | $1.26\times10^{21}$ | 21.1 | $7.94\times10^{-22}$ | −21.1 |

续表

| 配　离　子 | $K_f$ | $\lg K_f$ | $K_i$ | $\lg K_i$ |
| --- | --- | --- | --- | --- |
| $[AgCl_2]^-$ | $1.10\times10^{5}$ | 5.04 | $9.09\times10^{-6}$ | −5.04 |
| $[AgI_2]^-$ | $5.5\times10^{11}$ | 11.74 | $1.82\times10^{-12}$ | −11.74 |
| $[Ag(NH_3)_2]^+$ | $1.12\times10^{7}$ | 7.05 | $8.93\times10^{-8}$ | −7.05 |
| $[Ag(S_2O_3)_2]^{3-}$ | $2.89\times10^{13}$ | 13.46 | $3.46\times10^{-14}$ | −13.46 |
| $[Co(NH_3)_6]^{2+}$ | $1.29\times10^{5}$ | 5.11 | $7.75\times10^{-6}$ | −5.11 |
| $[Cu(CN)_2]^-$ | $1\times10^{24}$ | 24.0 | $1\times10^{-24}$ | −24.0 |
| $[Cu(NH_3)_2]^+$ | $7.24\times10^{10}$ | 10.86 | $1.38\times10^{-11}$ | −10.86 |
| $[Cu(NH_3)_4]^{2+}$ | $2.09\times10^{13}$ | 13.32 | $4.78\times10^{-14}$ | −13.32 |
| $[Cu(P_2O_7)_2]^{6-}$ | $1\times10^{9}$ | 9.0 | $1\times10^{-9}$ | −9.0 |
| $[Cu(SCN)_2]^-$ | $1.52\times10^{5}$ | 5.18 | $6.58\times10^{-6}$ | −5.18 |
| $[Fe(CN)_6]^{3-}$ | $1\times10^{42}$ | 42.0 | $1\times10^{-42}$ | −42.0 |
| $[HgBr_4]^{2-}$ | $1\times10^{21}$ | 21.0 | $1\times10^{-21}$ | −21.0 |
| $[Hg(CN)_4]^{2-}$ | $2.51\times10^{41}$ | 41.4 | $3.98\times10^{-42}$ | −41.4 |
| $[HgCl_4]^{2-}$ | $1.17\times10^{15}$ | 15.07 | $8.55\times10^{-16}$ | −15.07 |
| $[HgI_4]^{2-}$ | $6.76\times10^{29}$ | 29.83 | $1.48\times10^{-30}$ | −29.83 |
| $[Ni(NH_3)_6]^{2+}$ | $5.50\times10^{8}$ | 8.74 | $1.82\times10^{-9}$ | −8.74 |
| $[Ni(en)_3]^{2+}$ | $2.14\times10^{18}$ | 18.33 | $4.67\times10^{-19}$ | −18.33 |
| $[Zn(CN)_4]^{2-}$ | $5.0\times10^{16}$ | 16.7 | $2.0\times10^{-17}$ | −16.7 |
| $[Zn(NH_3)_4]^{2+}$ | $2.87\times10^{9}$ | 9.46 | $3.48\times10^{-10}$ | −9.46 |
| $[Zn(en)_2]^{2+}$ | $6.76\times10^{10}$ | 10.83 | $1.48\times10^{-11}$ | −10.83 |

**附表 9　一些物质的溶度积 $K_s$(25 ℃)**

| 难溶电解质 | $K_s$ | 难溶电解质 | $K_s$ |
| --- | --- | --- | --- |
| AgBr | $5.35\times10^{-13}$ | $Al(OH)_3$ | $2\times10^{-33}$ |
| AgCl | $1.77\times10^{-10}$ | $BaCO_3$ | $2.58\times10^{-9}$ |
| $Ag_2CrO_4$ | $1.12\times10^{-12}$ | $BaSO_4$ | $1.07\times10^{-10}$ |
| AgI | $8.51\times10^{-17}$ | $BaCrO_4$ | $1.17\times10^{-10}$ |
| $Ag_2S$ | $6.69\times10^{-50}$(α 型) | $CaF_2$ | $1.46\times10^{-10}$ |
|  | $1.09\times10^{-49}$(β 型) | $CaCO_3$ | $4.96\times10^{-9}$ |
| $Ag_2SO_4$ | $1.20\times10^{-5}$ | $Ca_3(PO_4)_2$ | $2.07\times10^{-33}$ |
| $CaSO_4$ | $7.10\times10^{-5}$ | $Mg(OH)_2$ | $5.61\times10^{-12}$ |
| CdS | $1.40\times10^{-29}$ | $Mn(OH)_2$ | $2.06\times10^{-13}$ |
| $Cd(OH)_2$ | $5.27\times10^{-15}$ | MnS | $4.65\times10^{-14}$ |
| CuS | $1.27\times10^{-36}$ | $PbCO_3$ | $1.46\times10^{-13}$ |
| $Fe(OH)_2$ | $4.87\times10^{-17}$ | $PbCl_2$ | $1.17\times10^{-5}$ |

续表

| 难溶电解质 | $K_s$ | 难溶电解质 | $K_s$ |
| --- | --- | --- | --- |
| $Fe(OH)_3$ | $2.64\times10^{-39}$ | $PbI_2$ | $8.49\times10^{-9}$ |
| FeS | $1.59\times10^{-19}$ | PbS | $9.04\times10^{-29}$ |
| HgS | $6.44\times10^{-53}$(黑) | $PbCO_3$ | $1.82\times10^{-8}$ |
|  | $2.00\times10^{-53}$(红) | $ZnCO_3$ | $1.19\times10^{-10}$ |
| $MgCO_3$ | $6.82\times10^{-6}$ | ZnS | $2.93\times10^{-25}$ |

**附表 10　标准电极电势**

| 氧化还原电对（氧化态/还原态） | 电极反应（$a$ 氧化态$+ze\rightleftharpoons b$ 还原态） | 标准电极电势 $\varphi^\ominus$/V |
| --- | --- | --- |
| $Li^+/Li$ | $Li^+(aq)+e\rightleftharpoons Li(s)$ | $-3.0401$ |
| $K^+/K$ | $K^+(aq)+e\rightleftharpoons K(s)$ | $-2.931$ |
| $Ca^{2+}/Ca$ | $Ca^{2+}(aq)+2e\rightleftharpoons Ca(s)$ | $-2.868$ |
| $Na^+/Na$ | $Na^+(aq)+e\rightleftharpoons Na(s)$ | $-2.71$ |
| $Mg^{2+}/Mg$ | $Mg^{2+}(aq)+2e\rightleftharpoons Mg(s)$ | $-2.372$ |
| $Al^{3+}/Al$ | $Al^{3+}(aq)+3e\rightleftharpoons Al(s)(0.1\ mol\cdot dm^{-3}\ NaOH)$ | $-1.662$ |
| $Mn^{2+}/Mn$ | $Mn^{2+}(aq)+2e\rightleftharpoons Mn(s)$ | $-1.185$ |
| $Zn^{2+}/Zn$ | $Zn^{2+}(aq)+2e\rightleftharpoons Zn(s)$ | $-0.7618$ |
| $Fe^{2+}/Fe$ | $Fe^{2+}(aq)+2e\rightleftharpoons Fe(s)$ | $-0.447$ |
| $Cd^{2+}/Cd$ | $Cd^{2+}(aq)+2e\rightleftharpoons Cd(s)$ | $-0.4030$ |
| $Co^{2+}/Co$ | $Co^{2+}(aq)+2e\rightleftharpoons Co(s)$ | $-0.28$ |
| $Ni^{2+}/Ni$ | $Ni^{2+}(aq)+2e\rightleftharpoons Ni(s)$ | $-0.257$ |
| $Sn^{2+}/Sn$ | $Sn^{2+}(aq)+2e\rightleftharpoons Sn(s)$ | $-0.1375$ |
| $Pb^{2+}/Pb$ | $Pb^{2+}(aq)+2e\rightleftharpoons Pb(s)$ | $-0.1262$ |
| $H^+/H_2$ | $H^+(aq)+e\rightleftharpoons 1/2H_2(g)$ | 0 |
| $S_4O_6^{2-}/S_2O_3^{2-}$ | $S_4O_6^{2-}(aq)+2e\rightleftharpoons 2S_2O_3^{2-}(aq)$ | $+0.08$ |
| $S/H_2S$ | $S(s)+2H^+(aq)+2e\rightleftharpoons H_2S(aq)$ | $+0.142$ |
| $Sn^{4+}/Sn^{2+}$ | $Sn^{4+}(aq)+2e\rightleftharpoons Sn^{2+}(aq)$ | $+0.154$ |
| $SO_4^{2-}/H_2SO_3$ | $SO_4^{2-}(aq)+4H^+(aq)+2e\rightleftharpoons H_2SO_3(aq)+H_2O$ | $+0.172$ |
| $Hg_2Cl_2/Hg$ | $Hg_2Cl_2(s)+2e\rightleftharpoons 2Hg(l)+2Cl^-(aq)$ | $+0.26808$ |
| $Cu^{2+}/Cu$ | $Cu^{2+}(aq)+2e\rightleftharpoons Cu(s)$ | $+0.3419$ |
| $O_2/OH^-$ | $1/2O_2(g)+H_2O+2e\rightleftharpoons 2OH^-(aq)$ | $+0.401$ |
| $Cu^+/Cu$ | $Cu^+(aq)+e\rightleftharpoons Cu(s)$ | $+0.521$ |
| $I_2/I^-$ | $I_2(s)+2e\rightleftharpoons 2I^-(aq)$ | $+0.5355$ |
| $O_2/H_2O_2$ | $O_2(g)+2H^+(aq)+2e\rightleftharpoons H_2O_2(aq)$ | $+0.695$ |
| $Fe^{3+}/Fe^{2+}$ | $Fe^{3+}(aq)+e\rightleftharpoons Fe^{2+}(aq)$ | $+0.771$ |

续表

| 氧化还原电对<br>(氧化态/还原态) | 电极反应<br>($a$ 氧化态$+ze \rightleftharpoons b$ 还原态) | 标准电极电势<br>$\varphi^{\ominus}$/V |
|---|---|---|
| $Hg_2^{2+}/Hg$ | $1/2Hg_2^{2+}(aq)+e \rightleftharpoons Hg(l)$ | +0.7973 |
| $Ag^+/Ag$ | $Ag^+(aq)+e \rightleftharpoons Ag(s)$ | +0.7990 |
| $Hg^{2+}/Hg$ | $Hg^{2+}(aq)+2e \rightleftharpoons Hg(l)$ | +0.851 |
| $NO_3^-/NO$ | $NO_3^-(aq)+4H^+(aq)+3e \rightleftharpoons NO(g)+2H_2O$ | +0.957 |
| $HNO_2/NO$ | $HNO_2(aq)+H^+(aq)+e \rightleftharpoons NO(g)+H_2O$ | +0.983 |
| $Br_2/Br^-$ | $Br_2(l)+2e \rightleftharpoons 2Br^-(aq)$ | +1.066 |
| $MnO_2/Mn^{2+}$ | $MnO_2(s)+4H^+(aq)+2e \rightleftharpoons Mn^{2+}(aq)+2H_2O$ | +1.224 |
| $O_2/H_2O$ | $O_2(g)+4H^+(aq)+4e \rightleftharpoons 2H_2O$ | +1.229 |
| $Cr_2O_7^{2-}/Cr^{3+}$ | $Cr_2O_7^{2-}(aq)+14H^+(aq)+6e \rightleftharpoons 2Cr^{3+}(aq)+7H_2O$ | +1.232 |
| $Cl_2/Cl^-$ | $Cl_2(g)+2e \rightleftharpoons 2Cl^-(aq)$ | +1.35827 |
| $MnO_4^-/Mn^{2+}$ | $MnO_4^-(aq)+8H^+(aq)+5e \rightleftharpoons Mn^{2+}(aq)+4H_2O$ | +1.507 |
| $H_2O_2/H_2O$ | $H_2O_2(aq)+2H^+(aq)+2e \rightleftharpoons 2H_2O$ | +1.776 |
| $S_2O_8^{2-}/SO_4^{2-}$ | $S_2O_8^{2-}(aq)+2e \rightleftharpoons 2SO_4^{2-}(aq)$ | +2.010 |
| $F_2/F^-$ | $F_2(g)+2e \rightleftharpoons 2F^-(aq)$ | +2.866 |

**附表 11　一些共轭酸碱的解离常数**

| 酸 | $K_a$ | 碱 | $K_b$ |
|---|---|---|---|
| $HNO_2$ | $4.6\times10^{-4}$ | $NO_2^-$ | $2.2\times10^{-11}$ |
| HF | $3.53\times10^{-4}$ | $F^-$ | $2.83\times10^{-11}$ |
| HAc | $1.76\times10^{-5}$ | $Ac^-$ | $5.68\times10^{-10}$ |
| $H_2CO_3$ | $4.3\times10^{-7}$ | $HCO_3^-$ | $2.3\times10^{-8}$ |
| $H_2S$ | $9.1\times10^{-8}$ | $HS^-$ | $1.1\times10^{-7}$ |
| $H_2PO_4^-$ | $6.23\times10^{-8}$ | $HPO_4^{2-}$ | $1.61\times10^{-7}$ |
| $NH_4^+$ | $5.65\times10^{-10}$ | $NH_3$ | $1.77\times10^{-5}$ |
| HCN | $4.93\times10^{-10}$ | $CN^-$ | $2.03\times10^{-5}$ |
| $HCO_3^-$ | $5.61\times10^{-11}$ | $CO_3^{2-}$ | $1.78\times10^{-4}$ |
| $HS^-$ | $1.1\times10^{-12}$ | $S^{2-}$ | $9.1\times10^{-3}$ |
| $HPO_4^{2-}$ | 2.2 | $PO_4^{3-}$ | $4.5\times10^{-2}$ |

**附表 12　标准热力学函数($p^{\ominus}=100$ kPa,$T=298.15$ K)**

| 物质(状态) | $\dfrac{\Delta_f H_m^{\ominus}}{kJ\cdot mol^{-1}}$ | $\dfrac{\Delta_f G_m^{\ominus}}{kJ\cdot mol^{-1}}$ | $\dfrac{S_m^{\ominus}}{J\cdot mol^{-1}\cdot K^{-1}}$ |
|---|---|---|---|
| Ag(s) | 0 | 0 | 42.55 |
| $Ag^+$(aq) | 105.579 | 77.107 | 72.68 |

续表

| 物质(状态) | $\Delta_f H_m^\ominus$ / $kJ \cdot mol^{-1}$ | $\Delta_f G_m^\ominus$ / $kJ \cdot mol^{-1}$ | $S_m^\ominus$ / $J \cdot mol^{-1} \cdot K^{-1}$ |
|---|---|---|---|
| $AgBr$(s) | −100.37 | −96.90 | 170.1 |
| $AgCl$(s) | −127.068 | −109.789 | 96.2 |
| $AgI$(s) | −61.68 | −66.19 | 115.5 |
| $Ag_2O$(s) | −30.05 | −11.20 | 121.3 |
| $Ag_2CO_3$(s) | −505.8 | −436.8 | 167.4 |
| $Al^{3+}$ | −531 | −485 | −321.7 |
| $AlCl_3$(s) | −704.2 | −628.8 | 110.67 |
| $Al_2O_3$(s,α,刚玉) | −1675.7 | −1582.3 | 50.92 |
| $AlO_2^-$(aq) | −918.8 | −823.0 | −21 |
| $Ba^{2+}$(aq) | −537.64 | −560.77 | 9.6 |
| $BaCO_3$(s) | −1216.3 | −1137.6 | 112.1 |
| $BaO$(s) | −553.5 | −525.1 | 70.42 |
| $BaTiO_3$(s) | −1659.8 | −1572.3 | 107.9 |
| $Br_2$(l) | 0 | 0 | 152.231 |
| $Br_2$(g) | 30.907 | 3.110 | 245.463 |
| $Br^-$(aq) | −121.55 | −103.96 | 82.4 |
| C(s,石墨) | 0 | 0 | 5.740 |
| C(s,金刚石) | 1.8966 | 2.8995 | 2.377 |
| $CCl_4$(l) | −135.44 | −65.21 | 216.40 |
| CO(g) | −110.525 | −137.168 | 197.674 |
| $CO_2$(g) | −393.509 | −394.359 | 213.74 |
| $CO_3^{2-}$(aq) | −677.14 | −527.81 | −56.9 |
| $HCO_3^{2-}$(aq) | −691.99 | −586.77 | 91.2 |
| Ca(s) | 0 | 0 | 41.42 |
| $Ca^{2+}$(aq) | −542.83 | −553.58 | −53.1 |
| $CaCO_3$(s,方解石) | −1206.92 | −1128.79 | 92.9 |
| CaO(s) | −635.09 | −604.03 | 39.75 |
| $Ca(OH)_2$(s) | −986.09 | −898.49 | 83.39 |
| $CaSO_4$(s,不溶解的) | −1434.11 | −1321.79 | 106.7 |
| $CaSO_4 \cdot 2H_2O$(s,透石膏) | −2022.63 | −1797.28 | 194.1 |
| $Cl_2$(g) | 0 | 0 | 223.006 |
| $Cl^-$(aq) | −167.16 | −131.26 | 56.5 |
| Co(s,α) | 0 | 0 | 30.04 |

续表

| 物质(状态) | $\Delta_f H_m^\ominus$ / $kJ \cdot mol^{-1}$ | $\Delta_f G_m^\ominus$ / $kJ \cdot mol^{-1}$ | $S_m^\ominus$ / $J \cdot mol^{-1} \cdot K^{-1}$ |
|---|---|---|---|
| $CoCl_2(s)$ | −312.5 | −269.8 | 109.16 |
| $Cr(s)$ | 0 | 0 | 23.77 |
| $Cr^{3+}(aq)$ | −1999.1 | — | — |
| $Cr_2O_3(s)$ | −1139.7 | −1058.1 | 81.2 |
| $Cr_2O_7^{2-}(aq)$ | −1490.3 | −1301.1 | 261.9 |
| $Cu(s)$ | 0 | 0 | 33.150 |
| $Cu^{2+}(aq)$ | 64.77 | 65.249 | −99.6 |
| $CuCl_2(s)$ | −220.1 | −175.7 | 108.07 |
| $CuO(s)$ | −157.3 | −129.7 | 42.63 |
| $Cu_2O(s)$ | −168.6 | −146.0 | 93.14 |
| $CuS(s)$ | −53.1 | −53.6 | 66.5 |
| $F_2$ | 0 | 0 | 202.78 |
| $Fe(s,\alpha)$ | 0 | 0 | 27.28 |
| $Fe^{2+}(aq)$ | −89.1 | −78.90 | −137.7 |
| $Fe^{3+}(aq)$ | −48.5 | −4.7 | −315.9 |
| $Fe_{0.947}O$(s,方铁矿) | −266.27 | −245.12 | 57.49 |
| $FeO(s)$ | −272.0 | — | — |
| $Fe_2O_3$(s,赤铁矿) | −824.2 | −742.2 | 87.40 |
| $Fe_3O_4$(s,磁铁矿) | −1118.4 | −1015.4 | 146.4 |
| $Fe(OH)_2(s)$ | −569.0 | −486.5 | 88 |
| $Fe(OH)_3(s)$ | −823.0 | −696.5 | 106.7 |
| $H_2(g)$ | 0 | 0 | 130.84 |
| $H^+(aq)$ | 0 | 0 | 0 |
| $H_2CO_3(aq)$ | −699.65 | −623.16 | 187.4 |
| $HCl(g)$ | −92.307 | −95.299 | 186.80 |
| $HF(g)$ | −271.1 | −273.2 | 173.79 |
| $HNO_3(l)$ | −174.10 | −80.79 | 155.60 |
| $H_2O(g)$ | −241.818 | −228.572 | 188.825 |
| $H_2O(l)$ | −285.83 | −237.129 | 69.91 |
| $H_2O_2(l)$ | −187.78 | −120.35 | 109.6 |
| $H_2O_2(aq)$ | −191.17 | −134.03 | 143.9 |
| $H_2S(g)$ | −20.63 | −33.56 | 205.79 |
| $HS^-(aq)$ | −17.6 | 12.08 | 62.8 |

续表

| 物质(状态) | $\Delta_f H_m^\ominus$ / $kJ \cdot mol^{-1}$ | $\Delta_f G_m^\ominus$ / $kJ \cdot mol^{-1}$ | $S_m^\ominus$ / $J \cdot mol^{-1} \cdot K^{-1}$ |
|---|---|---|---|
| $S^{2-}$(aq) | 33.1 | 85.8 | −14.6 |
| Hg(g) | 61.317 | 31.820 | 174.96 |
| Hg(l) | 0 | 0 | 76.02 |
| HgO(s,红) | −90.83 | −58.539 | 70.29 |
| $I_2$(g) | 62.438 | 19.327 | 260.65 |
| $I_2$(s) | 0 | 0 | 116.135 |
| $I^-$(aq) | −55.19 | −51.59 | 111.3 |
| K(s) | 0 | 0 | 64.18 |
| $K^+$(aq) | −252.38 | −283.27 | 102.5 |
| KCl(s) | −436.747 | −409.14 | 82.59 |
| Mg(s) | 0 | 0 | 32.68 |
| $Mg^{2+}$(aq) | −466.85 | −454.8 | −138.1 |
| $MgCl_2$(s) | −641.32 | −591.79 | 89.62 |
| MgO(s,粗粒的) | −601.70 | −569.44 | 26.94 |
| $Mg(OH)_2$(s) | −924.54 | −833.51 | 63.18 |
| Mn(s,α) | 0 | 0 | 32.01 |
| $Mn^{2+}$(aq) | −220.75 | −228.1 | −73.6 |
| MnO(s) | −385.22 | −362.90 | 59.71 |
| $N_2$(g) | 0 | 0 | 191.50 |
| $NH_3$(g) | −46.11 | −16.45 | 192.45 |
| $NH_3$(aq) | −80.29 | −26.50 | 111.3 |
| $NH_4^+$(aq) | −132.43 | −79.31 | 113.4 |
| $N_2H_4$(l) | 50.63 | 149.34 | 121.21 |
| $NH_4Cl$(s) | −314.43 | −202.87 | 94.6 |
| NO(g) | 90.25 | 86.55 | 210.761 |
| $NO_2$(g) | 33.18 | 51.31 | 240.06 |
| $N_2O_4$(g) | 9.16 | 304.29 | 97.89 |
| $NO_3^-$(aq) | −205.0 | −108.74 | 146.4 |
| Na(s) | 0 | 0 | 51.21 |
| $Na^+$(aq) | −240.12 | −261.95 | 59.0 |
| NaCl(s) | −411.15 | −384.15 | 72.13 |
| $Na_2O$(s) | −414.22 | −375.47 | 75.06 |
| NaOH(s) | −425.609 | −379.526 | 64.45 |

续表

| 物质(状态) | $\frac{\Delta_f H_m^\ominus}{kJ \cdot mol^{-1}}$ | $\frac{\Delta_f G_m^\ominus}{kJ \cdot mol^{-1}}$ | $\frac{S_m^\ominus}{J \cdot mol^{-1} \cdot K^{-1}}$ |
|---|---|---|---|
| Ni(s) | 0 | 0 | 29.87 |
| NiO(s) | −239.7 | −211.7 | 37.99 |
| $O_2$(g) | 0 | 0 | 205.138 |
| $O_3$(g) | 142.7 | 163.2 | 238.93 |
| $OH^-$(aq) | −229.994 | −157.244 | −10.75 |
| P(s,白) | 0 | 0 | 41.09 |
| Pb(s) | 0 | 0 | 64.81 |
| $Pb^{2+}$(aq) | −1.7 | −24.43 | 10.5 |
| $PbCl_2$(s) | −359.41 | −314.1 | 136.0 |
| PbO(s,黄) | −217.32 | −187.89 | 68.70 |
| S(s,正交) | 0 | 0 | 31.80 |
| $SO_2$(g) | −296.83 | −300.19 | 248.22 |
| $SO_3$(g) | −395.72 | −371.06 | 256.76 |
| $SO_4^{2-}$(aq) | −909.27 | −744.53 | 20.1 |
| Si(s) | 0 | 0 | 18.83 |
| $SiO_2$(s,α,石英) | −910.94 | −856.64 | 41.84 |
| Sn(s,白) | 0 | 0 | 51.55 |
| $SnO_2$(s) | −580.7 | −519.7 | 52.3 |
| Ti(s) | 0 | 0 | 30.63 |
| $TiCl_4$(l) | −804.2 | −737.2 | 252.34 |
| $TiCl_4$(g) | −763.2 | −726.7 | 354.9 |
| TiN(s) | −722.2 | — | — |
| $TiO_2$(s,金红色) | −944.7 | −889.5 | 50.33 |
| Zn(s) | 0 | 0 | 41.63 |
| $Zn^{2+}$(aq) | −153.89 | −147.06 | −112.1 |
| $CH_4$(g) | −74.81 | −50.72 | 186.264 |
| $C_2H_2$(g) | 226.73 | 209.20 | 200.94 |
| $C_2H_4$(g) | 52.26 | 68.15 | 219.56 |
| $C_2H_6$(g) | −84.68 | −32.82 | 229.60 |
| $C_6H_6$(g) | 82.93 | 129.66 | 269.20 |
| $C_6H_6$(l) | 48.99 | 124.35 | 173.26 |
| $CH_3OH$(l) | −238.66 | −166.27 | 126.8 |
| $C_2H_5OH$(l) | −277.69 | −174.78 | 160.07 |

续表

| 物质(状态) | $\frac{\Delta_f H_m^\ominus}{kJ \cdot mol^{-1}}$ | $\frac{\Delta_f G_m^\ominus}{kJ \cdot mol^{-1}}$ | $\frac{S_m^\ominus}{J \cdot mol^{-1} \cdot K^{-1}}$ |
|---|---|---|---|
| $CH_3COOH$(l) | −484.5 | −389.9 | 159.8 |
| $C_6H_5COOH$(s) | −385.05 | −245.27 | 167.57 |
| $C_{12}H_{22}O_{11}$(s) | −2225.5 | −1544.6 | 360.2 |

# 参考文献


[1] 徐光宪. 21世纪化学的内涵、四大难题和突破口[J]. 科学通报,2001,46(24):2086-2091.

[2] 唐和清. 工科基础化学[M]. 2版. 北京:化学工业出版社,2009.

[3] 浙江大学普通化学教研组. 普通化学[M]. 5版. 北京:高等教育出版社,2002.

[4] STEVEN S Z, SUSAN A Z. Chemistry [M]. 10th ed. Stamford: Gengage Learning,2017.

[5] 耿旺昌. 工程化学基础[M]. 西安:西北工业大学出版社,2017.

[6] 陈林根. 工程化学基础[M]. 3版. 北京:高等教育出版社,2018.

[7] 甘孟瑜,张云怀. 大学化学习题集[M]. 3版. 重庆:重庆大学出版社,2008.

[8] 曹瑞军. 大学化学[M]. 北京:高等教育出版社,2005.

[9] 贾朝霞. 工程化学[M]. 北京:化学工业出版社,2009.

[10] 徐甲强,邢彦军,周义锋. 工程化学[M]. 3版. 北京:科学出版社,2013.

[11] 张志成. 大学化学[M]. 北京:科学出版社,2018.

[12] 卢学实,王桂英,王吉清. 大学化学[M]. 2版. 北京:化学工业出版社,2019.

[13] MURPHY B, WOODWARD L, STOLTZFUS B. Chemistry: The central science[M]. 13th ed. Upper Saddle River: Pearson Education,2019.

[14] 李荻. 电化学原理[M]. 3版. 北京:北京航空航天大学出版社,2017.

[15] 余永宁. 金属学原理[M]. 3版. 北京:冶金工业出版社,2020.

[16] 崔忠圻,刘北兴. 金属学与热处理原理[M]. 3版. 哈尔滨:哈尔滨工业大学出版社,2018.

[17] 宋维锡. 金属学[M]. 2版. 北京:冶金工业出版社,1989.

[18] POLMEAR I, STJOHN D, NIE J F, et al. Light Alloys: Metallurgy of the light metals [M]. 5th ed. Oxford: Elsevier Science & Technology,2017.

[19] CAHN R W, HAASEN P. Physical metallurgy [M]. 4th ed. Amsterdam: Elsevier Science,1996.

[20] 何曼君,张红东,陈维孝,等. 高分子物理[M]. 3版. 上海:复旦大学出版社,2008.

[21] 潘祖仁. 高分子化学[M]. 5版. 北京:化学工业出版社,2013.

[22] 冯新德,唐敖庆,钱人元,等. 高分子化学与物理专论[M]. 广州:中山大学出版社,1984.

[23] 殷敬华,莫志深. 现代高分子物理学[M]. 北京:科学出版社,2001.

[24] 浙江大学普通化学教研组. 普通化学[M]. 6版. 北京:高等教育出版社,2011.

[25] EBEWELE R O. Polymer Science and Technology[M]. Boca Raton: CRC Press,2000.

[26] CARRAHER C E. Polymer Chemistry[M]. 6th ed. New York: Marcel Dekker,2013.

[27] 李坚,俞强,万同,等. 高分子材料导论(双语教学用)[M]. 北京:化学工业出版社,2020.

[28] 华幼卿,金日光,高分子物理[M]. 5版. 北京:化学工业出版社,2019.

[29] 高长有. 高分子材料概论[M]. 北京:化学工业出版社,2018.

[30] 王晋军. 我国新能源汽车动力锂电池现状及发展[J]. 质量与认证,2020(8):42-43.

[31] 代春艳,雷亦婷.氢燃料电池汽车技术、经济、环境研究现状及展望[J].研究与探讨,2020,42(6):25-31.

[32] 黄亚娟.中国氢燃料电池汽车技术发展现状及前景[J].新能源汽车,2020(9):79-80.

[33] 郭建宇.基于煤化工工艺分析煤制产品的发展前景[J].化工设计通讯,2019,45(3):10.

[34] ZHANG X Q,ZHAO C Z,HUANG J Q,et al. Recent advances in energy chemical engineering of next-generation lithium batteries[J]. Engineering,2018,4(6):831-847.

[35] 方圆,张万益,曹佳文,等.我国能源资源现状与发展趋势[J].矿产保护与利用,2018(4):34-42.

[36] 刘国芳,赵立金,王东升.国内外锂离子动力电池发展现状及趋势[J].汽车工程师,2018(3):11-13.

[37] 李凌云,任斌.我国锂离子电池产业现状及国内外应用情况[J].电源技术,2013,37(5):883-885.

[38] 杨逸民,陈运根.发展煤基醇醚燃料势在必行[J].农业工程学报,2006,22(S1):199-202.

[39] 张琦,常杰,吴创之,等.生物油改质提升研究的进展[C]//中国化学会第二十五届学术年会论文摘要集(上册).北京:中国化学会,2006.

[40] 江桂斌,蔡亚岐,张爱茜.我国环境化学的发展与展望[J].化学通报,2012,75(4):295-300.

[41] 江桂斌,刘维屏.环境化学前沿[M].北京:科学出版社,2017.

[42] 张远航,邵可声,唐孝炎.中国城市光化学烟雾污染研究[J].北京大学学报(自然科学版),1998,34(2-3):392-400.

[43] 杨新兴,冯丽华,尉鹏.大气颗粒物PM2.5及其危害[J].前沿科学(季刊),2012,6(21):22-31.

[44] 金小峰,王恩禄,王长普.各种除尘技术性能比较及袋式除尘器在我国的应用前景[J].锅炉技术,2007,38(1):8-12.

[45] 杨冬,徐鸿.SCR烟气脱硝技术及其在燃煤电厂的应用[J].电力环境保护,2007,23(1):49-51.

[46] 张基伟.国外燃煤电厂烟气脱硫技术综述[J].中国电力,1999,32(7):61-65

[47] 罗义,周启星.抗生素抗性基因(ARGs)——一种新型环境污染物[J].环境科学学报,2018,28(8):1499-1505.

[48] 安婧,周启星.药品及个人护理用品(PPCPs)的污染来源、环境残留及生态毒性[J].生态学杂志,2009,28(9):1878-1890.

[49] 王亚韡,蔡亚岐,江桂斌.斯德哥尔摩公约新增持久性有机污染物的一些研究进展[J].中国科学:化学,2010,40(2):99-123.

[50] 周倩,章海波,李远,等.海岸环境中微塑料污染及其生态效应研究进展[J].科学通报,2015,60(33):3210-3220.

[51] 骆永明.污染土壤修复技术研究现状与趋势[J].化学进展,2009,21(2-3):558-565.

[52] 周东美,郝秀珍,薛艳,等.污染土壤的修复技术研究进展[J].生态环境,2004,13(2):234-242.

[53] 王镜岩,朱圣庚,徐长法.生物化学[M].3版.北京:高等教育出版社,2007.

[54] 张丽萍,杨建雄.生物化学简明教程[M].5版.北京:高等教育出版社,2015.
[55] LIDE D R. CRC handbook of chemistry and physics[M]. 71th ed. Boca Raton: CRC Press,1990.
[56] WAGMAN D D,EVANS W H,PARKER V B,et al. NBS化学热力学性质表[M].刘天和,赵梦月,译.北京:中国标准出版社,1998.
[57] DEAN J A. Lang's handbook of chemistry[M]. 13th ed. New York: The McGraw-Hill Companies,Inc.,1985.

## 二维码资源使用说明

本书配套数字资源以二维码的形式在书中呈现,读者第一次利用智能手机在微信端扫码成功后提示微信登录,授权后进入注册页面,填写注册信息。按照提示输入手机号后点击获取手机验证码,稍等片刻收到4位数的验证码短信,在提示位置输入验证码成功后,重复输入两遍设置密码,点击"立即注册",注册成功(若手机已经注册,则在"注册"页面底部选择"已有账号?绑定账号",进入"账号绑定"页面,直接输入手机号和密码,提示登录成功)。接着提示输入学习码,需刮开教材封底防伪图层,输入13位学习码(正版图书拥有的一次性使用学习码),输入正确后提示绑定成功,即可查看二维码数字资源。手机第一次登录查看资源成功,以后便可直接在微信端扫码登录,重复查看本书所有的数字资源。

友好提示:如果读者忘记登录密码,请在PC端输入以下链接 http://jixie.hustp.com/index.php? m=Login,先输入自己的手机号,再单击"忘记密码",通过短信验证码重新设置密码即可。